普通高等教育·力学系列教材·研究生教材

振动力学
——非线性振动

李银山 编著

U0371903

人民交通出版社
北京

内 容 提 要

《振动力学》套书按高等院校工科本科生和研究生"振动力学"课程教学基本(多学时)要求编写,是作者继《理论力学》《材料力学》出版后,将力学和计算机技术结合起来的又一部新型教材,书中提出了一种解决强非线性振动问题的快速解析法——谐波能量平衡法。

《振动力学》套书由《振动力学——线性振动》和《振动力学——非线性振动》组成,共计28章;基本上涵盖了经典振动力学涉及的所有问题——线性振动、弱非线性振动、强非线性振动、不动点、分岔、混沌和振动的应用;内容完整、结构紧凑、叙述严谨、逻辑性强;配备了手算和电算(Maple、MATLAB语言)两类例题,带有启发性的思考题和A、B、C三类习题。

《振动力学——非线性振动》内容主要包括非线性自由振动、非线性受迫振动、自激振动、参数激励振动、二维离散-时间动力系统的不动点与分岔、改进的摄动法、能量法、同伦分析方法、谐波-能量平衡法、三维连续-时间动力系统的奇点与分岔、转子的非线性振动、板的非线性振动、三维离散-时间动力系统的不动点与分岔,共计13章。

《振动力学——非线性振动》适用于理工科研究生"振动力学"课程教学,以及本科生和工程技术人员振动力学专题的学习、研究。

为便于教师讲授本书,本书配备了多媒体电子教案和振动与控制动画的二维码。

图书在版编目(CIP)数据

振动力学. 非线性振动 / 李银山编著. — 北京:
人民交通出版社股份有限公司, 2024.11. — ISBN 978-7-114-19750-5

Ⅰ. TB123;O322

中国国家版本馆 CIP 数据核字第 2024J0C056 号

普通高等教育·力学系列教材·研究生教材
Zhendong Lixue——Feixianxing Zhendong

书　　名:	振动力学——非线性振动
著 作 者:	李银山
责任编辑:	戴慧莉
责任校对:	赵媛媛　龙　雪　卢　弦
责任印制:	刘高彤
出版发行:	人民交通出版社
地　　址:	(100011)北京市朝阳区安定门外外馆斜街3号
网　　址:	http://www.ccpcl.com.cn
销售电话:	(010)85285911
总 经 销:	人民交通出版社发行部
经　　销:	各地新华书店
印　　刷:	北京虎彩文化传播有限公司
开　　本:	787×1092　1/16
印　　张:	30.375
字　　数:	740千
版　　次:	2024年11月　第1版
印　　次:	2024年11月　第1次印刷
书　　号:	ISBN 978-7-114-19750-5
定　　价:	79.00元

(有印刷、装订质量问题的图书,由本社负责调换)

序

  随着科学和工程技术的飞速发展，以及多个学科的交叉和新型计算方法的出现，振动问题已成为各个工程领域内经常提出而又要不断解决的重要课题。计算机的广泛使用和动态问题的仿真或真实的测试水平在快速提高，我国已进入新时代，为研究解决好实际振动问题，必须夯实工程基础和广泛的理论基础。

  本套书从力学概念、定律、定理、原理和方程出发，对确定性振动这一大类动态问题进行从线性到非线性不同研究方法的建模；从简单到复杂由浅入深的建模；从质点、质点系、刚体、弹性体的杆、梁和板(壳)的工程中振动力学问题进行建模；普遍进行定性推导、定量计算和应用讨论，所以内容十分丰富。

  本套书与已有的著作相比，有以下几个特点：

  (1) 全面、细致的推导与论述，每章有例题、思考题和习题，重在基础夯实和能力培养。

  (2) 紧跟时代发展，每章均有 Maple(或 MATLAB) 语言编程，将计算机用于公式推导和数值解法。

  (3) 本套书为新型教材，书中有二维码，扫描后可观看若干关于振动力学问题的微视频。

  (4) 书中有新概念和新方法，如零刚度、分岔、混沌等以反映现代科研成果，多处有作者发表的 50 余篇论文的结论和见解，使读者了解学科的新发展。

  由这些特点可见，本书除了可作为对应专业的教材外，还能对理工科相应专业技术人员起到丰富基础、充实基本功、提高解决实际问题能力的作用。

浙江大学航空航天学院

庄表中 教授

2021 年 5 月 12 日

前　　言

  《振动力学》套书是根据教育部高等院校工科本科生和研究生"振动力学"课程教学基本要求(多学时)、教育部工科"力学"课程教学指导委员会面向21世纪工科"力学"课程教学改革要求编写的。本套书是将振动力学和计算机技术结合起来的新型教材，由《振动力学——线性振动》和《振动力学——非线性振动》组成。

  随着科学技术日新月异的发展，作为专业基础学科的振动力学，其体系和内容也必须相应地进行调整。从这个愿望出发，作者在撰写本套书时力图在已有振动力学的基础上，从以下几个方面做进一步的改进：

  (1)振动力学分为线性振动和非线性振动两部分。本套书将线性振动和非线性振动并重，阐述共振产生的原因和特性分析。全书由易到难、内容完整、结构紧凑、叙述严谨、逻辑性强。

  (2)定性分析和定量分析两条主线贯穿全书，定性分析和定量分析并重。以高等数学、理论力学和材料力学为基础，由简单到复杂，先线性振动后非线性振动，重点介绍最具振动力学课程特点的基础内容。

  (3)《振动力学——线性振动》主要讲解线性振动，包括单自由度系统、多自由度系统和连续体系统的振动，共3篇15章。从多种不同角度讲解基本概念、基本公式和基本方法，既有严格证明、又有形象直观的几何解释和物理解释。

  (4)《振动力学——非线性振动》主要讲解非线性振动，包括弱非线性振动、强非线性振动、分岔和混沌，共3篇13章。

  (5)定性分析以连续-时间动力系统和离散-时间动力系统为两条主线，从低维到高维分6章阐述不动点(奇点)与分岔的关系，介绍传统振动的不动点定性分析与现代科技发展起来的分岔和混沌两者的有机结合。

  (6)定量分析以解析解方法和数值解方法为两条主线，介绍解析解方法与数值解方法并重，讲解清楚振动力学最基本的概念，介绍最常用的快速、准确和有效的求解方法，以满足教学与解决工程问题的需要。

  (7)线性振动定量分析主要包括求解固有振动特性的近似计算方法和振动分析中的数值积分法两部分。固有振动特性的近似计算方法介绍了瑞利法、里兹法、矩阵迭代法和子空间迭代法等4种方法。

  (8)非线性振动分为弱非线性振动和强非线性振动两部分：弱非线性振动定量分析方法主要介绍了L-P法、多尺度法、KBM法和平均法等4种经典有效的摄动法；强非线性振动定量分析方法主要介绍了改进的摄动法、能量法、同伦分析方法和谐波-能量平衡法等4种现代发展起来的方法。

  (9)初始条件、边界条件与振动的基本方程——常微分方程组是同等重要的。近代研究表明，混沌的出现依赖于初始条件变化的敏感性和参数变化的敏感性。作者把常微分方程组和初始条件同时考虑，采用谐波平衡与能量平衡相结合，提出了谐波-能量平衡法。

(10)随着科学技术的发展,求解强非线性振动问题的解析解在工程中越来越重要。本套书介绍了近30年发展起来的求解强非线性振动解析解的新方法。通过振动力学教学,让学生及早了解国际前沿发展:强非线性振动、分岔和混沌。对于培养学生科学研究和解决工程实际问题是非常重要的。

(11)子曰:"学而不思则罔,思而不学则殆。"一些振动力学教科书所给出的思考题,可以分为两大类。一类主要是复习性的,例如"振动力学的任务是什么?""振动力学的研究对象是什么?"等等。另一类思考题则不仅是复习,而且带有一定的思考性。收录于本书的思考题基本上属于后一类。有的思考题虽然归入某一章,但由于振动力学的知识连贯性,可能需要全面思考。

(12)子曰:"学而时习之,不亦说乎?"本书希望构建成为教、学、习、用四维一体的现代化、立体化教材。本书例题分为常规的手算例题和计算机电算例题,以供教师"教"和学生"学"选用。收入本套书的习题分为三类,A类习题比较简单,供同学们写课后作业,期中或期末考试练习选用;B类习题有一定难度,供考研和参加力学竞赛的学生练习选用;C类习题与工程实际结合比较紧密,供学生写小论文和工程技术人员学习时参考应用。

作为面向21世纪的创新教材,本套书尝试为振动力学建立这样一种具有现代计算方法的强大功能,但又不失去传统解析解方法之精确性的新体系。

在编写本书过程中,西安建筑科技大学郭春霞和新疆大学赵文制作了下册《振动力学——非线性振动》部分的PPT课件并解答了部分习题。

我的研究生罗利军、董青田、曹俊灵、潘文波、吴艳艳、官云龙、韦炳威、霍树浩和谢晨等做了很多工作,在此一并致谢。

非常感谢我的儿子李树杰编写完成了书中的Maple程序和插图。深深地感谢我的夫人杨秀兰女士帮助我录入了全部书稿。

感谢河北工业大学校长韩旭教授以及胡宁教授、马国伟教授、李子瑞教授、赵丽滨教授给予的支持和鼓励。

感谢我的导师天津大学陈予恕院士、太原理工大学校长杨桂通教授、太原科技大学徐克晋教授和陆军工程大学张识教授,以及清华大学徐秉业教授多年来在转子动力学、非线性动力学和塑性动力学领域的指导和帮助。

本书的研究工作是在国家自然科学基金重大项目"大型旋转机械非线性动力学问题研究"(19990510)资助下完成的,它的出版又得到国家重点研发计划智能机器人重点专项(2017YFB1301300)基金的资助,在此特向他们致以深切的谢意。

感谢浙江大学庄表中教授热情为本书作序,无私地为本书提供了振动与控制视频动画30余个,读者扫二维码就可以观看。天津大学吴志强教授、河北工业大学李欣业教授对书稿进行了极为认真、细致的审阅,提出了许多宝贵的改进意见,在此致以衷心的感谢!

限于作者水平,书中存在不妥之处,望读者不吝指正。

李银山
2024年1月于天津

本教材配套资源索引

资源编号	资源名称	对应本书内容
视频 16-1	非线性振动的例子：节拍器倒摆	第 16 章
16-2	非线性振动的例子：闹钟	
16-3	非线性振动的例子：摆钟	
视频 17-1	轨道减振器模型一	第 17 章
17-2	轨道减振器模型二	
17-3	轨道减振器模型三	
视频 18-1	汽车发动机减振器模型一	第 18 章
18-2	汽车发动机减振器模型二	
视频 19-1	振动原理在公路的应用——路面打磨机	第 19 章
19-2	振动原理在公路的应用——路面压平机	
视频 20-1	共振的利用——打夯机	第 20 章
20-2	共振的利用——摊铺机	
视频 21-1	螺旋式振动输送器模型一	第 21 章
21-2	螺旋式振动输送器模型二	
21-3	螺旋式振动输送器模型三	
视频 22-1	利用太阳能光能产生非线性自激振动模型一	第 22 章
22-2	利用太阳能光能产生非线性自激振动模型二	
视频 23-1	悬臂梁模拟高层建筑模型一	第 23 章
23-2	悬臂梁模拟高层建筑模型二	
23-3	悬臂梁模拟高层建筑模型三	
视频 24-1	三自由度机器人模型一	第 24 章
24-2	三自由度机器人模型二	
视频 25-1	非线性振动-产生混沌的模型——二自由度	第 25 章
25-2	非线性振动-产生混沌的模型——多自由度	
视频 26-1	转子动平衡试验——轮胎	第 26 章
26-2	转子动平衡试验——扭转减振器	
视频 27-1	三线摆测试——人造通信卫星	第 27 章
27-2	三线摆测试——导弹的振动周期	
27-3	三线摆测试——与导弹等重的两个圆柱体	

续上表

资源编号	资源名称	对应本书内容
视频28-1	高压输电线支架的振动模态一	第28章
28-2	高压输电线支架的振动模态二	
28-3	高压输电线支架的振动模态三	
28-4	高压输电线支架的振动模态四	
28-5	高压输电线支架的振动模态五	
28-6	高压输电线支架的振动模态六	
视频29	高压输电线的导线模型——风速引起的自激振动	
视频30	安装中的桥梁受风激励引起的振动	
视频31	美国塔科马海峡大桥	

资源使用方法:请先使用微信扫描下方的数字资源码,完成绑定后,可通过移动端(手机、pad 等)或计算机端观看。

观看方法:进入"交通教育"微信公众号,点击下方菜单"用户服务—开始学习",选择已绑定的教材进行观看。

如有相关问题,请拨打技术服务电话:010-67364344。

主要符号说明

a	振幅	L	拉格朗日函数
A	振幅,面积	$\boldsymbol{L}^*$	矩阵 $\boldsymbol{L}$ 的复共轭转置
A_0	非对称振动偏心距	m	质量
$\boldsymbol{A}$	在零点计算的雅可比矩阵	n	转子转速
B	激励幅值	$\boldsymbol{N}$	自然数集
c	黏性阻力系数	$M(\tau)$	梅利尼科夫函数
cc	左边各项的共轭复数	P	重量,功率,速度瞬心
C	平面域的边界曲线	$\boldsymbol{P}$	庞加莱映射
Codim g	函数 g 的余维数	q	广义坐标
d	维数	$\boldsymbol{q}$	均布横向载荷集度
d_c	关联维数	Q	广义力
d_i	信息维数	Q^*	非有势力的广义力
d_H	豪斯多夫维数	$\tilde{Q}$	正则变量表示的广义力
d_L	李雅普诺夫维数	$\boldsymbol{Q}$	有理数集
d_p	点状维数	$\boldsymbol{R}$	实数集,实数空间
d_q	q 阶广义维数	r,θ,z	圆柱坐标系
D	板的抗弯刚度	range$\boldsymbol{A}$	矩阵 $\boldsymbol{A}$ 的线性变换的值域
D_n	第 n 阶偏微分算子	s	频率比
e	转子质量偏心距;非对称振动偏心距	S	曲面或空间,吸引盆
e	$e=\exp$,指数函数	$S^\perp$	空间 S 的正交补空间
E	弹性模量,总机械能	S_j	第 j 个奇点
E,θ	能量坐标系	t	时间
E^c	中心子空间	T	振动周期,动能扭矩
E^s	稳定子空间	T_n	第 n 阶尺度的时间变量
E^u	不稳定子空间	V	势能,速度
F	激励力的幅值	$W^c(\boldsymbol{x}_0)$	平衡点 $\boldsymbol{x}_0$ 的中心流形
H	哈密顿函数	$W^s(\boldsymbol{x}_0)$	平衡点 $\boldsymbol{x}_0$ 的稳定流形
i	$i=\sqrt{-1}$,虚数单位	$W^s_{\text{loc}}(\boldsymbol{x}_0)$	平衡点 $\boldsymbol{x}_0$ 的局部稳定流形
j	庞加莱指数	$W^u(\boldsymbol{x}_0)$	平衡点 $\boldsymbol{x}_0$ 的不稳定流形
$\boldsymbol{J}$	雅可比矩阵	$W^u_{\text{loc}}(\boldsymbol{x}_0)$	平衡点 $\boldsymbol{x}_0$ 的局部不稳定流形
k	线性弹簧刚度系数		

Z	整数集	μ	时间离散动力系统特征值,乘子
α	分岔参数	ν	泊松比
α_0	分岔值	σ	转子的 Sommerfeld 数
χ	安全裕度	ψ	相角
ε	小参数	ω	角频率,圆频率
η	黏性系数	ω_0	固有角频率,角频率初始猜测值
θ	相位差	Ω	激励角频率
λ	时间连续动力系统特征值	$\mathscr{L}$	同伦线性算子
λ_1	最大李雅普诺夫指数	$\mathscr{N}$	同伦非线性算子
$\lambda_1, \lambda_2, \cdots, \lambda_n$	李雅普诺夫指数	$\hbar$	同伦辅助参数

目 录

第4篇 弱非线性振动

第16章 非线性自由振动 ……………………………………………………………… 3
- 16.1 保守系统的自由振动 ……………………………………………………………… 3
- 16.2 方程的无量纲化 …………………………………………………………………… 5
- 16.3 直接展开法 ………………………………………………………………………… 8
- 16.4 Lindstedt-Poincaré 法 …………………………………………………………… 12
- 16.5 精确解法 …………………………………………………………………………… 14
- 16.6 阻尼的机制 ………………………………………………………………………… 21
- 16.7 平均法 ……………………………………………………………………………… 23
- 16.8 Maple 编程示例 …………………………………………………………………… 29
- 16.9 思考题 ……………………………………………………………………………… 32
- 16.10 习题 ……………………………………………………………………………… 32

第17章 非线性受迫振动 ……………………………………………………………… 36
- 17.1 受迫振动 …………………………………………………………………………… 36
- 17.2 主共振 ……………………………………………………………………………… 37
- 17.3 多尺度法 …………………………………………………………………………… 40
- 17.4 亚谐共振 …………………………………………………………………………… 41
- 17.5 超谐共振 …………………………………………………………………………… 44
- 17.6 组合共振 …………………………………………………………………………… 45
- 17.7 Maple 编程示例 …………………………………………………………………… 47
- 17.8 思考题 ……………………………………………………………………………… 49
- 17.9 习题 ………………………………………………………………………………… 50

第18章 自激振动 ……………………………………………………………………… 56
- 18.1 自激振动 …………………………………………………………………………… 56
- 18.2 自振的形成机制 …………………………………………………………………… 58
- 18.3 自振的数学模型 …………………………………………………………………… 59
- 18.4 KBM 渐进法 ……………………………………………………………………… 60
- 18.5 范德波尔方程 ……………………………………………………………………… 65
- 18.6 广义范德波尔方程的非共振解 …………………………………………………… 68

18.7	Maple 编程示例	70
18.8	思考题	71
18.9	习题	72

第 19 章　参数激励振动 … 77

19.1	参数振动	77
19.2	谐波平衡法	78
19.3	线性阻尼对稳定图的影响	81
19.4	非线性振动系统中的参数激励	83
19.5	参数振动中的组合共振	85
19.6	等效线性化方法	88
19.7	Maple 编程示例	90
19.8	思考题	91
19.9	习题	93

第 20 章　二维离散-时间动力系统的不动点与分岔 … 97

20.1	二维离散-时间系统的不动点存在性定理	97
20.2	分岔与分岔图	100
20.3	二维线性离散系统的不动点	103
20.4	翻转分岔的规范形	110
20.5	一般翻转分岔	111
20.6	Maple 编程示例	113
20.7	思考题	116
20.8	习题	117

第 5 篇　强非线性振动

第 21 章　改进的摄动法 … 125

21.1	人工参数展开法	125
21.2	改进的 L-P 方法	129
21.3	椭圆函数摄动法	132
21.4	广义谐波函数多尺度法	134
21.5	增量谐波平衡法	138
21.6	Maple 编程示例	140
21.7	思考题	142
21.8	习题	143

第 22 章　能量法 … 148

| 22.1 | 能量坐标系 | 148 |

22.2	单自由度强非线性系统的能量法	154
22.3	多自由度强非线性系统的能量法	159
22.4	Maple 编程示例	174
22.5	思考题	177
22.6	习题	178

第 23 章 同伦分析方法 181

23.1	具有奇非线性的自由振动系统	181
23.2	具有二次型非线性的自由振动系统	186
23.3	多维动力系统之极限环	192
23.4	Maple 编程示例	200
23.5	思考题	203
23.6	习题	204

第 24 章 谐波-能量平衡法 207

24.1	谐波-能量平衡法	207
24.2	对称强非线性系统的谐波-能量平衡法	210
24.3	非对称强非线性系统的谐波-能量平衡法	212
24.4	多自由度强非线性系统的谐波-能量平衡法	214
24.5	单摆	218
24.6	相对论修正方程	227
24.7	Maple 编程示例	236
24.8	思考题	239
24.9	习题	240

第 25 章 三维连续-时间动力系统的奇点与分岔 246

25.1	分岔的拓扑规范形	246
25.2	三维线性动力系统的奇点	248
25.3	双曲极限环	259
25.4	中心流形定理	260
25.5	依赖于参数的系统的中心流形	265
25.6	极限环分岔	268
25.7	Maple 编程示例	270
25.8	思考题	271
25.9	习题	272

第 6 篇 分岔和混沌

第 26 章 转子的非线性振动 285

- 26.1 非线性参数振动系统的共振分岔解 ... 285
- 26.2 非线性不平衡弹性轴系动力学的安全裕度准则 ... 292
- 26.3 Maple 编程示例 ... 300
- 26.4 思考题 ... 303
- 26.5 习题 ... 304

第27章 板的非线性振动 ... 315
- 27.1 夹层椭圆形板的 1/3 亚谐解 ... 315
- 27.2 非线性黏弹性圆板的分岔和混沌运动 ... 324
- 27.3 Maple 编程示例 ... 337
- 27.4 思考题 ... 340
- 27.5 习题 ... 342

第28章 三维离散-时间动力系统的不动点与分岔 ... 347
- 28.1 三维离散-时间系统的不动点存在性定理 ... 347
- 28.2 结构稳定性 ... 351
- 28.3 三维线性离散系统的不动点 ... 354
- 28.4 Neimark-Sacker 分岔的规范形 ... 364
- 28.5 一般 Neimark-Sacker 分岔 ... 367
- 28.6 Maple 编程示例 ... 373
- 28.7 思考题 ... 377
- 28.8 习题 ... 378

附录 C 非线性微分方程的椭圆函数解 ... 388
附录 D 部分思考题和习题参考答案 ... 394
参考文献 ... 462

第 4 篇 弱非线性振动

本篇讨论弱非线性振动共分 5 章。第 16 章至第 19 章介绍弱非线性振动的定量分析方法,第 20 章介绍非线性振动的定性分析方法。

第 16 章讨论非线性自由振动。先讨论保守系统的自由振动,再讨论阻尼自由振动;先讨论单自由度非线性自由振动,再讨论多自由度非线性自由振动。首先介绍了方程的无量纲化方法。然后循序渐进地介绍了常用的三种摄动法:直接展开法、Lindstedt-Poincaré 法和平均法。最后,精确解法介绍了椭圆函数法和缝接法。多自由度非线性自由振动部分以弹簧摆为例,首先介绍用拉格朗日方法建立方程,然后介绍用正则平均法求解方程。编程部分先介绍了用 Maple 软件编程,采用 L-P 法求弱非线性达芬方程的解析解;然后介绍了用 MATLAB 编程求解单摆的数值解。

第 17 章讨论非线性受迫振动。与线性受迫振动不同,非线性受迫振动除了具有线性受迫振动共振和非共振的特征之外,还有由非线性引起的新现象。本章首先讨论非线性受迫振动的共振和非共振,然后讨论亚谐共振、超谐共振和组合共振,最后介绍了求解非线性振动常用的摄动法——多尺度法。

第 18 章讨论自激振动。自激振动与自由振动和受迫振动不同,是非线性振动中产生的一种新的周期振动现象,数学上是非线性产生的极限环运动。本章首先介绍自激振动中的典型方程:范德波尔方程的建立,然后介绍用摄动法求解弱非线性范德波尔方程的解析解,最后介绍强非线性范德波尔方程的数值解,以及分析自激振动和极限环的特征。摄动法介绍 KBM 法。

第 19 章讨论参数激励振动。本章仍然回到线性振动,但这时所讨论的系统的特性并不像上册里假定为常系数,而是时间的周期函数。结果,微分方程成为称作 Hill 方程的类型。有几个理由使得在这本主要讨论非线性振动的书中用很长的一章讲述线性系统。第一,对任何一个周期的非线性振动稳定性这样重要问题的讨论,必然导向考察 Hill 方程。第二,这种类型系统里所碰到的振动现象,多少有点像次谐波振动。例如,在某种意义上,它们的位置介于非线性振动和有常系数特性的线性振动之间。第三,对于具有周期系数的线性微分方程叙述 Floquet 理论,讨论给定的周期的非线性振动的稳定性,必然转化为判断参数给定的 Hill 方程的解的有界或无界。第四,对于最重要的特殊情形,即 Mathieu 方程,详细地讨论了区别"稳定"和"不稳定"的参数值问题。第五,本章介绍了谐波平衡法和等效线性化方法。

第 20 章讨论二维离散-时间动力系统的不动点与分岔。第 10 章讨论了一维离散-时间动力系统的不动点与分岔,本章是第 10 章的延续。本章首先介绍不动点的存在性定理——二维布劳威尔定理,然后详细介绍二维离散动力系统不动点的分类问题,最后介绍离散动力系统中的翻转分岔,即倍周期分岔。这也是离散动力系统中通向混沌道路的最简单分岔,所以是非常重要的。

> 读书
> 宋 陆九渊(1125—1210)
> 读书切戒在慌忙，涵泳工夫兴味长。
> 未晓不妨权放过，切身须要急思量。

第 16 章 非线性自由振动

首先介绍了方程的无量纲化方法，然后介绍了常用的三种摄动法，即直接展开法、L-P 法和平均法。精确解法介绍了椭圆函数法和缝接法。以弹簧摆为例，介绍用拉格朗日方法建立方程，然后用正则平均法求解方程。最后介绍了 Maple 软件编程，采用 L-P 法求弱非线性达芬方程的解析解，用 MATLAB 编程求解单摆的数值解。

16.1 保守系统的自由振动

16.1.1 单摆

周期运动有多种类型。阻尼使初始扰动产生的**自由振动**衰减或消失。持久保留的稳态周期运动大致分 4 类，分别为保守系统自由振动、强迫振动、自激振动和参数振动。

保守系统的动能与势能之和保持常值，但二者能相互转换。这种转换使系统位移和速度周期变化，形成持久不衰减的振动现象。

单摆摆动是保守系统的自振动的范例(图 16.1.1)。通过分析研究单摆大幅振动，即可准确地掌握保守系统自由振动的特性。

利用动量矩定理，建立单摆的运动方程，经过整理后，得到二阶非线性常微分方程

$$\ddot{\theta} + \omega_0^2 \sin\theta = 0, \quad \omega_0^2 = gl^{-1} \quad (16.1.1)$$

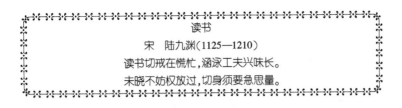

图 16.1.1 单摆

式中，θ 为单摆摆角；g 为重力加速度；l 为单摆长。

若将单摆通过平衡位置瞬时作为初始时间，相应的初始条件则可表示为

$$\theta(0) = 0, \quad \dot{\theta}(0) = \dot{\theta}_0 \quad (16.1.2)$$

用微分 $\mathrm{d}\theta$ 乘式(16.1.1)，完成积分运算，得到首次积分。若令单摆最大摆角为 θ_m，首次积分则为下列一阶非线性微分方程

$$\left(\frac{\mathrm{d}\theta}{\mathrm{d}t}\right)^2 = 4\omega_0^2 \left(k^2 - \sin^2\frac{\theta}{2} \right) \quad (16.1.3)$$

式中，积分常数 k 为最大摆角 θ_m 的函数。

$$k^2 = \sin\frac{\theta_m}{2} \tag{16.1.4}$$

通过非线性坐标变换

$$\sin\frac{\theta}{2} = k\sin\varphi \tag{16.1.5}$$

导出初始条件式(16.1.2)相应的坐标函数 φ 的表达式。事实上，将式(16.1.3)积分得到摆角的特殊函数解

$$t = \frac{1}{\omega_0}\int_0^\varphi \frac{\mathrm{d}\varphi}{(1-k^2\sin^2\varphi)^{\frac{1}{2}}} \tag{16.1.6}$$

式(16.1.6)是第一类勒让德(Legendre)积分，按式(16.1.6)计算函数 φ 从 0 到 $\frac{\pi}{2}$ 的积分，得到参数 k 与历经的时间的函数，记作

$$F(k) = \int_0^{\frac{\pi}{2}} \frac{\mathrm{d}\varphi}{(1-k^2\sin^2\varphi)^{\frac{1}{2}}} \tag{16.1.7}$$

按照式(16.1.7)，单摆大幅摆动周期

$$T = 4\omega_0^{-1}F(k) \tag{16.1.8}$$

按照方程式(16.1.1)，单摆微幅摆动周期值

$$T_0 = 2\pi\omega_0^{-1} \tag{16.1.9}$$

比较式(16.1.8)和式(16.1.9)可知，单摆周期是参数 k 的函数

$$T = \frac{2T_0 F(k)}{\pi} \tag{16.1.10}$$

按照式(16.1.10)数值计算，得到单摆周期与幅角间的函数关系，且将其列写于表 16.1.1 中。

单摆周期与最大摆角的关系　　　　　　　　　　　表 16.1.1

θ_m	30°	60°	90°
$F(k)$	1.598	1.686	1.854
T/T_0	1.02	1.07	1.18

以上分析表明，作为保守系统范例的单摆，其大幅摆动仍然是稳态周期运动，但它不是简谐振动。而且，摆动周期随幅角增大而增大，周期没有等时性(只有线性保守系统的单一模态运动才能产生等时性的简谐振动)。

16.1.2　单自由度保守系统实例

本节考虑一些单自由度保守系统，它们受形如

$$\ddot{x} + f(x) = 0 \tag{16.1.11}$$

的非线性微分方程所控制，从这些例子可以看到非线性性质的不同来源。

例题 16.1.1　单摆　考虑图 16.1.1 所示单摆的运动，可以看出，本例的非线性是由于大运动引起的几何非线性。

例题 16.1.2　受非线性弹簧约束的质点　考虑受非线性弹簧约束的质点 m 在无摩擦水平面上的运动，如图 16.1.2a)所示。假如质点的位置记为 $x(t)$，那么描述质点运动的微分方程是

$$m\ddot{x} + f(x) = 0 \tag{16.1.12}$$

式中，$f(x)$ 为弹簧加于质点上的力。对于线性弹簧，$f(x) = kx$，其中 k 称为弹簧常数。对于非线性弹簧，力是变形的非线性函数，如图 16.1.2b) 所示。对于软弹簧，非线性使力减小（相对于线性弹簧），而对于硬弹簧，非线性使力增加。假定弹簧沿同一条曲线加载和卸载，则不出现阻尼的滞后现象。本例的非线性是由大变形时的材料性质引起。

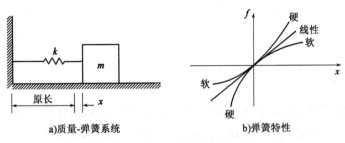

a) 质量-弹簧系统   b) 弹簧特性

图 16.1.2 受非线性弹簧约束的质点

例题 16.1.3 中心力场中的质点 考虑中心力场作用下的质点的平面运动，如图 16.1.3 所示。利用极坐标，此质点 m 的运动受控方程组

$$m(\ddot{r} - r\dot{\theta}^2) + mF(r) = 0 \tag{16.1.13a}$$

$$m(r\ddot{\theta} + 2\dot{r}\dot{\theta}) = 0 \tag{16.1.13b}$$

如果场是引力场，则式中 m 是质点的质量，如果是电场，则 m 是该粒子所带的电荷。方程式 (16.1.13b) 有积分

$$r^2\dot{\theta} = p \tag{16.1.14}$$

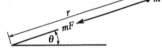

图 16.1.3 中心力场中的质点

式中，p 为常数，该积分是角动量守恒定律的描述。从式 (16.1.13a) 和式 (16.1.14) 中消去 $\dot{\theta}$，得

$$\ddot{r} - \frac{p^2}{r^3} + F(r) = 0 \tag{16.1.15}$$

本例的非线性是由旋转坐标系中的**惯性**和大范围运动中力场（或材料）的性质引起。

例题 16.1.4 在转动的圆上的质点 考虑质点 m 无摩擦地沿半径为 R 的圆运动，此圆以匀角速度 Ω 绕其沿直径转动，如图 16.1.4 所示。作用在这质点上的力有重力 mg，离心力 $m\Omega^2 R\sin\theta$ 和约束力 F_N。将这些力对圆心 O 取矩，并令力矩之和等于此质点关于点 O 的角动量变化率，得到

$$mR^2\ddot{\theta} = m\Omega^2 R^2 \sin\theta\cos\theta - mgR\sin\theta \tag{16.1.16}$$

本例的非线性是由于旋转坐标系中的**惯性**和大运动中的几何性质引起。

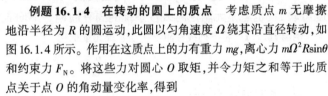

图 16.1.4 在光滑的转动圆环上运动的质点

16.2 方程的无量纲化

考虑一般形式的非线性微分方程

$$m\frac{d^2x}{dt^2} + c\frac{dx}{dt} + kx + F\left(\alpha, x, \frac{dx}{dt}\right) = 0 \tag{16.2.1}$$

式中，α 为表示函数 F 的非线性程度的常数，m、c、k 分别为系统的质量、线性阻尼和线性刚度，x、t 分别为相应的位移和时间。一般情况下，这些物理量都是有量纲的。函数 F 通常代表比较小的非线性阻尼力和弹性力，由于系统的振幅和系统的大小有关，故很难确定非线性力"小"的程度。解决这个问题的办法是将方程式(16.2.1)转化为等价的方程，并使新的参数为无量纲形式。若选择的无量纲变量合适，方程中非线性项前将会出现一个"小"的无量纲参数，这样就可以应用各种近似解析法得到方程式(16.2.1)的解。

下面介绍如何对一般非线性方程实现无量纲化。对于方程式(16.2.1)，假设其初始条件为

$$x(0) = A, \frac{\mathrm{d}x(0)}{\mathrm{d}t} = 0 \tag{16.2.2}$$

对于一般的物理系统，该条件可满足，将式(16.2.1)无量纲化的一般步骤如下。

(1) 列出有关的有量纲参数。由式(16.2.1)和式(16.2.2)可得

$$m, k, c, \alpha, A \tag{16.2.3}$$

这里将初始振幅也当作有量纲参数。

(2) 利用式(16.2.3)的参数，构造新的具有时间和长度量纲的常数。这些常数将作为新的时间和长度"尺度"，这样可得到

$$T_1 = \sqrt{\frac{m}{k}}, T_2 = \frac{m}{c}, T_3 = g_1(\alpha, c, k) \tag{16.2.4a}$$

$$L_1 = A, L_2 = g_2(\alpha, c, k) \tag{16.2.4b}$$

式中，g_1、g_2 为 α、c、k 的函数。通常由于线性阻尼较小，故 $T_1 \ll T_2$。

(3) 利用新的时间和长度"尺度"，构造新的无量纲位移和时间变量

$$\bar{t} = \frac{t}{T_j}, \bar{x} = \frac{x}{L_i} \tag{16.2.5}$$

式中，$i = 1, 2; j = 1, 2, 3$。如果能够得到不止一组时间和长度尺度，通常总有一组可使得到的无量纲方程中非线性项前的系数足够小。

(4) 最后，将无量纲的位移和时间变量代入式(16.2.1)并简化。对于大多数情况，时间尺度可取 T_1，也就是无阻尼时线性系统的固有周期。下面我们结合几个例子来说明这个过程。

例题 16.2.1 将下列线性阻尼振动系统无量纲化：

$$m\frac{\mathrm{d}^2 x}{\mathrm{d}t^2} + c\frac{\mathrm{d}x}{\mathrm{d}t} + kx = 0 \tag{16.2.6}$$

初始条件同式(16.2.2)。

解：构造时间尺度如下

$$T_1 = \sqrt{\frac{m}{k}}, T_2 = \frac{m}{c} \tag{16.2.7}$$

式中，T_1 为与振动周期有关的时间；T_2 为与阻尼有关的时间。

选择初始位移 A 作为长度尺度，即

$$L_1 = A \tag{16.2.8}$$

这样可得到以下无量纲变量

$$\bar{x} = \frac{x}{A}, \bar{t} = \frac{t}{T_1} \tag{16.2.9}$$

由方程式(16.2.9)解出 x 和 t，代入原方程并化简得到

$$\frac{d^2\bar{x}}{d\bar{t}^2} + \left(\frac{T_1}{T_2}\right)\frac{d\bar{x}}{d\bar{t}} + \bar{x} = 0 \tag{16.2.10}$$

令 $\varepsilon = T_1/T_2$，方程式(16.2.10)可化为

$$\frac{d^2\bar{x}}{d\bar{t}^2} + \varepsilon\frac{d\bar{x}}{d\bar{t}} + \bar{x} = 0 \tag{16.2.11}$$

一般情况下阻尼比较小，故 $\varepsilon \ll 1$。

例题 16.2.2 将下列 Duffing 振子无量纲化：

$$m\frac{d^2 x}{dt^2} + kx + k_1 x^3 = 0 \tag{16.2.12}$$

初始条件同方程式(16.2.2)。

解：由原方程及其物理参数可得到时间尺度

$$T_1 = \sqrt{\frac{m}{k}} \tag{16.2.13}$$

和长度尺度

$$L_1 = \sqrt{\frac{k}{k_1}}, \quad L_2 = A \tag{16.2.14}$$

这样就得到两组尺度 (T_1, L_1) 和 (T_1, L_2)。

考虑第一组尺度，可得到无量纲变量

$$\bar{x} = \frac{x}{L_1}, \quad \bar{t} = \frac{t}{T_1} \tag{16.2.15}$$

解出 x 和 t，代入原方程并化简得到

$$\frac{d^2\bar{x}}{d\bar{t}^2} + \bar{x} + \left(\frac{k_1 L_1^2 T_1^2}{m}\right)\bar{x}^3 = 0 \tag{16.2.16}$$

根据式(16.2.13)和式(16.2.14)可知

$$\frac{k_1 L_1^2 T_1^2}{m} = 1 \tag{16.2.17}$$

方程式(16.2.16)为

$$\frac{d^2\bar{x}}{d\bar{t}^2} + \bar{x} + \bar{x}^3 = 0 \tag{16.2.18}$$

可见，采用第一组尺度不能将原方程化为非线性部分带有小参数的无量纲形式。

考虑第二组尺度，可得到如下无量纲变量

$$\bar{x} = \frac{x}{L_2}, \quad \bar{t} = \frac{t}{T_1} \tag{16.2.19}$$

解出 x 和 t 代入原方程并化简得到

$$\frac{d^2\bar{x}}{d\bar{t}^2} + \bar{x} + \left(\frac{k_1 L_2^2 T_1^2}{m}\right)\bar{x}^3 = 0 \tag{16.2.20}$$

根据式(16.2.13)和式(16.2.14)可得

$$\frac{k_1 L_2^2 T_1^2}{m} = \left(\frac{L_2}{L_1}\right)^2 = \frac{k_1 A^2}{k} \tag{16.2.21}$$

令 $\varepsilon = k_1 A^2 / k$，方程式(16.2.20)可化为

$$\frac{d^2\bar{x}}{d\bar{t}^2} + \bar{x} + \varepsilon\bar{x}^3 = 0 \tag{16.2.22}$$

可见,当长度尺度 L_2 和 L_1 相比较小时,ε 也比较小,即非线性部分的小参数满足要求。

例题 16.2.3 将 Rayeigh 方程

$$m\frac{\mathrm{d}^2 x}{\mathrm{d}t^2} + kx - \left[\alpha - \left(\frac{\beta}{3}\right)\left(\frac{\mathrm{d}x}{\mathrm{d}t}\right)^2\right]\frac{\mathrm{d}x}{\mathrm{d}t} = 0 \tag{16.2.23}$$

无量纲化,初始条件同方程式(16.2.2)。

解: 由原方程及其物理参数可得到长度尺度

$$L_1 = \sqrt{\frac{\alpha m}{\beta k}}, \; L_2 = A \tag{16.2.24}$$

和时间尺度

$$T_1 = \frac{m}{k}, \; T_2 = \frac{m}{\alpha} \tag{16.2.25}$$

选择无量纲变量为

$$\bar{x} = \frac{x}{L_1}, \; \bar{t} = \frac{t}{T_1} \tag{16.2.26}$$

可得到

$$\frac{\mathrm{d}^2 \bar{x}}{\mathrm{d}\bar{t}^2} + \bar{x} - \varepsilon\left[1 - \frac{1}{3}\left(\frac{\mathrm{d}\bar{x}}{\mathrm{d}\bar{t}}\right)^2\right]\frac{\mathrm{d}\bar{x}}{\mathrm{d}\bar{t}} = 0 \tag{16.2.27}$$

其中 $\varepsilon = \frac{T_1}{T_2}$。无量纲初始条件为

$$\bar{x}(0) = A\sqrt{\frac{\beta k}{\alpha m}}, \; \frac{\mathrm{d}\bar{x}(0)}{\mathrm{d}t} = 0 \tag{16.2.28}$$

以上我们介绍了如何将形如式(16.2.1)的方程转换为无量纲形式,即经过一系列变换,方程式(16.2.1)将变换为

$$\frac{\mathrm{d}^2 \bar{x}}{\mathrm{d}\bar{t}^2} + \bar{x} + \varepsilon\bar{F}\left(\bar{\alpha}, \bar{x}, \frac{\mathrm{d}\bar{x}}{\mathrm{d}t}\right) = 0 \tag{16.2.29}$$

其中的常数和变量均为无量纲形式,并且 ε 是表征非线性程度的"小"参数。在本书中,如果不特别指明,我们研究的方程均为无量纲化后得到的方程。

16.3 直接展开法

考虑由方程

$$\ddot{u} + f(u) = 0 \tag{16.3.1}$$

所控制的系统,式中 $f(u)$ 一般是非线性函数。将原点移至中心 $u = u_0$,为此设

$$x = u - u_0 \tag{16.3.2}$$

于是,式(16.3.1)变为

$$\ddot{x} + f(x + u_0) = 0 \tag{16.3.3}$$

假设 f 可以展开,则式(16.3.3)可改写为

$$\ddot{x} + \sum_{n=1}^{N} \alpha_n x^n = 0 \tag{16.3.4}$$

式中

$$\alpha_n = \frac{1}{n!} f^{(n)}(u_0) \tag{16.3.5}$$

而 $f^{(n)}$ 表示关于自变量的 n 阶导数,对于中心,$f(u_0) = 0$,而 $f'(u_0) > 0$。

将方程式(16.3.4)删去所有的非线性项得到一个线性方程,受此方程控制的系统称为对应的线性系统。非线性系统的响应基本上可以通过对应的线性系统的响应进行摄动得到。

对于方程式(16.3.4),假设其中的非线性项不一定是小量,求中心附近的振幅小且有限的运动。为了寻找描述运动的有效展开式,在展开式中引入一个无量纲小参数ε,它不表征系统的固有参数,只表征所求的运动振幅的量级是小的,同时它可以用来区分各级摄动量。

假定方程式(16.3.4)对于初条件

$$x(0)=\varepsilon x_0, \quad \dot{x}(0)=\varepsilon \dot{x}_0 \tag{16.3.6}$$

的解可以表示成展开式

$$x(t;\varepsilon)=\varepsilon x_1(t)+\varepsilon^2 x_2(t)+\varepsilon^3 x_3(t)+\cdots \tag{16.3.7}$$

将式(16.3.7)代入式(16.3.4),因为x_n是与ε无关的,令ε的每次幂的系数等于零,并记$\alpha_1=\omega_0^2$,得到如下一组摄动方程:

ε 阶

$$\ddot{x}_1+\omega_0^2 x_1=0 \tag{16.3.8}$$

ε^2 阶

$$\ddot{x}_2+\omega_0^2 x_2=-\alpha_2 x_1^2 \tag{16.3.9}$$

ε^3 阶

$$\ddot{x}_3+\omega_0^2 x_3=-2\alpha_2 x_1 x_2-\alpha_3 x_1^3 \tag{16.3.10}$$

在满足初始条件方面,有如下两种选择。

选择一 可以将假定的展开式(16.3.7)代入初条件式(16.3.6),令ε相同幂次的系数相等,其结果为

$$x_1(0)=x_0 \text{ 和 } \dot{x}_1(0)=\dot{x}_0 \tag{16.3.11}$$

$$x_n(0)=0 \text{ 和 } \dot{x}_n(0)=0, \text{ 对于 } n\geq 2 \tag{16.3.12}$$

于是根据式(16.3.11)决定x_1中的积分常数,根据式(16.3.12)逐步决定$x_n(n\geq 2)$的齐次解中所含的积分常数。

选择二 可以对所有的$x_n(n\geq 2)$,直到最后一步,不考虑初条件和齐次解。但将x_1中的积分常数看作ε的函数,按ε的幂次展开,选择展开式中的系数使式(16.3.6)得到满足。

下面通过具体运算来说明这两种方法是等价的。

(1)根据第一种选择。

方程式(16.3.8)的解可以写成

$$x_1=a_1\cos(\omega_0 t+\beta_1) \tag{16.3.13}$$

式中,a_1、β_1为常数。为满足初条件式(16.3.11),有

$$a_1\cos\beta_1=x_0 \tag{16.3.14a}$$

$$a_1\sin\beta_1=\frac{-\dot{x}_0}{\omega_0} \tag{16.3.14b}$$

将式(16.3.13)代入式(16.3.9),得到

$$\ddot{x}_2 + \omega_0^2 x_2 = -\alpha_2 a_1^2 \cos^2(\omega_0 t + \beta_1) = -\frac{1}{2}\alpha_2 a_1^2 [1 + \cos(2\omega_0 t + 2\beta_1)] \quad (16.3.15)$$

式中已经利用了三角恒等式。方程式(16.3.15)的解为

$$x_2 = \frac{\alpha_2 a_1^2}{6\omega_0^2}[\cos(2\omega_0 t + 2\beta_1) - 3] + a_2\cos(\omega_0 t + \beta_2) \quad (16.3.16)$$

对于初条件式(16.3.12),有

$$a_2\cos\beta_2 = -\frac{\alpha_2 a_1^2}{6\omega_0^2}(\cos\beta_1 - 3) \quad (16.3.17\text{a})$$

$$a_2\sin\beta_2 = -\frac{\alpha_2 a_1^2}{3\omega_0^2}\sin 2\beta_1 \quad (16.3.17\text{b})$$

于是,根据第一种选择,有

$$x = \varepsilon a_1\cos(\omega_0 t + \beta_1) + \varepsilon^2\left\{\frac{a_1^2\alpha_2}{6\omega_0^2}[\cos(2\omega_0 t + 2\beta_1) - 3] + a_2\cos(\omega_0 t + \beta_2)\right\} + o(\varepsilon^3) \quad (16.3.18)$$

式中,a_1、β_1、a_2、β_2 由式(16.3.14)和式(16.3.17)确定。

(2)根据第二种选择。

方程式(16.3.8)的解可以写为

$$x_1 = a\cos(\omega_0 t + \beta) \quad (16.3.19)$$

式中,a、β 为常数,但把它们看作 ε 的函数。暂不考虑初条件。

将式(16.3.19)代入式(16.3.9),得

$$\ddot{x}_2 + \omega_0^2 x_2 = -\frac{1}{2}\alpha_2 a^2[1 + \cos(2\omega_0 t + 2\beta)] \quad (16.3.20)$$

方程式(16.3.20)的解(不计齐次解)为

$$x_2 = \frac{\alpha_2 a^2}{6\omega_0^2}[\cos(2\omega_0 t + 2\beta) - 3] \quad (16.3.21)$$

于是根据第二种选择有,有

$$x = \varepsilon a\cos(\omega_0 t + \beta) + \frac{\varepsilon^2 a^2 \alpha_2}{6\omega_0^2}[\cos(2\omega_0 t + 2\beta) - 3] + o(\varepsilon^3) \quad (16.3.22)$$

式中,常数 a 与 β 由初条件确定。

下面说明,对于相同的初条件,总可将解式(16.3.22)化成解式(16.3.18)的形式。

将解式(16.3.22)代入初条件式(16.3.6),得

$$\varepsilon x_0 = \varepsilon a\cos\beta + \frac{\varepsilon^2 a^2 \alpha_2}{6\omega_0^2}(\cos 2\beta - 3) \quad (16.3.23\text{a})$$

$$\varepsilon\dot{x}_0 = -\varepsilon a\omega_0\sin\beta - \frac{\varepsilon^2 a^2 \alpha_2}{3\omega_0^2}\sin 2\beta \quad (16.3.23\text{b})$$

由式(16.3.23)可解出 a 与 β,设解有如下形式

$$\varepsilon a = \varepsilon A_1 + \varepsilon^2 A_2 + \cdots \quad (16.3.24\text{a})$$

$$\beta = B_1 + \varepsilon B_2 + \cdots \quad (16.3.24\text{b})$$

将式(16.3.24)代入式(16.3.23),有

$$\varepsilon x_0 = \varepsilon A_1 \cos B_1 + \varepsilon^2 \left[A_2 \cos B_1 - A_1 B_2 \sin B_1 + \frac{A_1^2 \alpha_2}{6\omega_0^2}(\cos 2B_1 - 3) \right] + \cdots \quad (16.3.25a)$$

$$\varepsilon \dot{x}_0 = -\varepsilon A_1 \omega_0 \sin B_1 - \varepsilon^2 \left(A_2 \omega_0 \sin B_1 + A_1 B_2 \omega_0 \cos B_1 + \frac{A_1^2 \alpha_2}{3\omega_0} \sin 2B_1 \right) + \cdots$$

$$(16.3.25b)$$

比较方程两端同次幂的系数，得

$$x_0 = A_1 \cos B_1 \quad (16.3.26a)$$

$$\frac{-\dot{x}_0}{\omega_0} = A_1 \sin B_1 \quad (16.3.26b)$$

和

$$A_2 \cos B_1 - B_2 A_1 \sin B_1 = -\frac{A_1^2 \alpha_2}{6\omega_0^2}(\cos 2B_1 - 3) \quad (16.3.27a)$$

$$A_2 \sin B_1 - B_2 A_1 \cos B_1 = -\frac{A_1^2 \alpha_2}{3\omega_0^2} \sin 2\beta_1 \quad (16.3.27b)$$

式(16.3.26)与式(16.3.14)比较，可见

$$A_1 = a_1, B_1 = \beta_1 \quad (16.3.28)$$

将式(16.3.28)代入式(16.3.27)，并根据式(16.3.17)，有

$$A_2 \cos \beta_1 - B_2 \sin \beta_1 = a_2 \cos \beta_2 \quad (16.3.29a)$$

$$A_2 \sin \beta_1 + B_2 \cos \beta_1 = a_2 \sin \beta_2 \quad (16.3.29b)$$

方程式(16.3.29)的系数行列式等于 $1 \neq 0$，方程有唯一的非零解。所以，对一组有给定值的 $a_1, \beta_1, a_2, \beta_2$，必可唯一确定一组 A_1, B_1, A_2, B_2 的值，即根据初条件的两种不同选择，都可以得到相同的解。如果将解求至更高阶近似，也有同样的结论，以后根据第二种选择来满足初条件。

将式(16.3.19)和式(16.3.21)代入式(16.3.10)，得

$$\ddot{x}_3 + \omega_0^2 x_3 = \frac{\alpha_2^2 a^3}{3\omega_0^2} [3\cos(\omega_0 t + \beta) - \cos(\omega_0 t + \beta)\cos(2\omega_0 t + 2\beta)] - \alpha_3 a^3 \cos^3(\omega_0 t + \beta)$$

$$= \left(\frac{5\alpha_2^2}{6\omega_0^2} - \frac{3\alpha_3}{4} \right) a^3 \cos(\omega_0 t + \beta) - \left(\frac{\alpha_3}{4} + \frac{\alpha_2^2}{6\omega_0^2} \right) \cos(3\omega_0 t + 3\beta) \quad (16.3.30)$$

式(16.3.30)的任何特解都包含

$$\left(\frac{10\alpha_2^2 - 9\alpha^3 \omega_0^2}{24\omega_0^3} \right) a^3 t \sin(\omega_0 t + \beta_0) \quad (16.3.31)$$

这一项。如果继续这种直接展开法，会出现包含因子 $t^m \cos(\omega_0 t + \beta)$ 和 $t^m \sin(\omega_0 t + \beta)$ 的一些项，这样的项称为**久期项**。

因为存在久期项，展开式(16.3.7)不是周期的。而且当 t 增加时，x_3/x_1 和 x_3/x_2 无界增长。因此展开式中后面的项并非总是对前面的项进行小的修正。所以说展开式(16.3.7)在 t 增加时不是一直有效的。

第16.1节的讨论已经指出，非线性系统和线性系统相区别的特征之一是角频率与振幅的相互影响。但直接展开法根本没有考虑此种关系。因此，这种方法从一开始就是失败的。

考虑角频率与振幅的相互影响,对直接展开法进行的一种修改是 Lindstedt-Poincaré 方法,该法在下面介绍。

16.4 Lindstedt-Poincaré 法

从式(16.3.22)可以看出,最后所求得的非线性系统的解的角频率还是与线性系统的角频率 ω_0 一样,没有反映出非线性对系统角频率的影响,这就是直接展开法对早期振动问题失效的根本原因。天文学家 Lindstedt 注意到这一点,率先于1882年提出一个方法,即通过引入一个新变量 $\tau = \omega t$(ω 代表系统的非线性角频率),再把基本解 x 和非线性角频率 ω 都展开成小参数 ε 的幂级数,幂级数的系数根据周期运动的要求,即避免方程出现久期项的条件依次确定。1892年,Poincaré 证明了 Lindstedt 的级数解是渐近级数,因此,这种方法被称为 Lindstedt-Poincaré 方法,简称 L-P 法。

考虑拟线性自治系统

$$\ddot{x} + \omega_0^2 x = \varepsilon f(x, \dot{x}) \tag{16.4.1}$$

引入一个新的自变量

$$\tau = \omega t \tag{16.4.2}$$

对新自变量 τ 而言,所求周期解的周期为 2π,于是方程式(16.4.1)变为

$$\omega^2 x'' + \omega_0^2 x = \varepsilon f(x, \omega x') \tag{16.4.3}$$

式中,"$'$"表示对 τ 求导。把 x 和 ω 都展开成小参数 ε 的幂级数,即

$$x(\tau, \varepsilon) = x_0(\tau) + \varepsilon x_1(\tau) + \varepsilon^2 x_2(\tau) + \cdots \tag{16.4.4}$$

$$\omega(\varepsilon) = \omega_0 + \varepsilon \omega_1 + \varepsilon^2 \omega_2 + \cdots \tag{16.4.5}$$

式中,$x_i(\tau)$ 为 τ 的周期函数,周期为 2π;ω_i 为待定常数,在以后的求解过程中逐步确定。

将式(16.4.4)和式(16.4.5)代入方程式(16.4.3)的左边,得

$$\begin{aligned}\omega^2 x'' + \omega_0^2 x &= (\omega_0 + \varepsilon\omega_1 + \varepsilon^2\omega_2 + \cdots)^2 (x_0'' + \varepsilon x_1'' + \varepsilon^2 x_2'' + \cdots) + \omega_0^2(x_0 + \varepsilon x_1 + \varepsilon^2 x_2 + \cdots) \\ &= (\omega_0^2 x_0'' + \omega_0^2 x_0) + \varepsilon(\omega_0^2 x_1'' + \omega_0^2 x_1 + 2\omega_0\omega_1 x_0'') + \\ &\quad \varepsilon^2 [\omega_0^2 x_2'' + \omega_0^2 x_2 + (2\omega_0\omega_2 + \omega_1^2) x_0'' + 2\omega_0\omega_1 x_1''] + \cdots \end{aligned} \tag{16.4.6}$$

将函数 $f(x, \omega x')$ 在 $x = x_0$,$x' = x_0'$,$\omega = \omega_0$ 附近展开成 ε 的幂级数,得

$$\begin{aligned}\varepsilon f(x, \omega x') &= \varepsilon f(x_0, \omega_0 x_0') + \varepsilon^2 \left[x_1 \frac{\partial f(x_0, \omega_0 x_0')}{\partial x} + x_1' \frac{\partial f(x_0, \omega_0 x_0')}{\partial x'} + \omega_1 \frac{\partial f(x_0, \omega_0 x_0')}{\partial \omega} \right] + \cdots \\ &= \varepsilon f(x_0, \omega_0 x_0') + \varepsilon^2 \left[x_1 \frac{\partial f(x_0, \omega_0 x_0')}{\partial x} + (\omega_0 x_1' + \omega_1 x_0') \frac{\partial f(x_0, \omega_0 x_0')}{\partial \dot{x}} \right] + \cdots \end{aligned} \tag{16.4.7}$$

式中,$\dfrac{\partial f(x_0, \omega_0 x_0')}{\partial x}$ 表示 $\dfrac{\partial f(x, \omega x')}{\partial x}$ 在 $x = x_0$,$x' = x_0'$,$\omega = \omega_0$ 处取值,简记为 $\dfrac{\partial f_0}{\partial x}$。

考虑以上两个展开式相等,比较等式两边 ε 同次幂的系数,可得线性微分方程组

$$\omega_0^2 x_0'' + \omega_0^2 x_0 = 0 \tag{16.4.8a}$$

$$\omega_0^2 x_1'' + \omega_0^2 x_1 = f(x_0, \omega_0 x_0') - 2\omega_0 \omega_1 x_0'' \qquad (16.4.8\text{b})$$

$$\omega_0^2 x_2'' + \omega_0^2 x_2 = x_1 \frac{\partial f(x_0, \omega_0 x_0')}{\partial x} + (\omega_0 x_1' + \omega_1 x_0') \frac{\partial f(x_0, \omega_0 x_0')}{\partial \dot{x}} - \qquad (16.4.8\text{c})$$

$$(2\omega_0 \omega_2 + \omega_1^2) x_0'' - 2\omega_0 \omega_1 x_1''$$

以上方程组与直接展开法所得的方程组相似,可以依次求解。不同的是,还必须确定角频率分量 $\omega_i (i = 1, 2, \cdots)$,这可以由 $x_i(\tau)$ 的周期性条件来确定。由式(16.4.8)可知,为使 x_0, x_1, x_2, $\cdots$ 为周期函数,各方程式右边应不含 $\sin \tau$ 或 $\cos \tau$ 的项,即上述方程式中 $\sin \tau$ 和 $\cos \tau$ 的系数必须为零。由此可定出 $\omega_i (i = 1, 2, \cdots)$,这样就可以消去久期项得到周期解。

L-P 法的优点是方法简单、直观、明了,便于应用,特别适合于计算机符号软件,如 Maple 等。借助这类具有推导公式功能的计算机软件,可以方便地进行高次近似计算,克服以往手工计算的烦琐。但是,L-P 法只能求得系统的稳态解,而不能求得瞬态解。对于耗散系统,因振幅随时间而变化,L-P 法不能应用。

L-P 法有时也称为参数变换法,因为它把参数 ω 与所求的解 x 一起展开为 ε 的幂级数,在求解过程逐步确定,使所求的解具有一致性。但是,对于多变量函数 $x(t_1, t_2, \cdots t_n, \varepsilon)$ 按 ε 展开成幂级数后所求得的解不一定是一致收敛的。Lighthill 推广了 L-P 法思想,采用更为广泛的坐标变换,把出现非一致有效性的那一个自变量,如 t_1,也展开成包括新引入的自变量的项的幂级数,即

$$x(t_1, t_2, \cdots, t_n, \varepsilon) = \sum_{i=0} \varepsilon^i Z_i(\tau, t_2, \cdots, t_n) \qquad (16.4.9)$$

$$t_1 = \tau + \sum_{i=0} \varepsilon^i T_i(\tau, t_2, \cdots, t_n) \qquad (16.4.10)$$

因此,Lighthill 法也称为**坐标变换法**。1953 年,郭永怀又将此法推广应用于黏性流动问题;1956 年,钱学森建议将以上这一套方法统称为 **PLK 法**。这一方法在流体力学、固体力学以及物理学等其他学科都有很广泛的应用,主要不是用于非线性振动。当用于非线性振动时,其与 L-P 法没有多大差别。

例题 16.4.1 用 L-P 法求 Duffing 方程

$$\ddot{x} + \omega_0^2 x + \varepsilon x^3 = 0 \qquad (16.4.11)$$

满足初始条件

$$x(0) = a, \quad \dot{x}(0) = 0 \qquad (16.4.12)$$

的周期解。

解:对应于方程式(16.4.3),本题中 $f(x, \omega x') = -x^3$。由式(16.4.8)可得方程组

$$x_0'' + x_0 = 0 \qquad (16.4.13\text{a})$$

$$x_1'' + x_1 = -\frac{x_0^3}{\omega_0^2} - 2\frac{\omega_1}{\omega_0} x_0 \qquad (16.4.13\text{b})$$

$$x_2'' + x_2 = -\frac{3 x_0^2 x_1}{\omega_0^2} - \frac{1}{\omega_0^2}(2\omega_0 \omega_2 + \omega_1^2) x_0'' - 2\frac{\omega_1}{\omega_0} x_1'' \qquad (16.4.13\text{c})$$

$$\cdots$$

式(16.4.13a)的解可以写为

$$x_0 = A\cos(\tau + \varphi) \qquad (16.4.14)$$

将式(16.4.14)代入式(16.4.13b)可得

$$x_1'' + x_1 = \left(2A \frac{\omega_1}{\omega_0} - \frac{3}{4} \cdot \frac{A^3}{\omega_0^2}\right)\cos(\tau + \varphi) - \frac{A^3}{4\omega_0^2}\cos(3\tau + 3\varphi) \qquad (16.4.15)$$

消去久期项,令 $\cos(\tau+\varphi)$ 的系数为零,得

$$\omega_1 = \frac{3A}{8\omega_0} \tag{16.4.16}$$

于是

$$x_1 = \frac{1}{32} \cdot \frac{A^3}{\omega_0^2}\cos(3\tau+3\varphi) \tag{16.4.17}$$

把式(16.4.14)、式(16.4.16)、式(16.4.17)代入式(16.4.13c),得

$$x_2'' + x_2 = 2\left(2\frac{\omega_2 A}{\omega_0} + \frac{5}{128} \cdot \frac{A^5}{\omega_0^4}\right)\cos(\tau+\varphi) + \frac{A^5}{128\omega_0^4}\cos(3\tau+3\varphi) - \frac{3}{128} \cdot \frac{A^5}{\omega_0^4}\cos(5\tau+5\varphi) \tag{16.4.18}$$

消去久期项得

$$\omega_2 = -\frac{15}{256} \cdot \frac{A^4}{\omega_0^3} \tag{16.4.19}$$

由式(16.4.19)求得

$$x_2 = -\frac{21}{1\,024} \cdot \frac{A^5}{\omega_0^4}\cos(3\tau+3\varphi) + \frac{1}{1\,024} \cdot \frac{A^5}{\omega_0^4}\cos(5\tau+5\varphi) \tag{16.4.20}$$

可求出二次近似解为

$$x = A\cos(\tau+\varphi) + \varepsilon\frac{1}{32} \cdot \frac{A^3}{\omega_0^2}\cos(3\tau+3\varphi) +$$

$$\varepsilon^2 \frac{1}{1\,024} \cdot \frac{A^5}{\omega_0^4}[\cos(5\tau+5\varphi) - 21\cos(3\tau+3\varphi)] \tag{16.4.21a}$$

$$\omega = \omega_0 + \varepsilon\frac{3A}{8\omega_0} - \varepsilon^2 \frac{15}{256} \cdot \frac{A^4}{\omega_0^3} \tag{16.4.21b}$$

显然,解式(16.4.11)中包含两个任意常数 A 和 φ,它们可以由初始条件式(16.4.12)来决定。
由 $\dot{x}(0)=0$,可得

$$\varphi = 0 \tag{16.4.22}$$

由 $x(0)=a$,可得

$$a = A + \varepsilon\frac{A^3}{32\omega_0^2} - \varepsilon^2 \frac{5}{128} \cdot \frac{A^5}{\omega_0^4} \tag{16.4.23}$$

对于保守系统,存在周期运动的连续系统,振幅可以有无穷多个值,即初始条件 a 可以为任意值。因此,我们完全可以把式(16.4.21)作为式(16.4.11)的最后结果而不必求表达式(16.4.23)。

从以上结果可看出,由于非线性项的影响,系统的周期中含有高次谐波项。振动角频率 ω 与振幅有关。这是非线性振动区别于线性振动的特性之一。自由振动的角频率与振幅关系如图16.4.1所示,不同于线性系统的固有角频率。

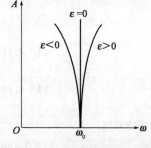

图16.4.1 达芬系统的自由振动角频率与振幅关系曲线

16.5 精确解法

16.5.1 分离变量法

只有极少数特殊类型的二阶非线性常微分方程才有可能得到精确解。精确解的含义是得到一个精确的表达式,或者可以获得任何精度数值解的表达式。在这一部分,我们考虑一个可以获得精确解的简单非线性系统。对具有一般恢复力 $F(x)$ 的单自由度系统,自由振动

方程可以表达为

$$\ddot{x} + a^2 F(x) = 0 \tag{16.5.1}$$

式中,a^2 为常数。方程式(16.5.1)可以重写为

$$\frac{\mathrm{d}}{\mathrm{d}x}(\dot{x}^2) + 2a^2 F(x) = 0 \tag{16.5.2}$$

假定在 $t = t_0$ 时的初始位移是 x_0,初始速度是 0,则对方程式(16.5.2)积分可以得到

$$\dot{x}^2 = 2a^2 \int_x^{x_0} F(\eta) \mathrm{d}\eta \text{ 或 } |\dot{x}| = \sqrt{2} a \left[\int_x^{x_0} F(\eta) \mathrm{d}\eta \right]^{\frac{1}{2}} \tag{16.5.3}$$

式中,η 为积分变量。对方程式(16.4.3)再积分一次得到

$$t - t_0 = \frac{1}{\sqrt{2} a} \int_0^x \frac{\mathrm{d}\xi}{\left[\int_\xi^{x_0} F(\eta) \mathrm{d}\eta \right]^{\frac{1}{2}}} \tag{16.5.4}$$

式中,ξ 为新的积分变量,时间 t_0 对应于 $x = 0$。因此,只要方程式(16.5.4)中的积分能够以封闭的形式给出,就可得到方程式(16.5.1)的精确解。在计算方程式(16.5.4)的积分后,将所得结果转化,可以得到位移-时间关系。如果 $F(x)$ 是奇函数,则

$$F(-x) = -F(x) \tag{16.5.5}$$

考虑到方程式(16.5.4)是从零位移到最大位移的积分,则可以得到振动的周期 τ 为

$$\tau = \frac{4}{\sqrt{2} a} \int_0^{x_0} \frac{\mathrm{d}\xi}{\left[\int_\xi^{x_0} F(\eta) \mathrm{d}\eta \right]^{\frac{1}{2}}} \tag{16.5.6}$$

例如,若设 $F(x) = x^n$,方程式(16.5.4)和方程式(16.5.6)变成

$$t - t_0 = \frac{1}{a} \sqrt{\frac{n+1}{2}} \int_0^{x_0} \frac{\mathrm{d}\xi}{(x_0^{n+1} - \xi^{n+1})^{\frac{1}{2}}} \tag{16.5.7}$$

和

$$\tau = \frac{4}{a} \sqrt{\frac{n+1}{2}} \int_0^{x_0} \frac{\mathrm{d}\xi}{(x_0^{n+1} - \xi^{n+1})^{\frac{1}{2}}} \tag{16.5.8}$$

通过变换 $y = \xi/x_0$,方程式(16.5.8)可以写为

$$\tau = \frac{4}{a} \frac{1}{(x_0^{n-1})^{\frac{1}{2}}} \sqrt{\frac{n+1}{2}} \int_0^1 \frac{\mathrm{d}\xi}{(1 - y^{n+1})^{\frac{1}{2}}} \tag{16.5.9}$$

这个表达式可以获得任何精度的数值解。

16.5.2 椭圆函数法

振动是在系统的平衡位置附近进行的。恢复力是否对称是指恢复力的大小在平衡位置正方向的位移上和负方向的位移上是否一样。例如,恢复力用位移的奇次方幂来表示的就是对称的,而用偶次方幂来表示的就是非对称的。对于单自由度弱非线性系统

$$\ddot{x} + \omega_0^2 x = \varepsilon f(x) \tag{16.5.10}$$

如果满足 $f(-x) = -f(x)$,则方程式(16.5.10)是**对称恢复力拟线性系统的自由振动**。描述线性振动系统位移的三要素为振幅、角频率和相位,同样适用于对称非线性振动系统。Duffing 方

程是最简单的对称非线性振动系统。我们把具有固有角频率的两类 Duffing 方程标准化得到

$$\ddot{x} + x + x^3 = 0 \tag{16.5.11}$$

$$\ddot{x} + x - x^3 = 0 \tag{16.5.12}$$

下面我们讨论具有固有角频率的两类 Duffing 方程的椭圆函数法和定性分析。

(1) 硬弹簧型 Duffing 方程的精确解。

例题 16.5.1 试给出硬弹簧 Duffing 方程(16.5.11)的精确解。

解: 式(16.5.11)可以化为

$$\dot{x} = y \tag{16.5.13a}$$

$$\dot{y} = -x - x^3 \tag{16.5.13b}$$

在相平面(x, y)上的相轨满足

$$\frac{dy}{dx} = -\frac{x + x^3}{y} \tag{16.5.14}$$

积分上式,求得其哈密顿量为

$$H = \frac{1}{2}y^2 + \frac{1}{2}x^2 + \frac{1}{4}x^4 \tag{16.5.15}$$

势函数为[图 16.5.1a)]

$$V(x) = \frac{1}{2}x^2 + \frac{1}{4}x^4 \tag{16.5.16}$$

非线性恢复力[图 16.5.1b)]

$$F(x) = x + x^3 \tag{16.5.17}$$

方程组式(16.5.13)可以化为

$$\dot{x} = \frac{\partial H}{\partial y} \tag{16.5.18a}$$

$$\dot{y} = -\frac{\partial H}{\partial x} \tag{16.5.18b}$$

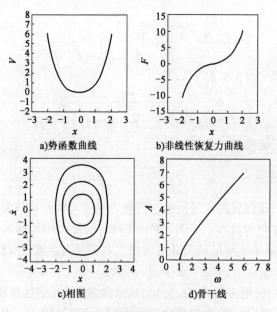

a)势函数曲线　　b)非线性恢复力曲线

c)相图　　d)骨干线

图 16.5.1　渐硬恢复力型自由振动特性

所以,硬非线性 Duffing 方程式(16.5.13)是一个保守系统,它有周期解。

方程式(16.5.13)有 3 个奇点,其中(0,0)为中心,两个虚不动点($\pm i$,0)为鞍点。其轨线特征如图 16.5.1c)所示。

用 Jacobi 椭圆余弦函数表征的周期解 $x = A\text{cn}(\overline{\omega}t, k)$ 满足方程

$$\ddot{x} + \overline{\omega}^2(1 - 2k^2)x + \frac{2k^2\overline{\omega}^2}{A^2}x^3 = 0 \qquad (16.5.19)$$

将方程式(16.5.11)与式(16.5.19)比较可知方程(16.5.11)的周期解

$$x = A\text{cn}(\overline{\omega}t, k), \quad k \in \left[0, \frac{1}{\sqrt{2}}\right] \qquad (16.5.20)$$

其中

$$\overline{\omega}^2 = 1 + A^2 \qquad (16.5.21a)$$

$$k^2 = \frac{A^2}{2\overline{\omega}^2} = \frac{1}{2}\left(1 - \frac{1}{\overline{\omega}^2}\right) \qquad (16.5.21b)$$

振幅

$$A = \frac{\sqrt{2}k}{\sqrt{1 - 2k^2}} \qquad (16.5.22)$$

周期

$$T = 4\sqrt{1 - 2k^2}K(k) \qquad (16.5.23)$$

其中

$$K(k) = \int_0^{\frac{\pi}{2}} \frac{\mathrm{d}\theta}{\sqrt{1 - k^2\sin^2\theta}} \qquad (16.5.24)$$

圆频率

$$\omega = \frac{2\pi}{T} = \int_0^{\frac{\pi}{2}} \frac{\pi}{2\sqrt{1 - 2k^2}K(k)} \qquad (16.5.25)$$

渐硬恢复力型非线性自由振动时,圆频率和振幅的关系曲线 ω-A 称为**骨干线**,如图 16.5.1d)所示。

因为 cn$x$ 的周期为 $4K(k)$,所以周期式(16.5.23)还可写为

$$T = \frac{4K(k)}{\overline{\omega}} = \frac{2\pi}{\overline{\omega}}\left[1 + \left(\frac{1}{2}\right)^2 k^2 + \left(\frac{3}{8}\right)^2 k^4 + \cdots\right] \qquad (16.5.26)$$

圆频率式(16.5.25)可写为

$$\omega = \frac{2\pi}{T} = \frac{\overline{\omega}}{1 + \frac{1}{4}k^2 + \cdots} \approx \overline{\omega}\left(1 - \frac{1}{4}k^2\right)$$

$$= \sqrt{1 + A^2}\left(1 - \frac{A^2}{8}\right) \approx \left(1 + \frac{A^2}{2}\right)\left(1 - \frac{A^2}{8}\right)$$

$$= 1 + \frac{3A^2}{8} + o(A^2) \qquad (16.5.27)$$

显然,在硬非线性的情况下 $\omega > 1$。

(2) 软弹簧型 Duffing 方程的精确解。

例题 16.5.2 试给出软弹簧 Duffing 方程式(16.5.12)的精确解。

解:式(16.5.12)的等价系统为

$$\dot{x} = y \qquad (16.5.28a)$$

$$\dot{y} = -x + x^3 \qquad (16.5.28b)$$

式(16.5.28)为一哈密顿系统,其哈密顿量为

$$H = \frac{1}{2}y^2 + \frac{1}{2}x^2 - \frac{1}{4}x^4 \tag{16.5.29}$$

势函数为[图16.5.2a)]

$$V(x) = \frac{1}{2}x^2 - \frac{1}{4}x^4 \tag{16.5.30}$$

非线性恢复力为[图16.5.2b)]

$$F(x) = x - x^3 \tag{16.5.31}$$

它的平衡点有3个:

$$(x_1^*, y_1^*) = (0, 0), (x_2^*, y_2^*) = (-1, 0), (x_3^*, y_3^*) = (1, 0) \tag{16.5.32}$$

而且不难判断$(x_1^*, y_1^*) = (0,0)$是中心,$(x_2^*, y_2^*) = (-1,0)$和$(x_3^*, y_3^*) = (1,0)$是鞍点。

在中心,$H=0$;在鞍点,$H=\frac{1}{4}$;当$0<H<\frac{1}{4}$时,方程式(16.5.12)存在一族包围(0,0)的闭轨,如图16.5.2c)所示。用Jacobi椭圆正弦函数表征的周期解$y = A\mathrm{sn}(\overline{\omega}t, k)$满足方程

$$\ddot{x} + \overline{\omega}^2(1+k^2)x - \frac{2k^2\overline{\omega}^2}{A^2}x^3 = 0 \tag{16.5.33}$$

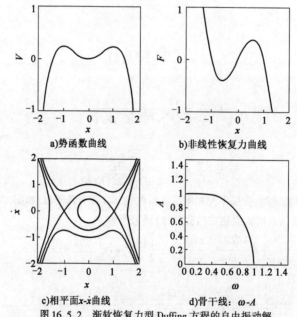

a)势函数曲线 b)非线性恢复力曲线

c)相平面x-$\dot{x}$曲线 d)骨干线:ω-A

图16.5.2 渐软恢复力型Duffing方程的自由振动解

将方程式(16.5.12)与式(16.5.33)比较知,方程式(16.5.12)的周期解为

$$x = A\mathrm{sn}(\overline{\omega}t, k), \quad k \in [0, 1] \tag{16.5.34}$$

$$\overline{\omega}^2 = 1 - \frac{1}{2}A^2 \tag{16.5.35a}$$

$$k^2 = \frac{A^2}{2\overline{\omega}^2} = \frac{1}{\overline{\omega}^2} - 1 \tag{16.5.35b}$$

以$H = H(k)$为参数的周期轨道为

$$x = A\mathrm{sn}(\overline{\omega}t, k) \tag{16.5.36a}$$

$$y = A\overline{\omega}\mathrm{cn}(\overline{\omega}t, k) \cdot \mathrm{dn}(\overline{\omega}t, k) \tag{16.5.36b}$$

其中,

$$\overline{\omega} = \frac{1}{\sqrt{1+k^2}}, \quad H(k) = \frac{k^2}{(1+k^2)^2} \quad (16.5.37)$$

sn$x$、cn$x$、dn$x$ 为雅可比椭圆函数,轨道对应的周期为

$$T = 4\sqrt{1+k^2}K(k) \quad (16.5.38)$$

容易验证 $\frac{\mathrm{d}T}{\mathrm{d}k} > 0$。

振幅

$$A = \frac{\sqrt{2}k}{\sqrt{1+k^2}} \quad (16.5.39)$$

圆频率

$$\omega = \frac{2\pi}{T} = \frac{\pi}{2\sqrt{1+k^2}K(k)} \quad (16.5.40)$$

类似地,可以求得

$$\omega = \frac{2\pi}{T} \approx \overline{\omega}\left(1 - \frac{1}{4}k^2\right) = \sqrt{1 - \frac{A^2}{2}}\left(1 - \frac{A^2}{8}\right)$$

$$\approx \left(1 - \frac{A^2}{4}\right)\left(1 - \frac{A^2}{8}\right) = 1 - \frac{3A^2}{8} + o(A^2) \quad (16.5.41)$$

显然,在软非线性的情况下 $\omega < 1$。自由振动方程中圆频率与振幅的关系 ω-A 曲线,即**骨干线**,如图 16.5.2d)所示。由图可见,圆频率 ω 随着振幅 A 的增加而减小,称为**软弹簧**;反之,如果圆频率 ω 随着振幅 A 的增加而增大,称为**硬弹簧**。

当 $H = \frac{1}{4}$ 时,存在两条连接($\pm 1, 0$)的异宿轨道,形成一个异宿圈,两条异宿轨道的参数方程为

$$x_{\pm}^0(t) = \pm \mathrm{th}\left(\frac{t}{\sqrt{2}}\right) \quad (16.5.42\mathrm{a})$$

$$y_{\pm}^0(t) = \pm \frac{1}{\sqrt{2}}\mathrm{sech}^2\left(\frac{t}{\sqrt{2}}\right) \quad (16.5.42\mathrm{b})$$

其中 $x^0(t) = \mathrm{th}\frac{t}{\sqrt{2}}$ 的图形如图 16.5.3a)所示,称为**位移冲击波**;$y^0(t) = \frac{1}{\sqrt{2}}\mathrm{sech}^2\left(\frac{t}{\sqrt{2}}\right)$ 的图形如图 16.5.3b)所示,称为**速度孤立波**。我们的结论是:

$$\text{异宿轨道—对应—孤立波(冲击波)} \quad (16.5.43)$$

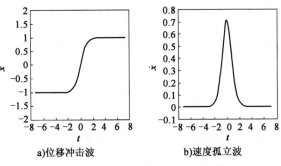

图 16.5.3 异宿轨道对应的孤立波

16.5.3 缝接法

虽然整体上讲分段线性系统(图 16.5.4)的恢复力是非线性的,但由于分段有精确解,应用**缝接法**可以获得整体的**精确解**。这是非线性振动中少有的几个精确解的情况之一。

考虑图 16.5.4 所示的**分段线性系统**。在 $|x| \leq \xi$ 范围内,弹簧刚度是 K_1,在 $|x| > \xi$ 时,刚度是 K_2。质点 m 的运动方程可分段表示为

$$m\ddot{x} + K_1 x = 0 \quad (-\xi \leq x \leq \xi) \quad (16.5.44a)$$

$$m\ddot{x} + K_1 x + (K_2 - K_1)(x - \xi) = 0 \quad (x > \xi) \quad (16.5.44b)$$

$$m\ddot{x} + K_1 x + (K_2 - K_1)(x + \xi) = 0 \quad (x < -\xi) \quad (16.5.44c)$$

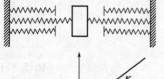

图 16.5.4 分段线性系统

设初始条件为

$$x(0) = 0, \dot{x}(0) = B \quad (16.5.45)$$

从开始运动至到达 ξ 这段时间内的位移的时间历程为

$$x = \frac{B}{\omega_1}\sin(\omega_1 t) \quad (16.5.46)$$

其中 $\omega_1 = \sqrt{\dfrac{K_1}{m}}$。速度为

$$\dot{x} = B\cos(\omega_1 t) \quad (16.5.47)$$

到达 ξ 共历时间

$$t_1 = \frac{1}{\omega_1}\sin^{-1}\left(\frac{\omega_1 \xi}{B}\right) \quad (16.5.48)$$

到达 ξ 时的速度为

$$\dot{x}_1 = B\sqrt{1 - \left(\frac{\omega_1 \xi}{B}\right)^2} \quad (16.5.49)$$

当质点继续向右运动时,采用式(16.5.44a),整理为

$$m\ddot{x} + K_2 x = (K_2 - K_1)\xi \quad (16.5.50)$$

其右端是一常数。从 ξ 开始的初始条件为

$$x(t_1) = \xi, \dot{x}(t_1) = \dot{x}_1 \quad (16.5.51)$$

对应的精确解为

$$x = \xi\cos\omega_2(t - t_1) + \frac{\dot{x}_1}{\omega_2}\sin\omega_2(t - t_1) + \frac{K_2 - K_1}{K_2}\xi[1 - \cos\omega_2(t - t_1)]$$

$$= \left(1 - \frac{K_1}{K_2}\right)\xi + \frac{K_1}{K_2}\xi\cos\omega_2(t - t_1) + \frac{\dot{x}_1}{\omega_2}\sin\omega_2(t - t_1) \quad (16.5.52)$$

相应的速度为

$$\dot{x} = -\frac{K_1}{K_2}\omega_2 \xi\sin\omega_2(t - t_1) + \dot{x}_1\cos\omega_2(t - t_1) \quad (16.5.53)$$

式中,$\omega_2 = \sqrt{\dfrac{K_2}{m}}$;$\omega_1$ 和 ω_2 分别为两段中的圆频率。

这个过程到达最大位移时为止,此时速度为0,故可由式(16.5.53)求得此时的时间为

$$t_2 = t_1 + \frac{1}{\omega_2}\tan^{-1}\left(\frac{K_2 \dot{x}_1}{K_1 \omega_2 \xi}\right) \tag{16.5.54}$$

又可由式(16.5.52)求出最大位移即振幅

$$A = \left(1 - \frac{K_1}{K_2}\right)\xi + \sqrt{\left(\frac{K_1}{K_2}\cdot\xi\right)^2 + \left(\frac{\dot{x}_1}{\omega_2}\right)^2} \tag{16.5.55}$$

其中 $\dot{x}_1$ 由式(16.5.49)算出。

振动的周期为

$$T = 4t_2 \tag{16.5.56}$$

分段线性的各种组合,包括左右不对称的组合,形成的系统的自由振动都可按缝接法顺利解出。

16.6 阻尼的机制

16.6.1 Coulomb 阻尼

两个固体间的接触面是干燥时,阻碍它们相对运动的摩擦力称为 Coulomb 阻尼。如图 16.6.1a)所示,一个外力施加在静止物块上,接触面间就产生了阻碍物块发生运动的摩擦力。此摩擦力的量值随施加的外力的增大而逐渐增大至一个临界值,此后物块就发生运动。摩擦力的临界值通常记为 $\mu_s F_N$,此处 μ_s 称为静摩擦因数,而 F_N 为物块和支撑面之间的法向力,在现在的情况下是 mg。当运动开始以后,f 的量值在 $|\dot{x}| < |\dot{x}_m|$ 时减少,在 $|\dot{x}| > |\dot{x}_m|$ 时增加,如图 16.6.1b)所示。在许多应用中,Coulomb 阻尼力用一个常值来近似,因此,图 16.6.1c)中物块的运动方程为

$$m\ddot{x} = f - F(x) \tag{16.6.1}$$

$$f = \mu_d mg \quad (\dot{x} < 0) \tag{16.6.2a}$$

$$f = 0 \quad (\dot{x} = 0) \tag{16.6.2b}$$

$$f = -\mu_d mg \quad (\dot{x} > 0) \tag{16.6.2c}$$

式中,μ_d 为动摩擦因数;$-F(x)$ 为弹簧恢复力。

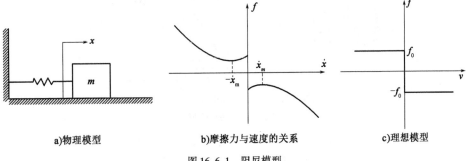

a)物理模型　　　　b)摩擦力与速度的关系　　　　c)理想模型

图 16.6.1　阻尼模型

16.6.2 线性阻尼

如图 16.6.1a)所示,接触面上覆盖有液体薄层,因而当两个表面互不接触时,通常假定阻碍运动的摩擦力和速度成正比,即 $f \propto \dot{x}/h$,此处 $\dot{x}$ 为相对速度,h 为薄层厚度。这时图 16.6.1a)中物块的运动方程为

$$m\ddot{x} + c\dot{x} + F(x) = 0 \tag{16.6.3}$$

式中,c 是一个正值常数,与液体性质和两个表面的状况有关。

出现正比于速度的阻尼的另一个例子是浸没在液体中的物体的非常低 Reynolds 数运动。

16.6.3 非线性阻尼

当浸没在液体中的物体以高 Reynolds 数运动时,流体分离了,而且阻力非常接近于与速度平方成正比。因此,运动方程为

$$m\ddot{x} + F(x) = -c|\dot{x}|\dot{x} \tag{16.6.4}$$

式中,c 是一个正值常数,它与物体几何形状和流体的性质有关。对于中等大小的 Reynolds 数,阻尼介于线性和平方之间,因此,有些研究者曾将阻尼力表示为 $-c|\dot{x}|^\alpha \dot{x}$,此处 $0 < \alpha < 1$。鉴于这些阻尼模型不是解析的,另一些研究者将阻尼形式表示为 $-cf(x)\dot{x}$ 或 $-cg(\dot{x})\dot{x}$,此处 $f(x)$ 和 $g(\dot{x})$ 分别是 x 和 $\dot{x}$ 的解析函数。

16.6.4 滞后阻尼

考察如图 16.6.2a)所示的系统,它是说明滞后阻尼的一个简单例子。质点 m 放在光滑平面上,恢复力机制由两个元件并联组成:上面一个是弹簧(不一定是线性的);下面一个由线性弹簧和"Coulomb 阻尼器"串联而成。两个弹簧中的力由函数 f_1 和 f_2 给出。

设质点 m 由静止状态向右运动。上元件中的恢复力总是 $f_1(x)$,此处 x 是质点 m 的位置。而下元件中的恢复力取决于 m 移动的路程。如果 $x \leq x_s$[此处 x_s 满足 $f_2(x_s) = f_s$,而 f_s 是阻尼器中的临界摩擦力],则下弹簧的伸长是 x,而恢复力是 kx,此处 k 是弹簧常数。当 $x \geq x_s$ 时,阻尼器滑动,弹簧中的伸长仍为 x_s,恢复力仍为 $f_s = kx_s$,如图 16.6.2b)所示。

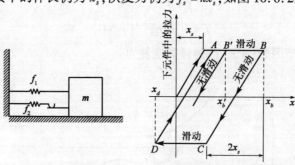

a) 滞后阻尼的简单例子　　b) 恢复力机制中元件的加载图

图 16.6.2　滞后阻尼

假定在 $x = x_b (> x_s)$ 处运动反向。初始时阻尼器不滑动下弹簧中的恢复力沿 BC 线从 kx_s 减小到 $k(x + x_s - x_b)$。当质量 m 到达 $x = x_c = x_b - 2x_s$ 位置时,下弹簧的力达到临界阻尼

值 f_s，但现在它是压缩力。当 x 减小到过了 x_c 时，阻尼器滑动，下元件中的恢复力保持 $-kx_s$。如果运动在 $x-x_d$ 处反向，阻尼器起初不滑动，而下元件的恢复力沿 DA 线由 $k(x-x_s-x_d)$ 给出，当 x 达到 x_a 时，滑动发生了，在这元件的恢复力保持 kx_s 不变。如果在 x'_b 处运动再次反向，起初无滑动出现，而下元件的恢复力开始减小，如图 16.6.2b) 所示。载荷周期变化时在图中所围绕的面积等于所耗散的能量。

上面的例子所描述的滞后是硬性的和线性的。有许多结构在受周期载荷时显示硬特性。其中包括铆接结构和螺栓结构、外部加固砖石墙以及钢筋混凝土剪力墙和梁-柱结构等。

除了上述的结构系统外，还有一些延性材料的复合物，它们可以逐渐滑动或屈服，因此在周期载荷下将呈现软滞后特性，即它们的滞后回线通常是由带圆角的光滑曲线组成的。

16.6.5 负阻尼

在上述讨论的例子中，阻尼都是正的。在这里考察 Van der pol 振子，它具有像阻尼一样的机制，此机制在小的运动幅值时使系统的能量增加（为负阻尼），而在大振幅时使能量减少。结果该系统达到了与初始条件无关的一个极限圈环。Van der pol 振子在第 17 章中详细讨论。

16.7 平均法

16.7.1 慢变参数（振幅、相位）法

设弱非线性微分方程

$$\ddot{x} + \omega_0^2 x = \varepsilon f(x,\dot{x}) \tag{16.7.1}$$

式(16.7.1)的解与 $\varepsilon=0$ 时的线性振动微分方程的解的区别在于：等号右端项对振动振幅和相位有影响，但这种影响是 ε 量级的。

荷兰工程师范德波尔（Van der pol B.）于 1926 年解决自激振动（振荡器）问题时，把方程式(16.7.1)的解写成

$$x = A(t)\sin\omega_0 t + B(t)\cos\omega_0 t \tag{16.7.2}$$

对线性系统来说，A、B 是两个积分常数，而对弱非线性系统，范德波尔把它们看成时间 t 的函数。苏联科学家克雷洛夫和包戈留包夫则把解写为

$$x = a(t)\sin\psi, \quad \psi = \omega_0 t + \theta(t) \tag{16.7.3}$$

即把振幅和相位看成时间 t 的函数，简称 KB 法。这两种方法的基本理论是一致的，即因为是弱非线性问题，所以可设解仍为简谐形式，但振幅和相位（或初相角）都是时间 t 的慢变函数。换句话说，振幅和相位在一个周期 $\dfrac{2\pi}{\omega_0}$ 内的变化是很小的，故称为**慢变参数法**。

在方程式(16.7.1)中，如 $\varepsilon=0$，可得其解为

$$x = a\cos\psi \tag{16.7.4a}$$
$$\dot{x} = -a\omega_0\sin\psi \tag{16.7.4b}$$

其中 $\psi = \omega_0 t + \theta$，而 a、θ 为由起始条件确定的常数，当 $\varepsilon \neq 0$ 时，即有非线性干扰存在，则 a、θ 将为 t 的函数。现研究 a、θ 是什么函数时，方程式(16.7.4)满足方程式(16.7.1)，为此，以

a、θ 作为新变量,以式(16.7.4)作为变量变换的公式。

微分式(16.7.4a)

$$\frac{\mathrm{d}x}{\mathrm{d}t} = \frac{\mathrm{d}a}{\mathrm{d}t}\cos\psi - a\left(\omega_0 + \frac{\mathrm{d}\theta}{\mathrm{d}t}\right)\sin\psi \tag{16.7.5}$$

令式(16.7.5)与式(16.7.4b)相等,则有

$$\frac{\mathrm{d}a}{\mathrm{d}t}\cos\psi - a\frac{\mathrm{d}\theta}{\mathrm{d}t}\sin\psi = 0 \tag{16.7.6}$$

微分式(16.7.4b)有

$$\frac{\mathrm{d}^2x}{\mathrm{d}t^2} = -\frac{\mathrm{d}a}{\mathrm{d}t}\omega_0\sin\psi - a\omega_0\left(\omega_0 + \frac{\mathrm{d}\theta}{\mathrm{d}t}\right)\cos\psi \tag{16.7.7}$$

将式(16.7.4)、式(16.7.7)代入式(16.7.1),则

$$-\frac{\mathrm{d}a}{\mathrm{d}t}\omega_0\sin\psi - a\omega_0\frac{\mathrm{d}\theta}{\mathrm{d}t}\cos\psi = \varepsilon f(a\cos\psi, -a\omega_0\sin\psi) \tag{16.7.8}$$

为了从式(16.7.6)和式(16.7.8)中解出 $\frac{\mathrm{d}a}{\mathrm{d}t}$,使

式(16.7.6)×$\cos\psi$ − 式(16.7.8)×$\sin\psi$,得

$$\frac{\mathrm{d}a}{\mathrm{d}t} = -\frac{\varepsilon}{\omega_0}f(a\cos\psi, -a\omega_0\sin\psi)\sin\psi = \varepsilon\varphi(a, \psi) \tag{16.7.9a}$$

式(16.7.6)×$\sin\psi$ − 式(16.7.8)×$\cos\psi$,得

$$\frac{\mathrm{d}\theta}{\mathrm{d}t} = -\frac{\varepsilon}{a\omega_0}f(a\cos\psi, -a\omega_0\sin\psi)\cos\psi = \varepsilon\varphi^*(a, \psi) \tag{16.7.9b}$$

式(16.7.9)称为标准方程组,从其形式可知,振幅和相位的导数是与 ε 成比例的量,故 a、θ 是时间 t 的缓变函数。到目前为止,尚未引入近似关系,故式(16.7.9)是精确的。

16.7.2 平均法

克雷洛夫、包戈留包夫从20世纪30年代起对此进行了系统的研究,提出了平均法和渐进法。首先将振动方程化成标准形式,然后根据克雷洛夫-包戈留包夫变换,可得到解的基波振幅和相位的导数都是 $O(\varepsilon)$ 量级的不显含 t 的函数,因此可用一个周期内的平均值代替该函数的近似值,故称之为**平均法**。

对于小的 ε,$\dot{a}$ 和 $\dot{\theta}$ 是小的。所以,与 $\psi = \omega_0 t + \theta$ 相比,a 和 θ 随时间 t 的变化要慢得多。换句话说,在 $\sin\psi$ 和 $\cos\psi$ 的振动周期 $\frac{2\pi}{\omega_0}$ 中,a 和 θ 几乎不变化。这就能够在振动的一个周期 $\frac{2\pi}{\omega_0}$ 内,将式(16.7.9)的两个方程对 t 取平均,在进行平均化时把 a、θ 和 $\dot{a}$、$\dot{\theta}$ 看作常数。于是得到如下描述 a 和 θ 缓慢变化的近似方程

$$\dot{a} = -\frac{\varepsilon}{2\pi\omega_0}\int_0^{2\pi}\sin\psi f(a\cos\psi, -\omega_0 a\sin\psi)\mathrm{d}\psi \tag{16.7.10a}$$

$$\dot{\theta} = -\frac{\varepsilon}{2\pi\omega_0 a}\int_0^{2\pi}\cos\psi f(a\cos\psi, -\omega_0 a\sin\psi)\mathrm{d}\psi \tag{16.7.10b}$$

16.7.3 有滞后阻尼的系统

例题 16.7.1(滞后阻尼) 假设图16.6.2a)所示的两个弹簧是线性的,上弹簧的常数为 k,下弹簧的常

数为 εm。如果忽略其他形式的阻尼,运动方程就变为

$$\ddot{x} + \omega_0^2 x = \varepsilon f \tag{16.7.11}$$

式中,$\omega_0^2 = k/m$,而

$$\overrightarrow{BC}: f = -(x + x_s - x_b), \quad x_c \leqslant x \leqslant x_b \tag{16.7.12a}$$

$$\overrightarrow{CD}: f = x_s, \quad x_d \leqslant x < x_c \tag{16.7.12b}$$

$$\overrightarrow{DA}: f = -(x - x_s - x_d), \quad x_d < x \leqslant x_a \tag{16.7.12c}$$

$$\overrightarrow{AB}: f = -x_s, \quad x_a < x < x_b \tag{16.7.12d}$$

这里,$x_c = x_b - 2x_s$,$x_a = x_d + 2x_s$。

解:用平均法。

将式(16.7.11)代入式(16.7.10)得

$$\dot{a} = \frac{\varepsilon}{2\pi\omega_0}\left[\int_{x_b}^{x_c}(x + x_s - x_b)\sin\psi \mathrm{d}\psi(x) - \int_{x_c}^{x_d}x_s\sin\psi \mathrm{d}\psi(x) + \right.$$
$$\left. \int_{x_d}^{x_a}(x - x_s - x_d)\sin\psi \mathrm{d}\psi(x) - \int_{x_a}^{x_b}x_s\sin\psi \mathrm{d}\psi(x)\right] \tag{16.7.13a}$$

$$\dot{\theta} = \frac{\varepsilon}{2\pi\omega_0 a}\left[\int_{x_b}^{x_c}(x + x_s - x_b)\cos\psi \mathrm{d}\psi(x) - \int_{x_c}^{x_d}x_s\cos\psi \mathrm{d}\psi(x) + \right.$$
$$\left. \int_{x_d}^{x_a}(x - x_s - x_d)\cos\psi \mathrm{d}\psi(x) - \int_{x_a}^{x_b}x_s\cos\psi \mathrm{d}\psi(x)\right] \tag{16.7.13b}$$

式中的积分是对图16.6.2b)的$\overrightarrow{BCDAB}$积分一周,现已分成$\overrightarrow{BC}$、$\overrightarrow{CD}$、$\overrightarrow{DA}$、$\overrightarrow{AB}$四段。

为了算出式(16.7.10)中的积分,根据$x = a\cos\psi$把积分变量从x变为ψ。因为运动对ψ是周期的,周期为2π,所以可以在B点置$\psi = 0$,在D点$\psi = \pi$。于是有

$$x_b = a, \quad x_c = x_b - 2x_s = a\cos\psi_1 \tag{16.7.14a}$$

$$x_d = -a, \quad x_a = x_d + 2x_s = a\cos\psi_2 \tag{16.7.14b}$$

式中

$$\psi_1 = \cos^{-1}\left(\frac{a - 2x_s}{a}\right), \quad \psi_2 = \cos^{-1}\left(\frac{2x_s - a}{a}\right) \tag{16.7.15}$$

于是式(16.7.13)变为

$$\dot{a} = \frac{\varepsilon}{2\pi\omega_0}\left[\int_0^{\psi_1}(a\cos\psi + x_s - a)\sin\psi \mathrm{d}\psi - x_s\int_{\psi_1}^{\pi}\sin\psi \mathrm{d}\psi - \right.$$
$$\left. \int_{\pi}^{\psi_2}(a\cos\psi - x_s + a)\sin\psi \mathrm{d}\psi + x_s\int_{\psi_2}^{2\pi}\sin\psi \mathrm{d}\psi\right] \tag{16.7.16a}$$

$$\dot{\theta} = \frac{\varepsilon}{2\pi\omega_0}\left[\int_0^{\psi_1}(a\cos\psi + x_s - a)\cos\psi \mathrm{d}\psi - x_s\int_{\psi_1}^{\pi}\cos\psi \mathrm{d}\psi + \right.$$
$$\left. \int_{\pi}^{\psi_2}(a\cos\psi - x_s + a)\cos\psi \mathrm{d}\psi + x_s\int_{\psi_2}^{2\pi}\cos\psi \mathrm{d}\psi\right] \tag{16.7.16b}$$

算出式(16.7.16)中的积分,并利用式(16.7.15),得到

$$\dot{a} = \frac{2\varepsilon x_s}{\pi\omega_0 a}(x_s - a) \tag{16.7.17a}$$

$$\dot{\theta} = \frac{\varepsilon}{\pi\omega_0}\left[\frac{1}{2}\cos^{-1}\left(\frac{a - 2x_s}{a}\right) - \left(1 - \frac{2x_s}{a}\right)\left(\frac{x_s}{a} - \frac{x_s^2}{a^2}\right)^{\frac{1}{2}}\right] \tag{16.7.17b}$$

方程式(16.7.17a)的解是

$$a + x_s\ln(a - x_s) = -\frac{2\varepsilon x_s}{\pi\omega_0}t + C \tag{16.7.18}$$

式中，C 为积分常数，a 为 t 的隐函数。式(16.7.17b)不能积分，但是可以指出这样一点：当 $t \to \infty$ 时，$a \to x_s$，而 $\dot{\theta} \to \dfrac{\varepsilon}{2\omega_0}$。这与滞后机制未起作用时的精确解相一致。

在图 16.7.1 中，将方程式(16.7.11)的数值解(实线)与近似结果式(16.7.18)的结果(虚线)做了比较。

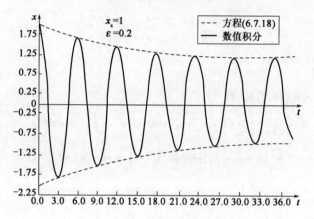

图 16.7.1 滞后阻尼时程曲线

滞后阻尼最常见的场合是材料的应力应变曲线中的滞后环所形成的阻尼。材料应力应变曲线的滞后环是材料本身性能决定的。这种材料构成振动问题中的弹性元件时，根据该元件的变形情况把这种滞后环的效应积分称为总的阻尼效应，而滞后环又可用某种近似的表达式来代表以便求出近似解析解。

16.7.4 弹簧摆

例题 16.7.2 按照 Kane 和 Kahn 的理论，我们考虑如图 16.7.2 所示的在垂直平面内摆动的弹簧的非线性振动，这个问题最早由 Gorelik 和 Witt 于 1933 年提出来说明内部共振。

弹簧摆由一无质量的弹簧和一小球组成，小球的质量为 m，弹簧的刚度为 k，重力加速度为 g，弹簧的原长为 l_0，静平衡时摆的长度为 l。

系统的动能和位能分别为

$$T = \frac{1}{2}m\left(\frac{dr}{dt}\right)^2 + \frac{1}{2}m(l+r)^2\left(\frac{d\theta}{dt}\right)^2 \tag{16.7.19}$$

$$V = \frac{1}{2}k(l+r-l_0)^2 - mg(l+r)\cos\theta \tag{16.7.20}$$

$$\bar{L} = T - V = \frac{1}{2}m\left(\frac{dr}{dt}\right)^2 + \frac{1}{2}m(l+r)^2\left(\frac{d\theta}{dt}\right)^2 -$$
$$\frac{1}{2}k(l+r-l_0)^2 + mg(l+r)\cos\theta \tag{16.7.21}$$

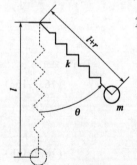

图 16.7.2 弹簧摆

令 $x = \dfrac{r}{l}$ 和 $\tau = \omega_p t$；$\dot{x} = \dfrac{dx}{d\tau}$ 和 $\dot{\theta} = \dfrac{d\theta}{d\tau}$。令 $\omega_p^2 = \dfrac{g}{l}$ 和 $\omega_s^2 = \dfrac{k}{m}$，表示摆动和径向振动的固有角频率。并定义了无量纲参数

$$\mu \equiv \frac{\omega_p}{\omega_s} = \sqrt{1-\lambda},\ \lambda \equiv \frac{l_0}{l} \leqslant 1,\ L = \frac{\bar{L}}{mgl} \tag{16.7.22}$$

得到

$$L = \frac{1}{2}\dot{x}^2 + \frac{1}{2}(1+x)^2\dot{\theta}^2 - \frac{1}{2}\left(1+\frac{x}{\mu}\right)^2 + (1+x)\cos\theta \tag{16.7.23}$$

解:运用正则变量的平均法。
因为
$$p_x = \frac{\partial L}{\partial \dot{x}} = \dot{x}, \quad p_\theta = \frac{\partial L}{\partial \dot{\theta}} = (1+x)^2 \dot{\theta} \tag{16.7.24}$$

$$\begin{aligned} H &= \dot{x} p_x + \dot{\theta} p_\theta - L \\ &= \frac{1}{2}\left[p_x^2 + \frac{p_\theta^2}{(1+x)^2} \right] + \frac{1}{2}\left(1 + \frac{x}{\mu}\right)^2 - (1+x)\cos\theta \end{aligned} \tag{16.7.25}$$

对于小的 x 和 θ 及 $x = O(\theta)$,H 能展开成

$$H = \frac{1}{2}(p_x^2 + p_\theta^2) - x p_\theta^2 + \frac{3}{2} x^2 p_\theta^2 +$$
$$\frac{1}{2}\frac{x^2}{\mu^2} + \frac{1}{2}\theta^2 + \frac{1}{2} x \theta^2 - \frac{1}{24}\theta^4 - \frac{1}{2} + O(\theta^5) \tag{16.7.26}$$

若我们保留 H 中的二次项,则对应的哈密顿-雅可比方程的完备解可如下求得。此时,哈密顿-雅可比方程是

$$\frac{1}{2}\left[\left(\frac{\partial S}{\partial x}\right)^2 + \frac{x^2}{\mu^2}\right] + \frac{1}{2}\left[\left(\frac{\partial S}{\partial \theta}\right)^2 + \theta^2\right] + \frac{\partial S}{\partial \tau} = 0 \tag{16.7.27}$$

其中 $S = S(x, \theta, \tau)$。为解这个方程,我们设

$$S = -(\alpha_1 + \alpha_2)\tau + W_1(x) + W_2(\theta) \tag{16.7.28}$$

从而

$$\left(\frac{dW_1}{dx}\right)^2 + \frac{x^2}{\mu^2} = 2\alpha_1 \tag{16.7.29}$$

$$\left(\frac{dW_2}{d\theta}\right)^2 + \theta^2 = 2\alpha_2 \tag{16.7.30}$$

所以

$$p_x = \frac{\partial S}{\partial x} = \sqrt{2\alpha_1 - \frac{x^2}{\mu^2}} \tag{16.7.31}$$

$$p_\theta = \frac{\partial S}{\partial \theta} = \sqrt{2\alpha_2 - \theta^2} \tag{16.7.32}$$

$$S = -(\alpha_1 + \alpha_2)\tau + \int \sqrt{2\alpha_1 - \frac{x^2}{\mu^2}}\, dx + \int \sqrt{2\alpha_2 - \theta^2}\, d\theta \tag{16.7.33}$$

结果

$$\begin{aligned} \beta_1 &= \frac{\partial S}{\partial \alpha_1} = -\tau + \int \frac{dx}{\sqrt{2\alpha_1 - \frac{x^2}{\mu^2}}} \\ &= -\tau + \frac{1}{\mu}\arcsin x \sqrt{\frac{\mu}{2\alpha_1}} \end{aligned} \tag{16.7.34}$$

$$\begin{aligned} \beta_2 &= \frac{\partial S}{\partial \alpha_2} = -\tau + \int \frac{d\theta}{\sqrt{2\alpha_2 - \theta^2}} \\ &= -t + \arcsin\theta \sqrt{\frac{1}{2\alpha_2}} \end{aligned} \tag{16.7.35}$$

从而

$$x = \mu \sqrt{2\alpha_1} \sin B_1 \tag{16.7.36}$$

$$\theta = \sqrt{2\alpha_2}\sin B_2 \qquad (16.7.37)$$

$$p_x = \sqrt{2\alpha_1}\cos B_1 \qquad (16.7.38)$$

$$p_\theta = \sqrt{2\alpha_2}\cos B_2 \qquad (16.7.39)$$

式中，$B_i = \omega_i(\tau + \beta_i)$，$\omega_1 = \dfrac{1}{\mu^2}$，$\omega_2 = 1$。

到首阶近似，变分方程对应

$$\widetilde{H} = \frac{1}{2}x\theta^2 - xp_\theta^2$$

$$= -\frac{\mu\alpha_2\sqrt{\alpha_1}}{\sqrt{2}}\left\{\sin B_1 + \frac{3}{2}\sin(B_1 + 2B_2) + \right.$$

$$\left.\frac{3}{2}\sin[(\omega_1 - 2\omega_2)t + \omega_1\beta_1 - 2\omega_2\beta_2]\right\} \qquad (16.7.40)$$

这样的 $\widetilde{H}$ 是快变的，除非 $\omega_1 - 2\omega_2 = \varepsilon$，其中 ε 是一个小量。在后面这种情况 $\widetilde{H}$ 的慢变部分是

$$\langle\widetilde{H}\rangle = -\frac{3\mu}{2\sqrt{2}}\alpha_2\sqrt{\alpha_1}\sin(\varepsilon\tau + \omega_1\beta_1 - 2\omega_2\beta_2) \qquad (16.7.41)$$

为了消去 $\langle\widetilde{H}\rangle$ 对于 τ 的明显的依赖性，我们按照

$$S^*(\alpha_1^*, \beta_1) = \frac{\varepsilon\alpha_1^*}{2\omega_2}\tau + \frac{\omega_1}{2\omega_2}\alpha_1^*\beta_1 \qquad (16.7.42)$$

引入从 α_1 和 β_1 到 α_1^* 和 β_1^* 的又一个正则变换，从而有

$$\alpha_1 = \frac{\partial S^*}{\partial \beta_1} = \frac{\omega_1}{2\omega_2}\alpha_1^* \qquad (16.7.43)$$

$$\beta_1^* = \frac{\partial S^*}{\partial \alpha_1^*} = \frac{\varepsilon}{2\omega_2}\tau + \frac{\omega_1}{2\omega_2}\beta_1 \qquad (16.7.44)$$

$$K = \langle\widetilde{H}\rangle + \frac{\partial S^*}{\partial \tau} = \frac{\varepsilon\alpha_1^*}{2\omega_2} - \frac{3}{4}\sqrt{\frac{\omega_1}{\omega_2}}\mu\alpha_2\sqrt{\alpha_1^*}\sin 2\omega_2(\beta_1^* - \beta_2) \qquad (16.7.45)$$

因为 $\dfrac{\partial K}{\partial t} = 0$，所以 K 等于一个常数，变分方程变为

$$\dot{\alpha}_1^* = -\frac{\partial K}{\partial \beta_1^*} = 2\omega_2 C\alpha_2\sqrt{\alpha_1^*}\cos\gamma \qquad (16.7.46)$$

$$\dot{\alpha}_2 = -\frac{\partial K}{\partial \beta_2} = -2\omega_2 C\alpha_2\sqrt{\alpha_1^*}\cos\gamma \qquad (16.7.47)$$

$$\dot{\beta}_1^* = \frac{\partial K}{\partial \alpha_1^*} = \frac{\varepsilon}{2\omega_2} - \frac{1}{2}C\alpha_2\alpha_1^{*-\frac{1}{2}}\sin\gamma \qquad (16.7.48)$$

$$\dot{\beta}_2 = \frac{\partial K}{\partial \alpha_2} = -C\sqrt{\alpha_1^*}\sin\gamma \qquad (16.7.49)$$

其中

$$C = \frac{3\mu}{4}\sqrt{\frac{\omega_1}{\omega_2}},\ \gamma = 2\omega_2(\beta_1^* - \beta_2) \qquad (16.7.50)$$

Mettler 和 Sethna 用平均法得到了与式(16.7.46)~式(16.7.49)相似的方程。

把式(16.7.46)和式(16.7.47)相加并积分,得到

$$\alpha_1^* + \alpha_2 = E = 一个常数 \tag{16.7.51}$$

所以,运动是完全有界的。从式(16.7.45)和式(16.7.47)消去 γ,得到

$$\left(\frac{\dot{\alpha}_2}{2\omega_2}\right)^2 = C^2 \alpha_2^2 (E - \alpha_2) - \left[\frac{\varepsilon(E - \alpha_2)}{2\omega_2} - K\right]^2$$
$$= C^2 [F^2(\alpha_2) - G^2(\alpha_2)] \tag{16.7.52}$$

其中

$$F = \pm \alpha_2 \sqrt{E - \alpha_2},\ G = \frac{1}{C}\left[\frac{\varepsilon(E - \alpha_2)}{2\omega_2} - K\right] \tag{16.7.53}$$

函数 $F(\alpha_2)$ 和 $G(\alpha_2)$ 的图像如图 16.7.3 所示。对于实的运动,F^2 必须大于或等于 G^2。G 与 F 的交点对应于 $\dot{\alpha}_2$ 和 $\dot{\alpha}_1^*$ 均为零。如 G_1 那样与 F 的两个分支相遇或与一个分支交于不同的两点的曲线对应着振幅与相位的周期运动,所以,它对应着非周期运动。振幅和相位的解可以用雅可比椭圆函数写出。然而,G_2 切于 F 的分支的点代表了周期运动,其中的非线性因素调整了频率角 ω_1 和 ω_2 以产生完全共振。

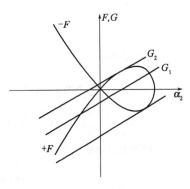

图 16.7.3 内共振区域

16.8 Maple 编程示例

编程题 用 L-P 法求 Duffing 方程

$$\ddot{x} + \omega_0^2(x + \varepsilon x^3) = 0 \quad (0 < \varepsilon \ll 1) \tag{16.8.1}$$

满足初始条件

$$x(0) = a,\ \dot{x}(0) = 0 \tag{16.8.2}$$

的周期解。

解:(1)建模。

本题属于小参数问题 $\ddot{x} + \omega_0^2 x = \varepsilon f(x)$。

①变量命名。
②输入方程式(16.8.1)。
③引入新变量 $\tau = \omega t$。
④把 x 和 ω 展开成小参数 ε 的幂级数。
⑤把 x 和 ω 的展开式代入原方程。
⑥比较等式两边关于小参数 ε 的系数,可得到一系列线性微分方程组。
⑦依次求解这一系列线性微分方程组。
⑧令 $\sin \tau$ 和 $\cos \tau$ 的系数为零。由此可定出 $\omega_i (i = 1, 2, \cdots)$,这样就可以消去久期项得到周期解。
⑨把初始条件(16.8.2)展开如下:

$$x_0(0) = a,\ x_0'(0) = 0$$
$$x_i(0) = 0,\ x_i'(0) = 0 \quad (i = 1, 2, 3, \cdots) \tag{16.8.3}$$

(2)计算结果。

一阶近似解:

$$x = a\cos\tau + \frac{\varepsilon}{32}a^3(-\cos\tau + \cos 3\tau) \tag{16.8.4a}$$

一阶近似角频率：

$$\omega = \omega_0\left(1 + \frac{3}{8}\varepsilon a^2\right) \tag{16.8.4b}$$

二阶近似解：

$$x = a\cos\tau + \frac{\varepsilon a^3}{32}(-\cos\tau + \cos 3\tau) + \frac{\varepsilon^2 a^5}{1\,024}(23\cos\tau - 24\cos 3\tau + \cos 5\tau) \tag{16.8.5a}$$

二阶近似角频率

$$\omega = \omega_0\left(1 + \frac{3}{8}\varepsilon a^2 - \frac{21}{256}\varepsilon^2 a^4\right) \tag{16.8.5b}$$

三阶近似解：

$$x = a\cos\tau + \frac{\varepsilon a^3}{32}(-\cos\tau + \cos 3\tau) + \frac{\varepsilon^2 a^5}{1\,024}(23\cos\tau - 24\cos 3\tau + \cos 5\tau) +$$

$$\frac{\varepsilon^3 a^7}{32\,768}(-547\cos\tau + 594\cos 3\tau - 48A^7\cos 5\tau + \cos 7\tau) \tag{16.8.6a}$$

三阶近似角频率

$$\omega = \omega_0\left(1 + \frac{3}{8}\varepsilon a^2 - \frac{21}{256}\varepsilon^2 a^4 + \frac{81}{2\,048}\varepsilon^3 a^6\right) \tag{16.8.6b}$$

Maple 程序

```
> ####################################################
> restart:                                             #L-P 法
> alias(omega[0] = p0, omega[1] = p1, omega = p, omega[2] = p2, omega[3] = p3):
>                                                      #变量命名
> alias(epsilon = e, tau = T):                         #变量命名
> ddxt: = diff(x(t), t$2):                             #ẍ = d²x/dt²
> ddxT: = diff(x(T), T$2):                             #x″ = d²x/dτ²
> EQ: = ddxt + p0^2 * (x(t) + e * x(t)^3) = 0:         #ẍ + ω₀²x + εx³ = 0
> eq: = subs(ddxt = p^2 * ddxT, x(t) = x(T), EQ)
>                                                      #引入新变量 τ = ωt
>  eq: = subs(p = p0 + e * p1 + e^2 * p2 + e^3 * p3,
> x(T) = x0(T) + e * x1(T) + e^2 * x2(T) + e^3 * x3(T), eq)   #把 x 和 ω 展开成 ε 的幂级数
>
> eq: = expand(eq):                                    #展开
> eq: = collect(eq, e):                                #排列成 ε 的多项式
> ####################################################
> eq0: = coeff(lhs(eq), e, 0) = 0:                     #提取关于 ε 式的常数项
> eq0: = normal(eq0/p0^2):                             #派生方程
> eq1: = coeff(lhs(eq), e, 1) = 0:                     #提取关于 ε¹ 项的系数
> eq1: = expand(eq1/p0^2):                             #一阶近似方程
>  eq2: = coeff(lhs(eq), e, 2) = 0:                    #提取关于 ε² 项的系数
> eq2: = expand(eq2/p0^2):                             #二阶近似方程
> eq3: = coeff(lhs(eq), e, 3) = 0:                     #提取关于 ε³ 项的系数
```

```
> eq3 := expand(eq3/p0^2):                    #三阶近似方程
> ##############################################
> init0 := x0(0) = a, D(x0)(0) = 0:            #初始条件
> SOLx0 := dsolve({eq0, init0}, {x0(T)}):
>                                              #派生方程的解
> eq1 := subs(SOLx0, eq1):                     #将解代入一阶近似方程
> eq1 := combine(lhs(eq1)) = 0:                #方程左边合并同类项
> eq1 := collect(lhs(eq1), cos(T)) = 0:        #按 cos(τ) 的多项式排列
> cqxeq1 := coeff(lhs(eq1), cos(T)) = 0:       #消去久期项方程之一
> SOLp1 := solve({cqxeq1}, {p1}):              #一阶近似角频率项
> eq1 := subs(SOLp1, eq1):                     #将角频率代入一阶近似方程
> init1 := x1(0) = 0, D(x1)(0) = 0:            #初始条件
> eq1 := normal(eq1):                          #标准化一次近似方程
> SOLx1 := dsolve({eq1, init1}, {x1(T)});
>                                              #求解一阶近似方程
> ##############################################
> eq2 := subs(SOLx0, SOLx1, SOLp1, eq2):       #将解代入二次近似方程
> eq2 := combine(lhs(eq2)) = 0:                #方程左边合并同类项
> eq2 := collect(lhs(eq2), cos(T)) = 0:        #按 cos(τ) 的多项式排列
> cqxeq2 := coeff(lhs(eq2), cos(T)) = 0:       #消去久期项方程之二
> SOLp2 := solve({cqxeq2}, {p2}):              #二阶近似角频率项
> eq2 := subs(SOLp2, eq2):                     #将角频率代入二阶近似方程
> init2 := x2(0) = 0, D(x2)(0) = 0:            #初始条件
> eq2 := normal(eq2):                          #标准化二阶近似方程
> SOLx2 := dsolve({eq2, init2}, {x2(T)}):
>                                              #求解二阶近似方程
> SOLx2 := combine(SOLx2);                     #合并
> ##############################################
> eq3 := subs(SOLx0, SOLx1, SOLx2, SOLp1, SOLp2, eq3):
>                                              #将解代入三阶近似方程
> eq3 := combine(lhs(eq3)) = 0:                #方程左边合并同类项
> eq3 := collect(lhs(eq3), cos(T)) = 0:        #按 cos(τ) 的多项式排列
> cqxeq3 := coeff(lhs(eq3), cos(T)) = 0:       #消去久期项方程之三
> SOLp3 := solve({cqxeq3}, {p3}):              #二阶近似角频率项
> eq3 := subs(SOLp3, eq3):                     #将角频率代入二阶近似方程
> init3 := x3(0) = 0, D(x3)(0) = 0:            #初始条件
> eq3 := normal(eq3):                          #标准化三阶近似方程
> SOLx3 := dsolve({eq3, init3}, {x3(T)})       #求解三阶近似方程
> SOLx3 := combine(SOLx3):                     #合并
> ##############################################
> x := subs(SOLx0, x0(T)) + e*subs(SOLx1, x1(T)) + e^2*subs(SOLx2, x2(T))
>      + e^3*subs(SOLx3, x3(T));               #三阶近似解
> p := p0 + e*subs(SOLp1, p1) + e^2*subs(SOLp2, p2) + e^3*subs(SOLp3, p3);
>                                              #三阶近似角频率
> ##############################################
```

16.9　思考题

思考题 16.1　简答题
1. 如何判断一个振动问题是非线性的？举例说明。
2. 振动问题中的非线性可能来自哪些方面？举例说明。
3. 什么是非线性自由振动？与线性自由振动有何区别？举例说明。
4. 达芬方程中的非线性来源于什么？举例说明。
5. 什么是长期项？举例说明。

思考题 16.2　判断题
1. 可以通过质量、弹簧和(或)阻尼把非线性引入系统的控制微分方程。　　　　　　　　　　(　)
2. 对一个系统的非线性分析可能会发现一些出乎意料的现象。　　　　　　　　　　　　　　(　)
3. 在林兹泰德摄动法中，假设角频率是振幅的函数。　　　　　　　　　　　　　　　　　　(　)
4. 达芬系统在自由振动时，其解中存在长期项。　　　　　　　　　　　　　　　　　　　　(　)
5. 非线性方程的庞加莱解是一种级数形式的解。　　　　　　　　　　　　　　　　　　　　(　)

思考题 16.3　填空题
1. 当系统运动的振幅是有限小(非无限小)时，_____分析就变得非常必要。
2. _____原理不适用于非线性分析。
3. 在李兹-伽辽金法中，包含求_____方程的解。
4. 如果在控制微分方程中不含时间 t，则相应的系统称为_____。
5. 非线性振动问题的近似解可以用数值方法得到，如_____、_____ 和_____。

思考题 16.4　选择题
1. 一个线性系统的运动微分方程中，每一项都是位移、速度和加速度的(　　)。
   A. 一阶项　　　　　　　B. 二阶项　　　　　　　C. 零阶项
2. 非线性应力-应变关系可以导致(　　)的非线性。
   A. 质量　　　　　　　　B. 弹簧　　　　　　　　C. 阻尼
3. 如果力随位移的变化率 df/dx 是增函数，则这样的弹簧称为(　　)。
   A. 软弹簧　　　　　　　B. 硬弹簧　　　　　　　C. 线性弹簧
4. 如果力随位移的变化率 df/dx 是减函数，则这样的弹簧称为(　　)。
   A. 软弹簧　　　　　　　B. 硬弹簧　　　　　　　C. 线性弹簧
5. 达芬方程的形式为(　　)。
   A. $\ddot{x}+\omega_0^2 x+\alpha x^3=0$　　B. $\ddot{x}+\omega_0^2 x=0$　　C. $\ddot{x}+\alpha x^3=0$

思考题 16.5　连线题

1. $\ddot{x}+f\dfrac{\dot{x}}{|\dot{x}|}+\omega_0^2 x=0$　　　　A. 质量非线性

2. $\ddot{x}+\omega_0^{\,2}\left(x-\dfrac{x^3}{6}\right)=0$　　　　B. 阻尼非线性

3. $ax\ddot{x}+kx=0$　　　　　　　　　　C. 线性方程

4. $\ddot{x}+c\dot{x}+kx=0$　　　　　　　　D. 弹簧力非线性

16.10　习题

A 类型习题

习题 16.1　如图 16.10.1 所示，在板簧试验中得到了"三角形"弹性力变化特征曲线，当板簧偏离

静平衡位置时,特征曲线的上分支(c_1)起作用;当板簧返回时,曲线的下分支(c_2)起作用,设初始瞬时板簧偏离静平衡位置为 x_0,初速度为 0,板簧上物体的质量为 m,板簧的质量可以忽略,板簧的刚度系数为 k_1 和 k_2,试写出第一个半周期内板簧自由振动的方程,并求出振动的全周期 T。

习题 16.2 求上题所述板簧自由振动的振幅衰减规律。已知记录自由振动时得到的振幅衰减序列为 13.0mm,7.05mm,3.80mm,2.05mm,…。根据已知振动图线,求刚度系数比值 k_1/k_2,这里 k_1 和 k_2 对应于"三角形"刚度特征曲线的上、下分支。

习题 16.3 如图 16.10.2 所示,质点 m 在刚度系数为 k 的弹簧上振动,在与平衡位置两边成等距的两处(距离为 Δ)各设立一个刚性挡板,假定挡板的碰撞恢复因数为 1,求系统作角频率为 ω 的周期振动时的运动规律,并求 ω 的可能值。

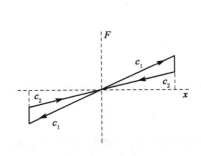
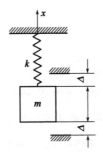

图 16.10.1 习题 16.1   图 16.10.2 习题 16.3

习题 16.4 在只有下挡板的情况下,试求解上题。

习题 16.5 设系统的运动方程为
$$m\ddot{x} + F_0 \text{sign} \dot{x} + kx = 0$$
求系统自由振动第一谐波的振幅 a_1 与角频率 ω 的关系。

B 类型习题

习题 16.6 受到一个恒定力矩 $M_t = ml^2 f$ 的单摆的运动微分方程是
$$\ddot{\theta} + \omega_0^2 \sin\theta = f \tag{16.10.1}$$
如果 $\sin\theta$ 用它的两项展开 $\theta - \dfrac{\theta^3}{6}$ 来代替,则方程可以写为
$$\ddot{\theta} + \omega_0^2 \theta = f + \dfrac{\omega_0^2}{6}\theta^3 \tag{16.10.2}$$
如果定义线性化方程
$$\ddot{\theta} + \omega_0^2 \theta = f \tag{16.10.3}$$
的解为 $\theta_1(t)$,方程
$$\ddot{\theta} + \omega_0^2 \theta = \dfrac{\omega_0^2}{6}\theta^3 \tag{16.10.4}$$
的解为 $\theta_2(t)$。讨论 $\theta(t) = \theta_1(t) + \theta_2(t)$ 作为式(16.10.2)的解是否可行。

习题 16.7 一个系统的运动微分方程为
$$m\ddot{x} + a\cos x = 0$$
对该方程分别用 $\cos x$ 的多项式展开的一项、两项和三项近似,讨论每一种情况下非线性的特点。

习题 16.8 具有非线性弹簧和非线性阻尼器的单自由度系统的自由振动的运动微分方程为
$$m\ddot{x} + c_1 \dot{x} + c_2 \dot{x}^2 + k_1 x + k_2 x^3 = 0$$
若 $x_1(t)$ 和 $x_2(t)$ 是方程式的两个不同的解,证明叠加原理不成立。

C 类型习题

习题 16.9 大摆角单摆

(1) 实验题目。

研究大摆角单摆的运动。设单摆由质量为 m 的摆锤和长为 l 的轻杆构成。

(2) 实验目的及要求。

①研究单摆总能量对运动的影响。
②研究单摆的摆角对运动周期的影响。
③学习利用总能量等于势能与动能之和的关系来画相图。

(3) 解题分析。

以悬点为原点 O 建立极坐标系,极轴 Ox 竖直向下,以 θ 表示单摆偏离平衡位置的角度。单摆的运动微分方程为

$$\frac{\mathrm{d}^2\theta}{\mathrm{d}t^2} + \frac{g}{l}\sin\theta = 0 \tag{16.10.5}$$

式中,g 为重力加速度。

单摆的势能 $V = mgl(1-\cos\theta)$,在这个余弦势场中,单摆的总能量 E 决定了单摆的三种运动状态。下面在 θ 与 $\frac{\mathrm{d}\theta}{\mathrm{d}t}$ 构成的相平面分三种情况讨论单摆的运动。

①当 $E < 2mgl$ 时,摆锤在 $-\pi \sim \pi$ 的势阱中作周期运动,其相轨迹为一闭合曲线,能量较小(对应小摆角运动)时为椭圆。

②当 $E > 2mgl$ 时,摆锤在势场中做定向运动,且 θ 可以趋向 $\pm\infty$。其相轨迹是两条不相交的曲线,对应两个不同的运动方向。$\frac{\mathrm{d}\theta}{\mathrm{d}t} > 0$ 表示向 θ 的正方向运动,$\frac{\mathrm{d}\theta}{\mathrm{d}t} < 0$ 表示向 θ 的负方向运动。

③当 $E = 2mgl$ 时,摆锤运动处于临界状态。当其 θ 值对应势能曲线的极大值时,摆锤速度为零。下一时刻的运动具有不确定性,摆锤即可能沿原运动方向运动,也可能改变运动方向。这种情况下摆锤的相轨迹为两条对 $\frac{\mathrm{d}\theta}{\mathrm{d}t} = 0$ 直线对称的,在 $\left(\theta = n\pi, \frac{\mathrm{d}\theta}{\mathrm{d}t} = 0\right)$ 点相交的曲线。

这些结果就是图 16.10.3 中的曲线所示。

当单摆处于第一种运动状态时,其运动周期与最大摆角有关。经数值计算可验证:若摆角不大于 $5°$,在小摆角($\theta \ll 1$)近似下,$\sin\theta \approx \theta$,运动可视为简谐振动,其固有圆频率为 $\omega_0 = \sqrt{\frac{g}{l}}$。若摆角增大,则运动周期变长。其关系如图 16.10.4 所示。

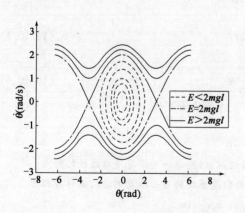

图 16.10.3 总能量不同的单摆所对应的相图

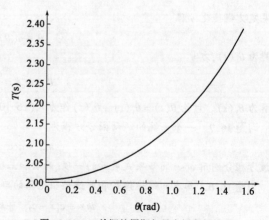

图 16.10.4 单摆的周期与最大摆角的关系

下面求式(16.10.5)数值解,令 $y_1 = \theta$, $y_2 = \dfrac{d\theta}{dt}$,则式(16.10.1)成为

$$\frac{dy_1}{dt} = y_2 \tag{16.10.6a}$$

$$\frac{dy_2}{dt} = -\frac{g}{l}\sin y_1 \tag{16.10.6b}$$

计算程序分为三部分。

第一部分,画图 16.10.3 中的相图。所用的数据不是解微分方程的结果,而是利用总能量等于动能与势能之和得到

$$E = \frac{ml^2}{2}\left(\frac{d\theta}{dt}\right)^2 + mgl(1-\cos\theta) \tag{16.10.7}$$

$$\frac{d\theta}{dt} = \pm\sqrt{\frac{2g}{l}\left(\frac{E}{mgl} - 1 + \cos\theta\right)} \tag{16.10.8}$$

令 $e = \dfrac{E}{mgl}$,则除了相差一个常数因子之外,可以认为(取 $2g/l = 1$)

$$\frac{d\theta}{dt} = \pm\sqrt{e - 1 + \cos\theta} \tag{16.10.9}$$

前面讨论的总能量的三种情况分别对应 $e < 2$, $e < 2$, $e = 2$。每给定一个 e 值,就可以画出一条曲线。

第二部分,画单摆在不同的初始位移下所对应的位移曲线(图 16.10.5),可以看出,摆角越大则周期越长。改变初始条件就能得到不同的结果。

第三部分,画图 16.10.4 中最大摆角与周期的关系。这里使用了指令 events,当单摆从正 θ 最大值的一端运动到另一端(θ 为负,但绝对值最大)时过程中,速度始终为负,并且从零逐渐减小到负的最大值然后又增加到零,这段时间正好是半个周期,所以程序中用速度作为被 events 判断的事件变量。当它为零时,停止解微分方程,即 isterminal = 1;而 direction = 1 表示速度从负值增加到零。

(4)思考题。

①计算最大摆角与周期的关系能否找到其他方法?请试一试。

②能否利用微分方程的解来画相图?请试一试。

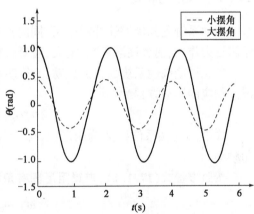

图 16.10.5 最大摆角不同的位移曲线

##

陈省身(1911~2004),美籍华裔,数学家,被誉为"微分几何之父"。陈省身发展了 Gauss-Bonnet(高斯-博内)公式,被命名为"Gauss-Bonnet-陈省身公式",提出了"陈氏示性类",他发展了微分纤维丛理论,其影响遍及数学的各个领域;创立复流形上的值分布理论,包括 Bott-陈定理,影响及于代数论;他为广义的积分几何奠定基础,获得基本运动学公式;他所引入的陈氏示性类与陈-Simons 微分式,已深入数学以外的其他领域,成为理论物理的重要工具。

主要著作:《整体几何和分析的研究》《不具位势原理的复流形》《整体微分几何的研究》,*Wolf Prize in Mathematics* 和 *Contemporary Trends in Algebraic Geometry and Algebraic Topology*。

##

> 神童诗（节选）
> 北宋　汪洙
> 天子重英豪，文章教尔曹；万般皆下品，惟有读书高。
> 少小须勤学，文章可立身；满朝朱紫贵，尽是读书人。
> 学问勤中得，萤窗万卷书；三冬今足用，谁笑腹空虚。
> 自小多才学，平生志气高；别人怀宝剑，我有笔如刀。
> 朝为田舍郎，暮登天子堂；将相本无种，男儿当自强。

第17章　非线性受迫振动

本章讨论非线性受迫振动。首先讨论了非线性受迫振动的共振、非共振、亚谐共振、超谐共振和组合共振，然后介绍了求解非线性振动常用的摄动法——多尺度法。

17.1　受迫振动

振动系统受到周期性外激励后，同时产生固有角频率和激励角频率振动两种振动。由于阻尼力作用，前者逐渐衰减、消失，后者长期保持，称为**强迫振动**。

首先讨论线性系统的强迫振动，为简明起见，此处只分析单自由度系统受简谐激励的情况。相应的运动方程为

$$\ddot{x} + 2\zeta\omega_0 \dot{x} + \omega_0^2 x = B\sin\Omega t \tag{17.1.1}$$

式中，x 为振系位移；ζ 为阻尼比；ω_0 为无阻尼固有角频率；B 为激励强度参数；Ω 为激励角频率。

按照方程式(17.1.1)，求得阻尼固有角频率

$$\omega = \omega_0 (1-\zeta^2)^{\frac{1}{2}} \tag{17.1.2}$$

相应于任意初始状态

$$x(0) = x_0, \quad \dot{x}(0) = \dot{x}_0 \tag{17.1.3}$$

二阶线性齐次微分方程式(17.1.1)的一般解为

$$x(t) = e^{-\zeta\omega_0 t}\left(x_0\cos\omega t + \frac{\dot{x}_0 + \zeta\omega_0 x_0}{\omega}\sin\omega t\right) +$$
$$Ae^{-\zeta\omega_0 t}\left(\sin\theta\cos\omega t + \frac{\zeta\omega_0\sin\theta - \Omega\cos\theta}{\omega}\sin\omega t\right) +$$
$$A\sin(\Omega t - \theta) \tag{17.1.4}$$

式中，A 和 θ 是角频率比 s 和阻尼比 ζ 的函数。

$$A = \frac{B}{[(1-s^2)^2 + 4\zeta^2 s^2]^{\frac{1}{2}}}, \quad \theta = \arctan\left(\frac{2\zeta s}{1-s^2}\right), \quad s = \frac{\Omega}{\omega_0} \tag{17.1.5}$$

单自由度线性阻尼振动的系统受简谐激励的响应的解析解式(17.1.4)中，前两项是取

决于系统初始条件的分量,称为**自由振动分量**。如果系统的初始条件为零,即 $x_0 = \dot{x}_0 = 0$,则不存在自由振动分量。式(17.1.4)的第三项和第四项是外激励激发的以阻尼振动角频率振动的分量,称为**固有伴随振动分量**,它与初始条件无关。该式中的最后一项才是以激励角频率振动的分量,称为**强迫振动**。式(17.1.4)表明,自由振动分量和固有伴随振动分量均以负指数函数速度衰减(这两个分量和称为系统的过渡过程),经过足够长时间后两者均消失。因此,能够持久保存的振动是强迫振动。

受简谐外激励的多自由度线性振动系统,其位移向量响应的解析解与式(17.1.4)类似。其中,自由振动分量和固有伴随振动分量都以负指数函数速度衰减至消失,最终只有强迫振动分量长期保留,成为**稳态周期运动**。

讨论非线性振动系统的强迫振动,也只能分析最简单的情况。具有 3 次非线性恢复力的单自由度振动系统,其运动方程能简化为著名的杜芬方程(Duffing equation)

$$\ddot{x} + \mu\dot{x} + \omega_0^2 x + \beta x^3 = B\cos\Omega t \tag{17.1.6}$$

此处限于研究弱非线性低阻尼系统。上式中的参数 β 和 μ 均为小量。非线性振动理论指出,自由振动分量和固有伴随振动分量消失后,强迫振动分量中除去有外激励频率 Ω 的谐振分量外,还存在振动频率低于 Ω 的和高于 Ω 的谐振分量。特别是当外激励频率 Ω 与系统固有角频率 ω_0 成整数比时,例如 Ω/ω_0 等于 1/3 或 3 时,存在较强的亚谐共振和超谐共振项,它们的振幅与角频率为 Ω 的谐振分量具有相同的数量级,线性振动系统没有这种现象。

受简谐激励的非线性振动系统,当方程参数位于参数空间的分岔点邻域内,有可能产生更加复杂的运动状态,包括出现混沌运动。除去这些特殊参数组合外,弱非线性振动系统受简谐激励时,长期存在的主要是角频率等于外激励角频率的稳态周期运动。

下面介绍弱非线性系统强迫振动的主谐波响应、次谐波响应和超谐波响应等几种典型的非线性振动中出现的特有现象。

考虑非自治系统

$$\ddot{x} + \omega_0^2 x = \varepsilon f(x, \dot{x}) + F(t) \tag{17.1.7}$$

式中,ε 为小参数;$f(x, \dot{x})$ 为 x、$\dot{x}$ 的非线性函数;$F(t)$ 为外激励。在方程(17.1.7)中,$F(t)$ 是非齐次项。设

$$F(t) = \sum_{n=1}^{N} p_n \cos(\Omega_n t - \theta_n) \tag{17.1.8}$$

如果 P_n、Ω_n、θ_n 均为常数,则 $F(t)$ 称为**定常激励**或**平稳激励**,否则称为**非平稳激励**。以下主要考虑只有一项的单频激励情况,当激励频率 Ω 处于不同的频率段内,系统将产生不同响应,如**主谐波、亚谐波、超谐波响应(共振)**等。在介绍这些强迫响应特性时,下面各节中均不考虑初始条件,或初始条件为零。

17.2 主共振

当系统只受一个外激励且外激励力的角频率接近于系统固有角频率,即 $\Omega \approx \omega_0$ 时,系统将发生主谐波响应。应用 L-P 法求解时,强迫力应加在 ε 阶项上,运动微分方程为

$$\ddot{x} + \omega_0^2 x = \varepsilon f(x, \dot{x}) + \varepsilon p\cos(\Omega t) \tag{17.2.1}$$

作变换,令

$$\tau = \Omega t \tag{17.2.2}$$

则方程式(17.2.1)变为

$$\Omega^2 x'' + \omega_0^2 x = \varepsilon f(x, \Omega x') + \varepsilon p\cos\tau \tag{17.2.3}$$

当外激励力角频率 Ω 在系统固有角频率 ω_0 附近时,为研究其响应,设

$$x = x_0(\tau) + \varepsilon x_1(\tau) + \varepsilon^2 x_2(\tau) + \cdots \tag{17.2.4}$$

$$\Omega = \omega_0 + \varepsilon\omega_1 + \varepsilon^2\omega_2 + \cdots \tag{17.2.5}$$

将式(17.2.4)和式(17.2.5)代入式(17.2.3),并将函数 $f(x, \Omega x')$ 展开成 Taylor 级数,然后比较方程两边 ε 同次幂的系数,可得

$$\omega_0^2 x_0'' + \omega_0^2 x_0 = 0 \tag{17.2.6a}$$

$$\omega_0^2 x_1'' + \omega_0^2 x_1 = f(x_0, \omega_0 x_0') - 2\omega_0\omega_1 x_0'' + p\cos\tau \tag{17.2.6b}$$

$$\omega_0^2 x_2'' + \omega_0^2 x_2 = x_1 f_x'(x_0, \omega_0 x_0') + (\omega_0 x_1' + \omega_1 x_0') f_{\dot{x}}'(x_0, \omega_0 x_0') - \\ (2\omega_0\omega_2 + \omega_1^2) x_0'' - 2\omega_0\omega_1 x_1'' \tag{17.2.6c}$$

$$\cdots$$

式(17.2.6a)的通解可表示为

$$x_0 = a\cos(\tau - \theta) \tag{17.2.7}$$

式中, a、θ 分别为待定的振幅和相位角。θ 表示系统的响应与强迫力的相位差。当系统没有阻尼力时,即 $f(x, \dot{x})$ 不含 $\dot{x}$,只是 x 的函数,系统的周期解与激励项具有相同的相位或反相,此时可取 $\theta = 0$。把式(17.2.7)代入式(17.2.6b)得

$$\omega_0^2 x_1'' + \omega_0^2 x_1 = f[a\cos(\tau - \theta), -a\omega_0\sin(\tau - \theta)] + \\ 2\omega_0\omega_1\cos(\tau - \theta) + p\cos\tau \tag{17.2.8}$$

为了得到周期解 $x_1(\tau)$,必须消去久期项。为此令方程式(17.2.8)右边的 $\cos(\tau - \theta)$ 和 $\sin(\tau + \theta)$ 的系数为零。由这两个可解性条件可以定出 $\omega_1(a)$ 和 $\theta(a)$,它们都以 a 表示。消去久期项后,方程式(17.2.8)的解可以表示为

$$x_1 = a_1\cos(\tau - \theta) + X_{1p}(\tau) \tag{17.2.9}$$

式中, $X_{1p}(\tau)$ 表示方程式(17.2.8)的特解。把 x_0, x_1 代入式(17.2.6c),并令其右边的 $\cos\tau$ 和 $\sin\tau$ 的系数为零,由这两个可解性条件又可以得出 ω_2 和 a_1,从而求出 $x_2(\tau)$。以后以此类推。

值得指出的是,如果 $f(x, \dot{x})$ 不含 $\dot{x}$,则式(17.2.7)式中 $\theta = 0$,式(17.2.6)各阶摄动方程右边不出现 $\sin\tau$,于是只有一个可解条件。这种情况下, x_1 以后各阶近似解中我们就不取齐次方程的通解,让唯一的可解条件唯一地得出 ω_i。

至此,我们可以看出,当激励力的角频率 Ω 接近系统的固有角频率 ω_0 时,系统的响应以主谐波 $\cos(\tau + \theta)$ 为主。这种响应称为**主谐波响应**。

例题 17.2.1 求 Duffing 方程

$$\ddot{x} + \omega_0^2 x + 2\varepsilon\mu\dot{x} + \varepsilon\alpha_3 x^3 = \varepsilon p\cos(\Omega t) \tag{17.2.10}$$

的主谐波响应。其中 μ 为黏性阻尼系数, $\mu > 0$。

解:用 **L-P 法**。

对应式(17.2.1),本例中 $f(x, \dot{x}) = -(2\mu\dot{x} + \alpha_3 x^3)$。于是,由式(17.2.6)可得

$$x_0'' + x_0 = 0 \tag{17.2.11}$$

$$\omega_0^2(x_1'' + x_1) = -(2\mu\omega_0 x_0' + \alpha_3 x_0^3) - 2\omega_0\omega_1 x_0'' + p\cos\tau \tag{17.2.12}$$

式(17.2.11)的解为
$$x_0 = a\cos(\tau - \theta) \tag{17.2.13}$$
代入式(17.2.12),得
$$\begin{aligned}\omega_0^2(x_1'' + x_1) &= 2\mu\omega_0 a\sin(\tau-\theta) - \alpha_3 a^3\cos^3(\tau-\theta) + \\&\quad 2\omega_0\omega_1 a\cos(\tau-\theta) + p\cos\tau \\&= (2\mu\omega_0 a - p\sin\theta)\sin(\tau-\theta) + \\&\quad \left(2\omega_0\omega_1 a - \frac{3}{4}\alpha_3 a^3 + p\cos\theta\right)\cos(\tau-\theta) - \\&\quad \frac{1}{4}\alpha_3 a^3\cos(3\tau - 3\theta)\end{aligned} \tag{17.2.14}$$

消去久期项,令
$$2\mu\omega_0 a - p\sin\theta = 0 \tag{17.2.15a}$$
$$2\omega_0\omega_1 a - \frac{3}{4}\alpha_3 a^3 + p\cos\theta = 0 \tag{17.2.15b}$$

式(17.2.15a)、式(17.2.15b)消去未知量 θ 或者 a,注意到 $\Omega \approx \omega_0 + \varepsilon\omega_1$,得
$$\left[\varepsilon^2\mu^2 + \left(\Omega - \omega_0 - \frac{3\varepsilon\alpha_3 a^2}{8\omega_0}\right)^2\right]a^2 = \frac{\varepsilon^2 p^2}{4\omega_0^2} \tag{17.2.16}$$
$$\Omega - \omega_0 - \frac{3}{32}\frac{\varepsilon\alpha_3 p^2}{\mu^2\omega_0^3}\sin^2\theta + \varepsilon\mu\cot\theta = 0 \tag{17.2.17}$$

简称式(17.2.16)为**幅频响应方程**,称式(17.2.17)为**相频响应方程**。由(17.2.15)化简得
$$\theta = \arctan\left(-\frac{\varepsilon\mu}{\Omega - \omega_0 - \frac{3\varepsilon\alpha_3 a^2}{8\omega_0}}\right) \tag{17.2.18}$$

最后求得式(17.2.4)的一次近似解为
$$x = a\cos(\Omega t - \theta) + O(\varepsilon) \tag{17.2.19}$$

式(17.2.16)是关于 Ω 的实系数二次代数方程。对于 $0 < a < \dfrac{p}{2\mu\omega_0}$,可解出一对实根 Ω,
$$\Omega = \omega_0\left(1 + \frac{3\varepsilon\alpha_3 a^2}{8\omega_0^2}\right) \pm \varepsilon\sqrt{\frac{p^2}{4\omega_0^2} - \mu^2} \tag{17.2.20}$$

从而绘出主共振幅频和相频响应曲线,如图17.2.1所示。由图可见,对于固定的激励角频率 Ω,主共振可能是唯一的,也可能有三种。类似于自治系统有多个平衡解的情况,多个稳态主共振的真正实现取决于其稳定性,并且最后到底哪个解会实现取决于系统的初值。

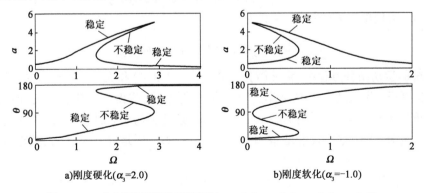

图17.2.1 主共振的幅频和相频响应($\omega_0 = 1.0$, $\varepsilon = 0.1$, $\mu = 0.1$, $p = 1.0$)

由式(17.2.16)可发现一个有趣的现象:主共振的峰值大小总是

$$a_{\max} = \frac{p}{2\mu\omega_0} \tag{17.2.21}$$

与非线性因数 α_3 无关。但出现峰值的激励角频率则与非线性因数有关

$$\Omega = \omega_0 \left(1 + \frac{3\varepsilon\alpha_3}{8\omega_0^2}a_{\max}^2\right) \tag{17.2.22}$$

这一角频率与 Duffing 系统自由振动的角频率相同。其原因在于:主共振的一次近似是简谐振动,共振时外激励恰好与系统阻尼力相平衡,使得主共振犹如无阻尼自由振动。通常,将式(17.2.22)确定的曲线称为主共振的**骨架线**。它给出了不同激励下主共振峰值与激励角频率的关系,主导了主共振幅频响应曲线的形状。对于渐硬弹簧特性的系统,响应曲线向右弯曲;对于渐软弹簧特性的系统,响应曲线向左弯曲。

17.3 多尺度法

根据前面的分析,自治系统周期振动的角频率可展开为 ε 的幂级数,故其相位形如

$$\omega t = \omega_0 t + \omega_1 \varepsilon t + \omega_2 \varepsilon^2 t + \cdots = \omega_0 t + \omega_1(\varepsilon t) + \omega_2(\varepsilon^2 t) + \cdots \tag{17.3.1}$$

20 世纪 50 年代,美国学者 Sturrock 引入一系列越来越慢的时间尺度

$$T_n = \varepsilon^n t, \quad n = 0, 1, 2, \cdots \tag{17.3.2}$$

并认为这些时间尺度为独立变量,则非线性振动过程 $x(t,\varepsilon)$ 为各时间变量的函数,可写为

$$\begin{aligned} x(t,\varepsilon) &= x_0(T_0, T_1, \cdots, T_m) + \varepsilon x_1(T_0, T_1, \cdots, T_m) + \cdots + \\ &\quad \varepsilon^m x_m(T_0, T_1, \cdots, T_m) \\ &= \sum_{n=0}^{m} \varepsilon^n x_n(T_0, T_1, \cdots, T_m) \end{aligned} \tag{17.3.3}$$

式中,m 为小参数的最高阶次,取决于计算的精度要求。$x(t,\varepsilon)$ 对时间的微分可利用复合函数微分公式按照 ε 的幂次展开为

$$\frac{\mathrm{d}}{\mathrm{d}t} = \frac{\partial}{\partial T_0} + \varepsilon \frac{\partial}{\partial T_1} + \cdots + \varepsilon^m \frac{\partial}{\partial T_m} = \mathrm{D}_0 + \varepsilon \mathrm{D}_1 + \cdots \varepsilon^m \mathrm{D}_m = \sum_{n=0}^{m} \varepsilon^n \mathrm{D}_n \tag{17.3.4}$$

$$\begin{aligned} \frac{\mathrm{d}^2}{\mathrm{d}t^2} &= \frac{\mathrm{d}}{\mathrm{d}t}\left(\frac{\partial}{\partial T_0} + \varepsilon \frac{\partial}{\partial T_1} + \cdots + \varepsilon^m \frac{\partial}{\partial T_m}\right) \\ &= (\mathrm{D}_0 + \varepsilon \mathrm{D}_1 + \cdots \varepsilon^m \mathrm{D}_m)^2 \\ &= \mathrm{D}_0^2 + 2\varepsilon \mathrm{D}_0 \mathrm{D}_1 + \varepsilon^2 (\mathrm{D}_1^2 + 2\mathrm{D}_0 \mathrm{D}_2) + \cdots \end{aligned} \tag{17.3.5}$$

式中,D_n 为偏微分算子符号,定义为

$$\mathrm{D}_n \stackrel{\text{def}}{=} \frac{\partial}{\partial T_n} \quad (n = 0, 1, \cdots, m) \tag{17.3.6}$$

在系统的运动微分方程中,将其微分运算以式(17.3.4)和式(17.3.5)代入,变量 x 按照式(17.3.3)展开,代入动力学方程,比较 ε 的同次幂系数,就得到各阶近似的线性偏微分方程组。在依次求解过程中,利用消除永年项的附加条件和初始条件,可求出各阶近似解的确定表达式。此外,无论方程右端是 $\varepsilon f(x,\dot{x})$、$\varepsilon f(x,\dot{x},\Omega t)$ 还是 $f(x,\dot{x},\Omega t)$,其求解过程基本相同。

现以初值问题式(16.4.1)的自治形式为例来介绍多尺度法的求解过程。将式(17.3.4)和式(17.3.5)代入式(16.4.1),比较 ε 的同次幂系数得到

$$D_0^2 x_0 + \omega_0^2 x_0 = 0 \qquad (17.3.7a)$$

$$D_0^2 x_1 + \omega_0^2 x_1 = 2D_0 D_1 x_0 + f(x_0, D_0 x_0) \qquad (17.3.7b)$$

$$D_0^2 x_2 + \omega_0^2 x_2 = -2D_0 D_1 x_1 - (D_1^2 + 2D_0 D_2) x_0 + f_1(x_0, D_0 x_0) x_1 +$$
$$f_2(x_0, D_0 x_0)(D_1 x_0 + D_0 x_1) \qquad (17.3.7c)$$

这组方程可依次求解。

显而易见，方程式(17.3.7a)的解为

$$x_0 = a(T_1, T_2)\cos[\omega_0 T_0 + \varphi(T_1, T_2)] \qquad (17.3.8a)$$

为了求解 x_1 方便，将上式写作复数形式

$$x_0 = A(T_1, T_2) e^{i\omega_0 T_0} + cc \qquad (17.3.8b)$$

式中，cc 为前面各项的共轭。将这一解代入方程(17.3.7b)，得到

$$D_0^2 x_1 + \omega_0^2 x_1 = -2i\omega_0 D_1 A e^{i\omega_0 T_0} + cc + f(A e^{i\omega_0 T_0} + cc, i\omega_0 A e^{i\omega_0 T_0} + cc) \qquad (17.3.9)$$

上式即周期激励下的无阻尼系统。为了不出现永年项，上式右端不能含有 $e^{i\omega_0 T_0}$ 或 $e^{-i\omega_0 T_0}$ 这样的项，即要求上式右端的傅立叶系数为零：

$$-2i\omega_0 D_1 A + \frac{\omega_0}{2\pi} \int_0^{2\pi/\omega_0} f(A e^{i\omega_0 T_0} + cc, i\omega_0 A e^{i\omega_0 T_0} + cc) dT_0 = 0 \qquad (17.3.10)$$

记

$$A(T_1, T_2, \cdots) = \frac{a(T_1, T_2, \cdots)}{2} e^{i\varphi(T_1, T_2, \cdots)} \qquad (17.3.11)$$

将其代入式(17.3.10)，得到该条件的三角函数形式

$$i(D_1 a + ia D_1 \varphi) = \frac{1}{2\pi\omega_0} \int_0^{2\pi} f(a\cos\phi, -\omega_0 a\sin\phi)(\cos\phi - i\sin\phi) d\phi \qquad (17.3.12)$$

其中 $\phi = \omega_0 t + \varphi$。分离上式的实部和虚部得到

$$D_1 a = -\frac{1}{2\pi\omega_0} \int_0^{2\pi} f(a\cos\phi, -\omega_0 a\sin\phi) \sin\phi d\phi \qquad (17.3.13a)$$

$$D_1 \varphi = -\frac{1}{2\pi\omega_0} \int_0^{2\pi} f(a\cos\phi, -\omega_0 a\sin\phi) \cos\phi d\phi \qquad (17.3.13b)$$

在这组条件下求解方程(17.3.9)，得到一次修正 $x_1(T_0, T_1, \cdots)$，将其代入式(17.3.7c)，依照上述过程，可类似地得到消除永年项的条件，进而得出 $x_2(T_0, T_1, \cdots)$。

17.4 亚谐共振

以上所讨论的派生系统的固有角频率 ω_0 接近激励角频率 Ω 时产生的共振现象称为**主共振**。实践中还可观察到 ω_0 接近激励角频率 Ω 的整数倍或分数倍时出现的共振现象，分别称为**超谐波共振**和**亚谐波共振**，或统称为**次共振**。本节利用多尺度法对亚谐波共振作更深入的讨论。下节讨论超谐波共振。

例题 17.4.1 讨论带阻尼达芬(Duffing)系统

$$\ddot{x} + 2\varepsilon\mu\dot{x} + \omega_0^2 x + \varepsilon\alpha_3 x^3 = F_0 \cos\Omega t \qquad (17.4.1)$$

当 $3\Omega \approx \omega_0$ 时的三阶亚谐波响应。

解：采用多尺度法。

只讨论一次近似解，令

$$x(t,\varepsilon) = x_0(T_0, T_1) + \varepsilon x_1(T_0, T_1) \tag{17.4.2}$$

将式(17.4.2)代入式(17.4.1),展开后令两边 ε 的同次幂系数相等,得到各阶近似方程:

$$D_0^2 x_0 + \omega_0^2 x_0 = F_0 \cos\Omega T_0 \tag{17.4.3a}$$

$$D_0^2 x_1 + \omega_0^2 x_1 = -2D_0 D_1 x_0 - 2\mu D_0 x_0 - \alpha x_0^3 \tag{17.4.3b}$$

零次近似方程式(17.4.3a)的解为

$$x_0 = A(T_1) e^{i\omega_0 T_0} + \Lambda e^{i\Omega T_0} + cc \tag{17.4.4}$$

式中,A 为复数形式的自由振动振幅,而受迫振动振幅 Λ 为实数

$$\Lambda = \frac{F_0}{2(\omega_0^2 - \Omega^2)} \tag{17.4.5}$$

将零次近似解代入一次近似方程式(17.4.3b),整理后得到

$$D_0^2 x_1 + \omega_0^2 x_1 = -[2i\omega_0(D_1 A + \mu A) + 6\alpha_3 A \Lambda^2 + 3\alpha_3 A^2 \bar{A}] e^{i\omega_0 T_0} +$$
$$\alpha_3 [3\bar{A}^2 \Lambda e^{i(\Omega - 2\omega_0) T_0} - \Lambda^3 e^{3i\Omega T_0}] -$$
$$\alpha_3 [A^3 e^{3i\omega_0 T_0} + 3A^2 \Lambda e^{i(2\omega_0 + \Omega) T_0} + 3A\Lambda^2 e^{i(\omega_0 + 2\Omega) T_0} + 3A\Lambda^2 e^{i(\omega_0 - 2\Omega) T_0}] -$$
$$\Lambda(2i\mu\Omega + 3\alpha_3 \Lambda^2 + 6\alpha_3 A\bar{A}) e^{i\Omega T_0} + cc \tag{17.4.6}$$

设 Ω 与 $3\omega_0$ 的差别为 ε 的同阶小量,写为

$$\Omega = 3\omega_0 + \varepsilon\sigma \tag{17.4.7a}$$

$$\Omega t = 3\omega_0 T_0 + \sigma T_1 \tag{17.4.7b}$$

将式(17.4.7)代入式(17.4.6)右边的 $e^{i(\Omega-2\omega_0)T_0}$,令右边含 $e^{i\omega_0 T_0}$ 项的系数为零以消除永年项,得到

$$2i\omega_0(D_1 A + \mu A) + 6\alpha_3 A \Lambda^2 + 3\alpha_3 A^2 \bar{A} + 3\alpha_3 \bar{A}^2 \Lambda e^{i\sigma T_1} = 0 \tag{17.4.8}$$

由于 $\Omega > \omega_0$,上式中的 Λ 为负实数。将复函数 A 写为指数形式:

$$A(t) = \frac{1}{2} a(t) e^{i\theta(t)} \tag{17.4.9}$$

代入下式 A 对 t 的导数,

$$\frac{dA(t)}{dt} = D_0 A + \varepsilon D_1 A \tag{17.4.10}$$

其中,$D_0 A = 0$,$D_1 A$ 由式(17.4.8)确定。将实部与虚部分开后,得到 a 和 θ 的一阶常微分方程组:

$$\dot{a} = -\left[\mu + \frac{3\alpha_3 \Lambda}{4\omega_0} a \sin(\sigma T_1 - 3\theta)\right] a \tag{17.4.11a}$$

$$\dot{\theta} = \frac{3\alpha_3}{\omega_0}\left[\Lambda^2 + \frac{a^2}{8} + \frac{\Lambda}{4} a \cos(\sigma T_1 - 3\theta)\right] \tag{17.4.11b}$$

令 $\gamma = \sigma T_1 - 3\theta$,上式化为

$$\dot{a} = -\left(\mu + \frac{3\alpha_3 \Lambda}{4\omega_0} a \sin\gamma\right) a \tag{17.4.12a}$$

$$\dot{\gamma} = \sigma - \frac{9\alpha_3}{\omega_0}\left(\Lambda^2 + \frac{a^2}{8} + \frac{\Lambda}{4} a \cos\gamma\right) \tag{17.4.12b}$$

令 $\dot{a} = \dot{\gamma} = 0$,导出 a,γ 的稳态值 a_s,γ_s 应满足的条件为

$$\mu = -\frac{3\alpha_3 \Lambda}{4\omega_0} a_s \sin\gamma_s \tag{17.4.13a}$$

$$\sigma - \frac{9\alpha_3}{\omega_0}\left(\Lambda^2 + \frac{a_s^2}{8}\right) = \frac{9\alpha_3 \Lambda}{4\omega_0} a_s \cos\gamma_s \tag{17.4.13b}$$

从上式中消去 γ_s，得到

$$9\mu^2 + \left(\sigma - \frac{9\alpha_3 \Lambda^2}{\omega_0} - \frac{9\alpha}{8\omega_0}a_s^2\right)^2 = \frac{81\alpha^2 \Lambda^2}{16\omega_0^2} a_s^2 \tag{17.4.14}$$

上式为 a^2 的二次代数方程，可写为

$$a_s^4 - 2pa_s^2 + q = 0 \tag{17.4.15}$$

式中

$$p = \frac{8\omega_0 \sigma}{9\alpha_3} - 6\Lambda^2 \tag{17.4.16a}$$

$$q = \left(\frac{8\omega_0}{9\alpha_3}\right)^2 \left[9\mu^2 + \left(\sigma - \frac{9\alpha_3 \Lambda^2}{\omega_0}\right)^2\right] \tag{17.4.16b}$$

解出

$$a_s^2 = p \pm \sqrt{p^2 - q} \tag{17.4.17}$$

因为 q 总是正数，所以 $p > 0$，$p^2 \geq q$ 为振幅 a_s 的实数解条件。此条件要求：

$$\Lambda^2 < \frac{4\omega_0 \sigma}{27\alpha_3}, \quad \frac{\alpha_3 \Lambda^2}{\omega_0}\left(\sigma - \frac{63\alpha_3 \Lambda^2}{8\omega_0}\right) - 2\mu^2 \geq 0 \tag{17.4.18}$$

引入以下量纲一的参数：

$$\beta = \frac{\sigma}{\mu}, \quad \Gamma = \frac{63\alpha_3 \Lambda^2}{4\omega_0 \mu} \tag{17.4.19}$$

以上不等式可改写为

$$\Gamma < \frac{21}{9}\beta, \quad \Gamma^2 - 2\beta\Gamma + 63 \leq 0 \tag{17.4.20}$$

则对于给定的 σ 值，振幅 a_s 的实数条件归结为

$$\beta - (\beta^2 - 63)^{\frac{1}{2}} \leq \Gamma \leq \beta + (\beta^2 - 63)^{\frac{1}{2}} \tag{17.4.21}$$

根据式(17.4.21)可在 (β, Γ) 参数平面上画出 a_s 的实数解存在域，即亚谐波共振的存在域。其边界曲线为

$$\Gamma = \beta \pm (\beta^2 - 63)^{\frac{1}{2}} \tag{17.4.22}$$

给出 $\alpha_3 > 0$ 时的边界曲线如图 17.4.1 所示。在图中的实数解存在域内，当激励角频率 Ω 接近 $3\omega_0$ 时，系统可出现不衰减的角频率 ω_0 的周期运动，即亚谐波共振。但当 $\sigma = 0$，即激励角频率 Ω 为准确的 $3\omega_0$ 时，反而不能发生亚谐波共振。阻尼足够大时，亚谐波共振不可能发生。

对于无阻尼的特殊情形，令式(17.4.13a)中 $\mu = 0$，则 $\sin\gamma_s = 0$，从式(17.4.13b)导出 a_s 的二次代数方程：

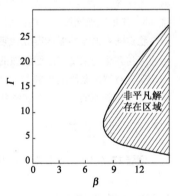

图 17.4.1 亚谐波共振的存在域

$$a_s^2 + 2\Lambda a_s + 8\left(\Lambda^2 - \frac{\omega_0 \sigma}{9\alpha_3}\right) = 0 \tag{17.4.23}$$

解出

$$a_s = -\Lambda \pm \sqrt{\frac{8\omega_0 \sigma}{9\alpha_3} - 7\Lambda^2} \tag{17.4.24}$$

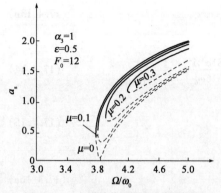

图 17.4.2　亚谐波共振的幅频特性曲线

根据式(17.4.17)、式(17.4.24)计算的幅频特性曲线如图 17.4.2 所示。图中每条曲线均有两个分支,因此同一激励角频率对应于振幅的两个不同值。

为判断亚谐波振动的稳定性,引入扰动变量 $\xi = a - a_s$, $\eta = \gamma - \gamma_s$,列出式(17.4.12)在稳态值附近的一次近似方程:

$$\dot{\xi} = \mu\xi - \left(\frac{3\alpha_3 a_s^2}{4\omega_0}\Lambda\cos\gamma_s\right)\eta \quad (17.4.25a)$$

$$\dot{\eta} = -\frac{9\alpha_3}{4\omega_0}(a_s + \Lambda\cos\gamma_s)\xi - 3\mu\eta \quad (17.4.25b)$$

此线性扰动方程的本征方程为

$$\begin{vmatrix} \lambda - \mu & \frac{3\alpha_3 a_s^2}{4\omega_0}\Lambda\cos\gamma_s \\ \frac{9\alpha_3}{4\omega_0}(a_s + \Lambda\cos\gamma_s) & \lambda + 3\mu \end{vmatrix} = 0, \quad \lambda^2 + 2\mu\lambda + b = 0 \quad (17.4.26)$$

上式中的常数 b 可利用式(17.4.13)、式(17.4.1)化为

$$b = \frac{3}{2}\left(\frac{3\alpha_3 a_s}{4\omega_0}\right)^2(a_s^2 - p) \quad (17.4.27)$$

根据李雅普诺夫的一次近似稳定性判断据,由于 $\mu > 0$,稳态解 a_s, γ_s 为渐近稳定的充分条件为 $b > 0$。此稳定条件可利用式(17.4.27)化为

$$a_s^2 > p \quad (17.4.28)$$

与 a_s^2 应满足的式(17.4.17)相对照,不难看出,在幅频特性曲线的两个分支中,幅值大的一支稳定,幅值小的一支不稳定,分别以实线和虚线表示稳定和不稳定。

对方程组式(17.4.12)作数值积分,可作出动相平面内的相轨迹。亚谐波共振的动相平面轨迹如图 17.4.3 所示。图中 S_1 为稳定焦点,S_2 为鞍点,阴影区为 S_1 的吸引盆,即可能出现亚谐波共振的区域。

稳定的亚谐波共振的存在表明:机械系统也能被远大于固有角频率的激励力激起强烈的共振。例如,有记载称:一架飞机被螺旋桨激起机翼的 1/2 阶亚谐波共振,机翼的振动又激起舵面的 1/4 阶亚谐波共振而导致破坏。

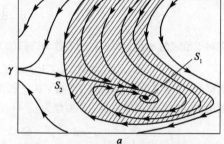

图 17.4.3　亚谐波共振的动相平面轨迹

17.5　超谐共振

例题 17.5.1　讨论带阻尼达芬(Duffing)系统

$$\ddot{x} + 2\varepsilon\mu\dot{x} + \omega_0^2 x + \varepsilon\alpha_3 x^3 = F_0\cos\Omega t \quad (17.5.1)$$

当 $3\Omega \approx \omega_0$ 时的三阶超谐波响应。

解:采用多尺度法。

设 ω_0 与 3Ω 的差别为 ε 的同阶小量,写为

$$3\Omega = \omega_0 + \varepsilon\sigma \quad (17.5.2a)$$

$$3\Omega T_0 = \omega_0 T_0 + \sigma T_1 \quad (17.5.2b)$$

将式(17.5.2a)代入式(17.4.6)右边的 $e^{3i\Omega T_0}$,令右边含 $e^{i\omega_0 T_0}$ 项的系数为零以消除久期项,得到

$$2i\omega_0(D_1 A + \mu A) + 6\alpha_3 A A^2 + 3\alpha_3 A^2\bar{A} + \alpha\Lambda^3 e^{i\sigma T_1} = 0 \quad (17.5.3)$$

将 A 写为式(17.4.9)的指数形式,代入式(17.4.10)表示的 A 对 t 的导数,其中 $D_0A=0$, D_1A 由式(17.5.3)确定。将实部与虚部分开后,得到 a 和 θ 的一阶常微分方程组:

$$\dot{a} = -\mu a - \frac{\alpha_3 \Lambda^3}{\omega_0}\sin(\sigma T_1 - \theta) \tag{17.5.4a}$$

$$a\dot{\theta} = \frac{\alpha_3}{\omega_0}\left[3a\left(\Lambda^2 + \frac{a^2}{8}\right) + \Lambda^3\cos(\sigma T_1 - \theta)\right] \tag{17.5.4b}$$

令 $\gamma = \sigma T_1 - \theta$,式(17.5.4)化为

$$\dot{a} = -\mu a - \frac{\alpha_3 \Lambda^3}{\omega_0}\sin\gamma \tag{17.5.5a}$$

$$a\dot{\gamma} = \left[\sigma - \frac{3\alpha_3}{\omega_0}\left(\Lambda^2 + \frac{a^2}{8}\right)\right]a - \frac{\alpha_3 \Lambda^3}{\omega_0}\cos\gamma \tag{17.5.5b}$$

此方程的非零常值解对应于系统的稳态周期运动。解方程式(17.5.5),求出振幅 a 和相位角 γ,就求得一次近似解

$$x = a\cos(3\Omega t - \gamma) + \frac{F_0}{2(\omega_0^2 - \Omega^2)}\cos\Omega t \tag{17.5.6}$$

令 $\dot{a} = \dot{\gamma} = 0$,导出 a, γ 的常值解 a_s, γ_s 应满足的条件:

$$\mu a_s = -\frac{\alpha_3 \Lambda^3}{\omega_0}\sin\gamma_s \tag{17.5.7a}$$

$$\left[\sigma - \frac{3\alpha_3}{\omega_0}\left(\Lambda^2 + \frac{a_s^2}{8}\right)\right]a_s = \frac{\alpha_3 \Lambda^3}{\omega_0}\cos\gamma_s \tag{17.5.7b}$$

令式(17.5.7)两边平方后相加消去 γ_s,得到

$$\left[\mu^2 + \left(\sigma - \frac{3\alpha_3\Lambda^2}{\omega_0} - \frac{3\alpha_3 a_s^2}{8\omega_0}\right)^2\right]a_s^2 = \frac{\alpha_3^2 \Lambda^6}{\omega_0^2} \tag{17.5.8}$$

设 $a_s \neq 0$,从式(17.5.8)解出

$$\sigma = \frac{3\alpha}{\omega_0}\left(\Lambda^2 + \frac{a_s^2}{8}\right) \pm \left(\frac{\alpha_3^2 \Lambda^6}{\omega_0^2 a_s^2} - \mu^2\right)^{\frac{1}{2}} \tag{17.5.9}$$

由此关系式可以看出,当 $\omega_0 \approx 3\Omega$ 时,即使存在阻尼,也满足关系式的非零解 a_s 存在,即角频率 ω_0 的自由振动振幅 a_s 并不衰减为零,从而解释了超谐波共振现象。

利用式(17.5.8)计算 a_s 对 σ 的导数,令 $\dfrac{da_s}{d\sigma} = 0$,导出振幅 a 的峰值:

$$a_{\max} = \frac{\alpha_3\Lambda^3}{\mu\omega_0} = \frac{\alpha_3}{\mu\omega_0}\left|\frac{F_0}{2(\omega_0^2 - \Omega^2)}\right|^3 \tag{17.5.10}$$

与主共振情形不同,超谐波共振的峰值不仅与激励力的幅值和阻尼系数有关,而且是非线性项系数 α_3 的函数。由式(17.5.9)确定的幅频特性曲线如图 17.5.1 所示,由于曲线所引起的多值性,超谐波共振也存在与主共振类似的跳跃现象。

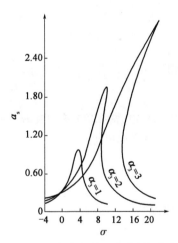

图 17.5.1 超谐波共振的幅频特性曲线

17.6 组合共振

例题 17.6.1 考虑当 $2\Omega_1 + \Omega_2 \approx \omega_0$ 的情况,求方程

$$\ddot{x} + 2\varepsilon\mu\dot{x} + \omega_0^2 x + \varepsilon\alpha_3 x^3 = F_1\cos(\Omega_1 t + \theta_1) + F_2\cos(\Omega_2 t + \theta_2) \tag{17.6.1}$$

的组合谐波共振。

解:采用多尺度法。

令
$$\omega_0 = 2\Omega_1 + \Omega_2 - \varepsilon\sigma \qquad (17.6.2)$$

仍设解为
$$x(t) = x_0(T_0, T_1) + \varepsilon x_1(T_0, T_1) + \cdots \qquad (17.6.3)$$

式(17.6.2)代入式(17.6.1)并比较 ε 同次幂的系数,得
$$D_0^2 x_0 + \omega_0^2 x_0 = F_1\cos(\Omega_1 T_0 + \theta_1) + F_2\cos(\Omega_2 T_0 + \theta_2) \qquad (17.6.4a)$$
$$D_0^2 x_1 + \omega_0^2 x_1 = -2D_0 D_1 x_0 - 2\mu D_0 x_0 - \alpha_3 x_0^3 \qquad (17.6.4b)$$

式(17.6.4a)有通解,是
$$x_0 = A(T_1)\exp(i\omega_0 T_0) + G_1\exp(i\omega_1 T_0) + G_2\exp(i\omega_2 T_0) + cc \qquad (17.6.5)$$

式中
$$G_j = \frac{F_j}{2(\omega_0^2 - \omega_j^2)}\exp(i\theta_j) \quad (j=1,2) \qquad (17.6.6)$$

把 x_0 代入式(17.6.4b)得
$$D_0^2 x_1 + \omega_0^2 x_1 = -3\alpha_3 G_1^2 G_2 \exp[i(2\Omega_1 + \Omega_2)T_0] -$$
$$[2i\omega_0(D_1 A + \mu A) + 3\alpha_3(A\bar{A} + 2G_1\bar{G}_1 + 2G_2\bar{G}_2)A]\exp(i\omega_0 T_0) + cc \qquad (17.6.7)$$

式中省略了为数众多的不引起永年项的项。由于式(17.6.2),有
$$(2\Omega_1 + \Omega_2)T_0 = \omega_0 T_0 + \sigma T_1 \qquad (17.6.8)$$

为消除永年项,令
$$2i\omega_0(D_1 A + \mu A) + 3\alpha_3(A\bar{A} + 2G_1\bar{G}_1 + 2G_2\bar{G}_2)A + 3\alpha_3 G_1^2 G_2 \exp(i\sigma T_1) = 0 \qquad (17.6.9)$$

可计算得解的第一次近似
$$x_1 = a\cos[(2\Omega_1 + \Omega_2)t - \gamma + 2\theta_1 + \theta_2] +$$
$$\frac{F_1}{\omega_0^2 - \Omega_1^2}\cos(\Omega_1 t + \theta_1) +$$
$$\frac{F_2}{\omega_0^2 - \Omega_2^2}\cos(\Omega_2 t + \theta_2) + O(\varepsilon) \qquad (17.6.10)$$

式中
$$A = \frac{1}{2}a\exp(i\beta), \quad \gamma = \sigma T_1 - \beta + 2\theta_1 + \theta_2 \qquad (17.6.11)$$

式(17.6.10)表明,除非有关系 $m\Omega_1 + n\Omega_2 = 0$, m 和 n 是整数,否则运动不是周期性的。

其定常振动由
$$-\mu\bar{a} = \bar{a}H_1\sin\bar{\gamma} \qquad (17.6.12a)$$
$$(\sigma - \alpha_3 H_2)\bar{a} - \frac{3\alpha_3}{8\omega_0}\bar{a}^3 = \alpha_3 H_1\cos\bar{\gamma} \qquad (17.6.12b)$$

决定,式中
$$H_1 = \frac{3}{8\omega_0}\frac{F_1^2}{(\omega_0^2 - \Omega_1^2)^2}\frac{F_2}{\omega_0^2 - \Omega_2^2} \qquad (17.6.13a)$$
$$H_2 = \frac{3}{4\omega_0}\left[\frac{F_1^2}{(\omega_0^2 - \Omega_1^2)^2} \frac{F_2}{(\omega_0^2 - \Omega_2^2)^2}\right] \qquad (17.6.13b)$$

角频率响应方程为
$$\left[\mu^2 + \left(\sigma - \alpha_3 H_2 - \frac{3\alpha_3}{8\omega_0}a^2\right)^2\right]a^2 = \alpha_3^2 H_1^2 \qquad (17.6.14)$$

振幅的峰值 $\bar{a}_p$ 和它所对应的频差 σ_p 分别是

$$\bar{a}_p = |\alpha_3|\frac{H_1}{\mu} \qquad (17.6.15a)$$

$$\sigma_p = \alpha_3 H_2 + \frac{3\alpha_3^3 H_1^2}{8\omega_0\mu^2} \qquad (17.6.15b)$$

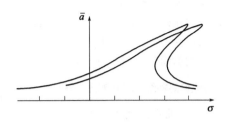

如图 17.6.1 所示，H_1 为固定值时，不同的 H_2 所对应的**角频率响应曲线**。它有一个特点是 $\bar{a}_p$ 的高度与 H_2 无关，而它所处的 σ_p 却与 H_2 有关。图中 $\bar{a}$ 的多值现象仍然意味着**跳跃现象**。

图 17.6.1 Duffing 方程组合谐波响应

式(17.6.14)表明，$\bar{a}$ 总是异于零。这说明即使有阻尼，自由振动项在任何条件下都作为定常振动的一部分存在。这一点是与亚谐波振动不同的。非线性因素使自由振动项的角频率定调于激励角频率的组合 $2\Omega_1 + \Omega_2$，也就使自由振动体现为**组合谐波振动**。

这是 $2\Omega_1 + \Omega_2 \approx \omega_0$ 情况的结果。在式(17.6.7)的右端被省略的项中，还有好几项在激励角频率的不同情况时会引起不同的**组合谐波振动**。这些机会共计有：

$\omega_0 \approx \Omega_i (i = 1, 2)$，主共振；

$\omega_0 \approx 3\Omega_i (i = 1, 2)$，超谐波共振；

$\omega_0 \approx \frac{1}{3}\Omega_i (i = 1, 2)$，亚谐波共振；

$\omega_0 \approx |\pm 2\Omega_i \pm \Omega_j|(i, j = 1, 2)$，组合谐波共振；

$\omega_0 \approx \frac{1}{2}(\Omega_i + \Omega_j)(i, j = 1, 2)$，组合谐波共振。

17.7 Maple 编程示例

编程题 试用 Maple 编程绘制强迫 Duffing 方程

$$\ddot{x} + \omega_0^2 x + 2\varepsilon\mu\dot{x} + \varepsilon\alpha_3 x^3 = \varepsilon p\cos(\Omega t) \qquad (17.7.1)$$

主共振响应的幅频曲线，分析非线性参数 α_3、激励振幅参数 p 和阻尼参数 μ 的影响。

解：由例题 17.2.1 知，Duffing 方程式(17.7.1)的主共振解为

$$x = a\cos(\Omega t - \theta) + O(\varepsilon) \qquad (17.7.2)$$

幅频关系为

$$\left[\mu^2 + \left(\omega_1 - \frac{3\alpha_3 a^2}{8\omega_0}\right)^2\right]a^2 = \frac{p^2}{4\omega_0^2} \qquad (17.7.3)$$

图 17.7.1 所示为 ω_1 和 a 之间的关系曲线，称为角频率-振幅响应曲线。

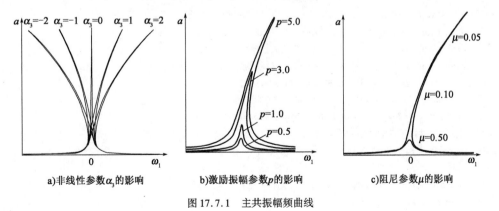

a) 非线性参数 α_3 的影响　　b) 激励振幅参数 p 的影响　　c) 阻尼参数 μ 的影响

图 17.7.1 主共振幅频曲线

(1) 非线性系数 α_3 对响应曲线的影响。由图 17.7.1a) 可以看出,非线性特性把角频率-振幅响应曲线从线性响应曲线($\alpha_3 = 0$)向两边弯曲;对于渐硬弹簧特性的系统($\alpha_3 > 0$),响应曲线向右弯曲;对于渐软弹簧特性的系统($\alpha_3 < 0$),曲线向左弯曲。

(2) 激励振幅参数 p 对响应曲线的影响。由图 17.7.1b) 可以看出,当激励力的振幅 p 增大,角频率响应曲线偏离轴线 $\omega_1 = 0$ 变大。抛物线 $\omega_1 = \dfrac{3\alpha_3 a^2}{8\omega_0}$ 表示在没有强迫力、没有阻尼力的情形下的自由振动的角频率-振幅曲线,称为**脊骨线**。

(3) 阻尼系数 μ 对响应曲线的影响。从图 17.7.1c) 中可以看出,如果没有阻尼,振幅的峰值是无限的,角频率-振幅响应曲线包含了 2 个分支,它们渐近地趋于抛物线 $\omega_1 = \dfrac{3\alpha_3 a^2}{8\omega_0}$,然而,如果有了阻尼,曲线的峰值就是有限了。

Maple 程序

```
> ###########################################################
> #开始。
> restart:                          #清零
> with(plots):                      #加载绘图库
> EQ := (mu^2 + (omega[1] - 3/8 * alpha[3] * a^2/omega[0])^2) * a^2
>    = p^2/(4 * omega[0]^2);        #主共振幅频关系函数
> ###########################################################
> #非线性参数 α₃ 对主共振响应幅频曲线的影响。
> yztj1 := omega[0] = 1, epsilon = 0.1, mu = 0.1, p = 1:
>                                   #已知条件一
> eq[1] := subs(yztj1, alpha[3] = -2, EQ): #α₃ = -2 主共振幅频响应方程
> eq[2] := subs(yztj1, alpha[3] = -1, EQ): #α₃ = -1 主共振幅频响应方程
> eq[3] := subs(yztj1, alpha[3] = 0, EQ):  #α₃ = 0 主共振幅频响应方程
> eq[4] := subs(yztj1, alpha[3] = 1, EQ):  #α₃ = 1 主共振幅频响应方程
> eq[5] := subs(yztj1, alpha[3] = 2, EQ):  #α₃ = 2 主共振幅频响应方程
> implicitplot({eq[1],eq[2],eq[3],eq[4],eq[5]}, omega[1] = -20..20, a = 0..10,
>         numpoints = 1000000);     #主共振响应幅频曲线一
> ###########################################################
> #激励振幅参数 p 对主共振响应幅频曲线的影响。
> yztj2 := omega[0] = 1, epsilon = 0.1, mu = 0.5, alpha[3] = 1:
>                                   #已知条件二
> eq[6] := subs(yztj2, p = 0.5, EQ):  #p = 0.5 主共振幅频响应方程
> eq[7] := subs(yztj2, p = 1, EQ):    #p = 1 主共振幅频响应方程
> eq[8] := subs(yztj2, p = 3, EQ):    #p = 3 主共振幅频响应方程
> eq[9] := subs(yztj2, p = 5, EQ):    #p = 5 主共振幅频响应方程
> implicitplot({eq[6],eq[7],eq[8],eq[9]}, omega[1] = -15..15, a = 0..10,
>         numpoints = 1000000);     #主共振响应幅频曲线二
> ###########################################################
> #阻尼参数 μ 对主共振响应幅频曲线的影响。
> yztj3 := omega[0] = 1, epsilon = 0.1, p = 0.5, alpha[3] = 1:
>                                   #已知条件三
> eq[10] := subs(yztj3, mu = 0.5, EQ): #μ = 0.5 主共振幅频响应方程
> eq[11] := subs(yztj3, mu = 0.1, EQ): #μ = 0.1 主共振幅频响应方程
```

```
> eq[12] := subs(yztj3,mu = 0.05,EQ);  #μ = 0.05 主共振幅频响应方程
> implicitplot({eq[10],eq[11],eq[12]},omega[1] = -10..10,a = 0..10,
>           numpoints = 1000000);   #主共振响应幅频曲线三
>##############################################
```

17.8 思考题

思考题 17.1 简答题

1. 达芬方程的解的角频率受弹簧性质怎样的影响?
2. 什么是亚谐振动?
3. 解释跳跃现象。
4. 硬弹簧和软弹簧的区别是什么?
5. 解释亚谐振动和超谐振动的区别。

思考题 17.2 判断题

1. 里兹-伽辽金法是利用在一个周期上平均满足非线性方程得到近似解。 ( )
2. 在线性系统和非线性系统中都可以观察到跳跃现象。 ( )
3. 多尺度法是摄动法的一种,这种方法只适用于弱非线性振动。 ( )
4. 具有3次非线性的周期激励强迫振动不会产生偶次亚谐共振。 ( )
5. 具有3次非线性的周期激励强迫振动不会产生偶次超谐共振。 ( )

思考题 17.3 填空题

1. 同一个角频率对应两个振幅值的情况称为_____现象。
2. 受迫型达芬方程的解,其角频率 Ω 对任意给定的振幅 $|A|$ 具有_____值。
3. 非线性振动系统的幅频曲线,它和线性振动系统有本质的区别。按照非线性弹性力区分有_____和_____两种类型。
4. 不管是研究线性振动还是研究非线性振动,系统是否处在近共振的工况下是一个最值得重视的问题。在多数情况下,机械系统、建筑结构和汽轮机都应该工作在_____情况下。
5. 非线性强迫振动除产生主共振外,还会产生激励角频率的整数倍和分数倍的响应,分别称为_____和_____。

思考题 17.4 选择题

1. 在亚谐振动中,激励角频率 Ω 和系统固有角频率 ω_0 之间的关系是( )。

   A. $\omega_0 = \Omega$　　　　B. $\omega_0 = n\Omega; n = 2,3,4,\cdots$　　　　C. $\omega_0 = \dfrac{\Omega}{n}; n = 2,3,4,\cdots$

2. 在超谐振动中,激励角频率 Ω 和系统固有角频率 ω_0 之间的关系是( )。

   A. $\omega_0 = \Omega$　　　　B. $\omega_0 = n\Omega; n = 2,3,4,\cdots$　　　　C. $\omega_0 = \dfrac{\Omega}{n}; n = 2,3,4,\cdots$

3. 如果在控制微分方程中显含时间 t,则相应的系统称为( )。

   A. 自治系统　　　　B. 非自治系统　　　　C. 线性系统

4. 林兹泰德摄动法(L-P法)给出( )。

   A. 周期解和非周期解　　B. 只是周期解　　　C. 只是非周期解

5. 多尺度法给出( )。

   A. 周期解和非周期解　　B. 只是周期解　　　C. 只是非周期解

思考题 17.5 连线题(n 为正整数)

1. $\omega_0 \approx \Omega_i$ A. 超谐共振
2. $\omega_0 \approx n\Omega_i$ B. 亚谐共振
3. $\omega_0 \approx \dfrac{1}{n}\Omega_i$ C. 组合谐波共振
4. $\omega_0 \approx |\pm 2\Omega_i \pm \Omega_j|$ D. 主共振

17.9 习题

A 类型习题

习题 17.1 质量为 m 的物体借助刚度系数为 k 的弹簧和干摩擦阻尼器连在固定基础上。阻尼器的阻力大小与速度无关并等于 H,在与平衡位置两旁成等距的两处(距离是 Δ)各设立一个刚性挡板。假定对挡板的碰撞恢复因数等于 1。问: H 值多大时,干扰力 $F\cos\Omega t$ 才不会引起角频率等于 $\dfrac{\Omega}{s}$ 的亚谐共振(s 为正整数)? 提示: 求出与角频率为 $\dfrac{\Omega}{s}$ 的自由振动相近的振动状态的存在条件。

习题 17.2 在水平面上纯滚动的均质圆柱中心用一根弹簧在固定点 O,当圆柱处于平衡位置时,圆柱中心和 O 点在同一铅垂线上,已知圆柱的质量为 m,弹簧的刚度系数为 k,且弹簧在平衡位置不受力,长度为 l。求: 圆柱在平衡位置附近作微振动的周期与振幅 a 之间关系,在运动方程中应保留位移的三次幂。

习题 17.3 如图 17.9.1 所示,两个弹簧分别放置在质量块 m 的两侧,弹簧的刚度分别是 k_1 和 k_2,且 $k_2 > k_1$。当质量块放置在平衡位置时,两个弹簧都不和它接触。但当质量块偏离平衡位置时,只有一根弹簧被压缩。如果 $t=0$,质量块的初始速度为 $\dot{x}_0$。求: 质量块振动的最大偏离位置和周期。

习题 17.4 建立图 17.9.2 中质量块的运动微分方程,画出弹簧力随 x 的变化曲线。

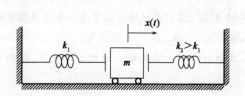

图 17.9.1 习题 17.3

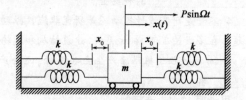

图 17.9.2 习题 17.4

习题 17.5 如图 17.9.3 所示,横截面积为 A,长度为 l,材料杨氏模量为 E 的张紧绳的中点附有一集中质量块 m。如果绳的初始张力为 F,试推导 m 的非线性运动微分方程。

习题 17.6 如图 17.9.4 所示,两个质量块 m_1 和 m_2 固定在一段张紧的绳子上。如果绳子的初始张力为 F,推导质量块沿横向做大幅运动时的运动微分方程。

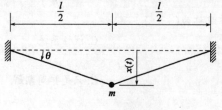

图 17.9.3 习题 17.5

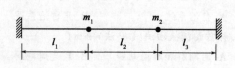

图 17.9.4 习题 17.6

习题17.7 如图17.9.5所示,弹簧摆中,质量块m与一个弹性胶带相连。橡胶带静平衡时摆的长度为l,刚度为k。以x和θ为广义坐标,推导系统运动的非线性方程。对其进行线性化后,求系统的固有角频率。

习题17.8 如图17.9.6所示,均质等截面杆长为l,质量为m,一端($x=0$)铰支,在$x=\dfrac{2l}{3}$处有一根弹簧支承,在$x=l$处作用着一个力。推导系统的非线性运动微分方程。

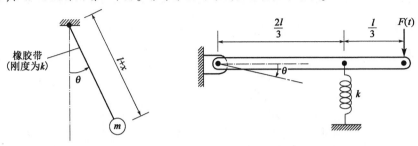

图17.9.5 习题17.7　　　　　图17.9.6 习题17.8

习题17.9 如图17.9.7所示,推导弹簧-质量块系统的非线性运动微分方程。

习题17.10 如图17.9.8所示,推导系统的非线性运动微分方程,并求质量块和单摆均作微幅振动时的线性化方程。

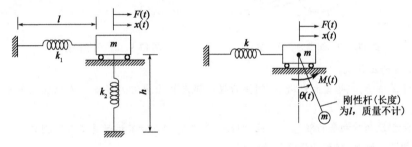

图17.9.7 习题17.9　　　　　图17.9.8 习题17.10

B 类型习题

习题17.11 单自由度非线性受迫振动系统的运动微分方程如下:
$$\ddot{x} + c\dot{x} + k_1 x + k_2 x^3 = a_1 \cos 3\Omega t - a_2 \sin 3\Omega t$$
求该系统存在3阶亚谐振动的条件。

习题17.12 一个非线性系统的运动微分方程如下:
$$\ddot{x} + c\dot{x} + k_1 x + k_2 x^2 = a\cos 2\Omega t$$
讨论其2阶亚谐解。

习题17.13 讨论无阻尼达芬方程
$$\ddot{x} + \omega_0^2 x + \alpha x^3 = F\cos 3\Omega t$$
式中,α为小参数,证明:

(1)使亚谐振动的振幅A为实数的Ω^2的最小值为$\Omega_{\min} = \omega_0 + \dfrac{21}{2\,048}\dfrac{F^2}{\omega_0^5}$;

(2)对于稳定的亚谐振动,振幅的最小值为$A_{\min} = \dfrac{F}{16\Omega^2}$。

C 类型习题

习题17.14 MATLAB仿真示例:倒摆的强迫振动

(1) 实验题目。

倒摆的实验装置如图 17.9.9 所示。倒摆是一个倒立的摆,其摆锤质量为 m,轻质杆长度为 l,倒摆的底座以微小的幅度绕其中心做简谐摆动 $\varphi = A\cos\Omega t$(A, Ω 为已知常数),φ 角表示底座的垂线对铅垂线的偏离,θ 表示杆对底座的垂线的偏离。

倒摆的势能曲线如图 17.9.10 所示。假设 $\varphi \ll \theta$,θ 可近似表示杆对铅垂线的偏离;弹簧产生力矩为 $-c\theta$(c 为常量);空气阻力为 $-\beta l\left(\dfrac{\mathrm{d}\theta}{\mathrm{d}t} + \dfrac{\mathrm{d}\varphi}{\mathrm{d}t}\right) \approx -\beta l\dfrac{\mathrm{d}\theta}{\mathrm{d}t}$($\beta$ 为阻尼系数)。试研究倒摆在某些参数条件下的强迫振动。

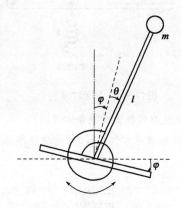

图 17.9.9 倒摆的实验装置

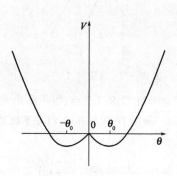

图 17.9.10 倒摆的势能曲线

(2) 实验目的及要求。

用数值计算证明,在恰当的参数下,倒摆的强迫振动将出现混沌现象。为此从以下几方面考察混沌现象:

① 考察倒摆运动对初值的敏感依赖性,即经过较长时间以后其运动是不可预测的。
② 通过相图的演变,观察奇怪吸引子的形成。
③ 通过快速傅立叶变换,作出其功率谱。混沌现象的功率谱应为连续谱。
④ 通过庞加莱截面,观察奇怪吸引子在此截面上的形状。

(3) 解题分析。

① 导出倒摆强迫振动的运动微分方程。

先导出倒摆强迫振动的运动微分方程,重力产生力矩为

$$mgl\sin(\theta + \varphi) \approx mgl\left(\theta - \dfrac{\theta^3}{6}\right) \tag{17.9.1}$$

根据质点的角动量定理,倒摆的运动微分方程为

$$ml^2\left(\dfrac{\mathrm{d}^2\theta}{\mathrm{d}t^2} + \dfrac{\mathrm{d}^2\varphi}{\mathrm{d}t^2}\right) = -c\theta + mgl\sin(\theta + \varphi) - \beta l^2\left(\dfrac{\mathrm{d}\theta}{\mathrm{d}t} + \dfrac{\mathrm{d}\varphi}{\mathrm{d}t}\right) \tag{17.9.2}$$

因为 $\dfrac{\mathrm{d}\varphi}{\mathrm{d}t} \ll \dfrac{\mathrm{d}\theta}{\mathrm{d}t}$,$\dfrac{\mathrm{d}^2\varphi}{\mathrm{d}t^2} \ll \dfrac{\mathrm{d}^2\theta}{\mathrm{d}t^2}$,所以上式可合理近似为

$$ml^2\dfrac{\mathrm{d}^2\theta}{\mathrm{d}t^2} + \beta l^2\dfrac{\mathrm{d}\theta}{\mathrm{d}t} + (c - mgl)\theta + \dfrac{1}{6}mgl\theta^3 = ml^2\Omega^2 A\cos\Omega t \tag{17.9.3}$$

我们仅在 $c < mgl$ 条件下进行研究。

② 对方程进行无量纲化。

为了对方程进行无量纲化,将方程式 (17.9.3) 进行简化,并用大写的 T 表示时间,于是得到

$$\frac{d^2\theta}{dT^2} + \frac{\beta}{m}\cdot\frac{d\theta}{dT} - \frac{mgl-c}{ml^2}\theta + \frac{g}{6l}\theta^3 = A\Omega^2\cos\Omega T \tag{17.9.4}$$

设

$$\Omega_0^2 = \frac{mgl-c}{ml^2} \tag{17.9.5}$$

Ω_0 为具有角频率的量纲。它的倒数给出问题中的一个时间尺度 T_0。其次，在无驱动力时系统具有3个平衡位置：$\theta=0$ 为不稳定的平衡位置，还有两个稳定平衡位置

$$\theta_0 = \pm\sqrt{6-\frac{6c}{mgl}} \tag{17.9.6}$$

θ_0 的数值给出问题中角度的一个尺度（在一个问题中时间的参考尺度，空间的参考尺度往往不止一个）。取 θ_0 作为角度的量度单位，取 $T_0\left(=\frac{1}{\Omega_0}\right)$ 作为时间的量度单位，则无量纲的角度变量、无量纲的时间变量分别为

$$z = \frac{\theta}{\theta_0},\ t = \frac{T}{T_0} \tag{17.9.7}$$

对式(17.9.4)进行变量变换，得

$$\frac{d^2x}{dt^2} + \frac{\beta}{m\Omega_0}\frac{dx}{dt} - x + x^3 = \frac{A}{\theta_0}\left(\frac{\Omega}{\Omega_0}\right)^2\cos\left(\frac{\Omega}{\Omega_0}t\right) \tag{17.9.8}$$

分别引入无量纲的阻尼系数、无量纲的角频率和无量纲的驱动力的振幅

$$\delta = \frac{\beta}{m\Omega_0},\ \omega = \frac{\Omega}{\Omega_0},\ f = \frac{A}{\theta_0}\left(\frac{\Omega}{\Omega_0}\right)^2 \tag{17.9.9}$$

可得无量纲方程

$$\frac{d^2x}{dt^2} + \delta\frac{dx}{dt} - x + x^3 = f\cos\omega t \tag{17.9.10}$$

这就是著名的强迫杜芬(Duffing)振动方程。

无量纲化的好处有两方面：方程涉及的只是数量关系，变量可以代表不同学科领域中的量，尤其在运算时无须顾及单位换算，这对数值计算中的初值选取是方便的；更重要的是，取不同的长度单位和时间单位时(即研究问题的时空尺度的选取)，无量纲化后方程中各项系数的量级大小不同，如选取得合适，能使非线性系数为小量，说明在这样的时空尺度内非线性的作用是弱的。在不同时空尺度研究同一方程，会显示出不同景象。

设 $x = y_1,\ \frac{dx}{dt} = y_2$，则方程式(17.9.10)化为两个一阶方程

$$\frac{dy_1}{dt} = y_2 \tag{17.9.11a}$$

$$\frac{dy_2}{dt} = -\delta y_2 + y_1 - y_1^3 + f\cos\omega t \tag{17.9.11b}$$

进行数值计算时可选取参数 $\delta = 0.26, f = 2, \omega = 2$。

③通过位移曲线考察倒摆运动对初值的敏感依赖性。

程序的第一部分是画倒摆在不同的初始位移下所对应的位移曲线，可以看出，摆角越大则周期越长。改变初始条件就能得到不同的结果。

程序通过选择恰当的参数,对初始条件只有极微小差别的两种情况,画出的位移曲线如图 17.9.11 所示。我们看到在时间不长的初始阶段,两条曲线的差别并不大,只是在长时间后两者才有明显差别,即在不长时间内它们的行为是可预言的,只有在长时间以后才变成无法预言的"随机"行为。这种由确定性方程产生的对初值敏感的现象通常称为**混沌**现象。

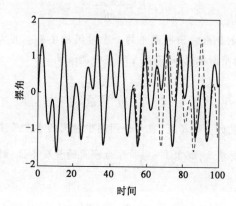

图 17.9.11　初始速度有微小差别的两条位移曲线

④通过相图的演变观察奇怪吸引子的形成。

此系统具有双稳形态的势能曲线(图 17.9.10),对于无量纲方程,不考虑外激励时,质点有两个稳定平衡位置($x=\pm1$)和一个不稳定平衡位置($x=0$),说明质点可能在两个势阱中围绕各自的平衡位置振动。当振动受激励后,质点运动可能到达不稳定平衡位置,此时将出现两种可能:一种是质点能够从一个势阱翻越势垒进入另一个势阱,另一种是回到原来的势阱。因此质点运动的相图大体如下:围绕一个稳定平衡位置振动几次后,跳到另一边,转而围绕另一个稳定平衡位置振动若干次后,又跳回这一边,围绕先前的稳定平衡位置振动,……这样往复不止,而且每次情况都不相同。它不是周期性运动,相轨道极其复杂。它的轨道具有局部不稳定性,又具有全局稳定性,最终被引于相图中的某一位置附近,这种混沌的形态称为奇怪吸引子。可利用庞加莱映像显示强迫杜芬方程产生的奇怪吸引子。

由于混沌运动之非周期性、复杂的运动,它的功率谱不同于周期运动或准周期运动的离散功率谱,是连续谱。

为了得到庞加莱截面,需要在每个周期取一个点。所以在循环中,将步长增大。程序运行产生的一个图形如图 17.9.12 所示。

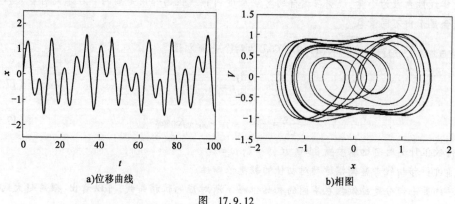

a)位移曲线　　　　b)相图

图　17.9.12

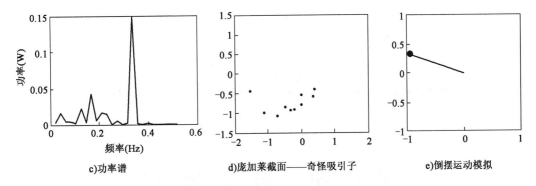

c) 功率谱   d) 庞加莱截面——奇怪吸引子   e) 倒摆运动模拟

图 17.9.12 强迫杜芬方程产生的奇怪吸引子

(4) 思考题。

取 $f=1$, $\omega=1$, 令 δ 从 0.5 变化到 0.75, 画出杜芬方程的庞加莱映像分岔图。

##

铁摩辛柯 (1878—1972), 乌克兰人, 力学家、力学教育家、工程师, 被公认为是工程力学之父。他在弹性理论、材料强度理论和机械振动理论方面著述中, 是最广为人知的作者之一。1921 年, 他对振动理论提出了重大改进, 其理论被称为铁木辛柯梁理论。

主要著作: 《材料力学》《高等材料力学》《高等动力学》《弹性理论》《弹性稳定性理论》《工程中的振动问题》《板壳理论》《材料力学史》等二十余种。

##

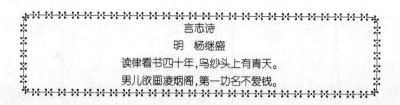

第 18 章 自激振动

本章讨论自激振动。首先介绍范德波尔方程的建立,然后介绍用摄动法求解弱非线性范德波尔方程的解析解,接着讨论非线性范德波尔方程的数值解,分析自激振动和极限环的关系与特征。

18.1 自激振动

自然界和工程领域存在另一类振动,它不需要外力激励,也不需要外界作用改变系统的结构参数,而是依靠系统内部各个组成部分相互作用来维持稳态周期运动。因此,将其命名为自激振动(self-excited vibration),简称自振。

有些自振系统非常复杂。例如,人的血液循环系统是极其复杂的自振系统。心脏按照一定的频率和强度振动,保持血管内血液流动,这就是一种典型的自振现象。有些自振系统又很简单,例如图 18.1.1 中的二极管振荡器。它通常由隧道二极管、电感、电容和直流电源组成。该系统可用简化数学模型进行分析研究。图 18.1.1 中的实验测定的隧道二极管的电流-电压函数关系的近似解析式是

$$I = I_0 - \alpha(U - U_0) + \beta'(U - U_0)^3 \tag{18.1.1}$$

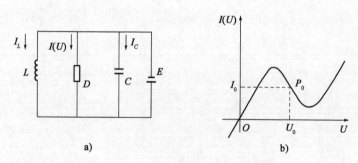

图 18.1.1 二极管振荡器二极管特性曲线

若将隧道二极管的工作点 (I_0, U_0) 定在图 18.1.1b)所示的 P_0,在中压 $U = U_0$ 附近工作的二极管相当于具有负阻尼特性的电阻。二极管在远离 P_0 点后,工作于低压和高压状态时,它又相当于通常的阻尼器。

根据电路理论的克希霍夫定律,结点电流总和恒等于零,存在电路的电流方程

$$I_L + I(U) + I_C = 0 \tag{18.1.2}$$

根据电感和电容定义式列写以下方程

$$I_L = \frac{1}{L}\int U \mathrm{d}t, \quad I_C = C\frac{\mathrm{d}U}{\mathrm{d}t} \tag{18.1.3}$$

式中，L 和 C 分别为电感和电容常数。

将式(18.1.1)和式(18.1.3)代入方程式(18.1.2)，进行一次求导，即可导出支配二极管电路电压变化的二阶非线性常微分方程

$$\frac{\mathrm{d}^2 U}{\mathrm{d}t^2} + \frac{1}{C}[-\alpha + 3\beta'(U-U_0)^2]\frac{\mathrm{d}U}{\mathrm{d}t} + \frac{1}{LC}U = 0 \tag{18.1.4}$$

按照下式定义一组变量和参数

$$\omega_0^2 = \frac{1}{LC}, \quad \mu = \frac{\alpha}{C\omega_0}, \quad \tau = \omega_0 t \tag{18.1.5a}$$

$$x = \frac{U - U_0}{U_0}, \quad \beta = 3\beta' C U_0^2 \tag{18.1.5b}$$

将方程式(18.1.4)变换成无因次常微方程

$$\ddot{x} - \mu(1 - \beta x^2)\dot{x} + x = 0 \tag{18.1.6}$$

范德波尔(van der Pol.)研究电子管振荡器时最先导出方程式(18.1.6)，故将它命名为范德波尔方程。任意给定初始条件 $x(0) = 0$，$\dot{x}(0) = \dot{x}_0$，该方程的解 $x(t)$ 随时间 t 的延续均趋向同一个周期函数。由此方程描述的动力学系统存在恒定频率和恒定振幅的振动。实践证明，作为该方程的物理模型的隧道二极管振荡器(图18.1.1)，确定存在恒频恒幅的振动。而且，此振动的频率和振幅与初始扰动强弱无关。

以上分析表明，范德波尔方程式(18.1.6)的周期解与单摆方程式(16.1.1)的周期解有本质区别。前者是与初始扰动无关的恒频恒幅振动，后者的振幅和频率取决于初始扰动强度。这充分揭示了自激振动与保守系统自由振动的差异。至于强迫振动和参数振动，它们的频率均取决于外激励的频率，其间的差别更加明显。

尽管自激振动与强迫振动存在本质区别，许多自激振动现象却被简化成强迫振动问题进行研究。例如，斯特罗哈(Strouhal)最早发现气流激励张紧弦线产生的风鸣音，它起源于圆柱体横向绕流产生的脱体旋涡群，后者使弦线周围流场压力呈周期性变化，激励弦线振动。弦线振动又加大流场压力周期分量的强度。如果将恒定速流的气体和弦线组合成一个力学系统，则该系统无周期性外激励，此时，流场压力是系统本身的变量，弦线振动应该是自振现象。如果将弦线分离出来，单独作为一个系统，此时，流场压力就成为外激励了，弦线振动就是强迫振动。在工程振动问题中，也有这样的例子。失衡电机带动机械装置，激振频率等于电机转速。失衡电机提供的周期变化的扰动使机械装置强迫振动，这是工程师常用的研究方法。如果扩大被研究的系统，将蒸汽锅炉、汽轮机、发电机、电动机和机械装置合成一个大系统，这个大系统的动力来自锅炉提供的恒压蒸汽，就没有周期性外激励了，该系统的振动都应属于自振。综上所述，充分增加振动系统的研究模型包含的单元，许多原先作为强迫振动分析的振动问题，都会转变成相应的自振问题；而且，能使问题分析得更加透彻。

18.2 自振的形成机制

自振现象不仅发生于力学系统,自然界和工程领域都存在受不同物理规律支配的自振现象。因此,研究自振的形成机制要运用适用范围更广的基本原理,包括在自然界普遍成立的能量原理和系统科学中的反馈原理。

18.2.1 能量机制

首先用能量原理说明二极管振荡电路自振的形成机制。图18.1.1所示电路是有源电路。能源来自恒压电池。处于中压状态时,二极管相当于一个负电阻器,使电路耗能低于电源供能,此时,电路具有的电能增加,电流随之增大;处于低压或高压状态时,二极管相当于正电阻器,使电路耗能高于电源供能。此时,电路具有的电能减少,电流随之减小。这使电路中形成电流和电压交变的工作过程。这种交变过程最终维持在特定的强度。此时,在一个循环中电路消耗能量与电源供给能量相等,形成稳态周期变化的工作状态,这就是自振现象。以上分析说明,二极管振荡器自振的两个条件是存在恒定能源和二极管兼有正、负电阻器特性。而且,其正、负阻尼性能交替变换。

荡秋千也是一种自振现象,它的机制也能用能量原理解释。如果站在秋千上的人保持不动,人和秋千就成为一个复摆。依靠外力摆动起来后,由于空气阻力和悬挂支承的阻力耗能,秋千很快停摆。如果秋千上的人按正确规则动作,人体内能就会转变成秋千运动的动能,秋千就能保持大幅摆动。荡秋千时的正确动作规则表述如下:当秋千位于最低点时,人体从下蹲姿态迅速直立,质心上升,人体的内能迅速转变为势能,这个伴有生物化学变化的复杂过程是不可逆过程;当秋千荡到最高点时,人体再从直立姿态迅速下蹲,此时,势能减少不能恢复为人体的内能,只能转变为秋千的动能,增加摆动速度。秋千摆动一周,两次经过最低点和最高点,人体向秋千输送能量两次,通过势能转换成动能,秋千就越荡越高。当秋千摆动时,空气阻力和悬挂支承阻力作负功,消耗能量。摆角增大,耗能也增加。当人体输送的内能正好等于秋千摆动的能耗,秋千就以这样大的摆角进行稳态周期运动(自振)。

如上所述,人体运动伴有复杂的生物化学变化过程。经典力学原理不能完全支配此种运动过程,但它能对秋千位于最低点人体迅速将内能转变成势能进行科学论述。事实上,此时人体通过肌肉运动产生了垂向内力和着力点间相对位移,具备内力作正功的条件,从而将内能转变成秋千的势能,表现为人体质心上升。因此,秋千是一个由人控制的动力学系统。

18.2.2 反馈机制

系统科学是孕育于自然科学、工程学和社会科学的横向科学,反馈原理是它的基本原理,系统功能框图是它的重要分析工具。利用反馈原理和功能框图表述各类自振现象的形成机制,能够简单清楚地揭示其本质。事实上,物理学家哈尔克维奇(Harkevich)曾经给自振定义,认为自振系统是主振体,能源、控制器和反馈单元组成的闭环系统,形成自振的反馈机制框图如图18.2.1所示。

图18.2.1 形成自振的反馈机制框图

按照哈尔克维奇的定义，在人和秋千架构成的自振系统中，秋千架和人的躯体构成主振体，眼和视神经是反馈单元，大脑和四肢构成控制器，体内储能器官提供能量，是能源。荡秋千的人按正确规则动作，首先依靠眼和视神经提供反馈信息，大脑才能控制四肢正确动作，及时直立和下蹲，就把秋千荡起来了。由此可见，正确的反馈信息是将能源的能量及时输送给主振体的先决条件，它是形成自振的必要条件。

工程领域的许多设备安装了人造反馈单元。由它产生反馈信息，指挥设备运行，使其处于自振工作状态。电铃和蒸汽机就是两个范例。

早期蒸汽机的结构原理如图 18.2.2 所示。锅炉是它的能源。配气阀是控制器。飞轮和负载构成主振体。靠飞轮和配气阀间的传动杆系提供反馈信息，使蒸汽机处于恒速转动状态，带动负载往复周期运动。此种稳态周期运动是一种自振现象。

电铃的结构原理如图 18.2.3 所示。直流电池是它的能源。铃和锤是主振体。电磁开关是控制器。靠簧片回弹切断电路产生反馈信息，使电铃工作于自振状态。

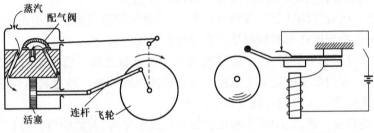

图 18.2.2　早期蒸汽机结构原理　　图 18.2.3　电铃结构原理

上述 3 个实例表明，正确的反馈信息能保证能量不断地从能源输送给主振体，补偿其振动过程消耗的动能，是维持稳态周期运动的必要条件。由此可见，自振能持久存在离不开反馈作用。

综合以上分析，说明自振是依靠系统自身能源维持的，要使能源及时补偿振动耗散的能量，必须有内部反馈信息支配能量补充。这是物理系统自振的两个必要条件。依靠正确的反馈信息，及时输送能量，维持主振体恒幅恒频周期运动，是自振的形成机制。

18.3　自振的数学模型

如上所述，自振是没有外界激励的稳态周期运动。它是定常动力学系统的自由运动。**线性定常动力学系统**，正、负阻尼分别促使运动衰减或发散，不能维持恒频恒幅的周期运动；因此，作为自由运动的自振，只能发生于**非线性定常动力学系统**。与此相对应，自振系统的数学模型必定是**非线性微分方程**。

自振现象是随时间变化的稳态周期运动，描述其运动过程的微分方程的自变量是时间。

许多自振系统只用有限数目的坐标描述其运动形态，时间 t 成为其运动方程的唯一的自变量。相应的运动方程便是常微分方程。

有一些自振系统包含弹性体或(和)流体，描写其运动形态要用空间连续分布的点的位矢 $r(x,y,z,t)$，除去时间 t 外，空间坐标 x, y, z 也是方程的自变量，相应的运动方程便是偏微分方程。

无论是常微分方程,还是偏微分方程,自振是没有外界激励和依靠系统内部单元间相互作用产生的稳态周期运动。与此相应,描写自振系统运动的微分方程不含时间 t,此类方程称为**自治方程**。

按上所述,如果自振过程的微分方程按变量分类,可将自振系统分为三类。

离散型自振系统:描述其运动状态的变量是有限数目坐标构成的向量 q,相应的状态方程是自治常微方程

$$\dot{q} = f(q), \quad q \in R^n \tag{18.3.1}$$

连续型自振系统:描述其运动状态的变量是空间分布的向量函数 $u(x, y, z, t)$,相应的运动方程是自治偏微方程

$$L(u; x, y, z) = 0 \tag{18.3.2}$$

式中,L 是以 x, y, z 和 t 为变量的微分算子,向量函数 u 是 x, y, z 和 t 的连续函数。

混合型自振系统:描述其运动状态的变量既有离散向量 q,又有连续函数 $u(x, y, z, t)$,相应的运动方程既有自治常微方程,又有自治偏微方程。

显然,隧道二极管振荡器是离散型自振系统,张紧弦线受风激励发出声音是连续型自振系统,受压电元件控制弹性薄板颤振是混合型自振系统的实例。

偏微方程不易得到解析解,通常将其离散成一组常微方程。常用的方法是有限元法和其他离散化方法,应用最多的是属于直接变分法的加权残数法。经过离散化后,分析研究自振现象的数学模型就成为自治常微方程了。

一个给定的自振系统,它的结构和运行参数都是给定的,其运动微分方程为式(18.3.1)或式(18.3.2)。在研究自振产生的原因和条件时,需要考虑系统结构和运行参数的变化。此时,研究对象是具有不同参数的系统族。它们的数学模型是含参数的自治微分方程。该方程包含可变参数向量 λ,其通式可以表示为

$$\dot{q} = f(q, \lambda), \quad q \in R^n, \lambda \in R^m \tag{18.3.3}$$

或

$$L(u, x, y, z, \lambda) = 0, \quad \lambda \in R^m \tag{18.3.4}$$

18.4 KBM 渐进法

18.4.1 三级数法—渐进方程组

Krylov 和 Bogoliubov 于 1947 年提出了一种求任意阶近似的渐进法(三级数法),Bogoliubov 和 Mitropolsky 在 1958 年对这个方法作了严格的证明。同时 Mitropolsky 于 1955 年将该法推广,因此,这一方法称为 Krylov-Bogoliubov-Mitropolsky 法,简称 KBM 法或 KBM 渐进法。

我们仍讨论拟线性自治系统

$$\ddot{x} + \omega_0^2 x = \varepsilon f(x, \dot{x}) \tag{18.4.1}$$

式中,ε 为正的小参数;x 为振动位移;$f(x, \dot{x})$ 为 x 和 $\dot{x}$ 的非线性函数。

现用三级数法求式(18.4.1)的解,即将方程式(18.4.1)的解及其基波的振幅和相位直接设成 3 个小参数 ε 的幂级数的形式,用分离变量法求该级数的系数。

在方程式(18.4.1)中,当无非线性干扰时,即当 $\varepsilon = 0$ 时,其解可表示为余弦函数

$$x = a\cos\psi \tag{18.4.2}$$

式中,a 为常数,相位角 ψ 等速变化:

$$\frac{\mathrm{d}a}{\mathrm{d}t}=0,\ \frac{\mathrm{d}\psi}{\mathrm{d}t}=\omega_0 \tag{18.4.3}$$

($\psi=\omega_0 t+\theta$,ω_0 为线性化系统的固有角频率),或 a、θ 是决定于起始条件的常数。

如有非线性干扰($\varepsilon\neq 0$),根据大量的试验和观察,知式(18.4.1)有周期解,且其解中将出现以下现象:

(1)高次谐波;

(2)瞬时角频率 $\dfrac{\mathrm{d}\psi}{\mathrm{d}t}$ 与振幅的大小有关;

(3)由于系统可能集聚或耗散能量,有可能使振幅增长或减小。

很明显,当无非线性干扰时,以上这些现象都将消失。考虑到非线性项的影响,方程式(18.4.1)的通解取

$$x = a\cos\psi + \varepsilon x_1(a,\psi) + \varepsilon^2 x_2(a,\psi)+\cdots \tag{18.4.4}$$

式中,$x_1(a,\psi)$,$x_2(a,\psi)$,$\cdots$ 为 ψ 的以 2π 为周期的周期函数;a、ψ 为时间 t 的函数,由下式决定

$$\frac{\mathrm{d}a}{\mathrm{d}t} = \varepsilon A_1(a)+\varepsilon^2 A_2(a)+\cdots \tag{18.4.5a}$$

$$\frac{\mathrm{d}\psi}{\mathrm{d}t} = \omega_0 + \varepsilon B_1(a)+\varepsilon^2 B_2(a)+\cdots \tag{18.4.5b}$$

把解设成以上 3 个级数的方法称为三级数法或渐进法。现在的问题是,函数 u_1,u_2,A_1,B_1,A_2,B_2,$\cdots$ 具有何种形式时,式(18.4.4)才是式(18.4.1)的解。

下面研究如何确定 x_i,A_i 和 B_i($i=1,2,\cdots$)的函数形式,使得式(18.4.4)能够以误差为 ε^{m+1} 阶小量的精度满足原方程式(18.4.1)。在实际应用中,通常是求第一、第二次近似解,更高次的近似解是很复杂的。下面仅讨论二次近似的情形。设

$$x = a\cos\psi + \varepsilon x_1(a,\psi) + \varepsilon^2 x_2(a,\psi) \tag{18.4.6}$$

上式对 t 求导得

$$\dot{x} = \dot{a}\left(\cos\psi + \varepsilon\frac{\partial x_1}{\partial a}+\varepsilon^2\frac{\partial x_2}{\partial a}\right) + \dot{\psi}\left(-a\sin\psi + \varepsilon\frac{\partial x_1}{\partial\psi}+\varepsilon^2\frac{\partial x_2}{\partial\psi}\right) \tag{18.4.7}$$

$$\ddot{x} = \ddot{a}\left(\cos\psi + \varepsilon\frac{\partial x_1}{\partial a}+\varepsilon^2\frac{\partial x_2}{\partial a}\right) + \ddot{\psi}\left(-a\sin\psi + \varepsilon\frac{\partial x_1}{\partial\psi}+\varepsilon^2\frac{\partial x_2}{\partial\psi}\right)+$$
$$\dot{a}^2\left(\varepsilon\frac{\partial^2 x_1}{\partial a^2}+\varepsilon^2\frac{\partial^2 x_2}{\partial a^2}\right)+2\dot{a}\dot{\psi}\left(-\sin\psi+\varepsilon\frac{\partial^2 x_1}{\partial a\partial\psi}+\varepsilon^2\frac{\partial^2 x_2}{\partial a\partial\psi}\right)+$$
$$\dot{\psi}^2\left(-a\sin\psi+\varepsilon\frac{\partial^2 x_1}{\partial\psi^2}+\varepsilon^2\frac{\partial^2 x_2}{\partial\psi^2}\right) \tag{18.4.8}$$

再对式(18.4.7)求导,得

$$\ddot{a} = \varepsilon^2 A_1\frac{\mathrm{d}A_1}{\mathrm{d}a}+O(\varepsilon^3) \tag{18.4.9a}$$

$$\ddot{\psi} = \varepsilon^2 A_1\frac{\mathrm{d}B_1}{\mathrm{d}a}+O(\varepsilon^3) \tag{18.4.9b}$$

此外

$$\dot{a}^2 = \varepsilon^2 A_1^2 + O(\varepsilon^3) \tag{18.4.10a}$$

$$\dot{a}\dot{\psi} = \varepsilon A_1 \omega_0 + \varepsilon^2 (A_2 \omega_0 + A_1 B_1) + O(\varepsilon^3) \tag{18.4.10b}$$

$$\dot{\psi}^2 = \omega_0^2 + \varepsilon \cdot 2\omega_0 B_1 + \varepsilon^2 (B_1^2 + 2\omega_0 B_2) + O(\varepsilon^3) \tag{18.4.10c}$$

把式(18.4.8)连同式(18.4.9)和(18.4.10)代入式(18.4.1)左边,得

$$\ddot{x} + \omega_0^2 x = \varepsilon \left[\omega_0^2 \left(\frac{\partial^2 x_1}{\partial \psi^2} + x_1 \right) - 2\omega_0 A_1 \sin\psi - 2\omega_0 a B_1 \cos\psi \right] +$$

$$\varepsilon^2 \left[\omega_0^2 \left(\frac{\partial^2 x_2}{\partial \psi^2} + x_2 \right) + \left(A_1 \frac{dA_1}{da} - aB_1^2 - 2\omega_0 a B_2 \right) \cos\psi - \right.$$

$$\left(2\omega_0 A_2 + 2A_1 B_1 + aA_1 \frac{dB_1}{da} \right) \sin\psi + 2\omega_0 A_1 \frac{\partial^2 x_1}{\partial a \partial \psi} +$$

$$\left. 2\omega_0 B_1 \frac{\partial^2 x_1}{\partial \psi^2} \right] + O(\varepsilon^3) \tag{18.4.11}$$

将式(18.4.1)的右边在 $x_0 = a\cos\psi$, $\dot{x}_0 = -a\omega_0 \sin\psi$ 附近展成 ε 的泰勒级数,并利用式(18.4.6)和式(18.4.7),整理后得到

$$\varepsilon f(x, \dot{x}) = \varepsilon f(x_0, \dot{x}_0) + \varepsilon^2 \left[x_1 \frac{\partial f(x_0, \dot{x}_0)}{\partial x} + \right.$$

$$\left. \left(A_1 \cos\psi - aB_1 \sin\psi + \omega_0 \frac{\partial x_1}{\partial \psi} \right) \frac{\partial f(x_0, \dot{x}_0)}{\partial \dot{x}} \right] + O(\varepsilon^2) \tag{18.4.12}$$

令式(18.4.11)和式(18.4.12)右边 ε 和 ε^2 的系数对应相等,得

$$\omega_0^2 \left(\frac{\partial^2 x_1}{\partial \psi^2} + x_1 \right) = f_0(a, \psi) + 2\omega_0 A_1 \sin\psi + 2\omega_0 a B_1 \cos\psi \tag{18.4.13a}$$

$$\omega_0^2 \left(\frac{\partial^2 x_2}{\partial \psi^2} + x_2 \right) = f_1(a, \psi) + 2\omega_0 A_2 \sin\psi + 2\omega_0 a B_2 \cos\psi \tag{18.4.13b}$$

其中

$$f_0(a, \psi) = f(x_0, \dot{x}_0) \tag{18.4.14a}$$

$$f_1(a, \psi) = x_1 \frac{\partial f(x_0, \dot{x}_0)}{\partial x} + \left(A_1 \cos\psi - aB_1 \sin\psi + \omega_0 \frac{\partial x_1}{\partial \psi} \right) \frac{\partial f(x_0, \dot{x}_0)}{\partial \dot{x}} +$$

$$\left(aB_1^2 - A_1 \frac{dA_1}{da} \right) \cos\psi + \left(2A_1 B_1 + A_1 a \frac{dB_1}{da} \right) \sin\psi -$$

$$2\omega_0 A_1 \frac{\partial^2 x_1}{\partial a \partial \psi} - 2\omega_0 B_1 \frac{\partial^2 x_1}{\partial \psi^2} \tag{18.4.14b}$$

18.4.2 渐进解

为了从式(18.4.13)的第一方程确定 $A_1(a)$、$B_1(a)$ 和 $x_1(a, \psi)$,把 $f_0(a, \psi)$ 展开成 Fourier 级数

$$f_0(a, \psi) = g_0(a) + \sum_{n=1}^{\infty} [g_n(a) \cos n\psi + h_n(a) \sin n\psi] \tag{18.4.15}$$

把式(18.4.13)代入式(18.4.11a),并令其右边 $\sin\psi$ 和 $\cos\psi$ 项的系数为零,求得

$$A_1(a) = -\frac{h_1(a)}{2\omega_0}, \quad B_1(a) = -\frac{g_1(a)}{2a\omega_0} \tag{18.4.16}$$

即

$$A_1(a) = -\frac{1}{2\pi\omega_0}\int_0^{2\pi} f(a\cos\psi, -a\omega_0\sin\psi)\sin\psi\,d\psi \tag{18.4.17a}$$

$$B_1(a) = -\frac{1}{2\pi a\omega_0}\int_0^{2\pi} f(a\cos\psi, -a\omega_0\sin\psi)\cos\psi\,d\psi \tag{18.4.17b}$$

因此

$$x_1(a,\psi) = \frac{g_0(a)}{\omega_0^2} + \frac{1}{\omega_0^2}\sum_{n=2}^{\infty}\frac{g_n(a)\cos n\psi + h_n(a)\sin n\psi}{1-n^2} \tag{18.4.18}$$

确定 $A_1(a)$、$B_1(a)$ 和 $x_1(a,\psi)$ 以后,$f_1(a,\psi)$ 也就确定了。把它展开成 Fourier 级数

$$f_1(a,\psi) = g_0^{(1)}(a) + \sum_{n=1}^{\infty}\left[g_n^{(1)}(a)\cos n\psi + h_n^{(1)}(a)\sin n\psi\right] \tag{18.4.19}$$

同理得

$$x_2(a,\psi) = \frac{g_0^{(1)}(a)}{\omega_0^2} + \frac{1}{\omega_0^2}\sum_{n=2}^{\infty}\frac{g_n^{(1)}(a)\cos n\psi + h_n^{(1)}(a)\sin n\psi}{1-n^2} \tag{18.4.20a}$$

$$A_2(a) = -\frac{h_1^{(1)}(a)}{2\omega_0}, \quad B_2(a) = -\frac{g_1^{(1)}(a)}{2a\omega_0} \tag{18.4.20b}$$

如有必要,可继续求更高次的近似解。渐进法的实用性不是取决于当 $m\to\infty$ 时式(18.4.4)和式(18.4.5)的收敛性,而是决定于对某个确定的项数值当 $\varepsilon\to 0$ 时它们的渐近性,即只要求当 ε 很小时,式(18.4.4)能给出式(18.4.1)足够精确的解。

例题 18.4.1 用 KBM 法求范德波尔方程的二次近似解

$$\ddot{x} + x = \varepsilon(1-x^2)\dot{x} \quad (0<\varepsilon\ll 1) \tag{18.4.21}$$

解:对应式(18.4.1),本例 $\omega_0 = 1$,$f(x,\dot{x}) = (1-x^2)\dot{x}$,故有

$$f_0(a,\psi) = -a\left(1-\frac{a^2}{4}\right)\sin\psi + \frac{a^3}{4}\sin 3\psi \tag{18.4.22a}$$

$$f'_x(a,\psi) = -2x\dot{x} = a^2\sin 2\psi \tag{18.4.22b}$$

$$f'_{\dot{x}}(a,\psi) = 1-x^2 = 1-a^2\cos^2\psi \tag{18.4.22c}$$

代入式(18.4.13a),得

$$\frac{\partial^2 x_1}{\partial\psi^2} + x_1 = \left[2A_1 - a\left(1-\frac{a^2}{4}\right)\right]\sin\psi + 2aB_1\cos\psi + \frac{1}{4}a^3\sin 3\psi \tag{18.4.23}$$

消去久期项,得

$$A_1 = \frac{a}{2}\left(1-\frac{a^2}{4}\right) \tag{18.4.24a}$$

$$B_1 = 0 \tag{18.4.24b}$$

于是由式(18.4.23)可得一阶近似解

$$x_1 = -\frac{1}{32}a^3\sin 3\psi \tag{18.4.25}$$

再由式(18.4.13b)得

$$\frac{\partial^2 x_2}{\partial \psi^2} + x_2 = 2A_2\sin\psi + \left[2aB_2 + \frac{a}{4}\left(1-a^2+\frac{7}{32}a^4\right)\right]\cos\psi +$$

$$\frac{a^3(a^2+8)}{128}\cos3\psi + \frac{5}{128}a^5\cos5\psi \tag{18.4.26}$$

消去久期项,得

$$A_2 = 0 \tag{18.4.27a}$$

$$B_2 = -\frac{1}{8}\left(1-a^2+\frac{7a^4}{32}\right) \tag{18.4.27b}$$

于是方程式(18.4.21)的第二次近似解为

$$x = a\cos\psi - \frac{\varepsilon a^3}{32}\sin3\psi \tag{18.4.28}$$

其中

$$\dot{a} = \frac{\varepsilon a}{2}\left(1-\frac{a^2}{4}\right) \tag{18.4.29}$$

$$\dot{\psi} = 1 - \varepsilon^2\left(\frac{1}{8}-\frac{a^2}{8}+\frac{7a^4}{256}\right) \tag{18.4.30}$$

由式(18.4.29)积分可得

$$a = \frac{2}{\sqrt{1+\left(\frac{4}{a_0^2}-1\right)\mathrm{e}^{-\varepsilon t}}} \tag{18.4.31}$$

式中,$a_0 = a(0)$。若 $a_0 \neq 0$,则当 $t\to\infty$,$a\to 2$,若我们只求稳态解,则可直接从式(18.4.29),$\dot{a}=0$ 得出 $a=2$。于是,可得方程式(18.4.23)定常振动的近似解

$$x = 2\cos\psi - \frac{\varepsilon}{4}\sin3\psi \tag{18.4.32}$$

其中

$$\dot{\psi} = 1 - \frac{\varepsilon^2}{16} \tag{18.4.33}$$

KBM 渐进法既适用于保守系统,也适用于耗散系统,可得出振幅与时间的依赖关系。对于自振系统,不但能求出稳态的极限环,还能求得系统趋于极限环的过程。

18.4.3 误差分析

现研究第一次近似解的误差问题。

$$x = a\cos\psi + \varepsilon x_1(a,\psi) \tag{18.4.34}$$

$$\dot{a} = \varepsilon A_1(a), \quad \dot{\psi} = \omega_0 + \varepsilon B_1(a) \tag{18.4.35}$$

由式(18.4.23)可知,

$$\Delta a = a(t) - a(0) \approx \varepsilon t \widetilde{A}_1 \tag{18.4.36}$$

$$\Delta(\psi - \omega_0 t) = [\psi(t) - \omega_0 t] - \psi(0) \approx \varepsilon t \widetilde{B}_1 \tag{18.4.37}$$

式中,$\widetilde{A}_1$、$\widetilde{B}_1$ 为 $A_1(a)$ 和 $B_1(a)$ 在区间$(0,t)$中的某一个值。以上两式表明,量 a 和 $\psi - \omega_0 t$ 要能得到有限增量,时间 t 应该是 $1/\varepsilon$ 量级。另外,方程式(18.4.23)是由方程式(18.4.5)略去 ε^2 阶以上小量的各项得到的,而一阶导数 $\dot{a}$ 和 $\dot{\psi}$ 的这种误差导致在时刻 t,函数 a 和 ψ

本身的误差是 $\varepsilon^2 t$ 量级。因此，a 和 $\psi - \omega_0 t$ 在时间间隔 $(0, 1/\varepsilon)$ 内的误差将是 ε 阶小量。在这个时间间隔内第一次近似解中保留 $\varepsilon x_1(a, \psi)$ 已经没有意义了。

由此可见，第一次近似解可取

$$x = a\cos\psi \tag{18.4.38}$$

其中

$$\dot{a} = \varepsilon A_1(a), \quad \dot{\psi} = \omega_0 + \varepsilon B_1(a) \tag{18.4.39}$$

同理，第二次近似解可取为

$$x = a\cos\psi + \varepsilon x_1(a, \psi) \tag{18.4.40}$$

其中

$$\dot{a} = \varepsilon A_1(a) + \varepsilon^2 A_2(a), \quad \dot{\psi} = \omega_0 + \varepsilon B_1(a) + \varepsilon^2 B_2(a) \tag{18.4.41}$$

$$A_2(a) = -\frac{1}{2\omega_0}\left(2A_1 B_1 + aA_1 \frac{dB_1}{da}\right) - \frac{1}{2\pi\omega_0}\int_0^{2\pi}\left[x_1(a, \psi)\frac{\partial f(x_0, \dot{x}_0)}{\partial x} + \left(A_1\cos\psi - aB_1\sin\psi + \omega_0\frac{\partial x_1}{\partial \psi}\right)\frac{\partial f(x_0, \dot{x}_0)}{\partial \dot{x}}\right]\sin\psi\, d\psi \tag{18.4.42a}$$

$$B_2(a) = -\frac{1}{2\omega_0}\left(B_1^2 - \frac{A_1}{a}\frac{dA_1}{da}\right) - \frac{1}{2\pi\omega_0}\int_0^{2\pi}\left[x_1(a, \psi)\frac{\partial f(x_0, \dot{x}_0)}{\partial x} + \left(A_1\cos\psi - aB_1\sin\psi + \omega_0\frac{\partial x_1}{\partial \psi}\right)\frac{\partial f(x_0, \dot{x}_0)}{\partial \dot{x}}\right]\cos\psi\, d\psi \tag{18.4.42b}$$

18.5 范德波尔方程

如图 18.5.1 所示，用数值法作出的范德波尔方程式(18.4.21)的相图，图 18.5.1a)、图 18.5.1b)、图 18.5.1c) 分别表示 $\varepsilon = 0.1$、$\varepsilon = 1$、$\varepsilon = 10$ 三种情况下的相图。由于范德波尔方程在自激振动理论中有典型意义，下面做比较详细的讨论。

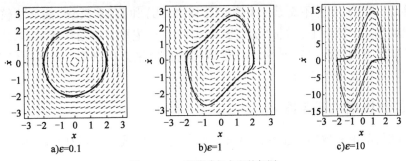

图 18.5.1 范德波尔方程的相图

18.5.1 奇点

令 $x_1 = x$，$x_2 = \dot{x}$，得式(18.4.21)的标准化方程

$$\begin{bmatrix} \dot{x}_1 \\ \dot{x}_2 \end{bmatrix} = \begin{bmatrix} 0 & 1 \\ -1 & \varepsilon \end{bmatrix} \begin{bmatrix} x_1 \\ x_2 \end{bmatrix} + \begin{bmatrix} 0 \\ -\varepsilon x_1^2 x_2 \end{bmatrix} \tag{18.5.1}$$

Poincaré 提出的非线性微分方程与线性化微分方程有相同奇点的条件全部满足。

首先,恒有 $|A| \neq 0$。其次,有

$$\lim_{x_1, x_2 \to 0} \varepsilon \frac{x_1^2 x_2}{x_1^2 + x_2^2} = 0 \tag{18.5.2}$$

故范德波尔方程与其线性化方程有相同奇点。矩阵 A 的迹和行列式分别为

$$P = \varepsilon > 0, \quad Q = |A| = 1 \tag{18.5.3}$$

且

$$P^2 - 4Q = \varepsilon^2 - 4 \tag{18.5.4}$$

故当 $\varepsilon > 2$ 时,奇点 $(0,0)$ 是不稳定结点;当 $0 < \varepsilon < 2$ 时,$(0,0)$ 是不稳定焦点。

18.5.2 极限环

图 18.5.1 的三个分图中都有一个且仅有一个封闭轨线。封闭轨线对应于系统的周期运动。这种封闭轨线所对应的周期运动和保守系统中的封闭轨线所对应的周期运动不同。在保守系统中,封闭轨线总是一圈一圈相互套住的,而且,周期运动的幅度总是由初始条件决定的。在自激振动中,封闭轨线是孤立的,运动的幅度与初始条件无关。这种封闭轨线称为**极限环**,在包含它本身在内的足够近的环状邻域内,没有其他的封闭轨线。从此领域内任一点开始的轨线或在 $t \to \infty$ 时或在 $t \to -\infty$ 时趋向极限环。在前一种情况(图 18.5.1 的三个分图都属于这种情况),极限环称为**稳定极限环**,在后一种情况,称为**不稳定极限环**。若在极限环内外两侧的轨线分属上二种情况,极限环称为**半稳定极限环**。

18.5.3 能量

保守系统周期运动的封闭轨线代表了系统的等能量曲线,而自激振动的极限环却不是**等能量曲线**。在这样的相平面上,等能量曲线是以原点为中心的同心圆族。图 18.5.1a)的极限环很接近一个圆,但并不真是一个圆。图 18.5.1b)和图 18.5.1c)的 ε 值较大,极限环异于圆就很明显了。实际上,如前所述,当 $|x| < 1$ 时,阻尼取负值而作正功,系统能量增加,轨线向较高能量方向过渡,当 $|x| > 1$ 时,轨线向较低能量方向过渡。极限环代表的运动在一个周期内能量收支是平衡的。

18.5.4 位移振幅的不变性

当 $\varepsilon > 0$ 时,不论 ε 取何值位移振幅,a 始终保持不变,式(18.4.21)稳态解的振幅

$$a = 2 \tag{18.5.5}$$

18.5.5 固有角频率的漂移

(1)当 $\varepsilon = 0$ 时,固有角频率 $\omega_0 = 1$。用快速傅立叶变换法 FFT 绘出方程式(18.4.21)功率谱,如图 18.5.2 所示。

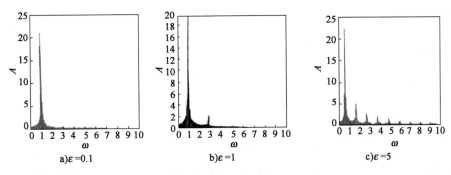

图 18.5.2 范德波尔方程的 FFT 变换

(2) ε 为小量时,即当 $0 < \varepsilon \ll 1$,固有角频率 $\omega = 1$ 保持不变,如当 $\varepsilon = 0.1$ 时,范德波尔方程为似谐振动,极限环位移可给出表达式

$$x = 2\cos(t + \theta) \quad (18.5.6)$$

振幅 $a = 2$,圆频率 $\omega = 1$ 的简谐振动,但与初始条件无关,如图 18.5.1a) 和 18.5.2a) 所示。

(3) ε 接近于 1 时,即当 ε 不是小量,但接近于 1 时,$\varepsilon = O(1)$,可用二阶渐进解表示

$$x = 2\cos(\omega t + \theta) - \frac{\varepsilon}{4}\sin 3(\omega t + \theta) \quad (18.5.7a)$$

$$\omega = 1 - \frac{\varepsilon^2}{16} \quad (18.5.7b)$$

这时固有角频率 ω 与 ε 有关。向左漂移,这种现象称为固有角频率漂移,如图 18.5.2b)、c) 所示。

(4) ε 为大量时。

当 $\varepsilon \to \infty$ 时,固有角频率 $\omega \to 0$ 向左漂移,其近似表达式为

$$\omega = \frac{3.8929}{\varepsilon} \quad (18.5.8)$$

$\varepsilon \to \infty$ 时的周期表达式为

$$T = 1.6173\varepsilon + 7.0143\varepsilon^{-1/3} - \frac{1}{3}\varepsilon^{-1}\ln\varepsilon - 1.3246\varepsilon^{-1} + O(\varepsilon^{-4/3}) \quad (18.5.9)$$

综上所述

$$\omega = \begin{cases} 1 & (\varepsilon \to 0) \\ 1 - \dfrac{\varepsilon^2}{16} & (\varepsilon \to 1) \\ \dfrac{3.8929}{\varepsilon} & (\varepsilon \to \infty) \end{cases} \quad (18.5.10)$$

18.5.6 超谐波解

不论 ε 取何值,极限环始终关于原点对称。

当 ε 为小量时,相图接近于中心在原点,半径为 2 的圆;当 ε 不为小量时,相图扭曲。由

FFT 图可以看出解的形式由奇次阶超谐波解组成：

$$\omega \oplus 3\omega \oplus 5\omega \oplus 7\omega \oplus \cdots \oplus (2n-1)\omega \oplus \cdots \quad (18.5.11)$$

这里固有角频率

$$0 < \omega \leqslant \omega_0 = 1 \quad (18.5.12)$$

解的形式为

$$\begin{aligned} x &= a_1\cos(\omega t + \theta_1) + a_3\cos(3\omega t + \theta_3) + a_5\cos(5\omega t + \theta_5) + \cdots \\ &= \sum_{n=1}^{\infty} a_{2n-1}\cos[(2n-1)\omega t + \theta_{2n-1}] \end{aligned} \quad (18.5.13)$$

当 ε 为小量时,式(18.5.13)中的表达式仅有一项,随着 ε 的增加,奇次超谐波项数也随着增加,同时,固有角频率 ω 从 1 开始逐渐减小,向左漂移。

18.5.7 张弛振动

从图 18.5.1 的三个分图可以看出,当 ε 为小量时,速度的幅值 $b=2$;当 ε 不为小量时,b 随着 ε 的增大而增大,$\varepsilon \to \infty$ 时,$b \to \infty$;这样 ε 越大,则极限环偏离圆越远,也就是运动偏离简谐运动越远,极限环变成狭长的闭轨。范德波尔曾指出在有的场合,ε 大达10^5。在 ε 取很大值时,速度 $\dot{x}$ 在很短的瞬间陡升陡降,$\varepsilon = 10$ 时位移和速度的时间历程如图 18.5.3 所示。这种情况称为**张弛振动**。

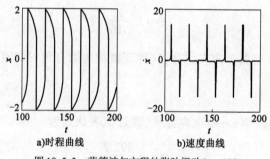

a)时程曲线　　　　b)速度曲线

图 18.5.3　范德波尔方程的张弛振动($\varepsilon = 10$)

18.6　广义范德波尔方程的非共振解

例题 18.6.1　研究广义范德波尔方程

$$\ddot{x} + \varepsilon(x^2 - 1)\dot{x} + \omega_0^2 x = F\cos\Omega t \quad (\varepsilon \ll 1) \quad (18.6.1)$$

非共振解。

解:采用多尺度法。

设

$$x(t, \varepsilon) = x_0(T_0, T_1) + \varepsilon x_1(T_0, T_1) + \cdots \quad (18.6.2)$$

将此解代入式(18.6.1),并令等式两端 ε 同次幂的系数相等,有

$$D_0^2 x_0 + \omega_0^2 x_0 = F\cos\Omega T_0 \quad (18.6.3)$$

$$D_0^2 x_1 + \omega_0^2 x_1 = -2D_0 D_1 x_0 + D_0 x_0 - x_0^2 D_0 x_0 \quad (18.6.4)$$

式(18.6.3)的解可以写成为

$$x_0 = A(T_1)\exp(i\omega_0 T_0) + \Lambda\exp(i\Omega T_0) + cc \quad (18.6.5)$$

其中,$\Lambda = \overline{\Lambda} = \dfrac{F}{2(\omega_0^2 - \Omega^2)}$。因此(18.6.4)式变为

$$\begin{aligned}D_0^2 x_1 + \omega_0^2 x_1 = &\mathrm{i}\omega_0\{[-2D_1 A + A(1 - 2\Lambda^2) - \\ & A^2\overline{A}]\exp(\mathrm{i}\omega_0 T_0) - A^3\exp(3\mathrm{i}\omega_0 T_0)\} - \\ & \mathrm{i}\{\Omega\Lambda^3\exp(3\mathrm{i}\Omega T_0) + \Omega(\Lambda^3 + 2A\overline{A}\Lambda - \Lambda)\exp(\mathrm{i}\Omega T_0) + \\ & (\Omega + 2\omega_0)A^2\Lambda\exp[\mathrm{i}(\Omega + 2\omega_0)T_0] - \\ & (\Omega - 2\omega_0)\overline{A}^2\Lambda\exp[\mathrm{i}(\Omega - 2\omega_0)T_0] + \\ & (2\Omega + \omega_0)A\Lambda^2\exp[\mathrm{i}(2\Omega + \omega_0)T_0] - \\ & (2\Omega - \omega_0)\overline{A}\Lambda^2\exp[\mathrm{i}(2\Omega - \omega_0)T_0]\} + cc\end{aligned} \qquad (18.6.6)$$

对于非共振情况,要使关于 x_1 的微分方程(18.6.6)不出现长期项,必须有

$$2D_1 A - \eta A + A^2\overline{A} = 0 \qquad (18.6.7)$$

式中,$\eta = 1 - 2\Lambda^2$。

在(18.6.7)式中令 $A = (1/2)a\exp(\mathrm{i}\theta)$,并分开实部和虚部,有

$$\left.\begin{aligned}\dot{a} &= \varepsilon\dfrac{a}{2}\left(\eta - \dfrac{1}{4}a^2\right) \\ \dot{\theta} &= 0\end{aligned}\right\} \qquad (18.6.8)$$

积分后得

$$\begin{aligned}\ln a^2 - \ln\left(\eta - \dfrac{1}{4}a^2\right) &= \varepsilon\eta t + c_1 \\ \theta &= c_2\end{aligned}$$

式中,c_1、c_2 为积分常数。若 $x(0) = a_0 + \dfrac{F}{\omega_0^2 - \Omega^2}$,$\dot{x}(0) = 0$,则有

$$\left.\begin{aligned}a &= 2\sqrt{\dfrac{\eta}{1 + \left(\dfrac{4\eta}{a_0^2} - 1\right)\exp(-\varepsilon\eta t)}} \\ \theta &= 0\end{aligned}\right\} \qquad (18.6.9)$$

所以可得一次近似解

$$x = a(t)\cos\omega_0 t + \dfrac{F}{\omega_0^2 - \Omega^2}\cos\Omega t \qquad (18.6.10)$$

由(18.6.9)式可以看出,定常运动取决于 η 的符号。

当 $\eta > 0$,即 $2(\omega_0^2 - \Omega^2)^2 > F^2$ 时,

$$\lim_{t\to\infty} a = 2\sqrt{\eta}$$

所以定常运动为

$$x = 2\sqrt{\eta}\cos\omega_0 t + F(\omega_0^2 - \Omega^2)^{-1}\cos\Omega t \qquad (18.6.11)$$

当 $\eta < 0$,即 $2(\omega_0^2 - \Omega^2)^2 > F^2$ 时,

$$\lim_{t\to\infty} a = 0$$

所以定常运动为

$$x = F(\omega_0^2 - \Omega^2)^{-1}\cos\Omega t \qquad (18.6.12)$$

可见,$\eta > 0$ 时定常运动是由强迫振动解(特解)和自由振动解(齐次方程解)组合而成,若 Ω 和 ω_0 是不可公度的,则运动是概周期性的。当 $\eta < 0$ 时运动仅由强迫振动解一项所构成,因而是周期性的。也就是说,在

这种情况下小的激振力使自由振动项趋于一个非零的定常振幅,而大的激振力则引起自由振动项衰减到零。这种增大激振力的幅值而使自由振动项衰减的过程称为"抑制"。工程中可以利用抑制来消除系统中不希望产生的自振。

18.7 Maple 编程示例

编程题 绘出 Liénard 系统

$$\dot{x} = y \tag{18.7.1a}$$

$$\dot{y} = -x - y(a_2 x^2 + a_4 x^4 + a_6 x^6 + a_8 x^8 + a_{10} x^{10} + a_{12} x^{12} + a_{14} x^{14}) \tag{18.7.1b}$$

的相图。

式中,$a_2 = 90$, $a_4 = -882$, $a_6 = 2598.4$, $a_8 = -3359.997$, $a_{10} = 2133.34$, $a_{12} = -651.638$, $a_{14} = 76.38$。

解: 并非所有的极限环都是凸闭合曲线,如图 18.7.1 所示。

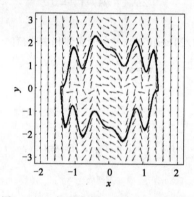

图 18.7.1 相图:极限环是非凸的封闭曲线

Maple 程序

```
> ##############################################################
> #Program: Limit cycle.
> #Figure18.7: A nonconvex Limit cycle.
> restart:                                      #清零
> with(DEtools):                                #加载微分方程库
> with(plots):                                  #加载绘图库
> a0:=0;       a2:=90;       a4:=-882;         #已知参数一
> a6:=2598.4;  a8:=-3359.997;  a10:=2133.34;   #已知参数二
> a12:=-651.638;  a14:=76.38;  epsilon:=1;     #已知参数三
> iniset:={seq(seq([0,i,j],i=-2..2),j=-2..2)};
> sys1:=diff(x(t),t)=y(t),
>       diff(y(t),t)=-x(t)-epsilon*y(t)*(a14*x(t)^14+a12*x(t)^12
>             +a10*x(t)^10+a8*x(t)^8+a6*x(t)^6
>             +a4*x(t)^4+a2*x(t)^2-a0);         #系统方程
> DEplot([sys1],[x(t),y(t)],t=30..60,[[x(0)=1.5,y(0)=0]],
>             stepsize=0.05,x=-2..2,y=-3..3,
>             linecolor=blue,thickness=2);      #求解并绘图
> ##############################################################
```

18.8 思考题

思考题 18.1　简答题

1. 什么是极限环？
2. 举出两个能用范德波尔方程描述的物理现象。
3. 李兹-伽辽金法利用的是什么原理？
4. 简述 KBM 法。KBM 法与 L-P 法有什么区别和联系？
5. 简述多尺度法。多尺度法与 L-P 法有什么区别和联系？

思考题 18.2　判断题

1. 干摩擦可引起系统中的非线性。　　　　　　　　　　　　　　　　　(　　)
2. 极限环代表一种稳定的周期振动。　　　　　　　　　　　　　　　　(　　)
3. 极限环的周期解与初始条件有关。　　　　　　　　　　　　　　　　(　　)
4. 霍普夫分岔可能分岔出极限环。　　　　　　　　　　　　　　　　　(　　)
5. 流体激励产生的涡振和颤振属于自激振动。　　　　　　　　　　　　(　　)

思考题 18.3　填空题

1. 机械颤振是一种_____振动。
2. 存在强摩擦力作用的低速传动系统，时常出现忽停忽动的非均匀运动现象，这种现象称为_____或_____。
3. 高速行驶的汽车和起落滑行的飞机的转向轮都能发生强烈的摆动现象，工程界称为_____。
4. 机器内的转子常用动力润滑轴承作支承，由轴颈的油膜力支承转子重力。转速超过一定数值就要发生自振现象，工程界称为转子_____。
5. 结构材料强度日益提高，施工技术不断改进，使得建筑物的尺度在迅猛增长，造成结构刚度很低，水平疾风能使其发生强烈的_____。

思考题 18.4　选择题

1. 范德波尔方程 $\dfrac{d^2 x}{dt^2} - (1-x^2)\dfrac{dx}{dt} + kx = 0$ 的周期解(　　)。

   A. 与初始条件无关　　　　B. 与初始条件有关　　　　C. 不能确定

2. 瑞利方程 $\dfrac{d^2 x}{dt^2} + \left[-A + B\left(\dfrac{dx}{dt}\right)^2\right]\dfrac{dx}{dt} + kx = 0$ 是(　　)。

   A. 非自治系统　　　　　　B. 自治系统　　　　　　　C. 不能确定

3. 切削加工时的自激振动方程 $m\dfrac{d^2 x}{dt^2} + \varphi\left(\dfrac{dx}{dt}\right) + kx = 0$，其中 $\varphi\left(\dfrac{dx}{dt}\right) = kS_0 - F\left(v_0 - \dfrac{dx}{dt}\right) = F(v_0)$
$- F\left(v_0 - \dfrac{dx}{dt}\right), f_0 = kS_0 = F(v_0)$ 可能产生(　　)。

   A. 驰振　　　　　　　　　B. 涡振　　　　　　　　　C. 颤振

4. 不能提高机床切削稳定性的基本途径是(　　)。

   A. 减小方向因素　　　　　B. 提高系统的等效静刚度
   C. 减小等效阻尼　　　　　D. 选用合理的切削参数

5. 能够产生自激振动极限环的分岔是(　　)。

   A. 倍周期分岔　　　　　　B. 叉形分岔
   C. 鞍结分岔　　　　　　　D. 霍普夫分岔

思考题 18.5 连线题

1. $\ddot{\theta} + \omega_0^2 \sin\theta = 0$ A. 自激振动
2. $\ddot{x} + 2\zeta\omega_0\dot{x} + \omega_0^2 x = A\sin\Omega t$ B. 参数振动
3. $\ddot{x} + (\delta + 2\varepsilon\cos 2t)x = 0$ C. 强迫振动
4. $\ddot{x} - \mu(1-\beta x^2)\dot{x} + x = 0$ D. 自由振动

18.9 习题

A 类型习题

习题 18.1 设系统的运动方程写成
$$\ddot{x} + (\dot{x}^2 + \omega_0^2 x^2 - \alpha^2)\dot{x} + \omega_0^2 x = 0$$
求系统产生自激振动的振幅 α,并研究其稳定性。

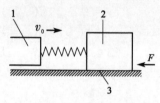

图 18.9.1 习题 18.2

习题 18.2 如图 18.9.1 所示,零件 1 以速度 v_0 作匀速平动,借助弹簧把运动传给滑块 2。滑块 2 与滑轨 3 之间的摩擦力 F_H 依赖于滑块的速度 v,它们的关系为
$$F_H = H_0 \operatorname{sign} v - \alpha v + \beta v^3$$
且 H_0、α、β 都是正数。为使滑块匀速运动稳定。试求:v_0 应满足的条件。

习题 18.3 试给出习题 2 的系统发生与角频率为 $\omega_0 = \sqrt{\dfrac{k}{m}}$ 的简谐振动接近的自激振动的条件,其中 k 为弹簧的刚度系数,m 为滑块的质量。求:自激振动的振幅近似值。

习题 18.4 设在习题 2 的系统中,摩擦力 F_H 为常量;当 $v \neq 0$ 时等于 H_2,当 $v = 0$ 时等于 H_1(静摩擦)。滑块的质量为 m。弹簧的刚度系数为 k。求:自激振动的周期。

习题 18.5 系统的运动方程写成
$$\ddot{x} + \omega_0^2 x = \mu[(\alpha^2 - x^2)\dot{x} - \gamma x^3]$$
试用小参数法($0 < \mu \ll 1$)求系统发生自激振动的振幅 a 和周期。

习题 18.6 在介质中运动的摆受阻力和单向、恒定力矩的作用,运动方程写成
$$\ddot{\varphi} + 2h\dot{\varphi} + \omega_0^2\varphi = M_0, \text{当} \dot{\varphi} > 0$$
$$\ddot{\varphi} + 2h\dot{\varphi} + \omega_0^2\varphi = 0, \text{当} \dot{\varphi} < 0$$
式中,h、ω_0、M_0 为常数。
设 $\dfrac{2h}{\omega_0} \ll 1$,$\dfrac{M_0}{\omega_0^2} \ll 1$,试用慢变系数法求摆的定常运动。

B 类型习题

习题 18.7 利用林兹泰德摄动法求范德波尔方程式(18.4.21)的解。

C 类型习题

习题 18.8 自激振动
(1) 实验题目。
研究范德波耳方程
$$\frac{d^2 x}{dt^2} - \mu(x_0^2 - x^2)\frac{dx}{dt} + \omega_0^2 x = 0 \tag{18.9.1}$$
所描述的非线性有阻尼的自激振动系统,其中 μ 为一个小的正的参量,x_0 为常数。下面简称范德波尔

方程为 VDP 方程。

在 VDP 方程中，增加外驱动力 $V\cos\Omega t$ 项所得到的方程

$$\frac{\mathrm{d}^2 x}{\mathrm{d} t^2} - \mu(x_0^2 - x^2)\frac{\mathrm{d} x}{\mathrm{d} t} + \omega_0^2 x + V\cos\Omega t = 0 \tag{18.9.2}$$

称强迫 VDP 方程，其中 V、Ω 分别为外驱动力的振幅、角频率。试研究强迫 VDP 方程的行为。

(2) 实验目的及要求。

①演示 VDP 方程所描述的系统在非线性能源供给下，从任意初始条件出发都能产生稳定的周期性运动。

②采用庞加莱映像，演示强迫 VDP 方程在不同参数下所存在 4 种吸引子，即周期 1 吸引子、周期 2 吸引子、不变环面吸引子和奇怪吸引子。

③对于强迫 VDP 方程，在 V 和 Ω 为定值条件下，逐渐增大 μ 值，将出现倍周期分岔和混沌现象。

(3) 解题分析。

自激系统是一个非线性有阻尼的振动系统，在运动过程中伴随能量损耗。但系统存在一种机制，使能量能够由非振动的能源通过系统本身的反馈调节，及时适量地得到补充，从而产生一个稳定的不衰减的周期运动，这样的振动称为自激振动。

对 VDP 方程，可从机械振动角度理解，$-\mu(x_0^2 - x^2)$ 是阻尼系数，它是变化的。若 $|x| > |x_0|$，则阻尼系数为正，系统将受阻尼，能量将逐渐减少；若 $|x| < |x_0|$，则发生负阻尼，意味着系统不仅不消耗能量，反而得到供能。此系统能通过自动的反馈调节，使得在一个振动过程中，补充的能量正好等于消耗的能量，从而系统作稳定的周期振动。

取方程中的 $x_0^2 = 1, \omega_0^2 = 1, \mu = 0.3$（这些值可适当调整）。给出任一初始条件，通过计算机数值求解可以证明它的相轨道都将趋向于一条闭合曲线，这一条闭合曲线，称为极限环。极限环以外的相轨道向里盘旋，而极限环以内的相轨道则向外盘旋，都趋向极限环（图 18.9.2）。这说明不论初始情况如何，系统最终都到达以极限环描述的周期性运动。将下面编写的关于强迫 VDP 方程的程序中令 $V=0, \mu=0.3$ 再取不同的初始条件，就能看到这个现象。

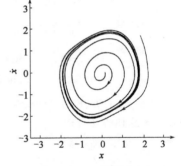

图 18.9.2　相图中极限环

下面研究强迫 VDP 方程的行为。我们同时采用时间历程图、相图和庞加莱映像图来研究系统在不同参数条件下的动力学行为，可以看到存在不同的吸引子，即周期 1 吸引子、周期 2 吸引子、不变环面吸引子和奇怪吸引子。

先对庞加莱映射作一简介。为了更清楚地了解运动的形态，庞加莱对连续运动的轨迹用一个截面（庞加莱截面）将其横截，根据轨迹在截面上穿过的情况，就可以简洁地判断运动的形态，由此所得图像叫庞加莱映像。在截面图上，轨迹下一次穿过截面的点 x_{n+1} 可以看成前一次穿过的点 x_n 的一种映射

$$x_{n+1} = f(x_n) \quad (n = 0, 1, 2, \cdots) \tag{18.9.3}$$

这种映射就叫庞加莱映射。它是把一个连续的运动化为简洁的离散映射来研究。

在庞加莱映像中的不动点反映了相空间的周期运动。例如，当运动是 2 倍周期时，庞加莱映像是 2 个不动点；当运动是 4 倍周期时，庞加莱映像则有 4 个不动点，等等。

绘制庞加莱映像是在普通的相平面上进行，它不是像画相轨道那样随时间变化连续地画出相点，而是每隔一个外激励周期 $\left(T = \dfrac{2\pi}{\Omega}\right)$ 取一个点。例如，取样的时刻可以是 $t = 0, T, 2T, \cdots$ 相应的相点记为 $P_0(x_0, y_0), P_1(x_1, y_1), P_2(x_2, y_2), \cdots$ 这些离散相点就构成了庞加莱映像。

设 $y_1 = x_1$，$y_2 = dx/dt$，则式(18.9.2)可化为

$$\frac{dy_1}{dt} = y_2 \tag{18.9.4a}$$

$$\frac{dy_2}{dt} = \mu(x_0^2 - y_1^2)y_2 - \omega_0^2 y_1 - V\cos\Omega t \tag{18.9.4b}$$

取 $x_0^2 = 1$，$\omega_0^2 = 1$ 进行以下数值计算研究。

① 当 $\mu = 0.85$、$V = 1$、$\Omega = 0.44$ 时，存在周期 1 吸引子，它的周期等于外激励的周期，代表主谐波运动，如图 18.9.3 所示。

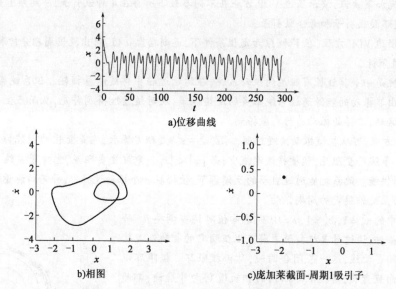

图 18.9.3 强迫 VDP 方程的振动的周期 1 吸引子

② 当 $\mu = 1.02$、$V = 1$、$\Omega = 0.44$ 时，存在周期 2 吸引子，它的周期等于外激励的整数倍，代表次谐波运动，如图 18.9.4 所示。

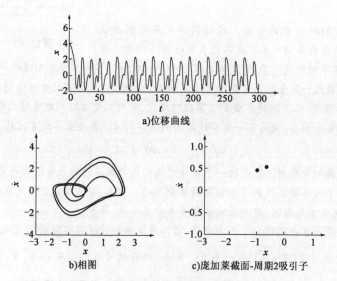

图 18.9.4 强迫 VDP 方程的振动的周期 2 吸引子

③当 $\mu=0.66$、$V=1$、$\Omega=0.44$ 时,存在不变环面吸引子,它代表准周期(拟周期)运动,如图 18.9.5 所示。

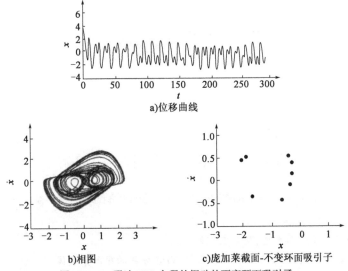

图 18.9.5 强迫 VDP 方程的振动的不变环面吸引子

④当 $\mu=1.08$,$V=1$,$\Omega=0.44$ 时,存在奇怪吸引子,代表混沌运动,如图 18.9.6 所示。

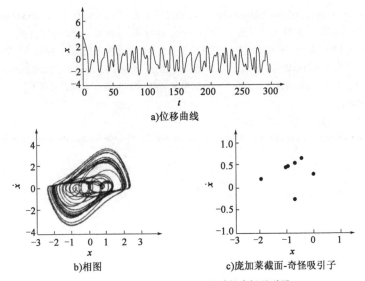

图 18.9.6 强迫 VDP 方程的振动的奇怪吸引子

⑤保持 V 和 Ω 为定值,逐渐增大 μ,将显示系统状态演化过程全貌的图,如图 18.9.7 所示。而在前四种情况中,看到的只是 μ 取 4 个值的片段情况。图形显示,当 μ 由 0.9 连续变化到 1.2 时,系统运动状态逐渐由周期 1 过渡到周期 2(发生了周期倍分岔)再过渡到混沌状态。

在程序中,这几种过程的计算是相同的,所以用 for 循环来完成前面 4 种计算,这就是程序 zjzd.m。计算中在每个外激励周期内计算 1 000 个相点,为了作出庞加莱映像,每隔 1 000 个点保留一个点的数据,所以程序运行的时间较长。对第五种情况,由于计算量大,将它另外编写一个程序,这就是程序 zjzd1.m。计算中在每个周期内计算 100 个相点,庞加莱映像是每隔 100 个点保留一个点的数据。图 18.9.7 所示为参数 μ 变化的分岔图。

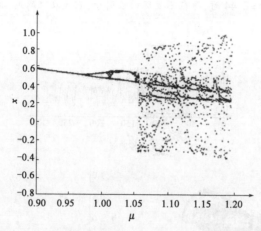

图 18.9.7 μ 值连续变化所产生的强迫 VDP 方程的庞加莱映像

(4) 思考题。

① 画出不同的吸引子的功率谱,观察它们的差别。

② 当 μ 值由 0.6 连续变化到 0.9 时,计算强迫 VDP 方程的庞加莱映像。

③ 将参考程序 zjzd.m 中解微分方程的时间增加到足够长,在庞加莱映像图上可以看到一个更完整的奇怪吸引子形状。请试一试。

##

冯康(1920—1993),中国人,数学家、有限元法创始人之一。1997 年,冯康的"哈密尔顿系统辛几何算法"获得国家自然科学奖一等奖。他提出的"最小几乎周期拓扑群"解决了这一类李群的结构表征问题;建立了广义函数的泛函对偶定理与"广义梅林变换";"基于变分原理的差分格式"独立于西方创始了有限元方法;提出了自然边界归化和超奇异积分方程理论,发展了有限元、边界元自然耦合方法;"论差分格式与辛几何"系统地首创辛几何计算方法、动力系统及其工程应用的交叉性研究新领域。

主要著作:《哈密尔顿系统的辛几何算法》。

##

> **长歌行**
> 汉　汉乐府
> 青青园中葵,朝露待日晞。
> 阳春布德泽,万物生光辉。
> 常恐秋节至,焜黄华叶衰。
> 百川东到海,何时复西归?
> 少壮不努力,老大徒伤悲。

第 19 章　参数激励振动

本章讨论参数激励振动。首先介绍谐波平衡法,用谐波平衡法求解参数激励振动;然后讨论阻尼对参数激励振动稳定性的影响;接着讨论非线性参数激励振动,参数激励振动中的组合共振;最后介绍等效线性化方法及其物理意义。

19.1　参数振动

外作用动力学系统的结构参数周期性变化,在满足特定参数条件时,此类动力学系统存在的持久振动称为**参数振动**。

图 19.1.1 所示的周期性变长度摆是参数振动的一个简例。人手若按简谐函数往复运动,满足一定的数学条件,单摆能做稳态振动。若用 x 表示摆角,变长摆的运动方程可以简化为著名的马蒂厄方程(Mathieu equation)

$$x'' + (\delta_1 + \varepsilon_1 \cos\Omega t)x = 0 \quad (19.1.1)$$

通过时间坐标变换,简化成标准型马蒂厄方程

$$\ddot{x} + (\delta + \varepsilon\cos 2t)x = 0 \quad (19.1.2)$$

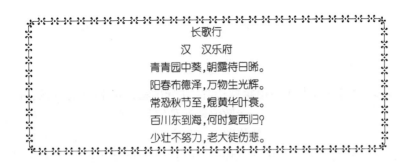

图 19.1.1　变长度摆

马蒂厄方程是二阶线性周期系数方程,其解称为马蒂厄函数。它不是谐变系数角频率的简谐函数,而是不能用初等函数和超越函数精确描述的一种特殊函数,人们已经用数值解法建立了它的函数数表。相对于参数 δ 和 ε 的不同数值组合,方程式(19.1.2)的解有的是有界周期函数,相当于稳定的周期运动;有的是发散的振荡函数,相当于不稳定的周期运动。通过稳定性分析,能找到马蒂厄函数与方程系数 δ 和 ε 间的定性关系。事实上,当系数 ε 为小量时,将方程式(19.1.2)中的 x 和 δ 展开为 ε 的幂级数,可用摄动法导出无阻尼振子受迫振动不出现长期项的临界参数条件,再用它建立 (δ, ε) 平面内稳定区边界的方程,对应于方程式(19.1.2)中 δ 取 $\delta = 0$、$\delta = 1$、$\delta = 2$ 的三种情况,参数平面稳定域边界的近似方程分别为

$$\delta = -\frac{1}{8}\varepsilon^2 + \cdots \quad (19.1.3a)$$

$$\delta = 1 + \frac{1}{2}\varepsilon - \frac{1}{32}\varepsilon^2 + \cdots \quad (19.1.3b)$$

$$\delta = 4 - \frac{1}{48}\varepsilon^2 + \cdots \quad (19.1.3c)$$

按照以上诸式绘制参数平面的稳定域边界,划分出稳定区和不稳定区,如图19.1.2所示。参数值取在稳定区内时,变长摆保持小幅周期摆动;参数值取在不稳定区内时,变长摆的摆动发散。如果参数振动方程式(19.1.2)中增加了线性阻尼项,图19.1.2中的稳定区将随阻尼系数增大而扩大,不稳定区则随之减小。

考察参数振动方程式(19.1.2),该系统虽然没有外力激励的非齐次项,但方程中周期变化的系数还是依靠外界的周期作用形成的。例如,图19.1.1中人手的周期性动作。因此,参数振动也是外界周期激励产生的一种振动。

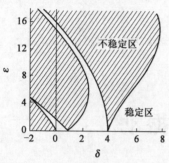

图19.1.2 参数振动参数稳定区划分

19.2 谐波平衡法

19.2.1 谐波平衡法

谐波平衡法是一种应用非常广泛的方法。谐波平衡法是将非线性方程的解假设为各次谐波叠加的形式,然后将方程的解代入非线性方程,消去方程中的正弦与余弦项,即可得到能求出含有未知系数的相应多个代数方程,进而可求得方程的解。

设系统的运动微分方程为

$$\ddot{x} + f(x, \dot{x}, t) = 0 \quad (19.2.1)$$

若 $f(x, \dot{x}, t)$ 是 t 的周期为 T 的函数,并且方程存在着周期等于 T 或 T 的整数倍的周期解的情形,非线性函数 $f(x, \dot{x}, t)$ 在 x, $\dot{x}$ 的有限区域内分别满足莱布尼茨条件,方程的解是唯一的,而且是分段可微的,因此有可能展开成傅立叶级数。

求解的基本思路是:将式(19.2.1)的解和函数 $f(x, \dot{x}, t)$ 展开成傅立叶级数

$$x(t) = a_0 + \sum_{n=1}^{\infty}(a_n\cos n\omega t + b_n\sin n\omega t) \quad (19.2.2)$$

$$f(x, \dot{x}, t) = c_0 + \sum_{n=1}^{\infty}(c_n\cos n\omega t + d_n\sin n\omega t) \quad (19.2.3)$$

其中傅立叶系数为

$$c_0 = \frac{\omega}{2\pi}\int_0^{2\pi/\omega} f(x, \dot{x}, t)\mathrm{d}t \quad (19.2.4a)$$

$$c_n = \frac{\omega}{\pi}\int_0^{2\pi/\omega} f(x, \dot{x}, t)\cos n\omega t\mathrm{d}t \quad (19.2.4b)$$

$$d_n = \frac{\omega}{\pi}\int_0^{2\pi/\omega} f(x, \dot{x}, t)\sin n\omega t\mathrm{d}t \quad (19.2.4c)$$

式中,$n = 1, 2, \cdots$,由式(19.2.4)求出 c_0、c_n、d_n,并将式(19.2.2)、式(19.2.3)代入式(19.2.1),按同阶谐波进行整理后,令 $\sin n\omega t$、$\cos n\omega t$ 系数等于零,得到关于 a_0、a_n、b_n ($n = 1$,

$2,\cdots$)的代数方程组,解此代数方程组,求得a_0、a_n、b_n就求得了方程式(19.2.1)的解式(19.2.2)。

如果只取到n次谐波,则可得$2n+1$个方程,由此可求出包含n次谐波的近似解。这一方法称为谐波平衡法。以前的各种摄动法,都是把解按量级x_1,x_2,…展开的,而谐波平衡法是按谐波展开的,因此解的精度取决于谐波的数目,若波数取得少,精度就不高,而取得太多,计算又麻烦。因此,要想得到足够精度的近似解,就必须或者选足够的项,或者预先知道解中所包含的谐波成分,并检查被忽略的谐波系数的量级,否则得不到足够精度的近似解。

谐波平衡法既适用于弱非线性问题,也适用于强非线性问题,如图 19.2.1 所示。

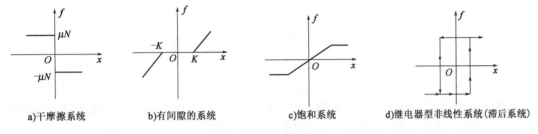

a)干摩擦系统　　b)有间隙的系统　　c)饱和系统　　d)继电器型非线性系统(滞后系统)

图 19.2.1　强非线性问题

19.2.2 参数共振

存在一种非封闭振动系统,外力的作用可以归结为其参数随时间的变化。拉格朗日函数

$$L = \frac{m\dot{x}^2}{2} - \frac{kx^2}{2} \tag{19.2.5}$$

中的m和k就是一维系统的参数,如果它们取决于时间,则运动方程为

$$\frac{\mathrm{d}}{\mathrm{d}t}(m\dot{x}) + kx = 0 \tag{19.2.6}$$

用新自变量τ代替t, $\mathrm{d}\tau = \frac{\mathrm{d}t}{m}(t)$,则方程变为

$$\frac{\mathrm{d}^2 x}{\mathrm{d}\tau^2} + mkx = 0 \tag{19.2.7}$$

因此,不失一般性,研究下面形式的方程就足够了。

$$\frac{\mathrm{d}^2 x}{\mathrm{d}t^2} + \omega^2(t)x = 0 \tag{19.2.8}$$

式(19.2.8)可以由式(19.2.6)中令$m = \mathrm{const}$得到。

函数$\omega(t)$的形式由问题的条件决定。假设这个函数是周期的,角频率为Ω(周期为$T = \frac{2\pi}{\Omega}$)。这就是说,

$$\omega(t + T) = \omega(t) \tag{19.2.9}$$

因而方程式(19.2.8)在变换$t \to t + T$下保持不变。由此可知,如果$x(t)$是方程的解,则函数$x(t + T)$也是解。换句话说,如果$x_1(t)$和$x_2(t)$是方程式(19.2.8)的两个独立的解,则变量替换$t \to t + T$后,这两个函数可以用原函数线性表示,这种情况下可以选择x_1和x_2使得变量

替换 $t \rightarrow t+T$ 导致乘以常数

$$x_1(t+T) = \mu_1 x_1(t), \quad x_2(t+T) = \mu_2 x_2(t) \tag{19.2.10}$$

具有这种性质的函数的一般形式为

$$x_1(t) = \mu_1^{t/T} \Pi_1(t), \quad x_2(t) = \mu_2^{t/T} \Pi_2(t) \tag{19.2.11}$$

式中,$\Pi_1(t)$、$\Pi_2(t)$ 为时间的周期函数(周期为 T)。

这些函数中的常数 μ_1 和 μ_2 应该满足确定的关系。事实上,将方程

$$\ddot{x}_1 + \omega^2(t) x_1 = 0, \quad \ddot{x}_2 + \omega^2(t) x_2 = 0 \tag{19.2.12}$$

分别乘以 x_2 和 x_1,相减后可得

$$\ddot{x}_1 x_2 - \ddot{x}_2 x_1 = \frac{d}{dt}(\dot{x}_1 x_2 - \dot{x}_2 x_1) = 0 \tag{19.2.13}$$

或

$$\dot{x}_1 x_2 - \dot{x}_2 x_1 = \text{const} \tag{19.2.14}$$

然而,对任何形如式(19.2.11)的函数 $x_1(t)$ 和 $x_2(t)$,在 t 变为 $t+T$ 时,上面表达式左端乘以 $\mu_1 \mu_2$。所以,为了使等式(19.2.14)在任何条件下都有

$$\mu_1 \mu_2 = 1 \tag{19.2.15}$$

从方程式(19.2.8)的系数为实数出发,可以进一步给出关于常数 μ_1, μ_2 的结论。如果 $x(t)$ 是式(19.2.8)的某个解,则复共轭函数 $x^*(t)$ 也满足该方程。由此可知,常数 μ_1, μ_2 应该与另一对常数 μ_1^*, μ_2^* 重合,即 $\mu_1 = \mu_2^*$ 或者 μ_1, μ_2 都是实数。在第一种情况下,考虑到式(19.2.15),有 $\mu_1 = \dfrac{1}{\mu_1^*}$,即 $|\mu_1|^2 = |\mu_2|^2 = 1$,常数 μ_1 和 μ_2 的模都等于 1。

在第二种情况下,方程式(19.2.8)的两个独立解的形式为

$$x_1(t) = \mu^{\frac{t}{T}} \Pi_1(t), \quad x_2(t) = \mu^{\frac{t}{T}} \Pi_2(t) \tag{19.2.16}$$

并且 μ 是不为 1 的正实数或者负实数。这些函数之一(当 $|\mu|>1$ 和 $|\mu|<1$ 时为第一个或者第二个函数)随时间指数增长。也就是说,系统的静止状态(在平衡位置 $x=0$)不稳定:偏离这个状态任意小量,都会使出现的位移 x 随时间快速增长,这种现象称为**参数共振**。

值得注意的是,当 x 和 $\dot{x}$ 的初值严格等于零时,它们以后也等于零,这不同于通常的受迫振动共振。在通常共振情况下,从零初始条件出发,位移也会随时间增长(正比于 t)。

下面我们研究一种重要的参数共振情况,函数 $\omega(t)$ 与常数 ω_0 相差很小,并且是周期函数

$$\omega^2(t) = \omega_0^2 (1 + h\cos\Omega t) \tag{19.2.17}$$

其中,常数 $h \ll 1$(可以认为 h 是正数,这是因为总可以通过选择时间起点来实现)。如果函数 $\omega(t)$ 接近 ω_0 的两倍,则参数共振更强烈,所以假设

$$\Omega = 2\omega_0 + \varepsilon \tag{19.2.18}$$

其中,$\varepsilon \ll \omega_0$。

求解运动方程

$$\ddot{x} + \omega_0^2 [1 + h\cos(2\omega_0 + \varepsilon)t] = 0 \tag{19.2.19}$$

时,我们假设解的形式为

$$x = a(t)\cos\left(\omega_0 + \frac{\varepsilon}{2}\right)t + b(t)\sin\left(\omega_0 + \frac{\varepsilon}{2}\right)t \tag{19.2.20}$$

式中，$a(t)$、$b(t)$为随时间变化很慢（与 cos 和 sin 相比）的函数。解的这个形式自然不是精确的。事实上，函数 $x(t)$ 也包括角频率与 $\omega_0 + \dfrac{\varepsilon}{2}$ 相差为 $2\omega_0 + \varepsilon$ 的整数倍的项。然而，这些项是 h 的高阶小量，在一阶近似中可以忽略。

将式(19.2.20)代入式(19.2.19)，保留 ε 的一阶项，这时假设 $\dot{a} \sim \varepsilon a$，$\dot{b} \sim \varepsilon b$（这个假设在共振情况下的正确性由结果保证）。将三角函数的乘积展开为三角函数之和，如

$$\cos\left(\omega_0 + \frac{\varepsilon}{2}\right)t \cdot \cos(2\omega_0 + \varepsilon)t = \frac{1}{2}\cos\left(3\omega_0 + \frac{3\varepsilon}{2}\right)t + \frac{1}{2}\cos\left(\omega_0 + \frac{\varepsilon}{2}\right)t \quad (19.2.21)$$

等，略去角频率为 $3\left(\omega_0 + \dfrac{\varepsilon}{2}\right)$ 的项，结果可得

$$-\left(2\dot{a} + b\varepsilon + \frac{h\omega_0}{2}b\right)\omega_0\sin\left(\omega_0 + \frac{\varepsilon}{2}\right)t + \left(2\dot{b} - a\varepsilon + \frac{h\omega_0}{2}a\right)\omega_0\cos\left(\omega_0 + \frac{\varepsilon}{2}\right)t = 0 \quad (19.2.22)$$

这个等式成立要求 sin 和 cos 的系数都等于零。由此可得函数 $a(t)$ 和 $b(t)$ 的两个线性微分方程。求这两个方程的正比于 e^{st} 的解。于是有

$$sa + \frac{1}{2}\left(\varepsilon + \frac{h\omega_0}{2}\right)b = 0 \quad (19.2.23)$$

$$\frac{1}{2}\left(\varepsilon - \frac{h\omega_0}{2}\right)a - sb = 0 \quad (19.2.24)$$

这两个代数方程协调条件为

$$s^2 = \frac{1}{4}\left[\left(\frac{h\omega_0}{2}\right)^2 - \varepsilon^2\right] \quad (19.2.25)$$

发生参数共振的条件是 s 为实数（$s^2 > 0$）。可见，参数共振发生在 $2\omega_0$ 附近的区间

$$-\frac{h\omega_0}{2} < \varepsilon < \frac{h\omega_0}{2} \quad (19.2.26)$$

这个区间的宽度与 h 成正比，振动增强指数 s 在该区间有同样的量级。

在系统变化角频率 Ω 接近 $\dfrac{2\omega_0}{n}$（n 为任意整数）情况下，也会发生参数共振。但共振区间（不稳定区间）的宽度随 n 以 h^n 的规律迅速减小。振动增强指数也同样减小。

19.3 线性阻尼对稳定图的影响

线性阻尼（黏滞阻尼）对于参数振动起的作用和对于强迫振动起的作用很不相同。在线性系统的强迫振动中，线性阻尼在共振时可以抑制振幅使之不至于无限增长。在参数振动中（如 Mathieu 方程，它仍是线性的），如果发生**参数共振**，即处于不稳定区时，线性阻尼并不能起抑制振幅的作用。它能起的作用是缩小不稳定区。

考虑加入线性阻尼的 Mathieu 方程

$$\ddot{x} + 2\mu\dot{x} + (\delta + 2\varepsilon\cos 2t)x = 0 \quad (19.3.1)$$

式中，ε 为小参数；μ 为阻尼系数，也属 $O(\varepsilon)$ 量级，现表示为 $\mu = \varepsilon\bar{\mu}$。现求周期解，设解为

$$x = x_0(t) + \varepsilon x_1(t) + \cdots \qquad (19.3.2a)$$

$$\delta = \delta_0 + \varepsilon \delta_1 + \cdots \qquad (19.3.2b)$$

式(19.3.2)代入式(19.3.1)并比较 ε 同幂次项系数,得

$$\ddot{x}_0 + \delta_0 x_0 = 0 \qquad (19.3.3a)$$

$$\ddot{x}_1 + \delta_0 x_1 = -\delta_1 x_0 - 2x_0 \cos 2t - 2\bar{\mu} \dot{x}_0 \qquad (19.3.3b)$$

第一式的解为

$$x_0 = a\cos nt + b\sin nt \qquad (19.3.4)$$

式中 $n^2 = \delta_0$,式(19.3.3b)成为

$$\ddot{x}_1 + n^2 x_1 = -[(\delta_1 + 1)a + 2\bar{\mu}nb]\cos nt -$$
$$[(\delta_1 - 1)b - 2\bar{\mu}na]\sin nt + \cdots \qquad (19.3.5)$$

式中省略的是不会引起永年项的项。消去永年项要求

$$(\delta_1 + 1)a + 2\bar{\mu}nb = 0, \quad (\delta_1 - 1)b - 2\bar{\mu}na = 0 \qquad (19.3.6)$$

即

$$\delta_1^2 = 1 - 4\bar{\mu}^2 n^2 \qquad (19.3.7)$$

以上把 μ 表为 $\varepsilon\bar{\mu}$ 只是利用 μ 和 ε 同量级的关系来作式(19.3.2)形式的展开。这个关系当然不表示阻尼系数 μ 和激励 ε 在数量上有这种成正比的联系。因此,在进一步用 $\delta(\varepsilon)$ 表达稳定区与不稳定区的分界线时,应把阻尼系数还原为原来的形式。这样,分界线由方程

$$\delta = n^2 \pm \sqrt{\varepsilon^2 - 4\mu^2 n^2} + \cdots \qquad (19.3.8)$$

给出。因此,在第一次近似范围内,当阻尼系数为

$$\mu \geqslant \frac{1}{2n}\varepsilon \qquad (19.3.9)$$

不稳定区消失。当阻尼系数小于此临界时,出现不稳定区。当 $n = 0$ 时,由式(19.3.3b)得到

$$\delta = -\frac{1}{2}\varepsilon^2 \qquad (19.3.10a)$$

对于 $n = 1, 2$,分界线分别由

$$\delta = 1 \pm \sqrt{\varepsilon^2 - 4\mu^2} - \frac{1}{8}\varepsilon^2 + \cdots \qquad (19.3.10b)$$

$$\delta = 4 + \frac{1}{6}\varepsilon^2 \pm \sqrt{\frac{1}{16}\varepsilon^4 - 16\mu^2} + \cdots \qquad (19.3.10c)$$

确定。与无阻尼情况比较,可看出线性阻尼的作用是将不稳定区位置提升一段距离,使其离开了 δ 轴,因为凡满足关系的 ε 值都使式(19.3.9)的 δ 得不到实数解;阻尼还使不稳定区变窄,如图 19.3.1 所示。当然,通过原点的分界线不受线性阻尼的影响。

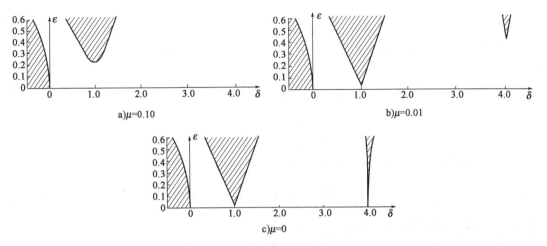

图 19.3.1 线性阻尼对稳定区域的影响

19.4 非线性振动系统中的参数激励

现在我们研究在非线性振动系统中的参数激励。

我们注意到,上面引证的情形表明,在线性振动系统中,当系统的质量或刚性参数变化时,在确定的条件下,平衡位置会变成不稳定。甚至当 $\omega^2 h$(调制深度)非常小时,在一定的角频率关系下,系统也会发生振幅无限增长的振动。

当在线性系统中存在阻尼力时,后者只会影响到振动激发的条件——当存在阻尼时,调制深度(在此深度下开始共振)具有某个异于零且依赖于阻尼减缩率大小的下限。在有摩擦的情况下,线性系统中没有定常的振动。

但在非线性振动系统中,情况则完全不同。当所考察的振动系统的参数按照简谐规律变化时,如它的变化角频率等于或接近于系统固有角频率的二倍时,便开始了共振。在给定的情形中,可以有定常振动的稳定状态。

19.4.1 具有非线性弹性的参数共振

作为最简单的例子,我们来研究如下微分方程

$$\frac{d^2 x}{dt^2} + 2\mu \frac{dx}{dt} + \omega_0^2 (1 - h\cos\Omega t) x + \gamma x^3 = 0 \tag{19.4.1}$$

所描述的振动系统。

我们假定,方程式(19.4.1)所描述的振动是接近于简谐的。那么,对应在系统中存在主分频共振方程式(19.4.1)的解,我们求得下式:

$$x = a\cos\left(\frac{\Omega}{2}t + \theta\right) \tag{19.4.2}$$

按照式(16.7.10),a 和 θ 应满足下面的方程组

$$\frac{da}{dt} = -\mu a - \frac{ah\omega_0^2}{2\Omega}\sin 2\theta \tag{19.4.3a}$$

$$\frac{d\vartheta}{dt} = \omega_0 - \frac{\Omega}{2} + \frac{3\gamma a^2}{4\Omega} - \frac{h\omega_0^2}{2\Omega}\cos 2\theta \tag{19.4.3b}$$

为了得到振动振幅和相位角的定常值,令方程组取式(19.4.2)的右端等于零。

$$-\mu a - \frac{ah\omega_0^2}{2\Omega}\sin 2\theta = 0 \tag{19.4.4a}$$

$$\omega_0 - \frac{\Omega}{2} + \frac{3\gamma a^2}{4\Omega} - \frac{h\omega_0^2}{2\Omega}\cos 2\theta = 0 \tag{19.4.4b}$$

从中消去相位角 θ,求得精确到一阶小量的振幅 a 与调频 Ω 之间的如下关系式

$$a^2 = \frac{4}{3\gamma}\left[\left(\frac{\Omega}{2}\right)^2 - \omega_0^2 \mp \frac{1}{2}\sqrt{h^2\omega_0^4 - 4\Omega^2\mu^2}\right] \tag{19.4.5}$$

借助此关系式,我们可作出共振曲线。

当 $\gamma > 0$ 时,得到如图 19.4.1a) 所示的共振曲线。在分析这曲线时,我们看到:当 Ω 从小的值开始增大但尚未到达 A 点的值之前,系统中没有振动;当 Ω 达到点 A 时,系统中发生振动,而在继续增大 Ω 时,这些振动的振幅将顺着共振曲线 AB 的上支变化,在点 B,振动丧失了自己的稳定性;当 Ω 从大的值减小时,在点 C 振动被突然地激起(硬激励),且当继续减小 Ω 时,振动的振幅将顺着曲线 BA 变化。

当 $\gamma < 0$ 时,得到类似的图形,只是共振曲线朝着 Ω 值小的一面倾斜,如图 19.4.1b)所示。

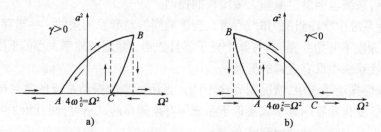

图 19.4.1 共振曲线

为了得到同步化区域的边界,必须令 a 的表达式的右端等于零。

在第一次近似下,共振区域是

$$\omega_0^2 - \frac{1}{2}\sqrt{h^2\omega_0^4 - 4\omega_0^2\mu^2} < \left(\frac{\Omega}{2}\right)^2 < \omega_0^2 + \frac{1}{2}\sqrt{h^2\omega_0^4 - 16\omega_0^2\mu^2} \tag{19.4.6}$$

所以共振区域的宽度为

$$\Delta = \sqrt{h^2\omega_0^4 - 16\omega_0^2\mu^2} \tag{19.4.7}$$

我们注意到,阻尼的存在使得发生参数共振的区间 AC 减小。

显然,如果满足不等式

$$h > \frac{4\mu}{\omega_0} \tag{19.4.8}$$

则 Δ 为实数。上式确定了在所给的阻尼下参数共振所必需的最小的调制深度。

19.4.2 具有非线性摩擦力的参数共振

我们再来考察在具有非线性摩擦力的振动系统中参数共振的情况。

在电子管回路[图 19.4.2a)]的参数激励的情形中,振动方程是

$$\frac{d^2x}{dt^2} + 2(\lambda_0 + \lambda_2 x^2)\frac{dx}{dt} + \omega_0^2(1 - h\cos\Omega t)x = 0 \tag{19.4.9}$$

当无参数激励时,即当 $h=0$ 的,系统是不自激的。为此,必须使 $\lambda_0 > 0$。

组成第一次近似方程,有

$$\frac{da}{dt} = -\lambda_0 a - \frac{\lambda_2 a^3}{4} - \frac{ah\omega_0^2}{2\Omega}\sin 2\theta \tag{19.4.10a}$$

$$\frac{d\theta}{dt} = \omega_0 - \frac{\Omega}{2} - \frac{h\omega_0^2}{2\Omega}\cos 2\theta \tag{19.4.10b}$$

为了确定 a 和 θ 的定常值,令方程式(19.4.9)的右端为零。

$$-\lambda_0 a - \frac{\lambda_2 a^3}{4} - \frac{ah\omega_0^2}{2\Omega}\sin 2\theta = 0 \tag{19.4.11a}$$

$$\omega_0 - \frac{\Omega}{2} - \frac{h\omega_0^2}{2\Omega}\cos 2\theta = 0 \tag{19.4.11b}$$

从所得的关系式中消去 θ,得出具有所取精确度的、振动振幅 a 与参数变化角频率 Ω 之间的关系式

$$a^2 = \frac{2}{\lambda_2 \Omega}\sqrt{h^2\omega_0^4 - 4\left[\omega_0^2 - \left(\frac{\Omega}{2}\right)^2\right]^2} - 4\frac{\lambda_0}{\lambda_2} \tag{19.4.12}$$

借助此关系,可以作出共振曲线[图 19.4.2b)],并可得到参数激励的条件、激发的最大振幅、共振区域的边界等。

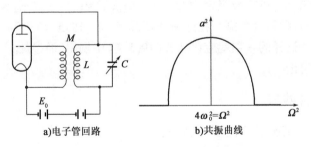

图 19.4.2 具有非线性摩擦力的参数共振

19.5 参数振动中的组合共振

考虑自由度数为 n 的系统的**参数振动**问题

$$\ddot{x}_i + \omega_{i0}^2 x_i + \varepsilon \sum_{j=1}^{n} x_j A_{ij}\cos\Omega t = 0 \quad (i = 1, 2, \cdots, n) \tag{19.5.1}$$

式中,ε 为**小参数**;A_{ij} 为常系数。这个系统的**派生系统**中变量不耦合,**派生解**可写为

$$x_i = a_i\cos\omega_{i0} t + b_i\sin\omega_{i0} t \quad (i = 1, 2, \cdots, n) \tag{19.5.2}$$

按与 KBM 法相类似的 Struble 法,设基本系统的解为

$$x_i = a_i(t)\cos\omega_{i0}t + b_i(t)\sin\omega_{i0}t + \varepsilon x_i^{(1)}(t) + \varepsilon^2 x_i^{(2)}(t) + \cdots \quad (19.5.3a)$$

$$\dot{x}_i = -\omega_{i0}a_i(t)\sin\omega_{i0}t + \omega_{i0}b_i(t)\cos\omega_{i0}t + \varepsilon\dot{x}_i^{(1)}(t) + \varepsilon^2\dot{x}_i^{(2)}(t) + \cdots \quad (19.5.3b)$$

式中,$i = 1, 2, \cdots, n$。把式(19.5.3)代入式(19.5.1),比较 ε 的同幂次项系数,得

$$\dot{a}_i\cos\omega_{i0}t + \dot{b}_i\sin\omega_{i0}t = 0 \quad (19.5.4a)$$

$$-\omega_{i0}\dot{a}_i\sin\omega_{i0}t + \omega_{i0}\dot{b}_i\cos\omega_{i0}t + \varepsilon(\ddot{x}_i^{(1)} + \omega_{i0}^2 x_i^{(1)})$$
$$= \frac{\varepsilon}{2}\sum_{j=1}^{n}[G_{ij}\cos(\omega_{j0} + \Omega)t + G_{ij}\cos(\omega_{j0} - \Omega)t +$$
$$H_{ij}\sin(\omega_{j0} + \Omega)t + H_{ij}\sin(\omega_{j0} - \Omega)t] \quad (19.5.4b)$$

式中,$i = 1, 2, \cdots, n$。

$$G_{ij} = A_{ij}a_j, \quad H_{ij} = A_{ij}b_j \quad (19.5.5)$$

按 Struble 法,在式(19.5.4)中按 ε 的幂次来比较各项系数。在一般情况下,得

$$\ddot{x}_i^{(1)} + \omega_{0i}^2 x_i^{(1)} = -\frac{1}{2}\sum_{j=1}^{n}[G_{ij}\cos(\omega_{0j}+\Omega)t + G_{ij}\cos(\omega_{0j}-\Omega)t + H_{ij}\sin(\omega_{0j}+\Omega)t + H_{ij}\sin(\omega_{0j}-\Omega)t]$$
$$(19.5.6)$$

式中,$i = 1, 2, \cdots, n$,其解为

$$x_i^{(1)} = -\frac{1}{2}\sum_{j=1}^{n}\left\{\frac{1}{\omega_{0i}^2 - (\omega_{0j}+\Omega)^2}[G_{ij}\cos(\omega_{0j}+\Omega)t + H_{ij}\sin(\omega_{0j}+\Omega)t] + \frac{1}{\omega_{0i}^2 - (\omega_{0j}-\Omega)^2}[G_{ij}\cos(\omega_{0j}-\Omega)t + H_{ij}\sin(\omega_{0j}-\Omega)t]\right\} \quad (19.5.7)$$

式中,$i = 1, 2, \cdots, n$。式(19.5.4)中其余各项(ε^0 次幂项)组成关于 a_i,b_i 的 $2i$ 个等式,可以按初始条件解出。这样,在一般情况下,没有不稳定的现象。

但从式(19.5.7)可看出,有两类情况可使分母为零或很小。这就是 $\omega_{0j} + \Omega \approx \pm \omega_{0i}$,$\omega_{0j} - \Omega \approx \pm \omega_{0i}$。这两类情况又可重新组合为 $\Omega \approx \omega_{0i} + \omega_{0j}$,$\Omega \approx \omega_{0i} - \omega_{0j}(\omega_{0i} > \omega_{0j})$;前者称为**和型组合共振**,后者称为**差型组合共振**。在这两类情况下,式(19.5.7)中某一项的分母很小,可以说它是 ε 量级的。这样的一项就应该从式(19.5.6)中剔出,而参加 ε^0 次幂项的比较。以下分两种情况继续讨论。

19.5.1 和型组合共振

在 $\Omega \approx \omega_{0i} + \omega_{0j}$ 的情况下,以下式引入 σ:

$$\Omega = \omega_{0i} + \omega_{0j} + \varepsilon\sigma, \quad i \neq j \quad (19.5.8)$$

把与这一对 i, j 相对应的项从式(19.5.6)中剔出,让它参加式(19.5.4)中 ε^0 次幂项的比较,得

$$\dot{a}_r\cos\omega_{0,r}t + \dot{b}_r\sin\omega_{0,r}t = 0 \quad (19.5.9a)$$

$$-\dot{a}_r\sin\omega_{0,r}t + \dot{b}_r\cos\omega_{0,r}t$$
$$= -\frac{\varepsilon}{2\omega_{0,r}}[G_{rs}\cos(\omega_{0,r}+\varepsilon\sigma)t - H_{rs}\sin(\omega_{0,r}+\varepsilon\sigma)t] \quad (19.5.9b)$$

这里 $r, s = i, j$,$r \neq s$。把 $\dot{a}_i$、$\dot{a}_j$、$\dot{b}_i$、$\dot{b}_j$ 从式(19.5.9)解出,得

$$\dot{a}_r = \frac{\varepsilon}{2\omega_{0,r}} [G_{rs}\cos(\omega_{0,r}+\varepsilon\sigma)t\sin\omega_{0,r}t - H_{rs}\sin(\omega_{0,r}+\varepsilon\sigma)t\sin\omega_{0,r}t] \quad (19.5.10a)$$

$$\dot{b}_r = -\frac{\varepsilon}{2\omega_{0,r}} [G_{rs}\cos(\omega_{0,r}+\varepsilon\sigma)t\cos\omega_{0,r}t - H_{rs}\sin(\omega_{0,r}+\varepsilon\sigma)t\cos\omega_{0,r}t]$$
$$(19.5.10b)$$

这里 $r,s,=i,j,r\neq s$。按 KBM 平均法,取式(19.5.10)右端关于 $\omega_{0,i}t,\omega_{0,j}t$ 在区间 2π 内的平均值(在这个计算中 a_i,b_i,a_j,b_j 视为常量),得

$$\dot{a}_r = -\frac{\varepsilon}{4\omega_{0,r}} (G_{rs}\sin\varepsilon\sigma t + H_{rs}\cos\varepsilon\sigma t) \quad (19.5.11a)$$

$$\dot{b}_r = -\frac{\varepsilon}{4\omega_{0,r}} (G_{rs}\cos\varepsilon\sigma t - H_{rs}\sin\varepsilon\sigma t) \quad (19.5.11b)$$

这里 $r,s=i,j,r\neq s$。为解式(19.5.11),引入复变量

$$X_r = a_r + \mathrm{i}b_r, \quad Y_r = a_r - \mathrm{i}b_r \quad (r=i,j) \quad (19.5.12)$$

从式(19.5.11)得

$$\dot{X}_r = -\frac{\varepsilon}{4\omega_{0,r}} \mathrm{i}A_{rs}\exp(-\mathrm{i}\varepsilon\sigma t)Y_s \quad (19.5.13a)$$

$$\dot{Y}_r = \frac{\varepsilon}{4\omega_{0,r}} \mathrm{i}A_{rs}\exp(\mathrm{i}\varepsilon\sigma t)X_s \quad (19.5.13b)$$

这里 $r,s=i、j,r=s$。在式(19.5.13)的式子中,变量 X_i 和 Y_j、Y_i 和 X_j 两两耦合,因此设解的形式为

$$X_i = X_{i0}\exp\left(\mu t - \frac{1}{2}\mathrm{i}\varepsilon\sigma t\right) \quad (19.5.14a)$$

$$Y_i = Y_{j0}\exp\left(\mu t + \frac{1}{2}\mathrm{i}\varepsilon\sigma t\right) \quad (19.5.14b)$$

$$X_j = X_{j0}\exp\left(\nu t - \frac{1}{2}\mathrm{i}\varepsilon\sigma t\right) \quad (19.5.14c)$$

$$Y_i = Y_{i0}\exp\left(\nu t + \frac{1}{2}\mathrm{i}\varepsilon\sigma t\right) \quad (19.5.14d)$$

式中,$X_{i0}、X_{j0}、Y_{i0}、Y_{j0}$ 为常数。μ 和 ν 应分别满足以下两式:

$$\mu^2 + \frac{\varepsilon^2}{4}\lambda^2 - \frac{\varepsilon^2}{16}\cdot\frac{A_{ij}A_{ji}}{\omega_{0,i}\omega_{0,j}} = 0 \quad (19.5.15a)$$

$$\nu^2 + \frac{\varepsilon^2}{4}\lambda^2 - \frac{\varepsilon^2}{16}\cdot\frac{A_{ij}A_{ji}}{\omega_{0,i}\omega_{0,j}} = 0 \quad (19.5.15b)$$

因此

$$\mu = \nu = \pm\frac{\varepsilon}{4}\sqrt{-4\lambda^2 + \frac{A_{ij}A_{ji}}{\omega_{0,i}\omega_{0,j}}} = 0 \quad (19.5.16)$$

综合观察式(19.5.12)、式(19.5.14)可知,μ 和 ν 有正实部,则 i 和 j 两个振型的振动随时间俱增,因而**不稳定**。μ 和 ν 没有正实部,则这两个振型是**稳定**的。因此,联合式(19.5.8)、式(19.5.16),i 和 j 两个振型的**稳定性**判据为

$$[\Omega - (\omega_{0,i}+\omega_{0,j})]^2 > \frac{\varepsilon^2}{4}\cdot\frac{A_{ij}A_{ji}}{\omega_{0,i}\omega_{0,j}} \quad (\text{稳定}) \quad (19.5.17a)$$

$$[\Omega-(\omega_{0,i}+\omega_{0,j})]^2 < \frac{\varepsilon^2}{4}\cdot\frac{A_{ij}A_{ji}}{\omega_{0,i}\omega_{0,j}} \quad (\text{不稳定}) \tag{19.5.17b}$$

式(19.5.17)是一个很明确的结论。结论表明:若A_{ij}与A_{ji}符号相反,则这二振型的和型组合共振零解总是稳定的;若A_{ij}与A_{ji}符号相同时,激励角频率Ω在如下范围内使**和型组合共振**发生:

$$\omega_{0,i}+\omega_{0,j}-\frac{\varepsilon}{2}\sqrt{\frac{A_{ij}A_{ji}}{\omega_{0,i}\omega_{0,j}}}<\Omega<\omega_{0,i}+\omega_{0,j}+\frac{\varepsilon}{2}\sqrt{\frac{A_{ij}A_{ji}}{\omega_{0,i}\omega_{0,j}}} \tag{19.5.18}$$

19.5.2 差型组合共振

差型组合共振发生于$\Omega\approx\omega_{0,i}-\omega_{0,j}$,$\omega_{0,i}>\omega_{0,j}$的情况。经过类似以上的运算,**稳定性判据**为

$$[\Omega-(\omega_{0,i}-\omega_{0,j})]^2 > -\frac{\varepsilon^2}{4}\cdot\frac{A_{ij}A_{ji}}{\omega_{0,i}\omega_{0,j}} \quad (\text{稳定}) \tag{19.5.19a}$$

$$[\Omega-(\omega_{0,i}-\omega_{0,j})]^2 < -\frac{\varepsilon^2}{4}\cdot\frac{A_{ij}A_{ji}}{\omega_{0,i}\omega_{0,j}} \quad (\text{不稳定}) \tag{19.5.19b}$$

式(19.5.19)表明,若A_{ij}与A_{ji}符号相同,差型组合共振不发生。当二者异号时,Ω在如下范围内使**差型组合共振**发生:

$$\omega_{0,i}-\omega_{0,j}-\frac{\varepsilon}{2}\sqrt{-\frac{A_{ij}A_{ji}}{\omega_{0,i}\omega_{0,j}}}<\Omega<\omega_{0,i}-\omega_{0,j}+\frac{\varepsilon}{2}\sqrt{-\frac{A_{ij}A_{ji}}{\omega_{0,i}\omega_{0,j}}} \tag{19.5.20}$$

在式(19.5.18)中令$i=j$,该式成为

$$2\omega_{0,i}-\frac{\varepsilon}{2}\cdot\frac{|A_{ij}|}{\omega_{0,i}}<\Omega<2\omega_{0,i}+\frac{\varepsilon}{2}\cdot\frac{|A_{ii}|}{\omega_{0,i}} \tag{19.5.21}$$

这也就是第i个振型不稳定区的第一次近似表达式。

19.6 等效线性化方法

对一定的非线性微分方程,可用一个等效的线性微分方程来代替,两个方程的解相差为$O(\varepsilon^2)$量级。这一方法又称为**描述函数法**,在现代控制理论中有着重要的应用。

如上所述,在大多数情况下,第一次近似方程给出和高次近似方程相同的定性结果。

由于这一点,以及高次近似方程的运算通常总伴随着复杂的计算,一般只考察第一次近似方程是合理的。

第一次近似方程有很简单的物理解释,并且即使事先未曾列出原始的精确方程如式(18.4.1)类型的微分方程,也可以构成这些方程。

在本节中,我们将要解释第一次近似方程的问题。

为此写出振动系统的如下形式的基本微分方程

$$m\frac{\mathrm{d}^2x}{\mathrm{d}t^2}+kx=\varepsilon f(x,\dot{x}) \tag{19.6.1}$$

这里m和k为正的。

正如已经确定的,在第一次近似时,方程式(19.6.1)的解可以表示为

$$x = a\cos\psi \tag{19.6.2}$$

且振幅 a 和全相位 ψ 应该满足下列方程

$$\dot{a} = -\frac{\varepsilon}{2\pi\omega_0 m}\int_0^{2\pi} f(a\cos\psi, -a\omega_0\sin\psi)\sin\psi\,\mathrm{d}\psi \tag{19.6.3a}$$

$$\dot{\psi} = \omega_e(a) \tag{19.6.3b}$$

其中

$$\omega_0^2 = \frac{k}{m} \tag{19.6.4}$$

$$\omega_e^2(a) = \omega_0^2 - \frac{\varepsilon}{\pi m a}\int_0^{2\pi} f(a\cos\psi, -a\omega_0\sin\psi)\cos\psi\,\mathrm{d}\psi \tag{19.6.5}$$

因为第一次近似(19.6.2)是近似解式(18.4.4)的主谐波,此近似解在精确到 ε^m 阶小量的情况下满足原始方程式(18.4.1),而且按照假设,振幅 a 是主谐波的全振幅。

注意到这一点之后,我们在研究中引进由下列方式决定的振幅 a 的函数 $k_e(a)$,$\lambda_e(a)$,有

$$\lambda_e(a) = \frac{\varepsilon}{\pi a \omega_0}\int_0^{2\pi} f(a\cos\psi, -a\omega_0\sin\psi)\sin\psi\,\mathrm{d}\psi \tag{19.6.6a}$$

$$k_e(a) = k - \frac{\varepsilon}{\pi a}\int_0^{2\pi} f(a\cos\psi, -a\omega_0\sin\psi)\cos\psi\,\mathrm{d}\psi \tag{19.6.6b}$$

这时第一近似方程式(19.6.3)可写为

$$\dot{a} = -\frac{a}{2m}\lambda_e(a) \tag{19.6.7a}$$

$$\dot{\psi} = \omega_e(a) \tag{19.6.7b}$$

$$\omega_e^2(a) = \frac{k_e(a)}{m} \tag{19.6.7c}$$

将第一次近似的表达式(19.6.2)求导,联系式(19.6.7),有

$$\dot{x} = -a\omega_e(a)\sin\psi - \frac{a}{2m}\lambda_e(a)\cos\psi \tag{19.6.8}$$

再次导微式(19.6.8),得

$$\ddot{x} = -a\omega_e^2(a)\cos\psi + \frac{a}{m}\lambda_e(a)\omega_e(a)\sin\psi + \frac{a}{4m^2}\lambda_e^2(a)\cos\psi +$$

$$\frac{a^2}{2m}\lambda_e(a)\frac{\mathrm{d}\omega_e(a)}{\mathrm{d}a}\sin\psi + \frac{a^2}{4m^2}\lambda_e(a)\frac{\mathrm{d}\lambda_e(a)}{\mathrm{d}a}\cos\psi$$

$$= -\frac{k_e(a)}{m}x - \frac{\lambda_e(a)}{m}\dot{x} - \frac{1}{4m^2}\lambda_e^2(a)x +$$

$$\frac{a^2}{2m}\lambda_e(a)\frac{\mathrm{d}\omega_e(a)}{\mathrm{d}a}\sin\psi + \frac{a}{4m^2}\lambda_e(a)\frac{\mathrm{d}\lambda_e(a)}{\mathrm{d}a}x \tag{19.6.9}$$

从式(19.6.6)可知

$$\lambda_e(a) = O(\varepsilon),\quad \frac{\mathrm{d}\omega_e(a)}{\mathrm{d}a} = O(\varepsilon),\quad \frac{\mathrm{d}\lambda_e(a)}{\mathrm{d}a} = O(\varepsilon) \tag{19.6.10}$$

可以把式(19.6.9)写成如下形式:

$$m\ddot{x} + \lambda_e(a)\dot{x} + k_e(a)x = O(\varepsilon^2) \tag{19.6.11}$$

式中，$O(\varepsilon^2)$ 为 ε^2 阶的小量。

这样就可以看出，被考察的第一次近似式(19.6.2)，在精确到 ε^2 阶小量的情况下，满足线性微分方程

$$m\frac{d^2x}{dt^2} + \lambda_e(a)\frac{dx}{dt} + k_e(a)x = 0 \tag{19.6.12}$$

于是，在第一次近似时，所研究的非线性振动系统的振动，和某个具有阻尼系数 $\lambda_e(a)$ 和弹性系数 $k_e(a)$ 的线性振动系统的振动相当[精确到 ε^2 阶小量，也就是精确到在构成第一次近似方程式(19.6.3)本身时所抛弃的量]。

因此，$\lambda_e(a)$ 称为等效阻尼系数，$k_e(a)$ 称为等效弹性系数，而由方程式(19.6.12)所描述的线性振动系统，称为等效系统。

将方程式(19.6.12)与方程式(19.6.1)作比较，可以看出，只要把非线性项

$$F = \varepsilon f(x, \dot{x}) \tag{19.6.13}$$

用线性项

$$F_e = -\left[k_1(a)x + \lambda_e(a)\frac{dx}{dt}\right] \tag{19.6.14}$$

来替代，就能从式(19.6.1)得到方程式(19.6.12)，其中，

$$k_1(a) = k_e(a) - k \tag{19.6.15}$$

需要注意的是，表达式

$$\delta_e(a) = \frac{\lambda_e(a)}{2m} \tag{19.6.16}$$

是等效线性系统的阻尼常量，而

$$\omega_e(a) = \sqrt{\frac{k_e(a)}{m}} \tag{19.6.17}$$

是这个系统的振动的固有角频率。

19.7 Maple 编程示例

编程题 试用 Maple 编程绘制 Mathieu 方程

$$\ddot{x} + 2\mu\dot{x} + (\delta + 2\varepsilon\cos 2t)x = 0 \tag{19.7.1}$$

参数共振响应曲线的稳定性边界，讨论阻尼参数 μ 的影响。

解：由式(19.3.10)知，Mathieu 方程参数共振的稳定性分界线为

$$n = 0, \delta = -\frac{1}{2}\varepsilon^2 \tag{19.7.2a}$$

$$n = 1, \delta = 1 \pm \sqrt{\varepsilon^2 - 4\mu^2} - \frac{1}{8}\varepsilon^2 + \cdots \tag{19.7.2b}$$

$$n = 2, \delta = 4 + \frac{1}{6}\varepsilon^2 \pm \sqrt{\frac{1}{16}\varepsilon^4 - 16\mu^2} + \cdots \tag{19.7.2c}$$

由图 19.3.1 可知，主不稳定区域不受线性阻尼影响，其他不稳定区域从 δ 轴提升了一段距离并变窄，即扩大了马蒂厄方程的稳定性区域；但线性阻尼在不稳定区域内不能抑制响应的无限增长。

Maple 程序

```
> ##############################################################
> #开始。
> restart:                                                    #清零
> with(plots):                                                 #加载绘图库
> delta0 := -1/2*epsilon^2:                                   #n=0 时稳定性边界方程
> delta11 := 1+sqrt(epsilon^2-4*mu^2)-1/8*epsilon^2:          #n=1 时稳定性边界方程一
> delta12 := 1-sqrt(epsilon^2-4*mu^2)-1/8*epsilon^2:          #n=1 时稳定性边界方程二
> delta21 := 4+1/6*epsilon^2+sqrt(epsilon^4/16-16*mu^2):      #n=2 时稳定性边界方程一
> delta22 := 4+1/6*epsilon^2-sqrt(epsilon^4/16-16*mu^2):      #n=2 时稳定性边界方程二
> ##############################################################
> #绘无阻尼 μ=0 时的稳定性边界图。
> eq[1] := delta-delta0=0:                                    #n=0 时稳定性边界方程
> eq[2] := delta-subs(mu=0,delta11)=0:                        #n=1 时稳定性边界方程一
> eq[3] := delta-subs(mu=0,delta12)=0:                        #n=1 时稳定性边界方程二
> eq[4] := delta-subs(mu=0,delta21)=0:                        #n=2 时稳定性边界方程一
> eq[5] := delta-subs(mu=0,delta22)=0:                        #n=2 时稳定性边界方程二
> implicitplot({eq[1],eq[2],eq[3],eq[4],eq[5]},
>             delta=-1..5,epsilon=0..0.6,numpoints=1000);
>                                                             #绘 μ=0,无阻尼时的稳定性边界图
> ##############################################################
> #绘阻尼 μ=0.01 时的稳定性边界图。
> eq[6] := delta-subs(mu=0.01,delta11)=0:                     #n=1 时稳定性边界方程一
> eq[7] := delta-subs(mu=0.01,delta12)=0:                     #n=1 时稳定性边界方程二
> eq[8] := delta-subs(mu=0.01,delta21)=0:                     #n=2 时稳定性边界方程一
> eq[9] := delta-subs(mu=0.01,delta22)=0:                     #n=2 时稳定性边界方程二
> implicitplot({eq[1],eq[6],eq[7],eq[8],eq[9]},
>             delta=-1..5,epsilon=0..0.6,numpoints=100000);
>                                                             #绘阻尼 μ=0.01 时的稳定性边界图
> ##############################################################
> #绘阻尼 μ=0.1 时的稳定性边界图。
> eq[10] := delta-subs(mu=0.1,delta11)=0:                     #n=1 时稳定性边界方程一
> eq[11] := delta-subs(mu=0.1,delta12)=0:                     #n=1 时稳定性边界方程二
> eq[12] := delta-subs(mu=0.1,delta21)=0:                     #n=2 时稳定性边界方程一
> eq[13] := delta-subs(mu=0.1,delta22)=0:                     #n=2 时稳定性边界方程二
> implicitplot({eq[1],eq[10],eq[11],eq[12],eq[13]},
>             delta=-1..5,epsilon=0..0.6,numpoints=10000000);
>                                                             #绘阻尼 μ=0.1 时的稳定性边界图
> ##############################################################
```

19.8 思考题

思考题 19.1 简答题

1. 举出一个运动微分方程中含时变系数的例子。
2. 非线性振动系统的运动方程有哪些特征？按照作用力的非线性特征分类，非线性振动系统有哪几种？

3. 请分别举出惯性力项为非线性的、阻尼力项为非线性的及弹性力项为非线性的非线性振动系统的两个实际工程例子。

4. 请举出两个慢变参数振动系统的工程实例。

5. 试应用过去学习过的牛顿法、达朗贝尔原理动静法、拉格朗日方程和哈密顿原理建立非线性运动方程。

思考题 19.2　判断题

1. 马休方程是一个自治方程。 (　　)
2. 弹性体系的动力稳定性问题就是一个参数共振问题。 (　　)
3. 受纵向周期力的压杆是参数激励的振动系统。 (　　)
4. 长度随时间变化的摆是一个自激振动系统。 (　　)
5. 参数激励振动可以产生参数共振。 (　　)

思考题 19.3　填空题

1. ＿＿＿＿方程包含时变系数。
2. 如果单摆的支点承受竖直方向的振动，则其控制微分方程称为＿＿＿＿方程。
3. ＿＿＿＿系数的系统称为参数激励振动。
4. 参数激励振动系统是显含时间的系统称为＿＿＿＿。
5. ＿＿＿＿是分析周期变系数线性常微分方程的解的稳定性理论。

思考题 19.4　选择题

1. 马蒂厄方程 $\dfrac{d^2 x}{dt^2} + p^2(1+h\cos\Omega t)x = 0$ 属于(　　)。
   A. 线性系统的参激振动　　B. 非线性系统的参激振动　　C. 非线性参激振动

2. 方程 $\ddot{x} + (\delta + 2\varepsilon\cos 2t)x = \varepsilon f(x,\dot{x})$ 属于(　　)。
   A. 线性系统的参激振动　　B. 非线性系统的参激振动　　C. 非线性参激振动

3. 方程 $\ddot{x} + p^2 x + (1+h\cos\Omega t)x^3 = 0$ 属于(　　)。
   A. 线性系统的参激振动　　B. 非线性系统的参激振动　　C. 非线性参激振动

4. 切削机床产生的混沌振动属于(　　)。
   A. 自由振动　　　　　　　B. 强迫振动
   C. 自激振动　　　　　　　D. 参激振动

5. 欧拉压杆的动屈曲方程 $EI\dfrac{\partial^4 \omega}{\partial x^4} + F(t)\dfrac{\partial^2 \omega}{\partial x^2} + m\dfrac{\partial^2 \omega}{\partial t^2} = 0$ 属于(　　)。
   A. 自由振动　　　　　　　B. 强迫振动
   C. 自激振动　　　　　　　D. 参激振动

思考题 19.5　连线题

1. $\dfrac{d^2 x}{dt^2} + [-A + Bf(t)]x = 0$　　　　A. 慢变参数振动方程

2. $\dfrac{d^2 x}{dt^2} + p^2(1+h\cos\Omega t)x = 0$　　　　B. 希尔方程

3. $\dfrac{d^2 x}{dt^2} + k(t)x + f\left(x, \dfrac{dx}{dt}\right) = 0$　　　　C. 马蒂厄方程

4. $\dfrac{d}{dt}\left[m(\tau)\dfrac{dx}{dt}\right] + k(\tau)x + f\left(x, \dfrac{dx}{dt}, \Omega t, \varepsilon\right) = 0$　　　　D. 带非线性项的参数激振方程
   $\tau = \varepsilon t,\ 0 < \varepsilon \ll 1$

19.9 习题

A 类型习题

习题 19.1 试求方程

$$\frac{d^2x}{dt^2} + \omega_0^2(1 + h\cos\Omega t)x = 0$$

在 $\Omega = 2\omega_0$ 附近共振的不稳定区间边界,精确到 h^2 量级。

习题 19.2 试求方程

$$\frac{d^2x}{dt^2} + \omega_0^2(1 + h\cos\Omega t)x = 0$$

在 $\Omega = \omega_0$ 附近共振的不稳定区间边界。

习题 19.3 设平面摆的悬挂点在竖直平面内振动,试求此平面摆微振动的参数共振条件。

习题 19.4 对马蒂厄方程

$$\frac{d^2y}{dt^2} + (a + \varepsilon\cos t)y = 0 \tag{19.9.1}$$

利用 L-P 法,设式(19.9.1)的近似解为

$$y(t) = y_0(t) + \varepsilon y_1(t) + \varepsilon^2 y_2(t) + \cdots \tag{19.9.2}$$

$$a = a_0 + \varepsilon a_1 + \varepsilon^2 a_2 + \cdots \tag{19.9.3}$$

(1) 取 $y_0 = \sin\left(\dfrac{t}{2}\right)$,推导下式

$$a = \frac{1}{4} + \frac{\varepsilon}{2} - \frac{\varepsilon^2}{8} + \cdots \tag{19.9.4}$$

(2) 取 $y_0 = \sin t$,推导下式

$$a = 1 - \frac{\varepsilon^2}{12} + \cdots \tag{19.9.5}$$

B 类型习题

习题 19.5 如图 19.9.1 所示,倒置单摆系统中,质量 $m = 1\text{kg}$ 的物块与长 $l = 0.5\text{m}$ 的无自重刚性杆固连,支承点按规律 $y_0 = A_0\sin\Omega t$ 运动,振幅 $A_0 = 10\text{mm}$。试求:摆微振动稳定时 Ω 所满足的条件。

习题 19.6 如图 19.9.2 所示,扭振系统中,轴的抗扭刚度为 $k_\text{T} = 80\text{N}\cdot\text{m/rad}$,在转动惯量为 $J = 0.4\text{kg}\cdot\text{m}^2$ 的圆盘上,距轴线 $a = 0.2\text{m}$ 处受力 $F = F_0 + F_1\sin\Omega t$ 作用,$F_0 = 100\text{N}$,$F_1 = 40\text{N}$,$\Omega = 10\text{rad/s}$。试确定:系统微幅振动的稳定性。

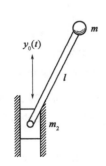

图 19.9.1 习题 19.5

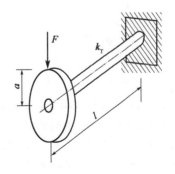

图 19.9.2 习题 19.6

习题 19.7 如图 19.9.3 所示,完全柔性的长度为 L 的无自重弦线上吊一摆长为 l,质量 $m = 0.1\text{kg}$ 的单摆。摆动过程中弦张力 F 为常数。悬挂点距左端点 $a = 0.3L$。初始时悬挂点有相对静平衡位置的铅垂位移 $y_0 = 0.1L$,初速度为零。试讨论:以下两种情形下摆的稳定性。

① $F = 40\text{N}$, $l = 0.3L$;

② $F = 10\text{N}$, $l = 0.1L$。

习题 19.8 如图 19.9.4 所示,质量 $m = 0.25\text{kg}$ 的物块吊在两根长 $l = 0.2\text{m}$ 的弦线上。弦中张力按规律 $F = F_0 + F_1\sin\Omega t$ 变化,其中 $F_0 = 20\text{N}$, $F_1 = 10\text{N}$, $\Omega = 0.25\text{rad/s}$。试确定:物块作微幅铅垂振动的稳定性。

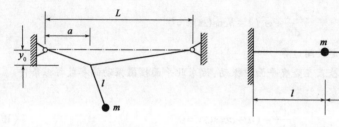

图 19.9.3 习题 19.7   图 19.9.4 习题 19.8

习题 19.9 如图 19.9.5 所示,质量 $m = 500\text{kg}$ 的小车连接一受拉绳索,绳的另一端与半径 $R = 0.1\text{m}$ 的鼓轮在点 A 处连接。在平衡状态($x = 0$),绳长 $l_0 = 1\text{m}$,张力 $F_0 = 1\,000\text{N}$,轨道距小滑轮 $l_1 = 0.7\text{m}$。绳索截面积 $A = 10^{-4/12}\text{m}^2$,弹性模量 $E = 200\text{GPa}$。鼓轮按规律 $\varphi = \varphi_0\sin\Omega t$ 转动,其中 $\varphi_0 = 0.1\text{rad}$, $\Omega = 10\text{rad/s}$。试建立小车水平微幅振动的动力学方程,并讨论其稳定性。

习题 19.10 如图 19.9.6 所示,长度为 $2l$ 的无自重弹性杆 AB 承受交变轴向力 $F = F_0 + F_1\sin\Omega t$,其中 $F_0 = 50\text{N}$, $F_1 = 20\text{N}$, $\Omega = 30\text{rsd/s}$。杆的中点处固接一质量 $m = 5.2\text{kg}$ 的物块。杆的 A 端固定,B 端可滑动,杆的截面二次矩 $I = 10^{-9}\text{m}^4$,弹性模量 $E = 200\text{GPa}$。试建立物块的微幅振动微分方程,并讨论稳定性。

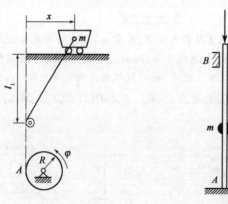

图 19.9.5 习题 19.9   图 19.9.6 习题 19.10

习题 19.11 如图 19.9.7 所示,无自重梁在自由端固定一质量 $m = 2\text{kg}$ 的物块。梁的截面二次矩 $I = 10^{-8}/12\text{m}^4$,弹性模量 $E = 200\text{GPa}$。梁的长度按规律 $l = l_0 - l_1\sin\Omega t$ 随时间变化,其中 $l_0 = 1\text{m}$, $l_1 = 0.2\text{m}$, $\Omega = 20\text{rad/s}$。试讨论:物块微幅铅垂振动的稳定性。

习题 19.12 如图 19.9.8 所示,单摆的摆长 l 缓慢变化。$l = l(\tau)$, $\tau = \varepsilon t$, $\varepsilon \ll 1$。设初始时摆偏离平衡位置 φ_0,试求:近似周期运动的幅值和角频率。

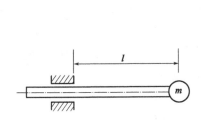

图 19.9.7 习题 19.11

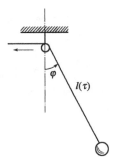

图 19.9.8 习题 19.12

习题 19.13 研究非线性振动系统

$$\ddot{x} + \omega_0^2(x + \varepsilon x^2) = F\cos\Omega t$$

周期为 $4\pi/\Omega$ 的亚谐解的稳定性。

习题 19.14 研究达芬方程

$$\ddot{x} + \omega_0^2 x + \varepsilon x^3 = F\cos\Omega t$$

有精确谐波解 $x = a\sin(\Omega t/3)$ 的条件，讨论这类解的稳定性。

习题 19.15 对于有弱非线性项的参激振动系统

$$\ddot{x} + \omega_0^2(1 + \varepsilon\cos\Omega t)x + \varepsilon(C\dot{x} + \dot{x}^2\text{sign}\dot{x} + Bx^3) = 0$$

其中 $\Omega \approx 2\omega_0$。分别讨论零解和非零周期解的稳定性。

习题 19.16 试用平均法建立参数振动

$$\ddot{x} + (\omega_0^2 + 2\varepsilon\cos 3t)x = 0$$

振幅和相位缓慢变化所满足的微分方程。

习题 19.17 试分别用多尺度法和平均法建立参数振动

$$\ddot{x} + \omega_0^2 x + (2\varepsilon\cos 2t)x^3 = 0$$

振幅和相位缓慢变化所满足的微分方程，比较二者结果。

C 类型习题

习题 19.18 试分别用多尺度法和平均法建立二自由度参数振动系统

$$\ddot{x}_1 + \omega_{10}^2 x_1 + \varepsilon(c_{11}\cos\Omega t)x_1 + (\varepsilon c_{12}\cos\Omega t)x_2 = 0$$

$$\ddot{x}_2 + \omega_{20}^2 x_2 + (\varepsilon c_{21}\cos\Omega t)x_1 + (\varepsilon c_{22}\cos\Omega t)x_2 = 0$$

的近似周期解振幅和相位满足的微分方程（$\Omega \approx \omega_{10} + \omega_{20}$）。

习题 19.19 弹簧摆

(1) 实验题目。

如图 19.9.9 所示。设质量为 m 的摆锤挂在劲度系数为 k，原长为 l_0 的轻弹簧上，弹簧的另一端悬挂于固定点 O，系统静止自然下垂时弹簧长度为 $l = l_0 + \dfrac{mg}{k}$，系统可在过 O 点的竖直平面内自由摆动，试研究摆锤的运动。

(2) 实验目的及要求。

①作出弹簧摆的模拟运动图像并画出摆锤的运动轨迹。

②学习一些作模拟动画的技巧，如在模拟摆锤运动的同时画出摆锤的运动轨迹，用正弦曲线表示弹簧，并且通过极坐标变换来表示运动中的弹簧。

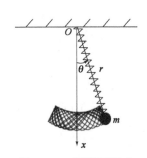

图 19.9.9 弹簧摆的运动

(3) 解题分析。

系统自由度为 2。以 O 为极点，竖直向下的 Ox 轴为极轴，建立极坐标系。r 为质点 m 到 O 点距离，θ 为 Ox 轴与弹簧间的夹角。则系统的拉格朗日函数为

$$L = T - V = \frac{1}{2}m\left[\left(\frac{dr}{dt}\right)^2 + r^2\left(\frac{d\theta}{dt}\right)^2\right] - \left[\frac{1}{2}k(r-l_0)^2 - mgr\cos\theta\right] \qquad (19.9.6)$$

利用拉格朗日方程可求出系统的运动微分方程为

$$\frac{d^2 r}{dt^2} = r\left(\frac{d\theta}{dt}\right)^2 + g\cos\theta - \frac{k}{m}\left(r - l + \frac{mg}{k}\right) \qquad (19.9.7a)$$

$$\frac{d^2\theta}{dt^2} = -\frac{2}{r}\frac{dr}{dt}\frac{d\theta}{dt} - \frac{g}{r}\sin\theta \qquad (19.9.7b)$$

上式未作小摆角近似，因此可用于研究弹簧摆的大摆角运动，但是难以求出解析解。由数值计算结果所画出弹簧摆的大摆角运动轨迹，可发现它的运动情况很复杂，不做数值计算是无法想象的。

令 $y_1 = r$，$y_2 = \dfrac{dr}{dt}$，$y_3 = \theta$，$y_4 = \dfrac{d\theta}{dt}$，则式(19.9.7)为

$$\frac{dy_1}{dt} = y_2 \qquad (19.9.8a)$$

$$\frac{dy_2}{dt} = y_1 y_4^2 + g\cos y_3 - \frac{k}{m}\left(y_1 - l + \frac{mg}{k}\right) \qquad (19.9.8b)$$

$$\frac{dy_3}{dt} = y_4 \qquad (19.9.8c)$$

$$\frac{dy_4}{dt} = -\frac{2}{r}y_2 y_4 - \frac{g}{y_1}\sin y_3 \qquad (19.9.8d)$$

程序中解微分方程的过程比较简单，主要的技巧是在作模拟动画上。有两点值得注意，一是模拟弹簧的运动，二是在模拟弹簧运动的同时画出轨迹图。程序运行的结果如图 19.9.9 所示。

(4) 思考题。

① 能否找到其他方法来表示运动中的弹簧？试一试，并比较你的方法与本书介绍的方法的优劣。

② 在小摆角近似的条件下，方程能否有解析解？试加以分析。

##

卡尔·雅可比(1804—1851)，德国人，数学家。他提出了实对称矩阵特征值的求法，即著名的雅克比方法(Jacobi method)。他在椭圆函数、数论、微分方程、力学等领域作出了重要贡献，并在行列式理论中定义了雅可比矩阵和雅可比行列式。主要成就：奠定了椭圆函数论的基础；提出了哈密尔顿-雅可比微分方程。

主要著作：《椭圆函数基本新理论》《论行列式的形成与性质》。

##

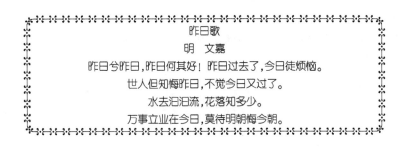

第20章 二维离散-时间动力系统的不动点与分岔

本章内容包括不动点的存在性定理;二维布劳威尔定理;分岔和分岔图等概念;二维离散动力系统不动点的分类问题;离散动力系统中的翻转分岔,即倍周期分岔。

20.1 二维离散-时间系统的不动点存在性定理

类似于一维的情形可以说:

定义 20.1.1 设 $X \subset R^n$,f 是 X 的自映射,若存在 $x_0 \in X$ 使 $f(x_0) = x_0$,则称 x_0 为映射 f 的**不动点**,f 为具有不动点的映射。

映射具有不动点是一个整体性质,它既与 X 有关,也与 f 紧密相联,试看以下两例。

例题 20.1.1 如图 20.1.1 所示,设 B^2 为平面上的单位圆盘,$f:B^2 \mapsto B^2$ 为以其圆心为对称中心的对称变换,可以看出圆心是 f 的不动点。又设 C 是平面上的圆环(平环),$g:C \mapsto C$ 也是以圆心为中心的对称变换,显然 g 是没有不动点的。虽然这两个映射 f 与 g 是相同的,由于 B^2 与 C 不同,不动点存在以上不同整体的性质,这反映了 B^2 与 C 具有不同的性质。

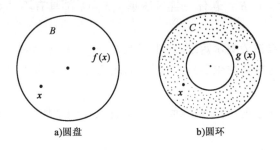

a)圆盘 b)圆环

图 20.1.1 不动点存在性与区域有关

例题 20.1.2 如图 20.1.2 所示,取空间 R^3 中的单位球面 S^2,将 S^2 绕通过南北极的直径旋转 α 角,$0 < \alpha < \pi$,记 S^2 的这一自映射为 f,显然 f 具有两个不动点(南极和北极)。当将 S^2 的点经映射 f 时,再将每个点映到各自的对径点,记这自映射为 g,则 g 不存在不动点,这反映了 S^2 的两个自映射 f 与 g 具有不同的性质。

现在再看一个例子。

例题 20.1.3 如图 20.1.3 所示,设 X 是平面上的一个**无边界**的正方形,如 $X = \{(x_1, x_2) \mid 0 < x_1, x_2 < 1\}$。作 X 的自映射 f：将 X 的每一点沿其到 Ox_2 轴的垂线方向缩短到 Ox_2 轴的一半距离。由于 X 没有边界,X 的每个点都改变了位置,即 f 没有不动点,映射 f 可表示为:

$$f_1(x_1, x_2) = \frac{x_1}{2} \tag{20.1.1a}$$

$$f_2(x_1, x_2) = x_2 \tag{20.1.1b}$$

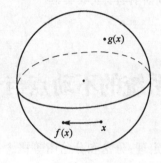

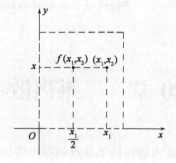

图 20.1.2 不动点存在性与映射有关

图 20.1.3 简单映射直观判断不动点的存在性

即

$$f(x_1, x_2) = \left(\frac{x_1}{2}, x_2\right) \tag{20.1.2}$$

其不动点方程 $x = f(x)$ 为

$$x_1 = \frac{x_1}{2} \tag{20.1.3a}$$

$$x_2 = x_2 \tag{20.1.3b}$$

它在 X 上无解,即 f 无不动点。

例题 20.1.3 中的 X 改为闭正方形,则该 f 具有不动点,而且**闭正方形上的每个连续自映射都具有不动点**。

定义 20.1.2 设 $X \subset R^n$,若任一连续映射 $f: X \mapsto X$ 都具有不动点,则称 X 具有**不动点性质**。

定理 20.1.1 一维布劳威尔定理：一维闭球 $B^1 = [-1, 1]$ 具有不动点性质。

定理 20.1.2 二维布劳威尔定理：平面上的闭圆盘 B^2 具有不动点性质,即任一连续映射 $f: B^2 \mapsto B^2$ 具有不动点。

定理 20.1.3 发球定理：若 v 是球面 S^2 上的连续切向量场,则至少存在一点 $x \in S^2$,使 $v(x) = 0$。

这一定理的另一说法是：球面 S^2 上不存在无处为零的连续切向量场。

推论 20.1.1 若连续映射 $f: S^2 \to S^2$ 将 S^2 的每一点,都不映射到对径点,则 f 具有不动点。

定义 20.1.3 设 A 是拓扑空间 X 的子集,若存在连续映射 $r: X \to A$,使映射 r 限制在 A 上时是恒等映射,即 $r|A = id_A$（id 表示恒等映射）,则 A 是 X 的收缩核,r 是（X 到 A 的）保核收缩映射。

定理 20.1.4 边界圆 S^1 不是闭圆盘 B^2 的收缩核。

定义 20.1.4 拓扑空间 X 内的一条道路是指一个连续映射 $\gamma:I \to X$,其中 $I = [0,1]$,点 $\gamma(0)$ 与 $\gamma(1)$ 分别叫作道路 γ 的起点和终点。若 X 的一条道路 $\gamma:I \to X$ 满足条件 $\gamma(0) = \gamma(1)$,即起点和终点相同,则称 γ 为 X 的一条环路,$\gamma(0)$ 叫作这条环路的基点。

定义 20.1.5 设 $\alpha,\beta:I \to X$ 是 X 的两条道路,若存在连续映射 $H:I \times I \to X$,使

$$H(0, t) = \alpha(t) \tag{20.1.4a}$$

$$H(1, t) = \beta(t), \forall t \in I \tag{20.1.4b}$$

则称道路 α 同伦于 β,记为 $\alpha H \beta$,连续映射 H 叫作 α 到 β 的同伦。

引理 20.1.1 空间 X 内具有相同基点的全体环路构成一个集合,则环路的同伦是这集合上的一个等价关系。

定理 20.1.5 拓扑空间 X 中以 $x \in X$ 的基点的所有环路同伦类在乘积 $\langle\alpha\rangle\langle\beta\rangle = \langle\alpha\beta\rangle$ 下构成一个群。这个群称为 X 在点 x 的基本群,记为 $\pi_1(X, x)$。

定理 20.1.6 若空间 X 是道路连通的,即对 X 中的任意两点总有 X 中的道路将它们连接。则对任意两点 p、$q \in X$ 有 $\pi_1(X, p)$ 同构于 $\pi_1(X, q)$。

定理 20.1.4 的证明:假如存在连续映射 $f:B^2 \to S^1$,它使 S^1 上的每点不动,令 $i:S^1 \to B^2$ 是内含映射,即任一 $x \in S^1$,$i(x) = x$。由 $S^1 \xrightarrow{i} B^2 \xrightarrow{f} S^1$ 可得

$$\pi_1(S^1) \xrightarrow{i_*} \pi_1(B^2) \xrightarrow{f_*} \pi_1(S^1) \tag{20.1.5}$$

然而对所有 $x \in S^1$ 有 $f \circ i(x) = x$,即 $f \circ i$ 是 S^1 的恒等映射,因此 $f_* \circ i_*$ 是 $\pi_1(S^1)$ 到自身的同构,这样 f_* 必定是满同态,但 $\pi_1(B^2)$ 是平凡的,而 $\pi_1(S^1) \simeq Z$,这就产生矛盾,从而定理成立。

几点说明:

(1) 通过同伦对每个道路连通空间建立基本群,它能反映 R^2 中的子集是否有洞这一性质,利用基本群证明定理 20.1.4,而定理 20.1.2 是它的推论,这样我们用拓扑方法给出了二维布劳维尔不动点定理的证明。

(2) 对布劳维尔不动点定理的论证更好地显示了代数与拓扑之间的相互作用。原来的几何问题是困难的,但是一旦翻译成了代数问题,只用非常简单的思想就解决了。

(3) 利用同伦的方法研究拓扑空间的性质的理论称为同伦论,基本群是它的一个内容,同伦论是代数拓扑的一个组成部分。

(4) 定理 20.1.4 对 $n \geq 1$ 都成立,即 S^{n-1} 不是 B^n 的收缩核。

$n > 2$ 需要同调群加以证明。对 $n = 1$ 的证明如下:

证明:若存在保核收缩映射 $r:[-1,1] \to \{-1,1\}$,由于 r 是连续的,$[-1,1]$ 是连通的,故它的象集 $r([-1,1]) = \{-1,1\}$ 也是连通的,矛盾,故 $\{-1,1\}$ 不是 $[-1,1]$ 的收缩核。

根据这结论又可推出一维布劳威尔定理 20.1.1。

证明:若存在连续映射 $f:[-1,1] \to [-1,1]$,它不具有不动点,则对每一 $x \in [-1,1]$,$f(x) \neq x$。这样可以作一个映射 $g:[-1,1] \to \{-1,1\}$:若 $f(x) > x$,令 $g(x) = -1$;若 $f(x) <$

x,令 $g(x) = 1$。因为 $f(x) \neq x$,所以有 $g(-1) = -1$,$g(1) = 1$,且由 f 连续可知 g 也连续,于是 g 是 $[-1,1]$ 到 $\{-1,1\}$ 上的保核收缩映射,这是不可能的,从而 $[-1,1]$ 的每个连续自映射都具有不动点。

以上两个证明相联给出了一维布劳威尔定理的又一证明,通过与定理 10.1.1 的证明相比较,可以体会到这两个证明的不同风味。

20.2 分岔与分岔图

考虑依赖于参数的动力系统,在连续-时间情形把它写为

$$\dot{x} = f(x, \alpha) \tag{20.2.1}$$

在离散-时间情形写为

$$x \mapsto f(x, \alpha) \tag{20.2.2}$$

这里 $x \in \mathbf{R}^n$ 和 $\alpha \in \mathbf{R}^m$ 分别表示相变量和参数。考虑系统的相图。当参数变化时相图也发生变化。存在两种可能性:系统保持与原系统等价,或者它的拓扑发生改变。

定义 20.2.1 在参数变化时相图不拓扑等价的现象称为**分岔**。

因此,分岔是当参数通过分岔值(临界值)时系统的拓扑类型发生改变。

例题 20.2.1 (**Antronov-Hopf 分岔**)考虑下面的依赖于一个参数的平面系统

$$\dot{x}_1 = \alpha x_1 - x_2 - x_1(x_1^2 + x_2^2) \tag{20.2.3a}$$

$$\dot{x}_2 = x_1 + \alpha x_2 - x_2(x_1^2 + x_2^2) \tag{20.2.3b}$$

的分岔。

解:在极坐标 (ρ, θ) 下取形式

$$\dot{\rho} = \rho(\alpha - \rho^2) \tag{20.2.4a}$$

$$\dot{\theta} = 1 \tag{20.2.4b}$$

它可明显积分。由于式(20.2.4)中关于 ρ 和 θ 的方程互相独立,可容易地在原点的固定邻域内画出相图,显然,系统只有一个平衡点(图 20.2.1)。当 $\alpha \leq 0$ 时,平衡点是**稳定焦点**,因为这时 $\dot{\rho} < 0$,从任何初始点出发的轨道均有 $\rho(t) \to 0$。当 $\alpha > 0$ 时,则对小的 $\rho > 0$ 有 $\dot{\rho} > 0$(**平衡点变成不稳定焦点**),而对充分大的 ρ 有 $\dot{\rho} < 0$。从式(20.2.4)容易看到,系统对任何 $\alpha > 0$ 有半径为 $\rho_0 = \sqrt{\alpha}$ 的**周期轨道**(在 $\rho = \rho_0$ 有 $\dot{\rho} = 0$)。因此,此周期轨道是稳定的,因为在环的内部有 $\dot{\rho} > 0$,在环的外部有 $\dot{\rho} < 0$。

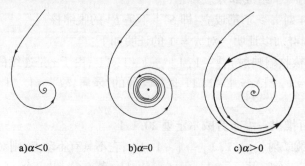

图 20.2.1 Antronov-Hopf 分岔

因此，α = 0 是一个分岔值。事实上，具极限环的相图不可能一对一地变换成只有平衡点的相图。极限环的存在性是**拓扑不变**。当 α 增加并穿过零时，系统式(20.2.3)有分岔，称为 **Antronov-Hopf 分岔**，它导致从平衡点出现小振幅的周期振动。

应该看清楚 Antronov-Hopf 分岔是在平衡点固定的任一小邻域内发现的。这种分岔称为**局部分岔**。也可在不动点的任一小邻域内定义离散-时间系统的局部分岔。我们将经常谈及局部分岔，如**平衡点分岔**或**不动点分岔**，尽管我们分析的不是这些点而是平衡点附近的整个相图。与 Poincaré 映射相应的局部分岔对应的极限环分岔称为**环的局部分岔**。

也存在这样的分岔，它们不能从观察平衡点(不动点)或环的小邻域发现，这样的分岔称为**大范围分岔**。

例题 20.2.2(异宿分岔)　下面考虑依赖于一个参考的平面系统

$$\dot{x}_1 = 1 - x_1^2 - \alpha x_1 x_2 \qquad (20.2.5a)$$

$$\dot{x}_2 = x_1 x_2 + \alpha(1 - x_1^2) \qquad (20.2.5b)$$

对所有 α 值这个系统有两个鞍点。异宿分岔如图 20.2.2 所示。

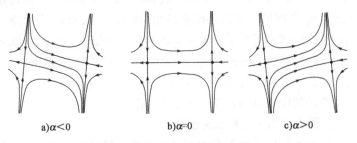

a) α<0　　　b) α=0　　　c) α>0

图 20.2.2　异宿分岔

$$x_{(1)} = (-1, 0), \quad x_{(2)} = (1, 0) \qquad (20.2.6)$$

在 α = 0，水平轴是不变的，因此，两个鞍点由一条轨道所连接，该轨道当 $t \to +\infty$ 时趋于一个鞍点，而当 $t \to -\infty$ 时趋于另一个鞍点。这样的轨道称为**异宿的**。类似地，一条当 $t \to +\infty$ 和 $t \to -\infty$ 时渐近于同一平衡点的轨道称为**同宿的**。当 $\alpha \neq 0$ 时，x_1 轴不再是不变，连接消失。这显然是大范围分岔。要发现这种分岔，必须取定一个覆盖两个鞍点的区域 U。

存在大范围分岔中包含某些局部分岔的情况。这时仅着眼于局部分岔只能对系统的性态提供部分信息。以下面的例子说明这种可能性。

例题 20.2.3(鞍-结点同宿分岔)　分析下面系统

$$\dot{x}_1 = x_1(1 - x_1^2 - x_2^2) - x_2(1 + \alpha + x_1) \qquad (20.2.7a)$$

$$\dot{x}_2 = x_1(1 + \alpha + x_1) + x_2(1 - x_1^2 - x_2^2) \qquad (20.2.7b)$$

式中，α 为参数。

解：在极坐标 (ρ, θ) 下，系统式写为

$$\dot{\rho} = \rho(\alpha - \rho^2) \qquad (20.2.8a)$$

$$\dot{\theta} = 1 + \alpha + \rho\cos\theta \qquad (20.2.8b)$$

围绕单位圆 $\{(\rho, \theta) : \rho = 1\}$ 取定一个细环域 U。当 α = 0 时，系统式(20.2.8)在环域内存在一个非双曲平衡点(图 20.2.3)。

$$x_0 = (\rho_0, \theta_0) = (1, \pi) \qquad (20.2.9)$$

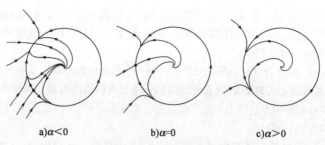

a) $\alpha<0$ b) $\alpha=0$ c) $\alpha>0$

图 20.2.3 鞍-结点同宿分岔

它有特征值 $\lambda_1 = 0$, $\lambda_2 = -2$。对小正值 α，平衡点消失，对小负值 α，它分裂为一个鞍点和一个结点（这种分岔称为**鞍-结点分岔**或**折分岔**）。这是一个局部性结果。但是，当 $\alpha > 0$ 时，系统出现稳定**极限环**，它与单位圆重合。这个环永远是系统的不变集，但当 $\alpha \le 0$ 时，它包含平衡点。如果仅仅观察非双曲平衡点附近小邻域，我们就会失去对这个环的大范围发现。**注**：当 $\alpha = 0$ 时，刚好存在一条宿于非双曲平衡点 x_0 的轨道。

现在回到对依赖于参数的式(20.2.1)或式(20.2.2)的分岔的一般讨论。取某个参数值 $\alpha = \alpha_0$，考虑包含 α_0 在内的点最大连接参数集[称为层(stratum)]，此集合由这样的点所组成，对这些点，系统的相图拓扑等价于系统在 α_0 的相图。在参数空间 $\boldsymbol{R}^m$ 中取所有这样的层，就得到系统的**参数图**。例如，具 Andronov-Hopf 分岔的式(20.2.3)的参数图有两层：$\{\alpha \le 0\}$ 和 $\{\alpha > 0\}$。式(20.2.5)的参数图有三层：$\{\alpha < 0\}$ $\{\alpha = 0\}$ 以及 $\{\alpha > 0\}$。但是，注意式(20.2.5)对 $\alpha < 0$ 的相图拓扑等价于 $\alpha > 0$ 的相图。

参数图连同它刻画的相图一起构成**分岔图**。

定义 20.2.2 动力系统的**分岔图**是由拓扑等价性所诱导的参数空间的层次连同每一层代表的相图。

求得作为已给动力系统定性分析结果的分岔图是我们所期望的。我们期望用非常简洁的方法将系统在参数变化时的性态的所有可能形式和它们（分岔）之间的传递进行分类。注意，一般分岔图依赖于所考虑相空间的区域。

注：如果一个动力系统的相空间的维数是一维或二维，且仅依赖于一个参数，则它的分岔图可以用在相空间和参数空间的**直积空间** $\boldsymbol{R}^{1,2} \times \boldsymbol{R}^1$，连同由一维或二维薄片(slice) $\alpha =$ 常数代表的相图所表示。

参数图最简单的情形是由 $\boldsymbol{R}^m$ 中有限个区域所组成。在每个区域内部，相图是拓扑等价的。这些区域由**分岔边界**所分开，它们是 $\boldsymbol{R}^m$ 中光滑子流形(曲线、曲面)。这些边界可以相交或相重。这些交集又把边界划分为子区域等。分岔边界是由指定的相对象(平衡点、环等)以及确定分岔类型(Hopf、fold 等)的某些分岔条件定义。例如，平衡点的 Andronov-Hopf 分岔是由一个分岔条件，即在这个平衡点的 Jacobi 矩阵的一对纯虚特征值所表述：

$$\mathrm{Re}\lambda_{1,2} = 0 \qquad (20.2.10)$$

当边界相交时，分岔就会出现。

定义 20.2.3 式(20.2.1)或式(20.2.2)**分岔的余维**是参数空间的维数与对应分岔边界的维数之差。

等价地，余维(简记为 codim)是确定分岔的独立条件的个数。这是余维最实际的定义。很清楚，某些分岔的余维在所有依赖于足够数量参数的一般系统中是一样的。

注:即使一个简单的连续-时间系统在平面有界区域内的分岔图也可能是由无穷多个层所组成的。对高维($n>3$)连续-时间系统,这种情况变得更为复杂。在这样的系统中,分岔值可稠密于某个参数区域。参数图可具 Cantor(分形)结构,这种结构具有某种越来越小直至无穷小的重复图案。显然,研究这种分岔图的完整工作实际上是不可能的,尽管如此,即使对系统性态提供重要信息的部分分岔图知识也是要研究的。

20.3 二维线性离散系统的不动点

20.3.1 平面线性离散系统的双曲不动点

考虑一个二维线性系统

$$x_{k+1} = Ax_k \tag{20.3.1}$$

其初始条件为 x_0,系数矩阵为

$$A = \begin{bmatrix} a_{11} & a_{12} \\ a_{21} & a_{22} \end{bmatrix} \tag{20.3.2}$$

若 $\det A \neq 0$,则 $x=0$ 是唯一不动点。设 P 为非奇异变换矩阵,令 $B = P^{-1}AP$,$x_k = Py_k$,则有

$$y_{k+1} = By_k \tag{20.3.3}$$

其中

$$B = \begin{bmatrix} \mu_1 & 0 \\ 0 & \mu_2 \end{bmatrix} \tag{20.3.4}$$

下面分三种情况讨论

(1)系统有两个互异的实特征值($\mu_1 \neq \mu_2$),解可以表示为

$$B = \begin{bmatrix} \mu_1 & 0 \\ 0 & \mu_2 \end{bmatrix}, \quad y_k = \begin{bmatrix} \mu_1^k & 0 \\ 0 & \mu_2^k \end{bmatrix} y_0 \tag{20.3.5}$$

①当 $|\mu_k|<1(k=1,2)$ 时,原点为**稳定结点**。图 20.3.1 为对应的线性系统稳定结点的特征值图。

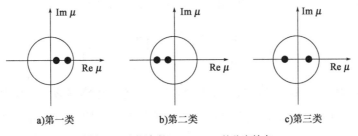

a)第一类　　　　b)第二类　　　　c)第三类

图 20.3.1　原点是 $y_{k+1}=By_k$ 的稳定结点

②当 $|\mu_k| > 1(k = 1,2)$ 时,原点为**不稳定结点**。图 20.3.2 为对应的线性系统不稳定结点的特征值图。

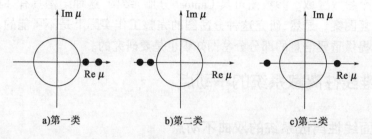

图 20.3.2　原点是 $y_{k+1} = By_k$ 的不稳定结点

③当 $|\mu_i| > 1(i \in \{1,2\})$ 且 $|\mu_j| < 1(j \in \{1,2\}, j \neq i)$ 时,称原点为线性系统的**鞍点**,系统是不稳定的。图 20.3.3 为对应特征值图。系统离散的运动状态在特征向量方向上将趋近或远离原点。图 20.3.4 为系统有两个互异的实特征值 ($\mu_1 \neq \mu_2$) 的相图。

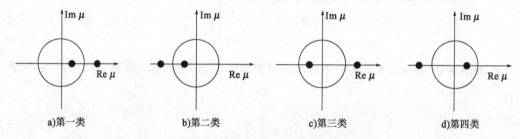

图 20.3.3　原点是 $y_{k+1} = By_k$ 的鞍点

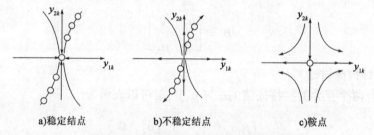

图 20.3.4　系统有两个互异实特征值的相图

(2) 系统有两个重的实特征值 ($\mu_1 = \mu_2 = \mu$),解可以表示为

或

$$B = \begin{bmatrix} \mu & 1 \\ 0 & \mu \end{bmatrix} \text{ 及 } y_k = \begin{bmatrix} \mu^k & k\mu^{k-1} \\ 0 & \mu^k \end{bmatrix} y_0 \quad (20.3.6a)$$

$$B = \begin{bmatrix} \mu & 0 \\ 0 & \mu \end{bmatrix} \text{ 及 } y_k = \begin{bmatrix} \mu^k & 0 \\ 0 & \mu^k \end{bmatrix} y_0 \quad (20.3.6b)$$

当特征值重根 $|\mu_k| = |\mu| < 1(k = 1,2)$ 时,原点**为稳定结点**。当特征值重根 $|\mu_k| = |\mu| > 1(k = 1,2)$ 时,原点为**不稳定结点**。稳定和不稳定结点的特征值图和相图如图 20.3.5 和图 20.3.6 所示。对式(20.3.6b),稳定和不稳定结点在相平面的一条直线上。

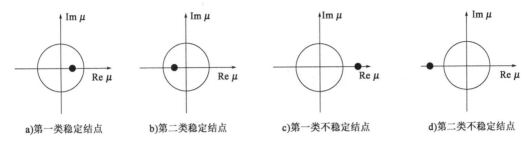

a)第一类稳定结点　　b)第二类稳定结点　　c)第一类不稳定结点　　d)第二类不稳定结点

图 20.3.5　$y_{k+1} = By_k$ 的特征值重根分布图

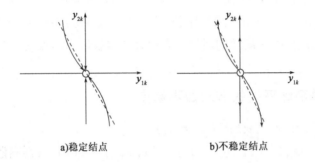

a)稳定结点　　b)不稳定结点

图 20.3.6　系统有两个重特征值的相图

(3) 系统有一对复特征值 $\mu_1 = \alpha + i\beta$ 和 $\mu_2 = \alpha - i\beta$，解可以表示为

$$B = \begin{bmatrix} \alpha & \beta \\ -\beta & \alpha \end{bmatrix} \ \text{及}\ y_k = r^k \begin{bmatrix} \cos k\theta & \sin k\theta \\ -\sin k\theta & \cos k\theta \end{bmatrix} y_0 \qquad (20.3.7)$$

式中，$r = \sqrt{\alpha^2 + \beta^2}$；$\alpha = r\cos\theta$；$\beta = r\sin\theta$。

当两特征值的虚部不为零（$\mathrm{Im}\mu_k = \beta \neq 0, k = 1, 2$）时，称原点为线性系统的焦点；当两特征值的模小于 1（$r < 1$）时，称原点为线性系统的**稳定焦点**；当两特征值的模大于 1（$r > 1$）时，称原点为线性系统的**不稳定焦点**。根据这些解，我们在图 20.3.7 和图 20.3.8 中画出了稳定焦点和不稳定焦点的特征值图和相图，这些特征值位于单位圆内或圆外的一对复特征值。无法在原点上取切值以得到不稳定焦点。对于稳定焦点来说，线性系统的解将在 $k \to \infty$ 时趋近于原点。

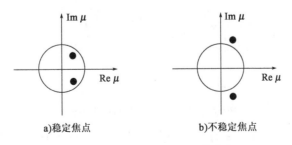

a)稳定焦点　　b)不稳定焦点

图 20.3.7　原点是 $y_{k+1} = By_k$ 的焦点

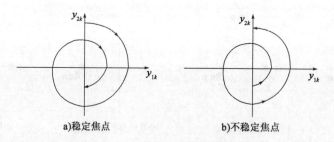

a)稳定焦点　　　　　　　b)不稳定焦点

图 20.3.8　系统有一对复特征值的相图

当所有特征值的模都小于 $1(|\mu_i|<1, i=1,2)$ 时,称原点为线性系统的**汇**;当所有特征值的模都大于 $1(|\mu_i|>1, i=1,2)$ 时,称原点为该线性系统的**源**。与结点和鞍点相比,稳定焦点和不稳定焦点分别使离散的运动状态螺旋式地收敛到原点或者螺旋式地发散到无穷远。

20.3.2　平面线性离散系统的非双曲不动点

(1) 系统有两个互异的实特征值 $(\mu_1 \neq \mu_2)$。

① 当 $\mu_i = 1 (i \in \{1,2\})$ 且 $|\mu_j| < 1 (j \in \{1,2\}, j \neq i)$ 时,线性离散系统有关于原点的第一类鞍点-稳定结点边界的特征值图如图 20.3.9 所示。

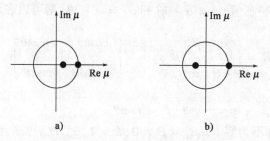

a)　　　　　　　　　b)

图 20.3.9　第一类鞍点-稳定结点边界

② 当 $\mu_i = -1 (i \in \{1,2\})$ 且 $|\mu_j| < 1 (j \in \{1,2\}, j \neq i)$ 时,线性离散系统有关于原点的第二类鞍点-稳定结点边界的特征值图如图 20.3.10 所示。

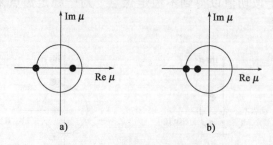

a)　　　　　　　　　b)

图 20.3.10　第二类鞍点-稳定结点边界

③ 当 $\mu_i = 1 (i \in \{1,2\})$ 且 $|\mu_j| > 1 (j \in \{1,2\}, j \neq i)$ 时,线性离散系统有关于原点的第一类鞍点-不稳定结点边界的特征值图如图 20.3.11 所示。

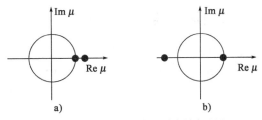

图20.3.11 第一类鞍点-不稳定结点边界

④当 $\mu_i = -1(i \in \{1,2\})$ 且 $|\mu_j| > 1(j \in \{1,2\}, j \neq i)$ 时,线性离散系统有关于原点的第二类鞍点-不稳定结点边界的特征值图如图20.3.12所示。

⑤当 $\mu_1 = -1, \mu_2 = 1$ 时,是第一类或第二类鞍点-结点边界的临界情况的特征值图如图20.3.13所示。

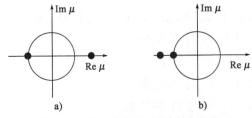

图20.3.12 第二类鞍点-不稳定结点边界

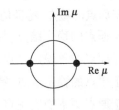

图20.3.13 $\mu_1 = -1, \mu_2 = 1$ 鞍点-结点边界

(2) 系统有两个重的实特征值 ($\mu_1 = \mu_2 = \mu$)。

当 $\mu_1 = \mu_2 = 1$ 或 $\mu_1 = \mu_2 = -1$ 时,它们是鞍点-结点边界或颤振(Neimark)边界的临界点,其相应的特征值示意图如图20.3.14所示。

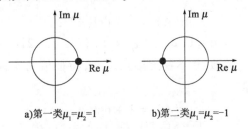

图20.3.14 具有重根的鞍点-结点边界

(3) 系统有一对复特征值 $\mu_1 = \alpha + i\beta$ 和 $\mu_2 = \alpha - i\beta$。

当它们的模等于1($r = 1$)时,原点是离散系统的中心,系统具有一个颤振型边界(Neimark边界),相应的特征值示意图如图20.3.15所示。

在离散系统的颤振型边界($r = 1$)上,迭代点将在圆形曲线上振荡,如图20.3.16所示。

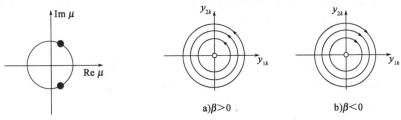

图20.3.15 $r = 1$ 颤振边界   图20.3.16 $r = 1$ 不动点为中心的相图

20.3.3 平面线性离散系统的不动点分布总图

矩阵 A 的特征值由求解 $\det(A - \mu I) = 0$,得

$$\mu^2 - \text{tr}(A)\mu + \det(A) = 0 \tag{20.3.8}$$

其中

$$\text{tr}(A) = a_{11} + a_{22}, \det(A) = \begin{vmatrix} a_{11} & a_{12} \\ a_{21} & a_{22} \end{vmatrix} \tag{20.3.9}$$

对应的特征值是

$$\mu_{1,2} = \frac{\text{tr}(A) \pm \sqrt{\Delta}}{2}, \Delta = (\text{tr}(A))^2 - 4\det(A) \tag{20.3.10}$$

式(20.3.1)中的线性系统具有以下特点。

(1)位于原点的鞍点,特征值为实根 $|\mu_i| < 1 (i \in \{1,2\})$ 和 $|\mu_j| > 1 (j \in \{1,2\}$ 且 $j \neq i)$。

(2)位于原点的稳定结点,特征值为 $|\mu_i| < 1 (i = 1, 2)$ 的实根。

(3)位于原点的不稳定结点,特征值为 $|\mu_i| > 1 (i = 1, 2)$ 的实根。

(4)位于原点的稳定焦点,特征值为 $|\mu_i| < 1 (i = 1, 2)$ 的复根。

(5)位于原点的不稳定焦点,特征值为 $|\mu_i| > 1 (i = 1, 2)$ 的复根。

(6)位于原点的颤振型边界(Neimark 边界),特征值为 $|\mu_i| = 1 (i = 1, 2)$ 的复根,即

$$\det(A) = 1 \tag{20.3.11}$$

(7)位于原点的第一类鞍点-稳定结点边界,特征值为实根 $\mu_i = 1$ 和 $|\mu_j| < 1$, $(i, j \in \{1, 2\}$ 且 $j \neq i)$,即

$$\text{tr}(A) = 1 + \det(A),$$
$$\mu_i = 1, \ i \in \{1, 2\}, \ |\mu_j| < 1, (j \in \{1, 2\}, 且 j \neq i) \tag{20.3.12}$$

(8)位于原点的第一类鞍点-不稳定结点边界,特征值为实根 $\mu_i = 1$ 和 $|\mu_j| > 1$, $(i, j \in \{1, 2\}$ 且 $j \neq i)$,即

$$\text{tr}(A) = 1 + \det(A),$$
$$\mu_i = 1, i \in \{1, 2\}, \ |\mu_j| > 1, j \in \{1, 2\}, 且 j \neq i \tag{20.3.13}$$

(9)位于原点的第二类鞍点-稳定结点边界(跳跃型边界),特征值为实根 $\mu_i = -1$ 和 $|\mu_j| < 1$,$(i, j \in \{1, 2\}$ 且 $j \neq i)$,即

$$\text{tr}(A) + \det(A) + 1 = 0,$$
$$\mu_i = -1, i \in \{1, 2\}, \ |\mu_j| < 1, j \in \{1, 2\} 且 j \neq i \tag{20.3.14}$$

(10)位于原点第二类鞍点-不稳定结点边界(跳跃型边界),特征值为实根 $\mu_i = -1$ 和 $|\mu_j| < 1$,$(j \in \{1, 2\}$ 且 $j \neq i)$,即

$$\text{tr}(A) + \det(A) + 1 = 0,$$
$$\mu_i = -1, i \in \{1, 2\}, \ |\mu_j| > 1, j \in \{1, 2\} 且 j \neq i \tag{20.3.15}$$

(11)位于原点的第三类鞍点-结点边界,特征值为实根 $\mu_i = -1$ 和 $\mu_i = 1$,$(i, j \in \{1, 2\}$ 且 $j \neq i)$,即

$$\text{tr}(A) = 0, \det(A) = -1 \tag{20.3.16}$$

据此存在 8 种可能的组合。

(12) 位于原点、对应于 $\det(\boldsymbol{A}) = 0$ 的退化不动点,此时系统可以降阶到一维情况。

如图 20.3.17 所示,在复特征值平面上直观地汇总了式(20.3.1)中线性离散系统的稳定性及其边界。其中,阴影区代表的是稳定结点和稳定焦点。阴影区上方的区域是不稳定结点,阴影区下方是稳定结点。阴影区外、$\mathrm{tr}(\boldsymbol{A})$ 轴的左侧区域是鞍点。竖直线是对应于 $\det(\boldsymbol{A}) = 1$ 且 $|\mathrm{tr}(\boldsymbol{A})| < 2$ 的中心,也被称为颤振型边界(Neimark 边界)。对于 $\det(\boldsymbol{A}) > 1$,虚线之间的区域对应着不稳定焦点。这条虚抛物线是复特征值和实特征值的边界。上方的线是第一类鞍点-结点边界,下方的线是第二类鞍点结点边界(跳跃型边界)。阴影区三角形的左顶点是第三类鞍点-结点。相图是基于变换后的式(20.3.3)得到的。式(20.3.1)中 $\boldsymbol{x}_{k+1} = \boldsymbol{A}\boldsymbol{x}_k$ 的解由 $\boldsymbol{x}_k = \boldsymbol{P}\boldsymbol{y}_k$ 给出。

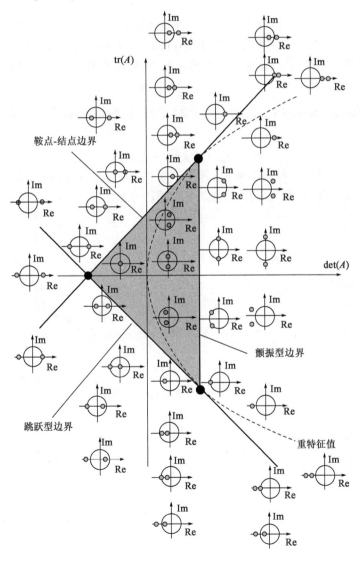

图 20.3.17　用迹 $\mathrm{tr}(\boldsymbol{A})$ 和行列式 $\det(\boldsymbol{A})$ 表示的稳定性及其边界图

20.4 翻转分岔的规范形

下面考虑依赖于一个参数的一维动力系统

$$x \mapsto -(1+\alpha)x + x^3 = f(x,\alpha) \equiv f_\alpha(x) \qquad (20.4.1)$$

映射 f_α 对小的 $|\alpha|$ 在原点的邻域内可逆。式(20.4.1)对所有 α 有不动点 $x_0 = 0$,乘子 $\mu = -(1+\alpha)$。这个不动点当 $\alpha < 0$ 时,它是线性稳定的,当 $\alpha > 0$ 时,它是线性不稳定。当 $\alpha = 0$ 时,它不是双曲的,因为乘子 $\mu = f_x(0,0) = -1$,不过它是(非线性)稳定的。对小的 $|\alpha|$,这个系统在原点附近没有其他的不动点。

现在考虑式(20.4.1)的二次迭代 $f_\alpha^2(x)$。令 $y = f_\alpha(x)$,则

$$\begin{aligned}
f_\alpha^2(x) &= f_\alpha(y) = -(1+\alpha)y + y^3 \\
&= -(1+\alpha)[-(1+\alpha)x + x^3] + [-(1+\alpha)x + x^3]^3 \\
&= (1+\alpha)^2 x - [(1+\alpha)(2+2\alpha+\alpha^2)]x^3 + O(x^5)
\end{aligned} \qquad (20.4.2)$$

显然,映射 f_α^2 有平凡不动点 $x_0 = 0$。对小的 $\alpha > 0$,它还有两个非平凡不动点

$$x_{1,2} = f_\alpha^2(x_{1,2}) \qquad (20.4.3)$$

其中,$x_{1,2} = \pm\sqrt{\alpha}$(图20.4.1)。这两个点是稳定的,且构成原来映射 f_α 的**周期2环**。这意味着

$$x_2 = f_\alpha(x_1), \; x_1 = f_\alpha(x_2) \qquad (20.4.4)$$

式中,$x_1 \neq x_2$。图20.4.2 显示在阶梯图的帮助下式(20.4.1)的完全分岔图。当 α 从上面趋于零时周期2环"收缩"并消失,这是一个翻转分岔。

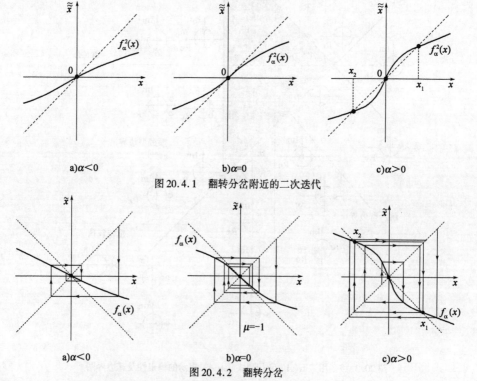

a) $\alpha<0$ b) $\alpha=0$ c) $\alpha>0$

图20.4.1 翻转分岔附近的二次迭代

a) $\alpha<0$ b) $\alpha=0$ c) $\alpha>0$

图20.4.2 翻转分岔

另外,叙述这个分岔的方法是用 (x,α) 平面(图 20.4.3)。在图 20.4.3 中,水平轴对应式(20.4.1)的不动点(若 $\alpha<0$ 时则稳定,若 $\alpha>0$ 时则不稳定),"抛物线"代表 $\alpha>0$ 时存在稳定的周期 2 环 $\{x_1,x_2\}$。

通常,考虑高阶项对系统式(20.4.1)的影响。

引理 20.4.1 系统

$$x \mapsto -(1+\alpha)x + x^3 + O(x^4) \quad (20.4.5)$$

在原点附近局部拓扑等价于系统

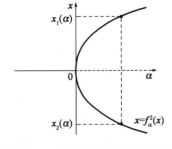

图 20.4.3 对应于二次迭代叉分岔的翻转

$$x \mapsto -(1+\alpha)x + x^3 \quad (20.4.6)$$

情形

$$x \mapsto -(1+\alpha)x - x^3 \quad (20.4.7)$$

可用同样方法处理。对 $\alpha \neq 0$,不动点 $x_0=0$ 有如式(20.4.1)一样的稳定性。在临界参数值 $\alpha=0$,不动点不稳定。式(20.4.7)的二次迭代的分析揭示它在 $\alpha<0$ 时有一个**不稳定的周期 2 环**,此环在 $\alpha=0$ 处消失。高阶项并不影响分岔图。

注:类似于 Antronov-Hopf 分岔,系统中的翻转分岔称为**超临界**或者"**软**"的,系统中的翻转分岔称为**亚临界**或者"**硬**"的,分岔类型由不动点在临界参数值的稳定性确定。

20.5 一般翻转分岔

定理 20.5.1 考虑一维系统

$$x \mapsto f(x,\alpha),\ x \in \mathbf{R}^1,\ \alpha \in \mathbf{R}^1 \quad (20.5.1)$$

光滑函数 f 对所有 α 和 $x_0=0$ 满足 $f(x_0,\alpha)=x_0$,令 $\mu=f_x(0,0)=-1$。假设下面的非退化条件满足:

(B.1) $\dfrac{1}{2}(f_{xx}(0,0))^2 + \dfrac{1}{3}f_{xxx}(0,0,0) \neq 0$;

(B.2) $f_{x\alpha}(0,0) \neq 0$。

则存在光滑的坐标与参数的可逆变换将系统变为

$$\eta \mapsto -(1+\beta)\eta \pm \eta^3 + O(\eta^4) \quad (20.5.2)$$

证明:映射 f 可以写为

$$f(x,\alpha) = f_1(\alpha)x + f_2(\alpha)x^2 + f_3(\alpha)x^3 + O(x^4) \quad (20.5.3)$$

其中,$f_1(\alpha) = -[1+g(\alpha)]$,$g$ 为某个光滑函数,因为 $g(0)=0$,且按照假设(B.2),

$$g'(0) = f_{x\alpha}(0,0) \neq 0 \quad (20.5.4)$$

函数 g 局部可逆,且可用作引入的新参数

$$\beta = g(\alpha) \quad (20.5.5)$$

映射式(20.5.3)取形式

$$\tilde{x} = \mu(\beta)x + a(\beta)x^2 + b(\beta)x^3 + O(x^4) \quad (20.5.6)$$

这里 $\mu(\beta)=-1(1+\beta)$,函数 $a(\beta)$ 和 $b(\beta)$ 光滑,有

$$a(0) = f_2(0) = \dfrac{1}{2}f_{xx}(0,0),\ b(0) = \dfrac{1}{6}f_{xxx}(0,0) \quad (20.5.7)$$

执行光滑坐标变换

$$x = y + \delta y^2 \tag{20.5.8}$$

其中,$\delta = \delta(\beta)$ 是待定的光滑函数。式(20.5.8)在原点的某个邻域内可逆,它的逆可以用待定系数法求得

$$y = x - \delta x^2 + 2\delta^2 x^3 + O(x^4) \tag{20.5.9}$$

由式(20.5.8)和式(20.5.9)得到

$$\tilde{y} = \mu y + (a + \delta\mu - \delta\mu^2)y^2 + (b + 2\delta a - 2\delta\mu(\delta\mu + a) + 2\delta^2\mu^3)y^3 + O(y^4) \tag{20.5.10}$$

由此,对所有充分小 $|\beta|$,令

$$\delta(\beta) = \frac{a(\beta)}{\mu^2(\beta) - \mu(\beta)} \tag{20.5.11}$$

就可以"去除掉"二次项。由于 $\mu^2(0) - \mu(0) = 2 \neq 0$,这是可以办到的。

$$\tilde{y} = \mu y + \left(b + \frac{2a^2}{\mu^2 - \mu}\right)y^3 + O(y^4) = -(1+\beta)y + c(\beta)y^3 + O(y^4) \tag{20.5.12}$$

其中,某个光滑函数 $c(\beta)$,满足

$$c(0) = a^2(0) + b(0) = \frac{1}{4}[f_{xx}(0,0)]^2 + \frac{1}{6}f_{xxx}(0,0) \tag{20.5.13}$$

注意,由假设(B.1)知 $c(0) \neq 0$。

应用重尺度化

$$y = \frac{\eta}{\sqrt{|c(\beta)|}} \tag{20.5.14}$$

在新的坐标 η 下,系统取所期望的形式

$$\tilde{\eta} \mapsto -(1+\beta)\eta + s\eta^3 + O(\eta^4) \tag{20.5.15}$$

其中,$s = \text{sign}[c(0)] = \pm 1$。

应用引理 20.4.1,得到下面的一般性结果。

定理 20.5.2(翻转分岔的拓扑规范形) 任何一个一般的单参数纯量系统

$$x \mapsto f(x, \alpha) \tag{20.5.16}$$

假设它在 $\alpha = 0$ 有不动点 x_0,乘子 $\mu = f_x(0,0) = -1$,则该系统在原点附近拓扑等价于下列拓扑规范形之一:

$$\eta \mapsto -(1+\beta)\eta \pm \eta^3 \tag{20.5.17}$$

注:定理 20.5.2 中的一般性条件就是定理 10.8.2 中的非退化条件(B.1)和横截性条件(B.2)。

例题 20.5.1(Ricker 方程) 下面考虑一个单种群模型(Bicker,1954)

$$x_{k+1} = \alpha x_k e^{-x_k} \tag{20.5.18}$$

式中,x_k 为种群在 k 年的密度;$\alpha > 0$ 为种群增长率。右端函数顾及在高密度种群内部竞争的负作用。上面的递推关系对应于离散-时间动力系统

$$x \mapsto \alpha x e^{-x} \equiv f(x, \alpha) \tag{20.5.19}$$

系统式(20.5.19)对所有的参数值 α 有平凡的不动点 $x_0 = 0$。但是,当 $\alpha_0 = 1$ 时,出现非平凡正不动点

$$x_1(\alpha) = \ln\alpha \qquad (20.5.20)$$

这个不动点的乘子由表达式

$$\mu(\alpha) = 1 - \ln\alpha \qquad (20.5.21)$$

给出。因此,当 $1 < \alpha < \alpha_1$ 时,x_1 稳定;当 $\alpha > \alpha_1$ 时,x_1 不稳定。这里 $\alpha_1 = e^2 = 7.38907\cdots$。在这个临界参数值 $\alpha = \alpha_1$,不动点有乘子 $\mu(\alpha_1) = -1$。因此,翻转分岔产生。为应用定理 20.5.2,需要验证对应的非退化条件,其中,所有的导数必须在不动点 $x_1(\alpha_1) = 2$ 和临界参数值 α_1 处计算。

可以验证

$$c(0) = \frac{1}{6} > 0, \ f_{x\alpha} = -\frac{1}{e^2} \neq 0 \qquad (20.5.22)$$

因此,当 $\alpha > \alpha_1$ 时,从 x_1 产生唯一且稳定的周期 2 环分岔。

这个周期 2 环的命运可以进一步跟踪。可以数值证实,这个环在 $\alpha_2 = 12.50925\cdots$ 处由于翻转分岔而失去稳定性,导致产生一个稳定的周期 4 环。它又在 $\alpha_4 = 14.24425\cdots$ 处产生一个稳定的周期 8 环,而它又在 $\alpha_8 = 14.65267\cdots$ 处失去稳定性。接下来的倍周期发生在 $\alpha_{16} = 14.74212\cdots$ 处,图 20.5.1 给出了几个倍周期。

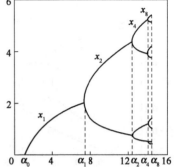

图 20.5.1 Ricker 方程中的倍周期(翻转)分岔的瀑布(级联)

很自然,假设存在一个分岔值的**无穷序列**:

$$\alpha_{m(k)}, m(k) = 2^k, k = 1, 2, \cdots$$

式中,$m(k)$ 为 k 倍前一个环的周期。进一步可以验证,至少这个序列前面几个元素接近于**等比级数**,事实上,当 k 增加时,商

$$\frac{\alpha_{m(k)} - \alpha_{m(k-1)}}{\alpha_{m(k+1)} - \alpha_{m(k)}} \qquad (20.5.23)$$

趋于 $\mu_F = 4.6692\cdots$,这个现象称为倍周期的 Feigenbaum **级联**,常数 μ_F 就称为 **Feigenbaum 常数**。最奇怪的事实是,许多具有翻转分岔级联的不同系统的这个常数是相同的,这个普适性有其深刻意义。

20.6 Maple 编程示例

编程题 20.6.1 埃农映射(The Hénon Map) 考虑二维迭代映射函数

$$x_{n+1} = 1 + y_n - \alpha x_n^2 \qquad (20.6.1a)$$
$$y_{n+1} = \beta x_n \qquad (20.6.1b)$$

其中,$\alpha > 0$,$|\beta| < 1$。试绘制混沌吸引子的迭代图。

解:假定离散非线性系统

$$x_{n+1} = P(x_n, y_n) \qquad (20.6.2a)$$
$$y_{n+1} = Q(x_n, y_n) \qquad (20.6.2b)$$

有一个不动点 $A(x_1, y_1)$,这里 P 和 Q 至少有一个是关于 x_n, y_n 的二次函数,以不动点为原点进行泰勒展开,雅可比矩阵为

$$J(x_1, y_1) = \begin{pmatrix} \dfrac{\partial P}{\partial x} & \dfrac{\partial P}{\partial y} \\ \dfrac{\partial Q}{\partial x} & \dfrac{\partial Q}{\partial y} \end{pmatrix}\bigg|_{(x_1, y_1)} \qquad (20.6.3)$$

雅可比矩阵有两个特征值 λ_1, λ_2。当 $|\lambda_1| \neq 1$, $|\lambda_2| \neq 1$ 时,称为双曲不动点;当 $|\lambda_1| = 1$ 或 $|\lambda_2| = 1$ 时,称为非双曲不动点。当 $|\lambda_1| < 1$, $|\lambda_2| < 1$ 时,不动点是稳定的。

当 $x_{n+1} = x_n$ 和 $y_{n+1} = y_n$ 时有周期一不动点方程

$$x = 1 + y - \alpha x^2 \tag{20.6.4a}$$
$$y = \beta x \tag{20.6.4b}$$

解得

$$x = \frac{1}{2\alpha}[(\beta - 1) \pm \sqrt{(1-\beta)^2 + 4\alpha}], \quad y = \frac{\beta}{2\alpha}[(\beta - 1) \pm \sqrt{(1-\beta)^2 + 4\alpha}] \tag{20.6.5}$$

如果 $(1-\beta)^2 + 4\alpha > 0$ 有两个周期一不动点,雅可比矩阵为

$$J = \begin{pmatrix} -2\alpha x & 1 \\ \beta & 0 \end{pmatrix} \tag{20.6.6}$$

雅可比行列式为

$$|J| = -\beta \tag{20.6.7}$$

对固定参数 $\beta = 0.4$,埃农映射式(20.6.1)。当 $\alpha = 0.2$ 时,有周期一不动点;当 $\alpha = 0.5$ 时,有周期二不动点;当 $\alpha = 0.9$ 时,有周期四不动点;如图 20.6.1 所示,当 $\alpha = 1.2$ 时,有奇怪吸引子,处于混沌状态。

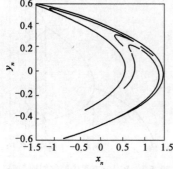

图 20.6.1 $\alpha = 1.2$, $\beta = 0.4$,初值 $(0.1, 0)$ 时系统的迭代图

Maple 程序

```
> ############################################################
> #Program 20.6.1 : The Henon map.
> #Figure 20.6.1 : Chaotic attractor.
> restart :                               #开始
> with( plots) :                          #加载绘图库
> x : = array(0..10000) :
> y : = array(0..10000) :
> a : = 1.2 :                             # α = 1.2
> b : = 0.4 :                             # β = 0.4
> imax : = 5000 :                         #迭代次数
> x[0] : = 0.1 :                          #迭代初值 x_0 = 0.1
> y[0] : = 0 :                            #迭代初值 y_0 = 0
> ############################################################
> for i from 0 to imax do                 #迭代开始
> x[i+1] : = 1 + y[i] - a * (x[i])^2 :    #迭代方程一
> y[i+1] : = b * x[i] :                   #迭代方程二
> end do :                                #迭代结束
> ############################################################
> points : = [[x[n],y[n]] $ n = 300..imax] :
> pointplot( points, style = point,
>                 symbol = solidcircle,
>                 symbolsize = 4,
>                 color = blue,
>                 axes = BOXED) ;         #不动点绘图
> ############################################################
```

编程题 20.6.2 李雅普诺夫指数。计算埃农映射

$$x_{n+1} = 1 + y_n - \alpha x_n^2 \quad (20.6.8a)$$
$$y_{n+1} = \beta x_n \quad (20.6.8b)$$

的李雅普诺夫(Lyapunov)指数。

解:Lyapunov 指数是衡量系统动力学特性的一个重要定量指标,它表征了系统在相空间中相邻轨道间收敛或发散的平均指数率。对于系统是否存在动力学混沌,可以从最大 Lyapunov 指数是否大于零非常直观地判断出来:一个正的 Lyapunov 指数,意味着在系统相空间中,无论初始两条轨线的间距多么小,其差别都会随着时间的演化而成指数地增加以致达到无法预测,这就是混沌现象。通常 Lyapunov 指数从大到小排列,即 $\lambda_1 \geqslant \cdots \geqslant \lambda_n$。

Lyapunov 指数的定义:称

$$\lambda(x_0) = \lim_{n \to \infty} \frac{1}{n} \ln \left| \frac{\mathrm{d} f^n(x_0)}{\mathrm{d} x} \right| \quad (20.6.9)$$

为一维离散映射

$$x_{n+1} = f(x_n) \quad (20.6.10)$$

的 Lyapunov 指数,式中 $f \in C^1[a, b]$;x_0 是初值。

由复合函数求导链式法则

$$\lambda(x_0) = \lim_{n \to \infty} \frac{1}{n} \sum_{i=0}^{n-1} \ln |f'(x_i)| \quad (20.6.11)$$

式中, $x_1 = f(x_0)$;$x_i = f(x_{i-1})$。

图 20.6.2a)是埃农映射随参数 α 变化的分岔图($\alpha \in [0, 1.4]$,$\beta = 0.3$)。可以看出,埃农映射同样具有一维映射的非线性特征随参数 α 呈现倍周期分岔进入混沌。图 20.6.2b)是埃农映射的两个 Lyapunov 指数 λ_1, λ_2 随参数 α 的变化。

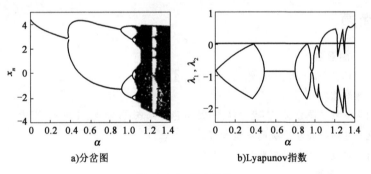

a)分岔图   b)Lyapunov指数

图 20.6.2 埃农映射

当 $\alpha = 1.2$, $\beta = 0.3$ 时,两个 Lyapunov 指数值为 $\lambda_1 = 0.33801$, $\lambda_2 = -1.5420$。

Maple 程序

```
> ###########################################################
> #Program 20.2 :Computing the Lyapunov exponents of the Henon map.
> restart:                    #开始
> Digits: = 30:
> itermax: = 500:             #迭代次数
> a: = 1.2:                   # α = 1.2
> b: = 0.3:                   # β = 0.3
> x: = 0:
```

```
> y: = 0:
> vec1: = <1,0>:
> vec2: = <0,1>:
>#############################################################
> for i from 1 to itermax do                    #迭代开始
> x1: = 1 - a*x^2 + y:
> y1: = b*x:                                    #埃农映射
> x: = x1:
> y: = y1:
> J: = Matrix([[-2*a*x,1],[b,0]]):              #雅可比矩阵
> vec1: = J.vec1:
> vec2: = J.vec2:
> dotprod1: = vec1.vec1:
> dotprod2: = vec1.vec2:
> vec2: = vec2 - (dotprod2/dotprod1)*vec1:      #正交向量
> lengthv1: = sqrt(dotprod1):
> area: = abs(vec1[1]*vec2[2] - vec1[2]*vec2[1]):
> h1: = evalf(log(lengthv1)/i):
> h2: = evalf(log(area)/i - h1):
> end do:                                       #迭代结束
>#############################################################
> print('h1' = h1, 'h2' = h2):                  #输出李雅普诺夫指数
>#############################################################
```

20.7 思考题

思考题 20.1 简答题

1. 解释下列名词：①相平面；②相轨迹；③奇点；④相速度。
2. 什么是等倾线法？
3. 说明下列奇点的重要意义：①稳定结点；②不稳定结点；③鞍点；④焦点；⑤中心。
4. 写出常见的非线性振动系统的典型方程。
5. 定性分析和定量分析包括哪些具体内容？

思考题 20.2 判断题

1. 奇点对应着系统的平衡状态。   (   )
2. 等倾线是这样的一些点的集合，相轨迹通过它们时具有恒定的斜率。   (   )
3. 在相平面中所作的相轨迹上不直接出现时间。   (   )
4. 系统的解随时间的变化情况可以通过相轨迹来观察。   (   )
5. 离散时间动力系统不动点的稳定性是由特征值的实部是否小于零来判定。   (   )

思考题 20.3 填空题

1. 在位移-速度平面内表示系统的运动称为_____表示法。
2. 在相平面中，用一个代表性的点追踪所得到的曲线称为_____。
3. 相点沿着相轨迹移动的速度称为_____。
4. 时间离散动力系统产生切分岔的条件是_____。

5. 时间离散动力系统产生倍周期分岔的条件是_____。

思考题 20.4 选择题

1. 封闭轨线围绕的奇点称为( )。

   A. 中心　　　　　　　B. 中点　　　　　　　C. 焦点

2. 具有周期运动的系统,其相轨迹是( )。

   A. 闭合曲线　　　　　B. 非闭合曲线　　　　C. 点

3. 二维离散-时间动力系统有两个互异的实特征值,且 $\lambda_2 < \lambda_1 < 1$:( )。

   A. 鞍点　　　　　　　B. 稳定结点　　　　　C. 不稳定结点

4. 二维离散-时间动力系统有两个互异的实特征值,且 $\lambda_1 > 1 > \lambda_2$:( )。

   A. 稳定结点　　　　　B. 不稳定结点　　　　C. 鞍点

5. 二维离散-时间动力系统有一对复特征值:( )。

   A. 鞍点　　　　　　　B. 结点　　　　　　　C. 焦点

思考题 20.5 连线题

时间离散动力系统中的最简单分岔问题:

1. 乘子 $\mu_1 = 1$　　　　　　A. 环面分岔或 Neimark-Sacker 分岔

2. 乘子 $\mu_1 = -1$　　　　　 B. 倍周期分岔或翻转分岔

3. 乘子 $\mu_{1,2} = \mathrm{e}^{\pm \mathrm{i}\theta_0}, 0 < \theta_0 < \pi$　　C. 切分岔或折分岔

20.8　习题

A 类型习题

习题 20.1 在介质中运动的摆受阻力和单向、恒定力矩的作用,运动方程写成

$$\ddot{\varphi} + 2h\dot{\varphi} + \omega_0^2 \varphi = M_0 \quad (\dot{\varphi} > 0)$$

$$\ddot{\varphi} + 2h\dot{\varphi} + \omega_0^2 \varphi = 0 \quad (\dot{\varphi} < 0)$$

式中,h、ω_0、M_0 为常数。

设 $\dfrac{2h}{\omega_0} \ll 1$,$\dfrac{M_0}{\omega_0^2} \ll 1$,试用点变换法求不动点。

习题 20.2 用来模拟地毯长度的差分方程,l_n 表示滚动 n 次的长度

$$l_{n+1} = l_n + \pi(4 + 2cn) \quad (n = 0, 1, 2, 3, \cdots)$$

式中,c 为地毯的厚度。求解这个递推关系。

习题 20.3 求解下列二阶线性差分方程:

(1) $x_{n+2} = 5x_{n+1} - 6x_n$ $(n = 0, 1, 2, 3, \cdots)$ $(x_0 = 1, x_1 = 4)$;

(2) $x_{n+2} = x_{n+1} - \dfrac{1}{4}x_n$ $(n = 0, 1, 2, 3, \cdots)$ $(x_0 = 1, x_1 = 2)$;

(3) $x_{n+2} = 2x_{n+1} - 2x_n$ $(n = 0, 1, 2, 3, \cdots)$ $(x_0 = 1, x_1 = 2)$;

(4) $F_{n+2} = F_{n+1} + F_n$ $(n = 0, 1, 2, 3, \cdots)$ $(F_1 = 1, F_2 = 1)$(这个数列被称为斐波那契数列);

(5) $x_{n+2} = x_{n+1} + 2x_n - f(n)$ $(n = 0, 1, 2, \cdots)$ $(x_0 = 2, x_1 = 3)$,何时①$f(n) = 2$;②$f(n) = 2n$;③$f(n) = \mathrm{e}^n$。

习题 20.4 把人口分为 3 个年龄段:0~14 岁、15~30 岁和 31~45 岁。女性人口的莱斯利(Leslie)矩阵如下:

$$L = \begin{pmatrix} 0 & 1 & 0.5 \\ 0.9 & 0 & 0 \\ 0 & 0.8 & 0 \end{pmatrix}.$$

考虑到女性的初始人口分布 $x_1^{(0)} = 10\,000$，$x_2^{(0)} = 15\,000$ 和 $x_3^{(0)} = 8\,000$，计算若干年后每一组的女性数量：

(1) 15 年；

(2) 50 年；

(3) 100 年。

习题 20.5 考虑下面的 Leslie 矩阵，用于模拟一个物种的雌性数量

$$L = \begin{pmatrix} 0 & 0 & 6 \\ \dfrac{1}{2} & 0 & 0 \\ 0 & \dfrac{1}{3} & 0 \end{pmatrix}$$

确定 L 特征值和特征向量。说明不存在显性特征值，并描述了种群的长期发展。

习题 20.6 把人口分为 5 个年龄段：0~14 岁、15~30 岁、31~45 岁、46~60 岁和 61~75 岁。女性人口的莱斯利(Leslie)矩阵如下所示：

$$L = \begin{pmatrix} 0 & 1 & 1.5 & 0 & 0 \\ 0.9 & 0 & 0 & 0 & 0 \\ 0 & 0.8 & 0 & 0 & 0 \\ 0 & 0 & 0.7 & 0 & 0 \\ 0 & 0 & 0 & 0.5 & 0 \end{pmatrix}$$

确定 L 的特征值和特征向量，并描述人口分布是如何发展的。

习题 20.7 已知

$$L = \begin{pmatrix} b_1 & b_2 & b_3 & \cdots & b_{n-1} & b_n \\ c_1 & 0 & 0 & \cdots & 0 & 0 \\ 0 & c_2 & 0 & \cdots & 0 & 0 \\ \vdots & \vdots & \vdots & \ddots & \vdots & \vdots \\ 0 & 0 & 0 & \cdots & c_{n-1} & 0 \end{pmatrix}$$

其中，$b_i \geq 0$，$0 < c_i \leq 1$，而且 b_i 至少有两个是严格大于零的，证明：若 λ 为矩阵 L 的特征值，$p(\lambda) = 1$，则

$$p(\lambda) = \frac{b_1}{\lambda} + \frac{b_2 c_1}{\lambda^2} + \cdots + \frac{b_n c_1 c_2 \cdots c_{n-1}}{\lambda^n}$$

证明以下内容：

(1) $p(\lambda)$ 是严格减少的；

(2) $\lambda = 0$ 是 $p(\lambda)$ 垂直渐近线；

(3) 当 $\lambda \to \infty$ 时，$p(\lambda) \to 0$。

证明了一般 Leslie 矩阵具有唯一的正特征值。

习题 20.8 一种昆虫可分为 3 个年龄组：0~6 月龄、7~12 月龄和 13~18 月龄。雌性虫数的莱斯利(Leslie)矩阵如下所示：

$$L = \begin{pmatrix} 0 & 4 & 10 \\ 0.4 & 0 & 0 \\ 0 & 0.2 & 0 \end{pmatrix}$$

确定昆虫种群的长期分布。使用一种杀虫剂,可以杀死50%的最年轻的年龄层。如果杀虫剂每6个月施用一次,试确定长期分布。

习题20.9 假设昆虫的模型与习题8中相同,如果每6个月使用一种杀虫剂,杀死10%的最小年龄组、40%的中等年龄组和60%的最大年龄组,试确定长期分布。

习题20.10 在渔业中,某一种鱼类可分为3个年龄组,每一种1年。给出了鱼口中雌性部分的Leslie矩阵

$$L = \begin{pmatrix} 0 & 3 & 36 \\ \dfrac{1}{3} & 0 & 0 \\ 0 & \dfrac{1}{2} & 0 \end{pmatrix}$$

研究表明,如果不进行捕捞,鱼类数量将每年翻一番。如果应用了以下策略,请描述系统的长期行为:

(1) 每个年龄组收获50%;
(2) 采用可持续的政策,只捕捞最年轻的鱼;
(3) 收获50%的幼鱼;
(4) 只从最年轻的鱼类中收获50%的鱼;
(5) 收获50%最老的鱼。

习题20.11 如果最年轻的年龄段保持不变,则确定习题10中给出的系统的最佳可持续收获政策。

习题20.12 一个单自由度系统的运动微分方程为

$$2\ddot{x} + 0.8\dot{x} + 1.6x = 0$$

若初始条件为 $x(0) = -1$,$\dot{x}(0) = 2$。
(1) 作图表示 $x(t)$ 随 t 变化的规律,$0 \leq t \leq 10$;
(2) 作相图。

习题20.13 求下列方程所对应的平衡位置,并绘制平衡位置附近的相图

$$\ddot{x} + 0.1(x^2 - 1)\dot{x} + x = 0$$

习题20.14 用等倾线法画出下列方程代表的系统的相图

$$\ddot{x} + 0.4\dot{x} + 0.8x = 0$$

初始条件取 $x(0) = 2$,$\dot{x}(0) = 1$。

习题20.15 画下列方程代表的系统的相图

$$\ddot{x} + 0.1\dot{x} + x = 5$$

初始条件取 $x(0) = \dot{x}(0) = 0$。

习题20.16 具有摩擦阻尼的单自由度系统的运动微分方程为

$$\ddot{x} + f\frac{\dot{x}}{|\dot{x}|} + \omega_n^2 x = 0$$

利用初始条件 $x(0) = \dfrac{10f}{\omega_n^2}$,$\dot{x}(0) = 0$ 作其相图。

B 类型习题

习题 20.17 对 a 的不同参数值,构造下面平面系统的相图

(1) $$\dot{r} = r(a - r^2), \quad \dot{\varphi} = 1$$

(2) $$\begin{cases} \dot{y} = x - (y^2 - 1)\left(\dfrac{x^2}{2} - y + \dfrac{y^3}{3} - \dfrac{2}{3}\right) \\ \dot{x} = 1 - y^2 - x\left(\dfrac{x^2}{2} - y + \dfrac{y^3}{3} - \dfrac{2}{3}\right) \end{cases}$$

(3) $$\dot{x} = y, \quad \dot{y} = 1 - ax^2 + y(x - 2)$$

(4) 范德波尔方程:
$$\ddot{x} + a(x^2 - 1)\dot{x} + x = 0$$

(5) Duffing 方程:
$$\ddot{x} + a\dot{x} + x - x^3 = 0$$

(6) Bogdanov-Takens 规范形:
$$\dot{x} = y, \dot{y} = -x + ay + x^2$$

(7) Khorozov-Takens 规范形:
$$\dot{x} = y, \dot{y} = -x + ay + x^3$$

习题 20.18 讨论图 20.8.1 中所示单元的相图。这里的特殊轨线是什么?

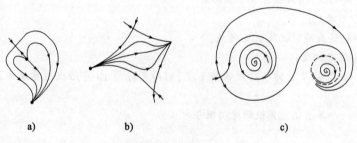

图 20.8.1 单元的例子

C 类型习题

习题 20.19 小球在弹簧顶端木块上的弹性跳动

(1) 实验题目。

如图 20.8.2 所示,地面上有垂直放置的一根弹簧,弹簧上端固定有一个木块。有一个小球从空中自由下落,与木块发生弹性碰撞。设小球及木块均只沿垂直方向运动,木块保持平动且顶面与地面平行,小球质量为 m_1,木块质量为 m_2,弹簧劲度系数为 k。试研究小球与木块运动。

(2) 实验目的及要求。

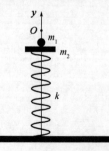

图 20.8.2 小球与弹簧上木块的运动

① 画出小球与木块的位移曲线并模拟两物体的运动状况。

② 学习用指令 events 来控制求解微分方程的进程。

(3) 解题分析。

以弹簧自然伸长位置的上端作为原点,y 轴竖直向上,设置坐标系如图 20.8.2 所示。y_1,y_2 分别为小球与木块的位置,根据牛顿定律,可列出除碰撞瞬时之外小球与木块的运动微分方程

$$m_1 \frac{d^2 y_1}{dt^2} = -m_1 g \tag{20.8.1}$$

$$m_2 \frac{d^2 y_2}{dt^2} = -m_2 g - k y_2 \qquad (20.8.2)$$

令 $y_3 = \dfrac{dy_1}{dt}$，$y_4 = \dfrac{dy_2}{dt}$，则运动微分方程表示为

$$\frac{dy_1}{dt} = y_3 \qquad (20.8.3a)$$

$$\frac{dy_2}{dt} = y_4 \qquad (20.8.3b)$$

$$\frac{dy_3}{dt} = -9.8 \qquad (20.8.3c)$$

$$\frac{dy_4}{dt} = -9.8 - \frac{k}{m_2} y_2 \qquad (20.8.3d)$$

小球与木块相碰条件为 $y_1 = y_2$。在弹性碰撞过程中动量守恒、机械能守恒。又由于碰撞过程十分短暂，所以可以忽略碰撞过程中两物体高度的变化，则在碰撞过程中有

$$m_1 v_{1y} + m_2 v_{2y} = m_1 v'_{1y} + m_2 v'_{2y} \qquad (20.8.4a)$$

$$\frac{1}{2} m_1 v_{1y}^2 + \frac{1}{2} m_2 v_{2y}^2 = \frac{1}{2} m_1 v'^2_{1y} + \frac{1}{2} m_2 v'^2_{2y} \qquad (20.8.4b)$$

令 $y_3 = v_{1y} = \dfrac{dy_1}{dt}$，$y_4 = v_{2y} = \dfrac{dy_2}{dt}$ 得

$$m_1 y_3 + m_2 y_4 = m_1 y'_3 + m_2 y'_4 \qquad (20.8.5a)$$

$$m_1 y_3^2 + m_2 y_4^2 = m_1 y'^2_3 + m_2 y'^2_4 \qquad (20.8.6b)$$

在编写程序时，首先给定小球和木块开始运动的初始条件，由运动微分方程组求出它们的解。把相碰条件 $y_1 = y_2$ 作为指令 events 控制求解进程的条件。当满足条件 $y_1 = y_2$ 时，求解方程的过程停止。按照弹性碰撞的条件求出这时两物体碰撞后的速度 v'_{1y} 和 v'_{2y}。然后用此刻的位置 $y'_1 = y'_2 = y_1 = y_2$ 和速度 v'_{1y} 和 v'_{2y} 作为下一次解方程的初始条件。如此继续反复进行即可得出小球与木块的运动过程。程序在画图时对不同的曲线用了不同颜色，指令 legend 会在显示的图例中将曲线颜色的对应关系表示出来，由于本书的图形是黑白的，所以在图 20.8.3 中不能看出这种对应关系。只有计算机的屏幕上才能看出曲线的颜色及其对应关系。

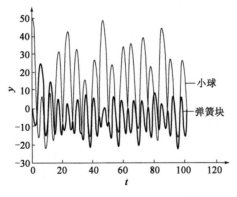

图 20.8.3 小球与木块的位移图像

(4) 思考题。

①指令 events 的功能是什么,如果不使用它,在解微分方程的过程中会遇到什么问题?

②将本题改为自由下落的小球与作简谐振动的桌面作弹性碰撞,试研究它们的运动。

胡海昌(1928—2011),中国人,力学家。他创立了弹性力学三类变量广义变分原理,即国际上公认的胡-鹫津原理;建立了力学上新型的边界积分方程;首次找到了横观各向同性弹性体空间问题的一些重要解;在振动理论和结构理论方面也有重要贡献。

主要著作:《弹性力学的变分原理及其应用》《多自由度结构固有振动理论》等。

第 5 篇 强非线性振动

本篇讨论强非线性振动,共分 5 章。第 21 章～第 24 章介绍强非线性振动的定量分析方法。第 25 章介绍非线性振动的定性分析方法。

第 21 章讨论改进的摄动法。传统的摄动法是以线性派生方程 $\ddot{x}+\omega_0^2 x=0$ 的解作摄动法的零阶解,用三角函数(圆函数)表示,以小参数 ε 的高阶摄动解也是三角函数表示的。这些圆函数来表示解的方法可以统称为圆函数摄动法。强非线性振动在以下方面改进摄动法:

(1) 当 ε 为大参数时,我们可以构造一个小参数 μ,经过时间或频率变换,将大参数 ε 展开成小参数 μ 的幂级数,仍可使用传统的摄动法求解,称为人工参数展开法。这类方法有改进的 L-P 法、改进的多尺度法、改进的 KBM 法和推广的平均法(K-B 法)等。

(2) 选择有解析解的非线性振动方程作为派生方程,采用广义谐波函数作摄动法的零阶解,仍然以小参数 ε 进行摄动。这类方法有椭圆函数摄动法、广义谐波函数摄动法。

(3) 其他方法还有增量谐波平衡法(IHB 法),摄动增量法。

第 22 章讨论能量法。能量法的基本思想是如果物体的运动是周期运动,则在每一个周期的时间长度中对物体的能量进行平均,所得的平均能量应为一个不变的常数。此外,如果上述周期运动为渐近稳定,则位于该周期运动领域内的其他一切运动,在与上述周期同样的时间长度中所求得的平均能量,最终将趋于该周期运动的平均能量,并且以此平均能量为其极限。

第 23 章讨论同伦分析方法。同伦分析方法是通过构造同伦方程将已知解的方程与未知解的方程作为桥梁连接起来,逐步求解强非线性问题近似解析解的一般方法。该方法从根本上克服了摄动理论对小参数的过分依赖,其有效性与所研究的非线性问题是否含有小参数无关,因此,适用范围广。同伦分析方法(HAM)为非线性问题的解析近似求解提供了一个全新的思路,为非线性问题(特别是不含小参数的强非线性问题)的求解开辟了一个全新的途径。本章简要描述同伦分析方法的基本思想及其在非线性振动的应用举例。

第 24 章讨论谐波-能量平衡法。李银山等提出了求解一类强非线性动力系统的谐波-能量平衡法,这种方法将谐波平衡与能量平衡有机结合起来,把微分方程和初始条件同时处理。用谐波平衡,将描述动力系统的二阶常微分方程化为以角频率、振幅为变量的非线性代数方程组,考虑能量平衡,构成角频率、振幅为变量的封闭方程组求得解析解。谐波-能量平衡法将谐波平衡与能量平衡相结合,克服了二者的缺点,吸取了二者的优点。实例表明,谐波-能量平衡法方法简单,取较少谐波就可以达到较高的精度。

第 25 章讨论三维连续-时间动力系统的奇点与分岔。第 5 章和第 15 章讨论了一维、二维连续-时间系统的奇点与分岔。本章对三维线性自治系统的奇点进行分类,讨论了双曲极限环和极限环的分岔问题。

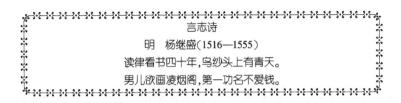

第 21 章 改进的摄动法

本章给出了几种改进摄动方法适用于 ε 不是小参数的强非线性振动情形,包括人工参数展开法、改进的 L-P 法、椭圆函数摄动方法、广义谐波函数多尺度法、增量谐波平衡法(IHB 法)。

21.1 人工参数展开法

Duffing 方程是具有非线性恢复力的强迫振动系统,在工程各领域中具有广泛的代表性。Duffing 方程于 1918 年提出到现在,已经 100 多年了。但人们对它的解的性质并未完全清楚。单自由度强迫 Duffing 振动系统的标准形式是:

$$\ddot{x} + \mu\dot{x} + \alpha x + \beta x^3 = F\cos\Omega t \quad (x \in R) \tag{21.1.1}$$

式中,α 可取 0,1 或 -1;β 可取 1 或 -1。式(21.1.1)有 3 个参数:μ、F 和 Ω,它有很丰富的动力学行为。当 $\alpha = 0$,$\beta = 1$ 时,称为日本型的,C. Hayashi 等人研究较多,其工程背景是电子电路的非线性振荡。当 $\alpha = -1$,$\beta = 1$ 时,由 P. Holmes 研究磁弹性梁的振动时得到。当 $\alpha = 1$,$\beta = 1$ 时称为硬弹簧型。当 $\alpha = 1$,$\beta = -1$ 时,称为软弹簧型。许多力学问题(如非线性振荡,保守系统的扰动问题等)的数学模型都可以归结为 Duffing 方程。对于一般的非线性系统,其精确解很难求出,甚至根本就不存在封闭解。因此,人们利用各种方法寻求它的近似解。

对于形如

$$\ddot{x} + \omega_0^2 x = \varepsilon f(x, \dot{x}) \quad (0 < \varepsilon \ll 1) \tag{21.1.2}$$

的弱非线性自治系统,以及形如

$$\ddot{x} + \omega_0^2 x = \varepsilon f(x, \dot{x}, \Omega t) \quad (0 < \varepsilon \ll 1) \tag{21.1.3}$$

的弱非线性非自治系统,目前已有多种有效的近似解法,如 Lindstedt-Poincare(L-P)法、平均法、时间变换法、KBM 法和多尺度法等。

但是,对于一般的强非线性系统,由于情况复杂,目前还缺乏像弱非线性系统那样一整套通用的近似求解方法。这一问题近年来引起了不少学者的关注,学者们对此开展了一系列的研究工作。本章给出的几种改进摄动方法适合于式(21.1.2)和式(21.1.3)中 ε 不是小参数的强非线性情形。

我们讨论渐软恢复力型强非线性 Duffing 方程

$$\ddot{x} + \omega_0^2 x - \varepsilon x^3 = 0 \qquad (21.1.4)$$

假定它具有下述初始条件：

$$x(0) = A, \dot{x}(0) = 0 \qquad (21.1.5)$$

其标准型是 $\omega_0^2 = 1$，$\varepsilon = 1$，$0 < A < 1$。

对于方程的求解，特别是求渐近解，可以采用各种渐近方法。需要指出的是，用寻常的渐近方法求渐近解时，都假定 ε 足够小。如果 ε 不是足够小，其误差都较大。例如，若 $\varepsilon A^2 = 0.65$，$\omega_0^2 = 1$，如果取二次近似，则用寻常摄动法求得的周期值约为 8.7731，而用椭圆积分表示的周期值约为 9.2251，相对误差达 5%。本节采用的人工参数展开摄动法，求得的周期约为 9.1577，其相对误差仅为 0.07%。

我们用人工参数展开摄动法求解，将 ω_0 与 ε 及函数 x 按我们引入的人工参数 μ 展开，设

$$\omega_0 = \omega + \mu\omega_1 + \mu^2\omega_2 + \cdots \qquad (21.1.6a)$$

$$\varepsilon = \mu\varepsilon_1 + \mu^2\varepsilon_2 + \cdots \qquad (21.1.6b)$$

$$x = x + \mu x_1 + \mu^2 x_2 + \cdots \qquad (21.1.6c)$$

初始条件变为

$$x_0(0) = A, \dot{x}_0(0) = 0 \qquad (21.1.7)$$

$$x_i(0) = A, \dot{x}_0(0) = 0 \quad (i = 1, 2, 3, \cdots) \qquad (21.1.8)$$

式中，$x_i(t)$ 为时间 t 的函数。

将式(21.1.6)代入式(21.1.4)，按照小参数展开程序，可以得到一系列渐近方程：

$$\ddot{x}_0 + \omega^2 x_0 = 0 \qquad (21.1.9)$$

$$\ddot{x}_1 + \omega^2 x_1 + 2\omega\omega_1 x_0 - \varepsilon_1 x_0^3 = 0 \qquad (21.1.10)$$

$$\ddot{x}_2 + \omega^2 x_2 + 2\omega\omega_1 x_1 + (\omega_1^2 + 2\omega\omega_2)x_0 - 3\varepsilon_1 x_0^2 x_1 - \varepsilon_2 x_0^3 = 0 \qquad (21.1.11)$$

$$\cdots$$

通过这一系列方程可以确定未知函数 $x_i(t)$。

从式(21.1.9)可以得到

$$x_0 = A\cos\omega t \qquad (21.1.12)$$

将式(21.1.12)代入式(21.1.10)得

$$\ddot{x}_1 + \omega^2 x_1 + \left(2\omega\omega_1 A - \frac{3}{4}\varepsilon_1 A^3\right)\cos\omega t - \frac{3}{4}\varepsilon_1 A^3 \cos 3\omega t = 0 \qquad (21.1.13)$$

消除长期项，其条件为

$$\omega_1 = \frac{3\varepsilon_1 A^2}{8\omega} \qquad (21.1.14)$$

于是得到

$$x_1 = \frac{\varepsilon A^3}{32\omega^2}(\cos\omega t - \cos 3\omega t) \qquad (21.1.15)$$

将式(21.1.12)和式(21.1.15)代入式(21.1.11)得到

$$\ddot{x}_2 + \omega^2 x_2 + \left[(\omega_1^2 + 2\omega\omega_2)A + \frac{\omega_1 \varepsilon_1 A^3}{16} - \frac{3\varepsilon_1^2 A^5}{64\omega^2} - \frac{3}{4}\varepsilon_2 A^3 \right]\cos\omega t$$

$$- \frac{1}{4}\varepsilon_2 A^3 \cos 3\omega t + \frac{3}{128}\varepsilon_1^2 A^5 \cos 5\omega t = 0 \qquad (21.1.16)$$

消去长期项的条件为

$$\omega_2 = \frac{3\varepsilon_2 A^2}{8\omega} - \frac{15\varepsilon_1^2 A^4}{256\omega^3} \qquad (21.1.17)$$

则 x_2 为

$$x_2 = \left(\frac{\varepsilon_2 A^3}{32\omega^2} - \frac{\varepsilon_1^2 A^6}{1\,024\omega^4} \right)\cos\omega t - \frac{\varepsilon_2 A^3}{32\omega^2}\cos 3\omega t + \frac{\varepsilon_1^2 A^6}{1\,024\omega^4}\cos 5\omega t \qquad (21.1.18)$$

将式(21.1.14)和式(21.1.17)代入式(21.1.6),得到

$$\omega_0 = \omega + \frac{3\varepsilon_1 A^2}{8\omega} + \left(\frac{3\varepsilon_1 A^2}{8\omega} - \frac{15\varepsilon_1^2 A^4}{256\omega^3} \right)\mu_2 \qquad (21.1.19)$$

$$\varepsilon = \mu\varepsilon_1 + \mu^2 \varepsilon_2 \qquad (21.1.20)$$

假定

$$\varepsilon_2 = \frac{5\varepsilon_1^2 A^2}{32\omega^2} \qquad (21.1.21)$$

由式(21.1.19)、式(21.1.20)和式(21.1.21),解得

$$\omega = \frac{1}{14}(2\omega_0 + \sqrt{144\omega_0^2 - 126\varepsilon A^2}) \qquad (21.1.22)$$

$$\varepsilon_1 \mu = \frac{8\omega(\omega_0 - \omega)}{3A^2} \qquad (21.1.23)$$

$$\varepsilon_2 \mu^2 = -\frac{10}{9A^2}(\omega_0 - \omega)^2 \qquad (21.1.24)$$

方程式(21.1.4)具有初始条件式(21.1.5)的二次渐近解为

$$x = A\left\{ \left[1 + \frac{\omega_0 - \omega}{12\omega} - \frac{1}{24}\left(\frac{\omega_0 - \omega}{\omega}\right)^2 \right]\cos\omega t - \right.$$

$$\left. \frac{\omega_0 - \omega}{12\omega}\left[1 - \frac{5}{12}\left(\frac{\omega_0 - \omega}{\omega}\right) \right]\cos 3\omega t + \frac{1}{144}\left(\frac{\omega_0 - \omega}{\omega}\right)^2 \cos 5\omega t \right\} \qquad (21.1.25)$$

将 $\omega_0 = 1$, $\varepsilon = 1$ 代入式(21.1.22),得到标准型 Duffing 方程的幅频关系为

$$\omega = \frac{1}{7} + \frac{3}{14}\sqrt{16 - 4A^2} \qquad (21.1.26)$$

采用 L-P 法得到的一阶近似幅频关系为

$$\omega = 1 - \frac{3}{8}A^2 \qquad (21.1.27)$$

采用 L-P 法得到的二阶近似幅频关系为

$$\omega = 1 - \frac{3}{8}A^2 - \frac{15}{256}A^4 \qquad (21.1.28)$$

方程式(21.1.4)的哈密顿量为

$$H = \frac{1}{2}\dot{x}^2 + \frac{1}{2}x^2 - \frac{1}{4}x^4 = \text{常数} \qquad (21.1.29)$$

以 $H = H(k)$ 为参数的周期轨道为 $\left(0 < H < \dfrac{1}{4}\right)$

$$x = A\text{sn}(\bar{\omega}t, k) \tag{21.1.30}$$

其周期为(精确解)

$$T_0 = 4\sqrt{1+k^2}K(k) \tag{21.1.31}$$

其中

$$A = \dfrac{\sqrt{2}k}{\sqrt{1+k^2}}, \quad \bar{\omega} = \dfrac{1}{\sqrt{1+k^2}}, \quad H(k) = \dfrac{k^2}{(1+k^2)^2} \tag{21.1.32}$$

$$K(k) = \int_0^{\pi/2} \dfrac{1}{\sqrt{1-k^2\sin^2\theta}}\,\mathrm{d}\theta \quad (0 < k < 1) \tag{21.1.33}$$

可以看出,采用人工参数展开法求得的近似解与精确解比较接近。图 21.1.1 给出了渐软恢复力型 Duffing 方程的骨干线——ω-A 图。显然用人工参数展开法求得的近似解曲线与精确解骨干曲线基本吻合。一阶近似解和二阶近似解,仅仅适合 $\varepsilon \ll 1$ 时的弱非线性情况。

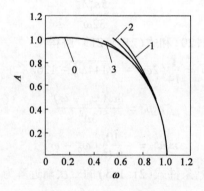

图 21.1.1 渐软恢复力型 Duffing 方程的骨干线——ω-A 图
0-精确解;1-一阶近似解;2-二阶近似解;3-改进的近似解

表 21.1.1 给出了渐软恢复力型 Duffing 方程自由振动振幅与周期的关系,其中 H 为哈密顿量,k 为椭圆积分参数,A 为振幅,T_0 为精确解的周期,T_1 为用 L-P 法一阶近似得到的周期,T_2 为用 L-P 法二阶近似得到的周期,T_3 为用人工参数展开摄动法求得的周期。

渐软恢复力型 Duffing 方程自由振动振幅与周期的关系 表 21.1.1

H	k	A	T_0	T_1	T_2	T_3
0	0	0	6.283 2	6.283 2	6.283 2	6.283 2
0.025	0.162 28	0.226 53	6.407 9	6.406 5	6.407 5	6.407 9
0.050	0.236 07	0.324 92	6.548 8	6.542 2	6.546 6	6.548 7
0.075	0.298 22	0.414 15	6.710 2	6.693 2	6.704 3	6.710 0
0.100	0.356 39	0.474 77	6.898 7	6.863 3	6.885 7	6.898 3
0.125	0.414 21	0.541 20	7.124 6	7.058 5	7.098 5	7.123 4
0.150	0.474 50	0.606 25	7.405 1	7.287 6	7.355 2	7.402 1

续上表

H	k	A	T_0	T_1	T_2	T_3
0.175	0.540 57	0.672 52	7.772 6	7.566 5	7.677 3	7.765 2
0.200	0.618 03	0.743 50	8.300 5	7.926 3	8.109 4	8.280 9
0.225	0.720 76	0.826 91	9.225 1	8.449 9	8.773 1	9.157 7
0.249 97	0.990 00	0.991 96	18.893 0	10.051 0	11.093 0	14.091 0
0.25	1	1	∞	∞	∞	∞

21.2 改进的 L-P 方法

下面我们讨论渐硬恢复力型 Duffing 方程

$$\ddot{x} + \omega_0^2 x + \varepsilon x^3 = 0 \tag{21.2.1}$$

假设初始条件：

$$x(0) = A, \dot{x}(0) = 0 \tag{21.2.2}$$

则其标准型是 $\omega_0^2 = 1$，$\varepsilon = 1$，$0 < A < \infty$。

假设式(21.2.1)和式(21.2.2)的角频率为 ω，引入变量

$$\tau = \omega t \tag{21.2.3}$$

则式(21.2.1)变成

$$\omega^2 x'' + \omega_0^2 x + \varepsilon x^3 = 0 \tag{21.2.4}$$

令

$$\omega^2 = \omega_0^2 + \sum_{n=1}^{\infty} \varepsilon^n \omega_n \tag{21.2.5}$$

引入一个新参数

$$\mu = \frac{\varepsilon \omega_1}{\omega_0^2 + \varepsilon \omega_1} \tag{21.2.6}$$

那么

$$\varepsilon = \frac{\omega_0^2 \mu}{\omega_1 (1 - \mu)} \tag{21.2.7}$$

$$\omega_0^2 + \varepsilon \omega_1 = \frac{\omega_0^2}{1 - \mu} \tag{21.2.8}$$

则

$$\omega^2 = (\omega_0^2 + \varepsilon \omega_1) \left[1 + \frac{1}{\omega_0^2 + \varepsilon \omega_1} (\varepsilon^2 \omega_2 + \varepsilon^3 \omega_3 + \cdots) \right]$$

$$= \frac{\omega_0^2}{1 - \mu} (1 + \delta_2 \mu^2 + \delta_3 \mu^3 + \cdots) \tag{21.2.9}$$

ω_1，$\delta_i (i = 2, 3, \cdots)$ 是待定系数。将式(21.2.7)和式(21.2.9)代入式(21.2.4)得到

$$(1 + \delta_2\mu^2 + \delta_3\mu^3 + \cdots)x'' + (1 - \mu)x + \frac{\mu}{\omega_1}x^3 = 0 \qquad (21.2.10)$$

显见 $\mu \to 0$，$\varepsilon\omega_1 \to 0$ 而 $\mu \to 1$，$\varepsilon\omega_1 \to \infty$，因此 μ 是比 ε 更优越的小参数。

将 x 展开为 μ 的级数为

$$x = \sum_{n=0}^{\infty} \mu^n x_n \qquad (21.2.11)$$

将式(21.2.11)代入式(21.2.10)得到一系列渐近方程为

$$x''_0 + x_0 = 0 \qquad (21.2.12)$$

$$x''_1 + x_1 = x_0 - \frac{1}{\omega_1}x_0^3 \qquad (21.2.13)$$

$$x''_2 + x_2 = -\delta_2 x''_0 + x_1 - \frac{3}{\omega_1}x_1 x_0^2 \qquad (21.2.14)$$

$$\cdots$$

初始条件为

$$x_0(0) = A, \quad \dot{x}_i(0) = 0 \qquad (21.2.15)$$

$$x_i(0) = 0, \quad \dot{x}_i(0) = 0 \quad (i = 1, 2, \cdots) \qquad (21.2.16)$$

求解式(21.2.12) ~ (21.2.16)得(消除长期项)

$$\omega_1 = \frac{3}{4}A^2, \quad \delta_2 = -\frac{1}{24}, \quad \delta_3 = 0, \quad \delta_4 = -\frac{17}{13824} \qquad (21.2.17)$$

所以新参数

$$\mu = \frac{\frac{3}{4}\varepsilon A^2}{\omega_0^2 + \frac{3}{4}\varepsilon A^2} \qquad (21.2.18)$$

方程式(21.2.1)和式(21.2.2)的 5 次渐近解为

$$\omega^2 = \frac{\omega_0^2}{1-\mu}\left[1 - \frac{1}{24}\mu^2 - \frac{17}{13824}\mu^4 + O(\mu^5)\right] \qquad (21.2.19)$$

$$x = \sum_{i=1}^{5} A_{2n-1}\cos(2n-1)\tau + O(\mu^5) \qquad (21.2.20)$$

其中

$$A_1 = A\left(1 - \frac{1}{24}\mu - \frac{1}{576}\mu^2 - \frac{19}{13824}\mu^3 - \frac{13}{331776}\mu^4\right) \qquad (21.2.21a)$$

$$A_3 = A\left(1 - \frac{1}{24}\mu - \frac{1}{768}\mu^3 - \frac{7}{331776}\mu^4\right) \qquad (21.2.21b)$$

$$A_5 = A\left(\frac{1}{576}\mu^2 + \frac{19}{331776}\mu^4\right) \qquad (21.2.21c)$$

$$A_7 = \frac{1}{13824}A\mu^3 \qquad (21.2.21d)$$

$$A_9 = \frac{1}{331\,76} A\mu^4 \qquad (21.2.21e)$$

将 $\omega_0^2 = 1$，$\varepsilon = 1$ 代入式(21.2.19)得到标准 Duffing 方程的近似频幅关系，即骨干线为

$$\omega = \sqrt{\frac{1 - \frac{1}{24}\mu^2 - \frac{17}{138\,24}\mu^4}{1 - \mu}} \qquad (21.2.22)$$

其中

$$\mu = \frac{3A^2}{4 + 3A^2} \qquad (21.2.23)$$

用 L-P 得到的一阶近似幅频关系为

$$\omega = 1 + \frac{3}{8}A^2 \qquad (21.2.24)$$

用 L-P 得到的二阶近似幅频关系为

$$\omega = 1 + \frac{3}{8}A^2 - \frac{15}{256}A^4 \qquad (21.2.25)$$

方程式(21.2.1)的哈密顿量为

$$H = \frac{1}{2}\dot{x}^2 + \frac{1}{2}x^2 + \frac{1}{4}x^4 = 常数 \qquad (21.2.26)$$

方程式(21.2.1)的精确解为

$$x = A\operatorname{cn}(\overline{\omega}t, k) \quad \left(k \in \left[0, \frac{1}{\sqrt{2}}\right]\right) \qquad (21.2.27)$$

轨道周期的精确解为

$$T = 4\sqrt{1 - 2k^2}\, K(k) \quad \left(0 < k < \frac{1}{\sqrt{2}}\right) \qquad (21.2.28)$$

其中

$$A = \frac{\sqrt{2}k}{\sqrt{1 - 2k^2}} \qquad (21.2.29a)$$

$$\overline{\omega} = \frac{1}{\sqrt{1 - 2k^2}} \qquad (21.2.29b)$$

$$H(k) = \frac{k^2(1 - k^2)}{(1 - 2k^2)^2} \qquad (21.2.29c)$$

$$K(k) = \int_0^{\frac{\pi}{2}} \frac{\mathrm{d}\theta}{\sqrt{1 - k^2\sin^2\theta}} \qquad (21.2.29d)$$

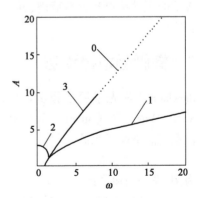

图 21.2.1 渐硬恢复力型 Duffing 方程的骨干线 ω-A 图
0-精确解；1-一阶近似解；2-二阶近似解；3-改进的近似解

图 21.2.1 给出了渐硬恢复力型 Duffing 方程的骨干线 ω-A 图，显然改进的近似解曲线与

精确解骨干线基本吻合。一阶近似解和二阶近似解,仅仅适合 $\varepsilon A^2 < 1$ 时的弱非线性情况。当 $\varepsilon A^2 > 1$ 时与精确解相差甚远。

表 21.2.1 给出了渐硬恢复力型 Duffing 方程自由振动振幅与周期关系,其中 H 为哈密顿量,k 为椭圆积分参数,A 为振幅,T_0 为精确解的周期,T_1 为用 L-P 法一阶近似得到的周期,T_2 为用 L-P 法二附上近似得到的周期,T_3 为用改进的 L-P 方法求得的周期。可以看出,改进的 L-P 方法求得的近似解与精确解比较接近。

渐硬恢复力标准型 Duffing 方程　　　　　表 21.2.1

H	k	A	T_0	T_1	T_2	T_3
0	0	0	6.283 2	6.283 2	6.283 2	6.283 2
0.001	0.031 58	0.044 70	6.278 5	6.278 5	6.278 5	6.278 5
0.01	0.098 54	0.140 73	6.237 1	6.236 9	6.237 0	1.237 1
0.1	0.278 50	0.428 04	5.893 2	5.879 2	5.890 3	5.893 2
1	0.525 73	1.111 8	4.548 3	4.293 2	4.580 0	4.548 2
10	0.649 55	4.224 5	1.687 3	0.816 80	×	1.687 4
100	0.689 23	4.361 8	1.638 9	0.772 41	×	1.638 1
1 000	0.701 50	7.890 1	0.929 15	0.258 09	×	0.928 57
10 000	0.705 34	14.107	0.523 81	0.083 08	×	0.523 46
100 000	0.706 55	25.121	0.294 77	0.026 44	×	0.294 67
1 000 000	0.706 93	44.710	0.165 82	0.008 37	×	0.174 53
∞	0.707 11	∞	0	0	0	0

注:表内有 × 号者,表示此栏的值不合理。

结论:我们把式(21.1.4)和式(21.2.1)用各种方法求出的周期列成表 21.1.1 和表 21.2.1 以便比较。假设初始条件为 $x(0) = B, \dot{x}(0) = C$,对于软弹簧型方程式(21.1.4)则有

$$H = \frac{1}{2}C^2 + \frac{1}{2}B^2 - \frac{1}{4}B^4 \tag{21.2.30a}$$

对于硬弹簧型方程式(21.2.1)有

$$H = \frac{1}{2}C^2 + \frac{1}{2}B^2 + \frac{1}{4}B^4 \tag{21.2.30b}$$

从广义振幅 A,椭圆函数的模 k 和哈密顿量 H 的关系,可以看出,采用本节改进的摄动法比寻常的摄动法更接近精确解,并且适用于强非线性方程。得到的解的表达形式简单,便于工程应用。

21.3　椭圆函数摄动法

Barkham 等最先采用椭圆函数(elliptic function)推广了 KBM 法,称为 EKB 法。随后,Christopher,Yuste 等,Coppola 等,Ferdinand,Roy,Cveticanin 等相继采用 EKB 法研究不同的非线性系统。下面以系统

$$\ddot{x} + x^3 = \varepsilon f(x, \dot{x}) \tag{21.3.1}$$

为例,作一简单介绍。

当 $\varepsilon = 0$ 时,方程式(21.3.1)的派生方程为

$$\ddot{x} + x^3 = 0 \tag{21.3.2}$$

其解以雅可比椭圆函数表示为

$$x(t) = A\operatorname{cn}(\overline{\omega}t + \phi, k) = A\operatorname{cn}(\psi, k) = A\operatorname{cn} \tag{21.3.3}$$

式中，$\overline{\omega}, A, \phi$ 为常数；$\psi = \overline{\omega}t + \varphi$；$k^2 = 1/2$；cn 是椭圆函数 $\operatorname{cn}(\psi, k)$ 的简写，则

$$\dot{x}(t) = -\overline{\omega} A \operatorname{sn} \operatorname{dn} \tag{21.3.4}$$

当 $\varepsilon \neq 0$ 时，假设方程式(21.3.1)的解仍然为式(21.3.3)的形式，但 A, ϕ 不是常数，而是 t 的函数，即

$$x(t) = A(t)\operatorname{cn}\left[\overline{\omega}t + \phi(t), k^2 = \frac{1}{2}\right] = A(t)\operatorname{cn}\left[\psi(t), \frac{1}{2}\right] \equiv A\operatorname{cn} \tag{21.3.5}$$

式中，$\overline{\omega}$ 为待定常数；$A(t)$；$\phi(t)$ 为待定函数，而且假定 $\dot{x}(t)$ 仍保留式(21.3.4)，即要求

$$\dot{A}\operatorname{cn} - A\dot{\phi}\operatorname{sn} \operatorname{dn} = 0 \tag{21.3.6}$$

式(21.3.5)对 t 二次求导，并与式(21.3.4)一起代入式(21.3.1)，注意到

$$\left(\frac{\mathrm{d}^2}{\mathrm{d}\psi^2}\right)\operatorname{cn}(\psi, k^2) = -(1 - 2k^2)\operatorname{cn} - 2k^2\operatorname{cn}^3 \tag{21.3.7}$$

可得

$$-\overline{\omega}\dot{A}\operatorname{sn} \operatorname{dn} - \overline{\omega}^2 A \operatorname{cn}^3 - \overline{\omega} A\dot{\phi}\operatorname{cn}^3 + A^3\operatorname{cn}^3 = \varepsilon f(A\operatorname{cn}, -\overline{\omega} A\operatorname{sn} \operatorname{dn}) \tag{21.3.8}$$

求解式(21.3.6)和式(21.3.8)，可得

$$\dot{A}\overline{\omega}(\operatorname{sn}^2 \operatorname{dn}^2 + \operatorname{cn}^4) + (\overline{\omega}^2 A - A^3)\operatorname{cn}^4 \operatorname{sn} \operatorname{dn} = \varepsilon f \operatorname{sn} \operatorname{dn} \tag{21.3.9}$$

$$\overline{\omega} A\dot{\phi}(\operatorname{sn}^2 \operatorname{dn}^2 + \operatorname{cn}^4) + (\overline{\omega}^2 A - A^3)\operatorname{cn}^4 = -\varepsilon f\operatorname{cn} \tag{21.3.10}$$

一般情形下，上述方程组很难求得精确解。考虑到 A 和 ϕ 的变化很缓慢，我们可在椭圆函数周期 $4K$ 时间内取平均值。

$$\overline{\omega}\dot{A} = -\frac{3\varepsilon}{8K} \cdot \int_0^{4K} f(A\operatorname{cn}, -\overline{\omega} A\operatorname{sn} \operatorname{dn})\operatorname{sn} \mathrm{d}\psi \tag{21.3.11}$$

$$\overline{\omega} A\dot{\phi} = -\frac{3\varepsilon}{8K} \cdot \int_0^{4K} f(A\operatorname{cn}, -\overline{\omega} A\operatorname{sn} \operatorname{dn})\operatorname{cn}\mathrm{d}\psi - \frac{1}{3}(\overline{\omega}^2 A - A^3) \tag{21.3.12}$$

其中采用了积分公式

$$\langle \operatorname{sn}^2 \operatorname{dn}^2 \rangle = \frac{1}{4K} \cdot \int_0^{4K} \operatorname{sn}^2 \operatorname{dn}^2 \mathrm{d}\psi = \frac{1}{3}, \quad \langle \operatorname{cn}^4 \rangle = \frac{1}{3}, \quad \langle \operatorname{cn}^4 \operatorname{sn} \operatorname{dn} \rangle = 0 \tag{21.3.13}$$

上述的推导过程很类似于 16.7 传统平均法的推导过程，只是把传统平均法的圆函数（三角函数）$\cos(\omega t + \theta)$ 换为椭圆函数 $\operatorname{cn}(\overline{\omega}t + \phi)$，把圆函数的运算换为椭圆函数运算。所以，椭圆函数平均法相对简单，但是，与圆函数平均法一样，它也只是一次近似，精度不够高。

例题 21.3.1 求如下非线性方程的解

$$\ddot{x} + x^3 = \varepsilon(1 - x^2)\dot{x} \tag{21.3.14}$$

解：椭圆函数平均法（EKB 法）

把 $f(x, \dot{x}) = (1 - x^2)\dot{x}$ 代入式(21.3.11)和式(21.3.12)，进行椭圆函数的积分可得

$$\dot{A} = \frac{\varepsilon A}{2}\left\{1 + \frac{3}{5}\left(1 - \frac{2E}{K}\right)A^2\right\} \tag{21.3.15}$$

$$\dot{\phi} = \frac{A^2 - \overline{\omega}^2}{3\overline{\omega}} \tag{21.3.16}$$

对于稳态解，$\dot{A} = 0, \dot{\phi} = 0$，由此可求得

$$\overline{\omega} = A \tag{21.3.17}$$

$$A_s^2 = \frac{5}{3} \cdot \frac{K}{2E - K} \tag{21.3.18}$$

当 $k^2 = \frac{1}{2}$ 时，$E\left(\frac{1}{\sqrt{2}}\right) = 1.350\,644$，$K\left(\frac{1}{\sqrt{2}}\right) = 1.854\,075$，由此求得 $A_s^2 = 3.647\,4$，从而求得 $A_s = 1.909\,8$。
于是方程式(21.3.14)的稳定解为

$$x(t) = A_s \text{cn}(\overline{\omega}t, k) \tag{21.3.19}$$

$$x(t) = 1.909\,8\text{cn}(1.909\,8t, 0.707\,1) \tag{21.3.20}$$

21.4 广义谐波函数多尺度法

徐兆等提出了一个适用于强非线性系统的新方法——非线性多尺度法，推广了多尺度法中的两变量展开法。由于该法也是采用广义谐波函数作为摄动过程的基本函数，在摄动过程中采用多尺度法中的两变量展开法，我们称其为广义谐波函数多尺度法。下面对该法予以介绍。

考虑一般的强非线性拟保守系统

$$\ddot{x} + g(x) = \varepsilon f(x, \dot{x}) \tag{21.4.1}$$

式中，$g(x)$、$f(x, \ddot{x})$ 满足具有周期解的条件。引入两个变量 ξ 和 η，它们满足式(21.4.1)派生方程

$$\ddot{x} + g(x) = 0 \tag{21.4.2}$$

的解，即

$$x(t) = \xi \cos\eta(t) + b \tag{21.4.3}$$

$$\dot{x} = \frac{-\xi \mathrm{d}\eta}{\mathrm{d}t \sin\eta} \tag{21.4.4}$$

$$\frac{\mathrm{d}\eta}{\mathrm{d}t} = \sqrt{\frac{2[V(\xi + b) - V(\xi\cos\eta + b)]}{\xi^2 \sin^2\eta}} \triangleq S_0(\xi, \eta) \tag{21.4.5}$$

其中

$$V(x) = \int_0^x g(u)\mathrm{d}u \tag{21.4.6}$$

$$V(\xi + b) = V(-\xi + b) \tag{21.4.7}$$

式中，$\xi + b = \alpha > 0$，$-\xi + b = \beta < 0$。当 $\varepsilon \neq 0$ 时，我们假设方程式(21.4.1)的解具有一般的形式

$$x(t, \varepsilon) = x_0(\xi, \eta) + \varepsilon x_1(\xi) + \cdots + \varepsilon^{m-1} x_{m-1}(\xi) + O(\varepsilon^m) \tag{21.4.8}$$

$$\frac{\mathrm{d}\xi}{\mathrm{d}t} = \varepsilon R_1(\xi) + \varepsilon^2 R_2(\xi) + \cdots + \varepsilon^m R_m(\xi) \tag{21.4.9}$$

$$\frac{\mathrm{d}\eta}{\mathrm{d}t} = S_0(\xi, \mu) + \varepsilon S_1(\xi, \eta) + \cdots + \varepsilon^m S_m(\xi, \eta) \tag{21.4.10}$$

式中，$R_n(\xi)$、$S_n(\xi, \eta)$ 为待定函数。于是，对 t 的求导可转化为对 ξ 和 η 的偏导。

$$\frac{d}{dt} = S_0 \frac{\partial}{\partial \eta} \varepsilon \left(R_1 \frac{\partial}{\partial \xi} + S_1 \frac{\partial}{\partial \eta} \right) + \varepsilon^2 \left(R_2 \frac{\partial}{\partial \xi} + S_2 \frac{\partial}{\partial \eta} \right) + \cdots \tag{21.4.11}$$

$$\frac{d^2}{dt^2} = S_0 \frac{\partial}{\partial \eta} \left(S_0 \frac{\partial}{\partial \eta} \right) + \varepsilon \left[S_0 \frac{\partial}{\partial \eta} \left(S_1 \frac{\partial}{\partial \eta} + R_1 \frac{\partial}{\partial \xi} \right) + S_1 \frac{\partial}{\partial \eta} \left(S_0 \frac{\partial}{\partial \eta} \right) + R_1 \frac{\partial}{\partial \xi} \left(S_0 \frac{\partial}{\partial \eta} \right) \right] +$$

$$\varepsilon^2 \left[S_0 \frac{\partial}{\partial \eta} \left(S_2 \frac{\partial}{\partial \eta} + R_2 \frac{\partial}{\partial \xi} \right) + S_1 \frac{\partial}{\partial \eta} \left(S_1 \frac{\partial}{\partial \eta} + R_1 \frac{\partial}{\partial \xi} \right) + \right.$$

$$\left. S_2 \frac{\partial}{\partial \eta} \left(S_0 \frac{\partial}{\partial \eta} \right) + R_1 \frac{\partial}{\partial \xi} \left(S_1 \frac{\partial}{\partial \eta} + R_1 \frac{\partial}{\partial \xi} \right) + R_2 \frac{\partial}{\partial \xi} \left(S_0 \frac{\partial}{\partial \eta} \right) \right] + \cdots \tag{21.4.12}$$

把式(21.4.8)代入式(21.4.1)并令式子两边 ε 的同次幂的系数相等，整理得如下各阶摄动方程：

$$\varepsilon^0 : S_0 \frac{\partial}{\partial \eta} \left(S_0 \frac{\partial x_0}{\partial \eta} \right) + g(x_0) = 0 \tag{21.4.13}$$

$$\varepsilon^1 : S_0 \frac{\partial}{\partial \eta} \left(S_1 \frac{\partial x_0}{\partial \eta} + R_1 \frac{\partial x_0}{\partial \xi} \right) + S_1 \frac{\partial}{\partial \eta} \left(S_0 \frac{\partial x_0}{\partial \eta} \right) + R_1 \frac{\partial}{\partial \xi} \left(S_0 \frac{\partial x_0}{\partial \eta} \right) +$$

$$g'(x_0) x_1 = f\left(x_0, S_0 \frac{\partial x_0}{\partial \eta_0} \right) \tag{21.4.14}$$

$$\varepsilon^2 : S_0 \frac{\partial}{\partial \eta} \left(S_2 \frac{\partial x_0}{\partial \eta} + R_2 \frac{\partial x_0}{\partial \xi} \right) + S_1 \frac{\partial}{\partial \eta} \left(S_1 \frac{\partial x_0}{\partial \eta} + R_1 \frac{\partial}{\partial \xi} \right) + S_2 \frac{\partial}{\partial \eta} \left(S_0 \frac{\partial x_0}{\partial \eta} \right) +$$

$$R \frac{\partial}{\partial \xi} \left(S_1 \frac{\partial x_0}{\partial \eta} + R_1 \frac{\partial x_0}{\partial \xi} \right) + R_2 \frac{\partial}{\partial \eta} \left(S_0 \frac{\partial x_0}{\partial \eta} \right) + x_2 g'(x_0) + \frac{1}{2} x_1^2 g''(x_0)$$

$$= x_1 f_x' \left(x_0, S_0 \frac{\partial x_0}{\partial \eta} \right) + \left(S_1 \frac{\partial x_0}{\partial \eta} + R_1 \frac{\partial x_0}{\partial \xi} \right) f_x' \left(x_0, S_0 \frac{\partial x_0}{\partial \eta} \right) \tag{21.4.15}$$

于是各阶方程的摄动解可以逐步求得。

对于 ε^0 阶，式(21.4.13)的解为

$$x_0(\xi, \eta) = \xi \cos \eta + b \tag{21.4.16}$$

$$S_0(\xi, \eta) = \sqrt{\frac{2[V(\xi + b) - V(\xi \cos \eta + b)]}{\xi^2 \sin^2 \eta}} \tag{21.4.17}$$

对于 ε^1 阶，将式(21.4.14)两边同乘以 $\partial x_0 / \partial \eta$ 得到

$$\frac{\partial}{\partial \eta} \left[S_0 S_1 \left(\frac{\partial x_0}{\partial \eta} \right)^2 \right] = f\left(x_0, S_0 \frac{\partial x_0}{\partial \eta} \right) \frac{\partial x_0}{\partial \eta} - x_1 \frac{\partial}{\partial \eta} g(x_0) -$$

$$R_1 \left(2 S_0 \frac{\partial^2 x_0}{\partial \xi \partial \eta} + \frac{\partial S_0}{\partial \xi} \frac{\partial x_0}{\partial \eta} \right) \frac{\partial x_0}{\partial \eta} \tag{21.4.18}$$

积分得

$$S_0 S_1 \xi^2 \sin^2 \eta = -\int_0^\eta \xi f_0(\xi, \eta) d\eta - R_1 \int_0^\eta \xi \left(2 S_0 + \xi \frac{\partial S_0}{\partial \xi} \right) \sin^2 \eta d\eta +$$

$$x_1 [g(\xi + b) - g(\xi \cos \eta + b)] \tag{21.4.19}$$

其中

$$f_0(\xi, \eta) = f(\xi\cos\eta + b, -\xi S_0\sin\eta) \tag{21.4.20}$$

取上式积分限 $\eta = 2\pi$,求得

$$R_1(\xi) = -\frac{\int_0^{2\pi} f_0(\xi, \eta)\sin\eta\,d\eta}{\int_0^{2\pi}\left(2S_0 + \xi\frac{\partial S_0}{\partial \xi}\right)\sin^2\eta\,d\eta} \tag{21.4.21}$$

类似地,取积分上限 $\eta = \pi$,求得

$$x_1(\xi) = \frac{\xi\left[\int_0^{\pi} f_0(\xi, \eta)\sin\eta\,d\eta + R_1\int_0^{\pi}\left(2S_0 + \xi\frac{\partial S_0}{\partial \xi}\right)\sin^2\eta\,d\eta\right]}{g(\xi + b) - g(-\xi + b)} \tag{21.4.22}$$

从而可从式(21.4.19)计算出 $S_1(\xi, \eta)$。

对于 ε^2 阶,将式(21.4.15)两边乘以 $\partial x_0/\partial \eta$,类似于上面的求解过程,可以求出

$$R_2(\xi) = -\frac{\int_0^{2\pi} f_1(\xi, \eta)\sin\eta\,d\eta}{\int_0^{2\pi}\left(2S_0 + \xi\frac{\partial S_0}{\partial \xi}\right)\sin^2\eta\,d\eta} \tag{21.4.23}$$

$$x_2(\xi) = \frac{\xi\left[\int_0^{\pi} f_1(\xi, \eta)\sin\eta\,d\eta + R_2\int_0^{\pi}\left(2S_0 + \xi\frac{\partial S_0}{\partial \xi}\right)\sin^2\eta\,d\eta\right]}{g(\xi + b) - g(-\xi + b)} \tag{21.4.24}$$

$$S_2(\xi, \eta) = \frac{1}{\xi^2 S_0 \sin^2\eta}\Big\{x_2[g(\xi + b) - g(\xi\cos\eta + b)] -$$
$$\xi\int_0^{\eta}\left[f_1(\xi, \eta) + R_2\left(2S_0 + \xi\frac{\partial S_0}{\partial \xi}\right)\sin\eta\right]\sin\eta\,d\eta\Big\} \tag{21.4.25}$$

其中

$$f_1(\xi, \eta) = x_1 f'_x\left(x_0, S_0\frac{\partial x_0}{\partial \eta}\right) + \left[-\xi S_1\sin\eta + R_1\left(\cos\eta + \frac{db}{d\xi}\right)\right] f'_{\dot x}\left(x_0, S_0\frac{\partial x_0}{\partial \eta}\right) -$$
$$\frac{1}{2}x_1^2 g''(x_0) - R_1\frac{\partial}{\partial \xi}\left[-\xi S_1\sin\eta + R_1\left(\cos\eta + \frac{db}{d\xi}\right)\right] -$$
$$S_1\frac{\partial}{\partial \eta}\left[-\xi S_1\sin\eta + R_1\left(\cos\eta + \frac{db}{d\xi}\right)\right] = x_1 f'_x(\xi\cos\eta + b, -\xi S_0\sin\eta) +$$
$$(R_1 h + R_1\cos\eta - \xi S_1\sin\eta) f'_{\dot x}(\xi\cos\eta + b, -\xi S_0\sin\eta) -$$
$$\frac{1}{2}x_1^2 g''(\xi\cos\eta + b) + R_1\left[\left(S_1 + \xi\frac{\partial S_1}{\partial \xi}\right)\sin\eta - \frac{dR_1}{d\xi}\cos\eta -$$
$$R_1\frac{dh}{d\xi} - h\frac{dR_1}{d\xi}\right] + S_1\left[\left(\xi\frac{\partial S_1}{\partial \eta} + R_1\right)\sin\eta + \xi S_1\cos\eta\right] \tag{21.4.26}$$

$$b = b(\xi),\ h = \frac{db}{d\xi} = \frac{g(-\xi + b) + g(\xi + b)}{g(-\xi + b) - g(\xi + b)} \tag{21.4.27}$$

如有需要,可以往下继续求解 $R_i(\xi)$,$x_i(\xi)$,$S_i(\xi, \eta)$。因此,式(21.4.1)的一次近似解可以表示为

$$x = \xi\cos\eta + b \tag{21.4.28}$$

$$\frac{\mathrm{d}\xi}{\mathrm{d}t} = \varepsilon R_1(\xi) \tag{21.4.29}$$

$$\frac{\mathrm{d}\eta}{\mathrm{d}t} = S_0(\xi,\eta) + \varepsilon S_1(\xi,\eta) \tag{21.4.30}$$

而其二次近似解可以表示为

$$x = \xi\cos\eta + b + \varepsilon x_1(\xi) \tag{21.4.31}$$

$$\frac{\mathrm{d}\xi}{\mathrm{d}t} = \varepsilon R_1(\xi) + \varepsilon^2 R_2(\xi) \tag{21.4.32}$$

$$\frac{\mathrm{d}\eta}{\mathrm{d}t} = S_0(\xi,\eta) + \varepsilon S_1(\xi,\eta) + \varepsilon^2 S_2(\xi,\eta) \tag{21.4.33}$$

可以看出,本节所述的方法其实就是多尺度法中的两变量展开法的推广。由于该法也是采用广义谐波函数作为摄动过程的基本函数,我们称其为广义谐波函数多尺度法,方法的提出者徐兆称其为非线性多尺度法,是推广的多尺度法。诚然,普通的多尺度法只适用于弱非线性系统,而广义谐波函数多尺度法则可用于强非线性系统。

例题 21.4.1 考虑具有 5 次非线性项的系统

$$\ddot{x} + x^5 = \varepsilon(1 - x^2 - \dot{x}^2)\dot{x} \tag{21.4.34}$$

解:广义谐波函数多尺度法

对应式(21.4.1),本例 $f(x,\dot{x}) = (1 - x^2 - \dot{x}^2)\dot{x}$, $g(x) = x^5$, $V(x) = \frac{1}{6}x^6$。从式(21.4.5)、式(21.4.7)和式(21.4.20)求得

$$b = 0 \tag{21.4.35}$$

$$S_0(\xi,\eta) = \xi^2\sqrt{\frac{15 + 8\cos 2\eta + \cos 4\eta}{24}} \tag{21.4.36}$$

$$f_0(\xi,\eta) = -\xi[1 - \xi^2\cos^2\eta - \xi^2 S_0^2(\xi,\eta)\sin^2\eta]S_0(\xi,\eta)\sin\eta \tag{21.4.37}$$

把式(21.4.35)~式(21.4.37)代入式(21.4.21)和式(21.4.22),求得

$$R_1(\xi) = \frac{1}{4}\xi(1 - 0.2874\xi^2 - 0.3000\xi^6) \tag{21.4.38}$$

$$x_1(\xi) = 0 \tag{21.4.39}$$

再从式(21.4.19),求得

$$S_1(\xi,\eta) = \frac{1}{\xi S_0(\xi,\eta)\sin^2\eta}\Big\{\int_0^\eta \xi[1 - \xi^2\cos^2\eta - \xi^2 S_0^2(\xi,\eta)\sin^2\eta] \cdot$$

$$S_0(\xi,\eta)\sin^2\eta\mathrm{d}\eta - 4R_1(\xi)\int_0^\eta S_0(\xi,\eta)\sin^2\eta\mathrm{d}\eta\Big\} \tag{21.4.40}$$

如果我们只要求一次近似解,则令 $R_1(\xi) = 0$ 可得定常振幅

$$\xi = \bar{a} \approx 1.1321 \tag{21.4.41}$$

$$R_1'(\bar{a}) = \frac{1}{4}(1 - 0.8631\bar{a}^2 - 2.09860\bar{a}^6) < 0 \tag{21.4.42}$$

根据判断定常振幅稳定性的法则可知,这一极限环是稳定的。于是把 ξ 值代入式(21.4.36)得

$$S_0(\bar{a},\eta) = 1.2817\sqrt{\frac{15 + 8\cos 2\eta + \cos 4\eta}{24}} \tag{21.4.43}$$

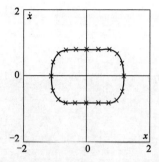

图 21.4.1 方程式(21.4.34)当 $\varepsilon = 0.1$ 时的极限环
注：——表示 R-K 法；×××表示非线性多尺度法。

由式(21.4.40)可知，$S_1(\bar{a}, \eta)$ 的 Fourier 展开式只含正弦项，周期为 π。

$$S_1(\bar{a}, \eta) = -0.1044\sin2\eta + 0.024\sin4\eta - 0.0001\sin6\eta + HH \tag{21.4.44}$$

式中，HH 为高次谐波项，因此，极限环的一次近似解为

$$x = 1.1321\cos\eta \tag{21.4.45}$$

$$\dot{x} = -1.1321[S_0(\bar{a}, \eta) + \varepsilon S_1(\bar{a}, \eta)]\sin\eta \tag{21.4.46}$$

图 21.4.1 所示为 $\varepsilon = 0.1$ 时的极限环。可以看出，其数值结果与 Runge-Kutta 法一致。

21.5 增量谐波平衡法

现以 Duffing 方程为例，说明 IHB 法的求解过程

$$m\ddot{x} + k_1 x + k_3 x^3 = f\cos\Omega t \tag{21.5.1}$$

令

$$\tau = \Omega t \tag{21.5.2}$$

则式(21.5.1)成为

$$m\Omega^2 x'' + k_1 x + k_3 x^3 = f\cos\tau \tag{21.5.3}$$

IHB 法把增量法和谐波平衡法有机地结合起来，所以 IHB 法的第一步是增量。假设 x_0、ω_0 是式(21.5.1)的解，则其邻近点表示为

$$x = x_0 + \Delta x, \quad \Omega = \Omega_0 + \Delta\Omega \tag{21.5.4}$$

式中，Δx，$\Delta\Omega$ 为增量，把式(21.5.4)代入式(21.5.3)，并略去高阶小量后可得到以 Δx，$\Delta\Omega$ 为未知量的增量方程

$$m\Omega_0^2 \Delta x'' + (k_1 + 3k_3 x_0^2)\Delta x = R - 2m\Omega_0 x_0'' \Delta\Omega \tag{21.5.5}$$

其中

$$R = f\cos\tau - (m\omega_0^2 x_0'' + k_1 x_0 + k_3 x_0^3) \tag{21.5.6}$$

式中，R 为**不平衡力**。当 x_0，Ω_0 为准确解时，$R = 0$。

IHB 法的第二步是谐波平衡过程。

众所周知，Duffing 方程的解只含有余弦的奇次谐波项，故可设

$$x_0 = a_1\cos\tau + a_3\cos3\tau + \cdots \tag{21.5.7}$$

$$\Delta x = \Delta a_1\cos\tau + \Delta a_3\cos3\tau + \cdots \tag{21.5.8}$$

把式(21.5.7)、式(21.5.8)代入式(21.5.5)，并令式子两边相同谐波项的系数相等，可得如下方程

$$\boldsymbol{K}_m \Delta \boldsymbol{a} = \boldsymbol{R} + \boldsymbol{R}_m \cdot \Delta\Omega \tag{21.5.9}$$

其中

$$\boldsymbol{K}_m = \boldsymbol{K} - \omega_0^2 \boldsymbol{M}, \quad \Delta \boldsymbol{a} = [\Delta a_1, \Delta a_3]^T \tag{21.5.10}$$

式中，$\boldsymbol{K}$、$\boldsymbol{M}$ 为 2×2 的矩阵，其元素为

$$K_{11} = k_1 + \frac{3}{2}k_3\left(\frac{3}{2}a_1^2 + a_1 a_3 + a_3^2\right) \tag{21.5.11a}$$

$$K_{12} = \frac{3}{2}k_3\left(\frac{1}{2}a_1^2 + 2a_1a_3\right) \quad (21.5.11b)$$

$$K_{21} = K_{12} \quad (21.5.11c)$$

$$K_{22} = k_1 + \frac{3}{2}k_3\left(a_1^2 + \frac{3}{2}a_3^2\right) \quad (21.5.11d)$$

其中, $\quad M_{11} = m; M_{12} = M_{21} = 0; M_{22} = 9m \quad (21.5.12)$

式中,R、R_m 为 2×1 的列阵,其元素为

$$R_1 = f + \left[m\Omega_0^2 - k_1 - k_3\left(\frac{3}{4}a_1^2 + \frac{3}{4}a_1a_3 + \frac{3}{2}a_3^2\right)\right]a_1 \quad (21.5.13a)$$

$$R_2 = \left[9m\Omega_0^2 - k_1 - k_3\left(\frac{3}{2}a_1^2 + \frac{3}{4}a_3^2\right)\right]a_3 - \frac{1}{4}k_3a_1^3 \quad (21.5.13b)$$

$$R_{m1} = 2m\Omega_0a_1, \quad R_{m2} = 18m\Omega_0a_3 \quad (21.5.13c)$$

式(21.5.9)、式(21.5.10)涉及 3 个未知量——Δa_1、Δa_3 和 $\Delta\Omega$,但只有两个方程,求解时必须指定其中之一(例如 $\Delta\Omega$)为预先给定值,其余的两个增量(例如 Δa_1,Δa_3)就可以唯一确定了。

实际求解时,我们可先指定某一增量,如 $\Delta\Omega$,为指定增量,求得其余两个增量,如 Δa_1,Δa_3。然后,以 $a_1 + \Delta a_1$,$a_3 + \Delta a_3$ 代替原先的 a_1 和 a_3,求得新的 Δa_1 和 Δa_3。这样继续下去,循环迭代,直至求得的 a_1 和 a_3 满足不平衡力 $R = 0$。之后,给 Ω_0 一个新的增量 $\Delta\Omega$,以 $\Omega_0 + \Delta\Omega$ 代替原先的 Ω_0,以新的 Ω_0 和上一次迭代求得的 a_1 和 a_3 为初值,重新进入谐波平衡过程。求得对应于新 Ω_0 的 a_1 和 a_3 后,就进入下一个增量过程。

上面我们以两个谐波项为例,阐述 IHB 法的求解过程。实际计算时,谐波项取得越多,不平衡力 R 越容易趋于零,即迭代易收敛。但式(21.5.9)所含的方程的数目就越多,每次求解时花的时间也就越长。若谐波项的数目太少,有时会造成不收敛,不平衡力 R 很难趋于零。

例题 21.5.1 讨论参数振动 Mathieu 方程

$$\ddot{x} + (1 + 2\lambda\cos2\Omega t)x = 0 \quad (21.5.14)$$

解:增量谐波平衡法(IHB 法)

引入变换式(21.5.2),则上式变为

$$\Omega^2 x'' + (1 + 2\lambda\cos2\tau)x = 0 \quad (21.5.15)$$

(1)进行增量过程。

设 λ_0、Ω_0 为对应周期解 x_0 的参数,则其邻近的状态可以用增量形式表示为

$$\lambda = \lambda_0 + \Delta\lambda, \quad \Omega = \Omega_0 + \Delta\Omega, \quad x(\tau) = x_0(\tau) + \Delta x(\tau) \quad (21.5.16)$$

把上式代入方程式(21.5.15),略去高阶小量,得

$$\Omega_0^2\Delta x'' + (1 + 2\lambda_0\cos2\tau)\Delta x = R - 2\Delta\lambda x_0\cos2\tau - 2\Omega_0 x_0''\Delta\Omega \quad (21.5.17)$$

其中不平衡力

$$R = -\left[\Omega_0^2 x_0'' + (1 + 2\lambda_0\cos2\tau)x_0\right] \quad (21.5.18)$$

(2)采用谐波平衡过程。

设方程式(21.5.14)的周期解表示为

$$x_0 = \sum_{k=1,3,5}^{2N-1}(a_k\cos k\tau + b_k\sin k\tau) \quad (21.5.19)$$

则

$$\Delta x_0 = \sum_{k=1,3,5}^{2N-1}(\Delta a_k \cos k\tau + \Delta b_k \sin k\tau) \quad (21.5.20)$$

把上述 x_0 和 Δx_0 展开式代入增量式(21.5.17)和不平衡力公式(21.5.18),并应用 Galerkin 平均过程得

$$\int_0^{2\pi}[\Omega_0^2 \Delta x'' + (1 + 2\lambda_0 \cos 2\tau)\Delta x]\delta(\Delta x)\mathrm{d}\tau$$

$$= \int_0^{2\pi}[R - 2\Delta\lambda x_0 \cos 2\tau - 2\Omega_0 x_0'' \Delta\Omega]\delta(\Delta x)\mathrm{d}\tau \quad (21.5.21)$$

积分上式并化简为代数方程组,以矩阵形式表示为

$$\mathbf{K}\Delta \mathbf{A} = \mathbf{R} + \mathbf{R}_\lambda \Delta\lambda + \mathbf{R}_\Omega \Delta\Omega \quad (21.5.22)$$

式中

$$\Delta \mathbf{A} = [\Delta a_1, \Delta a_3, \Delta a_5, \cdots, \Delta a_{2N-1}, \Delta b_1, \Delta b_3, \cdots, \Delta b_{2N-1}]^T \quad (21.5.23\mathrm{a})$$

$$\mathbf{K} = \begin{bmatrix} 1 + \lambda_0 - \Omega_0^2 & \text{对} & \cdots \\ -\lambda_0 & 1 - 9\Omega_0^2 & \text{称} \\ \cdots & \cdots & \ddots \end{bmatrix} \quad (21.5.23\mathrm{b})$$

$\mathbf{R}$、$\mathbf{R}_\lambda$、$\mathbf{R}_\Omega$ 分别由方程式(21.5.21)右边第一项、第二项和第三项推导得出。

显然,式(21.5.22)中所含未知量的数目比方程的数目多 2 个,因此求解时,必须先选定其中一个增量为主动增量(如 $\Delta\lambda$),再选定式(21.5.19)中某一谐波项的系数为参考量,如 $a_1 = 1$,则该参数量的增量为零,即 $\Delta a_1 = 0$。这样,方程式(21.5.22)就可唯一求解了。

值得指出的是,进行式(21.5.21)的 Galerkin 平均过程,其实质是谐波平衡过程。讲谐波平衡过程使概念简单明了,讲采用 Galerkin 平均方程使推导公式简单,易于表达。

同样值得指出的是,IHB 法中的增量过程和谐波平衡过程的次序可以互换,即先进行平衡,后进行增量。Ferri 已证明二者是等价的。

IHB 法采用谐波平衡过程,因此,它包含了谐波平衡法的优点,即它不但适合于弱非线性系统,而且适合于强非线性系统。

21.6 Maple 编程示例

编程题 试用 Maple 编程绘制方程

$$\ddot{x} + x + x^2 = \lambda(\beta + x - x^2)\dot{x} \quad (21.6.1)$$

的极限环相图,式中,$\lambda = 10$;$\beta = 0.1$。

解:采用摄动增量法。Chen 等提出一种求解强非线性振动的方法,把摄动法和增量法结合来,称为**摄动增量法**。该法适用于参数 λ 是任意值的完全强非线性系统。

(1) 利用 R-K 法求解微分方程并绘相图。

(2) 利用摄动增量法求解并绘相图。

(3) $x = a\cos\varphi + b$,$y = -a\Phi(\varphi)\sin\varphi$。

(4) $\Phi(\varphi) = \sum_{k=0}^{M}(P_k \cos k\varphi + Q_k \sin k\varphi)$。

方程式(21.6.1)的极限环如图 21.6.1 所示。从图中可以看出,即使参数 λ 很大,摄动-增量法还是能得出与 Runge-Kutta 法相一致的数值结果。

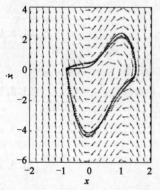

图 21.6.1 方程式(21.6.1)的极限环
注:—表示 R-K 法,稳定极限环;×××表示摄动-增量法。

Maple 程序

```
> ##############################################################
> restart:                                              #开始
> with(DEtools):                                        #加载微分方程库
> with(plots):                                          #加载绘图库
> ##############################################################
> #R-K 法。
> beta:=0.1;   lambda:=10;                              #已知参数
> sys1:=diff(x(t),t)=y(t),
>       diff(y(t),t)=-x(t)-x(t)^2+lambda*(beta+x(t)-x(t)^2)*y(t):
>                                                       #系统微分方程组
> tu1:=DEplot([sys1],[x(t),y(t)],t=30..60,[[x(0)=1.5,y(0)=0]],
>       stepsize=0.02,x=-2..2,y=-5..5,linecolor=blue,thickness=2):
>                                                       #求解微分方程组并绘相图
> ##############################################################
> #摄动增量法。
> a:=1.1501;                                            #振幅
> b:=0.34060;                                           #偏心
> X:=a*cos(phi)+b;                                      #广义位移
> Y:=-a*Phi*sin(phi);                                   #广义速度
> ##############################################################
> #Fourier 系数。
> P[0]:=1.7880;         Q[0]:=0;
> P[1]:=0.23215;        Q[1]:=1.0132;
> P[2]:=-0.33438;       Q[2]:=-1.14256;
> P[3]:=0.29249;        Q[3]:=-0.11478;
> P[4]:=-0.22886;       Q[4]:=-0.014146;
> P[5]:=0.076198;       Q[5]:=0.030304;
> P[6]:=-0.041042;      Q[6]:=-0.022792;
> P[7]:=0.022983;       Q[7]:=0.0036166;
> P[8]:=-0.019175;      Q[8]:=-0.0045058;
> P[9]:=0.014959;       Q[9]:=0.0059562;
> P[10]:=-0.0087913;    Q[10]:=-0.0061975;
> ##############################################################
> Phi:=sum(P[k]*cos(k*phi)+Q[k]*sin(k*phi),k=0..10);    #非线性时间变换函数
> tu2:=plot([X,Y,phi=0..2*Pi],symbol=CROSS,style=POINT):
>                                                       #摄动增量法绘制相图
> display({tu1,tu2},view=[-2..2,-6..4]);                #合并图形
> ##############################################################
```

21.7 思考题

思考题 21.1　简答题

1. 求解非线性振动问题的方法有解析方法、数值方法、图解方法和实验方法，这些方法各有哪些特点？
2. 按照你的观点和掌握的知识，列举出在非线性振动理论及其应用的领域有哪些重要的问题亟待解决。
3. 简述人工参数展开法，与摄动法相比有哪些优点？
4. 简述改进的 L-P 法，其与 L-P 法相比有哪些优点？
5. 简述椭圆函数平均法，其与通常的平均法相比各有什么优缺点？

思考题 21.2　判断题

1. 人工参数展开法适用于强非线性振动系统，是李雅普诺夫(Lyapunov)于1892年提出来的。（　　）
2. 改进的 L-P 法适用于强非线性振动系统，是张佑启于1991年提出来的。（　　）
3. 椭圆函数摄动法适用于强非线性振动系统，是 Barkham P G D 等于1969年提出来的。（　　）
4. 广义谐波函数多尺度法适用于强非线性振动系统，是徐兆于1985年提出来的。（　　）
5. 增量谐波平衡法适用于强非线性振动系统，是刘世龄等于1981年提出来的。（　　）

思考题 21.3　填空题

1. 摄动-增量法适用于强非线性振动系统，是由_____提出来的。
2. _____综合了摄动法和迭代法的优点，把零阶摄动法的解作为迭代法的初值，该法把摄动法和增量法结合起来，彻底地突破了摄动法必须假设系统某些项为小参数的局限。
3. _____通过参数变换 $\alpha = \alpha(\varepsilon, \omega_0, \omega_1)$，式中 ω_0、ω_1 分别表示非线性角频率 ω 的零阶和一阶分量，把大参数 ε 变为小参数 α，对应于 ε 而言是强非线性的系统就转化为对于 α 而言是弱非线性的系统，从而达到可以应用经典 L-P 法的目的。
4. Adomian 分解法是_____提出的一种有效的求解强非线性问题的解析方法。Adomian 分解法可以将任何一个非线性方程转化为一系列线性子问题。对常微分和偏微分方程都有效，且无论这些方程是否含有小(大)参数。
5. δ 展开法是_____提出的，基本思想是引入一个人工参数 δ，然后计算关于 δ 的幂级数。δ 展开法与 Lyapunov 人工参数展开法、Adomian 分解法一样是有效的求解强非线性问题的解析方法。

思考题 21.4　选择题

1. 以下哪种方法不能求解强非线性问题？（　　）。
   A. δ 展开法　　　　　　　　　　B. Lyapunov 人工参数展开法
   C. Adomian 分解法　　　　　　　　D. L-P 方法
2. 以下哪种方法可以求解强非线性振动问题？（　　）。
   A. 平均法　　　　　　　　　　　　B. 多尺度法
   C. 椭圆函数摄动法　　　　　　　　D. KBM 法
3. 以下哪种方法不能求解强非线性振动问题？（　　）。
   A. 广义谐波函数平均法　　　　　　B. KBM 法
   C. 广义谐波函数 L-P 法　　　　　　D. 广义谐波函数多尺度法
4. 以下哪种求解强非线性振动问题的方法可以与有限元方法结合？（　　）。

A. 增量谐波平衡法（IHB 法） B. 椭圆函数摄动法
C. 广义谐波函数摄动法 D. 摄动-增量法

5. 以下哪种求解强非线性振动问题的方法彻底地突破了摄动法必须假设系统某些项为小参数的局限，并且可以应用到同、异缩轨线和分岔值的计算？（   ）。
A. 椭圆函数摄动法 B. 广义谐波函数摄动法
C. 增量谐波平衡法（IHB 法） D. 摄动-增量法

思考题 21.5 连线题

1. $\dfrac{d^2 x}{dt^2} + k\sin x = 0, k = \dfrac{g}{l}$ A. 单摆方程（数学摆）

2. $\dfrac{d^2 \theta}{dt^2} + k\sin\theta = 0, k = \dfrac{Gb_c}{J}$ B. 复摆方程（物理摆）

3. $\dfrac{d^2 x}{dt^2} - 2\omega\dfrac{dy}{dt}\sin\lambda + \dfrac{g}{l}x = 0$ C. 弹簧摆

   $\dfrac{d^2 y}{dt^2} + 2\omega\dfrac{dx}{dt}\sin\lambda + \dfrac{g}{l}y = 0$

4. $\ddot{x} + \dfrac{1}{\mu^2}x - (1+x)\dot{\theta}^2 + 1 - \cos\theta = 0$ D. 傅科摆

   $\ddot{\theta} + \dfrac{2\dot{\theta}\dot{x}}{1+x} + \dfrac{\sin\theta}{1+x} = 0$，

   其中，$\mu \equiv \dfrac{\omega_p}{\omega_s}$，$\omega_p^2 = \dfrac{g}{l}$ 和 $\omega_s^2 = \dfrac{k}{m}$。

21.8 习题

A 类型习题

习题 21.1 试用改进的 L-P 法求解具有二次强非线性项的系统，$\varepsilon = O(1)$
$$\ddot{x} + x + \varepsilon x^2 = 0$$
的自由振动解。

习题 21.2 试用改进的 L-P 法求解三次强非线性系统，$\varepsilon = O(1)$
$$\ddot{x} + \omega_0^2 x + \varepsilon\mu\dot{x} + \varepsilon x^3 = \varepsilon p\cos(\Omega t)$$
的强迫振动主谐波响应。

习题 21.3 试用改进的 L-P 法求解具有二次、三次强非线性系统
$$\ddot{x} + \omega_0^2 x + \bar{k}_2 x^2 + \bar{k}_3 x^3 = \bar{p}\cos(\Omega t)$$
的强迫振动主谐波响应。分两种情况讨论：
(1) 具有"渐硬"弹簧特性的系统；
(2) 具有"渐软"弹簧特性的系统。

习题 21.4 试用椭圆函数摄动法求解强非线性系统，$0 < \varepsilon \ll 1$，
$$\ddot{x} + x^3 = \varepsilon(1 - x^2)\dot{x}$$
的自激振动解。

习题 21.5 试用椭圆函数摄动法求解强非线性系统，$0 < \varepsilon \ll 1$，
$$\ddot{x} + 2x - 0.4x^3 = \varepsilon(1 - x^2)\dot{x}$$
的自激振动解。

习题 21.6 试用椭圆函数摄动法求解强非线性系统，$0 < \varepsilon \ll 1$，
$$\ddot{x} - 2.18x + 2x^3 = \varepsilon(1 - x^2)\dot{x}$$
的自激振动解。

习题 21.7 试用椭圆函数摄动法求解强非线性系统，$0 < \varepsilon \ll 1$，
$$\ddot{x} + 2x - x^2 = \varepsilon(0.1 + x - x^2)\dot{x}$$
的自激振动解。

习题 21.8 试用椭圆函数摄动法求解强非线性系统，$0 < \varepsilon \ll 1$，
$$\ddot{x} + 6x + x^2 = \varepsilon(1 + x - 0.1x^2)\dot{x}$$
的自激振动解。

习题 21.9 试用椭圆函数摄动法求解强非线性系统，$0 < \varepsilon \ll 1$，
$$\ddot{x} - 4x + x^2 = \varepsilon(-15 + 8x - x^2)\dot{x}$$
的自激振动解。

习题 21.10 试用椭圆函数 L-P 法求解强非线性系统，$0 < \varepsilon \ll 1$，
$$\ddot{x} + 23.12x + 2x^3 = \varepsilon(3 - x^2)\dot{x}$$
的自激振动解。

习题 21.11 试用椭圆函数 L-P 法求解强非线性系统，$0 < \varepsilon \ll 1$，
$$\ddot{x} - x + x^3 = -\varepsilon(1 - 1.1x^2)\dot{x}$$
的自激振动解。

习题 21.12 试用椭圆函数 L-P 法求解强非线性系统，$0 < \varepsilon \ll 1$，
$$\ddot{x} + x + x^2 = \varepsilon(0.1 + x - x^2)\dot{x}$$
的自激振动解。

习题 21.13 试用椭圆函数 L-P 法求解强非线性系统，$0 < \varepsilon \ll 1$，
$$\ddot{x} + x + 1.5x^2 = \varepsilon(0.07 + x)\dot{x}$$
的自激振动解。

习题 21.14 电机工程中出现的一个微分方程为，$0 < \varepsilon \ll 1$，
$$\ddot{x} + x + 1.5x^2 = \varepsilon(\mu + x)\dot{x}$$
其中，参数 $\mu > 0$，试用广义谐波函数 KBM 法求解它的定常振动解。

习题 21.15 试用广义谐波函数 KBM 法求变型的范德波尔方程，$0 < \varepsilon \ll 1$，
$$\ddot{x} - x + x^3 = \varepsilon(1 - x^2)\dot{x}$$
的非捕获轨的一次近似定常振动。

习题 21.16 试用广义谐波函数平均法求广义范德波尔方程，$0 < \varepsilon \ll 1$，
$$\ddot{x} + x^{2n+1} = \varepsilon(1 - x^2)\dot{x}$$
的近似解。

习题 21.17 试用广义谐波函数平均法求 Duffing 方程，$0 < \varepsilon \ll 1$，
$$\ddot{x} + m_1 x + m_2 x^3 = \varepsilon(-\mu\dot{x} + E\cos\Omega t)$$
的主谐波响应。

习题 21.18 试用广义谐波函数平均法求二次非线性方程强迫振动，$0 < \varepsilon \ll 1$，
$$\ddot{x} + n_1 x + n_2 x^2 = \varepsilon(-\mu\dot{x} + E\cos\Omega t)$$
的主谐波响应。

习题 21.19 试用广义谐波函数 L-P 法求广义范德波尔方程，$0 < \varepsilon \ll 1$，

$$\frac{d^2x}{dt^2} + x + x^3 = \varepsilon(1-x^2)\frac{dx}{dt}$$

的一次近似解。

习题 21.20 试用广义谐波函数 L-P 法求具有二次非线性的广义范德波尔方程,$0 < \varepsilon \ll 1$,

$$\frac{d^2x}{dt^2} + k_1 x + k_2 x^2 = \varepsilon(\mu - x^2)\frac{dx}{dt}$$

的一次近似解。式中 $k_1 > 0; k_2 > 0; \mu > 0$。

习题 21.21 试用广义谐波函数 L-P 法求强非线性系统的强迫振动,$0 < \varepsilon \ll 1$,

$$\frac{d^2x}{dt^2} + x^3 = \varepsilon\left(-2\mu\frac{dx}{dt} + k\cos\Omega t\right)$$

的主谐波响应。

习题 21.22 试用广义谐波函数多尺度法求具有二次非线性项的系统,$0 < \varepsilon \ll 1$,

$$\ddot{x} + x + x^2 = \varepsilon(0.1 + x)\dot{x}$$

的近似解。

习题 21.23 试用摄动-增量法求广义 Rayleigh 方程,$\lambda = O(1)$

$$\ddot{x} + x^3 = \lambda(1 - \dot{x}^2)\dot{x}$$

的近似解。

习题 21.24 试用摄动-增量法求广义 Liénard 方程,$\lambda = O(1)$

$$\ddot{x} + x^3 = \lambda(\mu + x^2 - x^4)\dot{x}$$

的近似解。

B 类型习题

习题 21.25 利用 MATLAB 分别求解下列单摆的运动微分方程:

$$\ddot{\theta} + \omega_0^2 \theta = 0 \tag{21.8.1}$$

$$\ddot{\theta} + \omega_0^2 \theta - \frac{1}{6}\omega_0^2 \theta^3 = 0 \tag{21.8.2}$$

$$\ddot{\theta} + \omega_0^2 \sin\theta = 0 \tag{21.8.3}$$

式中,$\omega_0 = 0.1$;$\theta(0) = 0.01$;$\dot{\theta}(0) = 0$。

习题 21.26 利用 MATLAB 分别求解上题单摆的运动微分方程,其中 $\omega_0 = 0.1$,$\theta(0) = 0.01$,$\dot{\theta}(0) = 10$。

C 类型习题

习题 21.27 滑动摆

(1) 实验题目。

一个单摆悬挂于可沿水平光滑轨道滑动的滑块上,如图 21.8.1 所示。滑块质量为 m_1,单摆的杆长为 l,摆锤质量为 m_2,整个系统可在同一竖直平面运动。试研究整个系统的运动。

(2) 实验目的及要求。

① 研究滑动摆的运动情况并作出滑动摆的模拟运动图像。

② 学习在屏幕上设置图形窗口的不同位置。

(3) 解题分析。

沿直线水平轨道建立 Ox 轴,以 x 表示滑块在轨道上的位置,以 θ

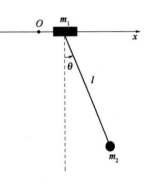

图 21.8.1 滑动摆的运动

表示摆杆竖直线的夹角，则系统的拉格朗日函数为

$$L = T - V = \frac{1}{2}(m_1 + m_2)\left(\frac{\mathrm{d}x}{\mathrm{d}t}\right)^2 + \frac{1}{2}m_2 l^2\left(\frac{\mathrm{d}\theta}{\mathrm{d}t}\right)^2 + m_2 l\frac{\mathrm{d}x}{\mathrm{d}t}\frac{\mathrm{d}\theta}{\mathrm{d}t}\cos\theta + m_2 gl\cos\theta \tag{21.8.4}$$

令 $M = \dfrac{m_2}{m_1 + m_2}$，由拉格朗日方程得系统的运动微分方程

$$\frac{\mathrm{d}^2\theta}{\mathrm{d}t^2} = \frac{-M\cos\theta\sin\theta\left(\dfrac{\mathrm{d}\theta}{\mathrm{d}t}\right)^2 - \dfrac{g}{l}\sin\theta}{1 - M\cos^2\theta} \tag{21.8.5a}$$

$$\frac{\mathrm{d}^2 x}{\mathrm{d}t^2} = \frac{Mg\cos\theta\sin\theta + Ml\sin\theta\left(\dfrac{\mathrm{d}\theta}{\mathrm{d}t}\right)^2}{1 - M\cos^2\theta} \tag{21.8.5b}$$

上式未作小摆角近似，可研究大摆角运动情况。在小摆角情况下，$\sin\theta \approx \theta$，$\cos\theta \approx 1$，$\left(\dfrac{\mathrm{d}\theta}{\mathrm{d}t}\right)^2 \approx 0$ 为高阶项，可略去，可得线性化的微振动方程

$$\frac{\mathrm{d}^2\theta}{\mathrm{d}t^2} = -\frac{m_1 + m_2}{m_1}\frac{g}{l}\theta \tag{21.8.6a}$$

$$\frac{\mathrm{d}^2 x}{\mathrm{d}t^2} = \frac{m_2}{m_1}g\theta \tag{21.8.6b}$$

令 $y_1 = \theta$，$y_2 = \dfrac{\mathrm{d}\theta}{\mathrm{d}t}$，$y_3 = x$，$y_4 = \dfrac{\mathrm{d}x}{\mathrm{d}t}$，则式(21.8.5)化为4个一阶微分方程

$$\frac{\mathrm{d}y_1}{\mathrm{d}t} = y_2 \tag{21.8.7a}$$

$$\frac{\mathrm{d}y_2}{\mathrm{d}t} = \frac{-My_2^2\cos y_1\sin y_1 - \dfrac{g}{l}\sin y_1}{1 - M\cos^2 y_1} \tag{21.8.7b}$$

$$\frac{\mathrm{d}y_3}{\mathrm{d}t} = y_4 \tag{21.8.7c}$$

$$\frac{\mathrm{d}y_4}{\mathrm{d}t} = \frac{Mg\cos y_1\sin y_1 + Mly_2^2\sin y_1}{1 - M\cos^2 y_1} \tag{21.8.7d}$$

在程序中为了使滑动摆的模拟运动图和滑块与摆锤的位移曲线图能出现在监视器屏幕上的不同位置，用指令 set 对图形窗口的位置进行了设置。在该语句中，指令 gcf 表示获取当前图形窗口的句柄，指令 units 是设置位置数据的单位，指令 normalized 表示使用归一化坐标，即屏幕的左下角为[0,0]，屏幕的右上角为[1,1]。指令 position 是用坐标表示图形窗口的位置，其后的4个数据分别表示图形窗口左下角的横坐标与纵坐标、图形窗口的宽与高。滑块与摆锤的位移曲线如图 21.8.2 所示。

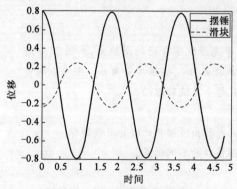

图 21.8.2 滑块与摆锤的位移曲线

(4)思考题。

按照以下情况,对于滑动设置不同的初始条件:

①滑块与摆锤的位移不为0,但初速度都为0;

②滑块与摆锤的位移为0,但滑块速度不为0,摆锤的速度为0;

③滑块与摆锤的位移为0,但滑块的速度为0,摆锤的速度为0。

观察滑动的运动有何不同,同时注意滑块及摆锤的初始位置对运动有什么影响。注意此时在程序中要重新设置坐标轴的范围及横杆的长度。

##

詹姆斯·克拉克·麦克斯韦(1831—1879),英国人,物理学家、数学家和力学家,经典电动力学的创始人,统计物理学的奠基人之一。他建立的电磁场理论将电学、磁学、光学统一起来,是19世纪物理学发展的最光辉的成果,是科学史上伟大的综合之一。

他在力学方面的主要贡献包括:1853年推广用偏振光测量应力的方法;1864年提出结构力学中桁架内力的图解法,指出桁架形状和内力图是一对互易图,并提出求解静不定桁架位移的单位载荷法;1868年对黏弹性材料提出一种麦克斯韦模型,并引进松弛时间的概念,分析了蒸汽机自动调速器和钟表机构的运动稳定性问题;1870年将弹性力学中的应力函数由二维推广到三维,并指出它应满足双调和方程;1873年给出荷电系统中引力和斥力引起的应力场。

主要著作:《论电和磁》《论调节器》。

##

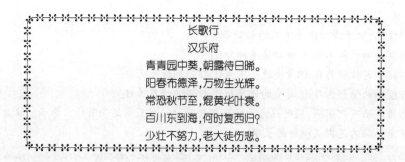

长歌行
汉乐府

青青园中葵,朝露待日晞。
阳春布德泽,万物生光辉。
常恐秋节至,焜黄华叶衰。
百川东到海,何时复西归?
少壮不努力,老大徒伤悲。

第22章 能 量 法

本章讨论用能量法求解强非线性系统的周期解问题。首先介绍能量坐标系;然后讲述单自由度强非线系统的能量法;最后讲述多自由度强非线系统的能量法。

22.1 能量坐标系

应用能量法研究物体的周期运动,首先需要了解物体运动时其能量的变化情况。为了得到这种能量变化的表达式,一般的直角坐标系或曲线坐标系(如极坐标系、球面坐标系等)显然是难以胜任的。因此,需要构造新的坐标系,这就是以物体运动时的能量为基础而构造的能量坐标系。当然,这一坐标系应具有的最基本的性质,即坐标应与物体的运动状态呈一一对应关系。

本节首先研究能量坐标系的构造方法,并且证明,当物体所受之力具有恢复力性质时,所构造的能量坐标系中的坐标与物体的运动状态的确存在一一对应的关系;然后,推导了将相平面坐标系中的坐标变换为能量坐标系中的坐标的变换公式,并且证明了这一坐标变换公式有着单值的对应关系。

22.1.1 等能量闭曲线、能量坐标系

考虑如下保守系统:

$$\ddot{x} + g(x) = 0 \tag{22.1.1}$$

假设 $g(x)$ 连续,并且在区域 $\boldsymbol{R}: -m < g(x) < M(m > 0, M > 0)$ 内满足如下条件:

$$xg(x)_{x \neq 0} > 0 \tag{22.1.2}$$

如果 $g(x)$ 表示力,则上述条件的力学意义是该力为恢复力,即其方向总是指向力的中心 $x = 0$。

现定义函数

$$V(x) = \int_0^x g(\xi) d\xi \tag{22.1.3}$$

$V(x)$ 代表与 $g(x)$ 相对应的势能。将系统式(22.1.1)的每一项均乘以 $\dot{x}$ 得

$$\ddot{x}\dot{x} + \dot{x}g(x) = 0 \tag{22.1.4}$$

如果考虑到式(22.1.3),则上式可写为

$$\frac{d}{dt}\left[\frac{1}{2}\dot{x}^2 + V(x)\right] = 0 \tag{22.1.5}$$

令

$$E(x,\dot{x}) = \frac{1}{2}\dot{x}^2 + V(x) \tag{22.1.6}$$

$E(x,\dot{x})$ 为系统式(22.1.1)的总能量,即其动能与势能之和。

将式(22.1.6)代入式(22.1.5),得

$$\frac{d}{dt}E(x,\dot{x}) = 0 \tag{22.1.7}$$

积分式(22.1.7),则有

$$E(x,\dot{x}) = \frac{1}{2}\dot{x}^2 + V(x) = C \tag{22.1.8}$$

式中,C 为常数。

我们称式(22.1.8)所描绘的曲线为等能量曲线。在条件式(22.1.2)被满足的区域 R 内,它具有以下两个特性:

(1) $E(x,\dot{x})$ 为一定正函数,即当 $E(0,0) = 0$,且 $x^2 + \dot{x}^2 \neq 0$ 时,有 $E(x,\dot{x}) > 0$。据此可知,$E(x,\dot{x}) = C$ ($C > 0$,常数) 必为一闭曲线;

(2) $E(x,\dot{x}) = C$ ($C > 0$,常数) 还应为一凸闭曲线,亦即每一通过原点 O 的半直线,将与该闭曲线交于且仅交于一点。此外,当 $C_1 < C_2$ 时,闭曲线 $E(x,\dot{x}) = C_1$ 被闭曲线 $E(x,\dot{x}) = C_2$ 所包围。

正是由于 $E(x,\dot{x})$ 的这些特性,所以可以用等能量闭曲线

$$\frac{1}{2}\dot{x}^2 + V(x) = E \quad (E\text{ 为常数}) \tag{22.1.9}$$

以及与 x 轴正向夹角为 θ 的半直线来构造与系统式(22.1.1)相对应的能量坐标系 (E,θ),如图 22.1.1 所示。

22.1.2 能量坐标变换公式

现在我们来推导将相平面坐标 $(x,\dot{x})$ 变换为能量坐标 (E,θ) 的公式。首先,令

$$x = a\cos\theta + b \tag{22.1.10}$$

式中,a、b 均为能量 E 的函数,它们的求法将在下面给出;b 为由于 $g(x)$ 内含有 x 的偶次项,即 $g(x)$ 为非奇函数时所引起的振动中心的偏离,当 $g(x)$ 为奇函数时,将有 $b = 0$。

将式(22.1.10)代入式(22.1.9),得

$$\frac{1}{2}\dot{x}^2 + V(a\cos\theta + b) = E \tag{22.1.11}$$

式中,E 为常数。

由图 22.1.1a)可知,当 $\theta = 0$ 且 $\theta = \pi$ 时,均有 $\dot{x} = 0$。将 $\theta = 0$,$\dot{x} = 0$ 以及 $\theta = \pi$,$\dot{x} = 0$ 分别代入式(22.1.11),得

$$V(a + b) = E \tag{22.1.12}$$

$$V(-a+b) = E \tag{22.1.13}$$

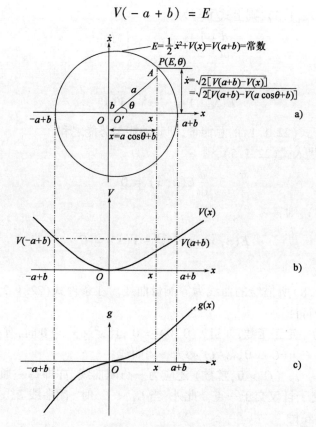

图 22.1.1 能量坐标系

由式(22.1.12)与式(22.1.13)可得

$$V(a+b) = V(-a+b) \tag{22.1.14}$$

将式(22.1.12)代入式(22.1.11),有

$$\frac{1}{2}\dot{x}^2 + V(a\cos\theta + b) = V(a+b) \tag{22.1.15}$$

得

$$\dot{x} = \pm\sqrt{2[V(a+b) - V(a\cos\theta + b)]} \tag{22.1.16}$$

将式(22.1.10)与式(22.1.16)重写为

$$x = a\cos\theta + b \tag{22.1.17a}$$

$$\dot{x} = \pm\sqrt{2[V(a+b) - V(a\cos\theta + b)]} \tag{22.1.17b}$$

上式为我们所要推导的能量坐标变换公式的基本形式。

接着求 a、b 与 E 的关系。首先,由式(22.1.14)得

$$V(a+b) - V(-a+b) = 0 \tag{22.1.18}$$

据此可求出

$$b = \tilde{b}(a) \tag{22.1.19}$$

为了方便起见,将能量坐标变换公式(22.1.17)重写为

$$x = a\cos\theta + b(a) \underline{\underline{\Delta}} x(a,\theta) \tag{22.1.20a}$$

$$\dot{x} = \pm \sqrt{2(V[a+b(a)] - V[a\cos\theta + b(a)])} \underline{\triangleq} \dot{x}(a,\theta) \quad (22.1.20b)$$

将式(22.1.18)对 b 求导数,并注意到式(22.1.3),得

$$\frac{\partial}{\partial b}[V(a+b) - V(-a+b)] = g(a+b) - g(-a+b) \quad (22.1.21)$$

条件式(22.1.2)表明 x 与 $g(x)$ 应同号。此外由图 22.1.1a)知 $a+b>0$ 与 $-a+b<0$,从而有

$$g(a+b) > 0, \, g(-a+b) < 0 \quad (22.1.22)$$

将式(22.1.22)代入式(22.1.21),得

$$\frac{\partial}{\partial b}[V(a+b) - V(-a+b)] = g(a+b) - g(-a+b) > 0 \quad (22.1.23)$$

于是,由隐函数定理可知,上述解对于式(22.1.19)是唯一的。

将式(22.1.19)代入式(22.1.12),得

$$V[a + \tilde{b}(a)] = E \quad (22.1.24)$$

据此可解得

$$a = a(E) \quad (22.1.25a)$$

将式(22.1.25a)代入式(22.1.19),得

$$b = \tilde{b}[a(E)] \underline{\triangleq} b(E) \quad (22.1.25b)$$

将式(22.1.25a)与式(22.1.25b)代入式(22.1.17),得

$$x = a(E)\cos\theta + b(E) \underline{\triangleq} x(E,\theta) \quad (22.1.26a)$$

$$\dot{x} = \pm \sqrt{2\{V[a(E)+b(E)] - V[a(E)\cos\theta + b(E)]\}} \underline{\triangleq} \dot{x}(E,\theta) \quad (22.1.26b)$$

上式为所要推导的能量坐标变换公式的最终形式。

至于 $\dot{x}$ 右端的符号,按以下规定选取:

(1) 当 $0<\theta<\pi$ 时,选"$-$";

(2) $\pi<\theta<2\pi$ 时,选"$+$"。

对于速度 $\dot{x}$ 的方向,当 $0<\theta<\pi$ 时,指向 x 轴的负向,当 $\pi<\theta<2\pi$ 时,指向 x 轴的正向。容易看出,在此规定下,θ 的转向为逆时针转向。

应指出,只有简单的非线性函数,$a(E)$ 与 $b(E)$ 才能比较容易地求出。对于一般的非线性函数 $g(x)$,$a(E)$ 与 $b(E)$ 的求出就相当困难甚至不可能。但这对能量法在理论上与应用上不会构成任何障碍。因为,在证明周期解的存在性与稳定性的有关定理时,只需知道 $a(E)$ 与 $b(E)$ 是 E 的函数就足够了,并不需要知道它们的具体表达式。此外,在应用这些定理来导出周期解的近似表达式时,并不是先求出与周期解相应的 E,然后再借助 $a(E)$ 与 $b(E)$ 的表达式来计算出对应的 $a(E)$ 与 $b(E)$ 的值,而是将这些定理进行某些变形,使之直接得到与周期解相应的 $a(E)$ 与 $b(E)$ 之值,从而避免了求解 $a(E)$ 与 $b(E)$ 表达式的麻烦。

22.1.3 周期解的近似解析表达式

对于一般受周期激励的非线性系统

$$\ddot{x} + g(x) = -f(x, \dot{x}, \Omega t) \quad (22.1.27)$$

将方程式(22.1.27)的各项乘以 $\dot{x}$, 得

$$\ddot{x}\dot{x} + g(x)\dot{x} = -f(x,\dot{x},\Omega t)\dot{x} \qquad (22.1.28)$$

由式(22.1.3)和式(22.1.8)可知

$$\ddot{x}\dot{x} + g(x)\dot{x} = \frac{\mathrm{d}}{\mathrm{d}t}\left(\frac{1}{2}\dot{x}^2 + V(x)\right) = \frac{\mathrm{d}E}{\mathrm{d}t} \qquad (22.1.29)$$

将式(22.1.20)与式(22.1.29)代入式(22.1.28), 于是得

$$\frac{\mathrm{d}E}{\mathrm{d}t} = -f(x(a,\theta),\dot{x}(a,\theta),\Omega t)\dot{x}(a,\theta) \triangleq F(a,\theta,\Omega t) \qquad (22.1.30)$$

以上是式(22.1.27)在能量坐标系中的第一个方程。现求第二个方程,为此,将式(22.1.20a)对 t 求导,并与式(22.1.20b)相等,得

$$\frac{\mathrm{d}\theta}{\mathrm{d}t} = \frac{1}{a\sin\theta}\left\{\left[\frac{\mathrm{d}a}{\mathrm{d}E}\cos\theta + \frac{\mathrm{d}b(a)}{\mathrm{d}E}\right]\frac{\mathrm{d}E}{\mathrm{d}t} \mp \right.$$
$$\left. \sqrt{2\{V(a+b(a)) - V(a\cos\theta + b(a))\}}\right\} \qquad (22.1.31)$$

下面求 $\frac{\mathrm{d}a}{\mathrm{d}E}$ 与 $\frac{\mathrm{d}b}{\mathrm{d}E}$ 的表达式,为此,将式(22.1.12)和式(22.1.13)对 E 求导,并注意到式(22.1.3),于是可解出

$$\frac{\mathrm{d}a}{\mathrm{d}E} = \frac{g(-a+b) - g(a+b)}{2g(-a+b)g(a+b)} \qquad (22.1.32a)$$

$$\frac{\mathrm{d}b}{\mathrm{d}E} = \frac{g(-a+b) + g(a+b)}{2g(-a+b)g(a+b)} \qquad (22.1.32b)$$

将式(22.1.30)和式(22.1.32)代入式(22.1.31),最后得

$$\frac{\mathrm{d}\theta}{\mathrm{d}t} = \frac{1}{a\sin\theta}\left\{\frac{1}{2g(-a+b(a))g(a+b(a))}[(g(-a+b(a))) - \right.$$
$$g(a+b(a))\cos\theta + (g(-a+b(a)) + g(a+b(a))]F(a,\theta,\Omega t) \mp$$
$$\left. \sqrt{2(V(a+b(a)) - V(a\cos\theta + b(a)))}\right\} \triangleq \Phi(a,\theta,\Omega t) \qquad (22.1.33)$$

假定 $f(x,\dot{x},\Omega t)$ 与 $g(x)$ 二者均为连续函数。在此情况下, F 与 Φ 均满足 Dirichlet 条件, 因此, 可展为如下的 Fourier 级数

$$\frac{\mathrm{d}E}{\mathrm{d}t} = b_0(a,\phi) + \sum_{k=1}^{\infty}\left[b_k^{(1)}(a,\phi)\cos\frac{k}{n}\theta + b_k^{(2)}(a,\phi)\sin\frac{k}{n}\theta\right] \qquad (22.1.34a)$$

$$\frac{\mathrm{d}\theta}{\mathrm{d}t} = c_0(a,\phi) + \sum_{k=1}^{\infty}\left[c_k^{(1)}(a,\phi)\cos\frac{k}{n}\theta + c_k^{(2)}(a,\phi)\sin\frac{k}{n}\theta\right] \qquad (22.1.34b)$$

$\frac{\mathrm{d}\theta}{\mathrm{d}t} \neq 0$ 的条件,由 $\boldsymbol{r}\times\boldsymbol{v}\neq\boldsymbol{0}$ 得到, 其中 $\boldsymbol{r} = (x-b)\boldsymbol{i} + \dot{x}\boldsymbol{j}$, $\boldsymbol{v} = \dot{\boldsymbol{r}} = \dot{x}\boldsymbol{i} + \ddot{x}\boldsymbol{j}$, 于是

$$[(x-b)\boldsymbol{i} + \dot{x}\boldsymbol{j}] \times (\dot{x}\boldsymbol{i} + \ddot{x}\boldsymbol{j}) \neq 0 \qquad (22.1.35)$$

将系统式(22.1.27)代入式(22.1.35)得

$$\dot{x}^2 + (x-b)f(x,\dot{x},\Omega t) + (x-b)g(x) \neq 0 \qquad (22.1.36)$$

现研究在何种条件下,系统式(22.1.27)能有一周期解,其周期为 $T = \frac{2\pi}{\omega}$, 此处

$$\omega = \frac{n}{m}\Omega \tag{22.1.37}$$

其中 m 和 n 为互质的两整数。

如系统式(22.1.27)存在一周期解,周期为 $T = 2\pi/\omega$,其必要与充分条件之一是 $\theta(t)$ 应具有如下的表达式

$$\theta(t) = \omega t + \phi(t) \tag{22.1.38}$$

式中,$\phi(t)$ 为周期函数,周期也为 $T = \dfrac{2\pi}{\omega}$。

定理 22.1.1 系统式(22.1.27)在区域 $D = D' \cap D''$ 内存在渐进稳定(或完全不稳定)周期解(周期为 $T = 2\pi/\omega$,$\omega = \dfrac{n}{m}\Omega$)的必要与充分条件是:

(1) 存在实数 a^* 以及 ϕ^*,使得

$$b_0(a^*, \phi^*) = 0, \quad c_0(a^*, \phi^*) = \frac{n}{m}\Omega \tag{22.1.39}$$

(2) 对 $\dfrac{\mathrm{d}\theta}{\mathrm{d}t} > 0$,有 $D(a^*, \phi^*) < 0$(或 >0),对 $\dfrac{\mathrm{d}\theta}{\mathrm{d}t} < 0$,有 $D(a^*, \phi^*) > 0$(或 <0)。

在多自由度系统中,对于式(22.1.34),如果:

(1) 在域 **R** 内存在实数 a_i^* 与 ϕ_i^* ($i = 1, 2, \cdots, n$),使得

$$\alpha_i^0(a_1^*, a_2^*, \cdots, a_n^*, \phi_1^*, \cdots, \phi_n^*) = 0 \tag{22.1.40a}$$

$$\gamma_i^0(a_1^*, a_2^*, \cdots, a_n^*, \phi_1^*, \cdots, \phi_n^*) = \omega \tag{22.1.40b}$$

(2) 下面特征方程

$$\left| \frac{\partial(\alpha^{(0)}, \gamma^{(0)})}{\partial(a^*, \phi^{(0)})} - \lambda I \right| = 0 \quad (I \text{ 为单位矩阵}) \tag{22.1.41}$$

的所有特征值均具有负实部。亦即,若 $\lambda = \mu \pm \mathrm{i}\nu$ 或 $\lambda = \mu$,将有 $\mu < 0$,则在域 **R** 内,系统式(22.1.27)将存在一周期解,周期为 $T = \dfrac{2\pi n}{\omega}\left(\omega = \dfrac{n}{m}\Omega\right)$,且此周期解为渐进稳定。如果,在式(22.1.27)的特征根中,至少有一个具有正实部,则上述周期解为不稳定。

① 周期解在相平面上的轨线表达式。

周期解在相平面上轨线的近似表达式

$$\frac{1}{2}\dot{x}^2 + V(x) = V(a^* + b(a^*)) \tag{22.1.42}$$

② 周期解的能量 E 在能量坐标系 (E, θ) 中的表达式。

周期解的能量 E 在能量坐标系 (E, θ) 中的表达式为

$$E = E^* + \sum_{k=1}^{\infty} \frac{n}{k}\left(\alpha_k^* \sin\frac{k}{n}\theta - \beta_k^* \cos\frac{k}{n}\theta\right) \tag{22.1.43a}$$

式中,

$$\alpha_k^* = \alpha_k\left(a^*, \frac{n}{m}\Omega\right), \quad \beta_k^* = \beta_k\left(a^*, \frac{n}{m}\Omega\right) \tag{22.1.43b}$$

③周期解的 $x(t)$ 中的表达式。

将 $a = a^*$ 以及 $\theta = \omega t + \phi = \dfrac{n}{m}\Omega t + \phi^*$ 代入式(22.1.20a),得该周期解的 $x(t)$ 一次近似表达式

$$x = a^* \cos\left(\frac{n}{m}\Omega t + \phi^*\right) + b(a^*) \tag{22.1.44}$$

下面求 $x(t)$ 二次近似表达式,它可以用迭代法得到。为此,将 $a = a^*$, $\phi = \phi^*$ 代入式(22.1.34),并令

$$\tilde{b}_k^{(1)} = b_k^{(1)}(a^*, \phi^*), \quad \tilde{b}_k^{(2)} = b_k^{(2)}(a^*, \phi^*) \tag{22.1.45a}$$

$$\tilde{c}_k^{(1)} = c_k^{(1)}(a^*, \phi^*), \quad \tilde{c}_k^{(2)} = c_k^{(2)}(a^*, \phi^*) \tag{22.1.45b}$$

此外,考虑到式(22.1.39),得

$$\frac{dE}{dt} = \sum_{k=1}^{\infty}\left(\tilde{b}_k^{(1)} \cos\frac{k}{n}\theta + \tilde{b}_k^{(2)} \sin\frac{k}{n}\theta\right) \tag{22.1.46a}$$

$$\frac{d\theta}{dt} = \frac{n}{m}\Omega + \sum_{k=1}^{\infty}\left(\tilde{c}_k^{(1)} \cos\frac{k}{n}\theta + \tilde{c}_k^{(2)} \sin\frac{k}{n}\theta\right) \tag{22.1.46b}$$

现将式(22.1.20a)对时间 t 求导,得

$$\dot{x} = \left(\frac{da}{dE}\cos\theta + \frac{db}{dE}\right)\frac{dE}{dt} - a\cos\theta\frac{d\theta}{dt} \tag{22.1.47}$$

将 $a = a^*$、式(22.1.32)、式(22.1.46)代入式(22.1.47),然后将右端展开为傅立叶级数,则得下列的表达式:

$$\dot{x} = \sum_{k=1}^{\infty}\left[\gamma_k(a^*, \phi^*)\cos\frac{k}{n}\theta + \delta_k(a^*, \phi^*)\sin\frac{k}{n}\theta\right] \tag{22.1.48}$$

令 $\theta = \dfrac{n}{m}\Omega t + \phi^*$,代入式(22.1.48)并积分,加上常数 $b(a^*)$,得到周期解的 $x(t)$ 二次近似表达式为

$$x = \sum_{k=1}^{\infty}\frac{m}{k\Omega}\left[\gamma_k(a^*, \phi^*)\sin\left(\frac{n}{m}\Omega t + \phi^*\right) - \right.$$
$$\left. \delta_k(a^*, \phi^*)\cos\left(\frac{n}{m}\Omega t + \phi^*\right)\right] + b(a^*) \tag{22.1.49}$$

用能量法解振动问题,经常要用到两个近似公式。如果 $|x| < 1$,则有

$$\sqrt{1+x} = 1 + \frac{1}{2}x + O(x^2) \tag{22.1.50}$$

$$\frac{1}{1+x} = 1 - x + O(x^2) \tag{22.1.51}$$

22.2 单自由度强非线性系统的能量法

例题 22.2.1 考虑 Mathieu 方程

$$\ddot{x} + Ax + Bx\cos\Omega t = 0 \tag{22.2.1}$$

其中,$A > 0, B \gg 1$。求其周期解。

解:采用能量法。

由于此处参数 B 远大于 1,一切以小参数为基础的近似方法全然失效。但是,却可以用本节所介绍的能量法来加以解决。在本例中

$$f(x, \dot{x}, \Omega t) = Bx\cos\Omega t \tag{22.2.2}$$

$$g(x) = Ax \tag{22.2.3}$$

由于已假定 $A > 0$,条件式(22.1.2)被满足,并且被满足的区域为

$$D': 0 < |x| < \infty \tag{22.2.4}$$

此外,由式(22.1.3)与式(22.1.6)可知,与 $g(x)$ 相应的势能以及系统式(22.2.1)的能量为

$$V(x) = \frac{1}{2}Ax^2 \tag{22.2.5a}$$

$$E(x, \dot{x}) = \frac{1}{2}\dot{x}^2 + \frac{1}{2}Ax^2 \tag{22.2.5b}$$

由于 $V(x)$ 为偶函数,由式(22.1.14)可得 $b = 0$。于是,应用式(22.1.20),并注意到式(22.2.5a),$b = 0$ 以及关于 $\dot{x}$ 右端符号的规定,得

$$x = a\cos\theta \tag{22.2.6a}$$

$$\dot{x} = \pm \sqrt{2[V(a) - V(a\cos\theta)]} = \pm a\sqrt{A}|\sin\theta| = -a\sqrt{A}\sin\theta \tag{22.2.6b}$$

将式(22.2.2)、式(22.2.3)、式(22.2.6)代入式(22.1.30)与式(22.1.33),并注意 $b = 0$,得

$$\frac{dE}{dt} = -Bx\cos\Omega t \cdot \dot{x} = -Ba\cos\theta\cos\Omega t(-a\sqrt{A}\sin\theta)$$

$$= \frac{1}{2}\sqrt{A}Ba^2[\sin(2\theta + \Omega t) + \sin(2\theta - \Omega t)] \tag{22.2.7a}$$

$$\frac{d\theta}{dt} = \frac{1}{a\sin\theta}\left[\frac{1}{Aa}\cos\theta(\sqrt{A}Ba^2\cos\theta\cos\Omega t\sin\theta) + a\sqrt{A}\sin\theta\right]$$

$$= \frac{1}{\sqrt{A}}B\cos^2\theta\cos\Omega t + \sqrt{A} = \frac{1}{2} \cdot \frac{1}{\sqrt{A}}B(\cos\Omega t + \cos2\theta\cos\Omega t) + \sqrt{A} \tag{22.2.7b}$$

式(22.2.7b)中的 $\frac{1}{\sqrt{A}}B\cos^2\theta\cos\Omega t + \sqrt{A}$ 也可写 $\frac{1}{\sqrt{A}}(B\cos^2\theta\cos\Omega t + A)$,从而式(22.2.7b)也可表示为

$$\frac{d\theta}{dt} = \frac{1}{\sqrt{A}}(B\cos^2\theta\cos\Omega t + A) \tag{22.2.8}$$

由此可知,当 $A > B$ 时,不论 x 为何值,均有 $\frac{d\theta}{dt} > 0$。

下面再应用式(22.1.36)来确定 $\frac{d\theta}{dt} \neq 0$ 时参数 A, B 应满足的条件。将式(22.2.2)、式(22.2.3)以及式(22.2.6)代入式(22.1.36),并注意 $b = 0$,得

$$\dot{x}^2 + xf(x, \dot{x}, \Omega t) + xg(x) = a^2A\sin^2\theta + a\cos\theta(Ba\cos\theta\cos\Omega t) + Aa^2\cos^2\theta$$

$$= a^2(A + B\cos^2\theta\cos\Omega t) \tag{22.2.9}$$

由上式可见,如果有 $A > B$,则只要 $a \neq 0$,由式(22.2.8)知 $\frac{d\theta}{dt} > 0$。显然,由式(22.1.36)所得到的判定结果与直接由 $\frac{d\theta}{dt}$ 的表达式(22.2.8)所得到的判定结果是完全相同的。这也就验证了应用式(22.1.36)来判定 $\frac{d\theta}{dt} \neq 0$ 的正确性。

总之,在 $A > B$ 的情况下,使得 $\dfrac{d\theta}{dt} \neq 0$ 的区域 D'' 为

$$D'';\ 0 < |x| < \infty \tag{22.2.10}$$

由于式(22.2.10)的 D'' 与式(22.2.4)的 D' 完全相同,$D = D' \cap D''$ 也就与 D' 以及 D'' 完全相同。

现研究式(22.2.1)的周期为 $T = \dfrac{2\pi}{\omega}$,$\omega = \dfrac{\Omega}{2}$ 之解。由式(22.1.38)得

$$\theta = \frac{1}{2}\Omega t + \phi \tag{22.2.11}$$

由上式可知 $\Omega t = 2(\theta - \phi)$。代入式(22.2.7),得

$$\frac{dE}{dt} = \frac{1}{4}\sqrt{A}Ba^2[\sin 2\phi + \sin(4\theta - 2\phi)] \tag{22.2.12a}$$

$$\frac{d\theta}{dt} = \sqrt{A} + \frac{1}{4}\frac{B}{\sqrt{A}}[\cos 2\phi + 2\cos(2\theta - 2\phi) + \cos(4\theta - 2\phi)] \tag{22.2.12b}$$

据此,得

$$b_0(a,\phi) = \frac{1}{4}\sqrt{A}Ba^2\sin 2\phi \tag{22.2.13a}$$

$$c_0(a,\phi) = \sqrt{A} + \frac{1}{4}\cdot\frac{B}{\sqrt{A}}\cos 2\phi \tag{22.2.13b}$$

如系统式(22.2.1)存在上述周期解,按照定理 22.1.1,应满足以下条件:

$$\frac{1}{4}\sqrt{A}Ba^2\sin 2\phi = 0 \tag{22.2.14}$$

$$\sqrt{A} + \frac{1}{4}\cdot\frac{B}{\sqrt{A}}\cos 2\phi = \frac{1}{2}\Omega \tag{22.2.15}$$

式(22.2.14)的解为

$$a = 常数,\ \phi = 0,\ \frac{\pi}{2} \tag{22.2.16}$$

将 $\phi = 0$ 与 $\phi = \pi/2$ 代入式(22.2.15),得

$$\phi = 0:\quad \sqrt{A} + \frac{1}{4}\cdot\frac{B}{\sqrt{A}} = \frac{1}{2}\Omega \tag{22.2.17}$$

$$\phi = \frac{\pi}{2}:\quad \sqrt{A} - \frac{1}{4}\cdot\frac{B}{\sqrt{A}} = \frac{1}{2}\Omega \tag{22.2.18}$$

据此,可解得

$$\phi = 0:\quad \sqrt{A} = \frac{\Omega}{4} + \frac{1}{4}\sqrt{\Omega^2 - 4B} \tag{22.2.19}$$

$$\phi = \frac{\pi}{2}:\quad \sqrt{A} = \frac{\Omega}{4} + \frac{1}{4}\sqrt{\Omega^2 + 4B} \tag{22.2.20}$$

式(22.2.16)、式(22.2.19)与式(22.2.20)表明,如果 Mathieu 方程式(22.2.1)存在一周期解,周期为 $T = \dfrac{2\pi}{\omega}$,$\omega = \dfrac{\Omega}{2}$,则其初值应满足式(22.2.16),而参数 A,B 则应满足式(22.2.19)与式(22.2.20)。

下面来求此周期解的近似表达式。首先,由式(22.1.41)与式(22.2.5)可知其轨线的近似表达式为

$$\frac{1}{2}\dot{x}^2 + \frac{1}{2}Ax^2 = \frac{1}{2}Aa^2 \tag{22.2.21}$$

其 $E(\theta)$ 与 $x(t)$ 的近似表达式可根据式(22.1.42)与式(22.1.49)求得。为清楚起见,现将其具体计算步骤说明如下。

(1) $\phi = 0$。

将 $\phi = 0$ 代入式(22.2.12),并注意到式(22.2.17),得

$$\frac{dE}{dt} = \frac{1}{4}\sqrt{A}Ba^2\sin4\theta \tag{22.2.22a}$$

$$\frac{dE}{dt} = \frac{\Omega}{2} + \frac{1}{4}\frac{B}{\sqrt{A}}(2\cos2\theta + \cos4\theta) \tag{22.2.22b}$$

式(22.2.22b)也可写作

$$\frac{d\theta}{dt} = \frac{\Omega}{2}\left[1 + \frac{1}{2}\frac{B}{\sqrt{A}\Omega}(2\cos2\theta + \cos4\theta)\right] \tag{22.2.23}$$

应用式(22.1.51),可得

$$\left(\frac{d\theta}{dt}\right)^{-1} = \frac{2}{\Omega}\left[1 - \frac{1}{2}\frac{B}{\sqrt{A}\Omega}(2\cos2\theta + \cos4\theta)\right] \tag{22.2.24}$$

令式(22.2.22a)除以式(22.2.22b),并考虑到式(22.2.24),得

$$\frac{dE}{d\theta} = \frac{1}{4}\sqrt{A}Ba^2\sin4\theta \times \frac{2}{\Omega}\left[1 - \frac{1}{2}\frac{B}{\sqrt{A}\Omega}(2\cos2\theta + \cos4\theta)\right]$$

$$= \frac{1}{2}\frac{\sqrt{A}B}{\Omega}a^2\left[\sin4\theta - \frac{1}{2}\frac{B}{\sqrt{A}\Omega}\left(\sin2\theta + \sin6\theta + \frac{1}{2}\sin8\theta\right)\right] \tag{22.2.25}$$

积分式(22.2.25),并加上其均值 $E^* = V(a) = \frac{1}{2}Aa^2$,得周期解的能量 E 在能量坐标系 (E, θ) 中的近似表达式为

$$E(\theta) = \frac{1}{2}Aa^2 + \frac{1}{2}\cdot\frac{\sqrt{A}B}{\Omega}a^2\left[-\frac{1}{4}\cos4\theta + \frac{1}{96}\frac{B}{\sqrt{A}\Omega}(24\cos2\theta + 8\cos6\theta + 3\cos8\theta)\right] \tag{22.2.26}$$

下面应用式(22.1.47)来求 $x(t)$ 的近似表达式。首先,将式(22.2.3)代入式(22.1.32),得

$$\frac{da}{dE} = \frac{1}{Aa} \tag{22.2.27a}$$

$$\frac{db}{dE} = 0 \tag{22.2.27b}$$

其实,式(22.2.27b)也可直接求得。由于此时 $b = 0$,有 $\frac{db}{dE} = 0$。

将式(22.2.22)与式(22.2.27)代入式(22.1.47),得

$$\dot{x} = \left(-\frac{\Omega}{2} + \frac{1}{4}\frac{B}{\sqrt{A}}\right)a\sin\theta \tag{22.2.28}$$

由于此时 $\omega = \frac{\Omega}{2}$,$\phi = 0$,$\theta = \omega t + \phi = \frac{\Omega}{2}t$。代入式(22.2.28)并积分之,并注意此时 $b = 0$,得

$$x = \left(1 - \frac{1}{2}\frac{B}{\sqrt{A}\Omega}\right)a\cos\left(\frac{1}{2}\Omega t\right) \tag{22.2.29}$$

这就是所要求得的对应于 $\phi = 0$ 时的周期解的 $x(t)$ 近似表达式。

(2) $\phi = \frac{\pi}{2}$。

按照与 $\phi = 0$ 的同样步骤,可得此情况周期解的 $E(\theta)$ 与 $x(t)$ 的近似表达式为:

$$E(\theta) = \frac{1}{2}Aa^2 + \frac{1}{2}\frac{\sqrt{A}B}{\Omega}a^2\left[\frac{1}{4}\cos4\theta - \frac{1}{96}\frac{B}{\sqrt{A}\Omega}(24\cos2\theta + 8\cos6\theta + 3\cos8\theta)\right] \tag{22.2.30}$$

$$x = \left(1 + \frac{1}{2}\frac{B}{\sqrt{A}\Omega}\right)a\sin\left(\frac{1}{2}\Omega t\right) \tag{22.2.31}$$

前面已得出,周期解的允许存在区域 D 为 $0 < |x| < \infty$,因此,上列诸式中 a 的取值范围为 $0 < a < \infty$。

假定 $\Omega = 8$,$B = 6$。对于 $\phi = 0$,由式(22.2.19)得 $\sqrt{A} = 3.58$,对于 $\phi = \frac{\pi}{2}$,由式(22.2.20)得 $\sqrt{A} = 4.34$。这分别对应图 22.2.1 中的 P,Q 两点。由 $\phi = 0$ 的一组数据得到的周期解在相平面 $(x,\dot{x})$ 内的轨线以及时间历程 $x(t)$ 的曲线,绘于图 22.2.2 与图 22.2.3,由 $\phi = \frac{\pi}{2}$ 的一组数据得到的周期解在相平面 $(x,\dot{x})$ 内的轨线以及时间历程 $x(t)$ 的曲线则绘于图 22.2.4 与图 22.2.5。其中,实线为由式(22.2.29) 与式(22.2.31)以及它们的相应导数 $\dot{x}(t)$ 计算所得,而虚线则为由数值积分所得。

可以看到,图 22.2.1 中所显示的为了保证式(22.2.1)存在 $\omega = \frac{\Omega}{2}$ 周期解时参数 A、B 所应满足的关系曲线,与为了保证方程 $x'' + \delta x + 2\varepsilon\cos 2t = 0$ 存在 $\omega = 1$ 周期解时参数 δ,ε 所应满足的关系曲线十分相似。事实上,前者正是后者由 $\varepsilon < 1$ 到 $\varepsilon > 1$ 的自然延拓。此外,尽管在本例中 $B = 6 >> 1$,但由图 22.2.2 ~ 图 22.2.5 可见,由能量法所得的结果与由数值积分所得的结果还是相当吻合的。

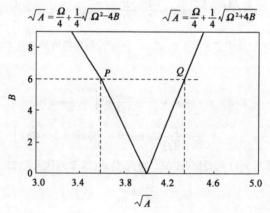

图 22.2.1 式(22.2.1)存在 $\omega = \frac{\Omega}{2}$ 的周期解对参数 A、B 的关系曲线

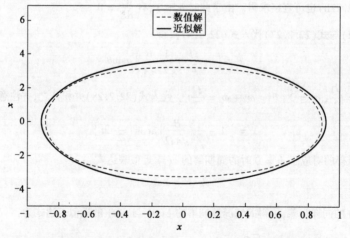

图 22.2.2 式(22.2.1)对应 $a = 1$,$\phi = 0$,$\omega = \frac{\Omega}{2}$ 的周期解在相平面内的轨线图

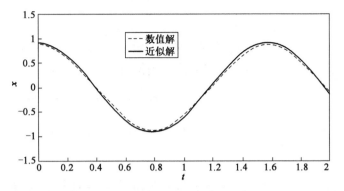

图 22.2.3　式(22.2.1)对应 $a=1$，$\phi=0$，$\omega=\dfrac{\Omega}{2}$ 的周期解在 x-t 平面内的曲线图

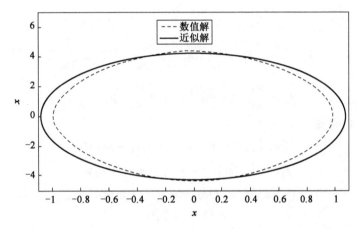

图 22.2.4　式(22.2.1)对应 $a=1$，$\phi=\dfrac{\pi}{2}$，$\omega=\dfrac{\Omega}{2}$ 的周期解在相平面内的轨线图

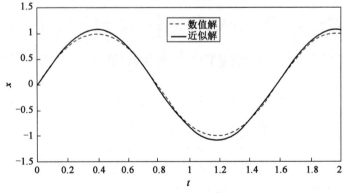

图 22.2.5　式(22.2.1)对应 $a=1$，$\phi=\dfrac{\pi}{2}$，$\omega=\dfrac{\Omega}{2}$ 的周期解在 x-t 平面内的曲线图

22.3　多自由度强非线性系统的能量法

图 22.3.1 所示为一三质量三弹簧系统。弹簧 1 与弹簧 2 均为线性弹簧,其相应的弹性力分别为 $c_1 x_1$ 与 $c_2 x_2$。弹簧 3 为一非线性弹簧,其弹性力为 $c_3^{(1)} x_3 + c_3^{(3)} x_3^3$。作用在质量块

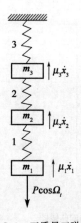

图 22.3.1 三质量三弹簧系统

m_1、m_2 与 m_3（质量分别为 m_1、m_2、m_3）上的阻尼力分别为 $\mu_1\dot{x}_1$、$\mu_2\dot{x}_2$ 与 $\mu_3\dot{x}_3$。此外，在质量块 m_3 上还作用一周期力 $P\cos\Omega t$。为了计算简单起见，假定 $m_1 = m_2 = m_3 = m$。

应用牛顿第二定律，可得相应的运动微分方程如下：

$$\ddot{x}_1 + n_1\dot{x}_1 + k_1 x_1 - k_1 x_2 - p\cos\Omega t = 0 \quad (22.3.1a)$$

$$\ddot{x}_2 + n_2\dot{x}_2 - k_1 x_1 + (k_1 + k_2) x_2 - k_2 x_3 = 0 \quad (22.3.1b)$$

$$\ddot{x}_3 + n_3\dot{x}_3 - k_2 x_2 + (k_2 + k_3^{(1)}) x_3 + 2k_3^{(3)} x_3^3 = 0 \quad (22.3.1c)$$

其中

$$k_1 = \frac{c_1}{m},\ k_2 = \frac{c_2}{m},\ k_3^{(1)} = \frac{c_3^{(1)}}{m},\ k_3^{(3)} = \frac{c_3^{(3)}}{2m} \quad (22.3.2a)$$

$$n_1 = \frac{\mu_1}{m},\ n_2 = \frac{\mu_2}{m},\ n_3 = \frac{\mu_3}{m},\ p = \frac{P}{m} \quad (22.3.2b)$$

由式(22.3.1)可知

$$f_1(x, \dot{x}, \Omega t) = -k_1 x_2 + n_1 \dot{x}_1 - p\cos\Omega t \quad (22.3.3a)$$

$$f_2(x, \dot{x}, \Omega t) = -k_1 x_1 - k_2 x_3 + n_2 \dot{x}_2 \quad (22.3.3b)$$

$$f_3(x, \dot{x}, \Omega t) = -k_2 x_2 + n_3 \dot{x}_3 \quad (22.3.3c)$$

$$g_1(x_1) = k_1 x_1 \quad (22.3.3d)$$

$$g_2(x_2) = (k_1 + k_2) x_2 \quad (22.3.3e)$$

$$g_3(x_3) = (k_2 + k_3^{(1)}) x_3 + 2k_3^{(3)} x_3^3 \quad (22.3.3f)$$

$$V_1(x_1) = \frac{1}{2} k_1 x_1^2 \quad (22.3.3g)$$

$$V_2(x_2) = \frac{1}{2}(k_1 + k_2) x_2^2 \quad (22.3.3h)$$

$$V_3(x_3) = \frac{1}{2}[(k_2 + k_3^{(1)}) x_3^2 + k_3^{(3)} x_3^4] \quad (22.3.3i)$$

由于 k_1、k_2 与 $k_3^{(1)}$ 均为正数，因此在下述区域 R 内

$$-\infty < x_1 < \infty,\ -\infty < x_2 < \infty \quad (22.3.4a)$$

$$-\infty < x_3 < \infty \quad (\text{当 } k_3^{(3)} > 0,\text{亦即为硬弹簧}) \quad (22.3.4b)$$

$$-\sqrt{\frac{k_2 + k_3^{(1)}}{-k_3^{(3)}}} < x_3 < \sqrt{\frac{k_2 + k_3^{(1)}}{-k_3^{(3)}}} \quad (\text{当 } k_3^{(3)} < 0,\text{亦即为软弹簧}) \quad (22.3.4c)$$

条件式(22.1.2)将被满足，从而在此区域内，坐标变换公式(22.1.26)对系统式(22.3.1)是适用的。

由式(22.3.3)知 $V_i(x_i)$ 均为偶函数，故由式(22.1.14)得

$$b_1 = 0,\ b_2 = 0,\ b_3 = 0 \quad (22.3.5)$$

在此情况下，坐标变换公式(22.1.26)具有如下形式：

$$x_1 = a_1 \cos\theta_1 \quad (22.3.6a)$$

$$\dot{x}_1 = \pm \sqrt{2[V_1(a_1) - V_1(a_1\cos\theta_1)]} = \pm a_1 \sqrt{k_1} |\sin\theta_1| \quad (22.3.6b)$$

$$x_2 = a_2 \cos\theta_2 \quad (22.3.6c)$$

$$\dot{x}_2 = \pm \sqrt{2[V_2(a_2) - V_2(a_2\cos\theta_2)]} = \pm a_2 \sqrt{k_1 + k_2} |\sin\theta_1| \quad (22.3.6d)$$

$$x_3 = a_3 \cos\theta_3 \quad (22.3.6e)$$

$$\dot{x}_3 = \pm \sqrt{2[V_3(a_3) - V_3(a_3\cos\theta_3)]} = \pm a_3 \sqrt{A}\left(1 + \frac{1}{4}B\cos2\theta_3\right)|\sin\theta_3| \quad (22.3.6f)$$

其中

$$A = k_2 + k_3^{(1)} + \left(\frac{3}{2}\right)k_3^{(3)} a_3^2 \quad (22.3.7a)$$

$$B = \frac{k_3^{(3)} a_3^2}{A} \quad (22.3.7b)$$

在 22.1 中已指出，$\dot{x}_i$ 右端符号的规定为：当 $0 < \theta_i < \pi$ 时，取"—"；当 $\pi < \theta_i < 2\pi$ 时，取"+"。据此可知 $\pm |\sin\theta_i| = -\sin\theta_i$，从而式(22.3.6)化为

$$x_1 = a_1 \cos\theta_1 \quad (22.3.8a)$$

$$\dot{x}_1 = -a_1 \sqrt{k_1} \sin\theta_1 \quad (22.3.8b)$$

$$x_2 = a_2 \cos\theta_2 \quad (22.3.8c)$$

$$\dot{x}_2 = -a_2 \sqrt{k_1 + k_2} \sin\theta_2 \quad (22.3.8d)$$

$$x_3 = a_3 \cos\theta_3 \quad (22.3.8e)$$

$$\dot{x}_3 = -a_3 \sqrt{A}\left(1 + \frac{1}{4}B\cos2\theta_3\right)\sin\theta_3 \quad (22.3.8f)$$

将式(22.3.3)、式(22.3.8)代入式(22.1.30)和式(22.1.33)，并略去所有高于二阶的谐波，得

$$\frac{dE_1}{dt} = -\frac{1}{2}\sqrt{k_1}\, a_1 \{k_1 a_2[\sin(\theta_1 - \theta_2) + \sin(\theta_1 + \theta_2)] -$$

$$n_1 \sqrt{k_1}\, a_1(1 - \cos2\theta_1) + p[\sin(\theta_1 - \Omega t) + \sin(\theta_1 + \Omega t)]\}$$

$$(22.3.9a)$$

$$\frac{dE_2}{dt} = -\frac{1}{2}\sqrt{k_1 + k_2}\, a_2 \{k_1 a_1[(\sin(\theta_2 - \theta_1) + \sin(\theta_2 + \theta_1)] +$$

$$k_2 a_3[\sin(\theta_2 - \theta_3) + \sin(\theta_2 + \theta_3)] - n_2 \sqrt{k_1 + k_2}\, a_2(1 - \cos2\theta_2)\}$$

$$(22.3.9b)$$

$$\frac{dE_3}{dt} = -\frac{1}{2}\sqrt{A}\, a_3 \left\{\left(1 - \frac{1}{8}B\right) k_2 a_2[(\sin(\theta_3 - \theta_2) + \sin(\theta_3 + \theta_2)] -\right.$$

$$n_3\sqrt{A}a_3\left[\left(1-\frac{1}{4}B\right)-\left(1-\frac{1}{2}B\right)\cos2\theta_3\right]\Big\} \tag{22.3.9c}$$

$$\frac{\mathrm{d}\theta_1}{\mathrm{d}t} = -\frac{1}{2\sqrt{k_1}a_1}\Big\{k_1a_2[(\cos(\theta_1-\theta_2)+\cos(\theta_1+\theta_2)]+p[\cos(\theta_1-\Omega t)+$$

$$\cos(\theta_1+\Omega t)]-n_1\sqrt{k_1}a_1\sin2\theta_1-2k_1a_1\Big\} \tag{22.3.9d}$$

$$\frac{\mathrm{d}\theta_2}{\mathrm{d}t} = -\frac{1}{2\sqrt{k_1+k_2}a_2}\Big\{k_1a_1[(\cos(\theta_2-\theta_1)+\cos(\theta_2+\theta_1)]+k_2a_3[\cos(\theta_2-\theta_3)+$$

$$\cos(\theta_2+\theta_3)]-n_2\sqrt{k_1+k_2}a_2\sin2\theta_2-2(k_1+k_2)a_2\Big\} \tag{22.3.9e}$$

$$\frac{\mathrm{d}\theta_3}{\mathrm{d}t} = -\frac{1}{2\sqrt{A}\left(1+\frac{1}{2}B\right)a_3}\Big\{\left(1+\frac{1}{8}B\right)k_2a_2[(\cos(\theta_3-\theta_2)+\cos(\theta_3+\theta_2)]-$$

$$n_3\sqrt{A}a_3\sin2\theta_3-2A\left(1+\frac{1}{2}B\right)a_3\left(1+\frac{1}{4}B\cos2\theta_3\right)\Big\} \tag{22.3.9f}$$

下面仅研究主振动情况,其他情况其研究方法与此相同。在此情况下应有

$$\omega = \Omega \tag{22.3.10}$$

将式(22.3.10)代入式(22.1.38),得

$$\theta_i = \Omega t + \phi_i \quad (i = 1,2,3) \tag{22.3.11}$$

将式(22.3.11)代入式(22.3.9),得

$$\frac{\mathrm{d}E_1}{\mathrm{d}t} = -\frac{1}{2}\sqrt{k_1}a_1\Big\{k_1a_2\sin(\phi_1-\phi_2)-n_1\sqrt{k_1}a_1+p\sin\phi_1+$$

$$[k_1a_2\sin(\phi_1+\phi_2)+n_1\sqrt{k_1}a_1\cos2\phi_1+p\sin\phi_1]\cos2\Omega t-$$

$$[k_1a_2\cos(\phi_1+\phi_2)-n_1\sqrt{k_1}a_1\sin2\phi_1+p\cos\phi_1]\sin2\Omega t\Big\} \tag{22.3.12a}$$

$$\frac{\mathrm{d}E_2}{\mathrm{d}t} = -\frac{1}{2}\sqrt{k_1+k_2}a_2\Big\{k_1a_1\sin(\phi_1-\phi_2)+k_2a_3\sin(\phi_2-\phi_3)-n_2\sqrt{k_1+k_2}a_2+$$

$$[k_1a_1\sin(\phi_1+\phi_2)+k_2a_3\sin(\phi_2+\phi_3)+n_2\sqrt{k_1+k_2}a_2\cos2\phi_2]\cos2\Omega t-$$

$$[k_1a_1\cos(\phi_1+\phi_2)+k_2a_3\cos(\phi_2+\phi_3)-n_2\sqrt{k_1+k_2}a_2\sin2\phi_2]\sin2\Omega t\Big\}$$

$$\tag{22.3.12b}$$

$$\frac{\mathrm{d}E_3}{\mathrm{d}t} = -\frac{1}{2}\sqrt{A}a_3\Big\{-\left(1+\frac{1}{8}B\right)k_2a_2\sin(\phi_2-\phi_3)-\left(1-\frac{1}{4}B\right)n_3\sqrt{A}a_3+$$

$$\left[(1-\frac{1}{8}Bk_2a_2\sin(\phi_2+\phi_3)+\left(1-\frac{1}{2}B\right)n_3\sqrt{A}a_3\cos2\phi_3\right]\cos2\Omega t-$$

$$\left[\left(1-\frac{1}{8}B\right)k_2a_2\cos(\phi_2+\phi_3)-\left(1-\frac{1}{2}B\right)n_3\sqrt{A}a_3\sin2\phi_3\right]\sin2\Omega t\Big\}$$

$$\tag{22.3.12c}$$

$$\frac{\mathrm{d}\theta_1}{\mathrm{d}t} = -\frac{1}{2\sqrt{k_1}a_1}\Big\{k_1a_2\cos(\phi_1-\phi_2)+p\cos\phi_1-2k_1a_1+$$

$$[k_1 a_2 \cos(\phi_1 + \phi_2) - n_1 \sqrt{k_1} a_1 \sin 2\phi_1 + p\cos\phi_1]\cos 2\Omega t +$$
$$[k_1 a_2 \sin(\phi_1 + \phi_2) + n_1 \sqrt{k_1} a_1 \cos 2\phi_1 + p\sin\phi_1]\sin 2\Omega t\}$$
$$(22.3.12d)$$

$$\frac{d\theta_2}{dt} = -\frac{1}{2\sqrt{k_1 + k_2} a_2} \{k_1 a_1 \cos(\phi_1 - \phi_2) + k_2 a_3 \cos(\phi_2 - \phi_3) -$$
$$2(k_1 + k_2)a_2 + [k_1 a_1 \cos(\phi_1 + \phi_2) + k_2 a_3 \cos(\phi_2 + \phi_3) -$$
$$n_2 \sqrt{k_1 + k_2} a_2 \sin 2\phi_2]\cos 2\Omega t + [k_1 a_1 \sin(\phi_1 + \phi_2) +$$
$$k_2 a_3 \sin(\phi_2 + \phi_3) + n_2 \sqrt{k_1 + k_2} a_2 \cos 2\phi_2]\sin 2\Omega t\} \quad (22.3.12e)$$

$$\frac{d\theta_3}{dt} = -\frac{1}{2\left(1 + \frac{1}{2}B\right)\sqrt{A} a_3} \left\{\left(1 + \frac{1}{8}B\right)k_2 a_2 \cos(\phi_2 - \phi_3) - 2\left(1 + \frac{1}{2}B\right)A a_3 + \right.$$
$$\left[\left(1 + \frac{1}{8}B\right)k_2 a_3 \cos(\phi_2 + \phi_3) - n_3 \sqrt{A} a_3 \sin 2\phi_3 - \frac{1}{2}k_3^3 a_3^3 \cos 2\phi_3\right]\cos 2\Omega t -$$
$$\left.\left[\left(1 + \frac{1}{8}B\right)k_2 a_2 \sin(\phi_2 + \phi_3) - n_3 \sqrt{A} a_3 \cos 2\phi_3 - \frac{1}{2}k_3^{(3)} a_3^2 \sin 2\phi_3\right]\sin 2\Omega t\right\}$$
$$(22.3.12f)$$

由式(22.3.12)可知

$$\alpha_1^{(0)}(a, \phi) = -\frac{1}{2}\sqrt{k_1} a_1 [k_1 a_2 \sin(\phi_1 - \phi_2) - n_1 \sqrt{k_1} a_1 + p\sin\phi_1] \quad (22.3.13a)$$

$$\alpha_2^{(0)}(a, \phi) = -\frac{1}{2}\sqrt{k_1 + k_2} a_2 [-k_1 a_1 \sin(\phi_1 - \phi_2) +$$
$$k_2 a_3 \sin(\phi_2 - \phi_3) - n_2 \sqrt{k_1 + k_2} a] \quad (22.3.13b)$$

$$\alpha_3^{(0)}(a, \phi) = -\frac{1}{2}\sqrt{A} a_3 \left[-\left(1 + \frac{1}{8}B\right)k_2 a_2 \sin(\phi_2 - \phi_3) - \right.$$
$$\left.\left(1 + \frac{1}{4}B\right)n_3 \sqrt{A} a_3\right] \quad (22.3.13c)$$

$$\gamma_1^{(0)}(a, \phi) = -\frac{1}{2\sqrt{k_1} a_1}[k_1 a_2 \cos(\phi_1 - \phi_2) + p\cos\phi_1 - 2k_1 a_1] \quad (22.3.13d)$$

$$\gamma_2^{(0)}(a, \phi) = -\frac{1}{2\sqrt{k_1 + k_2} a_2}[k_1 a_1 \cos(\phi_1 - \phi_2) +$$
$$k_2 a_3 \cos(\phi_2 - \phi_3) - 2(k_1 + k_2)a_2] \quad (22.3.13e)$$

$$\gamma_3^{(0)}(a, \phi) = -\frac{1}{2\left(1 + \frac{1}{2}B\right)\sqrt{A} a_3}\left[\left(1 + \frac{1}{8}B\right)k_2 a_2 \cos(\phi_2 - \phi_3) - \right.$$
$$\left. 2\left(1 + \frac{1}{2}B\right)\sqrt{A} a_3\right] \quad (22.3.13f)$$

根据定理22.1.1中的条件(1),即式(22.1.40)有

$$\alpha_1^{(0)}(a,\phi) = -\frac{1}{2}\sqrt{k_1}\,a_1[k_1 a_2 \sin(\phi_1 - \phi_2) - n_1\sqrt{k_1}\,a_1 + p\sin\phi_1] = 0$$
(22.3.14a)

$$\alpha_2^{(0)}(a,\phi) = -\frac{1}{2}\sqrt{k_1 + k_2}\,a_2[-k_1 a_1 \sin(\phi_1 - \phi_2) +$$
$$k_2 a_3 \sin(\phi_2 - \phi_3) - n_2\sqrt{k_1 + k_2}\,a_2] = 0 \quad (22.3.14b)$$

$$\alpha_3^{(0)}(a,\phi) = -\frac{1}{2}\sqrt{A}\,a_3\Big[-\Big(1 + \frac{1}{8}B\Big)k_2 a_2 \sin(\phi_2 - \phi_3) -$$
$$\Big(1 + \frac{1}{4}B\Big)n_3\sqrt{A}\,a_3\Big] = 0 \quad (22.3.14c)$$

$$\gamma_1^{(0)}(a,\phi) = -\frac{1}{2\sqrt{k_1}\,a_1}[k_1 a_2 \cos(\phi_1 - \phi_2) + p\cos\phi_1 - 2k_1 a_1] = \Omega$$
(22.3.14d)

$$\gamma_2^{(0)}(a,\phi) = -\frac{1}{2\sqrt{k_1 + k_2}\,a_2}[k_1 a_1 \cos(\phi_1 - \phi_2) +$$
$$k_2 a_3 \cos(\phi_2 - \phi_3) - 2(k_1 + k_2)a_2] = \Omega \quad (22.3.14e)$$

$$\gamma_3^{(0)}(a,\phi) = -\frac{1}{2\Big(1 + \frac{1}{2}B\Big)\sqrt{A}\,a_3}\Big[\Big(1 + \frac{1}{8}B\Big)k_2 a_2 \cos(\phi_2 - \phi_3) -$$
$$2\Big(1 + \frac{1}{2}B\Big)\sqrt{A}\,a_3\Big] = \Omega \quad (22.3.14f)$$

由于所求周期解为非零周期解,应有 $a_i \neq 0 (i = 1, 2, 3)$。在此情况下,式(22.3.14) 前 3 个方程括号前的公因子可以消去,从而得到如下等价方程

$$\alpha_1^{(0)}(a,\phi) = k_1 a_2 \sin(\phi_1 - \phi_2) - n_1\sqrt{k_1}\,a_1 + p\sin\phi_1 = 0 \quad (22.3.15a)$$

$$\alpha_2^{(0)}(a,\phi) = k_1 a_1 \sin(\phi_1 - \phi_2) - k_2 a_3 \sin(\phi_2 - \phi_3) + n_2\sqrt{k_1 + k_2}\,a_2 = 0$$
(22.3.15b)

$$\alpha_3^{(0)}(a,\phi) = \Big(1 + \frac{1}{8}B\Big)k_2 a_2 \sin(\phi_2 - \phi_3) + \Big(1 + \frac{1}{4}B\Big)n_3\sqrt{A}\,a_3 = 0$$
(22.3.15c)

$$\gamma_1^{(0)}(a,\phi) = -\frac{1}{2\sqrt{k_1}\,a_1}[k_1 a_2 \cos(\phi_1 - \phi_2) + p\cos\phi_1 - 2k_1 a_1] = \Omega$$
(22.3.15d)

$$\gamma_2^{(0)}(a,\phi) = -\frac{1}{2\sqrt{k_1 + k_2}\,a_2}[k_1 a_1 \cos(\phi_1 - \phi_2) +$$
$$k_2 a_3 \cos(\phi_2 - \phi_3) - 2(k_1 + k_2)a_2] = \Omega \quad (22.3.15e)$$

$$\gamma_3^{(0)}(a,\phi) = -\frac{1}{2\Big(1 + \frac{1}{2}B\Big)\sqrt{A}\,a_3}\Big[\Big(1 + \frac{1}{8}B\Big)k_2 a_2 \cos(\phi_2 - \phi_3) -$$
$$2\Big(1 + \frac{1}{2}B\Big)A a_3\Big] = \Omega \quad (22.3.15f)$$

假定式(22.3.15)存在一族解

$$a_i = a_i^*, \quad \phi_i = \phi_i^* \quad (i = 1, 2, 3) \tag{22.3.16}$$

则系统式(22.3.1)存在一周期解,周期为 $T = 2\dfrac{\pi}{\Omega}$。其近似表达式如下:

(1) 轨线近似表达式。

由式(22.1.41)和式(22.3.3),可求得其轨线的近似表达式为

$$\dot{x}_1^2 + k_1 x_1^2 = k_1 (a_1^*)^2 \tag{22.3.17a}$$

$$\dot{x}_2^2 + (k_1 + k_2) x_2^2 = (k_1 + k_2)(a_2^*)^2 \tag{22.3.17b}$$

$$\dot{x}_3^2 + (k_2 + k_3^{(1)}) x_3^2 + k_3^{(3)} x_3^4 = (k_2 + k_3^{(1)})(a_3^*)^2 + k_3^{(3)}(a_3^*)^4 \tag{22.3.17c}$$

(2) $x(t)$ 的一次近似表达式。

由式(22.1.44)知 $x(t)$ 的一次近似表达式为

$$x_i = a_i^* \cos(\Omega t + \phi_i^*) \quad (i = 1, 2, 3) \tag{22.3.18}$$

(3) $x(t)$ 的二次近似表达式。

由式(22.1.49)知 $x(t)$ 的二次近似表达式为

$$x_i = a_i(t) \cos(\Omega t + \phi_i(t)) \quad (i = 1, 2, 3) \tag{22.3.19}$$

其中 $a_i(t)$ 与 $\phi_i(t)$,可以根据式(22.3.9)求得,为

$$a_1(t) = a_1^* - \frac{1}{4\sqrt{k_1}\,\Omega} \Big\{ [k_1 a_2^* \sin(\phi_1^* + \phi_2^*) + n_1 \sqrt{k_1}\, a_1^* \cos 2\phi_1^* + p \sin\phi_1^*] \sin 2\Omega t +$$

$$[k_1 a_2^* \cos(\phi_1^* + \phi_2^*) - n_1 \sqrt{k_1}\, a_1^* \sin 2\phi_1^* + p \cos\phi_1^*] \cos 2\Omega t \Big\} \tag{22.3.20a}$$

$$a_2(t) = a_2^* - \frac{1}{4\sqrt{k_1 + k_2}\,\Omega} \Big\{ [k_1 a_1^* \sin(\phi_1^* + \phi_2^*) + k_2 a_3^* \sin(\phi_2^* + \phi_3^*) +$$

$$n_2 \sqrt{k_1 + k_2}\, a_2^* \cos 2\phi_2^*] \sin 2\Omega t + [k_1 a_1^* \cos(\phi_1^* + \phi_2^*) +$$

$$k_2 a_3^* \cos(\phi_2^* + \phi_3^*) - n_2 \sqrt{k_1 + k_2}\, a_2^* \sin 2\phi_2^*] \cos 2\Omega t \Big\} \tag{22.3.20b}$$

$$a_3(t) = a_3^* - \frac{\sqrt{A}}{4[(k_2 + k_3^{(1)}) + 2k_3^{(3)} (a_3^*)^2]\Omega} \Big\{ \Big[\Big(1 - \frac{1}{8}B\Big) k_2 a_2^* \sin(\phi_2^* + \phi_3^*) +$$

$$\Big(1 - \frac{1}{2}B\Big) n_3 \sqrt{A}\, a_3^* \cos 2\phi_3^* \Big] \sin 2\Omega t - \Big[\Big(1 - \frac{1}{8}B\Big) k_2 a_2^* \cos(\phi_2^* + \phi_3^*) -$$

$$\Big(1 - \frac{1}{2}B\Big) n_3 \sqrt{A}\, a_3^* \sin 2\phi_3^* \Big] \cos 2\Omega t \Big\} \tag{22.3.20c}$$

$$\phi_1(t) = \phi_1^* - \frac{1}{4\sqrt{k_1}\, a_1^* \Omega} \Big\{ [k_1 a_2^* \cos(\phi_1^* + \phi_2^*) - n_1 \sqrt{k_1}\, a_1^* \sin 2\phi_1^* + p \cos\phi_1^*] \sin 2\Omega t +$$

$$[k_1 a_2^* \sin(\phi_1^* + \phi_2^*) + n_1 \sqrt{k_1}\, a_1^* \cos 2\phi_1^* + p \cos\phi_1^*] \cos 2\Omega t \Big\} \tag{22.3.20d}$$

$$\phi_2(t) = \phi_2^* - \frac{1}{4\sqrt{k_1 + k_2}\, a_2^* \Omega} \Big\{ [k_1 a_2^* \cos(\phi_1^* + \phi_2^*) + k_2 a_3^* \cos(\phi_2^* + \phi_3^*) -$$

$$n_2 \sqrt{k_1 + k_2}\, a_2^* \sin 2\phi_2^*] \sin 2\Omega t + [k_1 a_2^* \sin(\phi_1^* + \phi_2^*) + k_2 a_2^* \sin(\phi_2^* + \phi_3^*) +$$

$$n_2 \sqrt{k_1 + k_2}\, a_2^* \cos 2\phi_2^*] \cos 2\Omega t \Big\} \tag{22.3.20e}$$

$$\phi_3(t) = \phi_3^* - \frac{1}{4(1+\frac{1}{2}B)\sqrt{A}a_3^*\Omega}\Big\{\Big[(1+\frac{1}{8}B)k_2 a_2^* \cos(\phi_2^* + \phi_3^*) - n_3\sqrt{A}a_3^*\sin 2\phi_3^* -$$

$$\frac{1}{2}k_3^{(3)}a_3^*\cos 2\phi_3^*\Big]\sin 2\Omega t + \Big[-(1+\frac{1}{8}B)k_2 a_2^*\sin(\phi_2^* + \phi_3^*) -$$

$$n_3\sqrt{A}a_3^*\cos 2\phi_3^* + \frac{1}{2}k_3^{(3)}a_3^*\sin 2\phi_3^*\Big]\cos 2\Omega t\Big\} \tag{22.3.20f}$$

为了将由式(22.3.15)所得的解与精确解相比较，假定

$$k_3^{(3)} = 0, \quad n_i = 0 \, (i = 1, 2, 3) \tag{22.3.21}$$

在此假定下，式(22.3.1)化为

$$\ddot{x}_1 + k_1 x_1 - k_1 x_2 - p\cos\Omega t = 0 \tag{22.3.22a}$$

$$\ddot{x}_2 - k_1 x_1 + (k_1 + k_2)x_2 - k_2 x_3 = 0 \tag{22.3.22b}$$

$$\ddot{x}_3 - k_2 x_2 + (k_2 + k_3^{(1)})x_3 = 0 \tag{22.3.22c}$$

相应地，式(22.3.15)化为

$$k_1 a_2 \sin(\phi_1 - \phi_2) + p\sin\phi_1 = 0 \tag{22.3.23a}$$

$$k_1 a_1 \sin(\phi_1 - \phi_2) - k_2 a_3 \sin(\phi_2 - \phi_3) = 0 \tag{22.3.23b}$$

$$k_2 a_2 \sin(\phi_2 - \phi_3) = 0 \tag{22.3.23c}$$

$$2\sqrt{k_1}(\sqrt{k_1} - \Omega)a_1 - k_1 a_2 \cos(\phi_1 - \phi_2) - p\cos\phi_1 = 0 \tag{22.3.23d}$$

$$-k_1 a_1 \cos(\phi_1 - \phi_2) + 2\sqrt{k_1+k_2}(\sqrt{k_1+k_2} - \Omega)a_2 - k_2 a_3 \cos(\phi_2 - \phi_3) = 0$$

$$\tag{22.3.23e}$$

$$-k_2 a_2 \cos(\phi_2 - \phi_3) + 2\sqrt{k_2+k_3^{(1)}}(\sqrt{k_2+k_3^{(1)}} - \Omega)a_3 = 0 \tag{22.3.23f}$$

令

$$x_i = a_i \cos(\Omega t) \quad (i = 1, 2, 3)$$

将上式代入式(22.3.22)，再将公因子 $\cos(\Omega t)$ 消去，得

$$\begin{pmatrix} k_1 - \Omega^2 & -k_1 & 0 \\ -k_1 & (k_1+k_2) - \Omega^2 & -k_2 \\ 0 & -k_2 & (k_2+k_3^{(1)}) - \Omega^2 \end{pmatrix} \begin{pmatrix} a_1 \\ a_2 \\ a_3 \end{pmatrix} = \begin{pmatrix} p \\ 0 \\ 0 \end{pmatrix} \tag{22.3.24}$$

由上式解得

$$a_i = \tilde{a}_i \quad (i = 1, 2, 3) \tag{22.3.25}$$

此即式(22.3.22)的精确解。

现转向由能量法所得的方程式(22.3.23)。首先，由式(22.3.22)的前3个方程可得

$$\phi_i^* = 0 \quad (i = 1, 2, 3) \tag{22.3.26}$$

将上式代入式(22.3.22)的后3个方程，有

$$\begin{pmatrix} 2\sqrt{k_1}(k_1 - \Omega) & -k_1 & 0 \\ -k_1 & 2\sqrt{k_1+k_2}(\sqrt{k_1+k_2} - \Omega) & -k_2 \\ 0 & -k_2 & 2\sqrt{k_2+k_3^{(1)}}(\sqrt{k_2+k_3^{(1)}} - \Omega) \end{pmatrix} \begin{pmatrix} a_1 \\ a_2 \\ a_3 \end{pmatrix} = \begin{pmatrix} p \\ 0 \\ 0 \end{pmatrix}$$

$$\tag{22.3.27}$$

假定式(22.3.27)之解为
$$a_i = a_i^* \quad (i = 1, 2, 3) \tag{22.3.28}$$

将式(22.3.26)、式(22.3.28)代入式(22.3.20)并注意到式(22.3.21),可得

$$a_1(t) = a_1^* - \frac{k_1 a_2^* + p}{4\sqrt{k_1}\Omega}\cos2\Omega t \tag{22.3.29a}$$

$$a_2(t) = a_2^* - \frac{k_1 a_1^* + k_2 a_3^*}{4\sqrt{k_1 + k_2}\Omega}\cos2\Omega t \tag{22.3.29b}$$

$$a_3(t) = a_3^* - \frac{k_2 a_2^*}{4\sqrt{k_1 + k_3^{(1)}}\Omega}\cos2\Omega t \tag{22.3.29c}$$

$$\phi_1(t) = \phi_1^* - \frac{k_1 a_2^* + p}{4\sqrt{k_1}\Omega a_1^*}\sin2\Omega t \tag{22.3.30a}$$

$$\phi_2(t) = a_2^* - \frac{k_1 a_1^* + k_2 a_3^*}{4\sqrt{k_1 + k_2}\Omega a_2^*}\sin2\Omega t \tag{22.3.30b}$$

$$\phi_3(t) = a_3^* - \frac{k_2 a_2^*}{4\sqrt{k_2 + k_3^{(1)}}\Omega a_3^*}\sin2\Omega t \tag{22.3.30c}$$

现给出一组数据:$k_1 = 3$,$k_2 = 2$,$k_3^{(1)} = 4$,$\Omega = 2$。对于此组数据,所得到的关于$a_i(i = 1, 2, 3)$的精确解、一次近似解及二次近似解见表22.3.1。其中,精确解系由式(22.3.24)求得,一次近似解由式(22.3.27)求得,而二次近似解则由式(22.3.29)中令$t = 0$求得。

$a_i(i=1,2,3)$的精确解,一次近似解与二次近似解得比较　　　　表22.3.1

a_i	精确解	一次近似解	误差(%)	二次近似解	误差(%)
a_1	0.125 0p	0.092 0p	26.4	0.111 9p	10.4
a_2	-0.375 0p	-0.361 8p	3.50	-0.383 1p	2.10
a_3	-0.375 0p	-0.329 0p	12.2	-0.365 9p	2.40

现转而研究系统式(22.3.1)。假定

$$k_1 = 3, k_2 = 2, k_3^{(1)} = 4, k_3^{(3)} = 8 \tag{22.3.31a}$$

$$n_1 = 0.5, n_2 = 0.4, n_3 = 0.3 \tag{22.3.31b}$$

$$\Omega = 2, p = 5 \tag{22.3.31c}$$

将式(22.3.31)代入式(22.3.15),得到一组解

$$a_1^* = -0.482\,7, a_2^* = -1.476\,0, a_3^* = -0.481\,0 \tag{22.3.32a}$$

$$\phi_1^* = -1.09, \phi_2^* = -0.04, \phi_3^* = 0.19 \tag{22.3.32b}$$

上式表明,系统式(22.3.1)存在一周期解,周期为$T = \frac{2\pi}{\Omega}$。

下面研究该周期解的稳定性。这可以由定理22.1.1中的条件式(22.1.41)加以判定。其具体计算步骤如下。

(1)计算与数据式(22.3.31)相应的$\alpha_i^{(0)}$与$\gamma_i^{(0)}$。

先将式(22.3.31)中的k_1,k_2,$k_3^{(1)}$与$k_3^{(3)}$代入式(22.3.7),得

$$A = k_2 + k_3^{(1)} + \left(\frac{3}{2}\right)k_3^{(3)}a_3^2 = 6 + 12a_3^2 \qquad (22.3.33\text{a})$$

$$B = \frac{k_3^{(3)}a_3^2}{A} = \frac{4a_3^2}{3 + 6a_3^2} \qquad (22.3.33\text{b})$$

然后,将式(22.3.31)与式(22.3.33)代入式(22.3.15),得与数据式(22.3.31)相应的 $\alpha_i^{(0)}$ 与 $\gamma_i^{(0)}$ 如下

$$\alpha_1^{(0)} = -3a_2\sin(\phi_1 - \phi_2) + 0.866a_1 - 5\sin\phi_1 = 0 \qquad (22.3.34\text{a})$$

$$\alpha_2^{(0)} = 3a_1\sin(\phi_1 - \phi_2) - 2a_3\sin(\phi_2 - \phi_3) + 0.894a_2 = 0 \qquad (22.3.34\text{b})$$

$$\alpha_3^{(0)} = 2\left(1 + \frac{a_3^2}{6 + 12a_3^2}\right)a_2\sin(\phi_2 - \phi_3) +$$

$$0.3\left(a_3 + \frac{a_3^3}{3 + 6a_3^2}\right)\sqrt{6 + 12a_3^2} = 0 \qquad (22.3.34\text{c})$$

$$\gamma_1^{(0)} = -3a_2\cos(\phi_1 - \phi_2) - 5\cos\phi_1 - 0.899a_1 = 2 \qquad (22.3.34\text{d})$$

$$\gamma_2^{(0)} = -3a_1\cos(\phi_1 - \phi_2) - 2a_3\cos(\phi_2 - \phi_3) + 1.05a_2 = 2 \qquad (22.3.34\text{e})$$

$$\gamma_3^{(0)} = -2a_2\left(1 + \frac{a_3^2}{6 + 12a_3^2}\right)\cos(\phi_2 - \phi_3) +$$

$$2\left(a_3 + \frac{a_3^3}{3 + 6a_3^2}\right)\left[(6 + 12a_3^2) - 2\sqrt{6 + 12a_3^2}\right] = 2 \qquad (22.3.34\text{f})$$

(2) 由式(22.3.34)计算 $\alpha_i^{(0)}$ 与 $\gamma_i^{(0)}$ 对 a_i 与 ϕ_i 的导数之值。
首先,将需要的一些数值计算如下。
由式(22.3.32)知

$$\phi_1^* = -1.09, \quad \phi_2^* = -0.04, \quad \phi_3^* = 0.19$$

由此可得

$$\phi_1^* - \phi_2^* = -1.05, \quad \phi_2^* - \phi_3^* = -0.23$$

由此可得

$$\sin\phi_1^* = -0.886 \qquad (22.3.35\text{a})$$

$$\cos\phi_1^* = 0.462 \qquad (22.3.35\text{b})$$

$$\sin(\phi_1^* - \phi_2^*) = -0.867 \qquad (22.3.35\text{c})$$

$$\cos(\phi_1^* - \phi_2^*) = 0.497 \qquad (22.3.35\text{d})$$

$$\sin(\phi_2^* - \phi_3^*) = -0.227 \qquad (22.3.35\text{e})$$

$$\cos(\phi_2^* - \phi_3^*) = 0.973 \qquad (22.3.35\text{f})$$

下面求 $\alpha_i^{(0)}$ 与 $\gamma_i^{(0)}$ 对 a_i 与 ϕ_i 的导数之值。首先,由式(22.3.34a)得

$$\frac{\partial \alpha_1^{(0)}}{\partial a_1} = 0.866 \qquad (22.3.36\text{a})$$

$$\frac{\partial \alpha_1^{(0)}}{\partial a_2} = -3\sin(\phi_1 - \phi_2) \qquad (22.3.36\text{b})$$

$$\frac{\partial \alpha_1^{(0)}}{\partial a_3} = 0 \qquad (22.3.36\text{c})$$

$$\frac{\partial \alpha_1^{(0)}}{\partial \phi_1} = -3a_2\cos(\phi_1 - \phi_2) - 5\cos\phi_1 \qquad (22.3.36\text{d})$$

$$\frac{\partial \alpha_1^{(0)}}{\partial \phi_2} = 3a_2\cos(\phi_1 - \phi_2) \qquad (22.3.36\text{e})$$

$$\frac{\partial \alpha_1^{(0)}}{\partial a_3} = 0 \qquad (22.3.36\text{f})$$

由式(22.3.34d)得

$$\frac{\partial \gamma_1^{(0)}}{\partial a_1} = -0.899 \qquad (22.3.37\text{a})$$

$$\frac{\partial \gamma_1^{(0)}}{\partial a_2} = -3\cos(\phi_1 - \phi_2) \qquad (22.3.37\text{b})$$

$$\frac{\partial \gamma_1^{(0)}}{\partial a_3} = 0 \qquad (22.3.37\text{c})$$

$$\frac{\partial \gamma_1^{(0)}}{\partial \phi_1} = 3a_2\sin(\phi_1 - \phi_2) + 5\sin\phi_1 \qquad (22.3.37\text{d})$$

$$\frac{\partial \gamma_1^{(0)}}{\partial \phi_2} = -3a_2\sin(\phi_1 - \phi_2) \qquad (22.3.37\text{e})$$

$$\frac{\partial \gamma_1^{(0)}}{\partial \phi_3} = 0 \qquad (22.3.37\text{f})$$

将式(22.3.32)中 a_i^* ($i=1,2,3$) 的值以及式(22.3.35)中有关的值代入式(22.3.36)与式(22.3.37),得

$$\frac{\partial \alpha_1^{(0)}}{\partial a_1} = 0.866, \quad \frac{\partial \alpha_1^{(0)}}{\partial a_2} = 2.601, \quad \frac{\partial \alpha_1^{(0)}}{\partial a_3} = 0 \qquad (22.3.38\text{a})$$

$$\frac{\partial \alpha_1^{(0)}}{\partial \phi_1} = -0.12, \quad \frac{\partial \alpha_1^{(0)}}{\partial \phi_2} = 2.19, \quad \frac{\partial \alpha_1^{(0)}}{\partial \phi_3} = 0 \qquad (22.3.38\text{b})$$

$$\frac{\partial \gamma_1^{(0)}}{\partial a_1} = -0.899, \quad \frac{\partial \gamma_1^{(0)}}{\partial a_2} = -1.49, \quad \frac{\partial \gamma_1^{(0)}}{\partial a_3} = 0 \qquad (22.3.38\text{c})$$

$$\frac{\partial \gamma_1^{(0)}}{\partial \phi_1} = -0.57, \quad \frac{\partial \gamma_1^{(0)}}{\partial \phi_2} = -3.86, \quad \frac{\partial \gamma_1^{(0)}}{\partial \phi_3} = 0 \qquad (22.3.38\text{d})$$

按照同样的方法,可得

$$\frac{\partial \alpha_2^{(0)}}{\partial a_1} = -2.601, \quad \frac{\partial \alpha_2^{(0)}}{\partial a_2} = 0.894, \quad \frac{\partial \alpha_2^{(0)}}{\partial a_3} = 0.454 \qquad (22.3.39\text{a})$$

$$\frac{\partial \alpha_2^{(0)}}{\partial \phi_1} = -0.715, \quad \frac{\partial \alpha_2^{(0)}}{\partial \phi_2} = 1.649, \quad \frac{\partial \alpha_2^{(0)}}{\partial \phi_3} = 0.934 \qquad (22.3.39\text{b})$$

$$\frac{\partial \gamma_2^{(0)}}{\partial a_1} = -1.491, \quad \frac{\partial \gamma_2^{(0)}}{\partial a_2} = 1.05, \quad \frac{\partial \gamma_2^{(0)}}{\partial a_3} = -1.946 \qquad (22.3.39\text{c})$$

$$\frac{\partial \gamma_2^{(0)}}{\partial \phi_1} = 1.491, \quad \frac{\partial \gamma_2^{(0)}}{\partial \phi_2} = -0.581, \quad \frac{\partial \gamma_2^{(0)}}{\partial \phi_3} = -0.667 \qquad (22.3.39\text{d})$$

$$\frac{\partial \alpha_3^{(0)}}{\partial a_1} = 0, \quad \frac{\partial \alpha_3^{(0)}}{\partial a_2} = -0.465, \quad \frac{\partial \alpha_3^{(0)}}{\partial a_3} = 0.65 \qquad (22.3.40\text{a})$$

$$\frac{\partial \alpha_3^{(0)}}{\partial \phi_1} = 0, \quad \frac{\partial \alpha_3^{(0)}}{\partial \phi_2} = -2.935, \quad \frac{\partial \alpha_3^{(0)}}{\partial \phi_3} = 2.935 \qquad (22.3.40\text{b})$$

$$\frac{\partial \gamma_3^{(0)}}{\partial a_1} = 0, \quad \frac{\partial \gamma_3^{(0)}}{\partial a_2} = -1.997, \quad \frac{\partial \gamma_3^{(0)}}{\partial a_3} = 7.48 \qquad (22.3.40\text{c})$$

$$\frac{\partial \gamma_3^{(0)}}{\partial \phi_1} = 0, \quad \frac{\partial \gamma_3^{(0)}}{\partial \phi_2} = 0.684, \quad \frac{\partial \gamma_3^{(0)}}{\partial \phi_3} = -0.684 \qquad (22.3.40\text{d})$$

(3) 计算 $\dfrac{\partial \phi_i}{\partial a_j}$。

$$\Delta = \begin{vmatrix} \dfrac{\partial \gamma_1^{(0)}}{\partial \phi_1} & \dfrac{\partial \gamma_1^{(0)}}{\partial \phi_2} & \dfrac{\partial \gamma_1^{(0)}}{\partial \phi_3} \\ \dfrac{\partial \gamma_2^{(0)}}{\partial \phi_1} & \dfrac{\partial \gamma_2^{(0)}}{\partial \phi_2} & \dfrac{\partial \gamma_2^{(0)}}{\partial \phi_3} \\ \dfrac{\partial \gamma_3^{(0)}}{\partial \phi_1} & \dfrac{\partial \gamma_3^{(0)}}{\partial \phi_2} & \dfrac{\partial \gamma_3^{(0)}}{\partial \phi_3} \end{vmatrix} \qquad (22.3.41\text{a})$$

$$\frac{\partial \phi_1}{\partial a_1} = \frac{1}{\Delta} \begin{vmatrix} \dfrac{\partial \gamma_1^{(0)}}{\partial a_1} & \dfrac{\partial \gamma_1^{(0)}}{\partial \phi_2} & \dfrac{\partial \gamma_1^{(0)}}{\partial \phi_3} \\ \dfrac{\partial \gamma_2^{(0)}}{\partial a_1} & \dfrac{\partial \gamma_2^{(0)}}{\partial \phi_2} & \dfrac{\partial \gamma_2^{(0)}}{\partial \phi_3} \\ \dfrac{\partial \gamma_3^{(0)}}{\partial a_1} & \dfrac{\partial \gamma_3^{(0)}}{\partial \phi_2} & \dfrac{\partial \gamma_3^{(0)}}{\partial \phi_3} \end{vmatrix} \qquad (22.3.41\text{b})$$

$$\frac{\partial \phi_2}{\partial a_1} = \frac{1}{\Delta} \begin{vmatrix} \dfrac{\partial \gamma_1^{(0)}}{\partial \phi_1} & \dfrac{\partial \gamma_1^{(0)}}{\partial a_1} & \dfrac{\partial \gamma_1^{(0)}}{\partial \phi_3} \\ \dfrac{\partial \gamma_2^{(0)}}{\partial \phi_1} & \dfrac{\partial \gamma_2^{(0)}}{\partial a_1} & \dfrac{\partial \gamma_2^{(0)}}{\partial \phi_3} \\ \dfrac{\partial \gamma_3^{(0)}}{\partial \phi_1} & \dfrac{\partial \gamma_3^{(0)}}{\partial a_1} & \dfrac{\partial \gamma_3^{(0)}}{\partial \phi_3} \end{vmatrix} \qquad (22.3.41\text{c})$$

$$\frac{\partial \phi_3}{\partial a_1} = \frac{1}{\Delta} \begin{vmatrix} \dfrac{\partial \gamma_1^{(0)}}{\partial \phi_1} & \dfrac{\partial \gamma_1^{(0)}}{\partial \phi_2} & \dfrac{\partial \gamma_1^{(0)}}{\partial a_1} \\ \dfrac{\partial \gamma_2^{(0)}}{\partial \phi_1} & \dfrac{\partial \gamma_2^{(0)}}{\partial \phi_2} & \dfrac{\partial \gamma_2^{(0)}}{\partial a_1} \\ \dfrac{\partial \gamma_3^{(0)}}{\partial \phi_1} & \dfrac{\partial \gamma_3^{(0)}}{\partial \phi_2} & \dfrac{\partial \gamma_3^{(0)}}{\partial a_1} \end{vmatrix} \qquad (22.3.41\text{d})$$

将式(22.3.38)、式(22.3.39)与式(22.3.40)中有关值代入上式,得

$$\frac{\partial \phi_1}{\partial a_1} = -0.716, \quad \frac{\partial \phi_2}{\partial a_1} = 0.338, \quad \frac{\partial \phi_3}{\partial a_1} = 0.338 \qquad (22.3.42)$$

同理可得

$$\frac{\partial \phi_1}{\partial a_2} = -1.502, \frac{\partial \phi_2}{\partial a_2} = 0.079, \frac{\partial \phi_3}{\partial a_2} = 2.88 \qquad (22.3.43a)$$

$$\frac{\partial \phi_1}{\partial a_3} = 5.51, \frac{\partial \phi_2}{\partial a_3} = 0.748, \frac{\partial \phi_3}{\partial a_3} = 13.62 \qquad (22.3.43b)$$

(4) 计算 $\frac{\partial \tilde{\alpha}_i^{(0)}}{\partial E_j}$。

首先计算 $G_i(a_i)$ 的值。

$$G_i(a_i) = \frac{g_i(-a_i + \tilde{b}_i(a_i)) - g_i(a_i + \tilde{b}_i(a_i))}{2g_i(-a_i + \tilde{b}_i(a_i))g_i(a_i + \tilde{b}_i(a_i))} \qquad (22.3.44)$$

由于对本例有 $\tilde{b}_i(a_i) = 0$ [式(22.3.5)]。此外，由式(22.3.3)知 $g_i(x_i)$ 为奇函数，故有 $g_i(-a_i) = -g_i(a_i)$，将这些结果代入上式，得 $G_i(a_i) = \frac{1}{g_i(a_i)}$。据此，并由式(22.3.3)得

$$G_1(a_1) = \frac{1}{g_1(a_1)} = \frac{1}{k_1 a_1} \qquad (22.3.45a)$$

$$G_2(a_2) = \frac{1}{g_2(a_2)} = \frac{1}{(k_1 + k_2)a_2} \qquad (22.3.45b)$$

$$G_3(a_3) = \frac{1}{g_3(a_3)} = \frac{1}{(k_2 + k_3^{(1)})a_3 + 2k_3^{(3)}a_3^{(3)}} \qquad (22.3.45c)$$

将式(22.3.31)与式(22.3.32)中有关值代入式(22.3.45)，得

$$G_1(a_1^*) = -0.64, G_2(a_2^*) = -0.136, G_3(a_3^*) = -0.21 \qquad (22.3.46)$$

下面计算 $\frac{\partial \tilde{\alpha}_i^{(0)}}{\partial E_j}$

$$\frac{\partial \tilde{\alpha}_1^{(0)}}{\partial E_1} = G_1(a_1)\left(\frac{\partial \alpha_1^{(0)}}{\partial a_1} + \frac{\partial \alpha_1^{(0)}}{\partial \phi_1} \cdot \frac{\partial \phi_1}{\partial a_1} + \frac{\partial \alpha_1^{(0)}}{\partial \phi_2} \cdot \frac{\partial \phi_2}{\partial a_1} + \frac{\partial \tilde{\alpha}_1^{(0)}}{\partial \phi_3} \cdot \frac{\partial \phi_3}{\partial a_1}\right) \quad (22.3.47a)$$

$$\frac{\partial \tilde{\alpha}_1^{(0)}}{\partial E_2} = G_2(a_2)\left(\frac{\partial \alpha_1^{(0)}}{\partial a_2} + \frac{\partial \alpha_1^{(0)}}{\partial \phi_1} \cdot \frac{\partial \phi_1}{\partial a_2} + \frac{\partial \alpha_1^{(0)}}{\partial \phi_2} \cdot \frac{\partial \phi_2}{\partial a_2} + \frac{\partial \tilde{\alpha}_1^{(0)}}{\partial \phi_3} \cdot \frac{\partial \phi_3}{\partial a_2}\right) \quad (22.3.47b)$$

$$\frac{\partial \tilde{\alpha}_1^{(0)}}{\partial E_3} = G_3(a_3)\left(\frac{\partial \alpha_1^{(0)}}{\partial a_3} + \frac{\partial \alpha_1^{(0)}}{\partial \phi_1} \cdot \frac{\partial \phi_1}{\partial a_3} + \frac{\partial \alpha_1^{(0)}}{\partial \phi_2} \cdot \frac{\partial \phi_2}{\partial a_3} + \frac{\partial \tilde{\alpha}_1^{(0)}}{\partial \phi_3} \cdot \frac{\partial \phi_3}{\partial a_3}\right) \quad (22.3.47c)$$

将式(22.3.38)~式(22.3.40)、式(22.3.42)、式(22.3.43)以及式(22.3.45)中有关值代入上式，得

$$\frac{\partial \tilde{\alpha}_1^{(0)}}{\partial E_1} = -1.08, \frac{\partial \tilde{\alpha}_1^{(0)}}{\partial E_2} = -0.274, \frac{\partial \tilde{\alpha}_1^{(0)}}{\partial E_3} = -0.20 \qquad (22.3.48)$$

按照同样的方法，可得

$$\frac{\partial \tilde{\alpha}_2^{(0)}}{\partial E_1} = 0.777, \quad \frac{\partial \tilde{\alpha}_2^{(0)}}{\partial E_2} = -0.653, \quad \frac{\partial \tilde{\alpha}_2^{(0)}}{\partial E_3} = -2.26 \qquad (22.3.49\text{a})$$

$$\frac{\partial \tilde{\alpha}_3^{(0)}}{\partial E_1} = 0, \quad \frac{\partial \tilde{\alpha}_3^{(0)}}{\partial E_2} = -1.05, \quad \frac{\partial \tilde{\alpha}_3^{(0)}}{\partial E_3} = -8.07 \qquad (22.3.49\text{b})$$

(5) 计算特征方程。

$$\begin{vmatrix} \dfrac{\partial \tilde{\alpha}_1^{(0)}}{\partial E_1} - \lambda & \dfrac{\partial \tilde{\alpha}_1^{(0)}}{\partial E_2} & \dfrac{\partial \tilde{\alpha}_1^{(0)}}{\partial E_3} \\ \dfrac{\partial \tilde{\alpha}_2^{(0)}}{\partial E_1} & \dfrac{\partial \tilde{\alpha}_2^{(0)}}{\partial E_2} - \lambda & \dfrac{\partial \tilde{\alpha}_2^{(0)}}{\partial E_3} \\ \dfrac{\partial \tilde{\alpha}_3^{(0)}}{\partial E_1} & \dfrac{\partial \tilde{\alpha}_3^{(0)}}{\partial E_2} & \dfrac{\partial \tilde{\alpha}_3^{(0)}}{\partial E_3} - \lambda \end{vmatrix}_{(a_i = a_i^*, \phi_i = \phi_i^*)} = 0 \qquad (22.3.50)$$

将式(22.3.48)与式(22.3.49)代入上式加以展开,得

$$\begin{vmatrix} -1.08 - \lambda & -0.274 & -0.20 \\ 0.777 & -0.653 - \lambda & -2.26 \\ 0 & -1.05 & -8.07 - \lambda \end{vmatrix} = -(\lambda^3 + 9.8\lambda^2 + 12.44\lambda + 4.664) = 0$$

$$(22.3.51)$$

由此得与式(22.3.34)相应的特征方程为

$$\lambda^3 + 9.8\lambda^2 + 12.44\lambda + 4.664 = 0 \qquad (22.3.52)$$

(6) 用 Hurwitz 判据判断特征方程式(22.3.52)根的性质。

由式(22.3.52)知,此时 $a_0 = 1, a_1 = 9.8, a_2 = 12.44, a_3 = 4.664$。

据此可得式的 Hurwitz 行列式为

$$\begin{vmatrix} a_1 & a_3 & 0 \\ a_0 & a_2 & 0 \\ 0 & a_1 & a_3 \end{vmatrix} = \begin{vmatrix} 9.8 & 4.664 & 0 \\ 1 & 12.44 & 0 \\ 0 & 9.8 & 4.664 \end{vmatrix} \qquad (22.3.53)$$

由上式可以算出

$$\Delta_1 = a_1 = 9.8 > 0 \qquad (22.3.54\text{a})$$

$$\Delta_2 = \begin{vmatrix} a_1 & a_3 \\ a_0 & a_2 \end{vmatrix} = \begin{vmatrix} 9.8 & 4.664 \\ 1 & 12.44 \end{vmatrix} = 117.24 > 0 \qquad (22.3.54\text{b})$$

$$\Delta_3 = \begin{vmatrix} a_1 & a_3 & 0 \\ a_0 & a_2 & 0 \\ 0 & a_1 & a_3 \end{vmatrix} = \begin{vmatrix} 9.8 & 4.664 & 0 \\ 1 & 12.44 & 0 \\ 0 & 9.8 & 4.664 \end{vmatrix} = 4.664 \times \Delta_2 = 456.84 > 0$$

$$(22.3.54\text{c})$$

由 Hurwitz 判据可知,特征方程式(22.3.52)的所有特征根均具有负实部。因此,由定理

22.1.1 知,与式(22.3.32)相应的周期解为渐近稳定。

以上计算虽然有些烦琐,但是它的步骤十分明确,而且第一步的运算也相当简单。因此,可以以式(22.3.34)为基础,编制出一个计算程序。应用这一程序,不仅可以判定周期解的稳定性,而且可以研究当某一参数改变时周期解的存在及其稳定性的变化情况。

下面求与式(22.3.32)相应周期解的近似表达式。为此,将式(22.3.31)与式(22.3.32)的有关数据代入式(22.3.17)~式(22.3.20),则分别得到该周期解的轨线方程,$x_i(t)$ 的一次近似与二次近似如下。

轨线方程

$$\dot{x}_1^2 + 3x_1^2 = 0.691 \quad (22.3.55a)$$

$$\dot{x}_2^2 + 5x_2^2 = 10.804 \quad (22.3.55b)$$

$$\dot{x}_3^2 + 6x_3^2 + 8x_3^4 = 1.8 \quad (22.3.55c)$$

$x_i(t)$ 的一次近似

$$x_1 = -0.48\cos(2t - 1.09) \quad (22.3.56a)$$

$$x_2 = -1.47\cos(2t + 0.04) \quad (22.3.56b)$$

$$x_3 = -0.48\cos(2t + 0.27) \quad (22.3.56c)$$

$x_i(t)$ 的二次近似

$$x_1 = a_1(t)\cos(2t + \phi_1(t)) \quad (22.3.57a)$$

$$x_2 = a_2(t)\cos(2t + \phi_2(t)) \quad (22.3.57b)$$

$$x_3 = a_3(t)\cos(2t + \phi_3(t)) \quad (22.3.57c)$$

其中

$$a_1(t) = -0.48 - 0.026\sin 4t - 0.033\cos 4t \quad (22.3.58a)$$

$$a_2(t) = -1.47 + 0.018\sin 4t + 0.018\cos 4t \quad (22.3.58b)$$

$$a_3(t) = -0.48 + 0.008\sin 4t + 0.024\cos 4t \quad (22.3.58c)$$

$$\phi_1(t) = -1.09 - 0.06\sin 4t - 0.055\cos 4t \quad (22.3.58d)$$

$$\phi_2(t) = 0.04 - 0.003\sin 4t - 0.013\cos 4t \quad (22.3.58e)$$

$$\phi_3(t) = 0.27 - 0.058\sin 4t - 0.005\cos 4t \quad (22.3.58f)$$

根据式(22.3.57)及式(22.3.58)所绘制的曲线如图 22.3.2 所示。从这些图中可以看出,由能量法所得的近似解与由数值计算所得的数值解二者十分吻合。

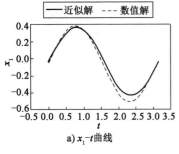
a) x_1-t 曲线

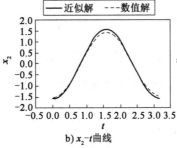
b) x_2-t 曲线

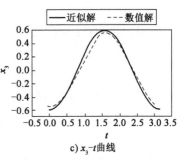
c) x_3-t 曲线

图 22.3.2 近似解与数值解的比较

22.4 Maple 编程示例

编程题 考虑如下系统：

$$\ddot{x} + c_1 x + 2c_3 x^3 = 0 \tag{22.4.1}$$

试推导能量坐标变换公式。

解：在本例中

$$g(x) = c_1 x + 2c_3 x^3 \tag{22.4.2}$$

易见它为一奇函数。令

$$xg(x) = x^2(c_1 + 2c_3 x^2) > 0 \tag{22.4.3}$$

由此得域 R，分四种类型讨论。

类型 I：硬弹簧型 Duffing 方程

$$-\infty < x < \infty, \text{当 } c_1 > 0, c_3 > 0, \text{为硬弹簧，具有对称性} \tag{22.4.4}$$

类型 II：软弹簧型 Duffing 方程

$$-\sqrt{\frac{c_1}{-2c_3}} < x < \sqrt{\frac{c_1}{-2c_3}}, \text{当 } c_1 > 0, c_3 < 0, \text{为软弹簧，具有对称性。} \tag{22.4.5}$$

类型 III：霍姆斯型 Duffing 方程

① 当 $E < 0$ 时，有两族捕获轨道。

$$0 < x < \sqrt{\frac{-c_1}{2c_3}}, \text{当 } c_1 < 0, c_3 > 0, \text{具有软弹簧特征} \tag{22.4.6}$$

$$-\sqrt{\frac{-c_1}{2c_3}} < x < 0, \text{当 } c_1 < 0, c_3 > 0, \text{具有软弹簧特征} \tag{22.4.7}$$

② 当 $E > 0$ 时，有一族非捕获轨道。

$$-\infty < x < \infty, \text{当 } c_1 < 0, c_3 > 0, \text{具有硬弹簧特征和对称性} \tag{22.4.8}$$

类型 IV：上田型 Duffing 方程

$$-\infty < x < \infty, \text{当 } c_1 = 0, c_3 > 0, \text{具有硬弹簧特征和对称性} \tag{22.4.9}$$

系统式(22.4.1)的势能

$$V(x) = \frac{1}{2}(c_1 x^2 + c_3 x^4) \tag{22.4.10}$$

下面分两种情况求 $a(E)$ 与 $b(E)$。

情况 I：考虑具有对称性的振动，这时有 $b(E) = 0$。
由式(22.1.12)得

$$\frac{1}{2}(c_1 a^2 + c_3 a^4) = E \tag{22.4.11}$$

注意：一般应有 $a > 0$，据此，可解得

$$a = \sqrt{\frac{-c_1 + \sqrt{c_1^2 + 8c_3 E}}{2c_3}} \tag{22.4.12}$$

由式(22.1.26)导出与系统相应的**能量坐标变换公式**为

$$x = a\cos\theta \tag{22.4.13}$$

$$\dot{x} = -a\sin\theta \sqrt{c_1 + c_3 a^2 + c_3 a^2 \cos^2\theta} \tag{22.4.14}$$

其中，$a = a(E)$，它的表达式由式(22.4.12)确定。

情况 II：考虑非对称性的振动。

由式(22.1.11)~式(22.1.14)得

$$\frac{1}{2}[c_1(a+b)^2 + c_3(a+b)^4] = E \qquad (22.4.15)$$

$$\frac{1}{2}[c_1(b-a)^2 + c_3(b-a)^4] = E \qquad (22.4.16)$$

$$\frac{1}{2}[c_1(b+a)^2 + c_3(b+a)^4] = \frac{1}{2}[c_1(b-a)^2 + c_3(b-a)^4] \qquad (22.4.17)$$

由式(22.4.17),得

$$4ab(c_1 + 2c_3a^2 + 2c_3b^2) = 0 \qquad (22.4.18)$$

由此可知

$$c_1 + 2c_3a^2 + 2c_3b^2 = 0 \qquad (22.4.19)$$

由式(22.4.19)解得

$$b = \pm \frac{1}{2c_3}\sqrt{2c_3(-c_1 - 2c_3a^2)} \qquad (22.4.20)$$

由式(22.1.26)导出与系统相应的**能量坐标变换公式**为

$$x = a\cos\theta + b \qquad (22.4.21a)$$

$$\dot{x} = -a\sin\theta\sqrt{c_1 + c_3a^2 + 6c_3b^3 + 4c_3ab\cos\theta + c_3a^2\cos^2\theta} \qquad (22.4.21b)$$

附录C给出了系统式(22.4.1)的精确解,相图如图22.4.1和图22.4.2所示。

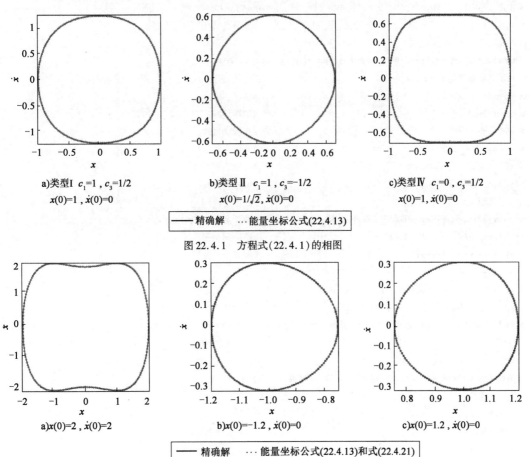

a)类型I $c_1=1$, $c_3=1/2$
$x(0)=1$, $\dot{x}(0)=0$

b)类型II $c_1=1$, $c_3=-1/2$
$x(0)=1/\sqrt{2}$, $\dot{x}(0)=0$

c)类型IV $c_1=0$, $c_3=1/2$
$x(0)=1$, $\dot{x}(0)=0$

—— 精确解   ⋯ 能量坐标公式(22.4.13)

图22.4.1 方程式(22.4.1)的相图

a)$x(0)=2$, $\dot{x}(0)=2$

b)$x(0)=-1.2$, $\dot{x}(0)=0$

c)$x(0)=1.2$, $\dot{x}(0)=0$

—— 精确解   ⋯ 能量坐标公式(22.4.13)和式(22.4.21)

图22.4.2 方程式(22.4.1)类型III的相图 $c_1 = -1$, $c_3 = 1/2$

Maple 程序

```
>###########################################################
> #Duffing 方程类型 III。
> deq1 := diff(x(t),t$2) + c1*x(t) + 2*c3*x(t)^3 = 0:
> #E > 0 对称大轨道。
> restart:                                          #清零
> with(plots):                                      #加载绘图库
> with(student):                                    #加载学生库
> c1: = -1;   c3: = 1/2:                            #方程系数
> x10: = 1;   v10: = 0:                             #初始条件
> x: = A*JacobiCN(omega1*t,k):                      #位移精确解
> y: = diff(x,t):                                   #速度精确解
> A: = 2;   omega1: = sqrt(3);   k: = sqrt(6)/3:    #椭圆函数参数
> Tu1: = plot([x,y,t=0..2*Pi]):                     #精确解相图
> x1: = a*cos(theta):                               #能量公式位移
> y1: = -a*sin(theta)*sqrt(c1+c3*a^2+c3*a^2*cos(theta)^2):
>                                                   #能量公式速度
> a: = 2:                                           #能量公式参数
> Tu2: = plot([x1,y1,theta=0..2*Pi],style=POINT,symbol=CIRCLE):
>                                                   #能量公式相图
> display({Tu1,Tu2});                               #合并图形对比
>###########################################################
> #E < 0 非对称右小轨道。
> restart:                                          #清零
> with(plots):                                      #加载绘图库
> with(student):                                    #加载学生库
> c1: = -1;   c3: = 1/2:                            #方程系数
> x10: = 1.2;   v10: = 0:                           #初始条件
> x: = A*JacobiDN(omega1*t,k):                      #位移精确解
> y: = diff(x,t):                                   #速度精确解
> A: = 1.2;   omega1: = 0.84853;   k: = 0.78174:    #椭圆函数参数
> Tu1: = plot([x,y,t=0..2*Pi]):                     #精确解相图
> x1: = b+a*cos(theta):                             #能量公式位移
> y1: = -a*sin(theta)*sqrt(c1+c3*a^2+6*c3*b^2
>    +4*c3*a*b*cos(theta)+c3*a^2*cos(theta)^2):     #能量公式速度
> a: = 0.2258342613;   b: = 0.9741657387:           #能量公式参数
> Tu2: = plot([x1,y1,theta=0..2*Pi],style=POINT,symbol=CIRCLE):
>                                                   #能量公式相图
> display({Tu1,Tu2});                               #合并图形对比
>###########################################################
> #E < 0 非对称左小轨道。
> restart:                                          #清零
> with(plots):                                      #加载绘图库
> with(student):                                    #加载绘图库
```

```
> c1: = -1;         c3: = 1/2;                      #方程系数
> x10: = -1.2;   v10: = 0;                          #初始条件
> x: = A * JacobiDN(omega1 * t,k);                  #位移精确解
> y: = diff(x,t);                                   #速度精确解
> A: = -1.2;   omega1: = 0.84853;   k: = 0.78174;   #椭圆函数参数
> Tu1: = plot([x,y,t = 0..2 * Pi]);                 #精确解相图
> x1: = a * cos(theta) + b;                         #能量公式位移
> y1: = -a * sin(theta) * sqrt(c1 + c3 * a^2 + 6 * c3 * b^2 + 4 * c3 * a * b * cos(theta) + c3 * a^2 * cos(theta)^2);
>                                                   #能量公式速度
> a: = -0.2258342613;   b: = -0.9741657387;         #能量公式参数
> Tu2: = plot([x1,y1,theta = 0..2 * Pi],style = POINT,symbol = CIRCLE);
>                                                   #能量公式相图
> display({Tu1,Tu2});                               #合并图形对比
> ###########################################################
```

22.5 思考题

思考题 22.1 简答题

1. 能量法的基本思想是什么？
2. 什么是能量坐标系？
3. 试写出将相平面坐标 $(x,\dot{x})$ 变换为能量坐标 (E,θ) 的公式。
4. 请推导满足 $\dfrac{\mathrm{d}\theta}{\mathrm{d}t} \neq 0$ 的条件公式。
5. 试用等价线性化法求有阻尼的 Duffing 方程的等效刚度和等效阻尼系数。

思考题 22.2 判断题

1. 能量法适用于强非线性振动系统，由李骊于 1996 年提出。 （　）
2. 如果物体的运动是周期运动，则在每一个周期的时间长度中，物体的平均能量是一个常数。 （　）
3. 能量坐标系与通常的直角坐标系、曲线坐标系一样是完全独立的，并且与力学系统的受力情况毫无关系。 （　）
4. 能量法仅适用于强非线性自治系统。 （　）
5. 对一般的强非线性振动问题，能量法不仅可以比较容易地确定周期解的存在性及稳定性，而且可以得出该周期解的近似解析表达式。 （　）

思考题 22.3 填空题

1. 能量坐标系的能量坐标是_____。
2. 相平面坐标 $(x,\dot{x})$ 变换为能量坐标 (E,θ) 的公式是_____。
3. 相平面坐标 $(x,\dot{x})$ 变换为坐标 (a,θ) 的能量坐标变换公式是_____
_____。
4. 强非线性自治系统 $\ddot{x} + f(x,\dot{x}) + g(x) = 0$ 的轨线表达式是_____
_____。
5. 强非线性对称保守系统 $\ddot{x} + g(x) = 0$ 的特征是_____；其解的特征是_____。

思考题 22.4 选择题

1. 以下哪种方法可以求解一般强非线性振动问题的近似解析解。（　）
   A. 能量法　　　　　　　　B. Lindstedt-Poincaré 法
   C. 多尺度法　　　　　　　D. KBM 法

2. 以下哪种方法不能求解强非线性振动问题的近似解析解。（   ）
   A. 能量法　　　　　　　　　B. Lindstedt-Poincaré 法
   B. 广义谐波函数摄动方法　　　D. 增量谐波平衡法（IHB 法）
3. 以下哪种坐标系与力学系统的受力情况紧密相连。（   ）
   A. 直角坐标系　　　　　　　B. 柱坐标系
   C. 能量坐标系　　　　　　　D. 曲线坐标系
4. 以下哪种求解强非线性振动问题的近似解析方法是基于能量坐标系。（   ）
   A. 改进的多尺度法　　　　　B. 椭圆函数 L-P 法
   C. 广义谐波函数 KBM 法　　D. 能量法
5. 以下哪种求解强非线性振动问题的近似解析方法既能定性分析又能定量分析。（   ）
   A. 能量法　　　　　　　　　B. 摄动-增量法
   C. 增量谐波平衡法　　　　　D. 广义谐波函数 L-P 法

思考题 22.5　连线题

1. $\ddot{x} + f(x, \dot{x}) + g(x) = 0$　　　　　　A. 多自由度强非线性非自治系统

2. $\ddot{x} + f(x, \dot{x}, \Omega t) + g(x) = 0$　　　B. 单自由度强非线性自治系统
   其中：$f\left(x, \dot{x}, \Omega\left(t + \dfrac{2\pi}{\Omega}\right)\right) = f(x, \dot{x}, \Omega t)$

3. $\ddot{x}_i + f_i(x, \dot{x}) + g_i(x_i) = 0, (i = 1, 2, \cdots, n)$　　C. S 单自由度强非线性非自治系统
   其中：$x = (x_1, x_2, \cdots, x_n), \dot{x} = (\dot{x}_1, \dot{x}_2, \cdots, \dot{x}_n)$

4. $\ddot{x}_i + f_i(x, \dot{x}, \Omega t) + g_i(x_i) = 0, (i = 1, 2, \cdots, n)$　　D. 多自由度强非线性自治系统
   其中：$x = (x_1, x_2, \cdots, x_n), \dot{x} = (\dot{x}_1, \dot{x}_2, \cdots, \dot{x}_n)$，
   $f_i(x, \dot{x}, \Omega t)$ 与 $g_i(x_i)$ 为任意非线性函数，并满足
   解存在的 Lipschitz 条件。

22.6　习题

A 类型习题

习题 22.1　考虑如下系统
$$\ddot{x} + Ax - 2Bx^3 + \varepsilon(Z_3 + Z_2 x^2 + Z_1 x^4)\dot{x} = 0$$
试用能量法求解周期解。

习题 22.2　考虑系统
$$\ddot{x} + (x - 1)\dot{x} + x + kx^2 = 0 \quad (k > 0)$$
试用能量法求解周期解。

习题 22.3　考虑系统
$$\ddot{x} - (\alpha - \beta x^2)\dot{x} + k^2 x = F\cos\Omega t$$
式中，α、β、k、F、Ω 均为常数。试用能量法求解存在角频率 $\omega = \dfrac{n}{m}\Omega$ 的周期解。

习题 22.4　考虑系统
$$\ddot{x} + x = \varepsilon\left(-x^3 + \dfrac{1}{2}\dot{x} + \dfrac{31}{10}x^2\dot{x} - x^3\right) \quad \left(\varepsilon = \dfrac{1}{10}\right)$$
试用能量法求周期解，并判断周期解的稳定性。

习题 22.5 考虑线性系统

$$\frac{d^2x_1}{dt^2} + x_1 - x_2 = 0$$

$$\frac{d^2x_2}{dt^2} - x_1 + 4x_2 = 0$$

试用能量法求近似解析周期解,并与精确解比较。

B 类型习题

习题 22.6 考虑系统

$$\frac{d^2x_1}{dt^2} + \alpha_1 x_1 + 2\beta_1 x_1^3 - \gamma_1 x_2 = 0$$

$$\frac{d^2x_2}{dt^2} + \alpha_2 x_2 + 2\beta_2 x_2^3 - \gamma_2 x_1 = 0$$

试用能量法求周期解。

习题 22.7 利用 MATLAB 求解非线性阻尼系统的运动微分方程

程序 $m\ddot{x} + c\dot{x}^2 \text{sign}\dot{x} + kx = F_0 \cos\Omega t$

数据如下:

$$m = 10, c = 0.1, k = 4\,000, F_0 = 200$$

$$\Omega = 20, x(0) = 0.5, \dot{x} = 1.0$$

习题 22.8 利用 MATLAB 求解方程,

$$m\ddot{x} + k_1 x + k_2 x^3 = f(t)$$

式中,$f(t)$ 为一个矩形脉冲函数;F_0 为幅值,作用时间为 $0 \leqslant t \leqslant t_0$。

数据如下:

$$m = 10, k_1 = 4\,000, k_2 = 1\,000, F_0 = 1\,000$$

$$t_0 = 5, x(0) = 0.05, \dot{x}(0) = 5$$

C 类型习题

习题 22.9 傅科摆

(1) 实验题目。

法国物理学家傅科于1851年在巴黎万圣殿内的拱顶上悬挂了一个摆长为67m,摆锤质量为28kg的单摆。该单摆摆动周期约为16s。实验发现该摆摆平面绕竖直轴作顺时针转动(由上向下看),转动周期约为32h,这就是著名的傅科摆实验。这个实验无须依赖地球以外的物体,就能直观地展示地球自转的存在,因此至今仍受到重视。设摆长为 l,摆锤质量为 m,悬挂于北纬 λ 处。试研究傅科摆摆锤在水面内的轨迹。

(2) 实验目的及要求。

①研究傅科摆在水平面内的运动 并画出摆锤在水平面内的运动轨迹。

②研究纬度及初始条件对傅科摆运动轨迹的影响。

③学习指令 input 的用法,学习在程序运动中从键盘向程序输入参数。

(3) 解题分析。

由于摆很长,当摆作小角度摆动时,可认为摆锤在水平面内运动,以摆锤平衡位置为原点 O,Ox 指向正南，Oy 指向正东，建立直角坐标系。摆锤受重力、科氏力和摆线张力 F_T 作用。忽略摆锤沿竖直方向的运动，且知 $F_T \approx mg$，可提出运动微分方程为

$$\frac{d^2 x}{dt^2} - 2\omega \frac{dy}{dt}\sin\lambda + \frac{g}{l}x = 0 \qquad (22.6.1a)$$

$$\frac{d^2 y}{dt^2} + 2\omega \frac{dx}{dt}\sin\lambda + \frac{g}{l}y = 0 \qquad (22.6.1b)$$

这里 g 取 9.8，l 取 67，ω 为地球自转角速度。该方程为线性微分方程组，可求解析解并分析摆锤的运动，但求解过程较为烦琐。

数值求解该方程的程序十分简单，充分体现了 MATLAB 的优点，在此不再叙述。注意：在程序中为了使摆平面转动效果较为明显，适当放大了地球自转角速度。为了研究纬度及初始条件对摆锤运动轨迹的影响，运用了指令 input。在程序运行后，根据指令窗口的提示，先输入纬度值，范围可在 $-90^0 \sim +90^0$。由于纬度是以角度为单位，故在程序中要将它换算为弧度。然后再依次输入在初始时刻摆锤在 x 方向的位置与速度、在 y 方向的位置与速度，并将这 4 个数用方括号括起来。输入时可选以下几种情况，如初始位置不为零但初始速度为零，初始位置为零但初始速度不为零，以及初始位置及速度都不为零。然后观察摆锤运动轨迹的差别。图 22.6.1 所示为傅科摆的运动轨迹在 $\lambda = 30$，$[x_0, v_{x0}, y_0, v_{y0}] = [4,0,0,0]$ 时，程序运行的结果。

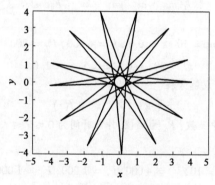

图 22.6.1 傅科摆的运动轨迹

(4) 思考题。

傅科摆实验能否做成三维的模拟动画？试试看。

##

杨振宁(1922—)，中国人，物理学家，在粒子物理学、统计力学和凝聚态物理等领域做出里程碑性贡献。1956 年，他和李政道合作提出弱相互作用中宇称不守恒定律；他在粒子物理和统计物理方面做了大量开拓性工作，提出杨-巴克斯特方程，开辟量子可积系统和多体问题研究的新方向等。他的最高成就是 1954 年与 R.L. 米尔斯共同提出杨-米尔斯规范场理论，开辟了非阿贝耳规范场的新研究领域，为现代规范场研究打下了基础。该理论被世界物理学家们公认为是 20 世纪伟大的理论结构之一，是继麦克斯韦的电磁场理论、爱因斯坦的引力场理论和狄拉克的量子理论之后的最为重要的物理理论。

主要著作：《对弱相互作用中宇称守恒的质疑》《基本粒子发现简史》《对称与物理》等。

##

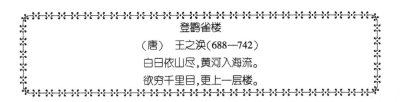

第 23 章 同伦分析方法

同伦分析方法是一种新的、求解强非线性问题解析近似解的一般方法。本章介绍了同伦分析方法求解具有奇非线性的自由振动、二次型非线性的自由振动和多维动力系统中的极限环应用举例。

23.1 具有奇非线性的自由振动系统

考虑一个具有奇非线性、保守系统的自由振动,满足方程

$$\ddot{U}(t) = f[U(t), \dot{U}(t), \ddot{U}(t)] \tag{23.1.1}$$

式中,t 为时间;·为对 t 求导;$f[U(t), \dot{U}(t), \ddot{U}(t)]$ 为已知的关于 $U(t)$,$\dot{U}(t)$ 和 $\ddot{U}(t)$ 的函数。不同于摄动法,我们不必假设方程式(23.1.1)中存在任何小(大)参数。上述方程,可描述科学和工程中的许多问题。

从物理角度来说,一个保守系统的自由振动是周期运动。不妨令 ω 和 a 分别表示该振动的角频率和振幅。物理中,角频率 ω 被视为一个时间尺度。对线性振动系统而言,角频率不依赖于振幅。然而,对一个非线性振动系统,角频率与振幅密切相关。在非线性保守系统中,振幅 a 完全由初始条件确定,且与总动能有关。不失一般性,我们考虑在初始条件

$$\dot{U}(0) = 0, U(0) = a \tag{23.1.2}$$

下具有振幅 a 的自由振动。

23.1.1 零阶形变方程

显然,一个具有奇非线性保守系统的自由振动可由基函数

$$\{\cos(m\omega t) | m = 1, 2, 3, \cdots\} \tag{23.1.3}$$

表达。作变换 $\tau = \omega t$ 和 $U(t) = u(\tau)$,式(23.1.1)变为

$$\omega^2 u''(\tau) = f[u(\tau), \omega u'(\tau), \omega^2 u''(\tau)] \tag{23.1.4}$$

满足初始条件

$$u(\tau) = a, u'(\tau) = 0,\text{当 } \tau = 0 \tag{23.1.5}$$

"'"表示对 τ 求导。由式(23.1.3),$u(\tau)$ 可被基函数

$$\{\cos(m\tau) \mid m = 1, 2, 3, \cdots\} \tag{23.1.6}$$

表达,即

$$u(\tau) = \sum_{k=1}^{+\infty} c_k \cos(k\tau) \tag{23.1.7}$$

式中,c_k 为系数。这提供了该问题的**解表达**。

不妨令 ω_0 表示角频率 ω 的初始猜测值。显然,根据**解表达**式(23.1.7),利用初始条件式(23.1.5),可选取

$$u_0(\tau) = a\cos\tau \tag{23.1.8}$$

作为 $u(\tau)$ 的初始猜测解。

式中,a 为振幅。根据**解表达**式(23.1.7),选取

$$\mathscr{L}[\Phi(\tau;q)] = \omega_0^2 \left[\frac{\partial^2 \Phi(\tau;q)}{\partial \tau^2} + \Phi(\tau;q) \right] \tag{23.1.9}$$

作为辅助线性算子,其具有性质

$$\mathscr{L}(C_1 \sin\tau + C_2 \cos\tau) = 0 \tag{23.1.10}$$

由方程式(23.1.4),定义如下非线性算子

$$\mathscr{N}[\Phi(\tau;q), \Omega(q)] = \Omega^2(q) \frac{\partial^2 \Phi(\tau;q)}{\partial \tau^2} -$$
$$f\left[\Phi(\tau;q), \Omega(q)\frac{\partial \Phi(\tau;q)}{\partial \tau}, \Omega^2(q)\frac{\partial^2 \Phi(\tau;q)}{\partial \tau^2}\right] \tag{23.1.11}$$

式中,$\Phi(\tau;q)$ 为依赖于 τ 和 q 的函数;$\Omega(q)$ 为 q 的函数。令 $\hbar$ 表示非零辅助参数,$H(\tau)$ 表示非零辅助函数。构造零阶形变方程

$$(1-q)\mathscr{L}[\Phi(\tau;q) - u_0(\tau)] = q\hbar H(\tau)\mathscr{N}[\Phi(\tau;q), \Omega(q)] \tag{23.1.12}$$

满足初始条件

$$\Phi(0;q) = a, \left.\frac{\partial \Phi(\tau;q)}{\partial \tau}\right|_{\tau=0} = 0 \tag{23.1.13}$$

当 $q = 0$ 时,式(23.1.12)和式(23.1.13)有解

$$\Phi(\tau;0) = u_0(\tau), \Omega(0) = \omega_0 \tag{23.1.14}$$

当 $q = 1$ 时,因为 $\hbar \neq 0$ 和 $H(\tau) \neq 0$,式(23.1.12)和式(23.1.13)分别等同于式(23.1.14)和式(23.1.15),从而

$$\Phi(\tau;1) = u(\tau), \Omega(1) = \omega \tag{23.1.15}$$

因此,当 q 从 0 增大到 1 时,$\Phi(\tau;q)$ 从初始猜测解 $u_0(\tau) = a\cos\tau$ 变化到精确解 $u(\tau)$,同时,$\Omega(q)$ 从初始猜测角频率 ω_0 变化到物理角频率 ω。

利用式(23.1.14)和泰勒展开定理,$\Phi(\tau;q)$ 和 $\Omega(q)$ 可展开成如下 q 的幂级数

$$\Phi(\tau;q) = u_0(\tau) + \sum_{m=1}^{+\infty} u_m(\tau)q^m \tag{23.1.16}$$

$$\Omega(q) = \omega_0 + \sum_{m=1}^{+\infty} \omega_m q^m \tag{23.1.17}$$

其中

$$u_m(\tau) = \frac{1}{m!}\left.\frac{\partial^m \Phi(\tau;q)}{\partial q^m}\right|_{q=0}, \omega_m = \frac{1}{m!}\left.\frac{\partial^m \Omega(q)}{\partial q^m}\right|_{q=0} \tag{23.1.18}$$

值得注意的是,零阶形变方程式(23.1.12)包含辅助参数 $\hbar$ 和辅助函数 $H(\tau)$。因此, $\Phi(\tau;q)$ 和 $\Omega(q)$ 也依赖它们。假设 $\hbar$ 和 $H(\tau)$ 选取合适,使得上面的级数在 $q = 1$ 时收敛。则由式(23.1.15),有级数解

$$u(\tau) = u_0(\tau) + \sum_{m=1}^{+\infty} u_m(\tau) \qquad (23.1.19)$$

$$\omega = \omega_0 + \sum_{m=1}^{+\infty} \omega_m \qquad (23.1.20)$$

23.1.2 高阶形变方程

为简便,定义向量

$$\boldsymbol{u}_n = \{u_0(\tau), u_1(\tau), \cdots, u_n(\tau)\}, \boldsymbol{\omega}_n = \{\omega_0, \omega_1, \cdots, \omega_n\} \qquad (23.1.21)$$

将零阶形变方程式(23.1.12)和式(23.1.13)对 q 求导 m 次,再令 $q = 0$,最后除以 $m!$,获得高阶形变方程

$$\mathscr{L}[u_m(\tau) - \chi_m u_{m-1}(\tau)] = \hbar R_m(\boldsymbol{u}_{m-1}, \boldsymbol{\omega}_{m-1}) \qquad (23.1.22)$$

满足初始条件

$$u_m(0) = 0, u'_m(0) = 0 \qquad (23.1.23)$$

其中,

$$\chi_m = 0, m \leq 1 \qquad (23.1.24\text{a})$$

$$\chi_m = 1, m > 1 \qquad (23.1.24\text{b})$$

且

$$R_m(\boldsymbol{u}_{m-1}, \boldsymbol{\omega}_{m-1}) = \frac{1}{(m-1)!} \frac{\mathrm{d}^{m-1}\mathscr{N}[\Phi(\tau;q), \Omega(q)]}{\mathrm{d}q^{m-1}}\bigg|_{q=0} \qquad (23.1.25)$$

值得注意的是,存在两个未知量 $u_m(\tau)$ 和 ω_{m-1}。我们仅有关于 $u_m(\tau)$ 的微分方程式(23.1.22)和式(23.1.23)。因此,该问题不封闭,需要增加一个代数方程,以确定 ω_{m-1}。由**解表达式**(23.1.7),根据保守系统的奇非线性,$R_m(\boldsymbol{u}_{m-1}, \boldsymbol{\omega}_{m-1})$ 可表达为

$$R_m(\boldsymbol{u}_{m-1}, \boldsymbol{\omega}_{m-1}) = \sum_{n=0}^{\varphi(m)} b_{m,n}(\boldsymbol{\omega}_{m-1}) \cos[(2n+1)\tau] \qquad (23.1.26)$$

其中,$b_{m,n}(\boldsymbol{\omega}_{m-1})$ 为一个依赖于 $\boldsymbol{\omega}_{m-1}$ 的系数,整数 $\varphi(m)$ 依赖于 m 和方程式(23.1.1)的形式。

根据 $\mathscr{L}$ 的性质式(23.1.10),若 $R_m(\boldsymbol{u}_{m-1}, \boldsymbol{\omega}_{m-1})$ 包含 $\cos \tau$ 项,则方程式(23.1.22)的解必包含所谓的长期项 $\tau\cos\tau$。这不符合**解表达式**(23.1.7)。因此,必须强迫式(23.1.24)中的系数 $b_{m,0}$ 为零。给出代数方程

$$b_{m,0}(\boldsymbol{\omega}_{m-1}) = 0 \qquad (23.1.27)$$

该方程正好可确定 ω_{m-1}。上述方程关于 ω_0(当 $m-1$ 时)常常是非线性的,但在其他情况下是线性的。因此,易获得方程式(23.1.22)的解

$$u_m(\tau) = \chi_m u_{m-1}(\tau) + \frac{\hbar}{\omega_0^2}\sum_{n=2}^{\varphi(m)}\frac{b_{m,n}(\boldsymbol{\omega}_{m-1})}{1-n^2}\cos(n\tau) + C_1\sin\tau + C_2\cos\tau \qquad (23.1.28)$$

式中,C_1、C_2 为系数。由式(23.1.23),有 $C_1 = 0$。为了确保振动振幅等于 a,成立

$$u_m(0) - u_m(\pi) = 0 \quad (m = 1, 2, 3, \cdots) \tag{23.1.29}$$

系数 C_2 由式(23.1.29)确定。类似地,可依次求得 ω_{m-1} 和 $u_m(\tau)$。其 M 阶近似为

$$u(\tau) \approx \sum_{m=0}^{M} u_m(\tau) \tag{23.1.30a}$$

$$\omega \approx \sum_{m=0}^{M} \omega_m \tag{23.1.30b}$$

上述方法即使对满足如下具有奇非线性保守系统的自由振动方程

$$F[U(t), \dot{U}(t), \ddot{U}(t), \mathrm{sign}U(t), \mathrm{sign}\dot{U}(t), \mathrm{sign}\ddot{U}(t)] = 0 \tag{23.1.31}$$

亦有效,其中

$$\mathrm{sign}x = \begin{cases} 1 & (x > 0) \\ 0 & (x = 0) \\ -1 & (x < 0) \end{cases} \tag{23.1.32}$$

变换 $\tau = \omega t$ 和 $U(t) = u(\tau)$,方程式(23.1.31)变为

$$F[u(\tau), \omega u'(\tau), \omega^2 u''(\tau), \mathrm{sign}u, \mathrm{sign}u', \mathrm{sign}u''] = 0 \tag{23.1.33}$$

令 $a(a>0)$ 表示振幅,$u_0(\tau) = a\cos\tau$ 表示振动的初始猜测解。对于具有奇非线性保守系统的自由振动,成立

$$\mathrm{sign}u = \mathrm{sign}u_0 = \mathrm{sign}(\cos\tau) \tag{23.1.34a}$$

同样

$$\mathrm{sign}u' = -\mathrm{sign}(\sin\tau), \quad \mathrm{sign}u'' = -\mathrm{sign}(\cos\tau) \tag{23.1.34b}$$

因此,式(23.1.33)等同于

$$F[u(\tau), \omega u'(\tau), \omega^2 u''(\tau), \mathrm{sign}(\cos\tau), -\mathrm{sign}(\sin\tau), -\mathrm{sign}(\cos\tau)] = 0 \tag{23.1.35}$$

利用

$$\mathrm{sign}(\cos\tau) = \frac{4}{\pi} \sum_{k=0}^{+\infty} \frac{(-1)^k}{2k+1} \cos[(2k+1)\tau] \tag{23.1.36a}$$

$$\mathrm{sign}(\sin\tau) = \frac{4}{\pi} \sum_{k=0}^{+\infty} \frac{1}{2k+1} \sin[(2k+1)\tau] \tag{23.1.36b}$$

有

$$f(u(\tau), \omega u'(\tau), \omega^2 u''(\tau))$$
$$= F(u(\tau), \omega u'(\tau), \omega^2 u''(\tau), \mathrm{sign}(\cos\tau), -\mathrm{sign}(\sin\tau), -\mathrm{sign}(\cos\tau)) \tag{23.1.37}$$

因此,类似地,我们可求解具有奇非线性保守系统的自由振动方程式(23.1.31)。
值得注意的是 $|x| = x\mathrm{sign}x$,因此,方程式(23.1.31)等同于方程

$$G(U(t), \dot{U}(t), \ddot{U}(t), |U(t)|, |\dot{U}(t)|, |\ddot{U}(t)|) = 0 \tag{23.1.38}$$

式中,G 为关于 $U(t), \dot{U}(t), \ddot{U}(t), |U(t)|, |\dot{U}(t)|, |\ddot{U}(t)|$ 的函数。

23.1.3 范例

例题 23.1.1 考虑具有奇非线性保守系统的自由振动方程

$$\ddot{U}(t) + U(t) = \varepsilon U(t)\dot{U}^2(t) \tag{23.1.39}$$

作变换 $\tau = \omega t$ 和 $U(t) = u(\tau)$,原方程变为
$$\omega^2 u''(\tau) + u(\tau) = \varepsilon \omega^2 u(\tau) u'^2(\tau) \tag{23.1.40}$$

根据式(23.1.25)和式(23.1.39),有
$$R_m(\boldsymbol{u}_{m-1},\boldsymbol{\omega}_{m-1}) = \sum_{n=0}^{m-1}\left(\sum_{j=0}^{n}\omega_j\omega_{n-j}\right)u''_{m-1-n} + u_{m-1} - \varepsilon\sum_{n=0}^{m-1}\left(\sum_{i=0}^{n}u_{n-i}\sum_{r=0}^{i}\omega_r\omega_{i-r}\right)\left(\sum_{j=0}^{m-1-n}u'_j u'_{m-1-n-j}\right) \tag{23.1.41}$$

当 $m = 1$ 时,根据式(23.1.27),有代数方程
$$a - a\omega_0^2 - \frac{1}{4}a^3\varepsilon\omega_0^2 = 0 \tag{23.1.42}$$

其解为
$$\omega_0 = \frac{1}{\sqrt{1 + \frac{1}{4}\varepsilon a^2}} \tag{23.1.43}$$

角频率 ω 的一阶和二阶近似解分别为
$$\omega \approx \omega_0 + \frac{\hbar(\varepsilon a^2)[2 + (\varepsilon a^2 - 2)\omega_0^2]}{32(4 + \varepsilon a^2)\omega_0} \tag{23.1.44}$$

$$\omega \approx \omega_0 + \frac{\hbar(\varepsilon a^2)[2 + (\varepsilon a^2 - 2)\omega_0^2]}{16(4 + \varepsilon a^2)\omega_0} + \frac{\hbar^2(\varepsilon a^2)}{6144(4 + \varepsilon a^2)^2\omega_0^3}[39\omega_0^4(\varepsilon a^2)^3 + 4\omega_0^2(43\omega_0^2 + 17)(\varepsilon a^2)^2 + 4(97\omega_0^4 + 98\omega_0^2 - 3)(\varepsilon a^2) - 192(9\omega_0^4 - 10\omega_0^2 + 1)] \tag{23.1.45}$$

这些近似解包含辅助参数 $\hbar$。当 $\hbar = -1$ 时,角频率的级数仅在区域 $0 \leqslant \varepsilon a^2 < 5$ 内收敛,如图 23.1.1 所示。值得注意的是,当选取的 $\hbar$ 趋于零时,收敛区域变得越大。因此,$\hbar$ 应定义成 εa^2 的函数,其绝对值应随着 εa^2 的增大而减小。当 $\hbar = -\omega_0^2 = -\left(1 + \frac{\varepsilon a^2}{4}\right)^{-1}$ 时,角频率的级数在整个区域 $0 \leqslant \varepsilon a^2 < +\infty$ 内收敛。选取
$$\hbar = -\left(1 + \frac{\varepsilon a^2}{4}\right)^{-1} \tag{23.1.46}$$

有一阶近似
$$\omega \approx \frac{256 + 128\varepsilon a^2 + 13(\varepsilon a^2)^2}{8(4 + \varepsilon a^2)^{5/2}} \tag{23.1.47}$$

和二阶近似

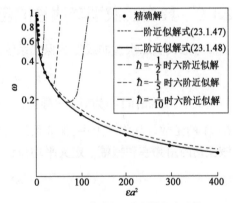

图 23.1.1 精确解 ω 与同伦解之比较

$$\omega \approx \frac{393\,216 + 393\,216\varepsilon a^2 + 142\,848(\varepsilon a^2)^2 + 21\,248(\varepsilon a^2)^3 + 1\,181(\varepsilon a^2)^4}{768(4 + \varepsilon a^2)^{9/2}} \tag{23.1.48}$$

如图 23.1.1 所示,这两个近似解与数值结果在整个区域 $0 \leqslant \varepsilon a^2 < +\infty$ 内吻合。该例说明,辅助参数 $\hbar$ 确实提供了一个调节级数解收敛区域和收敛速度的简便途径。

23.1.4 收敛区域的控制

$\hbar = -1$ 对应于构造同伦的传统方法。在例题 23.1.1 中,当 $\hbar = -1$ 时,角频率的级数解仅在相当小的区域 $0 \leqslant \varepsilon a^2 < 5$ 内收敛。此时,不得不选取 $\hbar = -(1 + \varepsilon a^2/4)^{-1}$,以调节收敛区域,从而确保级数在整个区域 $0 \leqslant \varepsilon a^2 < +\infty$ 内收敛。

值得注意的是,由式(23.1.9)定义的辅助线性算子 $\mathscr{L}$ 包含 ω_0^2 项。若用

$$\mathscr{L}[\Phi(\tau;q)] = \frac{\partial^2 \Phi(\tau;q)}{\partial \tau^2} + \Phi(\tau;q) \tag{23.1.49}$$

替代式(23.1.9),分别获得例题 23.1.1 之角频率 ω 的一阶近似解

$$\omega \approx \omega_0 + \frac{\hbar \omega_0 (\varepsilon a^2)[2 + (\varepsilon a^2 - 2)\omega_0^2]}{32(4 + \varepsilon a^2)} \tag{23.1.50}$$

和二阶近似解

$$\omega \approx \omega_0 + \frac{\hbar \omega_0 (\varepsilon a^2)[2 + (\varepsilon a^2 - 2)\omega_0^2]}{16(4 + \varepsilon a^2)} + \frac{\hbar^2 \omega_0 (\varepsilon a^2)}{6144(4 + \varepsilon a^2)^2}[39\omega_0^4 (\varepsilon a^2)^3 +$$

$$4\omega_0^2 (43\omega_0^2 + 17)(\varepsilon a^2)^2 + 4(97\omega_0^4 + 98\omega_0^2 - 3)(\varepsilon a^2) - 192(9\omega_0^4 - 10\omega_0^2 + 1)]$$
$$\tag{23.1.51}$$

当 $\hbar = -1$ 时,它们完全等同于式(23.1.47)和式(23.1.48)。

这个例子表明,对给定辅助线性算子和辅助函数,辅助参数 $\hbar$ 确实提供了一个控制级数解的收敛区域和收敛速度的简便途径。辅助参数 $\hbar$ 在同伦分析方法中起着非常重要的作用。

23.2 具有二次型非线性的自由振动系统

考虑具有二次型非线性的保守系统的自由振动问题,满足方程

$$\ddot{U}(t) = f[U(t), \dot{U}(t), \ddot{U}(t)] \tag{23.2.1}$$

式中,t 为时间;`·`为对 t 求导;$f[U(t), \dot{U}(t), \ddot{U}(t)]$ 为一个已知的关于 $U(t)$,$\dot{U}(t)$,$\ddot{U}(t)$ 的函数。从物理上讲,保守系统的自由振动是一种周期运动。不妨令 ω 和 a 分别表示该振动的角频率和振幅。定义平均位移

$$\delta = \frac{1}{T} \int_0^T U(t) \, dt \tag{23.2.2}$$

式中,$T = \frac{2\pi}{\omega}$ 为振动周期。对具有二次型非线性的保守系统,δ 通常不为零。这是具有奇非线性保守系统的自由振动与具有二次型非线性保守系统的自由振动的主要差别。显然,δ 和 ω 均有明确的物理意义。对保守系统,振幅 a 由初始条件确定,并与总动能相关,且 ω 和 δ 均依赖于振幅 a。不失一般性,我们考虑在初始条件

$$\dot{U}(0) = 0, \ U(0) = a + \delta \tag{23.2.3}$$

下具有振幅 a 的自由振动。

不同于摄动法,我们完全不需假设方程式(23.2.1)中包含任何小(大)参数。

23.2.1 零阶形变方程

该周期性的自由振动可用基函数

$$\{\cos(m\omega t) | m = 1, 2, 3, \cdots\} \qquad (23.2.4)$$

描述,即

$$U(t) = \delta + \sum_{m=1}^{+\infty} c_m \cos(m\omega t) \qquad (23.2.5)$$

式中,c_m 为系数。作变换

$$\tau = \omega t, \ U(t) = \delta + u(\tau) \qquad (23.2.6)$$

方程式(23.2.2)和式(23.2.3)分别变为

$$\omega^2 u''(\tau) = f(\delta + u(\tau), \omega u'(\tau), \omega^2 u''(\tau)) \qquad (23.2.7)$$

和

$$u(0) = a, \quad u'(0) = 0 \qquad (23.2.8)$$

式中,"′"为对 τ 求导。显然,$u(\tau)$ 能够用基函数

$$\{\cos(m\tau) | m = 1, 2, 3, \cdots\} \qquad (23.2.9)$$

表达,即

$$u(\tau) = \sum_{m=1}^{+\infty} c_m \cos(m\tau) \qquad (23.2.10)$$

这提供了具有二次型非线性保守系统自由振动的**解表达**。

值得注意的是,角频率 ω 和平均位移 δ 均未知。不妨令 ω_0, δ_0 分别表示 ω 和 δ 的初始猜测值。根据式(23.2.10)和式(23.2.8),选取

$$u_0(\tau) = a\cos\tau \qquad (23.2.11)$$

作为 $u(\tau)$ 的初始猜测解,其中,a 为振幅。此外,根据**解表达**式(23.2.10)和方程式(23.2.7),选取

$$\mathscr{L}[\Phi(\tau;q)] = \omega_0^2\left[\frac{\partial^2 \Phi(\tau;q)}{\partial \tau^2} + \Phi(\tau;q)\right] \qquad (23.2.12)$$

作为辅助线性算子,其具有性质

$$\mathscr{L}(C_1\sin\tau + C_2\cos\tau) = 0 \qquad (23.2.13)$$

式中,q 为嵌入变量;$\Phi(\tau;q)$ 是依赖于 τ 和 q 的函数;C_1 和 C_2 为系数。由方程式(23.2.7)定义如下非线性算子

$$\mathscr{N}[\Phi(\tau;q), \Omega(q), \Delta(q)] = \Omega^2(q)\frac{\partial^2 \Phi(\tau;q)}{\partial \tau^2} - $$

$$f\left[\Delta(q) + \Phi(\tau;q), \Omega(q)\frac{\partial \Phi(\tau;q)}{\partial \tau}, \Omega^2(q)\frac{\partial^2 \Phi(\tau;q)}{\partial \tau^2}\right]$$

$$(23.2.14)$$

式中,$\Omega(q)$ 和 $\Delta(q)$ 是依赖于嵌入变量 $q \in [0, 1]$ 的函数,分别对应角频率 ω 和平均位移 δ。

同伦分析方法基于如下定义的连续变化 $\Phi(\tau;q)$,$\Omega(q)$ 和 $\Delta(q)$:当嵌入变量 q 从 0 增大到 1 时,$\Phi(\tau;q)$ 从初始猜测解 $u_0(\tau)$ 连续变化到精确解 $u(\tau)$,同样,$\Omega(q)$ 从初始猜测值 ω_0 连续变化到角频率 ω,$\Delta(q)$ 从初始猜测值 δ_0 连续变化到平均位移 δ。为了获得这样的连续变化,我们构造如下一种更为广义的同伦

$$\mathcal{H}[\Phi(\tau;q), \Omega(q), \Delta(q), H(\tau), H_2(\tau), \hbar, \hbar_2, q]$$
$$= (1-q)\mathscr{L}[\Phi(\tau;q) - u_0(\tau)] - q\hbar H(\tau)\mathcal{N}[\Phi(\tau;q), \Omega(q), \Delta(q)] -$$
$$\hbar_2 H_2(\tau)(1-q)\{(f[\Delta(q),0,0] - f[\delta_0,0,0]) + [\Omega^2(q) - \omega_0^2]u_0''(\tau)\} \quad (23.2.15)$$

式中，$q \in [0,1]$ 为嵌入变量；$\hbar$ 和 $\hbar_2$ 为非零辅助参数；$H(\tau)$ 和 $H_2(\tau)$ 为非零辅助函数。

令

$$\mathcal{H}[\Phi(\tau;q), \Omega(q), \Delta(q), H(\tau), H_2(\tau), \hbar, \hbar_2, q] = 0 \quad (23.2.16)$$

得到零阶形变方程

$$(1-q)\mathscr{L}[\Phi(\tau;q) - u_0(\tau)]$$
$$= q\hbar H(\tau)\mathcal{N}[\Phi(\tau;q), \Omega(q), \Delta(q)] +$$
$$\hbar_2 H_2(\tau)(1-q)[f(\Delta(q),0,0) - f(\delta_0,0,0)] +$$
$$\hbar_2 H_2(\tau)(1-q)[\Omega^2(q) - \omega_0^2]u_0''(\tau) \quad (23.2.17)$$

满足初始条件

$$\Phi(0;q) = a, \quad \left.\frac{\partial \Phi(\tau;q)}{\partial \tau}\right|_{\tau=0} = 0 \quad (23.2.18)$$

当 $q = 0$ 时，由式(23.2.11)和式(23.2.17)易知

$$\Phi(\tau;0) = u_0(\tau), \quad \Omega(0) = \omega_0, \quad \Delta(0) = \delta_0 \quad (23.2.19)$$

当 $q = 1$ 时，因为 $\hbar \neq 0$ 和 $H(\tau) \neq 0$，式(23.2.17)和式(23.2.18)分别等同于原始方程式(23.2.7)和式(23.2.8)，从而

$$\Phi(\tau;1) = u(\tau), \quad \Omega(1) = \omega, \quad \Delta(1) = \delta \quad (23.2.20)$$

因此，当 q 从 0 增大到 1 时，$\Phi(\tau;q)$ 从初始猜测解 $u_0(\tau) = a\cos\tau$ 变化到精确解 $u(\tau)$，类似地，$\Omega(q)$ 从初始猜测值 ω_0 变化到角频率 ω，$\Delta(q)$ 从初始猜测值 δ_0 变化到平均位移 δ。

值得注意的是，零阶形变方程式(23.2.17)包含辅助参数 $\hbar$，$\hbar_2$ 以及辅助函数 $H(\tau)$ 和 $H_2(\tau)$。假设它们都选取合适，使式(23.2.17)和式(23.2.18)的解 $\Phi(\tau;q)$，$\Omega(q)$ 和 $\Delta(q)$ 对所有 $q \in [0,1]$ 均存在，且如下高阶形变导数

$$u_0^{[m]}(\tau) = \left.\frac{\partial^m \Phi(\tau;q)}{\partial q^m}\right|_{q=0}, \quad \omega_0^{[m]} = \left.\frac{\partial^m \Omega(q)}{\partial q^m}\right|_{q=0}, \quad \delta_0^{[m]} = \left.\frac{\partial^m \Delta(q)}{\partial q^m}\right|_{q=0} \quad (23.2.21)$$

对 $m \geq 1$ 均存在，则利用泰勒展开定理和式(23.2.19)，可将 $\Phi(\tau;q)$，$\Omega(q)$ 和 $\Delta(q)$ 展开成如下 q 的幂级数

$$\Phi(\tau;q) = u_0(\tau) + \sum_{m=1}^{+\infty} u_m(\tau)q^m \quad (23.2.22)$$

$$\Omega(q) = \omega_0 + \sum_{m=1}^{+\infty} \omega_m q^m \quad (23.2.23)$$

$$\Delta(q) = \delta_0 + \sum_{m=1}^{+\infty} \delta_m q^m \quad (23.2.24)$$

其中

$$u_m(\tau) = \frac{u_0^{[m]}(\tau)}{m!}, \quad \omega_m(\tau) = \frac{\omega_0^{[m]}}{m!}, \quad \delta_m = \frac{\delta_0^{[m]}}{m!} \quad (23.2.25)$$

假设辅助参数 $\hbar$，$\hbar_2$ 和辅助函数 $H(\tau)$ 和 $H_2(\tau)$ 选取合适，使上述级数在 $q = 1$ 时收敛。

由式(23.2.20),有级数解

$$u(\tau) = u_0(\tau) + \sum_{m=1}^{+\infty} u_m(\tau) \qquad (23.2.26)$$

$$\omega = \omega_0 + \sum_{m=1}^{+\infty} \omega_m \qquad (23.2.27)$$

$$\delta = \delta_0 + \sum_{m=1}^{+\infty} \delta_m \qquad (23.2.28)$$

23.2.2 高阶形变方程

为简便,定义向量

$$\boldsymbol{u}_n = \{u_0(\tau), u_1(\tau), \cdots, u_n(\tau)\}, \boldsymbol{\omega}_n = \{\omega_0, \omega_1, \cdots, \omega_n\} \qquad (23.2.29)$$

和

$$\boldsymbol{\delta}_n = \{\delta_0, \delta_1, \cdots, \delta_n\} \qquad (23.2.30)$$

将式(23.2.17)和式(23.2.18)对 q 求导 m 次,再令 $q=0$,最后除以 $m!$,有高阶形变方程

$$\mathscr{L}[u_m(\tau) - \chi_m u_{m-1}(\tau)] = \hbar H(\tau) R_m(\boldsymbol{u}_{m-1}, \boldsymbol{\omega}_{m-1}, \boldsymbol{\delta}_{m-1}) + \hbar_2 H_2(\tau) S_m(\tau, \boldsymbol{\omega}_m, \boldsymbol{\delta}_m) \qquad (23.2.31)$$

满足初始条件

$$u_m(0) = u'_m(0) = 0 \qquad (23.2.32)$$

其中,

$$\chi_m = 0 \quad (m \leq 1) \qquad (23.2.33\text{a})$$

$$\chi_m = 1 \quad (m > 1) \qquad (23.2.33\text{b})$$

且

$$R_m(\boldsymbol{u}_{m-1}, \boldsymbol{\omega}_{m-1}, \boldsymbol{\delta}_{m-1}) = \frac{1}{(m-1)!} \frac{\mathrm{d}^{m-1} \mathscr{N}[\Phi(\tau;q), \Omega(q), \Delta(q)]}{\mathrm{d}q^{m-1}} \bigg|_{q=0} \qquad (23.2.34)$$

$$S_m(\tau, \boldsymbol{\omega}_m, \boldsymbol{\delta}_m) = -\left(\sum_{i=0}^{m} \omega_i \omega_{m-i} - x_m \sum_{i=0}^{m-1} \omega_i \omega_{m-1-i}\right) a\cos\tau + [Q_m(\boldsymbol{\delta}_m) - \chi_m Q_{m-1}(\boldsymbol{\delta}_{m-1})] \qquad (23.2.35)$$

以及

$$Q_m(\boldsymbol{\delta}_m) = \frac{1}{m!} \frac{\mathrm{d}^m f[\Delta(q), 0, 0]}{\mathrm{d}q^m} \bigg|_{q=0} \qquad (23.2.36)$$

值得注意的是,存在 3 个未知量:$u_m(\tau)$,ω_{m-1} 和 δ_{m-1}(当 $\hbar_2 = 0$ 时),或者 $u_m(\tau)$,ω_m 和 δ_m(当 $\hbar_2 \neq 0$ 时)。然而,我们仅有关于 $u_m(\tau)$ 的微分方程式(23.2.31)和式(23.2.32)。所以,该问题不封闭,需要增加两个代数方程,以确定 ω_{m-1} 和 δ_{m-1}(当 $\hbar_2 = 0$ 时),或者 ω_m 和 δ_m(当 $\hbar_2 \neq 0$ 时)。

根据**解表达式**(23.2.10)和方程式(23.2.31),应采用如下辅助函数 $H(\tau)$ 和 $H_2(\tau)$

$$H(\tau) = \cos(2\kappa_1 \tau), \quad H_2(\tau) = \cos(2\kappa_2 \tau) \qquad (23.2.37)$$

式中,κ_1 和 κ_2 为整数。为简便,我们选取 $\kappa_1 = \kappa_2 = 0$,相应地

$$H(\tau) = 1, \quad H_2(\tau) = 1 \qquad (23.2.38)$$

根据**解表达式**(23.2.10),且由于保守系统是二次型非线性,方程式(23.2.31)的右端

项可表达为

$$b_{m,0} + \sum_{n=1}^{\varphi(m)} b_{m,n} \cos(n\tau) \tag{23.2.39}$$

其中,整数 $\varphi(m)$ 依赖于 m 和原始方程式(23.2.1)的具体形式,且当 $n > \phi(m)$ 时系数 $b_{m,n}$ 为零。根据 $\mathscr{L}$ 的性质式(23.2.13),若依 $b_{m,1} \neq 0$,m 阶形变方程式(23.2.31)的解 $u_m(\tau)$ 包含长期项 $\tau\cos\tau$。此外,若 $b_{m,0} \neq 0$,$u_m(\tau)$ 包含一个常数项 $\dfrac{b_{m,0}}{\omega_0^2}$。然而,这两项都不符合**解表达**式(23.2.10)。因此,必须强迫系数 $b_{m,0}$ 和 $b_{m,1}$ 为零,即

$$b_{m,0} = 0, \quad b_{m,1} = 0 \quad (m = 1,2,3,\cdots) \tag{23.2.40}$$

从而得到一个关于 ω_{m-1} 和 δ_{m-1}(当 $\hbar_2 = 0$ 时),或者关于 ω_m 和 δ_m(当 $\hbar_2 \neq 0$ 时)的代数方程组。这样一来,该问题封闭,从而不违背**解存在**原则。值得注意的是,当 $\hbar_2 = 0$ 和 $m = 1$ 时,方程式(23.2.40)通常是非线性的,但在其他情况下始终是线性的。所以,当 $\hbar_2 = 0$ 和 $m = 1$ 时,为得到 ω_0 和 δ_0,必须求解一组非线性代数方程式(23.2.40)。然而,当 $\hbar_2 \neq 0$ 时,我们拥有选取初始猜测值 ω_0 和 δ_0 的自由。建议首先考虑 $\hbar_2 = 0$,因为它通常在近似阶数很低时就能给出足够准确的近似(见范例)。

随后,容易得到 m 阶形变方程式(23.2.31)的解

$$u_m(\tau) = \chi_m u_{m-1}(\tau) + \sum_{n=2}^{\varphi(m)} \frac{b_{m,n}}{\omega_0^2(1-n^2)} \cos(n\tau) + C_1\sin\tau + C_2\cos\tau \tag{23.2.41}$$

式中,C_1 和 C_2 为积分常数。由初始条件式(23.2.32)易知 $C_1 = 0$。为了确保振动的振幅等于 a,使

$$u_m(0) - u_m(\pi) = 0 \quad (m = 1,2,3,\cdots) \tag{23.2.42}$$

从而,可确定系数 C_2。类似地,可依次得到 $u_m(\tau)(m = 1,2,3,\cdots)$ 和 ω_{m-1},δ_{m-1}($\hbar_2 = 0$ 时)。其 M 阶近似为

$$u(\tau) \approx \sum_{m=0}^{M} u_m(\tau) \tag{23.2.43}$$

$$\omega \approx \sum_{m=0}^{M} \omega_m \tag{23.2.44}$$

$$\delta \approx \sum_{m=0}^{M} \delta_m \tag{23.2.45}$$

23.2.3 范例

例题 考虑方程

$$\ddot{U}(t) - U(t) + U^4(t) = 0 \tag{23.2.46}$$

变换 $U(t) = \delta + u(\tau)$ 和 $\tau = \omega t$,原方程变成

$$\omega^2 u''(\tau) - [u(\tau) + \delta] + [\delta + u(\tau)]^4 = 0 \tag{23.2.47}$$

由式(23.2.34)和式(23.2.36),有

$$R_m = \sum_{n=0}^{m-1}\left(\sum_{j=0}^{n}\omega_j\omega_{n-j}\right)u''_{m-1-n}(\tau) - v_{m-1}(\tau) +$$

$$\sum_{n=0}^{m-1}\left[\sum_{i=0}^{n}v_i(\tau)v_{n-i}(\tau)\right]\left[\sum_{j=0}^{m-1-n}v_j(\tau)v_{m-1-n-j}(\tau)\right] \qquad (23.2.48)$$

和

$$Q_m = -\delta_m + \sum_{n=0}^{m}\left(\sum_{i=0}^{n}\delta_i\delta_{n-i}\right)\left(\sum_{j=0}^{m-n}\delta_j\delta_{m-n-j}\right) \qquad (23.2.49)$$

其中

$$v_k(\tau) = \delta_k + v_k(\tau) \qquad (23.2.50)$$

当 $\hbar_2 = 0$ 时,根据式(23.2.40),得到关于 ω_0 和 δ_0 的代数方程组

$$a - 3a^3\delta_0 - 4a\delta_0^3 + a\omega_0^2 = 0 \qquad (23.2.51)$$

$$\frac{3}{8}a^4 - \delta_0 + 3a^2\delta_0^2 + \delta_0^4 = 0 \qquad (23.2.52)$$

其解为

$$\omega_0 = \sqrt{4\delta_0^3 + 3a^2\delta_0 - 1} \qquad (23.2.53)$$

和

$$\delta_0 = \frac{1}{2}\left(\sqrt{\mu_1} + \sqrt{\frac{2}{\sqrt{\mu_1}} - \mu_1 - 6a^2}\right) \qquad (23.2.54)$$

其中

$$\mu_1 = -2a^2 + \frac{3a^4}{\mu_0} + \frac{\mu_0}{2} \qquad (23.2.55)$$

$$\mu_0 = \left(4 - 4a^6 + 2\sqrt{4 - 8a^6 - 50a^{12}}\right)^{1/3} \qquad (23.2.56)$$

其一阶近似解为

$$\omega \approx \omega_0 + \frac{\hbar a^2}{(4\delta_0^3 + 6a^2\delta_0 - 1)\omega_0^3}\left[\frac{27}{160}a^4 + \left(\frac{1}{16} - \frac{9}{20}a^6\right)\delta_0 + \right.$$

$$\frac{3}{4}a^2\delta_0^2 - \frac{9}{5}a^4\delta_0^3 + \frac{5}{2}\delta_0^4 - \frac{15}{2}a^2\delta_0^5 - 11\delta_0^7 +$$

$$\left.\left(\frac{1}{16}\delta_0 - \frac{3}{8}a^2\delta_0^2 - \frac{1}{4}\delta_0^4\right)\omega_0^2\right] \qquad (23.2.57)$$

$$\delta \approx \delta_0 + \frac{\hbar a^4\delta_0}{(4\delta_0^3 + 6a^2\delta_0 - 1)\omega_0^2}\left(\frac{3}{8}a^2 + \frac{9}{4}\delta_0^2\right) \qquad (23.2.58)$$

其中,ω_0,δ_0 分别由式(23.2.53)和式(23.2.54)给出。同样,通过绘制相应的 $\hbar$ 曲线,可研究 $\hbar$ 对收敛区域的影响。我们发现,当 $-2 < \hbar < 0$ 时,ω 和 δ 的级数收敛。甚至当 $\hbar = -1$ 时,角频率 ω 的一阶近似和 $\hbar = -\frac{3}{4}$ 时平均位移 δ 的一阶近似,都与数值解吻合良好,如图 23.2.1 和图 23.2.2 所示。因此,没有必要对例题 23.2.1 考虑 $\hbar_2 \neq 0$ 的情况。

本节,我们举例说明,如何应用一个更为广义形式的零阶形变方程获得更好的近似解。所举范例再次显示了同伦分析方法的灵活性和潜力。

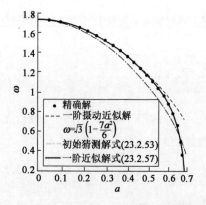

图 23.2.1 $\hbar_2 = 0$ 和 $\hbar = -1$ 时角频率的精确解与一阶近似解的比较

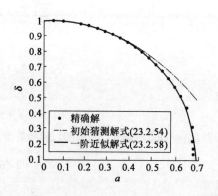

图 23.2.2 $\hbar_2 = 0$ 和 $\hbar = -\dfrac{3}{4}$ 时平均位移 δ 的精确解与一阶近似解的比较

23.3 多维动力系统之极限环

Liao 应用同伦分析方法,成功求解了一维非线性动力系统的极限环问题,其满足方程

$$\ddot{U}(t) = f(u, \dot{u}, \ddot{u}) \tag{23.3.1}$$

式中,t 为时间;· 为对 t 求导;$f(u, \dot{u}, \ddot{u})$ 为已知的关于 $u, \dot{u}, \ddot{u}$ 的函数。不同于摄动法,我们不必假设上面的方程中有小(大)参数存在。本节,我们应用同伦分析方法求解多维非线性动力系统的极限环。

作为例子,不妨考虑一个二维的非线性动力系统,满足方程

$$\ddot{x} + x = \varepsilon \dot{x}(1 - x^2 w) \tag{23.3.2}$$

$$\dot{w} = -\varepsilon(w^2 - \mu x^4) \tag{23.3.3}$$

式中,· 为对 t 求导;μ、ε 为物理参数;x、w 为两个未知函数。物理上,非线性动力系统的极限环不依赖于初始条件。不妨令 T 和 $\alpha = \max[x(t)]$ 分别表示极限环的周期和 $x(t)$ 的最大值。不失一般性,可定义 $t = 0$,使得

$$x(0) = \alpha, \quad \dot{x}(0) = 0 \tag{23.3.4}$$

定义

$$\delta = \frac{1}{T}\int_0^T w(t)\,\mathrm{d}t \tag{23.3.5}$$

且令

$$\omega = \frac{T}{2\pi} \tag{23.3.6}$$

表示极限环 $x(t)$ 的角频率。作变换

$$\tau = \omega t, \quad x(t) = \alpha u(\tau), \quad w(t) = \delta + v(\tau) \tag{23.3.7}$$

式(23.3.2)和式(23.3.3)变为

$$\omega^2 u'' + u = \varepsilon \omega u'(1 - \alpha^2 \delta u^2 - \alpha^2 u^2 v) \tag{23.3.8}$$

$$\omega v' = -\varepsilon(\delta^2 + 2\delta v + v^2 - \mu \alpha^4 u^4) \tag{23.3.9}$$

满足初始条件
$$u(0) = 1, u'(0) = 0 \tag{23.3.10}$$
式中,′为对 τ 微分。另外,由式(23.3.5)和式(23.3.7),成立
$$\int_0^{2\pi} v(\tau) \mathrm{d}\tau = 0 \tag{23.3.11}$$
式(23.3.11)提供了一个关于 $v(\tau)$ 的限制条件。值得注意的是 α,δ 和 ω 均未知。

23.3.1 零阶形变方程

物理上,动力系统的极限环可用周期函数描述。显然,$u(\tau)$ 和 $v(\tau)$ 可表达成
$$u(\tau) = \sum_{n=1}^{+\infty} [a_n \cos(n\tau) + b_n \sin(n(\tau))] \tag{23.3.12}$$
和
$$v(\tau) = \sum_{n=1}^{+\infty} [c_n \cos(n\tau) + d_n \sin(n(\tau))] \tag{23.3.13}$$
式中,a_n、b_n、c_n、d_n 均为系数。式(23.3.12)分别提供了 $u(\tau)$ 和 $v(\tau)$ 的**解表达**。

根据**解表达**式(23.3.12)和式(23.3.13),由初始条件式(23.3.10)和式(23.3.11),选取
$$u_0(\tau) = \cos\tau, v_0(\tau) = 0 \tag{23.3.14}$$
作为 $u(\tau)$ 和 $v(\tau)$ 的初始猜测解。这里,由于缺少关于 $v(\tau)$ 的信息,特别是关于 $u(\tau)$ 和 $v(\tau)$ 的关系的信息,选取 $v_0(\tau) = 0$。不妨令 α_0、δ_0、ω_0 分别表示 α,δ,ω 的初始猜测值。
根据**解表达**式(23.3.12)和式(23.3.13),由方程式(23.3.8)和式(23.3.9),选取辅助线性算子
$$\mathscr{L}_u f = \frac{\partial^2 f}{\partial \tau^2} + f \tag{23.3.15}$$
和
$$\mathscr{L}_v f = \frac{\partial f}{\partial \tau} \tag{23.3.16}$$
其具有性质
$$\mathscr{L}_u(C_1 \sin\tau + C_2 \cos\tau) = 0, \mathscr{L}_v(C_3) = 0 \tag{23.3.17}$$
式中,C_1,C_2 和 C_3 为系数;f 为实函数。为简便,由式(23.3.9)和式(23.3.10),定义如下非线性算子
$$\mathscr{N}_u[U(\tau;q), V(\tau;q), A(q), \Delta(q), \Omega(q)] = \Omega^2(q)\frac{\partial^2 U(\tau;q)}{\partial \tau^2} + U(\tau;q) -$$
$$\varepsilon\Omega(q)\frac{\partial U(\tau;q)}{\partial \tau}[1 - A^2(q)\Delta(q)U^2(\tau;q) - A^2(q)U^2(\tau;q)V(\tau;q)] \tag{23.3.18}$$
和
$$\mathscr{N}_v[U(\tau;q), V(\tau;q), A(q), \Delta(q), \Omega(q)] = \Omega^2(q)\frac{\partial^2 V(\tau;q)}{\partial \tau^2} +$$
$$\varepsilon[\Delta^2(q) + 2\Delta(q)V(\tau;q) + V^2(\tau;q) - \mu A^4(q)U^4(\tau;q)] \tag{23.3.19}$$
式中,$q \in [0,1]$ 为嵌入变量;$U(\tau;q)$ 和 $V(\tau;q)$ 为依赖于 τ 和 q 的实函数;$A(q)$、

$\Delta(q)$ 和 $\Omega(q)$ 为 q 的实函数。

令 $\hbar_u$ 和 $\hbar_v$ 表示非零辅助参数，$H_u(\tau)$ 和 $H_v(\tau)$ 表示非零辅助函数。构造零阶形变方程

$$(1-q)\mathscr{L}_u[U(\tau;q) - u_0(\tau)]$$
$$= q\hbar_u H_u(\tau)\mathscr{N}_u[U(\tau;q), V(\tau;q), A(q), \Delta(q), \Omega(q)] \quad (23.3.20)$$
$$(1-q)\mathscr{L}_v[V(\tau;q) - v_0(\tau)]$$
$$= q\hbar_v H_v(\tau)\mathscr{N}_v[U(\tau;q), V(\tau;q), A(q), \Delta(q), \Omega(q)] \quad (23.3.21)$$

满足条件

$$U(0;q) = 1, \left.\frac{\partial U(\tau;q)}{\partial \tau}\right|_{\tau=0} = 0, \int_0^{2\pi} V(\tau;q)\mathrm{d}\tau = 0 \quad (23.3.22)$$

其中，$\tau \geq 0$，且 $q \in [0,1]$。

当 $q = 0$ 时，由式(23.3.14)和上述零阶形变方程，下式成立：

$$U(\tau;0) = u_0(\tau), V(\tau;0) = v_0(\tau) \quad (23.3.23)$$

当 $q = 1$ 时,式(23.3.20)~式(23.3.22)分别等同于式(23.3.8)~式(23.3.11)，从而

$$U(\tau;1) = u(\tau), V(\tau;1) = v(\tau) \quad (23.3.24)$$

$$A(1) = \alpha, \Delta(1) = \delta, \Omega(1) = \omega \quad (23.3.25)$$

因此，当嵌入变量 q 从 0 增大到 1，$U(\tau;q)$ 和 $V(\tau;q)$ 分别从初始猜测解 $u_0(\tau)$ 和 $v_0(\tau)$ 变化到精确解 $u(\tau)$ 和 $v(\tau)$。类似地，$A(q)$、$\Delta(q)$ 和 $\Omega(q)$ 从初始猜测值 α_0、δ_0 和 ω_0 变化到相应的精确值 α、δ 和 ω。

零阶形变方程式(23.3.20)和式(23.3.21)包含 $\hbar_u$、$\hbar_v$ 两个辅助参数以及 $H_u(\tau)$、$H_v(\tau)$ 两个辅助函数。假设它们都选取合适，使

$$u_n(\tau) = \left(\frac{1}{n!}\right)\frac{\partial^n U(\tau;q)}{\partial q^n}\bigg|_{q=0} \quad (23.3.26)$$

$$v_n(\tau) = \left(\frac{1}{n!}\right)\frac{\partial^n V(\tau;q)}{\partial q^n}\bigg|_{q=0} \quad (23.3.27)$$

和

$$\alpha_n = \left(\frac{1}{n!}\right)\frac{\mathrm{d}^n A(q)}{\mathrm{d}q^n}\bigg|_{q=0} \quad (23.3.28)$$

$$\delta_n = \left(\frac{1}{n!}\right)\frac{\mathrm{d}^n \Delta(q)}{\mathrm{d}q^n}\bigg|_{q=0} \quad (23.3.29)$$

$$\omega_n = \left(\frac{1}{n!}\right)\frac{\mathrm{d}^n \Omega(q)}{\mathrm{d}q^n}\bigg|_{q=0} \quad (23.3.30)$$

在 $n \geq 1$ 时均存在。那么，利用泰勒展开定理和式(23.3.23)，有如下形式的 q 的幂级数

$$U(\tau;q) = u_0(\tau) + \sum_{n=1}^{+\infty} u_n(\tau)q^n \quad (23.3.31)$$

$$V(\tau;q) = v_0(\tau) + \sum_{n=1}^{+\infty} v_n(\tau)q^n \quad (23.3.32)$$

$$A(q) = \alpha_0 + \sum_{n=1}^{+\infty} \alpha_n q^n \tag{23.3.33}$$

$$\Delta(q) = \delta_0 + \sum_{n=1}^{+\infty} \delta_n q^n \tag{23.3.34}$$

$$\Omega(q) = \omega_0(\tau) + \sum_{n=1}^{+\infty} \omega_n q^n \tag{23.3.35}$$

假设 $\hbar_u$、$\hbar_v$、$H_u(\tau)$、$H_v(\tau)$ 选取合适,使上述级数在 $q=1$ 时收敛,由式(23.3.34)和式(23.3.35),有级数解

$$u(\tau) = u_0 + \sum_{n=1}^{+\infty} u_n(\tau) \tag{23.3.36}$$

$$v(\tau) = v_0 + \sum_{n=1}^{+\infty} v_n(\tau) \tag{23.3.37}$$

$$\alpha = \alpha_0 + \sum_{n=1}^{+\infty} \alpha_n \tag{23.3.38}$$

$$\delta = \delta_0 + \sum_{n=1}^{+\infty} \delta_n \tag{23.3.39}$$

和

$$\omega = \omega_0 + \sum_{n=1}^{+\infty} \omega_n \tag{23.3.40}$$

23.3.2 高阶形变方程

为表述简洁,定义向量

$$\boldsymbol{u}_k = \{u_0(\tau), u_1(\tau), \cdots, u_k(\tau)\}, \boldsymbol{v}_k = \{v_0(\tau), v_1(\tau), \cdots, v_k(\tau)\} \tag{23.3.41}$$

$$\boldsymbol{\alpha}_k = \{\alpha_0, \alpha_1, \cdots, \alpha_k\}, \boldsymbol{\delta}_k = \{\delta_0, \delta_1, \cdots, \delta_k\} \tag{23.3.42}$$

和

$$\boldsymbol{\omega}_k = \{\omega_0, \omega_1, \cdots, \omega_k\} \tag{23.3.43}$$

将零阶形变方程式(23.3.20)~式(23.3.22)对 q 求导 n 次,再除以 $n!$,最后令 $q=0$,有高阶形变方程

$$\mathscr{L}_u[u_n(\tau) - \chi_n u_{n-1}(\tau)] = \hbar_u H_u(\tau) R_n^u(\boldsymbol{u}_{n-1}, \boldsymbol{v}_{n-1}, \boldsymbol{\alpha}_{n-1}, \boldsymbol{\delta}_{n-1}, \boldsymbol{\omega}_{n-1}) \tag{23.3.44}$$

$$\mathscr{L}_v[v_n(\tau) - \chi_n v_{n-1}(\tau)] = \hbar_v H_v(\tau) R_n^v(\boldsymbol{u}_{n-1}, \boldsymbol{v}_{n-1}, \boldsymbol{\alpha}_{n-1}, \boldsymbol{\delta}_{n-1}, \boldsymbol{\omega}_{n-1}) \tag{23.3.45}$$

满足条件

$$u_n(0) = 0, u_n'(0) = 0, \int_0^{2\pi} v_n(\tau) d\tau = 0 \tag{23.3.46}$$

这里,

$$\chi_n = 0 \quad (n \leq 1) \tag{23.3.47a}$$

$$\chi_n = 1 \quad (n > 1) \tag{23.3.47b}$$

且

$$\begin{aligned} &R_n^u(\boldsymbol{u}_{n-1}, \boldsymbol{v}_{n-1}, \boldsymbol{\alpha}_{n-1}, \boldsymbol{\delta}_{n-1}, \boldsymbol{\omega}_{n-1}) \\ &= \frac{1}{(n-1)!} \cdot \frac{d^{n-1} \mathscr{N}_u[U(\tau;q), V(\tau;q), A(q), \Delta(q), \Omega(q)]}{dq^{n-1}} \bigg|_{q=0} \\ &= \sum_{j=0}^{n-1} u_{n-1-j}''(\tau) \left(\sum_{i=0}^{j} \omega_i \omega_{j-i}\right) + u_{n-1}(\tau) - \varepsilon F_{n-1}(\tau) + \\ &\quad \varepsilon \sum_{j=0}^{n-1} F_{n-1-j}(\tau) \sum_{i=0}^{j} [\delta_i + v_i(\tau)] W_{j-i}(\tau) \end{aligned} \tag{23.3.48}$$

和

$$R_n^v(\boldsymbol{u}_{n-1}, \boldsymbol{v}_{n-1}, \boldsymbol{\alpha}_{n-1}, \boldsymbol{\delta}_{n-1}, \boldsymbol{\omega}_{n-1})$$
$$= \frac{1}{(n-1)!} \cdot \frac{\mathrm{d}^{n-1} \mathcal{N}_v[U(\tau;q), V(\tau;q), A(q), \Delta(q), \Omega(q)]}{\mathrm{d}q^{n-1}}\bigg|_{q=0}$$
$$= \sum_{j=0}^{n-1} \omega_j v'_{n-1-j}(\tau) + \varepsilon \sum_{j=0}^{n-1} [\delta_j \delta_{n-1-j} + 2\delta_j v_{n-1-j}(\tau)] +$$
$$\varepsilon \sum_{j=0}^{n-1} [v_j(\tau) v_{n-1-j}(\tau) - \mu W_j(\tau) W_{n-1-j}(\tau)] \tag{23.3.49}$$

其中

$$F_k(\tau) = \sum_{j=0}^{k} \omega_{k-j} u'_j(\tau) \tag{23.3.50}$$

$$W_k(\tau) = \sum_{j=0}^{k} \left(\sum_{m=0}^{k-j} \alpha_m \alpha_{k-j-m}\right) \left[\sum_{n=0}^{j} u_n(\tau) u_{j-n}(\tau)\right] \tag{23.3.51}$$

值得强调的是，高阶形变方程式(23.3.44)和式(23.3.45)是线性的、非耦合的，因此，很易求解。

因为存在 5 个未知量，即 $u_n(\tau)$、$v_n(\tau)$、α_{n-1}、δ_{n-1}、ω_{n-1}，而我们仅有关于 $u_n(\tau)$ 和 $v_n(\tau)$ 的微分方程式(23.3.44)～式(23.3.46)。因此，该问题不封闭，需要增加三个代数方程，以确定 α_{n-1}、δ_{n-1} 和 ω_{n-1}。根据式(23.3.12)～式(23.3.45)可知，$H_u(\tau)$ 和 $H_v(\tau)$ 可为正弦函数和余弦函数。为简便，选取

$$H_u(\tau) = H_v(\tau) = 1 \tag{23.3.52}$$

当 $n = 1$ 时，将式(23.3.14)代入式(23.3.48)和式(23.3.49)，有

$$R_1^u = a_{1,0} \cos\tau + b_{1,0} \sin\tau + b_{1,1} \sin(3\tau) \tag{23.3.53}$$

和

$$R_1^v = c_{1,0} + c_{1,1} \cos(2\tau) + c_{1,2} \cos(4\tau) \tag{23.3.54}$$

式中，$a_{1,0}$、$b_{1,0}$、$b_{1,1}$、$c_{1,0}$、$c_{1,1}$、$c_{1,2}$ 为不依赖于 τ 的系数。若 $a_{1,0} \neq 0$ 和 $b_{1,0} \neq 0$，根据 $\mathscr{L}_u$ 的性质式(23.3.17)，方程式(23.3.44)的解 $u_1(\tau)$ 包含长期项 $\tau\sin\tau$ 和 $\tau\cos\tau$，不符合**解表达式**(23.3.12)。此外，若 $c_{1,0} \neq 0$，根据 $\mathscr{L}_v$ 的性质式(23.3.17)，方程式(23.3.45)的解 $v_1(\tau)$ 包含长期项 $c_{1,0}\tau$，亦不符合**解表达式**(23.3.13)。为了符合**解表达式**(23.3.44)和式(23.3.45)，必有

$$a_{1,0} = 0, \quad b_{1,0} = 0, \quad c_{1,0} = 0 \tag{23.3.55}$$

其正好提供了三个代数方程

$$\omega_0 - \frac{\alpha_0^2 \delta_0}{4} = 0, \quad \omega_0^2 - 1 = 0, \quad \delta_0^2 - \frac{3\alpha_0^4 \mu}{8} = 0 \tag{23.3.56}$$

方程的解为

$$\alpha_0 = \frac{2}{\sqrt[8]{6\mu}}, \quad \delta_0 = \sqrt[4]{6\mu}, \quad \omega_0 = 1 \tag{23.3.57}$$

于是有

$$R_1^u = b_{1,1} \sin(3\tau) \tag{23.3.58a}$$

和

$$R_1^v = c_{1,1} \cos(2\tau) + c_{1,2} \cos(4\tau) \tag{23.3.58b}$$

求解一阶形变方程式(23.3.44)、式(23.3.45)和式(23.3.46),有

$$u_1(\tau) = -\left(\frac{\varepsilon}{8}\right)\hbar_u(3\sin\tau - \sin3\tau) \tag{23.3.59}$$

和

$$v_1(\tau) = -\left(4\varepsilon\sqrt{\frac{\mu}{6}}\right)\hbar_v\left(\sin2\tau + \frac{1}{8}\sin4\tau\right) \tag{23.3.60}$$

类似地,首先求解线性代数方程组

$$\varepsilon^2\left(3\hbar_u + \sqrt[4]{176\mu}\,\hbar_v\right) - 48\omega_1 = 0 \tag{23.3.61}$$

$$(246\mu^3)^{1/8}\alpha_1 + (46)^{3/4}\delta_1 = 0 \tag{23.3.62}$$

$$(126\mu)^{3/8}\alpha_1 - \delta_1 = 0 \tag{23.3.63}$$

得到 α_1、δ_1、ω_1。再求解余下的二阶形变方程式(23.3.44)~式(23.3.46),可获得 $u_2(\tau)$ 和 $v_2(\tau)$。类似地,我们可依次得到 α_{n-1}、δ_{n-1}、ω_{n-1}、$u_n(\tau)$、$v_n(\tau)$。

$u(\tau)$ 和 $v(\tau)$ 的 n 阶近似为

$$u(\tau) = \sum_{k=0}^{M_n^u}\left[a_{n,k}\cos(2k+1)\tau + b_{n,k}\sin(2k+1)\tau\right] \tag{23.3.64a}$$

和

$$v(\tau) = \sum_{k=0}^{M_n^v}\left[c_{n,k}\cos(2k\tau) + d_{n,k}\sin(2k\tau)\right] \tag{23.3.64b}$$

式中,M_n^u 和 M_n^v 为依赖于近似阶数 n 的正整数。显然,$w(t)$ 的角频率是 $x(t)$ 之角频率的两倍。

23.3.3 收敛定理

定理 23.3.1 若级数式(23.3.36)~式(23.3.40)收敛,其中,$u_n(\tau)$ 和 $v_n(\tau)$ 满足方程式(23.3.44)~式(23.3.46),且定义式(23.3.48)~式(23.3.51)以及式(23.3.47)成立,则,它们必定是方程式(23.3.8)~式(23.3.11)的解。

证:若级数式(23.3.36)和式(23.3.37)收敛,必成立

$$\lim_{m\to+\infty}u_m(\tau) = 0,\ \lim_{m\to+\infty}v_m(\tau) = 0 \tag{23.3.65}$$

由方程式(23.3.44),利用定义式(23.3.47)和式(23.3.15),有

$$\hbar_u H_u(\tau)\sum_{n=1}^{+\infty}R_n^u(\boldsymbol{u}_{n-1},\boldsymbol{v}_{n-1},\boldsymbol{\alpha}_{n-1},\boldsymbol{\delta}_{n-1},\boldsymbol{\omega}_{n-1})$$
$$=\sum_{n=1}^{+\infty}\mathscr{L}_u[u_n(\tau)-\chi_n u_{n-1}(\tau)]$$
$$=\lim_{m\to+\infty}\sum_{n=1}^{m}\mathscr{L}_u[u_n(\tau)-\chi_n u_{n-1}(\tau)]$$
$$=\lim_{m\to+\infty}\sum_{n=1}^{m}\mathscr{L}_u[u_m(\tau)]$$
$$=\mathscr{L}_u\left[\lim_{m\to+\infty}u_m(\tau)\right]$$
$$=0 \tag{23.3.66}$$

由于 $\hbar_u \neq 0$,$H_u(\tau) \neq 0$,上式给出

$$\sum_{n=1}^{+\infty}R_n^u(\boldsymbol{u}_{n-1},\boldsymbol{v}_{n-1},\boldsymbol{\alpha}_{n-1},\boldsymbol{\delta}_{n-1},\boldsymbol{\omega}_{n-1}) = 0 \tag{23.3.67}$$

类似地

$$\sum_{n=1}^{+\infty} R_n^v(u_{n-1}, v_{n-1}, \alpha_{n-1}, \delta_{n-1}, \omega_{n-1}) = 0 \qquad (23.3.68)$$

将式(23.3.48)和式(23.3.49)代入式(23.3.68)并化简,根据级数式(23.3.38)~式(23.3.40)的收敛性,有

$$\left(\sum_{n=1}^{+\infty} \omega_i\right)^2 \frac{\mathrm{d}^2}{\mathrm{d}\tau^2}\left[\sum_{j=0}^{+\infty} u_j(\tau)\right] + \sum_{j=0}^{+\infty} u_j(\tau)$$

$$= \varepsilon \left(\sum_{i=1}^{+\infty} \omega_i\right) \frac{d}{\mathrm{d}\tau}\left[\sum_{j=0}^{+\infty} u_j(\tau)\right] \times$$

$$\left\{1 - \left(\sum_{i=0}^{+\infty} \alpha_i\right)^2 \frac{\mathrm{d}^2}{\mathrm{d}\tau^2}\left(\sum_{j=0}^{+\infty} u_j\right)^2 \sum_{k=0}^{+\infty}[\delta_k + v_k(\tau)]\right\} \qquad (23.3.69)$$

和

$$\left(\sum_{i=0}^{+\infty} \omega_i\right) \frac{d}{\mathrm{d}\tau}\left[\sum_{j=0}^{+\infty} v_j(\tau)\right]$$

$$= -\varepsilon \left\{\left[\sum_{k=0}^{+\infty} \delta_k + \sum_{k=0}^{+\infty} v_k(\tau)\right]^2 - \mu \left(\sum_{i=0}^{+\infty} \alpha_i\right)^4 \left(\sum_{j=0}^{+\infty} u_j\right)^4\right\} \qquad (23.3.70)$$

由式(23.3.14)和(23.3.46),成立

$$\sum_{i=0}^{+\infty} u_i(0) = 1, \sum_{i=0}^{+\infty} u_i'(0) = 1, \int_0^{2\pi}\left[\sum_{i=0}^{+\infty} v_i(\tau)\right]\mathrm{d}\tau = 0 \qquad (23.3.71)$$

将上述方程组与方程式(13.3.8)~式(13.3.11)比较,显然,级数式(13.3.36)~式(13.3.40)是原方程的解,证毕。

23.3.4 结果分析

根据定理23.3.1,我们仅需确保级数式(23.3.36)~式(23.3.40)收敛。值得注意的是,这些级数包含两个辅助参数——$\hbar_u$ 和 $\hbar_v$。为简便,令

$$\hbar_u = \hbar_v = \hbar \qquad (23.3.72)$$

$$H_u(\tau) = H_v(\tau) = H(\tau) = 1 \qquad (23.3.73)$$

从而,$u(\tau)$、$v(\tau)$、ω、α、δ 的近似解仅依赖于 $\hbar$。通常,对任意给定的物理参数 ε 和 μ,我们首先通过绘制 $\alpha \sim \hbar$、$\delta \sim \hbar$ 和 $\omega \sim \hbar$ 曲线研究辅助参数 $\hbar$ 对级数收敛性的影响。例如,当 $\varepsilon = \frac{1}{5}$ 和 $\mu = 3$ 时,相应 $\hbar$ 曲线明确指明 α、δ 和 ω 级数的 $\hbar$ 的有效区域,如图23.3.1所示。很明显,当 $\varepsilon = \frac{1}{5}$ 和 $\mu = 3$ 时,若 $-\frac{3}{2} < \hbar < 0$,级数解式(13.3.38)~式(13.3.40)收敛。例如,$\hbar = -\frac{3}{4}$ 时,ω、α 和 δ 的级数解分别收敛至 0.969 68、1.413 99 和 2.070 15,见表23.3.1。使用同伦-帕德近似,可显著提高收敛速度,见表23.3.2。我们发现,只要 α、δ 和 ω 的级数解收敛,由相同 $\hbar$ 值给出的 $u(\tau)$ 和 $v(\tau)$ 的级数也收敛,如图23.3.2所示 $\left(\varepsilon = \frac{1}{5}, \mu = 3\right)$。

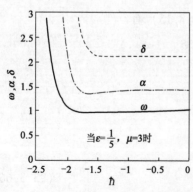

图23.3.1 $\varepsilon = \frac{1}{5}$ 和 $\mu = 3$ 时,十阶近似的 $\omega\text{-}\hbar$、$\alpha\text{-}\hbar$ 和 $\delta\text{-}\hbar$ 曲线

表 23.3.1　$\hbar=-\dfrac{3}{4},\varepsilon=\dfrac{1}{5},\mu=3$ 时，ω、α 和 δ 的 m 阶近似解

m	ω	α	δ	m	ω	α	δ
1	1.000 00	1.393 54	2.059 77	8	0.969 68	1.413 98	2.070 06
2	0.970 63	1.404 76	2.063 18	9	0.969 68	1.413 99	2.070 11
3	0.969 66	1.410 20	2.064 58	10	0.969 68	1.413 99	2.070 13
4	0.969 63	1.412 51	2.066 68	11	0.969 68	1.413 99	2.070 14
5	0.969 68	1.413 46	2.068 43	12	0.969 68	1.413 99	2.070 15
6	0.969 69	1.413 82	2.069 44	13	0.969 68	1.413 99	2.070 15
7	0.969 69	1.413 95	2.069 89	14	0.969 68	1.413 99	2.070 15

表 23.3.2　$\hbar=-\dfrac{3}{4},\varepsilon=\dfrac{1}{5},\mu=3$ 时，ω、α 和 δ 之 $[m,m]$ 阶同伦-帕德近似解

$[m,m]$	ω	α	δ
[1,1]	0.968 89	1.393 54	2.059 77
[2,2]	0.969 77	1.414 13	2.083 45
[3,3]	0.969 68	1.414 14	2.087 35
[4,4]	0.969 68	1.413 99	2.070 15
[5,5]	0.969 68	1.413 98	2.070 16
[6,6]	0.969 68	1.413 99	2.070 15
[7,7]	0.969 68	1.413 99	2.070 15

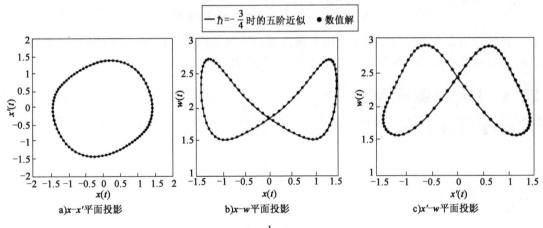

a) x-x' 平面投影　　b) x-w 平面投影　　c) x'-w 平面投影

图 23.3.2　$\varepsilon=\dfrac{1}{5}$ 和 $\mu=3$ 时极限环

这样，对任意给定的物理参数 ε 和 μ，可得到二维动力系统极限环收敛的级数解。但是，随着 ε 增大，非线性增强，需要更高阶近似。例如，当 $\varepsilon=\dfrac{3}{4}$ 和 $\mu=\dfrac{1}{6}$ 时，α、δ 和 ω 的 $\hbar$ 曲线表明，当 $\hbar=-\dfrac{3}{4}$ 时级数解收敛，如图 23.3.3 所示。然而，为了得到足够准确的结果，需要高阶的近似，如图 23.3.4 所示。

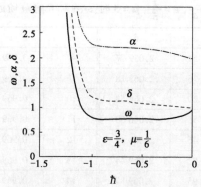

图 23.3.3　$\varepsilon = \dfrac{3}{4}$ 和 $\mu = \dfrac{1}{6}$ 时,十阶近似的 ω-$\hbar$、α-$\hbar$ 和 δ-$\hbar$ 曲线

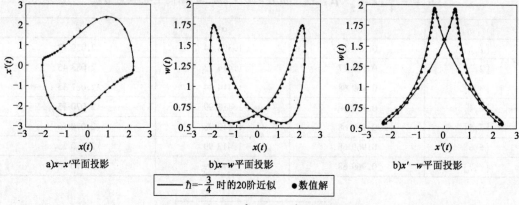

a) x-x' 平面投影　　　　b) x-w 平面投影　　　　b) x'-w 平面投影

—— $\hbar = -\dfrac{3}{4}$ 时的20阶近似　　● 数值解

图 23.3.4　$\varepsilon = \dfrac{3}{4}$ 和 $\mu = \dfrac{1}{6}$ 时的极限环

同伦分析方法曾成功应用于一维非线性动力系统的极限环问题。本节的例子表明,应用同伦分析方法亦可求解多维非线性动力系统极限环。

23.4　Maple 编程示例

编程题　考虑如下系统:

$$\ddot{x} + c_1 x + \frac{3}{2} c_2 x^2 = 0 \tag{23.4.1}$$

试推导能量坐标变换公式。

解:在本例中

$$g(x) = c_1 x + \frac{3}{2} c_2 x^2 \tag{23.4.2}$$

易见它为一非奇函数。令

$$xg(x) = x^2 \left(c_1 + \frac{3}{2} c_2 x \right) > 0 \tag{23.4.3}$$

由此得域 R 为,分四种类型讨论。

类型 Ⅰ:二次系统式(23.4.1),中心在点 $(0,0)$

$$-\frac{2}{3} \cdot \frac{c_1}{c_2} < x < \frac{1}{3} \cdot \frac{c_1}{c_2} \ (\text{当 } c_1 > 0, c_2 > 0 \text{ 时,具有偏心和软弹簧特性}) \tag{23.4.4}$$

类型Ⅱ：二次系统式(23.4.1)，中心在点 $(0,0)$

$$-\frac{1}{3} \cdot \frac{c_1}{c_2} < x < -\frac{2}{3} \cdot \frac{c_1}{c_2} \text{ （当 } c_1 > 0, c_2 < 0 \text{ 时，具有偏心和软弹簧特性）} \tag{23.4.5}$$

类型Ⅲ：二次系统式(23.4.1)，中心在点 $\left(-\frac{2}{3} \cdot \frac{c_1}{c_2}, 0\right)$

$$0 < x < \frac{c_1}{c_2} \text{ （当 } c_1 < 0, c_2 > 0 \text{ 时，具有偏心和软弹簧特性）} \tag{23.4.6}$$

类型Ⅳ：二次系统式(23.4.1)，中心在点 $\left(-\frac{2}{3} \cdot \frac{c_1}{c_2}, 0\right)$

$$-\frac{c_1}{c_2} < x < 0 \text{ （当 } c_1 < 0, c_2 < 0 \text{ 时，具有偏心和软弹簧特性）} \tag{23.4.7}$$

与 $g(x)$ 相应的势能，由式(22.1.3)知

$$V(x) = \frac{1}{2} x^2 (c_1 + c_2 x) \tag{23.4.8}$$

现求与系统式(23.4.1)相应的能量坐标变换公式，由式(22.1.17a)得

$$x = a\cos\theta + b \tag{23.4.9}$$

其中 $b = b(a)$，其求法如下：首先由式(22.1.12)~式(22.1.14)与式(23.4.8)得

$$\frac{1}{2}(b+a)^2 [c_1 + c_2(b+a)] = E \tag{23.4.10}$$

$$\frac{1}{2}(b-a)^2 [c_1 + c_2(b-a)] = E \tag{23.4.11}$$

$$\frac{1}{2}(b+a)^2 [c_1 + c_2(b+a)] = \frac{1}{2}(b-a)^2 [c_1 + c_2(b-a)] \tag{23.4.12}$$

根据式(23.4.12)可得出

$$2a(3c_2 b^2 + 2c_1 b + c_2 a^2) = 0 \tag{23.4.13}$$

由此可知

$$3c_2 b^2 + 2c_1 b + c_2 a^2 = 0 \tag{23.4.14}$$

由式(23.4.14)解得

$$b = -\frac{1}{3} \cdot \frac{c_1}{c_2} \pm \frac{1}{3} \sqrt{\frac{c_1^2}{c_2^2} - 3a^2} \tag{23.4.15}$$

式(23.4.15)的右端共有两个根，现研究如何正确地加以选取。当 $E \to 0$ 时，有

$$a \to 0, \ b \to 0 \tag{23.4.16a}$$

或

$$a \to 0, \ b \to -\frac{2}{3} \cdot \frac{c_1}{c_2} \tag{23.4.16b}$$

据此

类型Ⅰ：二次系统式(23.4.1)，中心在点 $(0,0)$

$$b = -\frac{1}{3} \cdot \frac{c_1}{c_2} + \frac{1}{3} \sqrt{\frac{c_1^2}{c_2^2} - 3a^2} \tag{23.4.17}$$

类型Ⅱ：二次系统式(23.4.1)，中心在点 $(0,0)$

$$b = -\frac{1}{3} \cdot \frac{c_1}{c_2} - \frac{1}{3} \sqrt{\frac{c_1^2}{c_2^2} - 3a^2} \tag{23.4.18}$$

类型Ⅲ：二次系统式(23.4.1)，中心在点 $\left(-\dfrac{2}{3}\cdot\dfrac{c_1}{c_2},0\right)$

$$b = -\frac{1}{3}\cdot\frac{c_1}{c_2} + \frac{1}{3}\sqrt{\frac{c_1^2}{c_2^2} - 3a^2} \tag{23.4.19}$$

类型Ⅳ：二次系统式(23.4.1)，中心在点 $\left(-\dfrac{2}{3}\cdot\dfrac{c_1}{c_2},0\right)$

$$b = -\frac{1}{3}\cdot\frac{c_1}{c_2} - \frac{1}{3}\sqrt{\frac{c_1^2}{c_2^2} - 3a^2} \tag{23.4.20}$$

接着推导第二个坐标变换公式。首先由式(23.4.8)得出

$$2[V(a+b) - V(a\cos\theta + b)] = a^2\sin^2\theta(c_1 + 3c_2 b + c_2 a\cos\theta) \tag{23.4.21}$$

将式(22.1.31)代入式(22.1.17b)，并注意到 $\dot{x}$ 符号的规定，得

$$\dot{x} = -a\sin\theta\sqrt{c_1 + 3c_1 b + c_2 a\cos\theta} \tag{23.4.22}$$

将式(23.4.9)与式(23.4.22)重写如下：

$$x = a\cos\theta + b \tag{23.4.23a}$$

$$\dot{x} = -a\sin\theta\sqrt{c_1 + 3c_1 b + c_2 a\cos\theta} \tag{23.4.23b}$$

这就是与系统式(23.4.1)相应的**能量坐标变换公式**，其中 $b = b(a)$。

需要说明的是，式(23.4.23)中的 a 与 b 均为能量 E 的函数，即 $a = a(E)$，$b = b(E)$。但无论是对周期解的定性分析还是定量计算，都不需要 $a(E)$ 与 $b(E)$ 的具体表达式，因此也就无须将它们求出。方程式(23.4.1)的相图如图23.4.1所示。

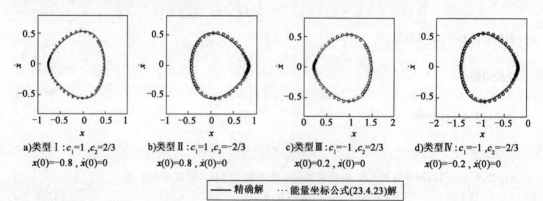

a)类型Ⅰ：$c_1=1$，$c_2=2/3$
$x(0)=-0.8$，$\dot{x}(0)=0$

b)类型Ⅱ：$c_1=1$，$c_2=-2/3$
$x(0)=0.8$，$\dot{x}(0)=0$

c)类型Ⅲ：$c_1=-1$，$c_2=2/3$
$x(0)=0.2$，$\dot{x}(0)=0$

d)类型Ⅳ：$c_1=-1$，$c_2=-2/3$
$x(0)=-0.2$，$\dot{x}(0)=0$

—— 精确解　　⋯ 能量坐标公式(23.4.23)解

图23.4.1　方程式(23.4.1)的相图

Maple 程序

```
> ############################################################
> #二次型系统类型Ⅳ；
> #deq1: = diff(x(t),t$2) + c1*x(t) + 3/2*c2*x(t)^2 = 0;
> restart:                              #清零
> with(plots):                          #加载绘图库
> with(student):                        #加载学生库
> c1: = -1;  c2: = -2/3;                #方程系数
> x10: = -0.2;  v10: = 0;               #初始条件
```

```
> x: = B + A * JacobiCN(omega1 * t, k)^2;           #位移精确解
> y: = diff(x,t);                                    #速度精确解
> B: = -0.2;   A: = -1.276;   omega1: = 0.52477;   k: = 0.87884;
>                                                    #椭圆函数解参数
> Tu1: = plot([x,y,t=0..3*Pi]);                      #精确解相图
> x1: = b + a * cos(theta);                          #能量公式位移
> y1: = -a * sin(theta) * sqrt(c1 + 3 * c2 * b + c2 * a * cos(theta));
>                                                    #能量公式速度
> b: = -0.8380677911;   a: = 0.6380677910;           #能量公式参数
> Tu2: = plot([x1,y1,theta=0..2*Pi],style=POINT,symbol=CIRCLE);
>                                                    #能量公式相图
> display({Tu1,Tu2},view=[-2.0,-0.6..0.6]);  #合并图形对比
> ##############################################################
```

23.5 思考题

思考题 23.1 简答题

1. 同伦分析方法的基本思想是什么？
2. 同伦分析方法有哪些优点？
3. 同伦分析方法有哪些局限性？
4. 同伦分析方法与摄动法相比有什么异同？
5. 简述如何用同伦分析方法构造零阶形变方程。

思考题 23.2 判断题

1. 同伦分析方法适用于强非线性振动系统，是廖世俊等人于1997年改进的。（　）
2. 摄动法揭示出非线性问题的许多重要特性和有趣现象，其中，摄动法最为成功的例子之一，是应用其发现了太阳系中的行星，在广袤宇宙中预测出它将出现的位置。（　）
3. 摄动法本质上依赖于小(大)参数或所谓的摄动变量的存在。简而言之，摄动法是应用摄动变量将一个非线性问题转化为无穷多个线性子问题，并用前几个线性子问题的解之和来逼近该非线性问题的解。显然，摄动变量的存在是摄动方法的基础。（　）
4. 同伦分析方法没有选择不同基函数的自由。（　）
5. 同伦分析方法求解强非线性问题不需要初始猜测解。（　）

思考题 23.3 填空题

1. 考虑自由振动方程 $\ddot{U}(t) + U(t) + \varepsilon U^3(t) = 0$，试确定用同伦分析方法求解的初始猜测解 $\omega_0 = $ _____。

2. 考虑具有奇非线性保守系统的自由振动方程 $\ddot{U}(t) + U(t) + \varepsilon U(t)|U(t)| = 0$，试确定用同伦分析方法求解的初始猜测解 $\omega_0 = $ _____。

3. 考虑方程 $\ddot{U}(t) + U(t) + \gamma U^2(t) = 0$，试确定用同伦分析方法求解的初始猜测解 $\omega_0 = $ _____，$\delta_0 = $ _____。

4. 考虑方程 $\ddot{U}(t) + U(t) - \varepsilon[1 - U^2(t)]\dot{U}(t) = 0$，试确定用同伦分析方法求解的初始猜测解

$\omega_0 = \underline{\qquad}, a_0 = \underline{\qquad}$。

5. 考虑方程 $\ddot{U}(t) + U(t) - \varepsilon[1 - U^2(t)]\dot{U}(t) + \varepsilon U^3(t) = 0$,试确定用同伦分析方法求解的初始猜测解 $\omega_0 = \underline{\qquad}, a_0 = \underline{\qquad}$。

思考题 23.4 选择题

1. 以下哪种方法能够提供一个调节级数解的收敛区域和收敛速度的简便途径。(　　)
   A. 同伦分析方法　　　　　　B. Lyapunov 人工参数展开法
   C. Adomian 分解法　　　　　D. δ 展开法

2. 以下哪种方法对强非线性问题有效,即使给定的非线性问题不包含小(大)参数。(　　)
   A. Lindstedt-Poincaré 法　　B. 同伦分析方法
   C. 多尺度法　　　　　　　　D. KBM 法

3. 以下哪种方法具有选择不同基函数的自由。(　　)
   A. Lyapunov 人工参数展开法　B. Adomian 分解法
   C. 同伦分析方法　　　　　　D. δ 展开法

4. 同伦分析方法与传统的同伦方法区别在于引入辅助参数 $\hbar$,当 $\hbar = $ (　　)时,二者一致,辅助参数 $\hbar$ 可以调节和控制级数解的收敛区域和收敛速度。
   A. $\hbar = -1$　　　　　　　B. $\hbar = 0$
   C. $\hbar = 1$　　　　　　　　D. $\hbar = 2$

5. 同伦-帕德近似的主要用途是(　　)。
   A. 选择不同的基函数　　　　B. 保证同伦解的存在性
   C. 保证同伦解的完备性　　　D. 增大级数解的收敛区域,加快其收敛速度

思考题 23.5 连线题

1. 压电加速度计　　　　　　　A. 产生间歇光脉冲
2. 电动式传感器　　　　　　　B. 有高的输出且对温度不敏感
3. LVDT 传感器　　　　　　　C. 在速度拾振器中经常使用
4. 富拿顿飞球式转速计　　　　D. 有高的灵敏度和大的频率适用范围
5. 闪光测频仪　　　　　　　　E. 在自由端有一个集中质量的可变长度悬臂梁

23.6　习题

A 类型习题

习题 23.1　如图 23.6.1 所示,利用下式
$$ml^2\ddot{\theta} + mgl\sin\theta = 0 \qquad (23.6.1)$$
$$\ddot{x} + a^2 F(x) = 0 \qquad (23.6.2)$$

和

$$t - t_0 = \frac{1}{\sqrt{2}a}\int_0^x \frac{\mathrm{d}\xi}{\left[\int_\xi^{x_0} F(\eta)\mathrm{d}\eta\right]^{1/2}} \qquad (23.6.3)$$

求单摆的固有周期,假定 $-\frac{\pi}{2} \leq \theta \leq \frac{\pi}{2}$。

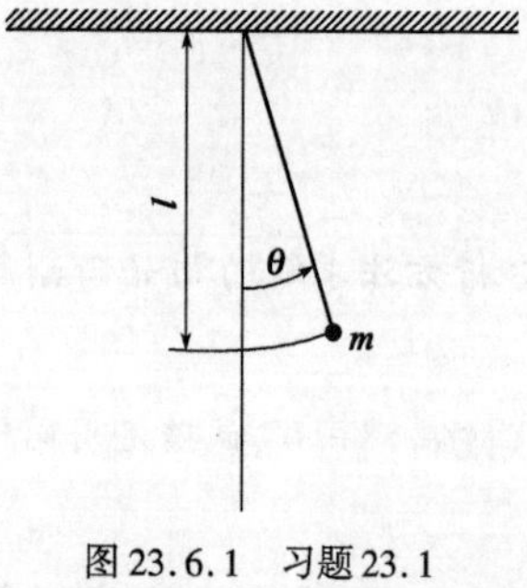

图 23.6.1　习题 23.1

习题 23.2　单摆摆长 $l = 76.2\text{cm}$,从与垂直方向成 $80°$ 的初始位置释放,求单摆回到 $\theta = 0°$ 位置所需的时间。

习题 23.3　求如下单摆的非线性方程的准确解

$$\ddot{\theta} + \omega_0^2\left(\theta - \frac{\theta^3}{6}\right) = 0$$

初始条件为 $\dot{\theta}(0) = 0$,$\theta(0) = \theta_0$,这里 θ_0 表示最大角位移。

B 类型习题

习题 23.4 考虑自由振动方程

$$\ddot{U}(t) + U(t) + \varepsilon U^3(t) = 0$$

试用同伦分析方法求解。

习题 23.5 考虑具有奇非线性保守系统的自由振动方程

$$\ddot{U}(t) + U(t) + \varepsilon U(t)|U(t)| = 0$$

试用同伦分析方法求解。

习题 23.6 考虑方程

$$\ddot{U}(t) + U(t) + \gamma U^2(t) = 0$$

式中,γ 为一个常数。试用同伦分析方法求解。

C 类型习题

习题 23.7 铰链连接的双摆

(1) 实验题目。

两个摆长为 l,摆锤质量为 m 的单摆,用光滑铰链连接成双摆,如图 23.6.2 所示。两个摆只能在同一竖直平面内运动,研究它们的运动。

(2) 实验目的及要求。

画出双摆的位移曲线并用动画模拟它们的运动。

(3) 解题分析。

以摆锤偏离平衡位置的摆角 θ_1 和 θ_2 为广义坐标,系统的拉格朗日函数为

$$L = ml^2\left(\frac{d^2\theta_1}{dt^2}\right) + \frac{1}{2}ml^2\left(\frac{d^2\theta_2}{dt^2}\right) + ml^2\frac{d\theta_1}{dt}\frac{d\theta_2}{dt}\cos(\theta_2 - \theta_1) + mgl(2\cos\theta_1 + \cos\theta_2) \quad (23.6.1)$$

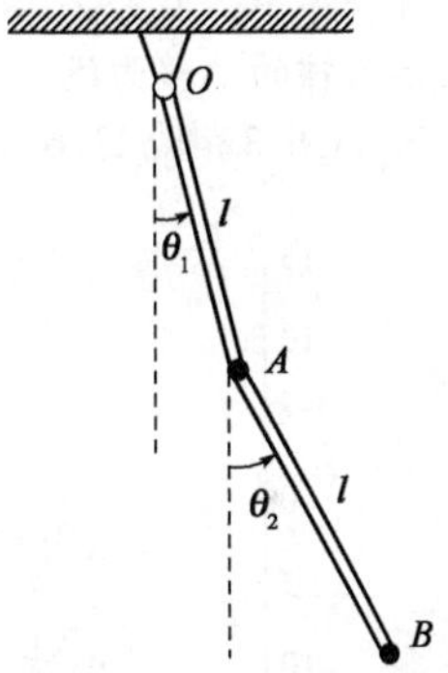

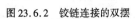

图 23.6.2 铰链连接的双摆

由拉格朗日方程得

$$2l\frac{d^2\theta_1}{dt^2} + l\frac{d^2\theta_2}{dt^2}\cos(\theta_2 - \theta_1) - l\left(\frac{d\theta_2}{dt}\right)^2\sin(\theta_2 - \theta_1) + 2g\sin\theta_1 = 0 \quad (23.6.2a)$$

$$l\frac{d^2\theta_2}{dt^2} + l\frac{d^2\theta_1}{dt^2}\cos(\theta_2 - \theta_1) + l\left(\frac{d\theta_1}{dt}\right)^2\sin(\theta_2 - \theta_1) + g\sin\theta_2 = 0 \quad (23.6.2b)$$

由式(23.6.2b)得

$$l\frac{d^2\theta_2}{dt^2} = -l\frac{d^2\theta_1}{dt^2}\cos(\theta_2 - \theta_1) - l\left(\frac{d\theta_1}{dt}\right)^2\sin(\theta_2 - \theta_1) - g\sin\theta_2 \quad (23.6.3)$$

将式(23.6.3)代入式(23.6.2b)得

$$\frac{d^2\theta_1}{dt^2} = \frac{1}{2l - l\cos^2(\theta_2 - \theta_1)}\left[l\left(\frac{d\theta_1}{dt}\right)^2\sin(\theta_2 - \theta_1)\cos(\theta_2 - \theta_1) + g\sin\theta_2\cos(\theta_2 - \theta_1) + l\left(\frac{d\theta_2}{dt}\right)^2\sin(\theta_2 - \theta_1) - 2g\sin\theta_1\right] \quad (23.6.4)$$

由式(23.6.2a)得

$$l\frac{d^2\theta_1}{dt^2} = -\frac{1}{2}l\frac{d^2\theta_2}{dt^2}\cos(\theta_2 - \theta_1) + \frac{1}{2}l\left(\frac{d\theta_2}{dt}\right)^2\sin(\theta_2 - \theta_1) - g\sin\theta_1 \quad (23.6.5)$$

将式(23.6.5)代入式(23.6.2b)得

$$\frac{d^2\theta_2}{dt^2} = \frac{1}{2l - l\cos^2(\theta_2 - \theta_1)}\Big[-l\left(\frac{d\theta_2}{dt}\right)^2\sin(\theta_2 - \theta_1)\cos(\theta_2 - \theta_1) +$$

$$2g\sin\theta_1\cos(\theta_2 - \theta_1) - 2l\left(\frac{d\theta_1}{dt}\right)^2\sin(\theta_2 - \theta_1) - 2g\sin\theta_2\Big] \quad (23.6.6)$$

令 $y_1 = \theta_1$, $y_2 = \dfrac{d\theta}{dt}$, $y_3 = \theta_2$, $y_4 = \dfrac{d\theta_2}{dt}$, 由方程式(23.6.4)和方程式(23.6.6)得

$$\frac{dy_1}{dt} = y_2 \quad (23.6.7a)$$

$$\frac{dy_2}{dt} = \frac{1}{2l - l\cos^2(y_3 - y_1)}[ly_2^2\sin(y_3 - y_1)\cos(y_3 - y_1) +$$

$$g\sin y_3\cos(y_3 - y_1) + ly_4^2\sin(y_3 - y_1) - 2g\sin y_1] \quad (23.6.7b)$$

$$\frac{dy_3}{dt} = y_4 \quad (23.6.7c)$$

$$\frac{dy_4}{dt} = \frac{1}{2l - l\cos^2(y_3 - y_1)}[ly_4^2\sin(y_3 - y_1)\cos(y_3 - y_1) +$$

$$2g\sin y_1\cos(y_3 - y_1) - 2ly_2^2\sin(y_3 - y_1) - 2g\sin y_3] \quad (23.6.7d)$$

在程序中仿照第21章习题21.27滑动摆的做法,在用动画表示双摆的运动的同时,在监视器屏幕上显示双摆的位移曲线。至少双摆运动时的轨迹的画法与第19章习题19.19实验的弹簧摆的画法相同。图23.6.3和图23.6.4是程序运行的结果,改变初始条件会得到不同的曲线。

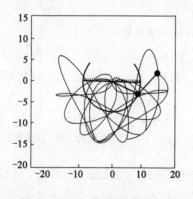

图23.6.3 铰链双摆的运动

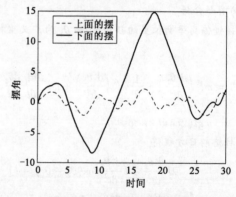

图23.6.4 两个摆的位移曲线

(4)思考题。

如果希望模拟铰链连接的双摆在微振动下的两种简正模的运动状态,应该如何设置初始条件?通过改变程序中的初始条件后运行程序来验证你的想法。

普朗克(1858—1947),德国人,物理学家、量子力学的重要创始人之一。他研究黑体辐射问题,发现普朗克辐射定律,并在论证过程中提出能量子概念和常数 h(后称为普朗克常数,也是国际单位制千克的标准定义),成为此后微观物理学中最基本的概念和极为重要的普适常量。这也是量子论诞生和新物理学革命宣告开始的伟大时刻。

主要著作:《普通热化学概论》《热力学讲义》《能量守恒原理》《热辐射理论》《理论物理学导论》(共5卷)、《热学理论》《物理学论文与讲演集》(共3卷)、《物理学的哲学》等。

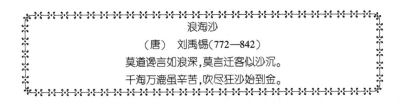

第24章 谐波-能量平衡法

本章介绍一种求解强非线性振动的创新方法:谐波-能量平衡法。首先介绍谐波-能量平衡法的基本思想和求解步骤,然后分别介绍对称强非线性振动的谐波-能量平衡法、非对称强非线性振动的谐波-能量平衡法和多自由度强非线性系统的谐波-能量平衡法。

24.1 谐波-能量平衡法

24.1.1 里茨-伽辽金法

里茨-伽辽金法广泛应用于弹性系统的边值问题和非线性振动问题。它不仅适用于弱非线性系统,还适用于强非线性系统。

里茨-伽辽法是一种变分方法。它的基本思想是:选取一组满足一定条件(如边界条件或周期性条件等)线性独立的已知函数,将它们的线性组合作为微分方程式的近似解,然后确定最佳系数。确定最佳系数的方法很多,可以寻找系统的泛函,根据泛函极小值原理(称为里茨法),或已知系统的运动微分方程,根据哈密顿(Hamilton)变分原理,或虚位移原理(称为伽辽金法),使对微分方程式的求解转化为关于待定系数的代数方程组的求解。求得了这些系数,就求出了微分方程式的解。以下用虚位移原理说明方法的使用步骤。

设系统的运动微分方程为

$$\ddot{x} + f(x, \dot{x}) = 0 \tag{24.1.1}$$

其中,$f(x, \dot{x})$ 是 $x, \dot{x}$ 的非线性函数,它代表作用于单位质量质点上的主动力和约束力。式(24.1.1)可理解为作用于单位质量质点上的惯性力、主动力和约束力构成平衡力系。

设系统产生任意一个虚位移 δx,则由虚位移原理得

$$[\ddot{x} + f(x, \dot{x})]\delta x = 0 \tag{24.1.2}$$

对受到双面、理想约束的系统,约束力虚功之和等于零,因此,它不出现在方程式(24.1.2)中。

在非线性振动中,未知的解 $x(t)$ 可表示为周期函数的线性组合。

$$x(t) = \sum_{i=1}^{M} a_i w_i(t) \tag{24.1.3}$$

式中,$w_i(t) = w_i(t+T)$,T 为周期,a_i 为待定系数。一般 w_i 选为正弦函数或余弦函数,

在边值问题中，w_i 还须满足边界条件。

对 x 进行变分

$$\delta x = \sum_{i=1}^{M} w_i(t) \delta a_i \tag{24.1.4}$$

代入式(24.1.2)，并在一个周期内取平均值

$$\sum_{i=1}^{M} \int_0^T \left[\sum_{i=1}^{M} a_i \ddot{w}_i + f\left(\sum_{i=1}^{M} a_i w_i, \sum_{i=1}^{M} a_i \dot{w}_i\right) \right] w_i \delta a_i \mathrm{d}t = 0 \tag{24.1.5}$$

由 δa_i 的任意性，我们得到 M 个方程

$$\int_0^T \left[\sum_{i=1}^{M} a_i \ddot{w}_i + f\left(\sum_{i=1}^{M} a_i w_i, \sum_{i=1}^{M} a_i \dot{w}_i\right) \right] w_i \delta a_i \mathrm{d}t = 0 \, (i=1,2,\cdots), M \tag{24.1.6}$$

对这 M 个方程积分，得到关于 a_i 的代数方程组，解该方程组，即可求得 $a_i(i=1,2,\cdots,M)$，也就求出了方程的近似解 $x(t)$。

24.1.2 谐波平衡法

谐波平衡法是一种应用非常广泛的方法。

设振动微分方程为

$$\ddot{x} + f(x, \dot{x}) = 0 \tag{24.1.7}$$

求解的基本思路是：将式(24.1.7)的解和函数 $f(x, \dot{x})$ 展开成傅立叶级数

$$x(t) = a_0 + \sum_{n=1}^{\infty} (a_n \cos n\omega t + b_n \sin n\omega t) \quad (n=1,2,\cdots) \tag{24.1.8}$$

$$f(x, \dot{x}) = c_0 + \sum_{n=1}^{\infty} (c_n \cos n\omega t + d_n \sin n\omega t) \quad (n=1,2,\cdots) \tag{24.1.9}$$

其中傅立叶系数为

$$c_0 = \frac{\omega}{2\pi} \int_0^{2\pi/\omega} f(x, \dot{x}) \mathrm{d}t \tag{24.1.10a}$$

$$c_n = \frac{\omega}{\pi} \int_0^{2\pi/\omega} f(x, \dot{x}) \cos n\omega t \mathrm{d}t \tag{24.1.10b}$$

$$d_n = \frac{\omega}{2\pi} \int_0^{2\pi/\omega} f(x, \dot{x}) \sin n\omega t \mathrm{d}t \tag{24.1.10c}$$

其中 $n=1,2,\cdots$，由式(24.1.10)求出 c_0、c_n、d_n，并将式(24.1.8)、式(24.1.9)代入式(24.1.7)，按同阶谐波进行整理后，令 $\cos n\omega t$、$\sin n\omega t$ 的系数等于零，得到关于 a_0、a_n、b_n ($n=1,2,\cdots$) 的代数方程组，解此代数方程组，求得 a_0、a_n、b_n，就求得了方程式(24.1.7)的解式(24.1.8)。

以前的各种摄动法，都是把解按量级 x_1、x_2、$\cdots$，展开的，而谐波平衡法是按谐波展开的，其解的精度取决于谐波的数目，若谐波的数目取得少，精度就不高，若谐波的数目取得太多，计算又麻烦。因此，要想得到足够精度的近似解，就必须或者选足够多的项，或者预先知道解中所包含的谐波成分，并检查被忽略的谐波系数的量级，否则得不到足够精度的近似解。

谐波平衡法不仅适用于弱非线性问题，也适用于强非线性问题，如图24.1.1所示的诸系统等。

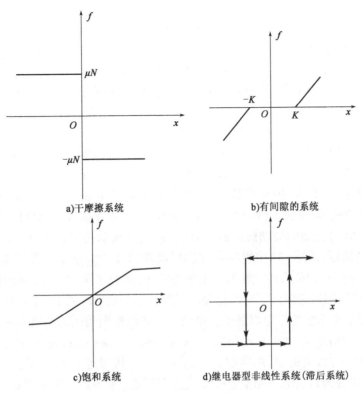

图 24.1.1 强非线性系统

24.1.3 谐波-能量平衡法

在传统的非线性振动研究中,周期解的定性分析与定量分析是相分离的。C-L方法(陈予恕和 Langford W. F. 1988)把两者统一在了一起。C-L方法建立了周期解的拓扑结构和系统参数之间的关系,把经典的非线性振动理论发展到可求整个参数空间中的周期解,统一了世界文献中对非线性参数系统似乎矛盾的结果。

传统的周期解摄动法是在线性振动周期解的基础上摄动的,控制微分方程的摄动与初始条件是相分离的。因此,传统的摄动法对许多具有周期解的问题无法求解。具有周期解但采用传统的摄动法无法求解的情况有以下四类:

(1) 强非线性振动,如
$$\ddot{x} + \omega_0^2 x + \mu x^3 = 0 \quad (\mu \geqslant 1) \tag{24.1.11}$$
因为传统摄动法需要找到一个小参数 $0 < \varepsilon < < 1$。

(2) 不具有线性项振动周期解的方程,如
$$\ddot{x} + \varepsilon x^3 = 0 \quad (0 < \varepsilon < < 1) \tag{24.1.12}$$
因为传统摄动法在线性振动周期解的基础上摄动。

(3) 具有多周期解的方程,如
$$\ddot{x} - x + \varepsilon x^3 = 0 \tag{24.1.13}$$
因为传统摄动法只能求解一个周期解。

(4)具有非对称周期解的方程,如

$$\ddot{x} + \omega_0^2 x + \varepsilon x^2 = 0 \tag{24.1.14}$$

因为传统摄动法在线性振动周期解的基础上摄动,只能得到对称周期解。

对于一般的强非线性系统,由于情况复杂,目前还缺乏像弱非线系统那样一整套通用的近似求解方法。近 40 多年来,这一问题引起了不少学者的关注,并对此开展了一系列的研究工作。例如,S. E. Jones 于 1978 年研究了参数变换法,于 1982 年研究了时间变换法;T. D. Burton 于 1986 年研究了改进的多尺度法;Y. E. Cheung 于 1991 年研究了改进 L-P 法;M. N. Hamdan 于 1990 年研究了改进的等效线性化法;S. S. Qiu 于 1990 年研究了改进的谐波平衡法;F. H. Ling 于 1987 年研究了快速 Galerkin 法;S. B. Yuste 于 1991 年研究了带椭圆函数的谐波平衡法;Li Li 于 1990 年研究了频闪法;Y. K. Cheung 于 1990 年研究了增量谐波平衡法;Chan 于 1995 年研究了摄动增量法;吴伯生于 2004 年研究了拆分技术;等等。

第(1)(2)和(4)类型的周期解问题,均已有修正型摄动法可以解决。对于初值不同引起的分岔周期解问题,即第(3)类周期解问题目前探讨较少。李银山等于 2004 年,采用谐波-能量平衡法的思想求解了对称强非线性振动问题,研究了第(1)(2)类问题;2007 年,采用谐波-能量平衡法的思想求解了非对称强非线性振动问题,研究了第(3)(4)类问题;2011 年,采用谐波-能量平衡法的思想求解了多自由度强非线性振动问题的周期解。

李银山提出的谐波-能量平衡法(Harmonic energy balance method,HEB),其基本思想是把一个非线性微分方程组的解,用两项谐波的组合来解析逼近。首先,采用谐波平衡法,得到以振幅、角频率为未知数的不完备非线性代数方程组(未知数减去方程数等于一);其次,利用能量守恒原理,对初始条件进行变换,把用位移和速度表示的初始条件变换成振幅,角频率之间的协调方程(增加了一个补充方程),从而构成了关于振幅,角频率为未知数的完备非线性代数方程组;最后,对这个非线性代数方程组进行求解,就可以得到振幅和角频率。

24.2 对称强非线性系统的谐波-能量平衡法

研究形如

$$\ddot{x} + f(x) = 0 \tag{24.2.1a}$$

的振动系统。其中,$f(x)$ 为其变量的非线性奇函数。初始条件为

$$x(0) = x_0, \dot{x}(0) = \dot{x}_0 \tag{24.2.1b}$$

24.2.1 单项谐波-能量平衡法

(1)单项谐波平衡。

强非线性自由振动微分方程式(24.2.1a),可用一个等效的线性微分方程来代替。

$$\ddot{x} + \omega^2 x = 0 \tag{24.2.2}$$

假设其解为

$$x = a_1 \cos(\omega t) \tag{24.2.3}$$

令 $\psi = \omega t$,用 Ritz-Galerkin 平均法:

$$\int_0^{2\pi} [\ddot{x} + f(x)] \cos\psi \, d\psi = 0 \tag{24.2.4a}$$

(2) 能量平衡(初值变换)。

变换初始条件式(24.2.1b),增加补充方程:

$$a_1^2 = x_0^2 + \frac{\dot{x}_0^2}{\omega^2} \tag{24.2.4b}$$

确定振幅和角频率:由式(23.2.4)联立求解可得 ω、a_1。

24.2.2 两项谐波-能量平衡法

(1) 两项谐波平衡。

假设动力系统式(24.2.1a)的解为

$$x = a_1\cos(\omega t) + a_3\cos(3\omega t) \tag{24.2.5}$$

令 $\psi = \omega t$,用 Ritz-Galerkin 平均法得到:

$$\int_0^{2\pi} [\ddot{x} + f(x)]\cos(s\psi)d\psi = 0 \quad (s=1,3) \tag{24.2.6a}$$

即两项谐波平衡解幅-频关系。

(2) 能量平衡(初值变换)。

变换初始条件式(24.2.1b),增加补充方程

$$(a_1 + a_3)^2 = x_0^2 + \frac{\dot{x}_0^2}{\omega^2} \tag{24.2.6b}$$

确定振幅和角频率:由式(24.2.6)联立可解得 ω、a_1、a_3。

24.2.3 应用

例题 五次非线性项微分方程

$$\ddot{x} + \mu x^5 = 0, \mu > 0 \tag{24.2.7}$$

假设方程式(24.2.7)的解为

$$x = a_1\cos(\omega t) + a_3\cos(3\omega t) \tag{24.2.8}$$

令 $\psi = \omega t$ 用 Ritz 平均法

$$\int_0^{2\pi} [\ddot{x} + f(x)]\cos(s\psi)d\psi = 0 \quad (s=1,3) \tag{24.2.9}$$

单项谐波平衡解幅-频关系

$$\omega^2 = \frac{5}{8}\mu a_1^4 \tag{24.2.10a}$$

初始条件约束方程

$$a_1^2 = x_0^2 + \frac{\dot{x}_0^2}{\omega^2} \tag{24.2.10b}$$

由式(24.2.10)联立可解得 ω、a_1。

两项谐波解幅-频关系

$$-\omega^2 + \mu\left(\frac{5}{8}a_1^4 + \frac{25}{16}a_1^3 a_3 + \frac{15}{4}a_1^2 a_3^2 + \frac{15}{8}a_1 a_3^3 + \frac{15}{8}a_3^4\right) = 0 \tag{24.2.11a}$$

$$-9\omega^2 a_3 + \mu\left(\frac{5}{16}a_1^5 + \frac{15}{8}a_1^4 a_3 + \frac{15}{8}a_1^3 a_3^2 + \frac{15}{4}a_1^2 a_3^3 + \frac{5}{8}a_3^5\right) = 0 \tag{24.2.11b}$$

初始条件约束方程

$$(a_1 + a_3)^2 = x_0^2 + \frac{\dot{x}_0^2}{\omega^2} \tag{24.2.11c}$$

由式(24.2.11)联立可解得 ω, a_1, a_3。

当 $\mu = 1$, 初始条件 $x_0 = 1$, $\dot{x}_0 = 0$ 时的单项谐波解 $x = \cos(0.790\ 57t)$; 两项谐波解 $x = 0.937\ 64\cos(0.759\ 40t) + 0.062\ 362\cos(2.278\ 2t)$。

图24.2.1给出了五次非线性项微分方程相图:

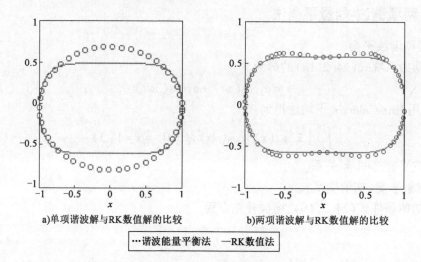

a)单项谐波解与RK数值解的比较   b)两项谐波解与RK数值解的比较

⋯谐波能量平衡法   —RK数值法

图24.2.1 五次非线性项微分方程相图($\mu = 1$, $x_0 = 1$, $\dot{x}_0 = 0$)

24.3 非对称强非线性系统的谐波-能量平衡法

考察方程

$$\ddot{x} + F(x) = 0 \tag{24.3.1a}$$

为存在周期解的动力系统。其中, $F(x)$ 是其变量 x 的任意非线性函数。初始条件为

$$x(0) = x_0, \quad \dot{x}(0) = \dot{x}_0 \tag{24.3.1b}$$

首先对方程式(24.3.1a)进行奇异性分析,判断是否有周期解,判断是对称周期解,还是非对称周期解,然后根据周期解的类型分别进行求解。求解对称周期解按本章24.2的方法,求解非对称周期解按以下方法。

24.3.1 单项谐波-能量平衡法

(1)单项谐波平衡。

设动力系统式(23.3.1a)的非对称周期解为

$$x = a_0 + a_1\cos(\omega t) \tag{24.3.2}$$

式中, a_0 为偏心距; a_1 为第一谐波振幅; ω 为角频率。

令 $\psi = \omega t$ 用 Ritz-Galerkin 平均法得到

$$\int_0^{2\pi} [\ddot{x} + f(x)]\cos(s\psi)d\psi = 0 \quad (s = 0, 1) \tag{24.3.3a}$$

即单项谐波平衡解偏-幅-频关系。

(2)能量平衡(初值变换)。

变换初始条件式(24.3.1b)增加补充方程

$$(a_0 + a_1)^2 = (x_0 - e)^2 + \frac{\dot{x}_0^2}{\omega^2} \tag{24.3.3b}$$

式中,e 为中心坐标。

确定振幅、角频率和偏心距:由式(24.3.3)联立可解得角频率 ω、偏心距 a_0、振幅 a_1。

24.3.2 两项谐波-能量平衡法

(1)两项谐波平衡。

设动力系统式(24.3.1a)的非对称周期解为

$$x = a_0 + a_1 \cos(\omega t) + a_2 \cos(2\omega t) \tag{24.3.4}$$

式中,a_2 为第二谐波振幅。令 $\psi = \omega t$ 用 Ritz-Galerkin 平均法得到

$$\int_0^{2\pi} [\ddot{x} + f(x)] \cos(s\psi) d\psi = 0 \quad (s = 0, 1, 2) \tag{23.3.5a}$$

可得到两项谐波平衡解偏-幅-频关系。

(2)能量平衡(初值变换)。

变换初始条件式(23.3.1a),增加补充方程

$$(a_0 + a_1 + a_2 - e)^2 = (x_0 - e)^2 + \frac{\dot{x}_0^2}{\omega^2} \tag{23.3.5b}$$

确定振幅、角频率和偏心距:由方程组式(23.3.5)联立可解得角频率 ω、偏心距 a_0、第一阶振幅 a_1、第二阶振幅 a_2。

24.3.3 应用

例题 考察下列带有参数 $c_1 < 0$、$c_2 < 0$ 的二次非线性哈密顿系统

$$\ddot{x} + c_1 x + c_2 x^2 = 0 \tag{23.3.6a}$$

其初始条件为

$$x(0) = x_0, \ \dot{x}(0) = \dot{x}_0 \tag{23.3.6b}$$

设方程式(23.3.6a)的解为

$$x = a_0 + a_1 \cos(\omega t) + a_2 \cos(2\omega t) \tag{23.3.7}$$

令 $\psi = \omega t$ 用 Ritz 平均法

$$\int_0^{2\pi} [\ddot{x} + f(x)] \cos(s\psi) d\psi = 0 \quad (s = 0, 1, 2) \tag{23.3.8}$$

单项谐波解幅频关系

$$c_1 a_0 + c_2 \left(a_0^2 + \frac{1}{2} a_1^2 \right) = 0 \tag{23.3.9a}$$

$$(c_1 - \omega^2) + 2 c_2 a_0 = 0 \tag{23.3.9b}$$

初始条件约束方程

$$(a_0 + a_1 - e)^2 = (x_0 - e)^2 + \frac{\dot{x}_0^2}{\omega^2} \quad \left(e = -\frac{c_1}{c_2} \right) \tag{23.3.9c}$$

由式(23.3.9)联立可解得 ω、a_0、a_1、a_2。

两项谐波解幅频关系

$$c_1 a_0 + c_2 \left(a_0^2 + \frac{1}{2} a_1^2 + \frac{1}{2} a_2^2 \right) = 0 \tag{23.3.10a}$$

$$(c_1 - \omega^2) + c_2 (2a_0 + a_2) = 0 \tag{23.3.10b}$$

$$(c_1 - 4\omega^2) a_2 + c_2 \left(2a_0 a_2 + \frac{1}{2} a_1^2 \right) = 0 \tag{23.3.10c}$$

初始条件约束方程

$$(a_0 + a_1 + a_2 - e)^2 = (x_0 - e)^2 + \frac{\dot{x}_0^2}{\omega^2} \quad \left(e = -\frac{c_1}{c_2} \right) \tag{23.3.10d}$$

由式(23.3.10)联立可解得 ω、a_0、a_1、a_2。

图 24.3.1 表示方程式(23.3.6a)中 $c_1 = -1$, $c_2 = -1$ 时,初始条件 $x_0 = -0.2$, $\dot{x}_0 = 0$ 时的相轨迹。

解析法解,$x = -0.2 - 1.2761\,\mathrm{cn}^2(0.52477t, 0.87884)$, $\omega = 0.74984$, $A = 0.63805$

单项谐波平衡法解,$x = -0.78297 + 0.58297\cos(0.75229t)$

两项谐波平衡法解,$x = -0.71503 + 0.62825\cos(0.73708t) - 0.11322\cos(1.4742t)$。

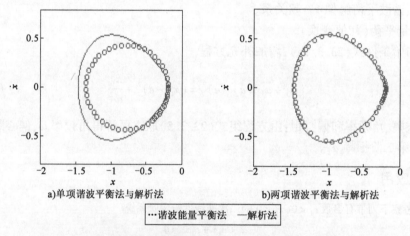

a)单项谐波平衡法与解析法　　　　b)两项谐波平衡法与解析法

⋯谐波能量平衡法　—解析法

图 24.3.1　二次非线性方程的相轨迹($c_1 = -1$, $c_2 = -1$, $x_0 = -0.2$, $\dot{x}_0 = 0$)

24.4　多自由度强非线性系统的谐波-能量平衡法

我们考察一个耦合非线性弹簧-质量系统如图 24.4.1 所示。这个系统的运动为

$$\ddot{x}_1 + (1+k)x_1 + gx_1^3 - kx_2 = 0 \tag{24.4.1a}$$

$$\ddot{x}_2 + (1+k)x_2 - kx_1 = 0 \tag{24.4.1b}$$

初始条件为

$$x_1(0) = x_{10},\ x_2(0) = x_{20},\ \dot{x}_1(0) = v_{10},\ \dot{x}_2(0) = v_{20} \tag{24.4.2}$$

为方便讨论,设初始条件为($A_0 > 0$)

$$x_1(0) = A_0,\ x_2(0) = 0\ \dot{x}_1(0) = 0,\ \dot{x}_2(0) = 0 \tag{24.4.3}$$

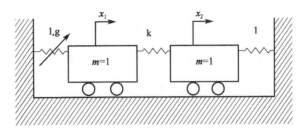

图 24.4.1 物理模型

24.4.1 单项谐波-能量平衡法

我们假设存在

模态 1： $$u_1 = A_1\cos(\omega t) \quad (24.4.4\text{a})$$

模态 2： $$u_2 = A_2\cos(\omega t) \quad (24.4.4\text{b})$$

考虑到叠加原理,设方程组式(24.4.1)的解为

$$x_1 = a_1\cos(\omega_1 t) + a_2\cos(\omega_2 t) \quad (24.4.5\text{a})$$

$$x_2 = r_1 a_1\cos(\omega_1 t) + r_2 a_2\cos(\omega_2 t) \quad (23.4.5\text{b})$$

考虑到振型的正交性,由方程组式(24.4.1)得到,幅-频关系

$$1 + k - \omega_1^2 - kr_1 + \frac{3}{4}g a_1^2 = 0 \quad (24.4.6\text{a})$$

$$1 + k - \omega_2^2 - kr_2 + \frac{3}{4}g a_2^2 = 0 \quad (24.4.6\text{b})$$

$$r_1 + kr_1 - r_1\omega_1^2 - k = 0 \quad (24.4.6\text{c})$$

$$r_2 + kr_2 - r_2\omega_2^2 - k = 0 \quad (24.4.6\text{d})$$

变换初始条件增加补充方程

$$a_1 + a_2 = A_0 \quad (24.4.6\text{e})$$

$$r_1 a_1 + r_2 a_2 = 0 \quad (24.4.6\text{f})$$

联列解方程组式(24.4.6),可以得到角频率 ω_1 和 ω_2,振幅 a_1 和 a_2,主型 r_1 和 r_2。

24.4.2 两项谐波-能量平衡法

我们假设存在

模态 1： $$u_1 = A_1\cos(\omega t) + A_3\cos(3\omega t) \quad (24.4.7\text{a})$$

模态 2： $$u_2 = A_2\cos(\omega t) + A_4\cos(3\omega t) \quad (24.4.7\text{b})$$

考虑到叠加原理,设方程组式(24.4.1)的周期解形式为

$$x_1 = a_1\cos(\omega_1 t) + a_2\cos(\omega_2 t) + a_3\cos(3\omega_1 t) + a_4\cos(3\omega_2 t) \quad (24.4.8\text{a})$$

$$x_2 = r_1 a_1 \cos(\omega_1 t) + r_1 a_2 \cos(\omega_2 t) + r_3 a_3 \cos(3\omega_1 t) + r_4 a_4 \cos(3\omega_2 t) \tag{24.4.8b}$$

考虑到振型的正交性,由方程式(24.4.1)得到,幅-频关系

$$(1 + k - \omega_1^2) - kr_1 + \frac{3}{4}g(a_1^2 + a_1 a_3 + 2a_3^2) = 0 \tag{24.4.9a}$$

$$(1 + k - \omega_2^2) - kr_2 + \frac{3}{4}g(a_2^2 + a_2 a_4 + 2a_4^2) = 0 \tag{24.4.9b}$$

$$r_1(1 + k - \omega_1^2) - k = 0 \tag{24.4.9c}$$

$$r_2(1 + k - \omega_2^2) - k = 0 \tag{24.4.9d}$$

$$(1 + k - 9\omega_1^2)a_3 - kr_3 a_3 + \frac{1}{4}g(a_1^3 + 6a_1^2 a_3 + 3a_3^3) = 0 \tag{24.4.9e}$$

$$(1 + k - 9\omega_2^2)a_4 - kr_4 a_4 + \frac{1}{4}g(a_2^3 + 6a_2^2 a_4 + 3a_4^3) = 0 \tag{24.4.9f}$$

$$r_3(1 + k - 9\omega_1^2) - k = 0 \tag{24.4.9g}$$

$$r_4(1 + k - 9\omega_2^2) - k = 0 \tag{24.4.9h}$$

变换初始条件,增加补充方程

$$a_1 + a_2 + a_3 + a_4 = A_0 \tag{24.4.9i}$$

$$r_1 a_1 + r_2 a_2 + r_3 a_3 + r_4 a_4 = 0 \tag{24.4.9j}$$

联列解方程组式(24.4.9),可以得到角频率 ω_1 和 ω_2,振幅 a_1 和 a_2,副振幅 a_3 和 a_4,主振型 r_1 和 r_2,副振型 r_3 和 r_4。其中,$r_1 = a_2^{(1)}/a_1^{(1)}$,$r_2 = a_2^{(2)}/a_1^{(2)}$,$r_3 = a_4^{(1)}/a_3^{(1)}$,$r_4 = a_4^{(2)}/a_3^{(2)}$。

例题 图 24.4.2 和图 24.4.3 分别表示方程组式(24.4.1)的时程曲线和相轨迹。取 $k = 0.1$,$g = 10$ 时,初始条件 $x_1(0) = 1$,$x_2(0) = 0$,$\dot{x}_1(0) = 0$,$\dot{x}_2(0) = 0$。这时,两个振子为耦合强非线性模态情况。

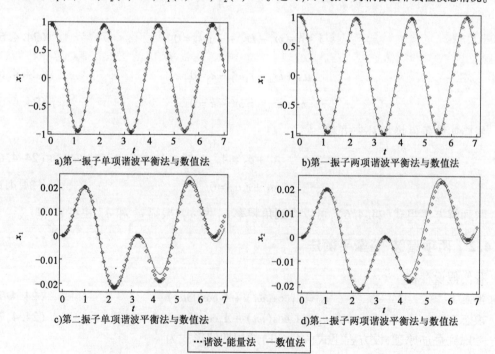

a)第一振子单项谐波平衡法与数值法　　b)第一振子两项谐波平衡法与数值法

c)第二振子单项谐波平衡法与数值法　　d)第二振子两项谐波平衡法与数值法

⋯⋯谐波-能量法　——数值法

图 24.4.2　时程曲线

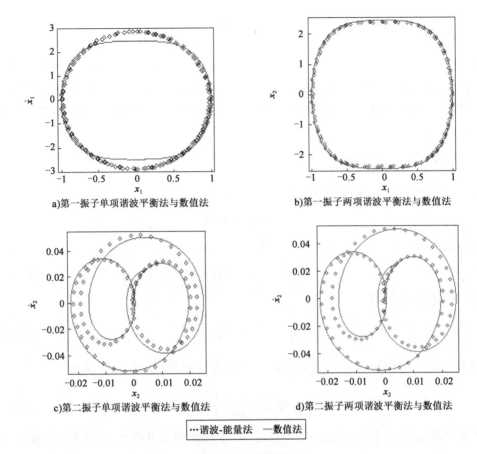

a) 第一振子单项谐波平衡法与数值法   b) 第一振子两项谐波平衡法与数值法

c) 第二振子单项谐波平衡法与数值法   d) 第二振子两项谐波平衡法与数值法

┄谐波-能量法 ─数值法

图 24.4.3 相轨迹

单项谐波平衡法解: $x_1 = 0.013\,421\cos(1.000\,3t) + 0.986\,58\cos(2.898\,5t)$

$x_2 = 0.013\,512\cos(1.000\,3t) - 0.013\,512\cos(2.898\,5t)$

两项谐波平衡法解: $x_1 = 0.013\,433\cos(1.000\,3t) + 0.950\,05\cos(2.855\,0t) + 0.766\,89 \times$

$10^{-6}\cos(3.001\,0t) + 0.036\,514\cos(8.565\,0t)$

$x_2 = 0.013\,524\cos(1.000\,3t) - 0.013\,080\cos(2.855\,0t) - 0.970\,00 \times$

$10^{-8}\cos(3.001\,0t) - 0.505\,32 \times 10^{-4}\cos(8.565\,0t)$

由图 24.4.1 和图 24.4.2 可见,对于耦合强非线性情形,与数值法解相比,单项谐波平衡法误差较大;两项谐波平衡法解吻合较好。

结论:

(1) 谐波-能量平衡法方法简单,谐波数少。不仅能够得到单自由度强非线性振动的解析逼近解,而且能够得到多自由度强非线性振动的解析逼近解。

(2) 谐波-能量平衡法不仅能够得到对称强非线性振动的解析逼近解,而且能够得到非对称强非线性振动的解析逼近解。

(3) 对于强非线性非对称振动问题本文引入了偏心距的概念,从文中求解结果可以看出,中心坐标 e 与偏心距 a_0 的本质差别。在实际工程问题中,偏心距与振幅同样重要,必须予以重视。

24.5 单摆

谐波-能量平衡法其关键是,采用谐波平衡加能量平衡构成封闭的非线性代数方程组,利用 Maple 进行求解。前面介绍了采用谐波-能量平衡法对对称强非线性动力系统的求解方法。本节应用谐波-能量平衡法对强非线性单摆方程求解,并与 KBM 法进行了比较。

24.5.1 单摆振动问题分类

单摆也称为数学摆,其运动方程为

$$\ddot{\theta} + \omega_0^2 \sin\theta = 0 \qquad (24.5.1)$$

初始条件为

$$\theta(0) = \theta_0, \ \dot{\theta}(0) = \dot{\theta}_0 \qquad (24.5.2)$$

其中,固有角频率和周期

$$\omega_0 = \sqrt{g/l}, \ T_0 = \frac{2\pi}{\omega_0} \qquad (24.5.3)$$

若将 $f(\theta) = \omega_0^2 \sin\theta$,在 $\theta = 0$ 处展成麦克劳林级数,则方程式(24.5.1)可化为

$$\ddot{\theta} + \omega_0^2 \sum_{n=0}^{\infty} \frac{(-1)^n \theta^{2n+1}}{(2n+1)!} = 0 \qquad (24.5.4)$$

若将 $f(a\cos\psi) = \omega_0^2 \sin(a\cos\psi)$,在 $[-\pi, \pi]$ 上展成傅立叶级数,则方程式(24.5.1)可化为

$$\ddot{\theta} + 2\omega_0^2 \sum_{n=0}^{\infty} (-1)^2 J_{2n+1}(a) \cos(2n+1)\psi = 0, \ \psi = \omega t - \varphi \qquad (24.5.5)$$

式中,$J_k(a)$ 为贝塞尔函数。

当角位移 θ 很小时(工程上一般要求 $|\theta| < 10°$),取一项近似方程式(23.5.4)简化为

$$\ddot{\theta} + \omega_0^2 \theta = 0 \qquad (24.5.6)$$

这是**线性振动方程**。方程式(24.5.6)的解为

$$\theta = a\cos\psi \qquad (24.5.7a)$$

其中

$$\psi = \omega_0 t - \varphi, \ a = \sqrt{\theta_0^2 + \left(\frac{\dot{\theta}_0}{\omega_0}\right)^2}, \ \varphi = \arctan\frac{\dot{\theta}_0}{\theta_0 \omega_0} \qquad (24.5.7b)$$

振动周期为

$$T_0 = 2\pi \sqrt{\frac{l}{g}} \qquad (24.5.7c)$$

当角位移 θ 较小时(工程上一般要求 $|\theta| < 57°$),取两项近似,方程式(24.5.4)可化为

$$\ddot{\theta} + \omega_0^2(\theta - \varepsilon\theta^3) = 0 \qquad (24.5.8)$$

这是**弱非线性振动方程**(一般要求 $0 < \varepsilon < < 1$,这里 $\varepsilon = 1/6$),即著名的软弹簧 Duffing 方程。
当角位移 θ 较大时($|\theta| < 180°$),取方程式(24.5.5)的前两项

$$\ddot{\theta} + 2\omega_0^2 J_1(a)\cos\psi - 2\omega_0^2 J_3(a)\cos 3\psi = 0, \ \psi = \omega t - \varphi \qquad (24.5.9)$$

这是不需要考虑小参数的振动方程,称为**强非线性振动方程**。
KBM 法第一次近似解

$$\theta_1 = a\cos\psi, \ \psi = \omega_1 t - \varphi \qquad (24.5.10\mathrm{a})$$

幅-频关系

$$\frac{\omega_1^2}{\omega_0^2} = \frac{2J_1(a)}{a} \qquad (24.5.10\mathrm{b})$$

KBM 法第二次近似解

$$\theta_2 = a\cos\psi - \frac{\omega_0^2}{4\omega_1^2}J_3(a)\cos 3\psi, \ \psi = \omega_2 t - \varphi \qquad (24.5.11\mathrm{a})$$

幅-频关系

$$\frac{\omega_2^2}{\omega_0^2} = \frac{\omega_1^2}{\omega_0^2} + \frac{\omega_0^2}{2\omega_1^2}J_3(a)J_3'(a) \qquad (24.5.11\mathrm{b})$$

通常的振动问题按近似程度不同的工程要求可以分为线性振动方程、弱非线性振动方程和强非线性振动方程。

图 24.5.1 为单摆运动的分类,它有四种轨线。

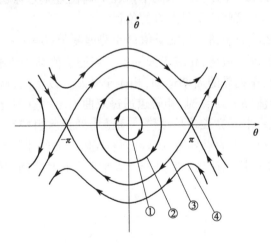

图 24.5.1 单摆运动分类

曲线①代表角位移很小时的周期振荡。
曲线②代表角位移较大时的非线性周期振荡。曲线①和②都是围绕中心点 $(\theta^*, \dot{\theta}^*) = (0,0)$ 的闭合曲线,它们通常可以用 Jacobi 椭圆函数表征。
曲线③代表角位移 $\theta = \pm\pi$ 的单摆运动,它是连接两个鞍点 $(\theta^*, \dot{\theta}^*) = (-\pi,0)$ 和 $(\pi,0)$,而且把振动和旋转分开的分型线,这里 $(-\pi,0)$ 和 $(\pi,0)$ 实际为一个点,所以,此相轨为

同宿轨道(Homoclinic Orbit),它们通常可以用双曲正切或双曲正割函数表征。

曲线④代表单摆的旋转运动。由上分析可知:单摆运动由线性变为非线性,其运动形态由单一的周期运动变为多样化的运动。

24.5.2 单摆方程定性分析

对非线性单摆运动,令 $\theta = q$,$\dot{\theta} = p$,将单摆运动微分方程式(24.5.1)写成

$$\begin{cases} \dot{q} = p \\ \dot{p} = -\omega_0^2 \sin q \end{cases} \tag{24.5.12}$$

哈密顿函数为(取最低点为零势能点)

$$H = \frac{1}{2}p^2 + \omega_0^2(1 - \cos q) = h \tag{24.5.13}$$

其中 $h = \text{const}$ 为积分常数。方程式(24.5.13)可写成

$$\begin{cases} \dot{q} = \dfrac{\partial H}{\partial p} \\ \dot{p} = -\dfrac{\partial H}{\partial q} \end{cases} \tag{24.5.14}$$

因此,非线性单摆系统式(24.5.1)是一个保守系统或哈密顿系统。$q_n = n\pi$ 是系统的平衡点(n 为整数)。当 n 为偶数时,q_n 为椭圆形不动点坐标;当 n 为奇数时,q_n 为双曲形不动点坐标。从实际情况看,这样的平衡位置只有两个:一个是$(0,0)$,中心点,若给它以微小的位移,单摆作周期振荡,平衡位置是稳定的,它是单摆下垂,摆球位于下方的位置;另一个是$(\pm\pi,0)$,鞍点,若给它以微小的位移,单摆不再在平衡位置附近振荡,而是旋转起来,平衡位置是不稳定的,这是单摆摆球位于最上方的位置。

图24.5.2为单摆运动的相图。当能量值低于势垒峰值($0 \leq h < 2\omega_0^2$)时,相轨道对应于捕获粒子,是在势阱中的周期振荡,相应于天平动。当能量值高于势垒峰值($h > 2\omega_0^2$)时,相轨道对应于非捕获粒子,作无界的周期运动,相应于转动。以上两种情况都属于周期运动。当能量值恰等于位势峰值($h = 2\omega_0^2$)时,相轨道通过双曲形不动点的分界线(或称界轨)。两支界轨包围的区域如同一串无穷长珍珠项链。项链中的元胞由捕获轨道构成,非捕获轨道则分布在项链的外侧两边。因为沿界轨的运动须经无限长时间才能到达或离开双曲形不动点,所以界轨上的运动不是周期运动。它是介于天平动和转动之间的临界运动。

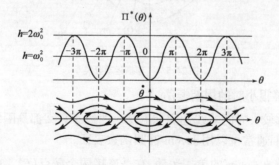

图24.5.2 单摆运动的相图

24.5.3 捕获轨道、非捕获轨道和界轨的解

为了给出单摆方程式(24.5.1)一般相轨道的运动解，引进能量参数

$$k = \frac{1}{2\omega_0}\sqrt{2h} \tag{24.5.15}$$

显然，$k<1$ 对应于捕获轨道，$k>1$ 对应于非捕获轨道，$k=1$ 对应于界轨。
(1) 当 $0 \leq h < 2\omega_0^2 (0 \leq k < 1)$ 时，捕获轨道。
中心在 $(0,0)$，这是单摆振动的情况，设 a 是振幅，这时

$$k = \sin\frac{a}{2} \tag{24.5.16}$$

而作用 I 的计算公式为

$$I = \frac{1}{2\pi}\oint p\mathrm{d}q = 4\frac{1}{2\pi}\int_0^{\theta_0} p\mathrm{d}q \tag{24.5.17}$$

其中

$$p = 2\omega_0\sqrt{k^2 - \sin^2\frac{q}{2}} \tag{24.5.18}$$

引入变量 α 来代替 q

$$\alpha = \arcsin\left(\frac{1}{k}\sin\frac{q}{2}\right) \tag{24.5.19}$$

式(24.5.17)可以改写成

$$I = \frac{8\omega_0}{\pi}[E(k) - (1-k^2)K(k)] \tag{24.5.20}$$

其中，$K(k)$、$E(k)$ 分别为第一类和第二类完全椭圆积分。
等式(24.5.20)确定了 k 的函数 I。将式(24.5.20)两边对 k 微分得

$$\frac{\partial I}{\partial k} = \frac{8\omega_0}{\pi}kK(k) \tag{24.5.21}$$

可见 $\frac{\partial I}{\partial k} \neq 0$，因此根据隐函数定理，等式(24.5.21)对 k 可解，并且函数 k 对 I 的导数为

$$\frac{\partial k}{\partial I} = \frac{\pi}{8\omega_0 kK(k)} \tag{24.5.22}$$

显然，哈密顿函数 H 只依赖于 I，由式(24.5.15)和式(24.5.20)确定，得到

$$H = 2\omega_0^2 k^2 \tag{24.5.23}$$

其中，$k = k(I)$ 是 $I = I(k)$ 的反函数，由式(24.5.20)确定。
由式(24.5.22)和式(24.5.23)求得单摆振动角频率

$$\omega = \frac{\partial H}{\partial I} = \frac{\partial H}{\partial k}\frac{\partial k}{\partial I} = \frac{\pi\omega_0}{2K(k)} \tag{24.5.24}$$

单摆振动的周期

$$T = \frac{4K(k)}{\omega_0} \tag{24.5.25}$$

正则变换 $q, p \to \psi, I$ 的母函数，在变量替换式(24.5.20)下为

$$V(q, I) = 4\omega[E(\alpha, k) - (1 - k^2)F(\alpha, k)] \qquad (24.5.26)$$

其中，$F(\alpha, k)$、$E(\alpha, k)$ 分别为第一类和第二类椭圆积分，α 由式(24.5.19)确定，而 $k = k(I)$ 由式(24.5.20)确定。角变量为

$$\psi = \frac{\partial V}{\partial I} = \frac{\partial V}{\partial k}\frac{\partial k}{\partial I} \qquad (24.5.27)$$

由式(24.5.19)得

$$\frac{\partial \alpha}{\partial k} = -\frac{\sin\alpha}{k\cos\alpha} \qquad (24.5.28)$$

由式(24.5.26)得

$$\frac{\partial V}{\partial k} = 4\omega_0 k F(\alpha, k) \qquad (24.5.29)$$

考虑到式(24.5.24)和式(24.5.29)，由式(24.5.27)得

$$\frac{2K(k)\psi}{\pi} = F(\alpha, k) = \int_0^\alpha \frac{\mathrm{d}x}{\sqrt{1 - k^2\sin^2 x}}$$

$$\alpha = \mathrm{am}\left[\frac{2K(k)\psi}{\pi}\right] \qquad (24.5.30)$$

由式(24.5.18)、式(24.5.19)和式(24.5.30)可得单摆振动情况下引入作用-角变量的正则变换

$$q = 2\arcsin\left[k\,\mathrm{sn}\left(\frac{2}{\pi}K(k)\psi, k\right)\right] \qquad (24.5.31\mathrm{a})$$

$$p = 2\omega_0 k\,\mathrm{cn}\left(\frac{2}{\pi}K(k)\psi, k\right) \qquad (24.5.31\mathrm{b})$$

其中，sn( )，cn( ) 分别为 Jacobi 椭圆正弦函数和余弦函数，且方程式(24.5.1)的精确周期解为

$$\theta = 2\arcsin[k\,\mathrm{sn}(\omega_0 t, k)] \quad (k \in (0, 1)) \qquad (24.5.32)$$

将式(24.5.25)与线性单摆运动的周期式(24.5.3)比较有

$$\frac{T}{T_0} = \frac{2K(k)}{\pi} \qquad (24.5.33)$$

将精确解式(24.5.32)的右端[冯·卡门(Karman T V, 1881—1963)]展开成 Fourier 级数，可得

$$\theta = \frac{8\sqrt{\beta}}{1+\beta}\cos\psi - \frac{8\beta^{3/2}}{3(1+\beta^3)}\cos 3\psi + \cdots \qquad (24.5.34)$$

其中

$$\beta = \exp\left(-\pi \frac{K'(k)}{K(k)}\right) \quad (24.5.35)$$

(2) 当 $H > 2\omega_0^2$ 时，非捕获轨道。

这是单摆旋转的情况，方程式(24.5.1)的精确解为

$$\theta = 2\arcsin\left[\operatorname{sn}\left(\omega_0 kt, \frac{1}{k}\right)\right] \quad (k \in (1, +\infty)) \quad (24.5.36)$$

单摆旋转的周期

$$T = \frac{2K\left(\frac{1}{k}\right)}{\omega_0 k} \quad (24.5.37)$$

(3) 当 $H = 2\omega_0^2$ 时，界轨。

这是单摆的同宿轨道。方程式(24.5.1)的精确解为

$$\theta = 2\arcsin[\tanh(\omega_0 t)] \quad (24.5.38)$$

24.5.4 谐波-能量平衡法

考察方程式(24.5.9)，设两项谐波解为

$$\theta = a_1\cos(\omega t) + a_3\cos(3\omega t) \quad (24.5.39)$$

令 $\psi = \omega t$ 用 Ritz 平均法：

$$\int_0^{2\pi} [\ddot{\theta} + f(\theta)]\cos(s\psi)d\psi = 0 \quad (s = 1, 3) \quad (24.5.40)$$

(1) 单项谐波解幅-频关系为

$$\omega^2 = \frac{2\omega_0^2 J_1(a)}{a_1} \quad (24.5.41\text{a})$$

初始条件的约束方程为

$$a_1^2 = \theta_0^2 + \frac{\dot{\theta}_0^2}{\omega^2} \quad (24.5.41\text{b})$$

由式(24.5.41)联立可解得 ω, a_1。

(2) 两项谐波解幅-频关系

$$-a_1\omega^2 + 2\omega_0^2 J_1(a) = 0 \quad (24.5.42\text{a})$$

$$-9a_3\omega^2 - 2\omega_0^2 J_3(a) = 0 \quad (24.5.42\text{b})$$

初始条件的约束方程为

$$(a_1 + a_3)^2 = \theta_0^2 + \frac{\dot{\theta}_0^2}{\omega^2} \quad (24.5.42\text{c})$$

由式(24.5.42)联立可解得 ω, a_1, a_3。

关于初始条件的处理：当 $\dot{\theta}_0 = 0$ 时，$a = \theta_0$；当 $\dot{\theta}_0 \neq 0$ 时，需要迭代求解，初值取 $a^{(0)} = \sqrt{\theta_0^2 + \frac{\dot{\theta}_0^2}{\omega_0^2}}$，求得 $a_1^{(1)}, a_3^{(1)}$。第一次迭代取 $a^{(1)} = a_1^{(1)} + a_3^{(1)}$，依次类推，当 $|a^{(n+1)} - a^{(n)}| < \Delta$

时结束,其中 Δ 给定误差值。

例题 图 24.5.3 给出了谐波-能量平衡法与精确解周期随振幅变化的关系 $T/T_0 \sim \theta_{max}$。

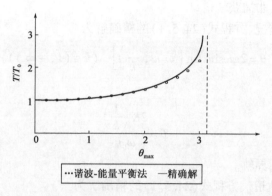

图 24.5.3 周期变化关系

表 24.5.1 给出了谐波能量平衡法与其他方法的数值结果的比较。单项谐波法、两项谐波法和精确解的振幅完全相同 $\theta_{max}=a$,KBM 渐近法对方程(24.5.11a)的二次近似解振幅为 θ_{max2},Karman 对精确解的两项级数展开法(24.5.34)振幅为 θ_{maxii}。

谐波-能量平衡法与其他方法的数值结果对比　　　　表 24.5.1

$\theta_{max}=a$		精确解	HEB 法	HEB 法	KBM 法		Karman 法	
弧度	角度	$\dfrac{\omega}{\omega_0}$	$\dfrac{\omega_I}{\omega_0}$	$\dfrac{\omega_{II}}{\omega_0}$	θ_{max2}	$\dfrac{\omega_2}{\omega_0}$	θ_{maxii}	$\dfrac{\omega_{ii}}{\omega_0}$
0	0°	1	1	1	1	1	1	1
0.2	11°27′33″	0.997 50	0.997 50	0.997 41	0.199 96	0.997 51	0.199 96	0.997 51
0.4	22°55′6″	0.990 01	0.990 02	0.989 65	0.399 66	0.990 03	0.399 68	0.990 03
0.6	34°22′39″	0.977 54	0.977 58	0.976 75	0.598 8	0.977 63	0.598 9	0.977 63
0.8	45°50′12″	0.960 12	0.960 26	0.958 78	0.797 2	0.960 40	0.797 3	0.960 40
1.0	57°17′45″	0.937 79	0.938 14	0.935 82	0.994 4	0.938 47	0.994 6	0.938 46
1.2	68°45′18″	0.910 57	0.911 31	0.907 96	1.190 0	0.912 01	1.190 6	0.911 98
1.4	80°12′51″	0.878 48	0.879 89	0.875 33	1.383 5	0.881 22	1.384 6	0.881 14
1.6	91°40′24″	0.841 51	0.844 02	0.838 03	1.574 3	0.846 3	1.576 3	0.846 1
1.8	103°07′57″	0.799 57	0.803 82	0.796 20	1.761	0.807 6	1.765	0.807 2
2.0	114°35′30″	0.752 50	0.759 42	0.749 93	1.943	0.765 4	1.951	0.747 6
2.2	126°03′03″	0.699 89	0.710 93	0.699 30	2.118	0.720 0	2.132	0.718 5
2.4	137°30′36″	0.640 96	0.658 40	0.644 32	2.283	0.671 9	2.307	0.669 8
2.6	148°58′8″	0.574 00	0.601 80	0.584 86	2.432	0.621 6	2.476	0.613 8
2.8	160°25′41″	0.494 85	0.540 97	0.520 58	2.558	0.569 9	2.635	0.561 0
3.0	171°53′14″	0.388 92	0.475 43	0.450 72	2.642	0.517 9	2.783	0.502 3
π	180°	0	0	0	π	0	π	0

图 24.5.4～图 24.5.9 分别给出了 $a=\dfrac{\pi}{3}$, $a=\dfrac{\pi}{2}$, $a=\dfrac{2\pi}{3}$, $a=\dfrac{5\pi}{6}$, $a=2.8$ 和 $a=3$ 时单项谐波法、两项谐波法与精确解的相图比较。

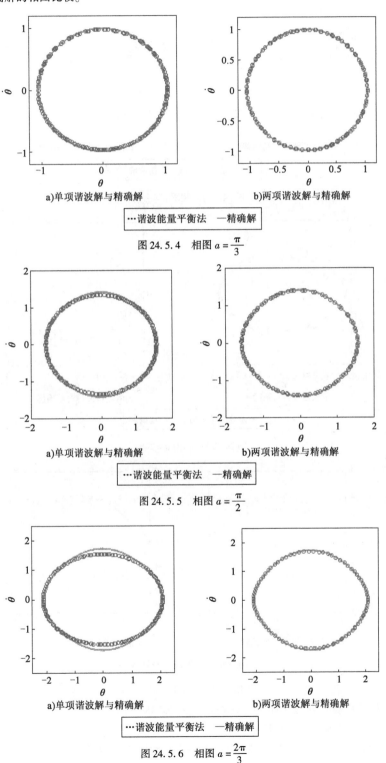

a) 单项谐波解与精确解　　　　　b) 两项谐波解与精确解

··· 谐波能量平衡法　——精确解

图 24.5.4　相图 $a=\dfrac{\pi}{3}$

a) 单项谐波解与精确解　　　　　b) 两项谐波解与精确解

··· 谐波能量平衡法　——精确解

图 24.5.5　相图 $a=\dfrac{\pi}{2}$

a) 单项谐波解与精确解　　　　　b) 两项谐波解与精确解

··· 谐波能量平衡法　——精确解

图 24.5.6　相图 $a=\dfrac{2\pi}{3}$

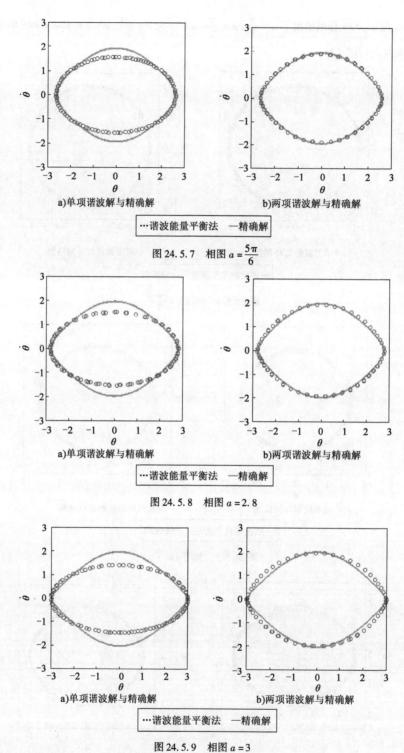

a)单项谐波解与精确解　　　　b)两项谐波解与精确解

··· 谐波能量平衡法　——精确解

图 24.5.7　相图 $a = \dfrac{5\pi}{6}$

a)单项谐波解与精确解　　　　b)两项谐波解与精确解

··· 谐波能量平衡法　——精确解

图 24.5.8　相图 $a = 2.8$

a)单项谐波解与精确解　　　　b)两项谐波解与精确解

··· 谐波能量平衡法　——精确解

图 24.5.9　相图 $a = 3$

以 $a = 2.8$ 为例,精确解：$\theta = 2\arcsin[0.98545 sn(\omega_0 t, 0.98545)]$。

单项谐波法解：$\theta = 2.8\cos(0.54097\omega_0 t)$。

两项谐波法解：$\theta = 3.0236\cos(0.52058\omega_0 t) - 0.22361\cos(1.5617\omega_0 t)$。

· 226 ·

KBM 渐近法二阶近似解：$\theta = 2.8\cos(0.5699\omega_0 t) - 0.242\cos(1.7097\omega_0 t)$。

Karman 级数展开法二项近似解：$\theta = 3.0246\cos(0.5610\omega_0 t) - 0.25231\cos(1.6830\omega_0 t)$

将近似解与精确解按角频率比较，知当 a 在 160°附近时，单项谐波解与精确解的误差为 9.320%，两项谐波解与精确解的误差为 5.200%，KBM 法第二次近似解与精确解的误差为 15.17%，Karman 法二项近似解与精确解的误差为 13.37%。

应用谐波-能量平衡法求解强非线性单摆问题，分别给出了单项谐波解和两项谐波解与精确解的比较。由图 24.5.4~图 24.5.9 可见，当 $a > 57°$ 时，属于强非线性，单项谐波解与精确解的偏离都比较大，而两项谐波解与精确解相当一致。这表明谐波能量平衡法既简单又精确。

表 24.5.1 给出了谐波-能量平衡法、KBM 渐近法、Karman 级数展开法和精确解的比较，结果表明，对 $a \le 57°$ 的弱非线性情况，KBM 渐近法、Karman 级数展开法可以得到很好的结果。对 $a > 57°$ 的强非线性情况，KBM 渐近法、Karman 级数展开法与精确解的偏离都比较大，而谐波能量平衡法与精确解相当一致。这表明谐波-能量平衡法对强非线性系统可以得到很高的精度。

谐波-能量平衡法引入了初始条件约束方程，仅用两项谐波就可得到较高的精度，克服了传统的谐波平衡法需要取比较多的谐波数量才能得到较高精度的缺点。

谐波-能量平衡法考虑了非线性等效特征，克服了传统的等效线性化方法精度较差的缺点。

24.6 相对论修正方程

本节对相对论修正轨道方程进行了分岔分析，采用谐波能量法求解相对论修正轨道方程的 6 种非对称周期解。

一行星围绕太阳运行之轨道方程为带有参数 c_0、c_2 的二次非线性哈密顿系统：

$$\ddot{x} + \omega_0^2 x + c_0 + c_2 x^2 = 0 \tag{24.6.1a}$$

其中，$c_2 x^2$ 是相对论修正项，不妨取 $\omega_0 = 1$。其初始条件为

$$x(0) = x_0, \quad \dot{x}(0) = \dot{x}_0 \tag{24.6.1b}$$

24.6.1 周期解存在性和对称性分岔分析

方程式(24.6.1a)有两个平衡点：

$$x_1^* = \frac{-\omega_0^2 + \sqrt{\omega_0^4 - 4c_0 c_2}}{2c_2}, \quad x_2^* = \frac{-\omega_0^2 - \sqrt{\omega_0^4 - 4c_0 c_2}}{2c_2} \quad (c_2 \ne 0) \tag{24.6.2}$$

哈密顿函数

$$H = \frac{1}{2}\dot{x}^2 + c_0 x + \frac{1}{2}\omega_0^2 x^2 + \frac{1}{3}c_2 x^3 \tag{24.6.3}$$

势能函数

$$V = c_0 x + \frac{1}{2}\omega_0^2 x^2 + \frac{1}{3}c_2 x^3 \tag{24.6.4}$$

$$\frac{\partial V}{\partial x} = 0, \quad c_0 + \omega_0^2 x + c_2 x^2 = 0 \tag{24.6.5}$$

$$\frac{\partial^2 V}{\partial x^2} = 0, \quad 2c_2 x = 0 \tag{24.6.6}$$

若两个平衡点中有一个是中心 $x^\# = e$，令 $x = y + e$，代入式(24.6.5)，并令关于 y 的偶次项系数等于零，得到

$$c_0 + \omega_0^2 e + c_2 e^2 = 0 \quad (\text{常数项为零}) \tag{24.6.7}$$

$$c_2 = 0 \quad (\text{二次项系数为零}) \tag{24.6.8}$$

产生分岔满足的条件是式(24.6.5)~式(24.6.8)。其中,式(24.6.5)是平衡条件;式(24.6.6)是稳定性条件;式(24.6.7)和式(24.6.8)是对称性条件。

(1)如图24.6.1所示势能曲线,方程式(24.6.1a)无周期解的有以下4种情况:

① $c_0 = \dfrac{1}{4c_2}$,$c_2 > 0$。

② $c_0 = \dfrac{1}{4c_2}$,$c_2 < 0$。

③ $c_0 > \dfrac{1}{4c_2}$,$c_2 > 0$。

④ $c_0 < \dfrac{1}{4c_2}$,$c_2 < 0$。

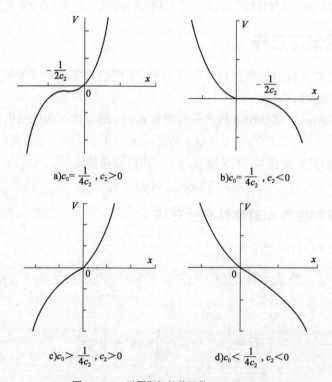

图24.6.1　无周期解的势函数 $V(x, c_0, c_2)$

(2)如图24.6.2所示势能曲线,方程式(24.6.1a)具有对称周期解的有以下3种情况:

① $c_0 = 0$,$c_2 = 0$,$e = 0$。

② $c_0 > 0$,$c_2 = 0$,$e = -c_0$。

③ $c_0 < 0$,$c_2 = 0$,$e = -c_0$。

此时对应线性振动。

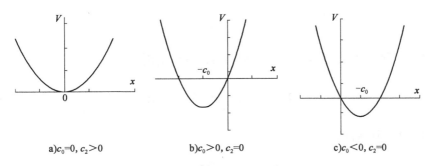

图 24.6.2 具有对称周期解的势函数 $V(x,c_0,c_2)$

(3) 如图 24.6.3 所示势能曲线,方程式(24.6.1a)具有非对称周期解的有以下 6 种情况:

① $c_0 = 0$, $c_2 > 0$, $e = 0$。

② $c_0 = 0$, $c_2 < 0$, $e = 0$。

③ $0 < c_0 < \dfrac{1}{4c_2}$, $c_2 > 0$, $e = x_1^*$。

④ $\dfrac{1}{4c_2} < c_0 < 0$, $c_2 < 0$, $e = x_2^*$。

⑤ $c_0 < 0$, $c_2 > 0$, $e = x_1^*$。

⑥ $c_0 > 0$, $c_2 < 0$, $e = x_2^*$。

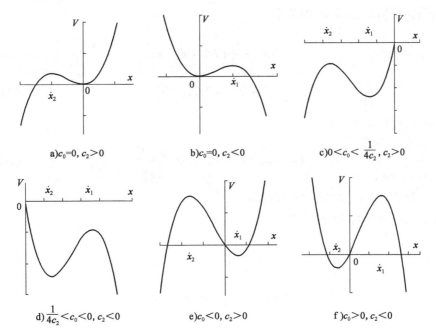

图 24.6.3 具有非对称周期解的势函数 $V(x,c_0,c_2)$

24.6.2 非对称精确周期解相轨曲线

保守系统式(24.6.1a),中心在$(e,0)$的非对称精确周期解相轨曲线为

$$H = \frac{1}{2}\dot{x}^2 + \frac{1}{2}x^2 + c_0 x + \frac{1}{3}c_2 x^3 = H_{\text{const}} \tag{24.6.9}$$

常数 H_{const} 可由初始条件确定。非对称精确周期解的周期为

$$T = \oint \frac{\mathrm{d}x}{\sqrt{2[H_{\text{const}} - V(x)]}} \tag{24.6.10}$$

非对称精确周期解的圆频率

$$\omega = \frac{2\pi}{T} \tag{24.6.11}$$

24.6.3 非对称强非线性的谐波-能量平衡法

设方程式(24.6.1a)的解为

$$x = a_0 + a_1\cos(\omega t) + a_2\cos(2\omega t) \tag{24.6.12}$$

令 $\psi = \omega t$ 用 Ritz 平均法

$$\int_0^{2\pi} [\dot{x} + f(x)]\cos(s\psi)\mathrm{d}\psi = 0 \quad (s = 0,1,2) \tag{24.6.13}$$

单项谐波平衡解的幅-频-偏关系

$$c_0 + a_0 + \frac{c_2}{2}(2a_0^2 + a_1^2) = 0 \tag{24.6.14a}$$

$$(1 - \omega^2) + 2c_2 a_0 = 0 \tag{24.6.14b}$$

初始条件约束方程

$$(a_0 + a_1 - e)^2 = (x_0 - e)^2 + \frac{\dot{x}_0^2}{\omega^2} \tag{24.6.14c}$$

由方程组式(24.6.14)联立可解得 ω、a_0、a_1。

两项谐波平衡解幅-频-偏关系

$$c_0 + a_0 + \frac{c_2}{2}(2a_0^2 + a_1^2 + a_2^2) = 0 \tag{24.6.15a}$$

$$(1 - \omega^2) + c_2(2a_0 + a_2) = 0 \tag{24.6.15b}$$

$$(1 - 4\omega^2)a_2 + \frac{c_2}{2}(4a_0 a_2 + a_1^2) = 0 \tag{24.6.15c}$$

初始条件约束方程

$$(a_0 + a_1 + a_2 - e)^2 = (x_0 - e)^2 + \frac{\dot{x}_0^2}{\omega^2} \tag{24.6.15d}$$

由式(24.6.15)联立可解得 ω、a_0、a_1、a_2。

24.6.4 非对称周期解的幅频曲线和偏频曲线

(1) 中心在零点($c_0 = 0$，$c_2 \neq 0$)。

幅-频关系(第一谐波振幅与角频率的关系，其中 $A_1 = |a_1|$)

$$\omega^2 = \sqrt{\omega_0^2 - 2c_2^2 A_1^2} \tag{24.6.16a}$$

偏-频关系(偏心矩与角频率的关系，其中 $A_0 = |a_0|$)

$$A_0^2 = \frac{(\omega^2 - \omega_0^2)^2}{4c_2^2} \tag{24.6.16b}$$

当 $c_0 = 0$，$c_2 > 0$，$e = 0$ 时，图 24.6.4a)给出了幅频曲线；图 24.6.4b)给出了偏频曲线。

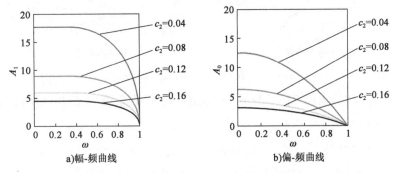

图 24.6.4 骨干曲线($c_0 = 0$，$c_2 > 0$，$e = 0$)

当 $c_0 = 0$，$c_2 < 0$，$e = 0$ 时，图 24.6.5a)给出了幅频曲线；图 24.6.5b)给出了偏频曲线。

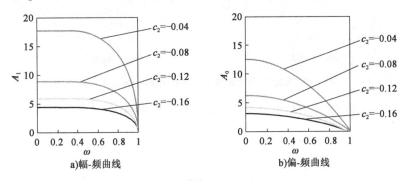

图 24.6.5 骨干曲线($c_0 = 0$，$c_2 < 0$，$e = 0$)

从图 24.6.4 可以看出，当 $c_2 \neq 0$ 时，二次非线性系统具有软弹簧特征。从图 24.6.4 可以看出，偏-频曲线是非线性非对称振动特有的现象。

(2) 中心不在零点。

幅-频关系(第一谐波振幅与角频率的关系，其中 $A_1 = |a_1|$)

$$\omega^2 = \sqrt{\omega_0^2 - 4c_0 c_2 - 2c_2^2 A_1^2} \tag{24.6.17a}$$

偏-频关系(偏心矩与角频率的关系,其中 $A_0 = |a_0 - e|$)

$$A_0^2 = \left(\frac{\omega^2 - \omega_0^2}{2c_2} - e\right)^2 \quad (24.6.17\text{b})$$

固有角频率漂移

$$\overline{\omega}_0^2 = \omega_0^2 - 4c_0c_2 \quad (\omega_0 = 1) \quad (24.6.17\text{c})$$

当 $c_0 = 1$, $c_2 > 0$, $e = x_1^*$ 时,图 24.6.6a)给出了幅-频曲线;图 24.6.6b)给出了偏-频曲线。

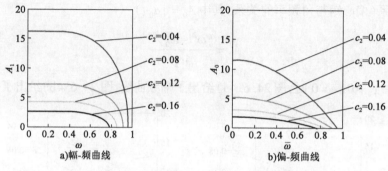

图 24.6.6　骨干曲线($c_0 = 1$, $c_2 > 0$, $e = x_1^*$)

当 $c_0 = -1$, $c_2 < 0$, $e = x_2^*$ 时,图 24.6.7a)给出了幅-频曲线;图 24.6.7b)给出了偏-频曲线。

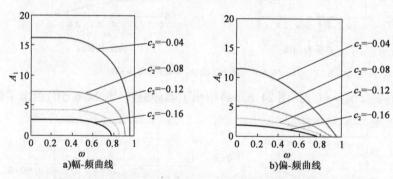

图 24.6.7　骨干曲线($c_0 = -1$, $c_2 < 0$, $e = x_2^*$)

当 $c_0 = -1$, $c_2 > 0$, $e = x_1^*$ 时,图 24.6.8a)给出了幅-频曲线;图 24.6.8b)给出了偏-频曲线。

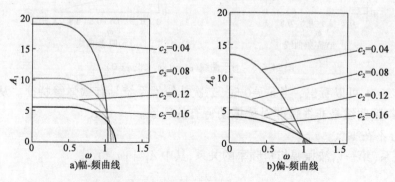

图 24.6.8　骨干曲线($c_0 = -1$, $c_2 > 0$, $e = x_1^*$)

当 $c_0=1$，$c_2<0$，$e=x_2^*$ 时，图 24.6.9a) 给出了幅-频曲线；图 24.6.9b) 给出了偏-频曲线。

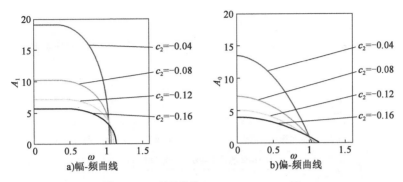

图 24.6.9 骨干曲线 ($c_0=1$，$c_2<0$，$e=x_2^*$)

图 24.6.6～图 24.6.9 可以看出，当 $c_0\neq 0$ 时，产生固有频率漂移现象。

从图 24.6.6 和图 24.6.9 可以看出，当 c_0 和 c_2 同号（$c_0\cdot c_2>0$）时，固有角频率向左漂移，即 $\bar{\omega}_0<\omega_0$；当 c_0 和 c_2 异号（$c_0\cdot c_2<0$）时，固有角频率向右漂移，即 $\bar{\omega}_0>\omega_0$。

24.6.5 数值结果

(1) 当 $c_0=0$，$c_2=1$，中心在 $e=0$，初始条件 $x_0=-0.8$，$\dot{x}_0=0$ 时，方程式(24.6.1)的相轨迹如图 24.6.10 所示。

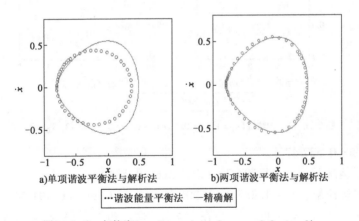

图 24.6.10 相轨迹 ($c_0=0$，$c_2=1$，$e=0$，$x_0=-0.8$，$\dot{x}_0=0$)

解析法解：$x=-0.8+1.2761\text{cn}^2(0.52477t,0.87884)$，$\omega=0.74984$。

单项谐波平衡法解：$x=-0.21703-0.58297\cos(0.75229t)$。

两项谐波平衡法解：$x=-0.28497-0.62825\cos(0.73708t)+0.11322\cos(1.4742t)$。

(2) 当 $c_0=0$，$c_2=-1$，中心在 $e=0$，初始条件 $x_0=0.8$，$\dot{x}_0=0$ 时，方程式(24.6.1)的相轨迹如图 24.6.11 所示。

解析法解：$x=0.8-1.2761\text{cn}^2(0.52477t,0.87884)$，$\omega=0.74984$。

单项谐波平衡法解：$x=0.21703+0.58297\cos(0.75229t)$。

两项谐波平衡法解：$x=0.28497+0.62825\cos(0.73708t)-0.11322\cos(1.4742t)$。

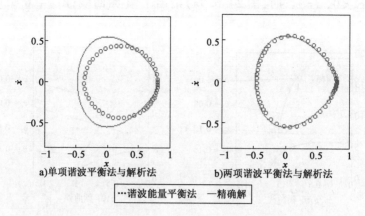

a) 单项谐波平衡法与解析法　　b) 两项谐波平衡法与解析法

··· 谐波能量平衡法　—精确解

图 24.6.11　相轨迹 ($c_0 = 0$, $c_2 = -1$, $e = 0$, $x_0 = 0.8$, $\dot{x}_0 = 0$)

(3) 当 $c_0 = 1$, $c_2 = 1/5$, 中心在 $e = -1.3820$, 初始条件 $x_0 = -3$, $\dot{x}_0 = 0$ 时, 方程式(24.6.1)的相轨迹如图 24.6.12 所示。

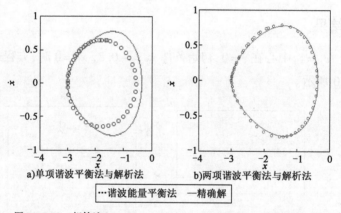

a) 单项谐波平衡法与解析法　　b) 两项谐波平衡法与解析法

··· 谐波能量平衡法　—精确解

图 24.6.12　相轨迹 ($c_0 = 1$, $c_2 = 0.2$, $e = -1.3820$, $x_0 = -3$, $\dot{x}_0 = 0$)

解析法解:$\omega = 0.53747$。

单项谐波平衡法解:$x = -1.7847 - 1.2153\cos(0.53488t)$。

两项谐波平衡法解:$x = -1.8850 - 1.3065\cos(0.53319t) + 0.19154\cos(1.0664t)$。

(4) 当 $c_0 = -1$, $c_2 = -1/5$, 中心在 $e = 1.3820$, 初始条件 $x_0 = 3$, $\dot{x}_0 = 0$ 时, 方程式(24.6.1)的相轨迹如图 24.6.13 所示。

解析法解:$\omega = 0.53747$。

单项谐波平衡法解:$x = 1.7847 + 1.2153\cos(0.53488t)$。

两项谐波平衡法解:$x = 1.8850 + 1.3065\cos(0.53319t) - 0.19154\cos(1.0664t)$。

(5) 当 $c_0 = -1$, $c_2 = 1/5$, 中心在 $e = 0.85410$, 初始条件 $x_0 = -5$, $\dot{x}_0 = 0$ 时, 方程式(24.6.1)的相轨迹如图 24.6.14 所示。

解析法解:$\omega = 0.79057$。

单项谐波平衡法解:$x = -0.86127 - 4.1387\cos(0.80963t)$。

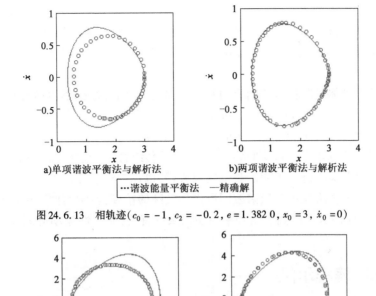

图 24.6.13 相轨迹($c_0 = -1$, $c_2 = -0.2$, $e = 1.3820$, $x_0 = 3$, $\dot{x}_0 = 0$)

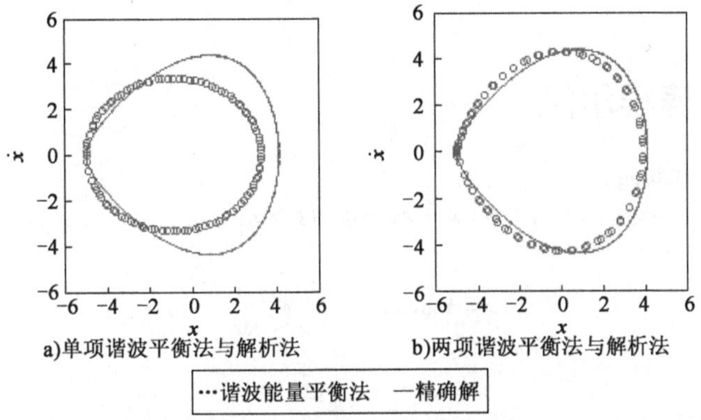

图 24.6.14 相轨迹($c_0 = -1$, $c_2 = 0.2$, $e = 0.85410$, $x_0 = -5$, $\dot{x}_0 = 0$)

两项谐波平衡法解:$x = -1.5822 - 4.4452\cos(0.75670t) + 1.0274\cos(1.5134t)$。

(6)当 $c_0 = 1$, $c_2 = -1/5$,中心在 $e = -0.85410$,初始条件 $x_0 = 5$, $\dot{x}_0 = 0$ 时,方程式(24.6.1)的相轨迹如图 24.6.15 所示。

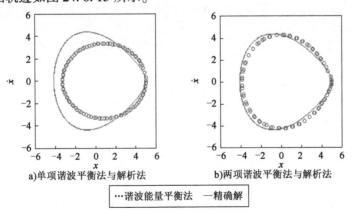

图 24.6.15 相轨迹($c_0 = 1$, $c_2 = -0.2$, $e = -0.85410$, $x_0 = 5$, $\dot{x}_0 = 0$)

解析法解:$\omega = 0.79057$。

单项谐波平衡法解:$x = 0.86127 + 4.1387\cos(0.80963t)$。

两项谐波平衡法解:$x = 1.5822 + 4.4452\cos(0.75670t) - 1.0274\cos(1.5134t)$。

结论:

(1) 相对论修正轨道方程具有分岔特征,包括 3 种对称周期轨道、6 种非对称周期轨道和 4 种无周期轨道情况。对于周期轨道,采用谐波能量平衡法可以方便地求解,其结果简单、精确。

(2) 发现了非对称周期轨道的固有角频率漂移现象,固有角频率漂移的原因是常数项 c_0 引起的。在线性方程中,常数项可以通过坐标轴平移消去;在非线性方程中,常数项不能通过坐标轴平移消掉,而且对非线性振动特性影响不可忽略。

(3) 谐波能量平衡法考虑了非线性等效特征,克服了传统的等效线性化方法精度较差的缺点。

(4) 谐波能量平衡法引入了初始条件约束方程,也称为初值变换法。

(5) 谐波能量平衡法仅用两项谐波即可得到较高的精度,也称为两项谐波法。

注意: 这里非线性振动的固有角频率与初始条件有关,而线性振动的固有角频率与初始条件无关。

24.7 Maple 编程示例

编程题 Ueda 型 Duffing 方程

$$\ddot{x} + \mu x^3 = 0 \quad (\mu > 0) \tag{24.7.1}$$

精确解

$$x = A\operatorname{cn}(\bar{\omega}t, k) \quad \left(k = \frac{1}{\sqrt{2}}\right) \tag{24.7.2}$$

其中

$$\bar{\omega}^2 = \mu A^2 \tag{24.7.3}$$

振幅

$$A = \frac{\bar{\omega}}{\sqrt{\mu}} \tag{24.7.4}$$

圆频率

$$\omega = \frac{\pi \bar{\omega}}{2K\left(\dfrac{1}{\sqrt{2}}\right)} \tag{24.7.5}$$

周期

$$T = \frac{4K\left(\dfrac{1}{\sqrt{2}}\right)}{\bar{\omega}} \tag{24.7.6}$$

其中

$$K\left(\frac{1}{\sqrt{2}}\right) = \int_0^{\frac{\pi}{2}} \frac{\mathrm{d}\theta}{\sqrt{1 - \dfrac{1}{2}\sin^2\theta}} = 1.854\,1 \tag{24.7.7}$$

当 $\mu = 1$,初始条件 $x_0 = 1$,$\dot{x}_0 = 0$ 时,精确解 $x = \operatorname{cn}\left(t, \dfrac{1}{\sqrt{2}}\right)$,$\omega = 0.847\,20$;

单项谐波解:$x = \cos(0.866\,03t)$;

两项谐波解:$x = 0.957\,10\cos(0.848\,87t) + 0.042\,895\cos(2.546\,6t)$。

图 24.7.1 给出了 Ueda 型 Duffing 方程无阻尼自由振动解的特征;图 24.7.2 给出了 Ueda 型 Duffing 方程的相图。

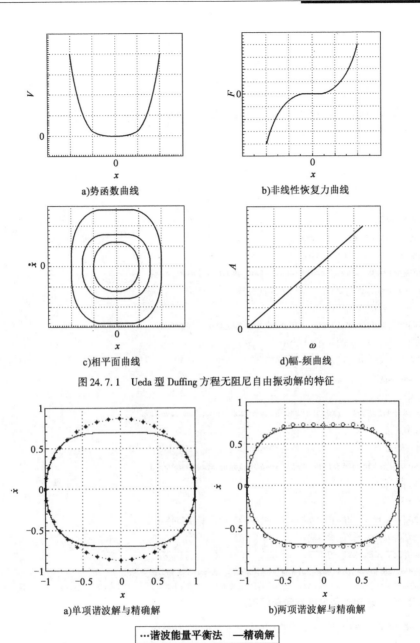

图 24.7.1　Ueda 型 Duffing 方程无阻尼自由振动解的特征

a)单项谐波解与精确解　　b)两项谐波解与精确解

···谐波能量平衡法　—精确解

图 24.7.2　Ueda 型 Duffing 方程相图 ($\mu=1$, $x_0=1$, $\dot{x}_0=0$)

Maple 程序一:求谐波平衡关系。

```
> ############################################################
> #Ueda 型 Duffing 方程的谐波平衡方程:
> restart:
> eq: = ddx + mu * x^3:
> ############################################################
> x: = a1(t) * cos(w * t) + a3(t) * cos(3 * w * t):
> dx: = diff(x,t):
```

```
> ddx := diff(x,t,t);
> ##########################################################
> dx := subs(diff(a1(t),t) = da1, diff(a3(t),t) = da3, dx);
> ddx := subs(diff(a1(t),t,t) = dda1, diff(a3(t),t,t) = dda3,
>             diff(a1(t),t) = da1, diff(a3(t),t) = da3, ddx);
> ##########################################################
> eq := expand(eq);
> eq1 := eq * cos(w*t);
> eq2 := eq * cos(3*w*t);
> eq1 := expand(eq1);
> eq2 := expand(eq2);
> eq1 := subs(a1(t) = A, a3(t) = B, eq1);
> eq2 := subs(a1(t) = A, a3(t) = B, eq2);
> ##########################################################
> eq3 := int(eq1, t = 0..2*pi/w);
> eq4 := int(eq2, t = 0..2*pi/w);
> ##########################################################
> eq3 := subs(sin(pi) = 0, cos(pi) = -1, eq3);
> eq4 := subs(sin(pi) = 0, cos(pi) = -1, eq4);
> eq3 := expand(eq3);
> eq4 := expand(eq4);
> ##########################################################
> eq3 := eq3 * w/pi;
> eq4 := eq4 * w/pi;
> ##########################################################
> eq3 := expand(eq3);
> eq4 := expand(eq4);
> ##########################################################
> EQ1 := subs(dda1 = 0, eq3) = 0;
> EQ2 := subs(dda3 = 0, eq4) = 0;
> ##########################################################
```

Maple 程序二：给定参数求振幅和角频率。

```
> ##########################################################
> restart;
> mu := 1;
> x0 := 1.0;
> y0 := 0;
> eq1 := (3/4)*A^3*mu - A*w^2 = 0;
> eq2 := A^2 = x0^2 + y0^2/w^2;
> SOL1 := solve({eq1,eq2},{w,A});
> ##########################################################
> eq3 := (3/4)*A^3*mu + (3/4)*A^2*B*mu + (3/2)*A*B^2*mu - A*w^2 = 0;
> eq4 := (1/4)*A^3*mu + (3/2)*A^2*B*mu + (3/4)*B^3*mu - 9*B*w^2 = 0;
```

```
> eq5: = (A + B)^2 = x0^2 + y0^2/w^2:
> SOL2: = solve({eq1,eq2,eq3},{w,A,B}):
> ############################################################
```

Maple 程序三：谐波能量平衡法与精确解绘图比较。

```
> ############################################################
> restart:
> with(plots):
> with(student):
> k: = 1/sqrt(2):
> A0: = 1:
> w0: = 1:
> x0: = A0 * JacobiCN(w0 * t,k):
> y0: = diff(x0,t):
> tu0: = plot([x0,y0,t = 0..50],color = green):
> ############################################################
> A1: = 1:
> w1: = 0.86603:
> x1: = A1 * cos(w1 * t):
> y1: = diff(x1,t):
> tu1: = plot([x1,y1,t = 0..30],style = POINT,symbol = CIRCLE):
> display(tu0,tu1,view = [-1..1,-1..1],tickmarks = [4,4],thickness = 2):
> ############################################################
> A2: = 0.9571046009:
> B2: = 0.4289539908e - 1:
> w2: = 0.8488748280:
> x2: = A2 * cos(w2 * t) + B2 * cos(3 * w2 * t):
> y2: = diff(x2,t):
> tu2: = plot([x2,y2,t = 0..20],style = POINT,symbol = CIRCLE):
> display(tu0,tu2,view = [-1..1,-1..1],tickmarks = [4,4],thickness = 2):
> ############################################################
```

24.8 思考题

思考题 24.1 简答题

1. 众所周知,在线性振动方程中常数项可以通过坐标系平移去掉。那么,非线性振动方程中的常数项能平移掉吗?

2. 什么是等效线性化法? 等效线性化法与平均法有什么联系和区别?

3. 什么是里茨-伽辽金法? 里茨-伽辽金法与等效线性化方法有什么联系和区别?

4. 什么是谐波平衡法? 谐波平衡法与里茨-伽辽金法有什么联系和区别?

5. 什么是谐波-能量平衡法? 谐波-能量平衡法与谐波平衡法有什么联系和区别?

思考题 24.2 判断题

1. 平均法不能求解强非线性振动问题。   （ ）

2. 等效线性化法不能求解强非线性振动问题。   （ ）

3. 里茨-伽辽金法不能求解强非线性振动问题。（　　）
4. 谐波平衡法可以求解强非线性振动问题，但是需要比较多的谐波数平衡。（　　）
5. 谐波-能量平衡法用较少的谐波数平衡强非线性振动方程，就可以得到比较精确的结果，其原因是同时考虑了能量平衡。（　　）

思考题 24.3　填空题

1. 可以利用_____法来画单自由度动力系统的相轨迹。
2. 范德波尔方程可以揭示_____现象。
3. 里茨-伽辽金法是一种基于_____原理的方法，可以越出_____理论的及其狭窄的范围，求解一般非线性振动问题。
4. 平均法是_____法的进一步发展。它可以成功地用来计算有小扰动系统的受迫振动，它也可以用来研究_____第一次近似中周期解的稳定性。
5. _____法是将谐波平衡和能量平衡有机结合起来的一种方法，这种方法既考虑了振动基本方程，又考虑了初始条件，形成封闭的非线性代数方程组，是解决强非线性振动问题的一种有效方法。

思考题 24.4　选择题

1. 里茨-伽辽金法广泛应用于弹性系统的边值问题和非线性振动问题。它不仅适用于弱非线性系统，还可应用于强非线性系统。里茨-伽辽法是一种(　　)。
　　A. 变分法　　　　B. 积分法　　　　C. 微分法　　　　D. 叠加法
2. 谐波平衡法是将非线性方程的解假设为各次谐波叠加的形式，然后将方程的解代入非线性方程中，消去方程中的正弦与余弦项，即可得到能求出含有未知系数的相应多个代数方程，进而可求得方程的解。谐波平衡法是一种(　　)。
　　A. 变分法　　　　B. 摄动法　　　　C. 能量法　　　　D. 傅立叶展开叠加法
3. 谐波能量平衡法求解对称强非线性振动需要(　　)项谐波平衡就可以得到满意的解。
　　A. 一　　　　　　B. 二　　　　　　C. 三　　　　　　D. 无穷
4. 谐波能量平衡法求解非对称强非线性振动要想得到满意的解，还需要在对称振动解的基础上增加(　　)。
　　A. 常数项　　　B. 一项更高次谐波　C. 二项更高次谐波　D. 三项更高次谐波
5. 具有常数项的非线性振动方程，常数项对方程的固有角频率(　　)。
　　A. 没有影响　　B. 产生突变现象　　C. 产生分岔现象　　D. 产生漂移现象

思考题 24.5　连线题

1. $\ddot{x} + \omega_0^2 x + \mu x^3 = 0 \quad (\mu \geq 1)$　　　　A. 具有非对称周期解的方程
2. $\ddot{x} + \varepsilon x^3 = 0 \quad (0 < \varepsilon << 1)$　　　　B. 不具有线性项的振动方程
3. $\ddot{x} - x + \varepsilon x^3 = 0$　　　　　　　　　　C. 具有多类型周期解的振动方程
4. $\ddot{x} + \omega_0^2 x = \varepsilon x^2 = 0$　　　　　　　　D. 强非线性振动方程

24.9　习题

A 类型习题

习题 24.1　用里茨-伽辽金法求达芬方程 $\ddot{x} + x + \varepsilon x^3 = 0$ 的周期解，设 $x = a\cos\omega t$。

习题 24.2　用里茨-伽辽金法求系统 $\ddot{x} + bx + cx^3 = 0$ 的周期解。

(1) 取一次谐波 $x = a\cos\omega t$；
(2) 取二次近似解 $x = a_1\cos\omega t + a_2\cos 3\omega t$。

习题 24.3 用里茨-伽辽金法求如下达芬方程的近似解
$$\ddot{x} + 2\mu\dot{x} + \omega_0^2 x + \beta x^3 = 0$$
设解为 $x = a\cos\omega t + b\sin\omega t$。

习题 24.4 对 $x(t)$ 取两项近似
$$x(t) = A_0\sin\omega t + A_3\sin 3\omega t$$
用里茨-伽辽金法求单摆的运动微分方程
$$\ddot{x} + \omega_0^2 x - \frac{\omega_0^2}{6}x^3 = 0$$
的两项近似解。

习题 24.5 取三项展开
$$x(t) = x_0(t) + \alpha x_1(t) + \alpha^2 x_2(t) + \cdots$$
利用林兹泰德(Lindstedt)摄动方法求单摆方程
$$\ddot{x} + \omega_0^2 x + \alpha x^3 = 0$$
的解。其中,$x = \theta$,$\omega_0 = (g/l)^{1/2}$,$\alpha = -\omega_0^2/6$。

习题 24.6 用等价线性化方法求下列非线性振动方程的等价阻力系数 c_e 与等价弹簧刚度 k_e。
$$m\ddot{x} + c\dot{x} + kx + bx^3 + dx^5 = F\sin\Omega t$$
式中,b、d 为与位移成三次及五次方的恢复力系数。设解为
$$x = A\sin(\Omega t - \beta) = A\sin\varphi$$
$$\dot{x} = A\Omega\cos(\Omega t - \beta) = A\Omega\cos\varphi$$

习题 24.7 已知非线性方程
$$m\ddot{x} + f_k(x) = F\sin\Omega t$$
式中,$f_k(x)$ 为非线性弹性力,即
$$f_k(x) = \begin{cases} kx & (-e \leq x \leq e) \\ kx + \Delta k(x-e) & (x > e) \\ kx + +\Delta k(x-e) & (x < -e) \end{cases}$$
试用等效线性化方法求等价刚度、等价固有角频率及受迫振动的振幅。

习题 24.8 设运动微分方程为
$$\ddot{x} + \alpha_1 x + \alpha_2 x^2 + \alpha_3 x^3 = 0$$
用谐波平衡法求其解。
(1) 设解为 $x = a_0 + a_1\cos\omega t + b_1\sin\omega t$;
(2) 设解为 $x = a_0 + a_1\cos\omega t + b_1\sin\omega t + a_2\cos 2\omega t + b_2\sin 2\omega t$。

B 类型习题

习题 24.9 先进行定性分析,然后用单项谐波-能量平衡法求解下列强非线性振动的周期解(如果存在的话)
$$\ddot{x} + \omega_0^2 x + c_2 x^2 + c_3 x^3 = 0$$
并画出强非线性自由振动的骨干线。
(1) 幅-频 A_1-ω 曲线;
(2) 偏-频 A_0-ω 曲线(仅对于非对称振动)。

习题 24.10 先进行定性分析,然后用两项谐波-能量平衡法求解下列有参数 α 的非线性哈密顿系统的周期解(如果存在的话)
$$\ddot{x} - x(x-1)(x-\alpha) = 0$$

并画出强非线性自由振动的骨干线。

(1) 幅-频 A_1-ω 曲线；

(2) 偏-频 A_0-ω 曲线(仅对于非对称振动)。

C 类型习题

习题 24.11 弹簧连接的耦合摆

(1) 实验题目。

研究由弹簧耦合的两个相同单摆的运动。耦合摆由两个相同的单摆和一个连接两摆锤的弹簧组成，如图 24.9.1 所示。已知：弹簧原长 a，等于摆的两个悬挂点之间的距离，劲度系数为 k。摆锤质量为 m，摆杆长为 l，杆的质量忽略不计。设两摆均在同一竖直平面内摆动。

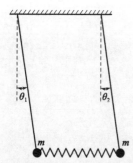

图 24.9.1 弹簧连接的耦合摆

(2) 实验目的及要求。

① 在系统作小摆角微振动情况下，求系统的两个简正模和一般振动，对结果做动画模拟。

② 作出摆的位移曲线，观看耦合摆在一般振动下出现的振幅调制现象。

③ 学习用矩阵解本征问题。

(3) 解题分析。

以摆杆和竖直方向的夹角 θ_1、θ_2 为广义坐标，系统的拉格朗日函数为

$$L = T - V = \frac{1}{2}ml^2\left[\left(\frac{d\theta_1}{dt}\right)^2 + \left(\frac{d\theta_2}{dt}\right)^2\right] -$$

$$\frac{1}{2}k\left[\sqrt{(a + l\sin\theta_2 - l\sin\theta_1)^2 + (l\cos\theta_2 - l\cos\theta_1)^2} - a\right]^2 + mgl(\cos\theta_1 + \cos\theta_2) \quad (24.9.1)$$

当 $\theta_1 \ll 1$，$\theta_2 \ll 1$ 时，作级数展开

$$L = \frac{1}{2}ml^2\left[\left(\frac{d\theta_1}{dt}\right)^2 + \left(\frac{d\theta_2}{dt}\right)^2\right] + \frac{1}{2}kl^2(\theta_2 - \theta_1)^2 + mgl\left(2 - \frac{\theta_1^2}{2} - \frac{\theta_2^2}{2}\right) \quad (24.9.2)$$

代入拉格朗日方程得到系统微振动的运动微分方程为

$$ml\frac{d^2\theta_1}{dt^2} + kl\theta_1 + mg\theta_1 - kl\theta_2 = 0 \quad (24.9.3a)$$

$$ml\frac{d^2\theta_2}{dt^2} + kl\theta_2 + mg\theta_2 - kl\theta_1 = 0 \quad (24.9.3b)$$

令

$$\theta_1 = A_1\cos(\omega t + \varphi) \quad (24.9.4a)$$

$$\theta_2 = A_2\cos(\omega t + \varphi) \quad (24.9.4b)$$

代入式(24.9.3)可求出系统的简正角频率为

$$\omega_1 = \sqrt{\frac{g}{l}} \quad (24.9.5a)$$

$$\omega_2 = \sqrt{\frac{g}{l} + \frac{2k}{m}} \quad (24.9.5b)$$

与 ω_1 相对应的简正振动方程为

$$\theta_1 = A_{11}\cos(\omega_1 t + \varphi_1) \quad (24.9.6a)$$

$$\theta_2 = A_{11}\cos(\omega_1 t + \varphi_1) \quad (24.9.6b)$$

与 ω_2 相对应的简正振动方程为

$$\theta_1 = A_{12}\cos(\omega_2 t + \varphi_2) \qquad (24.9.7a)$$
$$\theta_2 = -A_{12}\cos(\omega_2 t + \varphi_2) \qquad (24.9.7b)$$

式(24.9.3)的通解(对应耦合摆的一般振动)为
$$\theta_1 = A_{11}\cos(\omega_1 t + \varphi_1) + A_{12}\cos(\omega_2 t + \varphi_2) \qquad (24.9.8a)$$
$$\theta_2 = A_{11}\cos(\omega_1 t + \varphi_1) - A_{12}\cos(\omega_2 t + \varphi_2) \qquad (24.9.8b)$$

由式(24.9.8)可见,每个单摆都同时参与两个简谐振动,合振动情况较为复杂,下面我们在一个特定的初始条件下作一些解析的讨论。

如果初始时,两个摆的初速均为零,其中一个摆处于平衡位置,另一个摆偏离平衡位置。当 $t=0$ 时, $\theta_1 = \theta_{10}$, $\theta_2 = 0$, $\dfrac{\mathrm{d}\theta_1}{\mathrm{d}t} = \dfrac{\mathrm{d}\theta_2}{\mathrm{d}t} = 0$,则

$$\varphi_1 = \varphi_2 = 0 \qquad (24.9.9a)$$
$$A_{11} = A_{12} = \frac{1}{2}\theta_0 \qquad (24.9.9b)$$

式(24.9.8)变成
$$\theta_1 = \frac{1}{2}\theta_0(\cos\omega_1 t + \cos\omega_2 t) \qquad (24.9.10a)$$
$$\theta_2 = \frac{1}{2}\theta_0(\cos\omega_1 t - \cos\omega_2 t) \qquad (24.9.10b)$$

若令
$$\omega_a = \frac{\omega_1 + \omega_2}{2}, \quad \omega_b = \frac{\omega_2 - \omega_1}{2} \qquad (24.9.11)$$

则式(24.9.10)可写成
$$\theta_1 = (\theta_0\cos\omega_b t)\cos\omega_a t \qquad (24.9.12a)$$
$$\theta_2 = (\theta_0\sin\omega_b t)\sin\omega_a t \qquad (24.9.12b)$$

这种情况下,每个摆均发生低频(ω_b)振动对高频(ω_a)振动的调制现象;当 $k \ll m$ 时,ω_1 与 ω_2 相差微小,则 $\omega_a \gg \omega_b$,会产生"拍"的现象。"拍"的现象在《振动力学(上册)》中已经讨论,现在我们可以借助位移曲线运动模拟图像,对"拍"的现象有一个"直观"的了解。图 24.9.2 就显示了这种"拍"的现象。

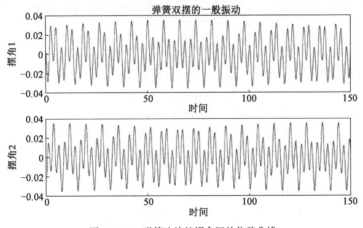

图 24.9.2 弹簧连接的耦合摆的位移曲线

现在用 MATLAB 的矩阵运算功能来解方程组式(24.9.3),令

$$P = \begin{bmatrix} 1 & 0 \\ 0 & 1 \end{bmatrix} \tag{24.9.13a}$$

$$S = \begin{bmatrix} \dfrac{k}{m} + \dfrac{g}{l} & -\dfrac{k}{m} \\ -\dfrac{k}{m} & \dfrac{k}{m} + \dfrac{g}{l} \end{bmatrix} \tag{24.9.13b}$$

$$X = \begin{bmatrix} \theta_1 \\ \theta_2 \end{bmatrix} \tag{24.9.13c}$$

则方程组式(24.9.3)可写为

$$P\dfrac{\mathrm{d}^2}{\mathrm{d}t^2}X + SX = 0 \tag{24.9.14}$$

求出矩阵 $S - \lambda P$ 的本征值 L 和本征矢量 M,则 L 和 M 满足

$$M^\mathrm{T} P M = \begin{bmatrix} 1 & 0 \\ 0 & 1 \end{bmatrix} \tag{24.9.15a}$$

$$L = M^\mathrm{T} S M = \begin{bmatrix} \lambda_1 & 0 \\ 0 & \lambda_2 \end{bmatrix} \tag{24.9.15b}$$

考虑到 MM^T 是对角矩阵,得到

$$M^\mathrm{T} P M M^\mathrm{T} \dfrac{\mathrm{d}^2}{\mathrm{d}t^2}X + M^\mathrm{T} S M M^\mathrm{T} X = 0 \tag{24.9.16}$$

令

$$Z = \begin{bmatrix} z_1 \\ z_2 \end{bmatrix} = M^\mathrm{T} X \tag{24.9.17}$$

得到

$$\dfrac{\mathrm{d}^2}{\mathrm{d}t^2}Z + LZ = 0 \tag{24.9.18}$$

这是两个独立的方程

$$\dfrac{\mathrm{d}^2 z_1}{\mathrm{d}t^2} + \lambda_1 z_1 = 0 \tag{24.9.19a}$$

$$\dfrac{\mathrm{d}^2 z_2}{\mathrm{d}t^2} + \lambda_2 z_2 = 0 \tag{24.9.19b}$$

令 $\omega_1^2 = \lambda_1$;$\omega_2^2 = \lambda_2$ 则式(24.9.19a)和式(24.9.19b)的解可以写成

$$z_1 = A_1 \cos(\omega_1 t + \varphi_1) \tag{24.9.20a}$$

$$z_2 = A_2 \cos(\omega_2 t + \varphi_2) \tag{24.9.20b}$$

式中,常数 A_1、φ_1、A_2、φ_2 由初始条件决定,而式(24.9.4)的解为式(24.9.7)的逆变换

$$X = \mathrm{inv}(M^\mathrm{T})Z = MZ \tag{24.9.21}$$

即

$$\begin{aligned}\theta_1 &= M(1,1)z_1 + M(1,2)z_2 \\ &= M(1,1)A_1\cos(\omega_1 t + \varphi_1) + M(1,2)A_2\cos(\omega_2 t + \varphi_2)\end{aligned} \tag{24.9.22}$$

$$\begin{aligned}\theta_2 &= M(2,1)z_1 + M(2,2)z_2 \\ &= M(2,1)A_1\cos(\omega_1 t + \varphi_1) + M(2,2)A_2\cos(\omega_2 t + \varphi_2)\end{aligned} \tag{24.9.23}$$

以上就是程序中求解弹簧连接的耦合摆微振动的思路,所用的符号也基本相同。考虑到有两种简正模式的振动和一种一般振动,在式(24.9.22)和式(24.9.23)中可以令 $A_1 = [0, 0.02, 0.02]$,$A_2 = [0.03, 0, -0.03]$,每一组 $A_1(j)$,$A_2(j)$,$j = 1, 2, 3$ 代表一种振动模式,然后将这些结果做成动画。为了显示图 24.9.2 中的"拍",需要适当加长解方程的作动画的时间,读者可以自行改变程序中的有关数值。

(4)思考题。

改变 A_1、A_2 的值,会对"拍"产生什么影响?

##

李四光(1889—1971),中国人,地质学家、教育家、音乐家、社会活动家,中国地质力学的创立者、中国现代地球科学和地质工作的主要领导者和奠基人之一。他创立了地质力学,并为中国石油工业的发展作出了重大贡献;对蜓科化石及其地层分层意义有精湛的研究,提出了中国东部第四纪冰川的存在,建立了新的边缘学科"地质力学"和"构造体系"概念,创建了地质力学学派;提出新华夏构造体系 3 个沉降带有广阔找油远景的认识,开创了活动构造研究与地应力观测相结合的预报地震途径。他为中国原子弹、氢弹的研制作出重大贡献。

主要著作:《地质力学之基础与方法》《地质力学概论》等。

##

> 西游记·第八十七回
> （明）吴承恩（1500—1582）
> 人心生一念，天地悉皆知，
> 善恶若无报，乾坤必有私。

第 25 章　三维连续-时间动力系统的奇点与分岔

本章引入并讨论分岔的拓扑规范形；对三维线性自治系统的奇点进行分类；讨论了双曲极限环、中心流形定理、依赖于参数的系统的中心流形、极限环的分岔问题。

25.1　分岔的拓扑规范形

幸运的是，分岔图并非整个"混沌"一片，一般系统的分岔图的不同层与下面某些规则彼此互相影响，这使得出现在许多应用中的系统分岔图看上去相似。为研究这个课题，需要确定两个系统何时"定性相似"或者分岔图等价。考虑两个动力系统：

$$\dot{x}=f(x,\alpha) \quad (x\in \boldsymbol{R}^n,\alpha \in \boldsymbol{R}^m) \tag{25.1.1}$$

$$\dot{y}=g(y,\beta) \quad (y\in \boldsymbol{R}^n,\beta \in \boldsymbol{R}^m) \tag{25.1.2}$$

上述右端都光滑且有相同个数的变量和参数。

定义 25.1.1　动力系统式(25.1.1)称为拓扑等价于动力系统式(25.1.2)，如果

(1) 存在参数空间的同胚 $p:\boldsymbol{R}^m\to \boldsymbol{R}^m$，$\beta=p(\alpha)$；

(2) 存在依赖于参数的相空间的同胚 $h_\alpha:\boldsymbol{R}^n\to \boldsymbol{R}^n$，$y=h_\alpha(x)$，它将系统式(25.1.1)在参数值 α 的轨道映上为系统式(25.1.2)在参数值 $\beta=p(\alpha)$ 的轨道，并保持时间方向。

显然，同胚 p 将系统式(25.1.1)的参数图映为系统式(25.1.2)的参数图。同胚 h_α 映对应的相图。由定义，拓扑等价的依赖于参数的系统有（拓扑）等价的分岔图。

注意：我们并不要求同胚 h_α 连续依赖于 α，那样将导致映射 $(x,\alpha)\mapsto(h_\alpha(x),p(x))$ 是直积空间 $\boldsymbol{R}^n\times \boldsymbol{R}^m$ 的同胚。鉴于此，称上面定义的拓扑等价为**弱（纤维）拓扑等价**。

如在常数参数情形，如果对比较系统的局部性态有兴趣，如在状态空间原点的小邻域，对小的参数值讨论等价系统，可对定义 25.1.1 做些修改。

定义 25.1.2　两个动力系统式(25.1.1)和式(25.1.2)称为在原点附近局部拓扑等价，如果存在在直积空间 $\boldsymbol{R}^n\times \boldsymbol{R}^m$ 的 $(x,\alpha)=(0,0)$ 的小邻域内定义的一个映射 $(x,\alpha)\mapsto(h_\alpha(x),p(\alpha))$，使得

(1) $p:\boldsymbol{R}^m\to \boldsymbol{R}^m$ 是定义在 $\alpha=0$，$p(0)=0$ 的小邻域内的同胚；

(2) $h_\alpha:\boldsymbol{R}^n\to \boldsymbol{R}^n$ 是定义在 $x=0$，$h_0(0)=0$ 的小邻域 U_α 内的同胚，它把 U_α 内系统

式(25.1.1)的轨道映上为 $h_\alpha(U_\alpha)$ 内式(25.1.2)的轨道,并保持时间方向。

这个定义意味着可以引入原点的两个小邻域 U_α 和 V_β,当 α,β 在对应参数空间的原点某个固定小邻域内变化时,它们的直径有界,关于 α,β 一致地异于零。于是,同胚 h_α 把 U_α 中式(25.1.1)的轨道映上为式(25.1.2)在 $V_{p(\alpha)}$ 中的轨道,并保持时间方向。

现在考虑一般系统所有问题分岔图的分类问题。至少局部地(参数空间分岔边界以及相空间内对应的临界轨道附近)直到并包括某余维分岔图的分类问题。这些局部图可以作为"建筑砖块"去构造任何一个系统的"大范围"分岔图。这个问题对二维连续-时间系统直到并包括余维3的平衡点分岔已经解决。对高维的连续-时间和离散-时间系统平衡点奇点直到并包括余维2分岔在某些情况下也已解决,虽然有关结果还不够完整。高维的局部分岔和某些余维1和余维2分岔的大范围分支也有杰出的结果。

自由参数的最小个数要求与依赖于参数的系统中的余维 k 分岔的 k 刚好相等。事实上,为满足单个分岔条件,一般需要"调整"系统的(单个)参数。如果要满足两个条件,两个参数就必须变化,等等。换句话说,必须控制 k 个参数以到达一般系统参数图中余维 k 分岔的边界。另外,在一般 k 参数系统中研究余维 k 分岔已足够。于是,分岔边界附近的一般 m 参数 $(m>k)$ 图可由 k 参数图按补方向"移位"来得到。例如,Antronov-Hopf 分岔是余维1(局部)分岔。因此,它是出现在依赖于一个参数的系统中的一个孤立参数值。在二参数系统中,一般出现在指定的曲线(一维流形)上。如果以非零角度穿过(横截相交)此曲线,得到的单参数分岔图(例如,那里的参数是沿着横截曲线的弧长)将与原来的单参数分岔图拓扑等价。如果穿过对应依赖于3个参数的系统的 Hopf 分岔的二维曲面情况同样成立。

对平衡点和奇点的局部分岔,通有的分岔图由**拓扑规范形**提供。这是分岔理论中的中心概念之一。可以构造一个单的(ξ_i 的多项式)系统。

$$\dot{\xi}=g(\xi,\beta;\sigma) \quad (\xi\in\mathbf{R}^n,\beta\in\mathbf{R}^k,\sigma\in\mathbf{R}^l) \tag{25.1.3}$$

它在 $\beta=0$ 有平衡点 $\xi=0$,满足 k 个分岔条件,这些条件决定这个平衡点的余维 k 分岔。这里 σ 是式(25.1.3)中多项式系数 $\sigma_i(i=1,2,\cdots)$,l 的向量。在所有情形,将考虑在系统空间内对应于式(25.1.3)拓扑不等价的分岔图的有限个区域。在最简单的情形,σ_i 仅取有限个整数值。例如,所有的系数 $\sigma_i=1$,除了个 $\sigma_{i0}=\pm1$。更复杂的情形,σ 的有些分量可取实数值(模)。

与式(25.1.3)在一起,考虑系统

$$\dot{x}=f(x,\alpha) \quad (x\in\mathbf{R}^n,\alpha\in\mathbf{R}^k) \tag{25.1.4}$$

它在 $\alpha=0$ 有平衡点 $x=0$。

定义 25.1.3 (拓扑规范形)如果任何一个有平衡点 $x=0$,在 $\alpha=0$ 满足相同分岔条件的一般系统式(25.1.4),局部拓扑等价于在原点附近对系数 σ_i 某些值的系统式(25.1.3),则称为系统式(25.1.3)分岔的拓扑规范形。

当然,我们必须解释一般系统是什么意思。在所有情形,考虑的"一般"是指系统满足有限个**一般性条件**,这些条件将是不等式的形式

$$N_i[f]\neq 0 \quad (i=1,2,\cdots,s) \tag{25.1.5}$$

这里每个 N_i 是 $f(x,\alpha)$ 关于 x 和 α 在 $(x,\alpha)=(0,0)$ 的某些偏导数的一些(代数)函数。因此,"典型"地依赖于参数的系统满足这些条件。事实上,σ 的值是由 $N_i(i=1,2,\cdots)$、s 的值确定。

区别这些由在临界参数值 $\alpha=0$ 的系统所确定的一般性条件是有用的。这些条件可以借助于 $f(x,0)$ 关于 x 在 $x=0$ 的偏导数来表达,这些条件称为**非退化条件**。所有其他条件,其中含有 $f(x,\alpha)$ 关于 α 的偏导数,都称为**横截性条件**,这两类条件的作用是不同的。非退化性条件保证临界平衡点(**奇异性**)不是太退化(满足所给分岔条件的一类典型平衡点),横截性条件保证参数按一般方法"开折"奇异性。

如果拓扑规范形已经构造好,它的分岔图显然具有通有意义,因为它内在地显示具有有关分岔的一般系统的部分分岔图。例题 20.2.1 中的系统式(20.2.3)是已经说明的对应于 $\sigma=-1$ 时,Antronov-Hopf 分岔的二维拓扑规范形:

$$\dot{\xi}_1 = \beta\xi_1 - \xi_2 + \sigma\xi_1(\xi_1^2 + \xi_2^2) \tag{25.1.6a}$$

$$\dot{\xi}_2 = \xi_1 + \beta\xi_2 + \sigma\xi_1(\xi_1^2 + \xi_2^2) \tag{25.1.6b}$$

所指一般系统对这个分岔的条件是

(H.1) $$\frac{d}{d\alpha}\text{Re}\lambda_{1,2}(\alpha)|_{\alpha=0} \neq 0$$

和

(H.2) $$l_1(0) \neq 0$$

第一个条件(横截性)意味着一对共轭复特征值 $\lambda_{1,2}(\alpha)$ 以非零的速度穿过虚轴,由第二个条件(非退化性)得知系统右端的 Taylor 系数(直到并包含三阶系数)的某些组合不为零。

注意:与分岔密切相关的概念是分岔的**通有性形变**(**通有性开折**)。首先要定义诱导系统。

定义 25.1.4 诱导系统

$$\dot{y} = g(y,\beta) \quad (y \in \mathbf{R}^n, \beta \in \mathbf{R}^m) \tag{25.1.7}$$

称为

$$\dot{x} = f(x,\alpha) \quad (x \in \mathbf{R}^n, \alpha \in \mathbf{R}^m) \tag{25.1.8}$$

的诱导系统,如果 $g(y,\beta) = f(y,p(\beta))$,这里 $p:\mathbf{R}^m \to \mathbf{R}^m$ 是连续映射。

注意:映射 p 不必是同胚,故它可以不可逆。

定义 25.1.5 (**通有性形变**)系统式(25.1.3)是对应局部分岔的通有性形变,如果任何一个在 $\alpha=0$ 满足相同分岔条件和非退化条件,在 $x=0$ 有平衡点的系统式(25.1.4),在原点附近对某些系数值 σ_i 局部拓扑等价于由式(25.1.3)诱导的系统。

在许多情形可以证明,导出的拓扑规范形事实上是相应分岔的通有性形变。

25.2 三维线性动力系统的奇点

25.2.1 高维线性系统的不变子空间

考虑系统

$$\dot{y} = Ay \tag{25.2.1}$$

其中,$y \in R^n$。通解是

$$y(t) = e^{At} y_0 \tag{25.2.2}$$

对于所有特征指数 λ_i 都位于虚轴左边的这个情形,这样的平衡态称为**指数式渐进稳定平衡态**。对于所有特征指数 λ_i 都位于虚轴右边的这个情形,这样的平衡态称为**指数式完全不稳定平衡态**。现在,令 k 个特征指数位于虚轴的左边,$(n-k)$ 个特征指数位于虚轴的右边,这样的平衡态称为**鞍点型平衡态**。

(1) 指数式渐进稳定平衡态。

对稳定平衡态的特征指数进行重排,使得 $\text{Re}\lambda_n \leqslant \cdots \leqslant \text{Re}\lambda_2 \leqslant \text{Re}\lambda_1 < 0$,并且假设前面 m 个指数有相同的实部 $\text{Re}\lambda_i = \text{Re}\lambda_1 (i=1, \cdots, m)$ 和 $\text{Re}\lambda_i < \text{Re}\lambda_1 (i=m+1, \cdots, n)$。以 ε^L 和 ε^{ss} 记矩阵 $\boldsymbol{A}$ 的 m 维和 $(n-m)$ 维特征子空间,它们分别对应于特征指数 $(\lambda_1, \cdots, \lambda_m)$ 和 $(\lambda_{m+1}, \cdots, \lambda_n)$。子空间 ε^L 称为**主不变子空间**,ε^{ss} 称为**非主不变子空间**或者**强稳定不变子空间**。

当 $m=1$ 时,即 λ_1 是实数且 $\text{Re}\lambda_i < \lambda_1 (i=2, \cdots, n)$,主子空间是直线。这样的平衡态称为**稳定结点**。

当 $m=2$ 且 $\lambda_{1,2} = -\rho \pm i\omega (\rho > 0, \omega \neq 0)$ 时,对应的平衡态称为**稳定焦点**。这里主子空间是二维的,所有不属于 ε^{ss} 的轨线围绕 O 呈盘旋形状。

(2) 指数式完全不稳定平衡态。

对不稳定的情形,此时 $\text{Re}\lambda_i > 0 (i=1, \cdots, n)$,通过改变时间方向 $t \to -t$ 就化为前一情形。这里主子空间和非主子空间的定义方式与稳定平衡态的情形相同(但对 $t \to -\infty$)。

当主子空间是一维时,平衡态称为**不稳定结点**。

当主子空间是二维且一对共轭复指数最靠近虚轴时,这样的平衡态称为**不稳定焦点**。

(3) 鞍点型平衡态。

在 ε^s 上系统的鞍点是稳定平衡态,而在 ε^u 上的是完全不稳定平衡态。此外,**稳定主子空间** ε^{sL},**不稳定主子空间** ε^{uL} 以及相应的非主子空间 ε^{ss}、ε^{uu} 分别可在子空间 ε^s 和 ε^u 内定义。我们称直和 $\varepsilon^{sE} = \varepsilon^s \oplus \varepsilon^{uL}$ 为**扩展稳定不变子空间**,$\varepsilon^{uE} = \varepsilon^u \oplus \varepsilon^{sL}$ 为**扩展不稳定不变子空间**,不变子空间 $\varepsilon^L = \varepsilon^{sE} \cap \varepsilon^{uE}$ 称为**主鞍点子空间**。

如果点 O 在 ε^s 和 ε^u 中都是结点,这样的平衡态称为**鞍点**。因此,ε^{sL} 和 ε^{uL} 的维数都等于 1。

当点 O 在至少两个子空间 ε^s 和 ε^u 的一个是焦点时,称 O 为**鞍-焦点**。按照稳定平衡态和不稳定平衡态主子空间的维数,我们可以定义三类鞍-焦点:

① 鞍-焦点 $(2,1)$:在 ε^s 上是焦点,在 ε^u 上是结点。

② 鞍-焦点 $(1,2)$:在 ε^s 上是结点,在 ε^u 上是焦点。

③ 鞍-焦点 $(2,2)$:在 ε^s 和 ε^u 上都是焦点。

25.2.2 特征值实部不为零的三维线性动力系统的奇点

考虑三维线性系统

$$\dot{\boldsymbol{x}} = \boldsymbol{A}\boldsymbol{x} \tag{25.2.3}$$

具有初始条件 $\dot{\boldsymbol{x}}(t_0) = \boldsymbol{x}_0$,其中

$$A = \begin{bmatrix} a_{11} & a_{12} & a_{13} \\ a_{21} & a_{22} & a_{23} \\ a_{31} & a_{32} & a_{33} \end{bmatrix} \tag{25.2.4}$$

如果 $\det A \neq 0$, $x = 0$ 是奇点。存在非奇异变换矩阵 P, $B = P^{-1}AP$。通过变换 $x = Py$,

$$\dot{y} = By \tag{25.2.5}$$

这里

$$B = \begin{bmatrix} \lambda_1 & 0 & 0 \\ 0 & \lambda_2 & 0 \\ 0 & 0 & \lambda_3 \end{bmatrix} \tag{25.2.6}$$

特征值实部不为零 $[\mathrm{Re}(\lambda_k) \neq 0 \quad (k=1,2,3)]$ 的有以下情形:
(1) 指数式渐进稳定平衡态。
① 首先考虑特征指数 $\lambda_i (i=1,2,3)$ 是实数且 $\lambda_3 < \lambda_2 < \lambda_1 < 0$ 的情形,如图 25.2.1a)所示。于是,相应的三维系统可化为形式

$$\dot{y}_1 = \lambda_1 y_1 \tag{25.2.7a}$$

$$\dot{y}_2 = \lambda_2 y_2 \tag{25.2.7b}$$

$$\dot{y}_3 = \lambda_3 y_3 \tag{25.2.7c}$$

它的通解是

$$y_1 = e^{\lambda_1 t} y_{10} \tag{25.2.8a}$$

$$y_2 = e^{\lambda_2 t} y_{20} \tag{25.2.8b}$$

$$y_3 = e^{\lambda_3 t} y_{30} \tag{25.2.8c}$$

由于所有的 λ_i 都是负的,点 O 是稳定平衡态,即所有轨线当 $t \to +\infty$ 时趋于 O。此外,不在非主平面 (y_2, y_3) 上的所有轨线沿着与 y_1 轴重合的主方向趋于 O,如图 25.2.1b)所示。这样的平衡态称为**稳定结点**。

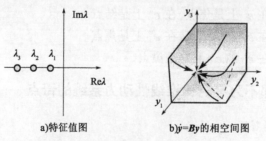

a) 特征值图 b) $\dot{y}=By$ 的相空间图

图 25.2.1 稳定结点 $(3:\varnothing:\varnothing | \lambda_3 < \lambda_2 < \lambda_1 < 0)$

②现在考虑特征指数中有一个实数 $\lambda_1 < 0$ 和一对共轭复数 $\lambda_{2,3} = -\rho \pm i\omega$ 的情形。系统

$$\dot{y}_1 = \lambda_1 y_1 \tag{25.2.9a}$$

$$\dot{y}_2 = -\rho y_2 - \omega y_3 \tag{25.2.9b}$$

$$\dot{y}_3 = \omega y_2 - \rho y_3 \tag{25.2.9c}$$

通解具有形式

$$y_1 = e^{\lambda_1 t} y_{10} \tag{25.2.10a}$$

$$y_2 = e^{-\rho t}[y_{20}\cos(\omega t) - y_{30}\sin(\omega t)] \tag{25.2.10b}$$

$$y_3 = e^{-\rho t}[y_{20}\sin(\omega t) + y_{30}\cos(\omega t)] \tag{25.2.10c}$$

这个系统的相图如图 25.2.1b)所示。由式(25.2.10)得

$$\sqrt{y_2^2(t) + y_3^2(t)} = e^{-\rho t}\sqrt{y_{20}^2 + y_{30}^2} \tag{25.2.11}$$

此外,对于初始点不在**非主平面** (y_2, y_3) 内的任何轨线,我们有

$$\sqrt{y_2^2(t) + y_3^2(t)} = C\,|y_1(t)|^\nu \tag{25.2.12}$$

其中, $\nu = \dfrac{\rho}{|\lambda_1|}$, $C = \sqrt{y_{20}^2 + y_{30}^2}/|y_{10}|^\nu$。由于 $\nu > 1$,所有这些轨线沿着**主轴** y_1 趋于 O。平衡态 O 在 $-\rho < \lambda_1 < 0$ 时,称为**稳定结点**(图 25.2.2)。

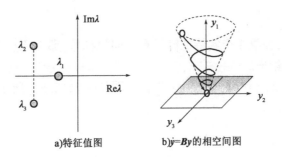

a)特征值图   b)$\dot{y} = By$ 的相空间图

图 25.2.2 R^3 中的稳定结点 $(1:\varnothing:\varnothing|1:\varnothing:\varnothing)$,$-\rho < \lambda_1 < 0$

注:虽然点 O 是 ε^{ss} 上的稳定焦点,所有不在 ε^{ss} 上的轨线沿着一维主子空间 ε^L 趋向 O。

③当 $\lambda_1 < -\rho < 0$ 时,系统式(25.2.9)的平衡态称为**稳定焦点**。但是由于 $\nu < 1$ 时关系式(25.2.12)仍成立,故对 $C \neq 0$(初始点不在 y_1 轴上)时的所有轨线趋于 O 时与 (y_2, y_3) 平面相切。在这种情况下,分别称 y_1 轴为**非主方向**,(y_2, y_3) 平面为**主平面**。

(2)指数式完全不稳定平衡态。

①如果 $\lambda_3 > \lambda_2 > \lambda_1 > 0$,这样的平衡态 O 称为**不稳定结点**,特征值图如图 25.2.3a)所示。所有轨线当 $t \to +\infty$ 时都被原点排斥,如图 25.2.3b)所示。

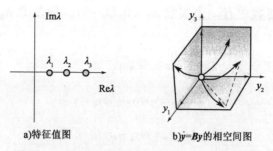

图 25.2.3 不稳定结点($\varnothing:3:\varnothing|\lambda_3>\lambda_2>\lambda_1>0$)

② 一个实数 $\lambda_1>0$ 和一对共轭复数 $\lambda_{2,3}=\rho\pm i\omega$,如果 $\rho>\lambda_1>0$,解曲线是正半螺旋流,称为**不稳定结点**,特征值图如图 25.2.4a)所示,在不稳定结点附近相空间图如图 25.2.4b)所示。

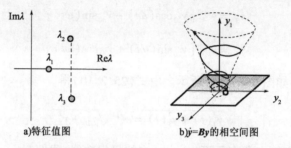

图 25.2.4 不稳定结点($\varnothing:1:\varnothing|\varnothing:1:\varnothing$),$\rho>\lambda_1>0$

③ 一个实数 $\lambda_1>0$ 和一对共轭复数 $\lambda_{2,3}=\rho\pm i\omega$,若最靠近虚轴的特征指数是由一对共轭复数所组成,即 $\lambda_1>\rho>0$,称为**不稳定焦点**。

(3) 鞍点型平衡态。

若特征指数在虚轴的左右两边都存在,则平衡态是**鞍点**或**鞍-焦点**(这个名字也是 Poincaré 给的)。

① 鞍点。

在式(25.2.7)中,如果 3 个实特征值具有不同的符号,那么原点叫作线性系统的**鞍点**,通解也由式(25.2.8)给出。

鞍点情形 1:如果 $\lambda_1>0$,$\lambda_3<\lambda_2<0$,特征值图如图 25.2.5a)所示。此时具有一条排斥轨道和两条吸引轨道。

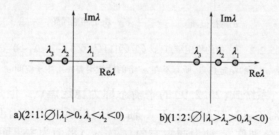

图 25.2.5 鞍点

鞍点情形 2:如果 $\lambda_1>\lambda_2>0$,$\lambda_3<0$,特征值图如图 25.2.5b)所示。此时具有两条排斥轨道和一条吸引轨道。

② 鞍-焦点。

系统式(25.2.9)中,3个特征值的实部具有不同的符号,如果有一对实部不为零的复特征值和一个实特征值,那么原点叫作线性系统的**鞍-焦点**。通解也由式(25.2.10)给出。

鞍-焦点(2,1)现在,$\lambda_1 > 0$,以及$\lambda_{2,3} = -\rho \pm i\omega$,稳定子空间是稳定焦点。不稳定子空间是结点,称为**第一类鞍-焦点**,特征值图如图25.2.6a)所示。在第一类鞍-焦点附近相空间图如图25.2.6 b)所示。

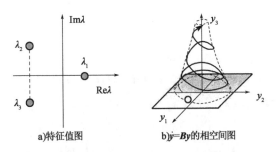

a)特征值图   b)$\dot{y}=By$的相空间图

图25.2.6 鞍-焦点(2,1),(∅:1:∅|1:∅:∅)

鞍-焦点(1,2)现在,$\lambda_1 < 0$,以及$\lambda_{2,3} = \rho \pm i\omega$,$\rho > 0$,稳定子空间是稳定结点,子空间是不稳定焦点,特征值图如图25.2.7a)所示。在第二类鞍-焦点附近相空间图如图25.2.7b)所示。

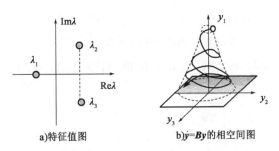

a)特征值图   b)$\dot{y}=By$的相空间图

图25.2.7 鞍-焦点(1,2),(∅:1:∅|1:∅:∅)

25.2.3 三维实部不为零特征值有重根的奇点

(1)A有两个相同实特征值和一个不同特征值($\lambda_1 = \lambda_2 = \lambda$ 和 λ_3)。

这种情况下,解的表达式有两种。

情形一:初等因子是重的,则

$$\boldsymbol{B} = \begin{bmatrix} \lambda & 1 & 0 \\ 0 & \lambda & 0 \\ 0 & 0 & \lambda_3 \end{bmatrix} \text{和} \boldsymbol{y}(t) = \begin{bmatrix} e^{\lambda(t-t_0)} & (t-t_0)e^{\lambda(t-t_0)} & 0 \\ 0 & e^{\lambda(t-t_0)} & 0 \\ 0 & 0 & e^{\lambda_3(t-t_0)} \end{bmatrix} \boldsymbol{y}_0 \quad (25.2.13a)$$

情形二:初等因子是单的,则

$$\boldsymbol{B} = \begin{bmatrix} \lambda & 0 & 0 \\ 0 & \lambda & 0 \\ 0 & 0 & \lambda_3 \end{bmatrix} \text{和} \boldsymbol{y}(t) = \begin{bmatrix} e^{\lambda(t-t_0)} & 0 & 0 \\ 0 & e^{\lambda(t-t_0)} & 0 \\ 0 & 0 & e^{\lambda_3(t-t_0)} \end{bmatrix} \boldsymbol{y}_0 \quad (25.2.13b)$$

具有两个重复实部特征值的方程式(25.2.3)的稳定性特征类似于3个实部不同特征值的情况。

① **稳定结点**，如果 $\lambda_2 = \lambda_3 = \lambda < \lambda_1 < 0$ 或 $\lambda_3 < \lambda_1 = \lambda_2 = \lambda < 0$，特征值图如图25.2.8所示。

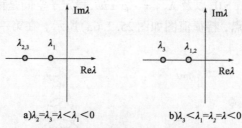

图25.2.8 有重根的稳定结点(3:∅:∅)

② **不稳定结点**，如果 $\lambda_2 = \lambda_3 = \lambda > \lambda_1 > 0$ 或 $\lambda_3 > \lambda_1 = \lambda_2 = \lambda > 0$，特征值图如图25.2.9所示。

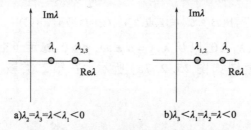

图25.2.9 有重根的不稳定结点(∅:3:∅)

③ **鞍点**，如果 $\lambda_1 < 0, \lambda_2 = \lambda_3 = \lambda > 0$ 或 $\lambda_1 > 0, \lambda_2 = \lambda_3 = \lambda < 0$，特征值图如图25.2.10所示。

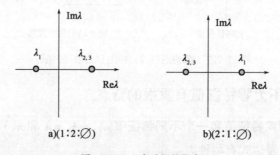

图25.2.10 有重根的鞍点

(2) **A 有3个相同特征值**（$\lambda_1 = \lambda_2 = \lambda_3 = \lambda$）。

这种情况下，解的表达式有三种。

情形一：初等因子是二重的，则

$$\boldsymbol{B} = \begin{bmatrix} \lambda & 1 & 0 \\ 0 & \lambda & 1 \\ 0 & 0 & \lambda \end{bmatrix} \text{ 和 } \boldsymbol{y}(t) = \mathrm{e}^{\lambda(t-t_0)} \begin{bmatrix} 1 & t-t_0 & \frac{1}{2}(t-t_0)^2 \\ 0 & 1 & t-t_0 \\ 0 & 0 & 1 \end{bmatrix} \boldsymbol{y}_0 \quad (25.2.14\mathrm{a})$$

情形二:初等因子是重的,则

$$B = \begin{bmatrix} \lambda & 1 & 0 \\ 0 & \lambda & 0 \\ 0 & 0 & \lambda \end{bmatrix} \text{和} \ y(t) = e^{\lambda(t-t_0)} \begin{bmatrix} 1 & t-t_0 & 0 \\ 0 & 1 & 0 \\ 0 & 0 & 1 \end{bmatrix} y_0 \quad (25.2.14b)$$

情形三:初等因子是单的,则

$$B = \begin{bmatrix} \lambda & 0 & 0 \\ 0 & \lambda & 0 \\ 0 & 0 & \lambda \end{bmatrix} \text{和} \ y(t) = e^{\lambda(t-t_0)} \begin{bmatrix} 1 & 0 & 0 \\ 0 & 1 & 0 \\ 0 & 0 & 1 \end{bmatrix} y_0 \quad (25.2.14c)$$

① 稳定结点,如果 $\lambda_1 = \lambda_2 = \lambda_3 = \lambda < 0$,特征值图如图 25.2.11a)所示。

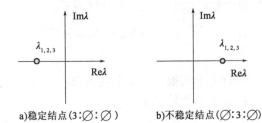

a) 稳定结点(3:∅:∅) b) 不稳定结点(∅:3:∅)

图 25.2.11 三重特征根的结点

② 不稳定结点,如果 $\lambda_1 = \lambda_2 = \lambda_3 = \lambda > 0$,特征值图如图 25.2.11b)所示。

25.2.4 三维动力系统奇点按特征方程参数分类

考虑三维系统

$$\dot{y}_1 = a_{11}y_1 + a_{12}y_2 + a_{13}y_3 + P_1(y_1, y_2, y_3) \quad (25.2.15a)$$

$$\dot{y}_2 = a_{21}y_1 + a_{22}y_2 + a_{23}y_3 + P_2(y_1, y_2, y_3) \quad (25.2.15b)$$

$$\dot{y}_3 = a_{31}y_1 + a_{32}y_2 + a_{33}y_3 + P_3(y_1, y_2, y_3) \quad (25.2.15c)$$

其中,函数 P_i 不包括线性项,系统式(25.2.15)的特征方程为

$$\Xi(\lambda) = \begin{vmatrix} a_{11}-\lambda & a_{12} & a_{13} \\ a_{21} & a_{22}-\lambda & a_{23} \\ a_{31} & a_{32} & a_{33}-\lambda \end{vmatrix} = 0 \quad (25.2.16)$$

方程式(25.2.16)可以写成三次多项式的形式:

$$\lambda^3 + p\lambda^2 + q\lambda + r = 0 \quad (25.2.17)$$

其中

$$p = -\text{tr}(A) = -(a_{11} + a_{22} + a_{33}) \quad (25.2.18a)$$

$$q = \begin{vmatrix} a_{11} & a_{12} \\ a_{21} & a_{22} \end{vmatrix} + \begin{vmatrix} a_{11} & a_{13} \\ a_{31} & a_{33} \end{vmatrix} + \begin{vmatrix} a_{22} & a_{23} \\ a_{32} & a_{33} \end{vmatrix} \qquad (25.2.18\text{b})$$

$$r = -\det(A) = - \begin{vmatrix} a_{11} & a_{12} & a_{13} \\ a_{21} & a_{22} & a_{23} \\ a_{31} & a_{32} & a_{33} \end{vmatrix} \qquad (25.2.18\text{c})$$

这里，Routh-Hurwitz 稳定性条件化为下面的关系

$$p > 0, \quad q > 0, \quad r > 0 \text{ 和 } R \equiv pq - r > 0 \qquad (25.2.19)$$

稳定性区域的边界是两个曲面 $(r=0, p>0, q>0)$ 和 $(R=0, p>0, q>0)$。特征方程至少有一个零根在曲面 $r=0$ 上，一对纯虚根在曲面 $(R=0, q>0)$ 上。

方程式(25.2.17)的实根个数依赖于三次方程的判别式

$$\Delta = -p^2 q^2 + 4p^3 r + 4q^3 - 18pqr + 27r^2 \qquad (25.2.20)$$

的符号。

(1) 当 $\Delta > 0$ 时，三次方程有 1 个实根以及 2 个共轭根。

(2) 当 $\Delta < 0$ 时，三次方程有 3 个相异实根。

(3) 当 $\Delta = 0$，且 $q = \dfrac{1}{3}p^2$，$r = \dfrac{1}{27}p^3$ 时，方程有 1 个三重实根，或者 2 个实根（其中一个是二重根）。

方程 $\Delta = 0$ 可求解如下：

$$r = \frac{1}{3}pq - \frac{2}{27}p^3 + \frac{2}{27}(p^2 - 3q)^{3/2} \quad \left(q \leq \frac{p^2}{3}\right) \qquad (25.2.21)$$

因此，特征方程的 3 个根都是实数，当且仅当

$$q \leq \frac{p^2}{3} \text{ 且 } r^-(p, q) \leq r \leq r^+(p, q) \qquad (25.2.22)$$

这里记

$$r^{\pm} = \frac{1}{3}pq - \frac{2}{27}p^3 \pm \frac{2}{27}(p^2 - 3q)^{3/2} \qquad (25.2.23)$$

当平衡态是拓扑鞍点时，可以用条件式(25.2.22)区分它是简单鞍点还是鞍-焦点。但是，当平衡态是稳定或者完全不稳定时，出现复特征根并不一定意味着它是焦点。事实上，如果最靠近虚轴的（即主）特征根是实数，则稳定（完全不稳定）平衡态是结点且与其他特征根是什么无关。

实根与复主特征根之间的边界由曲面 $\Delta = 0$ 对应于二重根的部分，以及沿着三重根直线和曲面 $\Delta = 0$ 相连接的曲面

$$r = \frac{p}{3}\left(q - \frac{2p^2}{9}\right) \quad \left(q \geq \frac{p^2}{3}\right) \qquad (25.2.24)$$

组成。这个曲面对应于一对共轭复根的存在性,其实部等于第三个根。当我们向$|r|$减少的方向穿过这个曲面时,这对复根离开虚轴比实根更远,因此平衡态变成结点。当穿向这个曲面的另外一侧时,这对共轭复根比实根更接近于虚轴,故平衡态变成焦点。

当研究同宿分支时,鞍点平衡点的一个重要特征是**鞍点量** σ 的符号,它由左右两边最接近于虚轴的两个主特征指数的实部之和定义。

在鞍点情形,当两个主特征指数 $\lambda_{1,2}$ 是实数时,条件 $\sigma = 0$ 就是共振关系 $\lambda_1 + \lambda_2 = 0$,借助于三次特征方程的系数,这个条件化为

$$R \equiv pq - r = 0 \quad (-p^2 < q < 0) \tag{25.2.25}$$

当 $q > 0$ 时,曲面 $R = 0$ 对应于 Andronov-Hopf 分岔,而这个曲面的 $q < -p^2$ 部分对应于一个主特征指数与一个具相反符号的非主特征指数之和为零。

在三维系统的鞍-焦点情形,条件 $\sigma = 0$ 化为 $\lambda_1 + \mathrm{Re}\lambda_2 = 0$,其中 λ_1 是实根,$\lambda_{2,3}$ 是一对共轭复根,可写为

$$r = -p(q + 2p^2) \quad (q < -p^2) \tag{25.2.26}$$

当朝 r 增加方向穿过这个曲面时,鞍点量变成正的。

三维系统鞍点平衡态的另一个重要特征是,在此平衡态处向量场的**散度**等于特征根的和,即 $\mathrm{div} = -p$。

综上所述,我们可以把 $\boldsymbol{R}^3$ 中的粗平衡态分类如下:

(1)情形 $p > 0(\mathrm{div} < 0)$(表25.2.1)。

情形 $p > 0$ 表25.2.1

参数区域	平衡点类型	σ	特征值 $\lambda_i (i=1,2,3)$
$0 < r < \begin{cases} r^+(p,q) & \left(0 < q \leq \dfrac{p^2}{3}\right) \\ \dfrac{p}{3}\left(q - \dfrac{2p^2}{9}\right) & \left(q > \dfrac{p^2}{3}\right) \end{cases}$	稳定结点 $\dim W^s = 3$ $\dim W^u = 0$	—	$\mathrm{Re}\lambda_{2,3} < \lambda_1 < 0$
$pq > r > \begin{cases} r^+(p,q) & \left(0 < q \leq \dfrac{p^2}{3}\right) \\ \dfrac{p}{3}\left(q - \dfrac{2p^2}{9}\right) & \left(q > \dfrac{p^2}{3}\right) \end{cases}$	稳定焦点 $\dim W^s = 3$ $\dim W^u = 0$	—	$\lambda_3 < \mathrm{Re}\lambda_{1,2} < 0$
$r > \begin{cases} r^+(p,q) & (q \leq 0) \\ pq & (q > 0) \end{cases}$	鞍-焦点(1,2)	$\sigma < 0$	$\lambda_1 < 0 < \mathrm{Re}\lambda_{2,3}$
$0 < r < r^+(p,q) \quad (q < 0)$	鞍点 $\dim W^s = 1$ $\dim W^u = 2$	$\sigma < 0$	$\lambda_1 < 0 < \lambda_2 \leq \lambda_3$

续上表

参数区域		平衡点类型	σ	特征值 $\lambda_i(i=1,2,3)$
$0 > r >$	$\begin{cases} r^-(p,q) & (q \leq -p^2) \\ pq & (-p^2 < q < 0) \end{cases}$	鞍点 $\dim W^s = 2$ $\dim W^u = 1$	$\sigma > 0$	$\lambda_1 > 0 > \lambda_2 > \lambda_3$
$r^-(p,q) < r <$	$\begin{cases} pq & (-p^2 < q \leq 0) \\ 0 & (0 < q < \frac{p^2}{4}) \end{cases}$	鞍点 $\dim W^s = 2$ $\dim W^u = 1$	$\sigma < 0$	$\lambda_1 > 0 > \lambda_2 > \lambda_3$
$-p(q+2p^2) < r <$	$\begin{cases} r^-(p,q) & (-p^2 < q \leq \frac{p^2}{4}) \\ 0 & (q > \frac{p^2}{4}) \end{cases}$	鞍-焦点(2,1)	$\sigma < 0$	$\lambda_1 > 0 > \text{Re}\lambda_{2,3}$
$r <$	$\begin{cases} r^-(p,q) & (q \leq -p^2) \\ -p(q+2p^2) & (q > -p^2) \end{cases}$	鞍-焦点(2,1)	$\sigma > 0$	$\lambda_1 > 0 > \text{Re}\lambda_{2,3}$

(2) 情形 $p < 0$ (div > 0) (表 25.2.2)。

情形 $p < 0$ 表 25.2.2

参数区域		平衡点类型	σ	特征值 $\lambda_i(i=1,2,3)$
$0 > r >$	$\begin{cases} r^-(p,q) & (0 < q \leq \frac{p^2}{3}) \\ \frac{p}{3}(q - \frac{2p^2}{9}) & (q > \frac{p^2}{3}) \end{cases}$	排斥结点 $\dim W^s = 0$ $\dim W^u = 3$	—	$0 < \lambda_1 < \text{Re}\lambda_{2,3}$
$pq < r <$	$\begin{cases} r^-(p,q) & (0 < q \leq \frac{p^2}{3}) \\ \frac{p}{3}(q - \frac{2p^2}{9}) & (q > \frac{p^2}{3}) \end{cases}$	排斥焦点 $\dim W^s = 0$ $\dim W^u = 3$	—	$0 < \text{Re}\lambda_{1,2} < \lambda_3$
$r <$	$\begin{cases} r^-(p,q) & (q \leq 0) \\ pq & (q > 0) \end{cases}$	鞍-焦点(2,1)	$\sigma > 0$	$\text{Re}\lambda_{2,3} < 0 < \lambda_1$
$0 > r > r^-(p,q) \quad (q < 0)$		鞍点 $\dim W^s = 2$ $\dim W^u = 1$	$\sigma > 0$	$\lambda_1 > 0 > \lambda_2 > \lambda_3$
$0 < r <$	$\begin{cases} r^-(p,q) & (q \leq -p^2) \\ pq & (-p^2 < q < 0) \end{cases}$	鞍点 $\dim W^s = 1$ $\dim W^u = 2$	$\sigma < 0$	$\lambda_1 < 0 < \lambda_2 < \lambda_3$
$r^+(p,q) > r >$	$\begin{cases} pq & (-p^2 < q \leq 0) \\ 0 & (0 < q < \frac{p^2}{4}) \end{cases}$	鞍点 $\dim W^s = 1$ $\dim W^u = 2$	$\sigma > 0$	$\lambda_1 < 0 < \lambda_2 < \lambda_3$
$-p(q+2p^2) > r >$	$\begin{cases} r^+(p,q) & (-p^2 < q < \frac{p^2}{4}) \\ 0 & (q \geq \frac{p^2}{4}) \end{cases}$	鞍-焦点(1,2)	$\sigma > 0$	$\lambda_1 < 0 < \text{Re}\lambda_{2,3}$
$r >$	$\begin{cases} r^+(p,q) & (q \leq -p^2) \\ -p(q+2p^2) & (q > -p^2) \end{cases}$	鞍-焦点(1,2)	$\sigma < 0$	$\lambda_1 < 0 < \text{Re}\lambda_{2,3}$

(3) 情形 $p=0$ (div $=0$)（表 25.2.3）。

情形 $p=0$ 表 25.2.3

参数区域	平衡点类型	特征值 $\lambda_i, i=1,2,3$	W^s 和 W^u 的维数
$0 < r < \frac{2}{9}\sqrt{3}\|q\|^{\frac{3}{2}}$ $(q<0)$	鞍点	$\lambda_1 < 0 < \lambda_2 < \lambda_3$	$\dim W^s = 2$ $\dim W^u = 1$
$r > \begin{cases} \frac{2}{9}\sqrt{3}\|q\|^{\frac{3}{2}} & (q \leq 0) \\ 0 & (q>0) \end{cases}$	鞍-焦点(2,1)	$\lambda_1 < 0 < \operatorname{Re}\lambda_{2,3}$	$\dim W^s = 2$ $\dim W^u = 1$
$r < \begin{cases} -\frac{2}{9}\sqrt{3}\|q\|^{\frac{3}{2}} & (q \leq 0) \\ 0 & (q>0) \end{cases}$	鞍-焦点(2,1)	$\operatorname{Re}\lambda_{2,3} < 0 < \lambda_1$	$\dim W^s = 2$ $\dim W^u = 1$
$-\frac{2}{9}\sqrt{3}\|q\|^{\frac{3}{2}} < r < 0$ $(q<0)$	鞍点	$\lambda_1 > 0 > \lambda_2 > \lambda_3$	$\dim W^s = 2$ $\dim W^u = 1$

25.3 双曲极限环

利用离散-时间系统的双曲不动点和 Poincaré 映射，就可以定义连续-时间系统的**双曲极限环**以及描述这种环附近相轨道的拓扑。考虑连续-时间动力系统

$$\dot{x} = f(x) \quad (x \in \mathbf{R}^n) \tag{25.3.1}$$

f 光滑。假设式(25.3.1)存在孤立的周期轨道（极限环）L_0。设 Σ 是环的 $n-1$ 维（codim $\Sigma = 1$）局部截面，其坐标为 $\xi = (\xi_1, \cdots, \xi_{n-1})^T$。系统式(25.3.1)沿着它的轨道局部定义了一个从 Σ 到 Σ 的光滑可逆映射 P（Poincaré 映射），L_0 和 Σ 的交点 ξ_0 是映射 P 的不动点，$P(\xi_0) = \xi_0$。

一般地。不动点 ξ_0 是非双曲的，故分别存在 n_- 维和 n_+ 维不变流形

$$W^s(\xi_0) = \{\xi \in \Sigma : P^k(\xi) \to \xi_0, k \to +\infty\} \tag{25.3.2a}$$

和

$$W^u(\xi_0) = \{\xi \in \Sigma : P^{-k}(\xi) \to \xi_0, k \to +\infty\} \tag{25.3.2b}$$

其中，$n_\mp$ 为 P 在 ξ_0 的 Jacobi 矩阵位于单位圆内和圆外的特征值个数。回忆 $n_- + n_+ = n-1$，特征值称为**环的乘子**。不变流形 $W^{s,u}(\xi_0)$ 是 Σ 与环的稳定和不稳定流形

$$W^s(L_0) = \{x : \varphi^t x \to L_0, t \to +\infty\} \tag{25.3.3a}$$

$$W^u(L_0) = \{x : \varphi^t x \to L_0, t \to -\infty\} \tag{25.3.3b}$$

的交，其中 φ^t 是式(25.3.1)对应的流。

现在用离散-时间动力系统不动点的拓扑分类的结果对极限环进行分类。一个极限环称为是**双曲的**，如果 ξ_0 是 Poincaré 映射的双曲不动点。类似地，一个双曲环称为是**鞍点环**，如果它有乘子在单位圆内，另外有乘子在单位圆外 ($n_- n_+ \neq 0$)。回忆乘子的乘积总是**正的**。因此 Poincaré 映射在 Σ 内保持方向。这表明在复平面内乘子的位置要加以某些限制。

例题 25.3.1 平面系统的双曲环

考虑光滑平面系统

$$\begin{cases} \dot{x}_1 = f_1(x_1, x_2) \\ \dot{x}_2 = f_2(x_1, x_2) \end{cases} \tag{25.3.4}$$

设 $x = (x_1, x_2)^T \in \mathbf{R}^2$, $x_0(t)$ 为系统对应于极限环 L_0 的解, T_0 为这个解的(最小)周期。这环只有一个乘子 μ_1, 它是正的且由

$$\mu_1 = \exp\left\{\int_0^{T_0} (\text{div} f) x_0(t) dt\right\} > 0 \tag{25.3.5}$$

给出,这里 div 是向量场的**散度**:

$$(\text{div} f)(x) = \frac{\partial f_1(x)}{\partial x_1} + \frac{\partial f_2(x)}{\partial x_2} \tag{25.3.6}$$

若 $0 < \mu_1 < 1$, 就是一个稳定的双曲环, 它附近的所有轨道指数式地收敛于它; 当 $\mu_1 > 1$ 时, 有一个不稳定双曲环, 它邻域内的轨道都指数式地散开。

例题 25.3.2 三维系统中的鞍点环

离散-时间系统不动点图 20.3.3 提供了连续-时间系统在 $\mathbf{R}^3$ 中存在的两类鞍点环(图 25.3.1), 如果 Poincaré 映射的乘子满足

$$0 < \mu_2 < 1 < \mu_1 \tag{25.3.7}$$

则环的两个不变流形 $W^s(L_0)$ 和 $W^u(L_0)$ 都是单带[图 25.3.1a]。

当乘子满足

$$\mu_1 < -1 < \mu_2 < 0 \tag{25.3.8}$$

时, 流形 $W^s(L_0)$ 和 $W^u(L_0)$ 是**扭转带**(称为 **Mobius 带**)[图 25.3.1b]。$\mathbf{R}^3$ 中其他类型的鞍点环是不可能有的, 因为任何一个 Poincaré 映射的乘子之积是正的。因此, 流形 $W^s(L_0)$ 和 $W^u(L_0)$ 必须是单的或者扭转的。

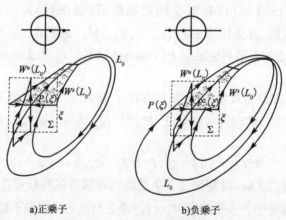

a)正乘子   b)负乘子

图 25.3.1 三维系统中的鞍点环

最后, 注意 $W^s(L_0)$ 和 $W^u(L_0)$ 可以沿着同宿于环 L_0 的轨道相交。这给出在截面 Σ 上的 Poincaré 同宿结构和 Smale 马蹄。

25.4 中心流形定理

我们不加证明地给出下面的主要定理, 这个定理允许我们在局部分岔附近对所给系统的维数给予缩减。从**临界**情形开始, 这一节假定系统的参数固定在它的分岔值, 对这个值, 系统有非双曲平衡点(不动点)。以下分开处理连续-时间系统和离散-时间系统。

25.4.1 连续-时间系统的中心流形

考虑由

$$\dot{x} = f(x), \quad x \in \mathbf{R}^n \tag{25.4.1}$$

定义的连续-时间动力系统,其中 f 充分光滑,$f(0)=0$。设在平衡点 $x_0=0$ 的 Jacobi 矩阵的特征值为 $\lambda_1,\lambda_2,\cdots\lambda_n$。假设平衡点不是双曲的,则存在具有零实部的特征值。设有 n_+ 个特征值(计算重次)$\mathrm{Re}\lambda>0$,n_0 个特征值 $\mathrm{Re}\lambda=0$ 以及 n_- 个特征值 $\mathrm{Re}\lambda<0$(图 25.4.1)。令 T^c 表示 A 对应于虚轴上 n_0 个特征值并的线性(广义)特征空间。满足 $\mathrm{Re}\lambda=0$ 的特征值如同空间 T^c 称为是**临界的**。设 φ^t 表示对应于式(25.4.1)的流。在这些假设下,下面定理成立。

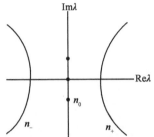

图 25.4.1 平衡点的临界特征值

定理 25.4.1 中心流形定理

式(25.4.1)存在局部定义的光滑 n_0 维不变流形 $W^c_{\mathrm{loc}}(0)$,在 $x=0$ 切于 T^c。

此外,存在 $x_0=0$ 的邻域 U,使得若对一切 $t\geq 0 (t<0)$,有 $\varphi^t x \in U$,则当 $t\to\infty$($t\to -\infty$)时,有 $\varphi^t x \to W^c_{\mathrm{loc}}(0)$。

定义 25.4.1 流形 W^c_{loc} 称为**中心流形**。

如果 $n_0=0$,流形 W^c_0 可以作为在 φ^1 作用下 T^c 迭代的局部极限来构造。为了简化记号,从现在起省略下角标"loc"。图 25.4.2 和图 25.4.3 显示定理对平面上的折分岔($n=2$,$n_0=1$,$n_-=1$)和 $\mathbf{R}^3$ 中的 Hopf 分岔($n=3$,$n_0=2$,$n_-=1$)。在第一种情形,中心流形 W^c 切于对应于 $\lambda_1=0$ 的特征向量,在第二种情形,它切于由对应于 $\lambda_1=i\omega_0(\omega_0>0)$ 的复特征向量的实部和虚部所张成的平面。

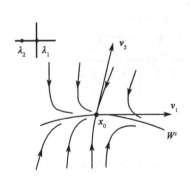

图 25.4.2 在折分岔的一维中心流形

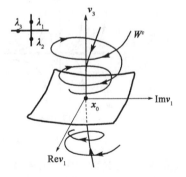

图 25.4.3 在 Hopf 分岔的二维中心流形

注:(1)定理的第二部分说明,当 $t\geq 0$ 或 $t<0$ 时,停留在平衡点附近的轨道按对应的时间方向趋于 W^c。若还知道从 U 出发的**所有**轨道将永远停留在此邻域内(出现这种情况的必要条件是 $n_+=0$),则由定理得知,当 $t\to +\infty$ 时,这些轨道都趋于 $W^c(0)$。在这情形流形是"吸引"的。

(2) W^c 不需是唯一的。系统

$$\begin{cases}\dot{x}=x^2\\ \dot{y}=-y\end{cases} \tag{25.4.2}$$

有平衡点 $(x,y)=(0,0)$，在此点 $\lambda_1=0$，$\lambda_2=-1$（折分岔情形），如图 25.4.4a) 所示。它有一维中心流形

$$W_\beta^c(0)=\{(x,y):y=\psi_\beta(x)\} \tag{25.4.3}$$

其中

$$\psi_\beta(x)=\begin{cases}\beta\exp\left(\dfrac{1}{x}\right) & (x<0)\\ 0 & (x\geq 0)\end{cases} \tag{25.4.4}$$

系统

$$\begin{cases}\dot{x}=-y-x(x^2+y^2)\\ \dot{y}=x-y(x^2+y^2)\\ \dot{z}=-z\end{cases} \tag{25.4.5}$$

有平衡点 $(x,y,z)=(0,0,0)$，特征值 $\lambda_{1,2}=\pm\mathrm{i}$，$\lambda_3=-1$（Hopf 分岔情形），如图 25.4.4b) 所示。系统存在一族由下面式子给出的二维中心流形，

$$W_\beta^c(0)=\{(x,y,z):z=\varphi_\beta(x,y)\} \tag{25.4.6}$$

其中

$$\varphi_\beta(x,y)=\begin{cases}\beta\exp\left(-\dfrac{1}{2(x^2+y^2)}\right) & (x^2+y^2>0)\\ 0 & (x=y=0)\end{cases} \tag{25.4.7}$$

如我们将看到的，对应用这种不唯一性实际上没有什么关系。

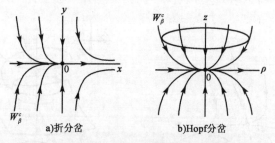

a) 折分岔　　　b) Hopf 分岔

图 25.4.4　中心流形的不唯一性

(3) 在 x_0 的某邻域 U 内，中心流形 W^c 与 f 有相同的**有限次**光滑性（若 $f\in C^k$，k 有限，则 W^c 是 C^k 流形）。但是，当 $k\to\infty$ 时邻域 U 可能收缩以至于对某 C^∞ 系统 C^∞ 流形 W^c 不存在。

为了更明确地刻画在非双曲平衡点 $x_0=0$ 附近的动力学，在由 A 的所有（广义）特征向量构成的特征基上改写式 (25.4.1)。合并临界和非临界分量，可以将系统式 (25.4.1) 重写为

$$\begin{cases}\dot{u}=\boldsymbol{B}u+g(u,v)\\ \dot{v}=\boldsymbol{C}v+h(u,v)\end{cases} \tag{25.4.8}$$

这里 $u \in \mathbf{R}^{n_0}$, $v \in \mathbf{R}^{n_+ + n_-}$, B 是一个 $n_0 \times n_0$ 矩阵, 它所有 n_0 个特征值在虚轴上, C 是一个 $(n_+ + n_-) \times (n_+ + n_-)$ 矩阵, 它没有特征值在虚轴上。函数 g 和 h 有至少从二次项开始的 Taylor 展开。系统式 (25.4.8) 的中心流形可局部地表示为光滑函数

$$W^c = \{(u, v): v = V(u)\} \qquad (25.4.9)$$

的图像 (图 25.4.5)。这里 $V: \mathbf{R}^{n_0} \to \mathbf{R}^{n_+ + n_-}$, 且由 W^c 的相切性, $V(u) = O(\|u\|^2)$。

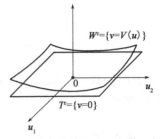

图 25.4.5 作为函数 $v = V(u)$ 的图像的中心流形

定理 25.4.2 约化原理

在原点附近系统式 (25.4.8) 局部拓扑等价于系统

$$\begin{cases} \dot{u} = Bu + g(u, V(u)) \\ \dot{v} = Cv \end{cases} \qquad (25.4.10)$$

如果存在多于一个中心流形, 则对不同的 V, 所有系统式 (25.4.10) 都是局部光滑等价。

我们指出, 式 (25.4.10) 关于 u、v 的方程是互相独立的。第一个方程是式 (25.4.8) 在它的中心流形上的**限制**。因此, 结构不稳定系统式 (25.4.8) 的动力学本质上由这个限制所决定, 因为式 (25.4.10) 的第二个方程是线性的, 它有指数式衰减/增长的解。例如, 若 $u = 0$ 是限制的渐近稳定平衡点, 而 C 的所有特征值都有负实部, 则 $(u, v) = (0, 0)$ 是式 (25.4.8) 的渐近稳定平衡点。显然, 中心流形上的动力学不仅由式 (25.4.8) 的线性项确定, 也由它的**非线性**项所确定。

例题 25.4.1 切近似的失败

考虑平面系统

$$\begin{cases} \dot{x} = xy + x^3 \\ \dot{y} = -y - 2x^2 \end{cases} \qquad (25.4.11)$$

它有平衡点 $(x, y) = (0, 0)$。它是稳定还是不稳定? Jacobi 矩阵

$$A = \begin{pmatrix} 0 & 0 \\ 0 & -1 \end{pmatrix} \qquad (25.4.12)$$

有特征值 $\lambda_1 = 0$, $\lambda_2 = -1$。因此, 系统式 (25.4.11) 写为形式 (25.4.8), 它有由下面的纯量函数所表示的一维中心流形 W^c:

$$y = V(x) \qquad (25.4.13)$$

求这个函数 Taylor 展开的二次项

$$V(x) = \frac{1}{2} w x^2 + \cdots \qquad (25.4.14)$$

未知系数 w 可以由 $\dot{y}$ 的表达式来寻找:

$$\dot{y} = \frac{\partial V}{\partial x} \dot{x} = (wx + \cdots) \dot{x} = wx^2 y + wx^4 + \cdots = w\left(\frac{1}{2} w + 1\right) x^4 + \cdots \qquad (25.4.15)$$

或者表示为

$$\dot{y} = -y - 2x^2 = -\left(\frac{1}{2} w + 2\right) x^2 + \cdots \qquad (25.4.16)$$

因此, $w + 4 = 0$,

$$w = -4 \qquad (25.4.17)$$

由此,中心流形有下面的二次近似

$$V(x) = -2x^2 + O(x^3) \quad (25.4.18)$$

而式(25.4.11)在这个流形上的限制是

$$\dot{x} = xV(x) + x^3 = -2x^3 + x^3 + O(x^4) = -x^3 + O(x^4) \quad (25.4.19)$$

因此,原点是**稳定**的。系统在平衡点附近的相图如图25.4.6所示。式(25.4.11)在它的临界特征空间 $y=0$ 上的限制为

$$\dot{x} = x^3 \quad (25.4.20)$$

原点是这个方程的不稳定点,但这给出稳定问题的错误答案。图25.4.7对在 W^c 和 T^c 上的两个限制方程进行比较。

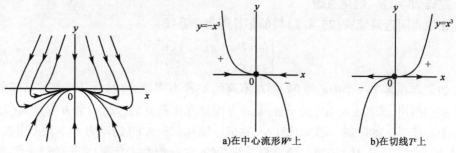

图25.4.6 式(25.4.11)的相图:原点是稳定的

a)在中心流形 W^c 上   b)在切线 T^c 上

图25.4.7 限制方程

式(25.4.10)的第二个方程可以用标准的**鞍点方程**

$$\begin{cases} \dot{v} = -v \\ \dot{w} = w \end{cases} \quad (25.4.21)$$

代替,$(v, w) \in \mathbf{R}^{n_-} \times \mathbf{R}^{n_+}$。因此,约化原理可以用下面的方法简洁地表示为:

推论25.4.1(约化原理) 非双曲平衡点附近的系统局部拓扑等价于标准鞍点在中心流形上的限制的扭扩(suspension)。

25.4.2 离散-时间系统中心流形

现在考虑由

$$x \mapsto f(x), \quad x \in \mathbf{R}^n \quad (25.4.22)$$

定义的离散-时间动力系统,这里 f 充分光滑,$f(0) = 0$。设Jacobi矩阵 A 在不动点 $x_0 = 0$ 的特征值为 $\mu_1, \mu_2, \cdots, \mu_n$ 称为**乘子**。假设平衡点不是双曲的,因此有乘子在单位圆上(绝对值为1)。假定有 n_+ 个乘子在单位圆外,n_0 个乘子在单位圆上,以及 n_- 个乘子在单位圆内(图25.4.8)。设 T^c 表示 A 对应于单位圆上的 n_0 个乘子并的线性不变(广义)特征空间。如果仅考虑整数值时间并令 $\varphi^k = f^k$,f 的 k 次迭代,于是定理25.4.1对系统式(25.4.22)可完全一样成立。利用 A 的特征基和以前相同的记号,可将系统重写为

$$\begin{pmatrix} u \\ v \end{pmatrix} \mapsto \begin{pmatrix} \mathbf{B}u + g(u,v) \\ \mathbf{C}v + h(u,v) \end{pmatrix} \quad (25.4.23)$$

但是,现在 $\mathbf{B}$ 有特征值在单位圆上,而 $\mathbf{C}$ 所有的特征值在圆内或圆外,中心流形具有局部表示 $v = V(u)$,约化原理仍成立。

定理 25.4.3 系统式(5.4.23)在原点附近拓扑等价系统

$$\begin{pmatrix} u \\ v \end{pmatrix} \mapsto \begin{pmatrix} Bu + g(u, V(u)) \\ Cv \end{pmatrix} \quad (25.4.24)$$

若存在多个中心流形,则具有不同 $V(u)$ 的所有映射式(25.4.24)都是局部光滑共轭。

标准的鞍点结构对离散-时间更加复杂,因为必须考虑到映射在膨胀方向和压缩方向的定向性质。首先,为简单起见,假设没有乘子在单位圆外($n_+ = 0$)。于是,若 $\det C > 0$,则式(25.4.24)中的映射 $v \mapsto Cv$ 可以用

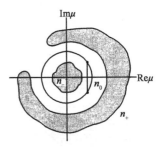

图 25.4.8 不动点的临界乘子

$$v \mapsto \frac{1}{2}v \quad (25.4.25)$$

代替,这是标准的保持方向的稳定结点。但是,若 $\det C < 0$,则映像式(25.4.24)必须用

$$\begin{cases} v_1 \mapsto \dfrac{1}{2}v_1 \\ v_2 \mapsto -\dfrac{1}{2}v_2 \end{cases} \quad (25.4.26)$$

代替,这里 $v_1 \in \mathbf{R}^{n_- -1}$, $v_2 \in \mathbf{R}^1$,这是标准的逆向稳定结点。若现在有 n_+ 个乘子在单位圆外,则**标准的不稳定结点** $w \mapsto \widetilde{w}$, $w, \widetilde{w} \in \mathbf{R}^{n_+}$ 应加入式(25.4.24)。类似于标准的稳定结点,定义标准的不稳定结点,但是以乘子 2 代替 $\dfrac{1}{2}$。标准的稳定和不稳定结点一起定义了 $\mathbf{R}^{n_-+n_+}$ 中的标准鞍点映射。

25.5 依赖于参数的系统的中心流形

现在考虑光滑依赖于参数的连续-时间系统:

$$\dot{x} = f(x, \alpha) \quad (x \in \mathbf{R}^n, \alpha \in \mathbf{R}^1) \quad (25.5.1)$$

假设在 $\alpha = 0$ 系统有非双曲平衡点 $x = 0$,有 n_0 个虚轴上的特征值和 $(n - n_0)$ 个特征值具有非零实部。假设它们中有 n_- 个有负实部,n_+ 个有正实部,考虑**扩展系统**

$$\begin{cases} \dot{\alpha} = 0 \\ \dot{x} = f(x, \alpha) \end{cases} \quad (25.5.2)$$

注意:扩展系统式(25.5.2)可以是非线性的,即使原来的系统式(25.5.1)是线性的。式(25.5.2)在平衡点 $(\alpha, x) = (0, 0)$ 的 Jacobi 矩阵是 $(n+1) \times (n+1)$ 矩阵

$$J = \begin{pmatrix} 0 & 0 \\ f_\alpha(0,0) & f_x(0,0) \end{pmatrix} \quad (25.5.3)$$

它有 $(n_0 + 1)$ 个特征值在虚轴上,$(n - n_0)$ 个特征值有非零实部。因此,可以对系统式(25.5.2)应用中心流形定理。定理保证中心流形 $\overline{W}^c \subset \mathbf{R}^1 \times \mathbf{R}^n$, $\dim \overline{W}^c = n_0 + 1$ 的存在性。这个流形在原点切于 J 对应于具零实部的 $(n_0 + 1)$ 个特征值的(广义)特征空间。因为 $\dot{\alpha} =$

0,超平面 $\Pi_{\alpha_0} = \{(\alpha, x): \alpha = \alpha_0\}$ 关于式(25.5.2)也是不变的。因此，流形 $\overline{W}^c$ 是由 n_0 维不变流形

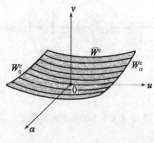

图25.5.1 扩展系统的中心流形

$$W_\alpha^c = \overline{W}^c \cap \Pi_\alpha \quad (25.5.4)$$

组成的叶状流形(图25.5.1)。由此，有下面的引理。

引理 25.5.1 系统式(25.5.1)有依赖于参数的局部不变流形 W_α^c。若 $n_+ = 0$，则这个流形是吸引的。

注意：如上一节所定义的，W_0^c 是式(25.5.2)在 $\alpha = 0$ 的中心流形，通常，W_α^c 称为对所有 α 的中心流形。对每个小 $|\alpha|$，可以把系统式(25.5.1)限制在 W_α^c 上，如果在 W_α^c 引入(依赖参数)坐标系统，以 $u \in \mathbf{R}^{n_0}$ 作为坐标[由于 W_0^c 切于 T^c，所以可以对小 $|\alpha|$，用从 W_α^c 到 T^c 的(局部)投影，在 T^c 上的坐标参数化 W_α^c。]，这个限制将以光滑系统

$$\dot{u} = \Phi(u, \alpha) \quad (25.5.5)$$

表示。当 $\alpha = 0$ 时，系统式(25.5.5)等价于式(25.5.1)在它的中心流形 W_0^c 上的限制。

定理 25.5.1 (Shoshitaishvili, 1972) 系统式(25.5.1)局部拓扑等价于由标准鞍点式(25.4.21)作的式(25.5.5)的扭扩。此外，式(25.5.5)可以由任何一个局部拓扑等价系统所代替。

这个定理意味着，分岔参数值附近不变流形 W_α^c 上出现的所有"本质"事件都可由 n_0 维系统式(25.5.5)来捕获。类似的定理可以对离散-时间动力系统，以及系统含有多个参数的情形加以叙述。下面将这个定理应用到折分岔和 Hopf 分岔。

例题 25.5.1($\mathbf{R}^2$ 中的一般折分岔)

考虑平面系统

$$\dot{x} = f(x, \alpha) \quad (x \in \mathbf{R}^2, \alpha \in \mathbf{R}^1) \quad (25.5.6)$$

假设在 $\alpha = 0$，它有平衡点 $x_0 = 0$，一个特征值或 $\lambda_1 = 0$，另一个 $\lambda_2 < 0$。对小 $|\alpha|$，引理 25.5.1 给出式(25.5.6)的一个光滑的局部定义以及一维的吸引不变流形 W_α^c 的存在性。在 $\alpha = 0$，限制方程有形式

$$\dot{u} = bu^2 + O(u^3) \quad (25.5.7)$$

如果 $b \neq 0$，限制方程一般依赖于参数，它局部拓扑等价于规范形

$$\dot{u} = \alpha + \sigma u^2 \quad (25.5.8)$$

这里 $\sigma = \text{sign} b = \pm 1$，在这些一般性条件下，由定理 25.5.1 得知式(25.5.6)局部拓扑等价于系统

$$\begin{cases} \dot{u} = \alpha + \sigma u^2 \\ \dot{v} = -v \end{cases} \quad (25.5.9)$$

方程式(25.5.9)中的两个方程是互相独立的。对情形 $\sigma > 0$，所得相图如图25.5.2所示。对 $\sigma < 0$，存在两个双曲不动点、稳定结点和鞍点。它们在 $\alpha = 0$ 时相碰，形成了一个**鞍-结点**，再消失。$\alpha > 0$ 时系统没有平衡点。式(25.5.9)中的流形 W_α^c 可考虑为与参数无关并由 $v = 0$ 给出。显然，这是无穷多个选择之一(详见例题 25.5.2 的注)。同样的事情对式(25.5.6)发生在某个一维，依赖于参数的不变流形，这是局部吸引的(图25.5.2)。所有的平衡点都属于这个流形。图25.5.2 和图25.5.3 解释为什么通常称折分岔为**鞍-结点分岔**。应该清楚如何把这些考虑推广到包括 $\lambda_2 > 0$ 情形和 n 维情形。

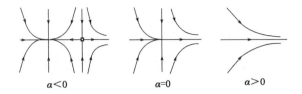

图 25.5.2 $\sigma=1$ 时标准系统式(25.5.9)的折分岔

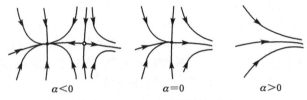

图 25.5.3 一般平面系统的折分岔

例题 25.5.2($\boldsymbol{R}^3$ 中的一般 Hopf 分岔)

考虑系统
$$\dot{x}=f(x,\alpha)\quad(x\in\boldsymbol{R}^3,\alpha\in\boldsymbol{R}^1)\tag{25.5.10}$$

假设在 $\alpha=0$ 它有平衡点 $x_0=0$,特征值 $\lambda_{1,2}=\pm\mathrm{i}\omega_0$,$\omega_0>0$ 和一个负特征值 $\lambda_3<0$。对小 $|\alpha|$,引理 25.5.1 给出了式(25.5.10)的依赖于参数、光滑、局部的二维不变流形 W_α^c 的存在性。在 $\alpha=0$ 限制方程式(25.5.5)可以写成复数形式
$$\dot{z}=\mathrm{i}\omega_0 z+g(z,\bar{z})\quad(z\in\boldsymbol{C}^1)\tag{25.5.11}$$

若这个方程的 Lyapunov 系数 $l_1(0)$ 不为零,而限制方程一般地依赖于参数,它局部拓扑等价于规范形
$$\dot{z}=(\alpha+\mathrm{i})z+\sigma z^2\bar{z}\tag{25.5.12}$$

其中,$\sigma=\mathrm{sign}\,l_1(0)=\pm1$。在这些一般性条件下,由定理 25.5.1 得知式(25.5.10)是局部拓扑等价于系统
$$\begin{cases}\dot{z}=(\alpha+\mathrm{i})z+\sigma z^2\bar{z}\\ \dot{v}=-v\end{cases}\tag{25.5.13}$$

对于 $\sigma=-1$,式(25.5.13)的相图如图 25.5.4 所示。超临界 Hopf 分岔在不变平面 $v=0$ 上发生,它是吸引的。同样情况对式(25.5.10)发生在某个二维吸引流形上(图 25.5.5)。这种结构可以推广到任意维数 $n\geqslant 3$。

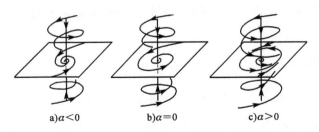

图 25.5.4 $\sigma=-1$ 时,标准系统式(25.5.13)的 Hopf 分岔情形

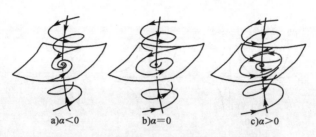

图 25.5.5 一般三维系统中的超临界 Hopf 分岔情形

注:应该注意,不管是折分岔情形还是 Hopf 分岔情形,流形 W_α^c **不唯一**,但是分岔出的平衡点或环都属于任何一个中心流形[参看 25.4.1 节中心流形定理的注(2)]。在折分岔情形,在鞍点附近流形是唯一的,且与它的不稳定流形重合,只要它存在。在稳定结点失去唯一性。类似地,在 Hopf 分岔情形,流形唯一且与鞍-焦点的不稳定流形重合直到出现稳定极限环 L_α,在那里唯一性破裂。图 25.5.6 显示系统式(25.5.13)在 (ρ,v) 坐标下,对 $\sigma=-1$,当 $\alpha>0$ 时的 Hopf 分岔情形,W_α^c 可自由选择。

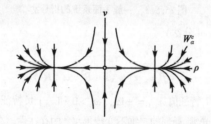

图 25.5.6 Hopf 分岔附近依赖于参数的中心流形的非唯一性

25.6 极限环分岔

结合 Poincaré 映射和中心流形方法,可以把离散-时间系统不动点的单参数分岔结果推广到 n 维连续-时间系统的极限环分岔。

假设 L_0 是系统式(25.5.1)在 $\alpha=0$ 时的一个极限环(孤立周期轨道),P_α 表示对附近的 α 相应的 Poincaré 映射 $P_\alpha:\Sigma\to\Sigma$,这里 Σ 是 L_0 的局部截面。若在 Σ 上引入某个坐标 $\xi=(\xi_1,\xi_2,\cdots,\xi_{n-1})$,则 $\tilde{\xi}=P_\alpha(\xi)$ 定义为式(25.5.1)的 Σ 上以 ξ 为坐标的初始点的轨道的下一个与 Σ 的交点。Σ 与 L_0 的交点给出 P_0 的不动点 $P_0(\xi_0)=\xi_0$。映射 P_α 是光滑且局部可逆。

假设环 L_0 是非双曲的,它有 n_0 个乘子在单位圆上。于是中心流形定理给出了 P_α 的依赖于参数的不变流形 $W_\alpha^c\subset\Sigma$,在这个流形上"本质"事情发生。Poincaré 映射 P_α 局部拓扑等价于由标准鞍点映射在这个流形上限制的扭扩。为简单起见,固定 $n=3$,考虑这个定理对极限环的含义。

25.6.1 环的折分岔

假设在 $\alpha=0$ 环有单乘子 $\mu_1=1$,另外一个乘子满足 $0<\mu_2<1$。P_α 在不变流形 W_α^c 上的限制是一维映射。它在 $\alpha=0$ 有不动点,其乘子 $\mu_1=1$。一般地,可知当 α 穿过零时,两个不动点相碰而消失。在关于 μ_2 的假设下,这个情况在 P_α 的一维吸引不变流形上发生。因此,

一个稳定点和一个鞍点不动点包含在这个分岔中。Pioncaré 映射的每个不动点对应于连续-时间系统的极限环。因此，系统式(25.5.1)中的两个极限环(稳定的和鞍点的)在这个分岔相碰而消失(图25.6.1)。

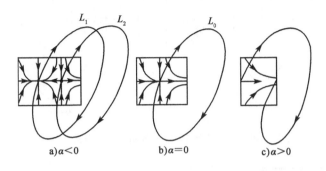

图 25.6.1 极限环的折分岔

25.6.2 环的翻转分岔

假设在 $\alpha=0$ 环有单乘子 $\mu_1=-1$，另一个 $-1<\mu_2<0$。于是，P_α 在不变流形上的限制一般显示倍周期(翻转)分岔：当不动点改变它的稳定性时，这个映射出现周期 2 环(图 25.6.2)。由于这个流形是吸引的如稳定不动点失去稳定性而变成鞍点，这时周期 2 环出现。不动点对应于相关稳定性的极限环。映射的周期 2 环对应于式(25.5.1)的唯一稳定极限环，其周期**近似于**"基本"环 L_0 周期的两倍。倍-周期环使得在 L_0 附近在它闭合之前有两个大"游弋"。确切的分岔情形由在 $\alpha=0$ 计算的限制 Poincaré 映射的规范形系数所确定。

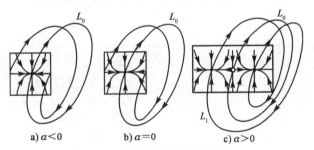

图 25.6.2 极限环的翻转分岔

25.6.3 环的 Neimark-Sacker 分岔

最后一个余维 1 分岔对应于乘子是复且单的，并在单位圆上，$\mu_{1,2}=e^{\pm i\theta_0}$。于是，Poincaré 映射有依赖于参数的二维不变流形，在这个流形上，一般地，从不动点分岔出闭不变曲线(图 25.6.3)。这个闭曲线对应于式(25.5.1)的二维**不变环面** T^2。这个分岔是由在临界参数值的限制 Poincaré 映射的规范形系数所确定。在环面 T^2 上的轨道结构是由 Poincaré 映射在这个闭不变曲线上的限制所确定。因此，一般地，存在位于这个环面上的不同稳定性类型的长周期环。

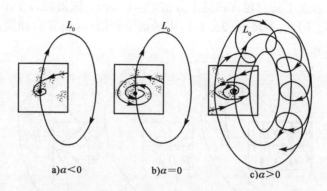

a) $a<0$ b) $a=0$ c) $a>0$

图 25.6.3 极限环的 Neimark-Sacker 分支

25.7 Maple 编程示例

编程题 对称破缺现象计算机仿真

绘出反对称立方映射

$$x_{n+1} = ax_n^3 + (1-a)x_n \qquad (25.7.1)$$

的分岔图。其中,$x_n \in [0,1]$,$a \in [0,4]$。

解:

(1) 定义反对称立方映射。

(2) 求不动点。

(3) 绘分岔图。

反对称映射的分岔图具有对称破缺现象。反对称立方映射的对称破缺分岔图如图 25.7.1 所示。

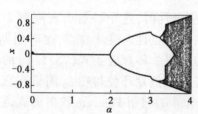

图 25.7.1 反对称立方映射的对称破缺分岔图

Maple 程序

```
> ##############################################
> restart:                                          #清零
> Cubic: = proc(x0,a1,a2,ad,n1,n2)                  #绘立方映射分岔图程序
> local k,itere,a,x:                                #定义局部变量
> x: = { }:                                         #定义一个集合
> a: = a1:                                          #赋分岔参数初值(下限)
> while a < = a2 do                                 #参数循环开始
> itere: = x0:                                      #赋迭代变量初值
> for k to n1 do                                    #求不动点变量迭代循环
> itere: = a * itere^3 + (1 - a) * itere:           #立方映射迭代函数
> od:                                               #for 循环结束
> for k to n2 do                                    #求不动点个数迭代循环开始
> itere: = a * itere^3 + (1 - a) * itere:           #三次映射迭代函数
> x: = x union {[a,evalf(itere,4)]}:                #把不动点数值放入集合
> od:                                               #for 循环结束
> a: = a + ad:                                      #参数增值
> od:                                               #while 循环结束
```

```
> plot([op(x)],'a'= a1..a2,style = POINT,symbol = POINT,
>        labelfont = [TIMES,ITALIC,12]);                    #绘反对称立方映射分岔图
> end:                                                       #结束
> Cubic:= (0.1,0,4,0.01,80,100);                            #给出具体数值
>############################################################
```

25.8 思考题

思考题 25.1 简答题

1. 什么是分岔的拓扑规范形？举例说明。
2. 三维连续时间动力系统的双曲奇点如何分类？
3. 三维连续时间动力系统的非双曲奇点如何分类？
4. 什么是稳定流形、不稳定流形和中心流形？什么是中心流形定理？
5. 什么是极限环分岔？简述三类极限环分岔。

思考题 25.2 判断题

1. 特征指数中有实数 λ_1 和复数 $\lambda_{2,3} = \rho \pm i\omega$，且 $\lambda_1 > \rho > 0$，平衡点为不稳定结点。（ ）
2. 特征指数中有实数 λ_1 和复数 $\lambda_{2,3} = -\rho \pm i\omega$，且 $-\rho < \lambda_1 < 0$，平衡点为稳定焦点。（ ）
3. 平衡态分为：指数式渐近稳定平衡态，指数式完全不稳定平衡态和鞍点型平衡态。（ ）
4. 鞍点型平衡态分为：鞍点$(1,1)$、鞍-焦点$(2,1)$、鞍-焦点$(1,2)$和鞍-焦点$(2,2)$。（ ）
5. 不变子空间分为：主不变子空间和非主不变子空间。（ ）

思考题 25.3 填空题

1. 如果点 O 在 ε^s 和 ε^u 上都是结点，这样的平衡态称为_____。
2. 如果点 O 在 ε^s 上是焦点和在 ε^u 上是结点，这样的平衡态称为_____。
3. 如果点 O 在 ε^s 上是结点和在 ε^u 上是焦点，这样的平衡态称为_____。
4. 如果点 O 在 ε^s 和 ε^u 上都是焦点，这样的平衡态称为_____。
5. 对于高维线性系统，当 $m=1$ 时，即 λ_1 是实数，主子空间是直线，这样的平衡态称为_____；当 $m=2$ 时，即 $\lambda_{1,2} = -\rho \pm i\omega$，这里主子空间是二维的，对应的平衡态称为焦点_____。

思考题 25.4 选择题

由 Andronov 建议，描述了 Birkhoff 作出的运动的一般分类。

1. 所有运动分成(　　)。
   A. 中心与非中心　　　　　　B. Poisson 稳定和 Poisson 不稳定　　　　C. 回归和非平凡
2. 中心分成(　　)。
   A. 概周期和非概周期　　　　B. Poisson 稳定和 Poisson 不稳定　　　　C. 回归和非平凡
3. Poisson 稳定分成(　　)。
   A. 概周期和非概周期　　　　B. 拟周期和非拟周期(极限拟周期)　　　　C. 回归和非平凡
4. 回归分成(　　)。
   A. 概周期和非概周期　　　　B. 拟周期和非拟周期(极限拟周期)
   C. 周期和非周期(真拟周期)
5. 概周期分成(　　)。
   A. 周期和非周期(真拟周期)　　B. 拟周期和非拟周期(极限拟周期)
   C. 平衡态和真周期

6. 拟周期分成( )。

    A. 概周期和非概周期   B. 平衡态和真周期   C. 周期和非周期(真拟周期)

7. 周期分成( )。

    A. 平衡态和真周期   B. 概周期和非概周期   C. 拟周期和非拟周期(极限拟周期)

思考题 25.5 **连线题**

稳定性对动态方程 $\dot{x}=g(x,\alpha)$ 的平衡解，$\varepsilon=\pm 1,\delta=\pm 1$。

1. 奇点类型：$\mathrm{codim}(g)=0$，极限点   A. GS 范式：$\varepsilon x^2+\delta\alpha$
2. 奇点类型：$\mathrm{codim}(g)=1$，跨临界点   B. GS 范式：$\varepsilon x^3+\delta\alpha$
3. 奇点类型：$\mathrm{codim}(g)=1$，孤立点   C. GS 范式：$\varepsilon(x^2-\alpha^2)$
4. 奇点类型：$\mathrm{codim}(g)=1$，滞后点   D. GS 范式：$\varepsilon(x^2+\alpha^2)$
5. 奇点类型：$\mathrm{codim}(g)=2$，非对称尖点   E. GS 范式：$\varepsilon x^4+\delta\alpha$
6. 奇点类型：$\mathrm{codim}(g)=2$，树枝分岔点   F. GS 范式：$\varepsilon x^2+\delta\alpha^3$
7. 奇点类型：$\mathrm{codim}(g)=2$，四次折叠点   G. GS 范式：$\varepsilon x^3+\delta\alpha x$
8. 奇点类型：$\mathrm{codim}(g)=3$，四次孤立点   H. GS 范式：$\varepsilon x^5+\delta\alpha$
9. 奇点类型：$\mathrm{codim}(g)=3$，双翼尖点   I. GS 范式：$\varepsilon x^2+\delta\alpha^4$
10. 奇点类型：$\mathrm{codim}(g)=3$，四次跨临界点   J. GS 范式：$\varepsilon x^3+\delta\alpha^2$
11. 奇点类型：$\mathrm{codim}(g)=3$，五次滞后点   K. GS 范式：$\varepsilon x^4+\delta\alpha x$

25.9 习题

A 类型习题

习题 25.1 （生态学中的折分岔）

考虑下面的微分方程

$$\dot{x}=rx\left(1-\frac{x}{K}\right)-\alpha$$

该方程模拟具常数收获的单种群动力学。其中，x 为种群个数；r、K 分别为**内禀增长率**与**种群容纳量**；α 为**收获率**，它是控制参数。求参数值 α_0 使系统在此点有折分岔，并按生态动力学解释可能出现超收获的结果。这例子是否是突变分岔？

习题 25.2 （复记号）

验证

$$\dot{z}=iz+(i+1)z^2+2iz\tilde{z}+(i-1)z^2$$

是系统

$$\begin{pmatrix}\dot{x}_1\\ \dot{x}_2\end{pmatrix}=\begin{pmatrix}1 & 2\\ -1 & -1\end{pmatrix}\begin{pmatrix}x_1\\ x_2\end{pmatrix}+2\sqrt{3}\begin{pmatrix}0\\ x_1 x_2\end{pmatrix}$$

的复数形式，只要特征向量选为形式

$$q=\frac{\sqrt{3}}{6}\begin{pmatrix}2\\ -1+i\end{pmatrix},\ p=\frac{\sqrt{3}}{2}\begin{pmatrix}1+i\\ 2i\end{pmatrix}$$

如果选择另外满足 $\langle p,q\rangle=1$ 的 q、p，上述的复数形式有何变化？

习题 25.3 （非线性稳定性）

借助复坐标 $z=x+iy$ 将系统

$$\begin{cases}\dot{x}=-y-xy+2y^2\\ \dot{y}=x-x^2 y\end{cases}$$

写为复数形式,并由公式(15.5.8)计算规范形系数 $c_1(0)$。原点是否稳定?

习题 25.4 试讨论平面系统
$$\dot{x} = \alpha x - x^3 + xy^2, \quad \dot{y} = -y - y^3 - x^2 y$$
的静态分岔。

习题 25.5 试讨论平面系统
$$\dot{x} = \alpha y + xy, \quad \dot{y} = -\alpha x + x^2 + y^2$$
的静态分岔。

习题 25.6 试讨论平面系统
$$\dot{x} = \alpha y - y^2, \quad \dot{y} = x - 2y + 0.5x^2$$
的静态分岔。

习题 25.7 试用 LS 约化建立平面系统
$$\dot{x} = \alpha x + xy - x^3, \quad \dot{y} = y + x^2 - y^2$$
的约化方程,并讨论静态分岔。

习题 25.8 试用 LS 约化建立平面系统
$$\dot{x} = (2-\alpha)x - 2y + 2x^2 + 2y^2, \quad \dot{y} = (1-3\alpha)x - y + xy + y^2$$
在零点邻域存在叉式分岔。

习题 25.9 试确定平面系统
$$\dot{x} = x, \quad \dot{y} = -y + x^2$$
的平衡点及其不变流形,并验证双曲平衡点的不变流形定理。

习题 25.10 试计算平面系统
$$\dot{x} = xy + ax^3 + bxy^2, \quad \dot{y} = -y + cx^2 + dx^2 y$$
的中心流形,用中心流形定理导出约化系统,证明当 $a+c>0$ 时零解不稳定。

习题 25.11 试计算三维系统
$$\dot{x} = -y + xz - x^4, \quad \dot{y} = x + yz + xyz, \quad \dot{z} = -z - (x^2+y^2) + z^2 + \sin x^2$$
的中心流形,用中心流形定理导出约化系统,判断零解的稳定性。

习题 25.12 试用中心流形定理导出习题 7 中平面系统的约化方程,并讨论静态分岔。

习题 25.13 试确定系统
$$\dot{x} = 3x + a_1 x^2 + a_2 xy + a_3 y^2 + \cdots, \quad \dot{y} = y + b_1 x^2 + b_2 xy + b_3 y^2 + \cdots$$
的三阶 PB 范式,其中"$\cdots$"表示高于 2 次的项。

B 类型习题

习题 25.14 确定平衡态的稳定性和拓扑类型。它的特征方程为
$$\Xi(\lambda) = \lambda^4 + 2\lambda^3 + \lambda^2 - 8\lambda - 20 = 0 \tag{25.9.1}$$

习题 25.15 考虑三维系统特征多项式方程
$$\lambda^3 + p\lambda^2 + q\lambda + r = 0 \tag{25.9.2}$$
式中,$p>0, q>0, r>0$,令 $R \equiv pq - r$,求证在分支曲面 $R=0$ 上平衡态的特征指数是 $(-p, \mathrm{i}\sqrt{q}, -\mathrm{i}\sqrt{q})$。

习题 25.16 考虑三维系统特征多项式(25.9.2),对固定的 p,在 (q,r)-平面上画出对应的分岔图。

习题 25.17 Chua 电路是
$$\dot{x} = a(y - f(x)), \quad \dot{y} = x - y + z, \quad \dot{z} = -by \tag{25.9.3}$$
其中三次非线性函数是
$$f(x) = -\frac{x}{6} + \frac{x^3}{6} \tag{25.9.4}$$
其中,a、b 为某正参数。系统式(25.9.3)在变换 $(x,y,z) \leftrightarrow (-x,-y,-z)$ 下不变。
在 (a,b)-参数平面上,求转移边界:原点从鞍点→鞍-焦点,以及它的线性稳定和线性不稳定子空

间的方程。在参数平面内探求与在原点的平衡态的鞍点量为零对应的曲线,求在何处向量场在鞍-焦点的散度等于零。在(a,b)-平面内画出找到的曲线。

习题 25.18 考虑 Lorenz 方程
$$\dot{x} = -\sigma(x-y), \quad \dot{y} = rx - y - xz, \quad \dot{z} = -bz + xy \tag{25.9.5}$$

其中,σ、r、b 为正参数。此外,我们将假设 $\sigma > b + 1$。注意:这个方程在变换$(x,y,z) \leftrightarrow (-x,-y,z)$下不变。求在原点的 ε_0^u 和 ε_0^{ss} 的方程。

习题 25.19 在图 25.9.1 中求(r,a)-参数平面内的点,使得不对称 Lorenz 模型
$$\dot{x} = -10(x-y), \quad \dot{y} = rx - y - xz + a,$$
$$\dot{z} = -\frac{8}{3}z + xy \tag{25.9.6}$$

的平衡态有一对零特征值。

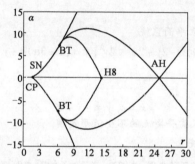

图 25.9.1 不对称 Lorenz 模型的部分分岔图,点 CP 是尖点在 BT 系统有具有两个零特征指数的二重退化平衡态

习题 25.20 我们考虑大气物理中下面的三阶系统
$$\dot{x} = -y^2 - z^2 - ax + aF, \quad \dot{y} = xy - bxz - y + G, \quad \dot{z} = bxy + xz - z \tag{25.9.7}$$

其中,a、b、F、G 为正参数。求证这个系统在
$$F^* = \frac{3a^2 + 3a^2b^2 + 12ab^2 + 12b^2 + 4a}{4(a + ab^2 + 2b^2)}, \quad G^* = \frac{\sqrt{a}\,(a^2 + a^2b^2 + 4b^2)}{4\sqrt{a + ab^2 + 2b^2}}$$

的平衡态其特征指数为$(0, \pm i\omega)$(Gavrilov-Guckenheimer 分岔)。

习题 25.21 对下面系统进行线性稳定性分析
$$\dot{r} = r(\mu_1 + az^2), \quad \dot{z} = \mu_2 + z^2 + br^2, \quad \dot{\varphi} = \omega + cz \tag{25.9.8}$$

其中,r、φ、z 为柱面坐标,$\mu_{1,2}$ 为控制参数,a,b,c 假设为 ± 1。这是 Gavrilov-Guckenheimer 分岔的截断规范形。

习题 25.22 求坐标和时间变换,它将 Lorenz 系统式(25.9.5)化为下面的形式
$$\dot{x} = y, \quad \dot{y} = x - xz - ay + Bx^3, \quad \dot{z} = -b'(z - x^2) \tag{25.9.9}$$

习题 25.23 对系统
$$\dot{x} = y, \quad \dot{y} = x - xz - ay, \quad \dot{z} = -bz + x^2 \tag{25.9.10}$$

写出在原点的鞍点的特征空间 ε^s、ε^u、ε^{sL} 的方程。

习题 25.24 研究神经活动的 Hindmarsh-Rose 模型
$$\dot{x} = y - z - x^3 + 3x^2 + I, \quad \dot{y} = -y - 2 - 5x^2, \quad \dot{z} = \varepsilon(2(x + 1.6) - z) \tag{25.9.11}$$

的平衡点。其中,I、ε 为两个控制参数。从 $\varepsilon = 0$ 开始研究。

习题 25.25 对下面两个系统进行线性稳定性分析,在 Jacobi 矩阵有完全 Jordan 块的情形下描述具有三个零特征指数的平衡态分岔

$$\dot{x}=y,\ \dot{y}=z,\ \dot{z}=ax-x^2-by-z \tag{25.9.12}$$

$$\dot{x}=y,\ \dot{y}=z,\ \dot{z}=ax-x^3-by-z \tag{25.9.13}$$

问：三次项如何改变系统的对称性质？

习题 25.26 Lorenz 方程和 Shimizu-Morioka 模型下面的"维数"扰动由以下的增广系统给出

$$\dot{x}=-\sigma(x-y),\ \dot{y}=rx-y-xz,\ \dot{z}=-bw-az+xy,\ \dot{w}=z \tag{25.9.14}$$

$$\dot{x}=y,\ \dot{y}=-ay+x-xz,\ \dot{z}=-bz+\mu w+x^2,\ \dot{w}=-bw-\mu z \tag{25.9.15}$$

$$\dot{x}=y,\ \dot{y}=-ay+x-xz,\ \dot{z}=w,\ \dot{w}=-bw-\mu z+x^2+cz^2 \tag{25.9.16}$$

求这些系统的平衡态并确定它们的类型。

习题 25.27 图 25.9.2 中显示的平衡态的 W^s 和 W^u 的最小维数是什么？

习题 25.28 考虑 n 维系统

$$\dot{x}=Ax+f(t) \tag{25.9.17}$$

其中，$f(t)$ 为周期为 2π 的连续周期函数。

构造将平面 $(x,y,t=0)$ 映到平面 $(x,y,t=\tau=2\pi)$ 的 Poincaré 映射。

习题 25.29 确定上题映射：

(1) 有唯一不动点的条件；

(2) 没有不动点的条件。

图 25.9.2 鞍-焦点 (2,2) 同宿轨线

习题 25.30 求证特征方程 $\det(zI-\mathrm{e}^{2\pi A})=0$ 的根 $z_1,\cdots,z_n$ 是 $\mathrm{e}^{2\pi\lambda_1},\cdots,\mathrm{e}^{2\pi\lambda_n}$，其中 $\lambda_1,\cdots,\lambda_n$ 是线性系统

$$\dot{x}=Ax \tag{25.9.18}$$

的特征值。

习题 25.31 证明，如果原点是系统式 (25.9.18) 的结构稳定平衡态，则映射

$$x_1=\mathrm{e}^{2\pi A}x_0+\int_0^{2\pi}\mathrm{e}^{A(2\pi-\tau)}f(\tau)\mathrm{d}\tau \tag{25.9.19}$$

对应的不动点也结构稳定。此外，求证式 (25.9.18) 的平衡态的拓扑类型与式 (25.9.19) 的不动点类型相同。

习题 25.32 求证仅当特征值 $\lambda_1、\cdots、\lambda_n$ 之一是零或者等于 $\mathrm{i}\omega$ 时 $\det(I-\mathrm{e}^{2\pi A})=0$。其中，$\omega$ 为整数。

习题 25.33 确定使得二维系统

$$\dot{x}=-\omega y+f(t),\ \dot{y}=\omega x+g(t) \tag{25.9.20}$$

有无穷多个周期为 $2\pi q$ 的周期解的条件。其中，$f、g$ 为周期为 2π 的连续函数；$q\geqslant 1$ 为某整数。

习题 25.34 考虑拟线性系统

$$\dot{x}=Ax+\mu f(x,y),\ \dot{y}=By+\mu g(x,y) \tag{25.9.21}$$

其中 $x\in\mathbf{R}^n$ 和 $y\in\mathbf{R}^m$，假定 A 的谱位于虚轴上，B 的谱位于左半平面，且 $f,g\in C^k$。

证明下面的定理，它类似于中心流形定理：

定理 25.9.1 对任何 $R>0$ 存在 μ_0，使得对 $|\mu|<\mu_0$，球 $\|(x,y)\|\leqslant R$ 包含有吸引 C^k-光滑不变流形 $y=\mu\varphi(x,\mu)$。

习题 25.35 由定理 25.9.1 得知，对式 (25.9.21) 的研究化为对 n 维系统

$$\dot{x}=Ax+\mu f(x,\mu\varphi(x,\mu))=Ax+\mu\tilde{f}(x)+o(\mu) \tag{25.9.22}$$

的研究，其中，$\tilde{f}(x)=f(x,0)$。考虑拟线性映射的类似情形。

习题 25.36 对下面的 $(n+m)$ 维系统

$$\dot{x} = Ax + h_1(t) + \mu f(x, y, t), \quad \dot{y} = By + h_2(t) + \mu g(x, y, t) \tag{25.9.23}$$

证明与定理 25.9.1 类似的定理，其中，所有函数都是 2π-周期函数。A 和 B 的谱分别位于虚轴上和虚轴的左边。

习题 25.37 考虑系统

$$\dot{x} = \mu f(x, t) \tag{25.9.24}$$

其中 $f(x, t) = f(x, t + 2\pi)$ 是 t 的连续函数，且关于 x 光滑，$x \in \mathbf{R}^n$。

求直到 μ^2 次项的 Poincaré 映射：

$$x_1 = x_0 + \mu \int_0^{2\pi} f(x_0, \tau) \mathrm{d}\tau + O(\mu^2) \tag{25.9.25}$$

习题 25.38 记 $f_0(x) = \int_0^{2\pi} f(x_0, \tau) \mathrm{d}\tau$。求证沿着系统

$$\dot{x} = \frac{\mu}{2\pi} f_0(x) \tag{25.9.26}$$

的轨线的时间 2π 移位与式(25.9.26)的直到 μ^2 次项重合。系统式(25.9.26)称为**平均系统**。

习题 25.39 证明下面的定理：

定理 25.9.2 平均系统的结构稳定平衡态对应于原系统的结构稳定周期轨道：若 x^* 是式(25.9.26)的结构稳定平衡态，则对所有充分小的 μ，系统式(25.9.24) Poincaré 映射式(25.9.25)有接近于 x^* 的结构稳定不动点。

习题 25.40 求证在一般情形

$$\dot{x} = Ax + \mu f(x, t) \tag{25.9.27}$$

相应的 Poincaré 映射由

$$x_1 = \mathrm{e}^{2\pi A} x_0 + \mu \int_0^{2\pi} \mathrm{e}^{A(2\pi - \tau)} f(\mathrm{e}^{A\tau} x_0, \tau) \mathrm{d}\tau + O(\mu^2) \tag{25.9.28}$$

给出，其中 $f(x, t)$ 关于时间，关于 x 光滑。

习题 25.41 验证如果 $\det(\mathrm{e}^{2\pi A} - I) \neq 0$，那么对任何给定的 R，只要 μ 足够小，在以 R 为半径的球内存在单个不动点 $x^*(\mu)$，使得当 $\mu \to 0$ 时有 $x^*(\mu) \to 0$。

习题 25.42 研究具有两个方程的系统

$$\dot{x} = -\omega y + \mu f(x, y, t) \tag{25.9.29a}$$
$$\dot{y} = \omega y + \mu g(x, y, t) \tag{25.9.29b}$$

计算直到 μ^2 次项的映射。

习题 25.43 将系统式(25.9.29)写为极坐标 $x = r\cos\theta, y = r\sin\theta$ 下的系统。

习题 25.44 设

$$R(r, \theta, t) = \sum_{n=0}^{\infty} \sum_{m=0}^{\infty} a_{nm}(r) \mathrm{e}^{\mathrm{i}(m\theta + nt)} \tag{25.9.30a}$$

$$\Psi(r, \theta, t) = \sum_{n=0}^{\infty} \sum_{m=0}^{\infty} b_{nm}(r) \mathrm{e}^{\mathrm{i}(m\theta + nt)} \tag{25.9.30b}$$

对 ω 是整数情形构造直到 $O(\mu^2)$ 的 Poincaré 映射。

习题 25.45 证明下面定理：

定理 25.9.3（平均定理） 如果 ω 是整数，则对充分小 $\mu > 0$，系统

$$\dot{x} = \frac{\mu}{2\pi}\Phi_1(x, y), \quad \dot{y} = \frac{\mu}{2\pi}\Phi_2(x, y) \tag{25.9.31}$$

的结构稳定平衡态对应于 Poincaré 映射的结构稳定不动点，此外，稳定平衡点对应于稳定不动点。

在极坐标下平均系统是

$$\dot{r} = \mu \sum_{m\omega + n = 0} a_{nm}(r) e^{im\theta} = \mu R_0(r, \theta) \qquad (25.9.32\text{a})$$

$$\dot{\theta} = \mu \sum_{m\omega + n = 0} b_{nm}(r) e^{im\theta} = \mu \Psi_0(r, \theta) \qquad (25.9.32\text{b})$$

我们在这里应该注意在 $r = 0$ 时的奇异性。

习题 25.46 求 van der Pol 方程

$$\ddot{x} + \mu(1 - x^2)\dot{x} + \omega^2 x = \mu A \sin t \qquad (25.9.33)$$

相应的平均系统，只要 $\omega^2 = 1 + \mu\Delta$（其中 Δ 称为去谐）。当 A 和 Δ 变化时确定平衡态的类型。

习题 25.47 现在考虑 ω 不是整数的情形。映射

$$x_1 = x_0 \cos 2\pi\omega - y_0 \sin 2\pi\omega + \mu \Phi_1(x_0, y_0) + \mu^2(\cdots) \qquad (25.9.34\text{a})$$

$$y_1 = x_0 \sin 2\pi\omega + y_0 \cos 2\pi\omega + \mu \Phi_2(x_0, y_0) + \mu^2(\cdots) \qquad (25.9.34\text{b})$$

在这情形有接近于零的唯一不动点。求对应于这个不动点的周期运动 $(x^*(t), y^*(t))$，并求直化这个周期解（将原点移到 $(x^*(t), y^*(t))$）以后这个系统的方程。

习题 25.48 考虑 ω 为无理数的情形，我们可以假设在式 (25.9.29) 中的 $f(0,0,t) \equiv 0$, $g(0,0,t) \equiv 0$。系统在极坐标下有具非奇异(光滑)系数 a_{nm}、b_{nm} 的形式

$$\dot{r} = \mu \sum_{n=0}^{\infty} \sum_{m=0}^{\infty} a_{nm}(r) e^{i(m\theta + nt)} \qquad (25.9.35\text{a})$$

$$\dot{\theta} = \omega + \mu \sum_{n=0}^{\infty} \sum_{m=0}^{\infty} b_{nm}(r) e^{i(m\theta + nt)} \qquad (25.9.35\text{b})$$

对给定的 N、M，证明存在光滑坐标变换将此系统化为形式

$$\dot{r} = \mu a_{00}(r) + O(\mu^2) + \mu \sum_{n=Nm=M}^{\infty} \sum_{nm}^{\infty} a_{nm}(r) e^{i(m\theta + nt)} \qquad (25.9.36\text{a})$$

$$\dot{\theta} = \omega + \mu b_{00}(r) + O(\mu^2) + \mu \sum_{n=Nm=M}^{\infty} \sum_{nm}^{\infty} b_{nm}(r) e^{i(m\theta + nt)} \qquad (25.9.36\text{b})$$

习题 25.49 研究截断映射

$$r_1 = r_0 + 2\pi\mu a_{00}(r_0) \qquad (25.9.37\text{a})$$

$$\theta_1 = \theta_0 + 2\pi\omega + 2\pi\mu b_{00}(r_0) \qquad (25.9.37\text{b})$$

求证除了平凡不动点 $(0,0)$ 以外，上面映射还可以有由方程

$$a_{00}(r_0) = 0 \qquad (25.9.38)$$

的零点确定的不变闭曲线。

习题 25.50 证明对小 $\mu > 0$，方程

$$a_{00}(r_0) = 0 \qquad (25.9.39)$$

满足

$$a'_{00}(r^*) < 0 \qquad (25.9.40)$$

的每一个根 r^* 对应于稳定不变闭曲线 $r = r^*(\mu) = r^* + O(\mu)$。

习题 25.51 求证对小 $\mu > 0$，平均系统的稳定(不稳定)极限环对应于原系统式 (25.9.29) 的稳定(不稳定)不变环面。

习题 25.52 考虑系统式 (25.9.29) 的共振情形 $[\omega = p/q (q \geq 1)]$。于是对应的平均系统可写为

$$\dot{r} = \mu R_0(r, \theta), \quad \dot{\theta} = \mu \Psi_0(r, \theta) \qquad (25.9.41)$$

假设系统

$$\dot{r} = R_0(r, \theta), \quad \dot{\theta} = \Psi_0(r, \theta) \qquad (25.9.42)$$

有结构稳定的周期为 τ 的周期轨道 $L: \{r = \alpha(t), \theta = \beta(t)\}$，令

$$\lambda = \int_0^T \left[\frac{\partial R_0}{\partial \tau}(\alpha(t), \beta(t)) + \frac{\partial \Psi_0}{\partial \tau}(\alpha(t), \beta(t)) \right] \quad (\mathrm{d}\tau < 0) \tag{25.9.43}$$

由此得知平均系统有周期为 τ/μ 的周期解 $\{r = \alpha(\mu t), \theta = \beta(\mu t)\}$。
证明对小 $\mu > 0$ 原系统有稳定不变环面。

习题 25.53 研究写为下面形式的 Mathieu 方程

$$\dot{x} = y, \quad \dot{y} = -\omega^2(1 + \varepsilon\cos\omega_0 t)x \tag{25.9.44}$$

证明对应于参数振动的不稳定区域,区域与在平面 $\left(\dfrac{\omega}{\omega_0}, \varepsilon\right)$ 中 $\varepsilon = 0$ 上的点 $\dfrac{\omega}{\omega_0} = \dfrac{k}{2}(k = 1, 2, \cdots)$ 相毗邻。

习题 25.54 考虑系统

$$\dot{\Psi}_1 = \omega_1, \quad \dot{\Psi}_2 = \omega_2 \tag{25.9.45}$$

其中,$\omega_{1,2} > 0$,这可解释为两个非交互作用的调和振子偶。上面的系统可以化为一个方程

$$\frac{\mathrm{d}\Psi_1}{\mathrm{d}\Psi_2} = \frac{\omega_1}{\omega_2} \stackrel{\text{dif}}{=} r \tag{25.9.46}$$

我们总可以假设 $r < 1$。上面的系统有解

$$\Psi_1 = r\Psi_2 + \Psi_2^0 \tag{25.9.47}$$

习题 25.55 研究圆周映射

$$\bar{\theta} = \theta + \omega + k\sin\theta \quad \mathrm{mod}(2\pi) \tag{25.9.48}$$

其中,ω 为圆频率;k 为某参数。对 $\omega \in [0, 2\pi]$ 数值计算旋转数 $R(\omega)$:

$$R = \frac{1}{2\pi} \lim_{N \to +\infty} \frac{1}{N} \sum_{n=0}^{N-1} (\theta_{n+1} - \theta_n) \tag{25.9.49}$$

C 类型习题

习题 25.56 三自由度系统的微振动

(1) 实验题目。

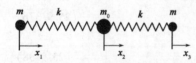

图 25.9.3 三自由度系统的微振动

研究两个弹簧连接 3 个质点的一维振动系统的运动。如图 25.9.3 所示,其中弹簧的劲度系数均为 k,中间的质点的质量为 m_0,两端质点的质量都为 m。

(2) 实验目的及要求。

① 用 3 种不同的方法,即矩阵方法、快速傅立叶变换法和拉普拉斯变换法,分别求出振动系统的简正角频率。从而证明这 3 种方法所得的结果是相同的。本题将这 3 种方法放在一起,通过对比,读者可以了解它们之间的内在联系。

② 将拉普拉斯变换法得出的系统的运动微分方程的解析解做成动画模拟。

③ 学习快速傅立叶变换法和拉普拉斯变换法的用法。

(3) 解题分析。

以图 25.9.3 中所示的 3 个质点相对自身平衡位置的位移 x_1、x_2、x_3 作为三自由度振动系统的广义坐标。用拉格朗日方法,可得出系统的运动微分方程

$$m\frac{\mathrm{d}^2 x_1}{\mathrm{d}t^2} + kx_1 - kx_2 = 0 \tag{25.9.50a}$$

$$m_0\frac{\mathrm{d}^2 x_2}{\mathrm{d}t^2} - kx_1 + 2kx_2 - kx_3 = 0 \tag{25.9.50b}$$

$$m\frac{\mathrm{d}^2 x_3}{\mathrm{d}t^2} - kx_2 + kx_3 = 0 \tag{25.9.50c}$$

方程组的矩阵形式为

$$M\frac{\mathrm{d}^2 X}{\mathrm{d}t^2} + KX = 0 \tag{25.9.51}$$

其中

$$M = \begin{bmatrix} m & 0 & 0 \\ 0 & m_0 & 0 \\ 0 & 0 & m \end{bmatrix} \tag{25.9.52a}$$

$$X = \begin{bmatrix} x_1 \\ x_2 \\ x_3 \end{bmatrix} \tag{25.9.52b}$$

$$K = \begin{bmatrix} k & -k & 0 \\ -k & 2k & -k \\ 0 & -k & k \end{bmatrix} \tag{25.9.52c}$$

设解的形式为

$$x_1 = A_1 \cos(\omega t + \varphi) \tag{25.9.53a}$$
$$x_2 = A_2 \cos(\omega t + \varphi) \tag{25.9.53b}$$
$$x_3 = A_3 \cos(\omega t + \varphi) \tag{25.9.53c}$$

代入式(25.9.51)后,得矩阵形式的方程

$$(K - M\omega^2)A = 0 \tag{25.9.54}$$

其中

$$A = \begin{bmatrix} A_1 \\ A_2 \\ A_3 \end{bmatrix} \tag{25.9.55}$$

式(25.9.54)化为

$$(k - m\omega^2)A_1 - kA_2 = 0 \tag{25.9.56a}$$
$$-kA_1 + (2k - M\omega^2)A_2 - kA_3 = 0 \tag{25.9.56b}$$
$$-kA_2 + (k - m\omega^2)A_3 = 0 \tag{25.9.56c}$$

上面的方程组要求

$$K - M\omega^2 = 0 \tag{25.9.57}$$

即

$$\begin{vmatrix} k - m\omega^2 & -k & 0 \\ -k & 2k - m_0\omega^2 & -k \\ -k & 0 & k - m\omega^2 \end{vmatrix} = 0 \tag{25.9.58}$$

由此得到 3 个简正角频率

$$\omega_1 = \sqrt{\frac{k}{m}}, \quad \omega_2 = 0, \quad \omega_3 = \sqrt{\frac{k}{m}\left(1 + \frac{2m}{m_0}\right)} \tag{25.9.59}$$

将简正角频率分别代回式(25.9.57),可得到 3 个与之对应的本征矢量。
对 $\omega_1 = \sqrt{k/m}$,本征矢量为

$$A_1 = \begin{bmatrix} A_{11} \\ A_{21} \\ A_{31} \end{bmatrix} = \begin{bmatrix} A_{11} \\ 0 \\ -A_{11} \end{bmatrix} \tag{25.9.60}$$

A_{11}、A_{21}、A_{31} 的右脚码的左边数字为质点的编号,右边数字为简正频率的编号。这 3 个量分别是与 ω_1 对应的简正模式的 3 个质点的振幅。简正模式的振动方程为

$$x_1 = A_{11}\cos(\omega_1 t + \varphi_1) \tag{25.9.61a}$$

$$x_2 = 0 \tag{25.9.61b}$$

$$x_3 = -A_{11}\cos(\omega_1 t + \varphi_1) \tag{25.9.61c}$$

对 $\omega_2 = 0$,本征矢量为

$$\boldsymbol{A}_2 = \begin{bmatrix} A_{12} \\ A_{22} \\ A_{32} \end{bmatrix} = \begin{bmatrix} A_{12} \\ A_{12} \\ A_{12} \end{bmatrix} \tag{25.9.62}$$

简正振动的方程为

$$x_1 = A_{12}\cos\varphi_2 \tag{25.9.63a}$$

$$x_2 = A_{12}\cos\varphi_2 \tag{25.9.63b}$$

$$x_3 = A_{12}\cos\varphi_2 \tag{25.9.63c}$$

各质点位移相同,系统作纯平动。

对 $\omega_3 = \sqrt{\dfrac{k}{m}\left(1 + \dfrac{2m}{m_0}\right)}$,本征矢量为

$$\boldsymbol{A}_3 = \begin{bmatrix} A_{13} \\ A_{23} \\ A_{33} \end{bmatrix} = \begin{bmatrix} A_{13} \\ -\dfrac{2m}{m_0}A_{13} \\ A_{13} \end{bmatrix} \tag{25.9.64}$$

进而得到第三个简正模式的运动学方程

$$x_1 = A_{13}\cos(\omega_3 t + \varphi_3) \tag{25.9.65a}$$

$$x_2 = -\dfrac{2m}{m_0}A_{13}\cos(\omega_3 t + \varphi_3) \tag{25.9.65b}$$

$$x_3 = A_{13}\cos(\omega_3 t + \varphi_3) \tag{25.9.65c}$$

式(25.9.61)、式(25.9.63)和式(25.9.65)描绘出 3 个简正模式的运动情况。

系统的运动是 3 个简正模式运动的线性叠加,方程组的通解为

$$x_1 = A_{11}\cos(\omega_1 t + \varphi_1) + A_{12}\cos\varphi_2 + A_{13}(\varphi_3 t + \varphi_3) \tag{25.9.66a}$$

$$x_2 = A_{12}\cos\varphi_2 - \dfrac{2m}{M}A_{13}\cos(\varphi_3 t + \varphi_3) \tag{25.9.66b}$$

$$x_3 = -A_{11}\cos(\omega_1 t + \varphi_1) + A_{12}\cos\varphi_2 + A_{13}(\varphi_3 t + \varphi_3) \tag{25.9.66c}$$

积分常数 A_{11}、A_{12}、A_{13} 和 φ_1、φ_2、φ_3 由初始条件确定。

在程序中,用矩阵方法求本征角频率的方法与习题 24.11 弹簧连接的耦合摆中使用的方法相同,这里不再重复。得到的 3 个本征频率是 6.455 0、4.082 5 和 0。

用傅立叶变换求本征角频率的办法是对数值求解微分方程所得到的质点 1 的位移曲线(图 25.9.4)作傅立叶变换,将得到的角频率去掉零频分量和共轭的分量,然后平方得到功率谱(图 25.9.5)。功率谱中两个极大值即不为零的两个本征角频率,得到的结果是 6.473 6 和 3.998 4。

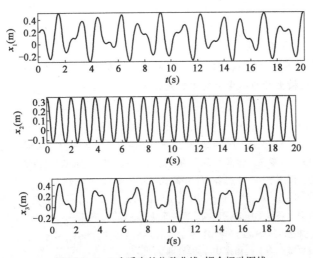

图 25.9.4 3 个质点的位移曲线,耦合振动图线

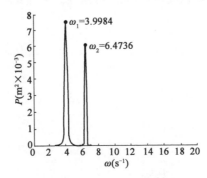

图 25.9.5 质点 1 的功率谱

用拉普拉斯变换法可求常微分方程的解析解。程序中用 MATLAB 的符号计算功能,对微分方程组进行拉普拉斯变换(为了简单,求解中取质点 1 的初位移为 XL10,其余的初位移和初速度取为零),然后求解变换所得的方程组,最后将解作逆变换,得出原微分方程组的解。结果与解析方法的解相同。将有关数值代入后结果也相同。在屏幕上显示的分别为

XL1 = XL10 * m * [1/(m0 + 2 * m) + 1/2/m * cos(k/m)^(1/2) * t] +
  1/(2 * m0 + 4 * m) * m0/m * cos[(m0 + 2 * m) * k/m0/m]^(1/2) * t]

XL2 = k * XL10 * m * (−1/k/(m0 + 2 * m) * cos{[(m0 + 2 * m) * k/m0/m]^(1/2) * t) +
  1/k/(m0 + 2 * m)}

XL3 = m * XL10 * k^2 * (1/k^2/(m0 + 2 * m) − 1/2/k^2/m * cos[(k/m)^(1/2) * t +
  1/2 * m0/k^2/(m0 + 2 * m)/m] * cos{[(m0 + 2 * m) * k/m0/m]^(1/2) * t)}

为了作出动画模拟,必须给参数的具体值。仍取 $m = 3$, $m_0 = 4$, $k = 50$,代入拉普拉斯变换法求得的方程的解析解中,得

XL1 = .600 0e − 1 + .100 0 * cos(4.082 * t) + .400 0e − 1 * cos(6.456 * t)

XL2 = −6 000e − 1 * cos(6.456 * t) + .6 000e − 1

XL3 = .600e − 1 − .100 0 * cos(4.082 * t) + .400 0e − 1 * cos(6.456 * t)

这个表达式就是式(25.9.33)。在每个余弦函数中 t 前面的数值就是简正角频率。习题 24.11 的做法,在这个表达式中取不同的项加以组合,就可以分别表示不同的振动模式如一般振动、按简正模式

1运动、按简正模式2运动等。如果没有动画,一般振动模式的运动是很难想象的。

(4)思考题。

①傅立叶频率与简正角频率是什么关系?

②在利用傅立叶变换求简正角频率时,为什么要先求出功率谱?在功率谱中如何寻找它最大值?

③在功率谱图形中,横坐标与纵坐标的单位是什么?

##

　　托马斯·杨(1773—1829),英国人,物理学家,光的波动说的奠基人之一。他提出了杨氏模量和光的干涉原理;他进行了杨氏双缝实验,发现了光的干涉性质,证明光以波动形式存在。物理学家将他的双缝实验结果和爱因斯坦的光量子假说结合起来,提出了光的波粒二象性。他将术语"弹性模量"(已称为著名的杨氏模量)定义为使单位截面的杆的伸长加倍的重量。他还认识到剪切也是一种弹性变形,称为横推量(detrusion),并注意到材料对剪切的抗力不同于材料对拉伸或压缩的抗力。他首次使用术语"能量"(energy)和"所消耗的劳动"(做的功)来分别表示mv^2和Fx(其中,m为物体的质量;v为其速度;F为力;x为F移动的距离),并阐明这两个量之间成正比关系。

　　主要著作:《自然哲学与机械工艺课程》《自然哲学讲义》《声和光的实验和探索纲要》《拉普拉斯天体力学原理阐明》《对视觉过程的观察》《医学文献介绍及实用疾病分类学》等。

##

第6篇　分岔和混沌

本篇包括第26章、第27章和第28章,主要介绍传统的非线性振动与现代的分岔和混沌相结合理论及其在工程中的应用。

第26章讨论转子的非线性振动,介绍C-L理论和非线性振动在转子动力学中的应用。陈予恕等利用动力系统分岔理论,给出了非线性马休方程的一种新解法,并得到了整个系统参数平面上的不同参数域中分岔图各种可能的拓扑结构。Bogoliubov和Nayfeh曾分别用平均法和多尺度法研究了同一系统:

$$\frac{\mathrm{d}^2 x}{\mathrm{d}t^2} + \omega^2(1+2\varepsilon\cos 2\omega t)x + 2\delta \cdot \frac{\mathrm{d}x}{\mathrm{d}t} + \gamma x^3 = 0$$

但是,他们得到的响应曲线结果是拓扑不等价的。人们自然会问:

(1) 非线性Mathieu方程的正确的拓扑结构是什么?
(2) 若他们的结果都正确,对一般的非线性特性是否还有其他新的响应形式?
(3) 对所有的响应曲线,哪些是典型的,哪些是普遍的?

为了回答以上问题,从20世纪80年代起,陈予恕等在定义了周期函数空间后,对一般形式的非线性Mathieu方程应用对称性理论、LS方法,求得分岔方程后,再利用奇异性理论,建立了被国际上命名的C-L方法(Chen-Langford)。陈予恕、李银山等探讨了弹性转子系统的稳定性和稳定裕度问题。采用短轴承油膜力的解析表达式和数值模拟的方法研究了系统的分岔和混沌特性。把电力系统广泛应用的高维轨线约化扩展相平面稳定性量化理论推广到非线性转子系统中,提出了相比正面积准则,给出了转子系统稳定裕度的定义,对滑动轴承不平衡转子系统进行了稳定性量化分析。

第27章讨论板的非线性振动。李银山等研究了夹层椭圆形板的非线性强迫振动问题,通过叠加-迭代谐波平衡法得出了椭圆板的1/3亚谐解。同时,对叠加-迭代谐波平衡法和数值积分法的精度进行了比较,并且讨论了1/3亚谐解的渐进稳定性。计及材料的非线性弹性和黏性性质,研究了圆板在简谐载荷作用下的混沌,导出了相应的非线性动力学方程;利用Melnikov函数法,结合Poincaré映射、相平面轨迹、时程曲线和分岔图判定系统是否处于混沌状态,并对系统通向混沌的道路进行了讨论。

第28章讨论三维离散时间动力系统的不动点和分岔。作为理解非线性离散系统周期-m不动点的稳定性和分岔基础,本章全面讨论了线性离散动力系统的稳定性,从不同的角度介绍了非线性离散系统不动点的稳定性、稳定性切换及分岔,重点介绍了Neimark-Sacker分岔的规范形和一般Neimark-Sacker分岔。

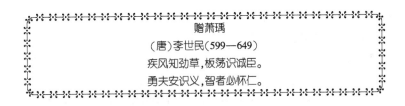

第26章 转子的非线性振动

本章研究了非线性参数激励系统在主共振、亚谐共振、超谐共振和分数共振等各种情况下的分岔解,给出了在非退化条件下分岔图的各种可能的拓扑结构。首先,本章给出了一个弹性转子系统的非线性动力学安全裕度准则。采用分解和聚合的方法将系统的积分空间与观察空间分离,在积分空间中得到高维系统的稳态轨迹;根据转子系统振动的国际标准确定安全准则的能量界限,在一系列观察空间中采用能量相比正面积准则计算安全裕度。其次,本章给出了滑动轴承非线性油膜力条件下不平衡转子系统安全裕度计算的实例。所建议的安全裕度准则包括了工程中通用的稳定裕度的计算,它是解决非线性系统安全裕度和稳定裕度量化计算问题的一种有效方法。

26.1 非线性参数振动系统的共振分岔解

26.1.1 系统的对称性

非线性参数激励振动方程,称为普遍非线性参数激励振动方程,即
$$\ddot{u} + \delta[\dot{u} + h(u, \dot{u}, \mu, \delta)] + (m^2 + \mu)u + f(u, \dot{u}, \mu) + 2\varepsilon\cos nt[u + g(u, \dot{u}, \mu, \varepsilon)] = 0 \tag{26.1.1}$$

式中,m 和 n 为互质的正整数;μ 为调谐值取为分岔参数;δ 为阻尼系数;ε 是参数激励振幅,都是实的小参数;f,g 和 h 都为 u,$\dot{u}$ 的二阶以上的解析函数,并设 f 和 g 是 $\dot{u}$ 的偶函数。

式(26.1.1)可代表很多工程结构的参数激励振动过程,如 Euler 动屈曲问题、具有双刚度转子的弯曲振动、高层建筑结构在地震载荷作用下的振动等。式(26.1.1)的特殊问题已被很多学者研究过,如具有垂直振动支承的单摆、Mathieu-Vander Pol 方程、Mathieu-Duffing 方程等,陈予恕、郎福德研究了非线性 Mathieu 方程的亚谐共振分岔解。但式(26.1.1)还可能发生主共振($m = n = 1$)、亚谐共振($m = 1 < n$)、超谐共振($m > 1 = n$)和分数共振(m、$n > 1$,$m \neq n$)等各种共振情况,称为普遍情况。本书给出了研究普遍情况下分岔理论方法。首先,研究了式(26.1.1)的对称性;其次,应用 Liapunov-Schmidt 方法求分岔方程,给出某些定理来确定分岔方程的形式和分岔方程的系数;最后,分析了分岔图的各种可能的拓扑结构,阐明了某些新的力学行为。

令 $M(\mu, \delta, \varepsilon)u$ 表示由式(26.1.1)左端所定义的非线性参数激励振动算子,不难看出该系统将存在以 $2\pi/m$ 为周期的周期解。

定义周期函数空间

$$C_{2\pi} = \{p \in C(\boldsymbol{R}) | p(t+2\pi) = p(t)\} \qquad (26.1.2)$$

$$C_{2\pi}^2 = \{q \in C^2(\boldsymbol{R}) | q(t+2\pi) = q(t)\} \qquad (26.1.3)$$

在式(26.1.2)上定义范数 $\|p\|$ 和 $\|q\|_2 = \|q\| + \|\dot{q}\| + \|\ddot{q}\|$ 后,则 $C_{2\pi}$ 和 $C_{2\pi}^2$ 为 Banach 空间。

为了阐明方程式(26.1.1)的对称性,在上述空间上定义两个变换。

移相变换 $\qquad T_\varphi p(t) = p(t+\varphi) \quad (\varphi \in S^1) \qquad$ (26.1.4a)

反相时间变换 $\qquad \sigma p(t) = p(-t) \qquad$ (26.1.4b)

不难证明, $T_{2k\pi/n}$ 和 σ 分别和 I(单位矩阵)组成二元 Lie 群,并将与 $\boldsymbol{R}^2$ 上的二维正交线性变换群 $O(2)$ 的一子群 T 同构。

根据式(26.1.1)不难证明 M 与子群 T 是可变换的:

$$M(\mu, \delta, \varepsilon)T_{2k\pi/n}u = T_{2k\pi/n}M(\mu, \delta, \varepsilon)u \qquad (26.1.5a)$$

$$M(\mu, 0, \varepsilon)\sigma u = \sigma M(\mu, 0, \varepsilon)u \qquad (26.1.5b)$$

$$M(\mu, \delta, 0)T_\varphi u = T_\varphi M(\mu, \delta, 0)u \qquad (26.1.5c)$$

式(26.1.5)所示的对称性对确定分岔方程的形式起着决定性作用。

26.1.2 分岔方程

根据 Liapunov-Schmit 方法将非线性参数激励振动方程的周期分岔解的问题化为复标量分岔方程,不难证明该分岔方程将具有和算子式(26.1.5)相同的对称性。

令 L 表示 Frechet 导数

$$L \equiv D_u M(0,0,0)u|_{u=0} : C_{2\pi}^2 \to C_{2\pi} \qquad (26.1.6)$$

L 的零空间和值空间分别为

$$N(L) = \{x\cos mt + y\sin mt | x, y \in \boldsymbol{R}^2\} \qquad (26.1.7a)$$

$$R(L) = \{p \in C_{2\pi} | \langle \cos mt, p \rangle = 0 = \langle \sin mt, p \rangle\} \qquad (26.1.7b)$$

其中, $\langle \cdot, \cdot \rangle$ 表示内积,其定义为

$$\langle q, p \rangle = \frac{1}{2\pi}\int_0^{2\pi} \bar{p}(t)q(t)\mathrm{d}t \qquad (26.1.8)$$

而 $\bar{p}(t)$ 表示为 $p(t)$ 的复共轭。为了计算简单,引入复空间

$$\widetilde{C}_{2\pi} = C_{2\pi} \oplus \mathrm{i}C_{2\pi} \qquad (26.1.9)$$

这里 $\mathrm{i} = \sqrt{-1}$;类似地可定义 $\widetilde{C}_{2\pi}^2$,在 $\widetilde{C}_{2\pi}^2$ 上 L 的零空间的定义为

$$\widetilde{N}(L) = \{Z_1 \mathrm{e}^{\mathrm{i}mt} + \bar{Z}_2 \mathrm{e}^{-\mathrm{i}mt} | Z_1, Z_2 \in \boldsymbol{C}\} \qquad (26.1.10)$$

如将 Z_1 和 Z_2 限制在复线 $\{(Z, \bar{Z}) | Z \in \boldsymbol{C}\}$ 上,则实零空间为

$$N(L) = \{Z\mathrm{e}^{\mathrm{i}mt} + \bar{Z}\mathrm{e}^{-\mathrm{i}mt} | Z \in \boldsymbol{C}\} \qquad (26.1.11)$$

实值空间为

$$R(L) = \{p \in C_{2\pi} | \langle \mathrm{e}^{\mathrm{i}mt}, p \rangle = 0\} \qquad (26.1.12)$$

定义实投影算子 P 和 Q

$$P: C_{2\pi} \to N(L) \tag{26.1.13a}$$

其表达式为

$$Pp(t) = \langle e^{imt}, p \rangle e^{imt} + \langle e^{-imt}, p \rangle e^{-imt} \tag{26.1.13b}$$

和

$$Q \equiv I - P$$

式中,Q 为 P 的直交补集,故 $P \perp Q$。

所以式(26.1.1)可直角分解成下列互相交错的两式

$$QM(\mu, \delta, \varepsilon)u = 0 \tag{26.1.14a}$$
$$PM(\mu, \delta, \varepsilon)u = 0 \tag{26.1.14b}$$

式(26.1.1)的通解 $x(t) \in C_{2\pi}^2$ 可写为

$$x(t) = Ze^{imt} + \bar{Z}e^{-imt} + W(t) \tag{26.1.15}$$

这里 $W(t) \in (N(L))^\perp$。将式(26.1.15)代入式(26.1.14a),则可得到确定 $W(t)$ 的方程式为

$$LW + Q\{\delta(\dot{u}+h) + \mu u + f + 2\varepsilon(u+g)\cos nt\} = 0 \tag{26.1.16}$$

因为 L 从 $(N(L))^\perp$ 到 $R(L)$ 的线性可逆映射,由隐函数定理知,可从式(26.1.16)式求得唯一的解

$$W = W(Z, \bar{Z}, \mu, \delta, \varepsilon) \tag{26.1.17}$$

且对充分小的 μ, δ, ε 有

$$W(Z, \bar{Z}, 0, 0, 0) = 0 \tag{26.1.18}$$

将已求出的 W 代入式(26.1.14b),则有

$$PM(\mu, \delta, \varepsilon)[Ze^{imt} + \bar{Z}e^{-imt} + W(Z, \bar{Z}, \mu, \delta, \varepsilon)]$$
$$= Ge^{imt} + \bar{G}e^{-imt} = 0 \tag{26.1.19}$$

因 $\langle e^{imt}, W \rangle = \langle e^{-imt}, W \rangle = 0$,则有

$$G = G(Z, \bar{Z}, \mu, \delta, \varepsilon) = \langle e^{imt}, \delta(\dot{u}+h) + \mu u + f + 2\varepsilon(u+g)\cos nt \rangle$$
$$= (\mu + im\delta)Z + \varepsilon \bar{Z}\langle e^{i(2m+n)t} + e^{i(2m-n)t}, 1 \rangle +$$
$$\varepsilon \langle e^{i(m+n)t} + e^{i(m-n)t}, W \rangle + \langle e^{imt}, \delta h + f + 2\varepsilon g \cos nt \rangle = 0 \tag{26.1.20}$$

显然可知,式(26.1.19)和式(26.1.20)是等价的。

不难证明 G 和 M 具有相同的对称性,这些对称性决定了分岔方程的形式。

定理 26.1.1 在式(26.1.1)中,对不同的 n 分岔方程中将存在不同的项,分岔方程的一般项为 $Z^j \bar{Z}^l$,且 $(j+l) > 0$, $j \cdot l \geq 0$,这里的 j 和 l 满足关系式

$$j - l - 1 = ns \tag{26.1.21}$$

这里 $s \in \mathbf{Z}$(整数集),$n \neq 0$。

证:若 $\delta \neq 0 \neq \varepsilon$,取 $T = T_{2k\pi/n}$,将其代入式(26.1.20),则有

$$G(Z, \bar{Z}, \mu, \delta, \varepsilon) = e^{-\frac{2k\pi i}{n}} G\left(e^{\frac{2k\pi i}{n}}Z, e^{-\frac{2k\pi i}{n}}\bar{Z}, \mu, \delta, \varepsilon\right)$$

由上式两端一般项 $Z^j \bar{Z}^l$ 的系数应相等,则有

$$e^{2k\pi(j-l-1)/n} = 1$$

使上式满足,则 $\dfrac{j-l-1}{n}$ 必为整数,故式(26.1.21)得正。

根据式(26.1.21)可得下列推论:

(1)对任意整数 n, $Z^{l+1}\bar{Z}^l$ 项均将存在。

(2)若 $n=1$,则指数 j 和 l 是对称的。

定理 26.1.2 当 $\delta=0$ 时,分岔方程的 Taylor 展式系数的虚部必为零。

定理 26.1.3 当 $\varepsilon=0$ 时,除了形式为 $Z^{j+1}\bar{Z}^j(j=0,1,2,\cdots)$ 的项外,不存在其他形式的项。

根据以上的分析,当 m 和 n 为任意整数时,分岔方程有如下形式:

$$\begin{aligned} G = G(Z,\bar{Z},\mu,\delta,\varepsilon) = &\mu Z + \mathrm{i}m\delta Z + a_{01}\bar{Z} + a_{20}Z^2 + \\ &\varepsilon a_{11}Z\bar{Z} + \varepsilon a_{02}\bar{Z}^2 + \varepsilon a_{30}Z^3 + a_{21}Z^2\bar{Z} + \varepsilon a_{12}Z\bar{Z}^2 + \\ &\varepsilon a_{03}\bar{Z}^3 + \mathrm{i}\delta\varepsilon b_{20}Z^2 + \mathrm{i}\delta\varepsilon b_{11}Z\bar{Z} + \mathrm{i}\delta\varepsilon b_{02}\bar{Z}^2 + \\ &\mathrm{i}\delta\varepsilon b_{21}Z^2\bar{Z} + O(|Z|^5) = 0 \end{aligned} \tag{26.1.22}$$

为保证 G 是解析的,在 G 展开式的各项中,Z 和 $\bar{Z}$ 的幂数必须为非负整数,由以上分析 G 的形式及各系数的结构知,式(26.1.22)中各系数 a_{jl} 应为实数,且均为小参数 μ、δ、ε 的可微连续函数。如果 f,g 和 h 均为解析函数,不难证明式(26.1.22)是收敛的。

26.1.3 分岔方程系数的计算

分岔方程式(26.1.22)的形式随着 m 和 n 的不同会有变化,对式(26.1.22)求偏导后,则有

$$\begin{aligned} &2a_{20} = G_{\varepsilon ZZ}(\underline{0}),\ a_{11} = G_{\varepsilon Z\bar{Z}}(\underline{0}),\ 2a_{02} = G_{\varepsilon\bar{Z}\bar{Z}}(\underline{0}),\\ &6a_{30} = G_{\varepsilon ZZZ}(\underline{0}),\ 2a_{21} = G_{ZZZ\bar{Z}}(\underline{0}),\ 2a_{12} = G_{\varepsilon Z\bar{Z}\bar{Z}}(\underline{0}),\\ &6a_{03} = G_{\varepsilon\bar{Z}\bar{Z}\bar{Z}}(\underline{0}),\ 6\mathrm{i}b_{21} + 2a_{21}\delta = G_{\varepsilon ZZ\bar{Z}}(\underline{0}),\ 2\mathrm{i}b_{20} + 2a_{20}\delta = G_{\varepsilon\delta ZZ}(\underline{0}),\\ &\mathrm{i}b_{11} + a_{11}\delta = G_{\varepsilon\delta Z\bar{Z}}(\underline{0}),\ 2\mathrm{i}b_{02} + 2a_{02\delta} = G_{\varepsilon\delta\bar{Z}\bar{Z}}(\underline{0}) \end{aligned} \tag{26.1.23}$$

由上式可以证明 a_{21} 和 b_{21} 与 n 无关。另外,式(26.1.23)右端的偏导数可直接从式(26.1.20)计算。将式(26.1.20)对 Z,$\bar{Z}$ 和 ε 求偏导数,并在($\underline{0}$)点计算,则有

$$\begin{aligned} G_{\varepsilon Z\bar{Z}}(\underline{0}) = &\langle \mathrm{e}^{\mathrm{i}(m+n)t} + \mathrm{e}^{\mathrm{i}(m-n)t},\ W_{\delta Z\bar{Z}} \rangle + \\ &\langle \mathrm{e}^{\mathrm{i}mt},\ f_{uu}(\mathrm{e}^{\mathrm{i}mt}W_{\varepsilon Z} + \mathrm{e}^{-\mathrm{i}mt}W_{\varepsilon\bar{Z}}) + f_{\dot{u}\dot{u}}(\mathrm{i}m\mathrm{e}^{\mathrm{i}mt}\dot{W}_{\varepsilon\bar{Z}} - \mathrm{i}m\mathrm{e}^{-\mathrm{i}mt}\dot{W}_{\varepsilon Z}) \rangle + \\ &\langle \mathrm{e}^{\mathrm{i}(m+n)t} + \mathrm{e}^{\mathrm{i}(m-n)t},\ g_{uu} + g_{\dot{u}\dot{u}} \rangle \end{aligned} \tag{26.1.24}$$

为了计算 $W_{\varepsilon\bar{Z}(\underline{0})}$ 和 $W_{\varepsilon Z(\underline{0})}$,将式(26.1.16)对 ε 和 $\bar{Z}(Z)$ 求偏导,整理后,则有

$$\begin{aligned} LW_{\varepsilon Z}(\underline{0}) &= Q\{\mathrm{e}^{\mathrm{i}(m+n)t} + \mathrm{e}^{\mathrm{i}(m-n)t}\} \\ &= -[\mathrm{e}^{\mathrm{i}(m+n)t} + \mathrm{e}^{\mathrm{i}(m-n)t}] + P\{\mathrm{e}^{\mathrm{i}(m+n)t} + \mathrm{e}^{\mathrm{i}(m-n)t}\} \end{aligned} \tag{26.1.25}$$

式(26.1.25)的后一项是和 m、n 有关的,只有下列关系式成立时它才不为零

$$m \pm n = \pm m \tag{26.1.26}$$

即 $2m=n$,由于 m、n 互质,所以有 $m=1$、$n=2$,故

$$W_{\varepsilon Z}(\underline{0}) = \begin{cases} \dfrac{\mathrm{e}^{3\mathrm{i}t}}{8} & (m=1,\ n=2) \\ \dfrac{\mathrm{e}^{\mathrm{i}(m+n)t}}{2mn+n^2} - \dfrac{\mathrm{e}^{\mathrm{i}(m-n)t}}{2mn-n^2} & \left(\dfrac{m}{n} \neq \dfrac{1}{2}\right) \end{cases} \tag{26.1.27}$$

用同样的方法可得到 $W_{\varepsilon\bar{Z}}(\underline{0})$ 和 $W_{\varepsilon Z\bar{Z}}(\underline{0})$。

下面分析式(26.1.24)的3个内积：

第一项内积
$$\langle e^{i(m+n)t} + e^{i(m-n)t}, W_{\delta Z\bar{Z}} \rangle$$

欲使该内积不为零，需有 $m \pm n = \pm n$，即只有 $m = 2n$ 时，该项内积非零。

第二项内积
$$\langle e^{imt}, f_{uu}(e^{imt}W_{\varepsilon Z} + e^{-imt}W_{\varepsilon\bar{Z}}) + f_{\dot{u}\dot{u}}(im e^{imt}\dot{W}_{\varepsilon\bar{Z}} - im e^{-imt}\dot{W}_{\varepsilon\bar{Z}})\rangle$$

不难看出，当 $W_{\varepsilon\bar{Z}}$ 为常数时该式才有不为零的项，根据 $W_{\varepsilon\bar{Z}}$ 的表达式知只有 $m = n = 1$ 才满足，而对 $W_{\varepsilon Z}$ 只有 $m = -m + (n \pm n)$，即 $m = n = 1$。

第三项内积
$$\langle e^{i(m+n)t} + e^{i(m-n)t}, g_{uu} + g_{\dot{u}\dot{u}} \rangle$$

只有 $m = n = 1$，此项才不为零。

总之，只有在 $n = 1$ 和 $m = 1, 2$ 时，这些项才可能不为零。故式(26.1.24)计算的最后结果为

$$G_{\varepsilon ZZ}(\underline{0}) = \begin{cases} \dfrac{\dfrac{23f_{uu}}{60} + \dfrac{7f_{\dot{u}\dot{u}}}{15} - g_{uu} - 4g_{\dot{u}\dot{u}}}{3} & (m=2, n=1) \\ \dfrac{-2(f_{uu} - f_{\dot{u}\dot{u}})}{3} + g_{uu} + g_{\dot{u}\dot{u}} & (m=n=1) \\ 0 & (n \neq 1 \text{ 或 } n=1, m>2) \end{cases} \quad (26.1.28)$$

由式(26.1.23)可得

$$a_{11} = \begin{cases} \dfrac{23f_{uu} + 28f_{\dot{u}\dot{u}} - 60g_{uu} - 240g_{\dot{u}\dot{u}}}{180} & (m=2, n=1) \\ \dfrac{-2(f_{uu} - f_{\dot{u}\dot{u}})}{3} + g_{uu} + g_{\dot{u}\dot{u}} & (m=n=1) \\ 0 & (n>1 \text{ 或 } n=1, m>2) \end{cases} \quad (26.1.29)$$

用类似的方法可算出式(26.1.23)中的其他系数为

$$a_{01} = \begin{cases} \varepsilon & (m/n = 1/2) \\ 0 & (m/n \neq 1/2) \end{cases}$$

$$a_{20} = \begin{cases} \dfrac{g_{uu} - g_{\dot{u}\dot{u}}}{2} - \dfrac{5f_{uu} + f_{\dot{u}\dot{u}}}{6} & (m/n = 1) \\ 0 & (m/n \neq 1) \end{cases}$$

$$a_{02} = \begin{cases} \dfrac{f_{uu} - f_{\dot{u}\dot{u}}}{2} + \dfrac{g_{uu} - g_{\dot{u}\dot{u}}}{2} & (m/n = 1/3) \\ 0 & (m/n \neq 1/3) \end{cases}$$

$$a_{30} = \begin{cases} \dfrac{3(f_{uuu} - 3f_{u\dot{u}\dot{u}})}{16} + \dfrac{3(f_{uu})^2 - 41 f_{uu} f_{\dot{u}\dot{u}} + 38(f_{\dot{u}\dot{u}})^2}{144} + \\ \dfrac{f_{uu}(g_{\dot{u}\dot{u}} - g_{uu})}{2} \quad (m/n = 1/2) \\ 0 \quad (m/n \neq 1/2) \end{cases}$$

$$a_{03} = \begin{cases} \dfrac{g_{uuu} - 3g_{u\dot{u}\dot{u}}}{6} + \dfrac{f_{uuu} + 3f_{u\dot{u}\dot{u}}}{12} + \dfrac{30(f_{uu})^2 + 43 f_{uu} f_{\dot{u}\dot{u}} + 11(f_{\dot{u}\dot{u}})^2}{216} + \\ \dfrac{f_{uu}(g_{uu} - 7g_{\dot{u}\dot{u}})}{18} + \dfrac{f_{\dot{u}\dot{u}} g_{uu}}{9} \quad (m/n = 1/4) \\ 0 \quad (m/n \neq 1/4) \end{cases}$$

$$a_{12} = \begin{cases} \dfrac{g_{uuu} + g_{u\dot{u}\dot{u}}}{2} - \dfrac{g_{uu}(2f_{uu} + f_{u\dot{u}\dot{u}})}{2} + \dfrac{g_{\dot{u}\dot{u}}(7f_{uu} + 2f_{\dot{u}\dot{u}})}{6} + \\ \dfrac{f_{uuu} + 5f_{u\dot{u}\dot{u}}}{16} - \dfrac{21(f_{uu})^2 + 25 f_{uu} f_{\dot{u}\dot{u}} + 26(f_{\dot{u}\dot{u}})^2}{48} \quad (m/n = 1/2) \\ 0 \quad (m/n \neq 1/2) \end{cases}$$

$$a_{21} = \dfrac{f_{uuu} + (2 - m^2) f_{u\dot{u}\dot{u}}}{2} - \dfrac{5\left[f_{uu}(f_{uu} + m^2 f_{\dot{u}\dot{u}}) - \dfrac{m^2(f_{\dot{u}\dot{u}})^2}{3} \right]}{6m^2}$$

$$b_{20} = \dfrac{f_{uu} - f_{\dot{u}\dot{u}}}{9} - \dfrac{2h_{u\dot{u}}}{3} \quad (m/n = 1)$$

$$b_{11} = \dfrac{-2h_{u\dot{u}}}{3} \quad (m/n = 1)$$

$$b_{02} = \dfrac{-(f_{uu} - f_{\dot{u}\dot{u}})}{9} \quad (m/n = 1/3)$$

$$b_{21} = \dfrac{1}{2}\left[(2 - m) h_{uu\dot{u}} + m^3 h_{\dot{u}\dot{u}\dot{u}} \right] + \dfrac{1}{9m^3}(f_{uu})^2 + \dfrac{2 - m}{9m^2} f_{uu} f_{\dot{u}\dot{u}} - \dfrac{2}{9}(f_{\dot{u}\dot{u}})^2 - \dfrac{1}{2m} f_{uu} h_{u\dot{u}} - \dfrac{7m - 4}{6} f_{\dot{u}\dot{u}} h_{u\dot{u}}$$

上述系数均为在点($\underline{0}$)计算,注意,这里 m 和 n 必须为互质的正整数。

根据以上结果,我们可以研究 $m/n = 1$; $m/n = 1/2$; $m/n = 1/3$ 和 $m/n = 1/4$ 和 $m/n = 1/4$ 等各类共振情况下的分岔方程解。

26.1.4 分岔曲线

本节我们将建立非线性参数振动方程的共振分岔周期解和分岔方程 $G = 0$ 的解之间的

——对应关系。因式(26.1.1)的解由式(26.1.15)表示,故周期分岔解的幅值可近似地以$|Z|$表示。

将Z表成极坐标的形式

$$Z = re^{i\theta} \tag{26.1.30}$$

其中$r \in \mathbf{R}, r \geq 0, \theta \in S^1$

因r为周期分岔的振幅,故r应为μ, δ和ε的解析函数,将式(26.1.30)代入分岔方程,并只考虑一次近似,然后找出其共轭方程,将二者相乘以消去θ,最后得分岔方程为

$$(\mu + KS)^2 + \alpha' + \beta'S = 0 \tag{26.1.31}$$

式中,$S = r^2$,$K = \text{sgn}(a_{21})$,α'、β'分别为普适开折参数,若满足表26.1.1所示的非退化条件,从$\dfrac{\partial \mu(0)}{\partial S} = 0$得

$$\alpha' = -\frac{1}{4}\beta'^2 \tag{26.1.32}$$

和S有实根的条件为

$$\alpha' = \frac{1}{4}\beta'^2 \tag{26.1.33}$$

开折参数平面(α', β')被式(26.1.32)和式(26.1.33)式分成6个域,每个域中所有点都有着拓扑结构相同的分岔图,如图26.1.1所示。转迁集上分岔图除B_3的分岔图,示于图26.1.2外,其他的分岔图和文献[103]相同,如果系统的参数处于图26.1.1的第1区域内,则系统有零解,这是非线性振动控制理论基础。α'和β'普适开折系数见表26.1.1。

本章的部分主要理论结果已被机械模型实验证实。

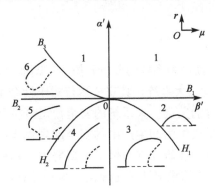

图26.1.1 α'-β'平面的域及各域内的分岔图

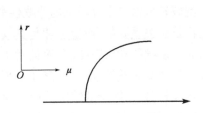

图26.1.2 B_3上的分岔图

α'和β'普适开折参数 表26.1.1

共振分岔情况	α'	β'	非退化条件
主共振	$\dfrac{(a_{20}+a_{11})^2 \delta^2}{(a_{20}-a_{11})^2}$	$\dfrac{(a_{20}+a_{11})^2 b_{11} \delta^2}{(a_{20}-a_{11})^2} - (a_{20}+a_{11})^2 \varepsilon^2$	$a_{21} \neq 0$ $\lvert a_{20} \rvert \neq \lvert a_{11} \rvert$
1/2亚谐共振	$\delta^2 - \varepsilon^2$	$2(a_{12}+b_{24}+a_{30})\delta^2 - 4a_{12}\varepsilon^2$	$a_{21} \neq 0 \neq \alpha'$ $b_{21}+a_{30} \neq a_{12}$

续上表

共振分岔情况	α'	β'	非退化条件
1/3 亚谐共振	δ^2	$(2b_{21} - a_{02}^2 - b_{02}^2)\delta^2$	$a_{21} \neq 0$ $a_{02}^2 + b_{02}^2 \neq 2b_{21}$
1/4 亚谐共振	δ^2	$2b_{21}\delta^2$	$a_{21} \neq 0$ $b_{21} \neq 0$

26.1.5 结论

(1) 本节给出了非线性参数激励振动系统在各类共振情况下的分岔解的一般分析方法，得到了除退化情况($\beta'=0$)外的所有 11 中分岔图。

(2) 转迁积分两类：一类(B_1, B_2, B_3 和 H_1, H_2)的余维数为 1；另一类域 3 到域 4 的交界余维数为无限大。

(3) 从图 26.1.1 的域 6 可知，当阻尼系数大于参数激励振幅，即 $\delta > \varepsilon$ 时，也可能存在周期分岔解。

(4) 除 1/2 亚谐共振分岔外，任何其他共振分岔解只有在 $\alpha' > 0$ 的情况下存在。

(5) 当系统参数处于图 26.1.1 的第 1 区域时，对应于零解的情况。阻尼和参数激励振幅值在特定的力学系统上满足一定关系。这一结论对非线性系统的振动控制是十分有意义的。

26.2 非线性不平衡弹性轴系动力学的安全裕度准则

26.2.1 引言

目前，新近兴起学科——混沌动力学为非线性动力系统的分析开拓了广阔前景。

大型旋转机械是十分典型的非线性非自主动力大系统。其安全运行对于社会生活和经济发展都是至关重要的，而稳定性是其安全运行的关键。大系统的安全稳定分析和控制不仅是重大的基础科学研究课题，而且对于解决现实生活和生产中的安全问题也有特别重要的意义。虽然众多数学家、力学家和工程师在稳定性研究方面做了不懈努力，但是，长期以来，稳定性研究仅局限于低维定性理论和线性系统的稳定性量化理论。由于计算机的发展，高维非线性系统稳定性量化理论成为可能。

李银山和陈予恕等提出了适用于转子稳态稳定性定量问题的相比正面积准则(Comparative positive-area criterion, CPAC)。采用 CPAC 方法分析了转子系统的非线性油膜失稳问题，并给出了稳定裕度的定义。

安全裕度是根据转子系统运行的实际振幅(或振动烈度)与规范允许值的差距的一种评估指标，它不但可以评估或设计结构的动力学参数，而且包含了稳定裕度的概念。本书结合国内外现有的旋转机械振动评定标准，给出了安全裕度的定义。

线性转子动力学中多以衰减指数计算其稳定裕度，而在非线性系统中，由于衰减指数是决定于系统的非线性函数，这种计算遇到了很大困难，如果用安全裕度准则，则可将倍周期分岔点的能量作为安全界限,利用相比正面积准则,则可得到规定的稳定裕度。

26.2.2 弹性转子动力学方程

带有一个圆盘的对称单跨弹性转子,两端支承在同样的油膜轴承上,轴的弯曲刚度系数为 k,圆盘及转子的质量向圆盘处和两端简化,圆盘处的质量为 m_1,轴两端的质量各为 $m_2/2$。滑动轴承—弹性转子简化模型如图 26.2.1 所示。其运动方程为

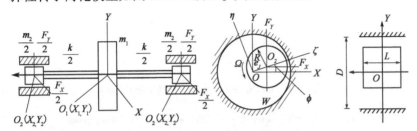

图 26.2.1 滑动轴承—弹性转子简化模型

$$m_1 \ddot{z}_1 + k(z_1 - z_2) + m_1 g - m_1 e \Omega^2 \exp(i\Omega t) = 0 \quad (26.2.1a)$$

$$m_2 \ddot{z}_2 + k(z_2 - z_1) - f + m_2 g = 0 \quad (26.2.1b)$$

式中,$z_j = x_j + iy_j (j = 1,2)$;$f = f_x + if_y$(i 是虚数单位);$e$ 为质量偏心距(m);n 为转速(r/min);Ω 为转动角速度(rad/s);f_x, f_y 为作用于各轴颈上的油膜力(N);g 为重力加速度(m/s²),$\bar{f}$ 为振动频率(Hz)。

假定 δ 为轴承平均间隙,引入如下无量纲变量

$$Z_j = \frac{z_j}{\delta} \quad (j = 1,2), \tau = \Omega t, \rho = \frac{e}{\delta}, \nu = \frac{m_1}{m_2}, \beta = \frac{\Omega}{\omega}, F = \frac{f}{\sigma W} \quad (26.2.2)$$

将式(26.2.1)无量纲化得到

$$\ddot{Z}_1 + \frac{1}{\beta^2}(Z_1 - Z_2) + \frac{1}{M\sigma} - \rho \exp(i\tau) = 0 \quad (26.2.3a)$$

$$\ddot{Z}_2 + \frac{\nu}{2\beta^2}(Z_2 - Z_1) - \frac{\nu}{M}F + \frac{1}{M\sigma} = 0 \quad (26.2.3b)$$

其中

$$Z_j = X_j + iY_j (j = 1,2), F = F_X + iF_Y, \omega = \sqrt{\frac{k}{m_1}} \quad (26.2.4a)$$

$$W = \frac{1}{2}(m_1 + m_2)g, \sigma = \frac{\eta \Omega RL}{W} \cdot \left(\frac{R}{\delta}\right)^2 \left(\frac{L}{2R}\right)^2, M = \frac{\Omega^2 \delta}{\sigma g} \quad (26.2.4b)$$

$$\Omega = \frac{2\pi n}{60}, \bar{f} = \frac{\Omega}{2\pi}, \bar{f} = \frac{n}{60} \quad (26.2.4c)$$

式中,R 为轴颈半径;L 为轴承宽度;η 为油膜黏度;σ 为 Sommerfeld 数。

无量纲非线性油膜力采用非稳态三函数解析表达式

$$\begin{bmatrix} F_X \\ F_Y \end{bmatrix} = -C \begin{bmatrix} \dot{X}_2 \\ \dot{Y}_2 \end{bmatrix} - K \begin{bmatrix} X_2 \\ Y_2 \end{bmatrix} \quad (26.2.5)$$

这里

$$\tau = \Omega t, \quad \dot{X}_2 = \frac{dX_2}{dt} = \frac{1}{\Omega \delta} \cdot \frac{dx_2}{dt}, \quad \dot{Y}_2 = \frac{dY_2}{dt} = \frac{1}{\Omega \delta} \cdot \frac{dy_2}{dt} \quad (26.2.6)$$

$$\boldsymbol{C} = \begin{bmatrix} C_{11} & C_{12} \\ C_{21} & C_{22} \end{bmatrix} \quad (26.2.7a)$$

$$\boldsymbol{K} = \frac{1}{2} \begin{bmatrix} -C_2 & C_3 \\ -C_3 & -C_2 \end{bmatrix} \quad (26.2.7b)$$

$$C_{11} = C_1 \cos^2\phi + C_2 \sin^2\phi - 2C_2 \sin\phi\cos\phi \quad (26.2.8a)$$

$$C_{12} = C_{21} = C_2(\cos^2\phi - \sin^2\phi) + (C_1 - C_3)\sin\phi\cos\phi \quad (26.2.8b)$$

$$C_{22} = C_1 \sin^2\phi + C_3 \cos^2\phi + 2C_2 \sin\phi\cos\phi \quad (26.2.8c)$$

对短轴承，C_i 的解析表达式

$$C_1 = \frac{4\varepsilon \dot{\varepsilon} A\left[3A^2 + \varepsilon^2(2-5\varepsilon^2)\left(\dot{\phi}-\frac{1}{2}\right)\right]}{(1-\varepsilon^2)^2\left[A^2 - \varepsilon^4\left(\dot{\phi}-\frac{1}{2}\right)^2\right]^2} + \frac{2+4\varepsilon^2}{(1-\varepsilon^2)^{5/2}}\Delta\phi \quad (26.2.9a)$$

$$C_2 = \frac{8A\varepsilon^4\left(\dot{\phi}-\frac{1}{2}\right)^3}{\left[A^2 - \varepsilon^4\left(\dot{\phi}-\frac{1}{2}\right)^2\right]^2} \quad (26.2.9b)$$

$$C_3 = \frac{4\varepsilon \dot{\varepsilon} A\left[A^2 + \varepsilon^2(\varepsilon^3-2)\left(\dot{\phi}-\frac{1}{2}\right)^2\right]}{(1-\varepsilon^2)\left[A^2 - \varepsilon^4\left(\dot{\phi}-\frac{1}{2}\right)^2\right]^2} + \frac{2}{(1-\varepsilon^2)^{3/2}}\Delta\phi \quad (26.2.9c)$$

其中

$$A = \sqrt{\dot{\varepsilon}^2 + \left(\dot{\phi}-\frac{1}{2}\right)^2 \varepsilon^2} \quad (26.2.10a)$$

$$\Delta\phi = \pi + 2\tan^{-1}\left[\frac{\varepsilon \dot{\varepsilon}}{A(1-\varepsilon^2)^{\frac{1}{2}}}\right] \quad (26.2.10b)$$

$$\sin\phi = \frac{Y_2}{\varepsilon}, \quad \cos\phi = \frac{X_2}{\varepsilon} \quad (26.2.11a)$$

$$\dot{\varepsilon} = \frac{X_2\dot{X}_2 + Y_2\dot{Y}_2}{\varepsilon}, \quad \dot{\phi} = \frac{X_2\dot{Y}_2 - \dot{X}_2 Y_2}{\varepsilon^2} \quad (26.2.11b)$$

26.2.3 周期解稳定性量化分析方法及安全裕度定义

（1）旋转机械振动评定标准。

目前最常采用的评定方法是以通频振幅来衡量机械的安全运行状态的，根据所使用传感器的种类分为轴承振动评定法和轴振动评定法。

轴承振动评定法可以利用接触式传感器放置在轴承座上进行测量。轴振动评定法可利用非接触式传感器测量轴相对于机壳的振动值或轴的绝对振动值。

评定参数可用振动位移峰峰值和振动烈度来表示。

表 26.2.1 为国际电工委员会 IEC 推荐的轮机振动标准。制定振动标准时假设：

①机组振动为单一频率的正弦波振动；

②轴承振动和转子振动基本上有一固定的比值，因此可利用轴承振动代表转子振动；

③轴承座在垂直、水平方向上的刚度基本上相等，即认为各向同性的。

双振幅

$$a_{\text{double}} = x_{\max} - x_{\min} \tag{26.2.12}$$

振动烈度

$$v_{\text{rms}} = \sqrt{\frac{1}{T}\int_0^T v^2(t)\,\mathrm{d}t} = \sqrt{\frac{1}{2}(v_1^2 + v_2^2 + \cdots + v_n^2)}$$

$$= \sqrt{\frac{1}{2}(a_1^2\omega_1^2 + a_2^2\omega_2^2 + \cdots + a_n^2\omega_n^2)} \tag{26.2.13}$$

IEC 汽轮机振动标准（峰峰值） 表 26.2.1

振动标准 a_{double}（μm）	转速 n（r/min）				
	≤1 000	1 500	3 000	3 600	≥6 000
轴承上	75	50	25	21	12
轴上（靠近轴承）	150	100	50	44	20

表 26.2.2 为国际标准化组织 ISO3945 给出的用振动烈度评定功率大于 300kW，转速为 600~12 000r/min 的大型原动机和其他具有旋转质量的大型机器，如电动机和发电机、蒸汽轮机和燃气轮机、涡轮压缩机、涡轮泵和风扇等的振动特性的国际标准。

ISO 3945 振动标准 表 26.2.2

轴承振动烈度 v_{rms}（mm/s）	0.46	0.71	1.17	1.8	2.8	4.6	7.1	11.2	18.0	28.0	45.0
支承分类 刚性	好			良		及格		不可用			
支承分类 柔性	好				良		及格	不可用			

（2）多自由度系统稳定性的定量求解方法——分解-聚合。

大系统理论的研究核心之一就是分解-聚合。即使大系统是线性的，也只能以分解-聚合的方式才能计算特征根，否则在数值上将不可行。对于非线性大系统稳定性的严格定性分析，目前仍只能依靠数值积分加上经验判断。而在创建非线性系统稳定分析的量化理论和算法方面，数学界和控制理论界的研究至今仍处于探索阶段。分解-聚合法将大系统分解为一系列的子系统，再分别对每个子系统进行分析，最后将它们的结果聚合成原大系统的结果。这个观点很具吸引力，其关键是如何保证以下几点：

①在分解的过程中，不改变原系统在所关注问题上的特性。

②在每个子系统的分析过程中，完整地（至少充分地）计入其他子系统的影响。

③在聚合过程中,合理地综合各子系统的分析结果对原系统特性的影响。

保稳降维变换的基本思想是将 $\boldsymbol{R}^n$ 积分空间与观察空间 $\boldsymbol{R}^1$ 的分离。对于数值积分任务来说,以 $\boldsymbol{R}^n$ 为积分空间可以分析任意规模的系统、任意复杂的模型。对于稳定信息的提取任务来说,在 $\boldsymbol{R}^1$ 空间中则可以严格地提供稳定的充要条件和定义稳定裕度。因此,将观察空间从积分空间中分离出来很有好处。

(3) 临界能量的计算。

在实际工程中,正常情况下转子系统的运行质量控制在任何测点上都有两个指标:

①不出现半频成分或半频幅值不超过某很小的值。

②工频振幅不超过某规定值。

因为周期1失稳模式对转子系统是最重要的,所以本文仅仅讨论周期1失稳模式的稳定裕度定义。假设振动的位移(取 $\omega=1$),则

$$x = e + a\sin(\omega t + \phi) = e + a\sin\theta \tag{26.2.14a}$$

$$\dot{x} = a\omega\cos\theta, \quad \ddot{x} = -a\omega^2\sin\theta, \quad \mathrm{d}x = a\cos\theta\mathrm{d}\theta \tag{26.2.14b}$$

$$A_{\mathrm{cr}} = \int_{\ddot{x}\mathrm{d}x>0}\ddot{x}\mathrm{d}x = -\int_{\pi/2}^{\pi}\frac{a^2\omega^2}{2}\sin2\theta\mathrm{d}\theta - \int_{3\pi/2}^{2\pi}\frac{a^2\omega^2}{2}\sin2\theta\mathrm{d}\theta$$

$$= \frac{a^2\omega^2}{2} = \frac{a^2}{2} \tag{26.2.15}$$

$$A_{\mathrm{cr}} = \frac{a_{\mathrm{double}}^2}{8} \quad (\text{评定标准1}) \tag{26.2.16}$$

$$A_{\mathrm{cr}} = v_{\mathrm{rms}}^2 \quad (\text{评定标准2}) \tag{26.2.17}$$

(4) 安全性定量分析特征指标。

周期解在 $F-u$ 扩展相平面上有如下特征。

结论1:对于稳态周期1解,系统每个周期 T 内,在 $F-u$ 平面上所围面积的代数和为零。

$$\oint(F_{\mathrm{d}} - F_{\mathrm{b}})\mathrm{d}u = A_{\mathrm{inc}} - A_{\mathrm{dec}} = 0 \tag{26.2.18}$$

动能增加面积

$$A_{\mathrm{inc}} = \int_{(F_{\mathrm{d}}-F_{\mathrm{b}})\mathrm{d}u>0}(F_{\mathrm{d}} - F_{\mathrm{b}})\mathrm{d}u \tag{26.2.19}$$

动能减少面积

$$A_{\mathrm{dec}} = \int_{(F_{\mathrm{d}}-F_{\mathrm{b}})\mathrm{d}u<0}(F_{\mathrm{d}} - F_{\mathrm{b}})\mathrm{d}u \tag{26.2.20}$$

动能增加面积 A_{inc} 与动能减少面积 A_{dec} 相等。

式中,F_{b} 为广义制动力,F_{d} 为广义驱动力,u 为广义位置变量。实际上,正面积 $A_1^+ = A_{\mathrm{inc}} = A_{\mathrm{dec}}$ 的大小反映了系统存储能量的多少。

结论 2：对于周期 2 解，系统每个周期 $2T$ 内，在 F-u 平面上所围面积的代数和为零。

$$\oint (F_d - F_b) du = A_{inc(2)} - A_{dec(2)} = 0 \tag{26.2.21}$$

动能增加面积 $A_{inc(2)}$ 与动能减少面积 $A_{dec(2)}$ 相等。实际上，正面积 $A^+_{(2)} = A_{inc(2)} = A_{dec(2)}$ 的大小反映了系统存储能量的多少。

结论 3：对于周期 n 解，系统每个周期 nT 内，在 F-u 扩展相平面上所围面积的代数和为零。

$$\oint (F_d - F_b) du = A_{inc(n)} - A_{dec(n)} = 0 \tag{26.2.22}$$

即动能增加面积 $A_{inc(n)}$ 与动能减少面积 $A_{dec(n)}$ 相等。实际上，正面积 $A^+_{(n)} = A_{inc(n)} = A_{dec(n)}$ 的大小反映了系统存储能量的多少。

我们按国际振动标准确定临界能量 A_{cr}，$A_{cr} - A^+_1$（或 $A_{cr} - \overline{A}^+_n$）为安全性定量分析特征指标。对安全的轨迹 $A_{cr} - A^+_1$（或 $A_{cr} - \overline{A}^+_n$）一定为正。不安全的轨迹 $A_{cr} - A^+_1$（或 $A_{cr} - \overline{A}^+_n$）一定为负。这里 $\overline{A}^+_n = \dfrac{A^+_n}{n}$ 表示 A^+_n 对周期 n 的平均。

安全性定量分析特征指标具有如下性质：
(1) 安全性定量分析特征指标具有连续性。
(2) 安全性定量分析特征指标具有单调性。
(5) 相比正面积准则和安全裕度的标幺化定义。

相比正面积准则：任何小于 A_{cr} 的能量 $A^+_1(\overline{A}^+_n)$ 的周期 1 解（周期 n 解）是安全的，其安全裕度用 $A_{cr} - A^+_1 (A_{cr} - \overline{A}^+_n)$ 表示。

安全裕度的标幺化定义：

$$\chi_s = \begin{cases} \dfrac{A_{cr} - A^+_1}{A_{cr}} \times 100\% & \text{（周期 1）} \\ \dfrac{A_{cr} - \overline{A}^+_n}{A_{cr}} \times 100\% & \text{（周期 } n\text{）} \end{cases} \tag{26.2.23}$$

显然，N 为自由度数 ($s = 1, 2, \cdots, N$)。

$\boldsymbol{R}^N$ 轨迹安全裕度等于其所有 $\boldsymbol{R}^1$ 映象裕度中的最小值。

$$\chi = \min(\chi_1, \chi_2, \cdots, \chi_s, \cdots, \chi_N) \tag{26.2.24}$$

26.2.4 工程实例的安全裕度计算

轴承—转子系统图 26.2.1 参数选取：$m_1 = 3\text{kg}$，$m_2 = 0.7\text{kg}$，$k = 11.34\text{MN/m}$，$\delta = 250\mu\text{m}$，$D = 30\text{mm}$，$L = 10\text{mm}$，$\eta = 0.05\text{Pa}\cdot\text{s}$，$A_{cr} = 0.003\,872$。

下面我们研究转子系统在转速为 $n = 4 \sim 5\text{kr/min}$ 不同的不平衡量值下的动力学行为。式(26.2.2)是一个四自由度的强非线性非自治微分方程组。首先对系统进行积分求出系统的定常解，然后根据 CPAC 理论对系统进行轨迹安全性的定量分析。图中变量除频率 $\overline{f}$ 外都是无量纲量。

表 26.2.3 给出了不平衡量 ρ 与安全裕度 χ 的对应关系。

不平衡量 ρ 与安全裕度 χ 的对应关系　　　　表 26.2.3

转速 n(r/min)	不平衡量 ρ	解的性质	安全裕度 χ(%)
4 100	0.10	周期 1	-54.50
4 300	0.10	周期 2	-55.37
4 500	0.10	周期 2	-73.22
4 700	0.10	周期 2	-78.19
4 900	0.10	周期 1	-40.69
4 200	0.05	周期 1	46.69
4 400	0.05	周期 1	50.72
4 600	0.05	周期 2	33.04
4 800	0.05	周期 1	56.87
5 000	0.05	周期 1	59.06

图 26.2.2～图 26.2.6 给出了 $\rho = 0.1$ 的轴心轨迹,功率谱和位移-加速度扩展相平面图。图 26.2.2 和图 26.2.6 为 $n = 4.1$kr/min 和 $n = 4.9$kr/min 时的工频周期运动。从功率谱图可以看出仅有工频、零频表示偏心,轴心轨迹为一椭圆,位移-加速度相图上表现为前后摆均一次穿过位移轴;图 26.2.3～图 26.2.5 分别为 $n = 4.3$kr/min, $n = 4.5$kr/min 和 $n = 4.7$kr/min 时的周期 2 运动。从功率谱图不仅可以看出有工频,还有,当半频 $n = 4.3$kr/min 时, $a_{1/2} < a_1$;当 $n = 4.5$kr/min 时, $a_{1/2} \approx a_1$;当 $n = 4.7$kr/min 时 $a_{1/2} > a_1$,轴心轨迹为两个环或一条凹闭曲线,力-位移图上表现为前后摆 4 次穿过位移轴。

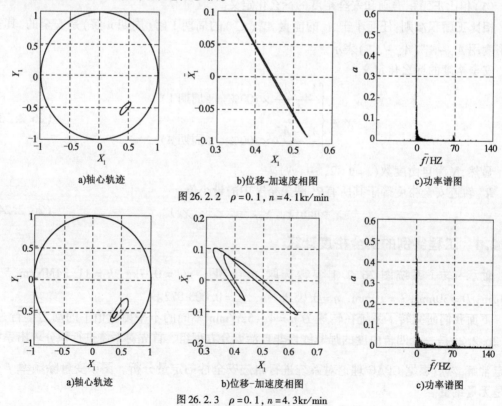

a)轴心轨迹　　　　b)位移-加速度相图　　　　c)功率谱图
图 26.2.2　$\rho = 0.1, n = 4.1$kr/min

a)轴心轨迹　　　　b)位移-加速度相图　　　　c)功率谱图
图 26.2.3　$\rho = 0.1, n = 4.3$kr/min

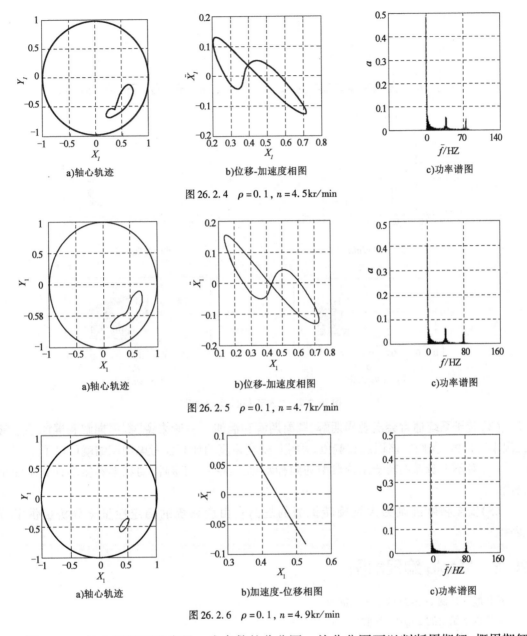

a)轴心轨迹　　　　　b)位移-加速度相图　　　　c)功率谱图

图 26.2.4　$\rho=0.1$, $n=4.5\text{kr/min}$

a)轴心轨迹　　　　　b)位移-加速度相图　　　　c)功率谱图

图 26.2.5　$\rho=0.1$, $n=4.7\text{kr/min}$

a)轴心轨迹　　　　　b)加速度-位移相图　　　　c)功率谱图

图 26.2.6　$\rho=0.1$, $n=4.9\text{kr/min}$

图 26.2.7 给出了以不平衡量 ρ 为参数的分岔图。从分岔图可以判断周期解,概周期解和混沌的变化规律。

26.2.5　结论

(1)提出了适用于非线性转子系统的安全裕度概念,给出了轨迹安全裕度的定义;利用轨迹安全裕度可以很方便地求出便于工程控制的参数安全裕度;利用参数安全裕度可以指导工程设计和控制。

(2)采用 Poincare 映射,给出了以不平衡量 ρ 为参数的分岔图。

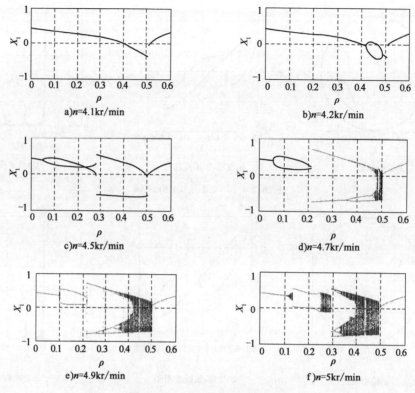

图 26.2.7 对固定转速 n 的分岔图

(3) 转子系统通常会出现周期解,概周期解和混沌。一般来说,概周期解和混沌是正常工况不容许的,我们应该识别和避免。所以,安全裕度的计算仅考虑周期结就可以了。

(4) 对不平衡弹性转子系统典型的两种常见工况——工频振动和半频振动计算了安全裕度。

(5) 安全裕度准则为大型旋转机械的超高自由度系统的稳定性量化分析提供了可能性。

26.3 Maple 编程示例

编程题 控制 Logistic 映射中的混沌。

考虑以下给出的 Logistic 映射

$$x_{n+1} = f_\mu(x_n) = \mu x_n(1 - x_n) \tag{26.3.1}$$

(其中,$x_n \in [0,1]$,$\mu \in [0,4]$)的混沌控制。

解:建模

在这个一维系统中,有许多方法可以用来控制混沌,但在这一部分中,分析仅限于周期性比例脉冲。为了控制该系统中的混沌,将每 p 次迭代向系统变量 x_n 施加一次瞬时脉冲,以便

$$x_i \to k x_i \tag{26.3.2}$$

其中,k 为一个待确定的常数;p 为周期。

回想一下,周期 1 的一个不动点,如式(26.3.1)的 x_s 满足以下等式

$$x_s = f_\mu(x_s) \tag{26.3.3}$$

这个不动点是稳定的,当且仅当

$$\left| \frac{\mathrm{d} f_\mu(x_s)}{\mathrm{d} x} \right| < 1 \tag{26.3.4}$$

通过以下方式定义复合函数 $F_\mu(x)$:

$$F_\mu(x) = k f_\mu^p(x) \tag{26.3.5}$$

函数 F_μ 的不动点满足以下等式

$$k f_\mu^p(x_s) = x_s \tag{26.3.6}$$

其中,不动点 x_s 是稳定的,如果

$$\left| k \frac{\mathrm{d} f_\mu^p(x_s)}{\mathrm{d} x} \right| < 1 \tag{26.3.7}$$

通过以下方式定义函数 $C^p(x)$

$$C^p(x) = \frac{x}{f_\mu^p(x)} \frac{\mathrm{d} f_\mu^p(x_s)}{\mathrm{d} x} \tag{26.3.8}$$

将式(26.3.7)、式(26.3.7)替换为

$$|C^p(x_s)| < 1 \tag{26.3.9}$$

该合成映射的不动点是原始映射周期 p 的稳定点,如果条件式(26.3.9)保持不变,控制打开时的 Logistic 映射图。实际上,混沌控制总是处理低周期的周期轨道。例如,$p=1$ 到 $p=4$,这种方法很容易应用。

为了说明该方法,请考虑 $\mu=4$ 时的 Logistic 映射,此时系统是混沌的。

$$C^1(x) = \frac{1-2x}{1-x} \tag{26.3.10a}$$

$$C^2(x) = \frac{1-8x+8x^2}{(1-x)(1-2x)} \tag{26.3.10b}$$

$$C^3(x) = \frac{1-32x+160x^2-256x^3+128x^4}{(1-x)(1-2x)(1-8x+8x^2)} \tag{26.3.10c}$$

$$C^4(x) = \frac{1-128x+2\,688x^2-21\,504x^3+84\,480x^4-180\,224x^5+212\,992x^6-131\,072x^7+32\,768x^8}{(1-x)(1-2x)\cdot(1-8x+8x^2)(1-32x+160x^2-256x^3+128x^4)}$$

$$\tag{26.3.10d}$$

函数 $C^1(x)$ 的每个 x_s,周期 1 的不动点可以稳定在 0~0.67 范围内。当 $p=1$ 时,函数 $C^2(x)$ 周期 2 的不动点只能在 x_s 值的 3 个范围内稳定。函数 $C^3(x)$、$C^4(x)$ 的周期 3 和周期 4 不动点,x_s 值分别有 7 和 14 个可接受范围。请注意:随着周期性的增加,控制范围越来越小。

图 26.3.1 分别显示了混沌被控制为周期 1、周期 2、周期 3 和周期 4 的行为。

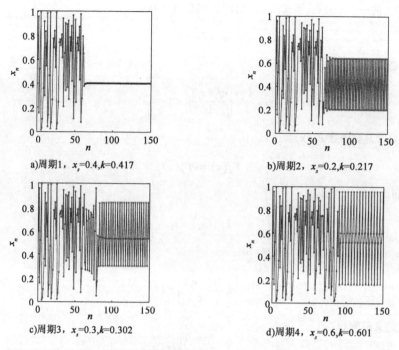

图 26.3.1 $\mu=4$ 时 logistic 映射控制到稳定周期 1、周期 2、周期 3 和周期 4 的不动点，在每种情况下，控制参数 k 计算到小数点后 3 位。

图 26.3.1 中选择的 x_s 值源自 $C^1(x)$、$C^2(x)$、$C^3(x)$、$C^4(x)$ 可接受范围。k 的值使用式(26.3.6)计算。注意：在混沌吸引子的作用下，系统可以稳定到许多不同的点。

这种由周期比例脉冲控制混沌的方法也可以应用于二维离散 Hénon 映射。

Maple 程序

```
> ##############################################################
> #Program     :Controlling chaos on the logistic map.
> #Figure 26.3.1b);The series plot.
> ##############################################################
> restart;                                    #清零
> with(plots);                                #加载绘图库
> mu:=4;                                      #μ=4
> f:=x->mu*x*(1-x);                           #f=μx(1-x)
> ff:=expand(f(f(x)));                        #ff=f(f(x))
> #Find k when xs = 0.2;
> k:=0.2/f(f(0.2));                           #计算2周期控制参数k值
>    #Initialise.
> x:=array(0..10000);                         #产生一维数组
> x[0]:=0.6;                                  #初值
> imax:=150;                                  #迭代次数
> k:=0.217;                                   #周期2控制参数
> ##############################################################
> #Switch on the control after the 60'th iterate.
```

```
> #Kick the system every second iterate.
> for i from 0 by 2 to imax   do                          #周期2迭代开始
> x[i+1]:= mu*x[i]*(1-x[i]):                              #周期1迭代方程
> x[i+2]:= mu*x[i+1]*(1-x[i+1]):                          #周期2迭代方程
> if  i>60 then                                           #周期2控制迭代开始
> x[i+1]:= k*mu*x[i]*(1-x[i]):                            #控制混沌迭代方程
> x[i+2]:= mu*x[i+1]*(1-x[i+1]):                          #周期2迭代方程
> fi:                                                     #判断结束
> od:                                                     #循环结束
> ###############################################################
> #Plot the time series data.
> pts:=[[m,x[m]] $ m=0..imax]:                            #提取计算数组
> p1:=plot(pts,style=point,symbol=circle,color=black):
>                                                         #用点画图
> p2:=plot(pts,x=0..imax,y=0..1,color=blue):
>                                                         #用线画图
> display({p1,p2});                                       #合并得到混沌控制过程图
> ###############################################################
```

26.4 思考题

思考题 26.1 简答题

1. 简述 C-L 方法的基本思想。
2. 简述旋转机械非线性动力学研究的重要性。
3. 简述滑动轴承非线性油膜力模型及其特性分析。
4. 简述动静碰摩转子振动的机理和综合诊断方法。
5. 简述裂纹转子振动的机理和综合诊断方法。

思考题 26.2 判断题

1. 旋转的不平衡圆盘造成的振动可通过在圆盘上增加一个合适的质量来消除。   (   )
2. 转子的任何不平衡量可以由两端面上的等效不平衡量来代替。   (   )
3. 轴承中的油膜振荡会导致转子系统失稳。   (   )
4. 系统的固有频率可以通过改变系统阻尼来改变。   (   )
5. 改变轴承的位置会使旋转轴的刚度发生变化。   (   )

思考题 26.3 填空题

1. 旋转的圆盘有不平衡量会导致_____。
2. 当轴的转速等于轴的某一固有角频率时被称为_____。
3. 旋转机械的单面平衡问题也称为_____,双面平衡问题也称为_____。
4. 使用振动分析仪进行平衡时,_____面平衡用到了相位标记。
5. 轴承中的油膜振荡会导致挠性转子系统_____。

思考题 26.4 选择题

1. 下列振源中不能被改变的是(   )。
   A.大气湍流   B.锤子的敲击   C.汽车轮胎的刚度
2. 转子的双面平衡也被称作(   )。

A. 静平衡　　　　　　B. 动平衡　　　　　　C. 完全平衡

3. 到圆心距离为 r 的偏心质量 m 以角速度 ω 旋转时产生的不平衡力为(　　)。
   A. $mr^2\omega^2$　　　　B. $mg\omega^2$　　　　C. $mr\omega^2$

4. 较长的转子可以通过在(　　)增加质量实现平衡。
   A. 一个平面　　　　B. 任意两个平面　　　　C. 两个确定的平面

5. 转轴轴承的支承结构产生的阻尼称作(　　)。
   A. 稳态阻尼　　　　B. 内部阻尼　　　　C. 旋转阻尼

思考题 26.5 连线题

1. 蝴蝶效应　　　　　A. Ueda 型 Duffing 方程: $\ddot{x} + \alpha\dot{x} + x^3 = F\cos t$,
   　　　　　　　　　　　$\alpha = 0.05$ 和 $F = 7.5$

2. 日本奇怪吸引子　　B. Mackey-Glass 方程: $\dfrac{\mathrm{d}x(t)}{\mathrm{d}t} = \beta\dfrac{\theta^n x(t-\tau)}{\theta^n + x^n(t-\tau)} - \gamma x(t)$.
   　　　　　　　　　　　$\gamma = 0.1/\mathrm{d}, \beta = 0.2/\mathrm{d}, \theta = 1, n = 10, \tau = 6\mathrm{d}$

3. 延迟方程　　　　　C. Hénon 和 Heiles 两个谐振子哈密顿函数为:
   　　　　　　　　　　　$H = \dfrac{1}{2}(q_1^2 + q_2^2 + p_1^2 + p_2^2) + q_1^2 q_2 - \dfrac{1}{3}q_2^3$

4. Arnold 扩散　　　　D. Holmes 型 Duffing 方程: $\ddot{x} + \alpha\dot{x} - x + x^3 = F\cos\Omega t$,
   　　　　　　　　　　　$\alpha = 0.05$ 和 $F = 7.5$

5. 磁弹性片混沌实验　E. Lorenz 方程组: $\dot{x} = -\sigma x + \sigma y$, $\dot{y} = -xz + rx - y$,
   　　　　　　　　　　　$\dot{z} = xy - bz$, $b = 8/3, \sigma = 10$ 和 $r = 28$

26.5　习题

A 类型习题

习题 26.1　下面每个系统在平衡点对某个 α 值有 Hopf 分岔,并计算第一个 Lyapunov 系数。

(1) Rayleigh 方程
$$\ddot{x} + \dot{x}^3 - 2\alpha\dot{x} + x = 0$$

(2) Van der Pol 振子
$$\ddot{y} - (\alpha - y^2)\dot{y} + y = 0$$

(3) Bautin 的一个例子
$$\begin{cases}\dot{x} = y \\ \dot{y} = -x + \alpha y + x^2 + xy + y^2\end{cases}$$

(4) 广告扩散模型 (Feichtinger, 1992)
$$\begin{cases}\dot{x}_1 = \alpha[1 - x_1 x_2^2 + A(x_2 - 1)] \\ \dot{x}_2 = x_1 x_2^2 - x_2\end{cases}$$

习题 26.2　假设一个系统在临界参数值对应于 Hopf 分岔有形式

$$\dot{x} = -\omega y + \dfrac{1}{2}f_{xx}x^2 + f_{xy}xy + \dfrac{1}{2}f_{yy}y^2 + \dfrac{1}{6}f_{xxx}x^3 +$$

$$\frac{1}{2}f_{xxy}x^2y + \frac{1}{2}f_{xyy}xy^2 + \frac{1}{6}f_{yyy}y^3 + \cdots$$

$$\dot{y} = \omega y + \frac{1}{2}g_{xx}x^2 + g_{xy}xy + \frac{1}{2}g_{yy}y^2 + \frac{1}{6}g_{xxx}x^3 +$$

$$\frac{1}{2}g_{xxy}x^2y + \frac{1}{2}g_{xyy}xy^2 + \frac{1}{6}g_{yyy}y^3 + \cdots$$

用 f 与 g 计算 $\mathrm{Rec}_1(0)$。

习题 26.3 试确定系统

$$\dot{x} = 3y - x^2 + 7xy + 7y^2, \quad \dot{y} = 2x + 4xy + y^2$$

的二阶 PB 范式,并写出所用的变换。

习题 26.4 试确定系统

$$\dot{x} = Ax + f(x)$$

的三阶 PB 范式。其中,$x = \begin{pmatrix} x_1 \\ x_2 \end{pmatrix} \in \mathbf{R}^2, A = \begin{pmatrix} 0 & -1 \\ 1 & 0 \end{pmatrix}, f(x) = o(x)$。

习题 26.5 试确定杆件-弹簧系统势函数

$$V(x, \alpha) = 0.5x^2 + 2\alpha(\cos x - 1)$$

的 GS 范式,并讨论静态分岔。

习题 26.6 试讨论平面系统

$$\dot{x} = -y + x\left[1 - \alpha - \frac{\alpha}{(\sqrt{x^2 + y^2} - 1)^2}\right]$$

$$\dot{y} = x + y\left[1 - \alpha - \frac{\alpha}{(\sqrt{x^2 + y^2} - 1)^2}\right]$$

的分岔。

习题 26.7 试应用霍普夫分岔定理讨论非线性振动系统

$$\ddot{x} + (x^2 - \alpha)\dot{x} + 2x + x^3 = 0$$

的霍普夫分岔。

习题 26.8 试确定系统

$$\dot{x} = q - (\alpha + 1)x + x^2y, \quad \dot{y} = \alpha x - x^2y \quad (q > 0)$$

平衡点的稳定性和分岔。

习题 26.9 以 xz 平面为截面,试确定三维系统

$$\dot{x} = x - \omega y - x\sqrt{x^2 + y^2}, \quad \dot{y} = \omega x + y\sqrt{x^2 + y^2}, \quad \dot{z} = cz$$

的庞加莱映射。利用庞加莱映射证明系统当 $c > 0$ 时存在稳定闭轨迹。

B 类型习题

习题 26.10 如图 26.5.1 所示,该转子系统的仿真结构参数见表 26.5.1。

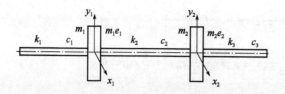 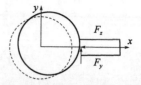

a)双盘转子模型　　　　　　　　b)定点碰摩的力学模型

图 26.5.1　定点碰摩的双盘转子模型

单跨双盘转子系统的结构参数表　　　　表 26.5.1

参数	数值
转子总长度(mm)	310
转轴的直径(mm)	10
转盘的直径和厚度(mm)	80,20
盘、轴密度(kg/m^3)	7 850
盘、轴杨氏模量(GPa)	206
第一阶临界转速(Hz)	34.97
第二阶临界转速(Hz)	142.43

用计算机仿真研究:

(1) 碰磨间隙 $\delta = 60\mu m, 40\mu m, 20\mu m$。

(2) 碰磨刚度 $k_r = 50kN/m, 70kN/m, 90kN/m$。

(3) 碰摩因数 $f_r = 0.05, 0.3$。

对转子系统动力学特性的影响。

习题 26.11　如图 26.5.2 所示,试建立平行不对称转子-轴承系统动力学模型。发动机转子系统的力学参数见表 26.5.2。

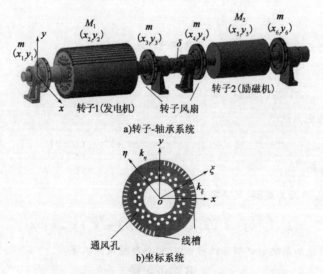

a)转子-轴承系统

b)坐标系统

图 26.5.2　具有平行不对中故障的某发电机转子-轴承系统

发动机转子系统的力学参数　　　　　　　　　　表 26.5.2

参数描述	符号	值
质量偏心距 (μm)	a	9.74
轴承径向间隙 (mm)	c	0.194 8
转轴弹性模量 (GPa)	E	169
润滑油密度 (Pa·s)	μ	0.018
转轴沿 ξ 主方向的截面惯性矩 (m^4)	I_ξ	0.015 5
转轴沿 η 主方向的截面惯性矩 (m^4)	I_η	0.017 3
转子质量比,M_1/m	n_1	23.4
转子质量比,M_2/m	n_2	13.2
刚度不对称度,$(I_\eta - I_\xi)/(I_\eta + I_\xi)$	ρ	0.054 9

用计算机仿真研究：

(1) 平行不对中量 $\Delta = \delta/c$, $\Delta = 0.02 \sim 0.80$。

(2) 转轴刚度不对称度 $\rho = 0 \sim 0.4$。

(3) 质量偏心距 $A = a/c$, $A = 0 \sim 0.25$。

对转子系统动力学特性的影响。

习题 26.12 如图 26.5.3 所示,试建立交角不对中转子-轴承系统动力学模型。交角不对中转子系统的无量纲参数见表 26.5.3。

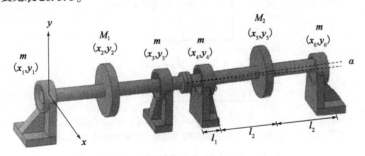

a) 转子轴承系统

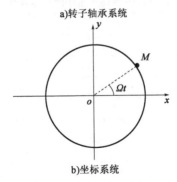

b) 坐标系统

图 26.5.3　具有交角不对中的约束的转子-轴承系统

交角不对中转子系统的无量纲参数　　　　表 26.5.3

参数描述	符号	无量纲值
质量偏心距	A	0.01
转轴刚度	K	10
转子质量比	n	10
轴承长径比	λ	0.2
Sommerfeld 数	σ	5
交角不对中量	α	0.001
轴段长度	L_1	50
轴段长度	L_2	500

用计算机仿真研究：
(1) 交角不对中量 $\alpha = 0 \sim 0.0012$。
(2) 转轴刚度 $K = 8 \sim 15$。
(3) 质量偏心距 $A = 0 \sim 0.20$。
对转子系统动力学特性的影响。

习题 26.13　如图 26.5.4 所示，试建立不对称台板参振的转子系统动力学模型。不对称台板参振转子系统的仿真结构参数见表 26.5.4。

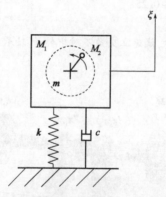

图 26.5.4　不对称支承的基础台板参振转子实验台的简化动力学模型

不对称、台板参振转子系统的仿真结构参数　　　　表 26.5.4

名称	参数值
支承的质量(kg)	$m_1 = 4.5$
圆盘质量(kg)	$m_2 = 0.77$
偏心距(m)	$e = 0.01$
转动惯量(kg·m⁴)	$I = 0.0014$
刚度(kN/m)	$k = 600$
总质量(kg)	$m = 5.27$
平动阻尼系数(N·s/m)	$c = 35.564$
转动阻尼系数(N·m·s/rad)	$c_\theta = 0.0404$

用计算机仿真研究：

(1)频率俘获情况,偏心距 $e=50$ mm,输入转矩 $T=50$ N·m。

(2)过共振情况之一,偏心距 $e=5$ mm,输入转矩 $T=50$ N·m。

(3)过共振情况之二,偏心距 $e=50$ mm,输入转矩 $T=100$ N·m。

对不对称台板参振的转子系统的影响。

习题 26.14 如图 26.5.5 所示,是建立在滑动轴承支承下锥齿轮传动转子系统的动力学模型。假设:

(1)各转子为刚性;

(2)小齿轮转子的径向支承是滑动轴承,其余均为刚性支承;

(3)转子系统运动时齿轮不脱啮,齿轮啮合刚度的时变部分按正弦变化;

(4)限制小齿轮轴向运动的推力轴承或支承简化为线性弹簧。

锥齿轮传动系统的仿真结构参数见表 26.5.5。

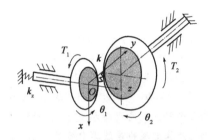

图 26.5.5 锥齿轮传动系统的结构示意图

锥齿轮传动系统的仿真结构参数　　　　表 26.5.5

参数名称	参数值无量纲值
支承的质量(kg)	$m_1=4.5$
圆盘质量(kg)	$m_2=0.77$
偏心距(m)	$e=0.01$
转动惯量(kg·m^4)	$I=0.0014$
刚度(kN/m)	$k=600$
总质量(kg)	$m=5.27$
平动阻尼系数(N·s/m)	$c=35.564$
转动阻尼系数(N·m·s/rad)	$c_\theta=0.0404$

用计算机仿真研究：

(1)频率俘获情况,偏心距 $e=50$ mm,输入转矩 $T=50$ N·m。

(2)过共振情况之一,偏心距 $e=5$ mm,输入转矩 $T=50$ N·m。

(3)过共振情况之二,偏心距 $e=50$ mm,输入转矩 $T=100$ N·m。

对不对称台板参振的转子系统的影响。

习题 26.15 如图 26.5.6 所示,以一简化的单盘对称转子系统为研究对象,在轴的中间有一横向裂纹,两端由滑动轴承支撑,滑动轴承内径为 D,长度为 L,两轴承之间为一无质量弹性轴,其半径为 R,长度为 L_1,转轴中央有一深度为 a 的弓形横向裂纹。O_1 为轴承内瓦几何中心,O_2 为转子几何中心,O_3 为转子质心。m_1 为轴承处的等效集中质量,m_2 为转轴中央圆盘质量,k 为转轴刚度,c_1 为转子在轴承处的结构阻尼,c_2 为转子在圆盘处的结构阻尼,e 为圆盘偏心距,c 轴承间隙,ε、δ 分别为仅与裂纹深度 a 有关的相对刚度参数,$\Gamma(\Psi)$ 为裂纹开闭函数,β 为裂纹方向与偏心之间的夹角,ϕ_1 为初相位,这里设 $\phi_1=0$。试建立带有横向裂纹的单盘弹性转子系统的动力学模型。

用计算机仿真对横向裂纹的单盘弹性转子动力系统研究:

(1)无量纲裂纹深度 A 参数的影响;

(2)裂纹角 β 参数的影响;

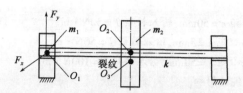

图 26.5.6 裂纹转子系统力学模型

(3) 激励频率 γ 参数的影响；
(4) 系统阻尼 ζ 参数的影响；
(5) 偏心距 e 参数的影响。

习题 26.16 如图 26.5.7 所示，以带有一端轴承支座松动的简化转子系统为讨论模型。转子两端由 2 个相同的滑动轴承支承，在两端滑动轴承处的转子集中质量为 m_1，转子圆盘的等效集中质量为 m_2，轴承支座的等效集中质量为 m_3，k 为弹性轴刚度，c_1 为转子在轴承处的阻尼系数，c_2 为转子在圆盘的阻尼系数，c_3 为支座松动阻尼系数，k_s 为支承刚度。试建立松动支座转子系统的动力学模型。

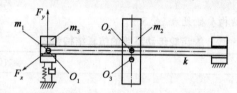

图 26.5.7 支座松动转子系统力学模型

用计算机仿真研究松动转子系统的动力学行为：
(1) 激励频率对松动转子系统响应的影响；
(2) 偏心距对松动转子系统响应的影响；
(3) 轴承支座质量对松动转子系统响应的影响。

C 类型习题

习题 26.17 苯环模型

(1) 实验题目。

研究简化的苯分子模型的振动。苯分子可简化为如图 26.5.8 所示的 6 个自由度的微振动系统模型，即 6 个质量均为 m 的相同的质点被约束在光滑的固定水平圆环上运动。珠子之间用相同的无质量的弹簧连接，弹簧的劲度系数为 k。

(2) 实验目的及要求。

① 用矩阵方法求简正角频率。可以直接求解系统运动微分方程，亦可以利用运动的对称性将自由度减少后列方程求解。

② 动画模拟 6 个简正模式和系统的一般运动。

③ 学习用指令 diag 构造对角矩阵。

(3) 解题分析。

苯分子模型有 6 个自由度，以质点相对自身平衡位置移动的弧坐标 s_1、s_2、s_3、s_4、s_5、s_6 作为广义坐标。

方法一：用矩阵方法求简正角频率

系统的动能为

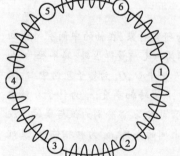

图 26.5.8 苯环的简化模型

$$T = \frac{1}{2}m\left(\frac{\mathrm{d}s_1}{\mathrm{d}t}\right)^2 + \frac{1}{2}m\left(\frac{\mathrm{d}s_2}{\mathrm{d}t}\right)^2 + \frac{1}{2}m\left(\frac{\mathrm{d}s_3}{\mathrm{d}t}\right)^2 +$$
$$\frac{1}{2}m\left(\frac{\mathrm{d}s_4}{\mathrm{d}t}\right)^2 + \frac{1}{2}m\left(\frac{\mathrm{d}s_5}{\mathrm{d}t}\right)^2 + \frac{1}{2}m\left(\frac{\mathrm{d}s_6}{\mathrm{d}t}\right)^2 \tag{26.5.1}$$

以平衡位置为势能零点，系统的势能为

$$V = \frac{1}{2}k(s_2 - s_1)^2 + \frac{1}{2}k(s_3 - s_2)^2 + \frac{1}{2}k(s_4 - s_3)^2 +$$
$$\frac{1}{2}k(s_5 - s_4)^2 + \frac{1}{2}k(s_6 - s_5)^2 + \frac{1}{2}k(s_1 - s_6)^2 \tag{26.5.2}$$

令 $u = 2k - m\omega^2$，写出系统的本征方程为

$$\begin{vmatrix} u & -k & 0 & 0 & 0 & -k \\ -k & u & -k & 0 & 0 & 0 \\ 0 & -k & u & -k & 0 & 0 \\ 0 & 0 & -k & u & -k & 0 \\ 0 & 0 & 0 & -k & u & -k \\ -k & 0 & 0 & 0 & -k & u \end{vmatrix} = 0 \tag{26.5.3}$$

求出简正角频率

$$\omega_1 = \sqrt{\frac{k}{m}}, \quad \omega_2 = \sqrt{\frac{3k}{m}}, \quad \omega_3 = \sqrt{\frac{k}{m}} \tag{26.5.4a}$$

$$\omega_4 = 2\sqrt{\frac{k}{m}}, \quad \omega_5 = 0, \quad \omega_6 = \sqrt{\frac{3k}{m}} \tag{26.5.4b}$$

简正角频率中出现了 $\omega_1 = \omega_3$、$\omega_2 = \omega_6$，但不能认为简正模式减少。根据线性代数理论，说明对应同一个简正角频率存在两个线性无关的本征矢（简正模式），即6个简正角频率对应于6个简正模式，其示意图如图26.5.9所示。

方法二：运用对称性求解

根据对称性，可直接分析得出苯环模型有6种简正模式，如图26.5.9所示。解题步骤是先将自由度减少，再用一般方法求解。求解过程如下：

①如图26.5.10所示，假设1、4质点静止，其他4个质点的运动相对于通过1、4质点的 Ox 轴对称，$s_2 = s_6$、$s_3 = s_5$、$s_1 = 0$、$s_4 = 0$，自由度由6减少到2，广义坐标选为 s_2、s_3。

系统的动能和势能分别为

$$T = m\left(\frac{\mathrm{d}s_2}{\mathrm{d}t}\right)^2 + m\left(\frac{\mathrm{d}s_3}{\mathrm{d}t}\right)^2 \tag{26.5.5}$$

$$V = ks_2^2 + k(s_3 - s_2)^2 + ks_3^2 \tag{26.5.6}$$

含 ω^2 的行列式方程为

$$\begin{vmatrix} 2k - m\omega^2 & -k \\ -k & 2k - m\omega^2 \end{vmatrix} = 0 \tag{26.5.7}$$

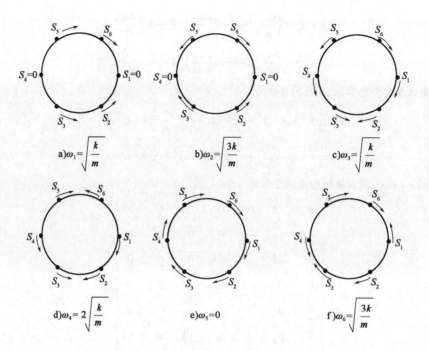

图 26.5.9 苯环的 6 种简正振动

得简正角频率

$$\omega_1 = \sqrt{\frac{k}{m}}, \ \omega_2 = \sqrt{\frac{3k}{m}} \quad (26.5.8)$$

分别对应 ω_1、ω_2 的两个本征矢量为

$$\boldsymbol{A}_1 = \begin{bmatrix} A_{21} \\ A_{31} \end{bmatrix} = \begin{bmatrix} A_{21} \\ A_{21} \end{bmatrix}, \ \boldsymbol{A}_2 = \begin{bmatrix} A_{22} \\ A_{32} \end{bmatrix} = \begin{bmatrix} A_{22} \\ -A_{22} \end{bmatrix} \quad (26.5.9)$$

简谐振动方程分别为

$$s_2 = A_{21}\cos(\omega_1 t + \varphi_1) \quad (26.5.10\mathrm{a})$$

$$s_3 = A_{21}\cos(\omega_1 t + \varphi_1) \quad (26.5.10\mathrm{b})$$

或者

$$s_2 = A_{22}\cos(\omega_2 t + \varphi_2) \quad (26.5.11\mathrm{a})$$

$$s_3 = -A_{22}\cos(\omega_2 t + \varphi_2) \quad (26.5.11\mathrm{b})$$

与 ω_1 对应的简正模如图 26.5.9a)所示,与 ω_2 对应的简正模如图 26.5.9b)所示。

② 如图 26.5.11 所示,假设系统各质点的运动对 Oy 对称;$s_2 = s_3$、$s_1 = s_4$、$s_6 = s_5$,自由度变成 3。选择 s_1、s_2、s_6 为广义坐标。

系统的动能和势能分别为

$$T = m\left(\frac{\mathrm{d}s_1}{\mathrm{d}t}\right)^2 + m\left(\frac{\mathrm{d}s_2}{\mathrm{d}t}\right)^2 + m\left(\frac{\mathrm{d}s_6}{\mathrm{d}t}\right)^2 \quad (26.5.12)$$

$$V = k(s_2 - s_6)^2 + k(s_1 - s_6)^2 + \frac{1}{2}k(2s_2)^2 + \frac{1}{2}k(2s_6)^2 \quad (26.5.13)$$

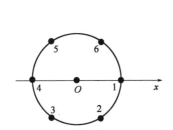
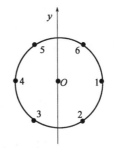

图 26.5.10 苯环振动对 x 轴的对称性   图 26.5.11 苯环振动对 y 轴的对称性

利用下面的方程,求出简正角频率,即

$$\begin{bmatrix} 2k-m\omega^2 & -k & -k \\ -k & 3k-m\omega^2 & 0 \\ -k & 0 & 3k-m\omega^2 \end{bmatrix}=0 \tag{26.5.14}$$

$$\omega_3=\sqrt{\frac{k}{m}},\ \omega_3'=\sqrt{\frac{k}{m}},\ \omega_4=2\sqrt{\frac{k}{m}} \tag{26.5.15}$$

对于 ω_3,本征矢为

$$A_3=\begin{bmatrix} A_{13} \\ A_{23} \\ A_{63} \end{bmatrix}=\begin{bmatrix} A_{13} \\ \dfrac{1}{2}A_{13} \\ \dfrac{1}{2}A_{13} \end{bmatrix} \tag{26.5.16}$$

简正振动方程为

$$s_1=A_{13}\cos(\omega_3 t+\varphi_3) \tag{26.5.17a}$$

$$s_2=\frac{1}{2}A_{13}\cos(\omega_3 t+\varphi_3) \tag{26.5.17b}$$

$$s_6=\frac{1}{2}A_{13}\cos(\omega_3 t+\varphi_3) \tag{26.5.17c}$$

简正模式如图 26.5.9c)所示。

对于 ω_3',经计算,其简正模式与图 26.5.9b)所示相同,没有给出新的模式。

对于 ω_4,本征矢为

$$A_4=\begin{bmatrix} A_{14} \\ A_{24} \\ A_{64} \end{bmatrix}=\begin{bmatrix} A_{14} \\ A_{14} \\ A_{14} \end{bmatrix} \tag{26.5.18}$$

简正振动方程为

$$s_1=A_{14}\cos(\omega_4 t+\varphi_4) \tag{26.5.19a}$$

$$s_2=-A_{14}\cos(\omega_4 t+\varphi_4) \tag{26.5.19b}$$

$$s_6=-A_{14}\cos(\omega_4 t+\varphi_4) \tag{26.5.19c}$$

简正模式如图 26.5.9d)所示。

③根据力学系统对圆心 O 有中心反演对称性,设各质点位移方向相同,即 $s_1=s_4$、$s_2=s_5$、$s_3=s_6$,将系统自由度设计为3,取 s_1、s_2、s_3 为广义坐标。

系统的动能和势能分别写成

$$T = m\left(\frac{\mathrm{d}s_1}{\mathrm{d}t}\right)^2 + m\left(\frac{\mathrm{d}s_2}{\mathrm{d}t}\right)^2 + m\left(\frac{\mathrm{d}s_3}{\mathrm{d}t}\right)^2 \tag{26.5.20}$$

$$V = k(s_1 - s_2)^2 + k(s_2 - s_3)^2 + k(s_3 - s_1)^2 \tag{26.5.21}$$

可得

$$\begin{vmatrix} 2k - m\omega^2 & -k & -k \\ -k & 2k - m\omega^2 & 0 \\ -k & -k & 2k - m\omega^2 \end{vmatrix} = 0 \tag{26.5.22}$$

求出3个简正频率

$$\omega_5 = 0, \quad \omega_6 = \omega'_6 = \sqrt{\frac{3k}{m}} \tag{26.5.23}$$

与 ω_5 对应的运动是所有质点以相同速率绕 O 点作纯转动,如图 26.5.9e)所示。为了使计算简单,在程序中设初始速度为零。

对 ω_6 和 ω'_6,为满足中心反演对称性,要求3个质点的运动满足两种模式。

第一种模式

$$s_2 = s_3, \, s_1 = -2s_2 = -2s_3 \tag{26.5.24}$$

第二种模式

$$s_1 = 0, s_2 = -s_3 \tag{26.5.25}$$

第一种模式是新的简正模式,如图 26.5.9e)所示。第二种模式与图 26.5.9b)的模式相同。这两种模式都能使 $s_1 + s_2 + s_3 = 0$。这是质点运动所要求的。

为了构造对角矩阵,使用了指令 diag。

在程序中,有一个子程序是用来画运动中的弹簧,其思路是,先以某个固定点 A 画一条正弦曲线来表示弹簧,然后以 A 点为轴转过角度 q_1,最后再做一次坐标变换,把直的弹簧变换成沿圆环弯曲的弹簧。

(4)思考题。

请找出动画中各种振动模式与解析解的各种圆频率的对应关系。

##

茅以升(1896—1989),中国人,著名的桥梁专家、土木工程学家、教育家、社会活动家。他主持设计修建了中国人自己设计并建造的第一座现代化铁路、公路两用的大型桥——钱塘江大桥,成为中国铁路桥梁史上的一座里程碑;他参与设计了新中国第一座现代化的大桥——武汉长江大桥的建造。

主要著作:《中国桥梁史》《中国的古桥和新桥》等。

##

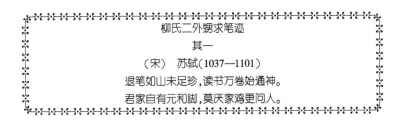

柳氏二外甥求笔迹
其一
（宋）苏轼（1037—1101）
退笔如山未足珍，读书万卷始通神。
君家自有元和脚，莫厌家鸡更问人。

第 27 章 板的非线性振动

本章研究了夹层椭圆形板的非线性强迫振动问题。在以 5 个位移分量表示的夹层椭圆板的运动方程的基础上，导出了相应的非线性动力学方程，提出一类强非线性动力系统的叠加-迭代谐波平衡法；将描述动力系统的二阶常微分方程，化为基本解为未知函数的基本微分方程和派生解为未知函数的增量微分方程；通过叠加-迭代谐波平衡法得出了椭圆板的 1/3 亚谐解，同时对叠加-迭代谐波平衡法和数值积分法的精度进行了比较，并且讨论了 1/3 亚谐解的渐近稳定性；计及材料的非线性弹性和黏性性质，研究了圆板在简谐载荷作用下的混沌，导出了相应的非线性动力学方程；利用 Melnikov 函数法，结合 Poincaré 映射、相平面轨迹、时程曲线和分岔图判定系统是否处于混沌状态，并对系统通向混沌的道路进行了讨论。

27.1 夹层椭圆形板的 1/3 亚谐解

27.1.1 引言

夹层板具有重量轻、刚度高等优良性能，从而成为航空、航天和海洋工程的重要结构元件。近年来，对夹层板壳的非线性问题的分析已引起了相关学者极大的研究兴趣，尤其在夹层板壳的非线性振动方面已取得了一些成果。但是，由于非线性数学的困难，对于夹层板壳的分岔问题还无人进行探讨。本文研究了夹层椭圆形板的 1/3 亚谐解。

目前，新近兴起学科——混沌学为非线性系统的分析开拓了广阔前景。经典摄动法等难以求解强非线性问题，主要局限在于不合理的常频率假设。近十多年来，虽然强非线性振动研究取得了一系列成果，但对亚（超）谐解的定量研究仍然是悬而未决的问题，不得不依赖于数值解法。

本章提出了叠加-迭代谐波平衡法（SIHB），把强非线性动力系统的稳态解问题转化为较少数量的非线性代数方程组问题。利用 Maple 程序可以方便地求解这些非线性代数方程组，得到稳态解的近似解析表达式，通过叠加-迭代逐步求出亚（超）谐解。

27.1.2 基本方程

考虑在均匀横向载荷 $Q_0\cos\Omega_0\tau$ 作用下的夹层椭圆形板，如图 27.1.1 所示，a 和 b 分别为椭圆板的长半轴和短半轴，h_1 为表层厚度，h_0 为上、下表层间的距离。坐标平面 xy 与夹芯中面一致。假定上下表层的材料性质和厚度相同。

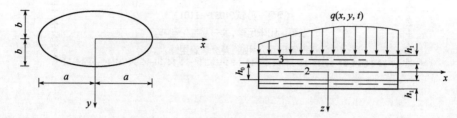

图 27.1.1 夹层椭圆形板的坐标和几何尺寸

采用 Reissner 的假定：
(1) 材料服从于 Hooke 定律。
(2) 夹心横向不可压缩。
(3) 夹心沿板面方向不能承受载荷。
(4) 表层处于薄膜应力状态。
(5) 夹心中面法线在变形后仍保持为直线。

在上述假设的基础上，应用哈密顿原理，导出以 5 个位移分量（u、v、w、ψ_x、ψ_y）表示的夹层椭圆形板非线性振动的运动方程为

$$2\frac{\partial^2 u}{\partial x^2} + (1-\nu)\left(\frac{\partial^2 u}{\partial y^2} + \frac{\partial w}{\partial x}\nabla^2 w\right) +$$

$$(1+\nu)\left\{\frac{\partial^2 v}{\partial x \partial y} + \frac{1}{2}\frac{\partial}{\partial x}\left[\left(\frac{\partial w}{\partial x}\right)^2 + \left(\frac{\partial w}{\partial y}\right)^2\right]\right\} = 0 \quad (27.1.1a)$$

$$2\frac{\partial^2 v}{\partial y^2} + (1-\nu)\left(\frac{\partial^2 v}{\partial x^2} + \frac{\partial w}{\partial y}\nabla^2 w\right) +$$

$$(1+\nu)\left\{\frac{\partial^2 u}{\partial x \partial y} + \frac{1}{2}\frac{\partial}{\partial y}\left[\left(\frac{\partial w}{\partial x}\right)^2 + \left(\frac{\partial w}{\partial y}\right)^2\right]\right\} = 0 \quad (27.1.1b)$$

$$D\left(\frac{\partial^3 \psi_x}{\partial x^3} + \frac{\partial^3 \psi_x}{\partial x \partial y^2} + \frac{\partial^3 \psi_y}{\partial x^2 \partial y} + \frac{\partial^3 \psi_y}{\partial y^3} + \nabla^4 w\right) + \rho \frac{\partial^2 w}{\partial \tau^2} + \delta \frac{\partial w}{\partial \tau} - Q_0 \cos\Omega\tau +$$

$$\frac{2Eh_1}{1-\nu^2}\left[\left(\frac{\partial u}{\partial x} + \nu\frac{\partial v}{\partial y}\right)\frac{\partial^2 w}{\partial x^2} + \left(\frac{\partial v}{\partial y} + \nu\frac{\partial u}{\partial x}\right)\frac{\partial^2 w}{\partial y^2} + (1-\nu)\left(\frac{\partial u}{\partial y} + \frac{\partial v}{\partial x}\right)\frac{\partial^2 w}{\partial x \partial y}\right] -$$

$$\frac{Eh_1}{1-\nu^2}\left\{\left[\left(\frac{\partial w}{\partial x}\right)^2 + \nu\left(\frac{\partial w}{\partial y}\right)^2\right]\frac{\partial^2 w}{\partial x^2} + \right.$$

$$\left.\left[\left(\frac{\partial w}{\partial y}\right)^2 + \nu\left(\frac{\partial w}{\partial x}\right)^2\right]\frac{\partial^2 w}{\partial y^2} + 2(1-\nu)\frac{\partial w}{\partial x}\frac{\partial w}{\partial y}\frac{\partial^2 w}{\partial x \partial y}\right\} \quad (27.1.1c)$$

$$\frac{D}{G_2 h_0}\left(\frac{\partial^2 \psi_x}{\partial x^2} + \frac{1-\nu}{2}\frac{\partial^2 \psi_x}{\partial y^2} + \frac{1+\nu}{2}\frac{\partial^2 \psi_y}{\partial x \partial y}\right) - \left(\psi_x + \frac{\partial w}{\partial x}\right) = 0 \quad (27.1.1d)$$

$$\frac{D}{G_2 h_0}\left(\frac{1-\nu}{2}\frac{\partial^2 \psi_y}{\partial x^2} + \frac{\partial^2 \psi_y}{\partial y^2} + \frac{1+\nu}{2}\frac{\partial^2 \psi_x}{\partial x \partial y}\right) - \left(\psi_y + \frac{\partial w}{\partial y}\right) = 0 \quad (27.1.1e)$$

式中，u、v 为夹层板中面上点沿 x 和 y 方向的位移；w 为板的挠度；ψ_x、ψ_y 分别为夹心中面在 xz 和 yz 平面内的转角；G_2 为夹心的剪切模量；E、ν 分别为表层材料的弹性模量和

Poisson 比;$D = Eh_0^2 h_1/[2(1-\nu^2)]$ 为夹层板的抗弯刚度;$\rho = \rho_c + 2\rho_f$ 为夹层板的面密度。

引进下列无量纲量:

$$\lambda = \frac{a}{b}, \xi = \frac{x}{a}, \eta = \frac{y}{b}, U = \frac{au}{h_0^2}, V = \frac{bv}{h_0^2}, W = \frac{w}{h_0} \quad (27.1.2a)$$

$$\Phi_x = \frac{a}{h_0}\psi_x, \Phi_y = \frac{a}{h_0}\psi_y, k = \frac{D}{G_2 h_0 a^2}, \tau = \sqrt{\frac{D}{a^4 \rho}} t \quad (27.1.2b)$$

$$q_0 = \frac{a^4}{Dh_0}Q_0, \Omega = \sqrt{\frac{\rho a^4}{D}}\Omega_0, 2n = \frac{\delta a^2}{h_0 \sqrt{\rho D}} \quad (27.1.2c)$$

利用这些无量纲量,方程式(27.1.1)在非线性强迫振动情况下的无量纲形式为

$$2\frac{\partial^2 U}{\partial \xi^2} + (1-\nu)\left[\lambda^2 \frac{\partial^2 U}{\partial \eta^2} + \frac{\partial W}{\partial \xi}\left(\frac{\partial^2 W}{\partial \xi^2} + \lambda^2 \frac{\partial^2 W}{\partial \xi \partial \eta}\right)\right] +$$
$$(1+\nu)\left\{\lambda^2 \frac{\partial^2 V}{\partial \xi \partial \eta} + \frac{1}{2}\frac{\partial}{\partial \xi}\left[\left(\frac{\partial W}{\partial \xi}\right)^2 + \lambda^2 \left(\frac{\partial W}{\partial \eta}\right)^2\right]\right\} = 0 \quad (27.1.3a)$$

$$2\lambda^2 \frac{\partial^2 V}{\partial \eta^2} + (1-\nu)\left[\frac{\partial^2 V}{\partial \xi^2} + \frac{\partial W}{\partial \eta}\left(\frac{\partial^2 W}{\partial \xi^2} + \lambda^2 \frac{\partial^2 W}{\partial \eta^2}\right)\right] +$$
$$(1+\nu)\left\{\frac{\partial^2 U}{\partial \xi \partial \eta} + \frac{1}{2}\frac{\partial}{\partial \eta}\left[\left(\frac{\partial W}{\partial \xi}\right)^2 + \lambda^2 \left(\frac{\partial W}{\partial \eta}\right)^2\right]\right\} = 0 \quad (27.1.3b)$$

$$\frac{\partial^2 W}{\partial \tau^2} + 2n\frac{\partial W}{\partial \tau} + \nabla^4 W + \frac{\partial^3 \Phi_x}{\partial \xi^3} + \lambda^2 \frac{\partial^3 \Phi_x}{\partial \xi \partial \eta^2} + \lambda \frac{\partial^3 \Phi_y}{\partial \xi^2 \partial \eta} + \lambda \frac{\partial^3 \Phi_y}{\partial \eta^3} +$$
$$4\left[\left(\frac{\partial U}{\partial \xi} + \nu \lambda^2 \frac{\partial V}{\partial \eta}\right)\frac{\partial^2 W}{\partial \xi^2} + \lambda^2 \left(\lambda^2 \frac{\partial V}{\partial \eta} + \nu \frac{\partial U}{\partial \xi}\right)\frac{\partial^2 W}{\partial \eta^2}\right] +$$
$$(1-\nu)\lambda^2 \left(\frac{\partial U}{\partial \eta} + \frac{\partial V}{\partial \xi}\right)\frac{\partial^2 W}{\partial \xi \partial \eta} + 2\left[\left(\frac{\partial W}{\partial \xi}\right)^2 + \nu \lambda^2 \left(\frac{\partial W}{\partial \eta}\right)^2\right]\frac{\partial^2 W}{\partial \xi^2} +$$
$$2\lambda^2 \left[\lambda^2 \left(\frac{\partial W}{\partial \eta}\right)^2 + \nu \left(\frac{\partial W}{\partial \xi}\right)^2\right]\frac{\partial^2 W}{\partial \eta^2} +$$
$$4(1-\nu)\lambda^2 \frac{\partial W}{\partial \xi}\frac{\partial W}{\partial \eta}\frac{\partial^2 W}{\partial \xi \partial \eta} - q\cos\Omega\, t = 0 \quad (27.1.3c)$$

$$k\left(\frac{\partial^2 \Phi_x}{\partial \xi^2} + \frac{1-\nu}{2}\lambda^2 \frac{\partial^2 \Phi_x}{\partial \eta^2} + \frac{1+\nu}{2}\lambda \frac{\partial^2 \Phi_y}{\partial \xi \partial \eta}\right) - \left(\Phi_x + \frac{\partial W}{\partial \xi}\right) = 0 \quad (27.1.3d)$$

$$k\left(\frac{1-\nu}{2}\frac{\partial^2 \Phi_y}{\partial \xi^2} + \lambda^2 \frac{\partial^2 \Phi_y}{\partial \eta^2} + \frac{1+\nu}{2}\lambda \frac{\partial^2 \Phi_x}{\partial \xi \partial \eta}\right) - \left(\Phi_y + \lambda \frac{\partial W}{\partial \eta}\right) = 0 \quad (27.1.3e)$$

考虑夹层椭圆板的边缘为刚性夹紧固定,求解方程式(27.1.3)的边界条件的无量纲形式为

$$\text{当 } \xi^2 + \eta^2 = 1 \text{ 时}, U = V = W = \Phi_x = \Phi_y = 0 \quad (27.1.4)$$

采用伽辽金方法对具有固定边界的夹层椭圆板的非线性问题进行单模态分析。选取满足边界条件式(27.1.4)的位移和转角函数具有如下分离形式

$$U = \sum_{i=0}^{\infty}\sum_{j=0}^{\infty} a_{ij}(t)(1-\xi^2-\eta^2)\xi^{2i+1}\eta^{2j} \quad (27.1.5a)$$

$$V = \sum_{i=0}^{\infty}\sum_{j=0}^{\infty} b_{ij}(t)(1-\xi^2-\eta^2)\xi^{2i}\eta^{2j+1} \quad (27.1.5b)$$

$$W = \varphi(t)\left[1 - \frac{2+16k}{1+16k}(\xi^2+\eta^2) + \frac{1}{1+16k}(\xi^2+\eta^2)^2\right] \quad (27.1.5c)$$

$$\Phi_x = \sum_{i=0}^{\infty}\sum_{j=0}^{\infty} c_{ij}(t)(1-\xi^2-\eta^2)\xi^{2i+1}\eta^{2j} \quad (27.1.5d)$$

$$\Phi_y = \sum_{i=0}^{\infty}\sum_{j=0}^{\infty} d_{ij}(t)(1-\xi^2-\eta^2)\xi^{2i}\eta^{2j+1} \quad (27.1.5e)$$

式中,$\varphi(t)$为无量纲时间 t 的函数,其最大值 $\varphi_{\max} = W_m = w_m/h_0$;$w_m$ 为夹层椭圆板的中心挠度。

将式(27.1.5)代入方程式(27.1.3),并利用 Galerkin 积分方程,得到如下关于时间函数 φ 的非线性常微分方程

$$\ddot{\varphi} + 2n\dot{\varphi} + p^2\varphi + \mu\varphi^3 = q\cos\Omega t \quad (27.1.6)$$

这里,$\dot{\varphi} = \dfrac{\mathrm{d}\varphi}{\mathrm{d}t}$,$\ddot{\varphi} = \dfrac{\mathrm{d}^2\varphi}{\mathrm{d}t^2}$,式中,$p$ 为夹层椭圆形板的线性振动固有角频率,

$$p = \left(\frac{\alpha_1}{\alpha_3}\right)^{1/2},\ \mu = \frac{\alpha_2}{\alpha_3},\ q = \frac{\alpha_4}{\alpha_3}q_0 \quad (27.1.7)$$

其中

$$\alpha_1 = \int_{-1}^{1}\int_{-\sqrt{1-\eta^2}}^{\sqrt{1-\eta^2}}\left[\frac{\partial^3\overline{\Phi}_x}{\partial\xi^3} + \lambda^2\frac{\partial^3\overline{\Phi}_x}{\partial\xi\partial\eta^2} + \lambda\frac{\partial^3\overline{\Phi}_y}{\partial\xi^2\partial\eta} + \lambda^3\frac{\partial^3\overline{\Phi}_y}{\partial\eta^3}\right]\times$$

$$\left[1 - \frac{2+16k}{1+16k}(\xi^2+\eta^2) + \frac{1}{1+16k}(\xi^2+\eta^2)^2\right]\mathrm{d}\eta\mathrm{d}\xi \quad (27.1.8a)$$

$$\alpha_2 = \int_{-1}^{1}\int_{-\sqrt{1-\eta^2}}^{\sqrt{1-\eta^2}}\left\{4\left[\left(\frac{\partial\overline{U}}{\partial\xi} + \nu\lambda^2\frac{\partial\overline{V}}{\partial\eta}\right)\frac{\partial^2\overline{W}}{\partial\xi^2} + \lambda^2\left(\lambda^2\frac{\partial\overline{V}}{\partial\eta} + \nu\frac{\partial\overline{U}}{\partial\xi}\right)\frac{\partial^2\overline{W}}{\partial\eta^2} + \right.\right.$$

$$(1-\nu)\lambda^2\left(\frac{\partial\overline{U}}{\partial\eta} + \frac{\partial\overline{V}}{\partial\xi}\right)\frac{\partial^2\overline{W}}{\partial\xi\partial\eta}\right] + 2\left[\left(\frac{\partial\overline{W}}{\partial\xi}\right)^2 + \nu\lambda^2\left(\frac{\partial\overline{W}}{\partial\eta}\right)^2\right]\frac{\partial^2\overline{W}}{\partial\xi^2} +$$

$$2\lambda^2\left[\lambda^2\left(\frac{\partial\overline{W}}{\partial\eta}\right)^2 + \nu\left(\frac{\partial\overline{W}}{\partial\xi}\right)^2\right]\frac{\partial^2\overline{W}}{\partial\eta^2} + 4(1-\nu)\lambda^2\frac{\partial\overline{W}}{\partial\xi}\frac{\partial\overline{W}}{\partial\eta}\frac{\partial^2\overline{W}}{\partial\xi\partial\eta}\right\}\times$$

$$\left[1 - \frac{2+16k}{1+16k}(\xi^2+\eta^2) + \frac{1}{1+16k}(\xi^2+\eta^2)^2\right]\mathrm{d}\eta\mathrm{d}\xi \quad (27.1.8b)$$

$$\alpha_3 = \int_{-1}^{1}\int_{-\sqrt{1-\eta^2}}^{\sqrt{1-\eta^2}}\left[1 - \frac{2+16k}{1+16k}(\xi^2+\eta^2) + \frac{1}{1+16k}(\xi^2+\eta^2)^2\right]^2\mathrm{d}\eta\mathrm{d}\xi \quad (27.1.8c)$$

$$\alpha_4 = \int_{-1}^{1}\int_{-\sqrt{1-\eta^2}}^{\sqrt{1-\eta^2}}\left[1 - \frac{2+16k}{1+16k}(\xi^2+\eta^2) + \frac{1}{1+16k}(\xi^2+\eta^2)^2\right]\mathrm{d}\eta\mathrm{d}\xi \quad (27.1.8d)$$

其中

$$\overline{U} = \sum_{i=0}^{\infty}\sum_{j=0}^{\infty}(1-\xi^2-\eta^2)\xi^{2i+1}\eta^{2j} \quad (27.1.9a)$$

$$\overline{V} = \sum_{i=0}^{\infty}\sum_{j=0}^{\infty}(1-\xi^2-\eta^2)\xi^{2i}\eta^{2j+1} \quad (27.1.9b)$$

$$\overline{W} = 1 - \frac{2+16k}{1+16k}(\xi^2+\eta^2) + \frac{1}{1+16k}(\xi^2+\eta^2)^2 \quad (27.1.9c)$$

$$\overline{\Phi}_x = \sum_{i=0}^{\infty}\sum_{j=0}^{\infty}(1-\xi^2-\eta^2)\xi^{2i+1}\eta^{2j} \quad (27.1.9d)$$

$$\overline{\Phi}_y = \sum_{i=0}^{\infty}\sum_{j=0}^{\infty}(1-\xi^2-\eta^2)\xi^{2i}\eta^{2j+1} \quad (27.1.9e)$$

方程式(27.1.6)是硬弹簧型 Duffing 方程。

引入如下无量纲量参数

$$x = \frac{\varphi}{p}\sqrt{\mu}, \ \bar{\tau} = pt, \ \bar{n} = \frac{n}{p}, \ \bar{q} = \frac{q\sqrt{\mu}}{p^3}, \ \bar{\Omega} = \frac{\Omega}{p} \tag{27.1.10}$$

得到标准 Duffing 方程(仍将 $\bar{\tau}、\bar{\Omega}、\bar{q}$ 和 $\bar{n}$ 换写成 $t、\Omega、q$ 和 n)

$$\ddot{x} + 2n\dot{x} + x + x^3 = q\cos\Omega t \tag{27.1.11}$$

式中,$\dot{x} = \dfrac{\mathrm{d}x}{\mathrm{d}t}$,$\ddot{x} = \dfrac{\mathrm{d}^2 x}{\mathrm{d}t^2}$。

27.1.3 叠加-迭代谐波平衡法

代替特例式(27.1.6),我们考虑一般系统的强非线性单自由度强迫振动问题:

$$\ddot{x} + 2n\dot{x} + f(x) = q\cos\Omega t \tag{27.1.12}$$

叠加-迭代谐波平衡法求解周期解的过程分成两个主要步骤:

(1) Newton 迭代过程

假设

$$x(t) = x_0(t) + y(t) \tag{27.1.13}$$

为方程式(27.1.12)的所求周期解,其中 $x_0(t)$ 为基本解,$y(t)$ 为派生解,基本解满足基本方程

$$\ddot{x}_0 + 2n\dot{x}_0 + f(x_0) = q\cos\Omega t \tag{27.1.14}$$

派生解满足增量方程

$$\ddot{y} + 2n\dot{y} + \sum_{k=1}^{\infty} \frac{1}{k!} f^{(k)}(x)\bigg|_{x=x_0} y^k = 0 \tag{27.1.15}$$

(2) Ritz 平均过程

由式(27.1.14)采用 Ritz 平均法,求基谐解

$$x = a_0 + a_1\cos\Omega t + b_1\sin\Omega t \tag{27.1.16}$$

由式(27.1.15)采用 Ritz 平均法,逐步求派生解 $y(t)$。

27.1.4 解析解

(1) 基谐解。

假设方程式(27.1.6)的基谐解为

$$\varphi(t) = a_1(t)\cos\Omega t + b_1(t)\sin\Omega t \tag{27.1.17}$$

将假设解式(27.1.17)代入方程式(27.1.6),用 Ritz 平均法,得到关于幅值参数的一个非线性微分方程组

$$\ddot{a}_1 + 2n\dot{a}_1 + 2\Omega\dot{b}_1 + (p^2 - \Omega^2)a_1 + 2n\Omega b_1 + \frac{3}{4}\mu a_1(a_1^2 + b_1^2) - q = 0 \tag{27.1.18a}$$

$$\ddot{b}_1 - 2\Omega\dot{a}_1 + 2n\dot{b}_1 - 2n\Omega a_1 + (p^2 - \Omega^2)b_1 + \frac{3}{4}\mu b_1(a_1^2 + b_1^2) = 0 \tag{27.1.18b}$$

稳态基谐解为

$$\bar{\varphi}(t) = \bar{a}_1\cos\Omega t + \bar{b}_1\sin\Omega t \tag{27.1.19}$$

它的系数是方程组式(27.1.18)的奇点,可通过求解下列非线性代数方程组得到

$$(p^2 - \Omega^2)\overline{a}_1 + 2n\Omega \overline{b}_1 + \frac{3}{4}\mu \overline{a}_1(\overline{a}_1^2 + \overline{b}_1^2) - q = 0 \quad (27.1.20a)$$

$$-2n\Omega \overline{a}_1 + (p^2 - \Omega^2)\overline{b}_1 + \frac{3}{4}\mu \overline{b}_1(\overline{a}_1^2 + \overline{b}_1^2) = 0 \quad (27.1.20b)$$

稳态基谐解的稳定性由微分方程组式(27.1.18)的线性化系数矩阵

$$\boldsymbol{A}_1 = \begin{bmatrix} \dfrac{3a_1 b_1}{4\Omega} - n & \dfrac{1-\Omega^2}{2\Omega} + \dfrac{3(a_1^2 + 3b_1^2)}{8\Omega} \\ -\dfrac{1-\Omega^2}{2\Omega} - \dfrac{3(3a_1^2 + b_1^2)}{8\Omega} & -n - \dfrac{3}{4\Omega}a_1 b_1 \end{bmatrix} \quad (27.1.21)$$

的特征根进行判定(取 $p = 1, \mu = 1$)。

(2) $\dfrac{1}{3}$ 亚谐解。

假设方程式(27.1.6)的 1/3 亚谐解为

$$\varphi(t) = \varphi_1(t) + \varphi_{1/3}(t) \quad (27.1.22)$$

基本解

$$\varphi_1(t) = a_1(t)\cos\Omega t + b_1(t)\sin\Omega t \quad (27.1.23a)$$

派生解

$$\varphi_{1/3}(t) = a_{1/3}(t)\cos\frac{\Omega t}{3} + b_{1/3}(t)\sin\frac{\Omega t}{3} \quad (27.1.23b)$$

将式(27.1.22)代入式(27.1.6)得到派生解满足增量方程

$$\ddot{\varphi}_{1/3} + 2n\dot{\varphi}_{1/3} + p^2\varphi_{1/3} + 3\mu\varphi_1^2\varphi_{1/3} + 3\mu\varphi_1\varphi_{1/3}^2 + \mu\varphi_{1/3}^3 = 0 \quad (27.1.24)$$

将式(27.1.22)代入式(27.1.6),用 Ritz 平均法,得到关于幅值参数的一个非线性微分方程组:

$$\ddot{a}_1 + 2n\dot{a}_1 + 2\Omega\dot{b}_1 + (p^2 - \Omega^2)a_1 + 2n\Omega b_1 - q +$$
$$\mu\left[\frac{3}{4}a_1(a_1^2 + b_1^2 + 2a_{1/3}^2 + 2b_{1/3}^2) + \frac{1}{4}a_{1/3}(a_{1/3}^2 - 3b_{1/3}^2)\right] = 0 \quad (27.1.25a)$$

$$\ddot{b}_1 + 2n\dot{b}_1 - 2\Omega\dot{a}_1 + (p^2 - \Omega^2)b_1 - 2n\Omega a_1 +$$
$$\mu\left[\frac{3}{4}b_1(a_1^2 + b_1^2 + 2a_{1/3}^2 + 2b_{1/3}^2) + \frac{1}{4}b_{1/3}(3a_{1/3}^2 - b_{1/3}^2)\right] = 0 \quad (27.1.25b)$$

$$\ddot{a}_{1/3} + 2n\dot{a}_{1/3} + \frac{2}{3}\Omega\dot{b}_{1/3} + \left(p^2 - \frac{1}{9}\Omega^2\right)a_{1/3} + \frac{2}{3}n\Omega b_{1/3} +$$
$$\mu\left[\frac{3}{4}a_{1/3}(a_{1/3}^2 + b_{1/3}^2 + 2a_1^2 + 2b_1^2) + \frac{3}{4}a_1(a_{1/3}^2 - b_{1/3}^2) + \frac{3}{2}b_1 a_{1/3} b_{1/3}\right] = 0$$

$$(27.1.25c)$$

$$\ddot{b}_{1/3} + 2n\dot{b}_{1/3} - \frac{2}{3}\Omega\dot{a}_{1/3} + \left(p^2 - \frac{1}{9}\Omega^2\right)b_{1/3} - \frac{2}{3}n\Omega a_{1/3} +$$
$$\mu\left[\frac{3}{4}b_{1/3}(a_{1/3}^2 + b_{1/3}^2 + 2a_1^2 + 2b_1^2) - \frac{3}{2}a_1 a_{1/3} b_{1/3} + \frac{3}{4}b_1(a_{1/3}^2 - b_{1/3}^2)\right] = 0$$

$$(27.1.25d)$$

稳态 1/3 亚谐解为

$$\overline{\varphi}(t) = \overline{\varphi}_1(t) + \overline{\varphi}_{1/3}(t) \tag{27.1.26}$$

基本解
$$\overline{\varphi}_1(t) = \overline{a}_1 \cos\Omega t + \overline{b}_1 \sin\Omega t \tag{27.1.27a}$$

派生解
$$\overline{\varphi}_{1/3}(t) = \overline{a}_{1/3}\cos\frac{\Omega t}{3} + \overline{b}_{1/3}\sin\frac{\Omega t}{3} \tag{27.1.27b}$$

其系数就是微分方程组式(27.1.25)的奇点,可通过求解下列非线性代数方程组得到

$$(p^2 - \Omega^2)\overline{a}_1 + 2n\Omega \overline{b}_1 - q +$$
$$\mu\left[\frac{3}{4}\overline{a}_1(\overline{a}_1^2 + \overline{b}_1^2 + 2\overline{a}_{1/3}^2 + 2\overline{b}_{1/3}^2) + \frac{1}{4}\overline{a}_{1/3}(\overline{a}_{1/3}^2 - 3\overline{b}_{1/3}^2)\right] = 0 \tag{27.1.28a}$$

$$(p^2 - \Omega^2)\overline{b}_1 - 2n\Omega \overline{a}_1 +$$
$$\mu\left[\frac{3}{4}\overline{b}_1(\overline{a}_1^2 + \overline{b}_1^2 + 2\overline{a}_{1/3}^2 + 2\overline{b}_{1/3}^2) + \frac{1}{4}\overline{b}_{1/3}(3\overline{a}_{1/3}^2 - \overline{b}_{1/3}^2)\right] = 0 \tag{27.1.28b}$$

$$(p^2 - \frac{1}{9}\Omega^2)\overline{a}_{1/3} + \frac{2}{3}n\Omega \overline{b}_{1/3} +$$
$$\mu\left[\frac{3}{4}\overline{a}_{1/3}(\overline{a}_{1/3}^2 + \overline{b}_{1/3}^2 + 2\overline{a}_1^2 + 2\overline{b}_1^2) + \frac{3}{4}\overline{a}_1(\overline{a}_{1/3}^2 - \overline{b}_{1/3}^2) + \frac{3}{2}\overline{b}_1\overline{a}_{1/3}\overline{b}_{1/3}\right] = 0$$
$$\tag{27.1.28c}$$

$$(p^2 - \frac{1}{9}\Omega^2)\overline{b}_{1/3} - \frac{2}{3}n\Omega \overline{a}_{1/3} +$$
$$\mu\left[\frac{3}{4}\overline{b}_{1/3}(\overline{a}_{1/3}^2 + \overline{b}_{1/3}^2 + 2\overline{a}_1^2 + 2\overline{b}_1^2) - \frac{3}{2}\overline{a}_1\overline{a}_{1/3}\overline{b}_{1/3} + \frac{3}{4}\overline{b}_1(\overline{a}_{1/3}^2 - \overline{b}_{1/3}^2)\right] = 0$$
$$\tag{27.1.28d}$$

稳态$\frac{1}{3}$亚谐解式(27.1.26)的稳定性通过微分方程组式(27.1.25)的线性化系数矩阵的特征根进行判定。利用 Maple 程序通过迭代求解,并计算特征根判别其稳定性。迭代步骤如下:

第一步:求解方程组式(27.1.20),得到初值$\overline{a}_1^{(0)}$、$\overline{b}_1^{(0)}$,取$\overline{a}_{1/3}^{(0)} = 0,\overline{b}_{1/3}^{(0)} = 0$。

第二步:取$\overline{a}_1 = \overline{a}_1^{(0)}, \overline{b}_1 = \overline{b}_1^{(0)}$,求解式(27.1.28c)(27.1.28d),得到$\overline{a}_{1/3}^{(1)}$、$\overline{b}_{1/3}^{(1)}$。

第三步:取$\overline{a}_{1/3} = \overline{a}_{1/3}^{(1)}, \overline{b}_{1/3} = \overline{b}_{1/3}^{(1)}$,求解式(27.1.28a)(27.1.28b),得到$\overline{a}_1^{(1)}$、$\overline{b}_1^{(1)}$。

…………………………………………………………………………

第四步:取$\overline{a}_1 = \overline{a}_1^{(k)}, \overline{b}_1 = \overline{b}_1^{(k)}$,求解式(27.1.28c)(27.1.28d),得到$\overline{a}_{1/3}^{(k+1)}$、$\overline{b}_{1/3}^{(k+1)}$。

第五步:取$\overline{a}_{1/3} = \overline{a}_{1/3}^{(k+1)}, \overline{b}_{1/3} = \overline{b}_{1/3}^{(k+1)}$,求解式(27.1.28a)(27.1.28b),得到:$\overline{a}_1^{(k+1)}$、$\overline{b}_1^{(k+1)}$,若$|\overline{a}_1^{(k+1)} - \overline{a}_1^{(k)}| < \varepsilon = 10^{-6}$,进行下一步,否则,转入第四步。

第六步:最后得到1/3亚谐解式(27.1.26)的系数,$\overline{a}_1 = \overline{a}_1^{(k+1)}, \overline{b}_1 = \overline{b}_1^{(k+1)}, \overline{a}_{1/3} = \overline{a}_{1/3}^{(k+1)}, \overline{b}_{1/3} = \overline{b}_{1/3}^{(k+1)}$,并判断稳定性(结束)。

27.1.5 数值计算结果

考察方程式(27.1.11),$n = 0.05, \Omega = 6.3, q = 40$ 的情况。利用 Maple 程序求解,并计算特征根判别其稳定性。由方程组式(27.1.20)可以求得基谐解式(27.1.19)的系数 A、B、C,如图 27.1.2a)所示。其中,B 为鞍点,由 C 分岔出超谐解,由 A 分岔出 7 个 1/3 亚谐解。

$$A:\begin{cases}\bar{a}_1 = -1.056\,434\,372\\ \bar{b}_1 = 0.017\,582\,713\,07\end{cases}\quad(\text{焦点})$$

$$B:\begin{cases}\bar{a}_1 = -6.563\,392\,791\\ \bar{b}_1 = 0.685\,889\,977\,4\end{cases}\quad(\text{鞍点})$$

$$C:\begin{cases}\bar{a}_1 = 7.593\,367\,164\\ \bar{b}_1 = 0.921\,507\,309\,5\end{cases}\quad(\text{焦点})$$

稳态 1/3 亚谐解式(27.1.26)的系数由方程组式(7.1.28)求得,基本解式(27.1.27a)的系数为 A_0、A_1、A_2,如图 27.1.2b)所示。

$$A_0:\begin{cases}\bar{a}_1 = -1.056\,434\,372\\ \bar{b}_1 = 0.017\,582\,713\,07\end{cases}\quad(\text{焦点})$$

$$A_1:\begin{cases}\bar{a}_1 = -1.203\,942\,210\,0\\ \bar{b}_1 = 0.029\,939\,240\,54\end{cases}\quad(\text{焦点})$$

$$A_2:\begin{cases}\bar{a}_1 = -1.109\,564\,257\\ \bar{b}_1 = 0.021\,158\,117\,17\end{cases}\quad(\text{鞍点})$$

派生解式(27.1.27b)的系数为①~⑦,如图 27.1.2c)所示。

① $\begin{cases}\bar{a}_{1/3} = 0\\ \bar{b}_{1/3} = 0\end{cases}$ (焦点)   ② $\begin{cases}\bar{a}_{1/3} = 2.012\,720\,533\,00\\ \bar{b}_{1/3} = 0.060\,974\,947\,77\end{cases}$ (焦点)

③ $\begin{cases}\bar{a}_{1/3} = -1.059\,166\,12\\ \bar{b}_{1/3} = 1.712\,579\,638\end{cases}$ (焦点)   ④ $\begin{cases}\bar{a}_{1/3} = -0.953\,554\,412\,7\\ \bar{b}_{1/3} = -1.773\,554\,586\,0\end{cases}$ (焦点)

⑤ $\begin{cases}\bar{a}_{1/3} = 0.578\,487\,054\,3\\ \bar{b}_{1/3} = 0.819\,441\,975\,5\end{cases}$ (鞍点)   ⑥ $\begin{cases}\bar{a}_{1/3} = -0.998\,901\,094\,9\\ \bar{b}_{1/3} = 0.091\,263\,497\,09\end{cases}$ (鞍点)

⑦ $\begin{cases}\bar{a}_{1/3} = 0.420\,414\,040\,50\\ \bar{b}_{1/3} = -0.910\,705\,472\,6\end{cases}$ (鞍点)

代入式(27.1.26)得到 7 个 1/3 亚谐解:

$$x = 1.056\,6\cos(6.3t - 3.125\,0) \quad (\text{稳定}) \tag{27.1.29a}$$

$$x = 1.204\,3\cos(6.3t - 3.116\,7) + 2.013\,6\cos(2.1t - 0.030\,286) \quad (\text{稳定}) \tag{27.1.29b}$$

$$x = 1.204\,3\cos(6.3t - 3.116\,7) + 2.013\,6\cos(2.1t - 2.124\,7) \quad (\text{稳定}) \tag{27.1.29c}$$

$$x = 1.204\,3\cos(6.3t - 3.116\,7) + 2.013\,6\cos(2.1t - 4.219\,1) \quad (\text{稳定}) \tag{27.1.29d}$$

$$x = 1.109\,8\cos(6.3t - 3.122\,5) + 1.003\,1\cos(2.1t - 0.956\,0\,9) \quad (\text{不稳定}) \tag{27.1.29e}$$

$$x = 1.109\,8\cos(6.3t - 3.1225) + 1.003\,1\cos(2.1t - 3.050\,5) \quad (\text{不稳定}) \tag{27.1.29f}$$

$$x = 1.109\,8\cos(6.3t - 3.122\,5) + 1.003\,1\cos(2.1t - 5.144\,9) \quad (\text{不稳定}) \tag{27.1.29g}$$

其中式(27.1.29b)表示的 ⅓ 亚谐解如图 27.1.3 所示。采用双精度四阶 Runge-Kutta(RK)法取时间步长 $\Delta t = T/35$,$T = 2\pi/\Omega$,得到 $x_0 = 3$,$\dot{x}_0 = 1$ 时得到的 1/3 亚谐解如图 27.1.4 所示;以激励振幅分岔图如图 27.1.5 所示。

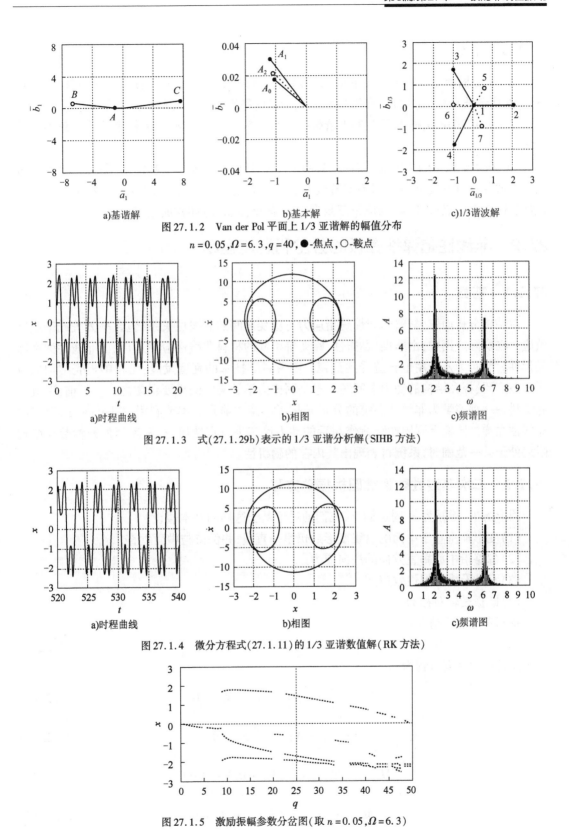

a)基谐解   b)基本解   c)1/3谐波解

图 27.1.2 Van der Pol 平面上 1/3 亚谐解的幅值分布

$n=0.05, \Omega=6.3, q=40$, ●-焦点, ○-鞍点

a)时程曲线   b)相图   c)频谱图

图 27.1.3 式(27.1.29b)表示的 1/3 亚谐分析解(SIHB 方法)

a)时程曲线   b)相图   c)频谱图

图 27.1.4 微分方程式(27.1.11)的 1/3 亚谐数值解(RK 方法)

图 27.1.5 激励振幅参数分岔图(取 $n=0.05, \Omega=6.3$)

27.1.6 结论

(1)夹层椭圆形板的1/3亚谐振动可以用假设解式(27.1.26)描述,在亚谐频域内,由叠加-迭代谐波平衡法(SIHB)和数值积分法所得的稳态1/3亚谐解吻合得相当好。

(2)采用SIHB法得出了1/3亚谐解的个数、解的稳定性、解的解析表达式和解的分岔情况。

(3)在4个稳定的1/3亚谐解中,其中1个亚谐解仍然为1/1基谐解,另外3个亚谐解的基本解相同,1/3亚谐成分具有对称性并且相位差是$2\pi/3$。由图27.1.2c)可以看出:焦点1为零解;3个焦点(2、3、4)构成正三角形;3个鞍点(5、6、7)亦构成正三角形。

27.2 非线性黏弹性圆板的分岔和混沌运动

27.2.1 前言

对结构分析而言,材料非线性是指应力与应变之间的非线性关系,包含率无关或率敏感效应。在实际应用中,由塑性、黏塑性、蠕变等引起的材料非线性应用最广,而非线性弹性和黏弹性材料行为及应用也日益受到重视。随着科学技术的高度发展,工程中板壳结构的应用日益广泛,板壳结构的动力学问题一直是固体力学学科中的重要课题之一。目前,新近兴起学科——混沌学为非线性系统的分析开拓了广阔的前景。本节利用Melnikov法,对二次非线性黏弹性圆板受到周期载荷作用后的动力性态进行定性研究,发现当加载参数与结构阻尼处于某一范围时,系统将表现出其内在的随机性。

27.2.2 二次非线性黏弹性圆板振动方程

圆形薄板,板厚为h,周边固支,我们的讨论基于这样的基本假设。
(1)变形前垂直于中面的直线变形后仍呈一直线,并保持与中面垂直。
(2)忽略沿中面垂直方向的法向应力。
(3)只计及横向惯性效应。
(4)圆板是轴对称的。
我们考虑载荷情况:

$$q = F_0 \cos\Omega_0 t \tag{27.2.1}$$

板单元的动力平衡方程为

$$N_{r,r} + \frac{1}{r}N_{r\theta,\theta} + \frac{1}{r}(N_r - N_\theta) = 0 \tag{27.2.2a}$$

$$\frac{1}{r}N_{\theta,\theta} + N_{r\theta,r} + \frac{2}{r}N_{r\theta} = 0 \tag{27.2.2b}$$

$$M_{r,r} + \frac{1}{r}M_{r\theta,\theta} + \frac{1}{r}(M_r - M_\theta) - Q_r = 0 \tag{27.2.2c}$$

$$M_{r\theta,r} + \frac{1}{r}M_{\theta,\theta} + \frac{2}{r}M_{r\theta} - Q_\theta = 0 \tag{27.2.2d}$$

$$Q_{r,r} + \frac{1}{r}Q_{\theta,\theta} + \frac{1}{r}(Q_r - Q_\theta) + N_r w_{,rr} + 2N_{r\theta}\left(\frac{1}{r}w_{,r}\right)_{,r} +$$
$$N_\theta\left(\frac{1}{r}w_{,r} + \frac{1}{r^2}w_{,\theta\theta}\right) + q - \rho h w_{,tt} = 0 \tag{27.2.2e}$$

式中,N_r、N_θ、$N_{r\theta}$ 为薄板张力的分量,Q_r、Q_θ 为薄板剪力的分量,M_r、M_θ、$M_{r\theta}$ 为板单元单位长度上的内力矩,ρ 为材料密度,δ 为阻尼系数,w 为横向挠度。

各内力分量与应力的关系方程式为

$$N_r = \int_{-\frac{h}{2}+h_0}^{\frac{h}{2}-h_0} \sigma_r \mathrm{d}z, \quad N_\theta = \int_{-\frac{h}{2}+h_0}^{\frac{h}{2}-h_0} \sigma_\theta \mathrm{d}z, \quad N_{r\theta} = \int_{-\frac{h}{2}+h_0}^{\frac{h}{2}-h_0} \tau_{r\theta} \mathrm{d}z \tag{27.2.3a}$$

$$Q_r = \int_{-\frac{h}{2}+h_0}^{\frac{h}{2}-h_0} \tau_{zr} \mathrm{d}z, \quad Q_\theta = \int_{-\frac{h}{2}+h_0}^{\frac{h}{2}-h_0} \tau_{z\theta} \mathrm{d}\theta \tag{27.2.3b}$$

$$M_r = \int_{-\frac{h}{2}+h_0}^{\frac{h}{2}-h_0} \sigma_r z \mathrm{d}z, \quad M_\theta = \int_{-\frac{h}{2}+h_0}^{\frac{h}{2}-h_0} \sigma_\theta z \mathrm{d}z, \quad M_{r\theta} = \int_{-\frac{h}{2}+h_0}^{\frac{h}{2}-h_0} \tau_{r\theta} z \mathrm{d}z \tag{27.2.3c}$$

其中,h_0 为偏心坐标。

考虑到圆板是轴对称的。可以得到

$$N_r = 0, \ N_\theta = 0, \ N_{r\theta} = 0, \ Q_r = M_{r,r} + \frac{1}{r}(M_r - M_\theta), \ Q_\theta = 0 \tag{27.2.4}$$

将式(27.2.2c)、式(27.2.2d)代入式(27.2.2e)可得

$$Q_{r,r} + \frac{1}{r}Q_r + q - \rho h w_{,tt} = 0 \tag{27.2.5}$$

对单向应力状态,材料本构关系可由 Kelvin – Voigt 描述,其中的弹性元件具有二次非线性性质,则

$$\sigma = E\left(\varepsilon + E_1 \varepsilon^2 + \eta \frac{\partial \varepsilon}{\partial t}\right) \tag{27.2.6}$$

其中,E 为材料的初始弹性模量;$E_1 > 0$ 为另一个新的材料常数;η 为黏性系数。

在极坐标情况下,应力-应变的非线性弹性本构方程为

$$\sigma_r = \frac{E}{1-\nu^2}\left[\left(\varepsilon_r + E_1 \varepsilon_r^2 + \eta \frac{\partial \varepsilon_r}{\partial t}\right) + \nu\left(\varepsilon_\theta + E_1 \varepsilon_\theta^2 + \eta \frac{\partial \varepsilon_\theta}{\partial t}\right)\right] \tag{27.2.7a}$$

$$\sigma_\theta = \frac{E}{1-\nu^2}\left[\left(\varepsilon_\theta + E_1 \varepsilon_\theta^2 + \eta \frac{\partial \varepsilon_\theta}{\partial t}\right) + \nu\left(\varepsilon_r + E_1 \varepsilon_r^2 + \eta \frac{\partial \varepsilon_r}{\partial t}\right)\right] \tag{27.2.7b}$$

设夹板中面沿 r 和 θ 方向的位移 $u_r^0 = u_\theta^0 = 0$,则

$$u_r = -zw_{,r}, \quad u_\theta = 0 \tag{27.2.8}$$

圆板的几何方程式可写成

$$\varepsilon_r = -zw_{,rr}, \quad \varepsilon_\theta = -\frac{z}{r}w_{,r}, \quad \gamma_{r\theta} = 0 \tag{27.2.9}$$

将式(27.2.9)、式(27.2.7)代入式(27.2.3c)可求得内力矩表达式为

$$M_r = -\left\{\overline{D}\left[w_{,rr} + \frac{\nu}{r}w_{,r}\right] + \overline{D}_1\left[w_{,rr}^2 + \nu\left(\frac{1}{r}w_{,r}\right)^2\right] + \overline{\eta}\left[w_{,rrt} + \frac{\nu}{r}w_{,rt}\right]\right\}$$
$$\tag{27.2.10a}$$

$$M_\theta = -\left\{\overline{D}\left[\frac{1}{r}w,_r + \nu w,_{rr}\right] + \overline{D}_1\left[\left(\frac{1}{r}w,_r\right)^2 + \nu w,_{rr}^2\right] + \overline{\eta}\left[\frac{1}{r}w,_{rt} + \nu w,_{rrt}\right]\right\}$$
(27.2.10b)

$$M_{r\theta} = 0 \tag{27.2.10c}$$

其中

$$\overline{D} = \frac{1}{12}\cdot\frac{E}{1-\nu^2}[(h-2h_0)^3 - (-h+2h_0)^3] \tag{27.2.11a}$$

$$\overline{D}_1 = \frac{1}{64}\frac{EE_1}{1-\nu^2}[(h-2h_0)^4 - (-h+2h_0)^4] \tag{27.2.11b}$$

将式(27.2.10)代入式(27.2.4)得到薄板剪力分量,即

$$Q_r = M_r,_r + \frac{1}{r}(M_r - M_\theta)$$

$$= -\left\{\overline{D}(\nabla^2 w),_r + \overline{D}_1\left[2w,_{rr}w,_{rrr} + \frac{1}{r}\left(w,_{rr}^2 - \frac{1}{r^2}w,_r^2\right)\right] + \right.$$

$$\overline{D}\nu\left[\frac{2}{r^2}w,_r\left(w,_{rr} - \frac{1}{r}w,_r\right) + \frac{1}{r}\left(\frac{1}{r^2}w,_r^2 - w,_{rr}^2\right)\right] +$$

$$\left.\overline{\eta D}\left[w,_{rrrt} + \frac{1}{r}\left(w,_{rrt}^2 - \frac{1}{r}w,_{rt}\right)\right]\right\} \tag{27.2.12}$$

将式(27.2.12)代入式(27.2.5)得

$$L(w) = \overline{D}\nabla^4 w + 2\overline{D}_1\left\{\left[w,_{rr}^2 + w,_{rr}w,_{rrr} + \frac{2}{r}w,_{rr}w,_{rrr} + \frac{1}{r^3}w,_r\left(\frac{1}{r}w,_r - w,_{rr}\right)\right] + \right.$$

$$\left.\nu\left[\frac{1}{r^2}w,_r w,_{rrr} - \frac{1}{r}w,_{rr}w,_{rrr} + \frac{2}{r^2}\left(\frac{2}{r}w,_r w,_{rr} - \frac{1}{r^2}w,_r^2 - w,_{rr}^2\right)\right]\right\} +$$

$$\overline{\eta}\left[w,_{rrrt} + \frac{1}{r}\left(w,_{rrt} - \frac{1}{r}w,_{rt}\right)\right] + \rho h w,_{tt} - q = 0 \tag{27.2.13}$$

固支边界条件

$$w = w,_r = 0, r = a \text{ 处} \tag{27.2.14}$$

取位移模式形如

$$w(r,t) = h\Phi(t)w^*(r) \tag{27.2.15}$$

其中

$$w^*(r) = \left(1 - \frac{r^2}{a^2}\right)^2 \tag{27.2.16}$$

显然,由式(27.2.15)给定的位移模式满足周边固支的边界条件。同时,由伽辽金原理应有

$$\int_0^a L(w)w^*(r)r\mathrm{d}r = 0 \tag{27.2.17}$$

将式(27.2.15)、式(27.2.16)代入式(27.2.17)积分,可求得

$$\rho h\Phi,_{tt} + \frac{256\overline{D}\eta}{105}\Phi,_t + \frac{320}{3a^4}\overline{D}\Phi + \frac{34}{a^4}\overline{D}_1\Phi^2 - \frac{5q}{3a} = 0 \tag{27.2.18}$$

即

$$\Phi_{,tt} + \alpha\Phi_{,t} + K\Phi + \beta\Phi^2 = F_1\cos\Omega_0 t \tag{27.2.19}$$

其中

$$\alpha = \frac{256\overline{D}\eta}{105\rho h}, \ K = \frac{320}{3\rho ha^4}\overline{D}, \ \beta = \frac{34\overline{D}_1 h}{\rho a^4}, \ F_1 = \frac{5F_0}{3\rho h^2} \tag{27.2.20}$$

引入如下无量纲参数

$$x = \frac{\beta}{K}\Phi, \ \tau = t\sqrt{K}, \ \varepsilon\mu = \frac{\alpha}{\sqrt{K}}$$

$$\varepsilon f = \frac{F_1\beta}{K}, \ \Omega = \frac{\Omega_0}{\sqrt{K}} \quad (0 < \varepsilon \leqslant 1) \tag{27.2.21}$$

得到(仍将 τ 换写成 t)

$$\ddot{x} + x + x^2 = -\varepsilon\mu\dot{x} + \varepsilon f\cos\Omega t \tag{27.2.22}$$

同理,如果 $E > 0, E_1 < 0$,得到

$$\ddot{x} + x - x^2 = -\varepsilon\mu\dot{x} + \varepsilon f\cos\Omega t \tag{27.2.23}$$

如果 $E < 0, E_1 > 0$,得到

$$\ddot{x} - x + x^2 = -\varepsilon\mu\dot{x} + \varepsilon f\cos\Omega t \tag{27.2.24}$$

如果 $E < 0, E_1 < 0$,得到

$$\ddot{x} - x - x^2 = -\varepsilon\mu\dot{x} + \varepsilon f\cos\Omega t \tag{27.2.25}$$

27.2.3 二次非线性方程的自由振动分析

(1)二次非线性方程的同宿轨道。

当 $\varepsilon = 0$ 时,式(27.2.22)变成自由振动方程,即

$$\ddot{x} + x + x^2 = 0 \tag{27.2.26}$$

它的等价系统为

$$\begin{cases} \dot{x} = y \\ \dot{y} = -x - x^2 \end{cases} \tag{27.2.27}$$

式(27.2.22)为一哈密顿系统,其哈密顿量为

$$H(x,y) = \frac{1}{2}y^2 + \frac{1}{2}x^2 + \frac{1}{3}x^3 = \text{const.} \tag{27.2.28}$$

势函数[图 27.2.1a)]

$$V(x) = \frac{1}{2}x^2 + \frac{1}{3}x^3 \tag{27.2.29}$$

非对称恢复力[图 27.2.1b)]

$$P(x) = x + x^2 \tag{27.2.30}$$

它的平衡点有 2 个,即 $(x_1^*, y_1^*) = (0,0), (x_2^*, y_2^*) = (-1,0)$。不难判断 $(x_1^*, y_1^*) = (0,$

$0)$,是中心,$(x_2^*, y_2^*) = (-1, 0)$,是鞍点。在中心,$H = 0$;在鞍点,$H = \frac{1}{6}$。当 $H = \frac{1}{6}$ 时,存在一条连接 $(-1, 0)$ 的**同宿轨道**,形成一个同宿圈;当 $0 < H < \frac{1}{6}$ 时,方程式(27.2.26)在同宿圈内存在一族包围$(0, 0)$的闭轨;当 $H < 0$ 或 $H > \frac{1}{6}$ 时解是发散的,如图 27.2.1c)所示。

同宿轨道的参数方程为

$$\begin{cases} x^0(t) = -1 + \frac{3}{2}\operatorname{sech}^2\left(\frac{t}{2}\right) \\ y^0(t) = -\frac{3}{2}\operatorname{sech}^2\left(\frac{t}{2}\right)\operatorname{th}\left(\frac{t}{2}\right) \end{cases} \quad (27.2.31)$$

其中,$x^0(t) = -1 + \frac{3}{2}\operatorname{sech}^2\left(\frac{t}{2}\right)$ 的图形为图 27.2.2a),称为位移孤立波;

$y^0(t) = -\frac{3}{2}\operatorname{sech}^2\left(\frac{t}{2}\right)\operatorname{th}\left(\frac{t}{2}\right)$ 的图形为图 27.2.2b),称为速度冲击波。

我们的结论:

$$\text{同宿轨道——对应——孤立波} \quad (27.2.32)$$

以 $H = H(k)$ 为参数的周期轨道为

$$x_k = \bar{x}_1 + (\bar{x}_3 - \bar{x}_1)\operatorname{sn}^2(\bar{\omega}t, k) \quad (27.2.33\text{a})$$

$$y_k = 2\bar{\omega}(\bar{x}_3 - \bar{x}_1)\operatorname{sn}(\bar{\omega}t, k) \cdot \operatorname{cn}(\bar{\omega}t, k)\operatorname{dn}(\bar{\omega}t, k) \quad (27.2.33\text{b})$$

其中

$$\bar{x}_1 = \cos\Theta - \frac{1}{2}, \bar{x}_2 = \cos\left(\Theta + \frac{2}{3}\pi\right) - \frac{1}{2}, \bar{x}_3 = \cos\left(\Theta + \frac{4}{3}\pi\right) - \frac{1}{2} \quad (27.2.34\text{a})$$

$$\bar{\omega} = \sqrt{\frac{\bar{x}_1 - \bar{x}_2}{6}}, \Theta = \frac{1}{3}\arccos(12H_k - 1), k^2 = \frac{\bar{x}_1 - \bar{x}_3}{\bar{x}_1 - \bar{x}_2} \quad (0 < k < 1) \quad (27.2.34\text{b})$$

式中,$\operatorname{sn}u$、$\operatorname{cn}u$、$\operatorname{dn}u$ 分别为雅可比椭圆函数,轨道对应的周期为

$$T_k = \frac{2}{\bar{\omega}}K(k) \quad (27.2.35)$$

$K(k)$ 为第一类完全椭圆积分。

$$K(k) = \int_0^{\frac{\pi}{2}} \frac{1}{\sqrt{1 - k^2\sin^2\theta}}\mathrm{d}\theta \quad (0 < k < 1) \quad (27.2.36)$$

定义广义振幅和圆频率分别为

$$A = \bar{x}_1, \omega = \frac{2\pi}{T_k} \quad (27.2.37)$$

自由振动方程中圆频率与振幅的关系 $\omega\text{-}A$ 曲线,称为**骨干线**。如图 27.2.1d)所示。显然,方程式(27.2.26)属于软弹簧型。

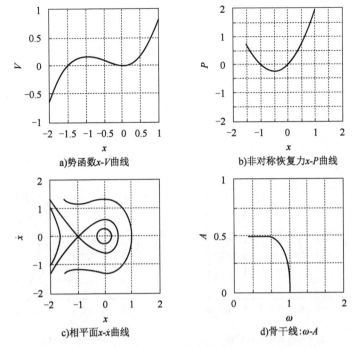

图 27.2.1 二次非线性自由振动方程式(27.2.26)的解特性

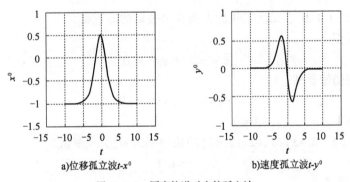

图 27.2.2 同宿轨道对应的孤立波

当 $\varepsilon=0$ 时,式(27.2.23)变成自由振动方程
$$\ddot{x}+x-x^2=0 \tag{27.2.38}$$
非对称恢复力[图 27.2.3a)]
$$P(x)=x-x^2 \tag{27.2.39}$$
其同宿轨道的参数方程为
$$\begin{cases} x^0(t)=1-\dfrac{3}{2}\operatorname{sech}^2\left(\dfrac{t}{2}\right) \\ y^0(t)=\dfrac{3}{2}\operatorname{sech}^2\left(\dfrac{t}{2}\right)\operatorname{th}\left(\dfrac{t}{2}\right) \end{cases} \tag{27.2.40}$$

当 $0<H_k<\dfrac{1}{6}$ 时,围绕原点的周期轨道方程[图 27.2.3b)]

$$x_k = \frac{\bar{x}_1 - \bar{x}_3 \operatorname{sn}^2(\bar{\omega}t, k)}{\operatorname{cn}^2(\bar{\omega}t, k)} \tag{27.2.41a}$$

$$y_k = 2\bar{\omega}(\bar{x}_1 - \bar{x}_3) \cdot \frac{\operatorname{sn}(\bar{\omega}t, k) \cdot \operatorname{dn}(\bar{\omega}t, k)}{\operatorname{cn}^3(\bar{\omega}t, k)} \tag{27.2.41b}$$

其中

$$\bar{x}_1 = \frac{1}{2} + \cos\Theta, \quad \bar{x}_2 = \frac{1}{2} + \cos\left(\Theta + \frac{2}{3}\pi\right), \quad \bar{x}_3 = \frac{1}{2} + \cos\left(\Theta + \frac{4}{3}\pi\right) \tag{27.2.42a}$$

$$\bar{\omega} = \sqrt{\frac{\bar{x}_1 - \bar{x}_2}{6}}, \quad \Theta = \frac{1}{3}\arccos(1 - 12H_k), \quad k^2 = \frac{\bar{x}_2 - \bar{x}_3}{\bar{x}_2 - \bar{x}_1} \quad (0 < k < 1) \tag{27.2.42b}$$

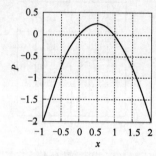 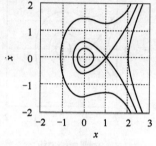

a)非对称恢复力 x-P 曲线 b)相平面 x-ẋ 曲线

图 27.2.3 二次非线性自由振动方程式(27.2.38)的解特性

(2) 用改进的 L-P 法求二次非线性方程自由振动的渐近解。

我们讨论方程

$$\ddot{x} + \omega_0^2 x + \varepsilon x^2 = 0 \tag{27.2.43}$$

假定它具有下述初始条件

$$x(0) = A, \quad \dot{x}(0) = 0 \tag{27.2.44}$$

其标准型是 $\omega_0^2 = 1, \varepsilon = 1, -1 < A < 0.5$。

假设系统式(27.2.43),式(27.2.44)的角频率为 ω,引入变量

$$t = \omega \tau \tag{27.2.45}$$

则式(27.2.43)变成

$$\omega^2 x'' + \omega_0^2 x + \varepsilon x^2 = 0 \tag{27.2.46}$$

令

$$\omega^4 = \omega_0^4 + \sum_{n=2}^{\infty} \varepsilon^n \omega_n \tag{27.2.47}$$

引入一个新参数

$$\alpha^2 = \frac{-\varepsilon^2 \omega_2}{\omega_0^4 + \varepsilon^2 \omega_2} \quad (0 < \alpha < 1, \ \omega_2 < 0, \ \omega_0^4 + \varepsilon^2 \omega_2 > 0) \tag{27.2.48}$$

那么

$$\varepsilon^2 = \frac{\omega_0^4 \alpha^2}{-\omega_2(1 + \alpha^2)} \tag{27.2.49}$$

$$\omega^4 = \frac{\omega_0^4}{1 + \alpha^2}(1 + \delta_3 \alpha^3 + \delta_4 \alpha^4 + \cdots) \tag{27.2.50}$$

将 x 展开为 α 的级数

$$x = \sum_{n=0}^{\infty} \alpha^n x_n \tag{27.2.51}$$

将式(27.2.51)代入式(27.2.43)得到一系列的渐近方程

$$x_0'' + x_0 = 0 \tag{27.2.52a}$$

$$x_1'' + x_1 = -\frac{1}{\sqrt{-\omega_2}} x_0^2 \tag{27.2.52b}$$

$$x_2'' + x_2 = -\frac{1}{2} x_0 - \frac{2}{\sqrt{-\omega_2}} x_0 x_1 \tag{27.2.52c}$$

$$x_3'' + x_3 = -\frac{1}{2} \delta_3 x_0'' - \frac{1}{2} x_1 - \frac{2}{\sqrt{-\omega_2}} (x_1^2 + 2 x_0 x_2) \tag{27.2.52d}$$

$$x_4'' + x_4 = -\frac{1}{2} \delta_4 x_0'' - \frac{1}{2} \delta_3 x_1'' - \frac{1}{2} x_2 + \frac{1}{8} x_0 - \frac{2}{\sqrt{-\omega_2}} (x_0 x_3 + x_1 x_2) \tag{27.2.52e}$$

$$\cdots$$

方程式(27.2.52a)满足初始条件式(27.2.44)的解

$$x_0 = A \cos \tau \tag{27.2.53}$$

将式(27.2.53)代入式(27.2.52b),得到

$$x_1'' + x_1 = -\frac{1}{\sqrt{-\omega_2}} A^2 (1 + \cos 2\tau) \tag{27.2.54}$$

由式(27.2.54),解得

$$x_1 = -\frac{1}{\sqrt{-\omega_2}} A^2 \left(1 - \frac{1}{3} \cos 2\tau \right) \tag{27.2.55}$$

将式(27.2.53)、式(27.2.55)代入式(27.2.52c)得到

$$x_2'' + x_2 = -\left(\frac{1}{2} A - \frac{5}{6 \omega_2} A^3 \right) \cos \tau + \frac{1}{6 \omega_2} A^3 \cos 3\tau \tag{27.2.56}$$

消去长期项的条件是

$$\omega_2 = -\frac{5}{3} A^2 \tag{27.2.57}$$

由式(27.2.56),解得

$$x_2 = \frac{1}{48 \omega_2} A^3 (\cos \tau - \cos 3\tau) \tag{27.2.58}$$

继续进行求解得到

$$\delta_3 = 0, \quad \delta_4 = -\frac{1}{24} \tag{27.2.59}$$

$$\omega^4 = \frac{\omega_0^4}{1 + \alpha^2} \left[1 - \frac{1}{24} \alpha^4 + O(\alpha^5) \right] \tag{27.2.60}$$

方程式(27.2.43)、式(27.2.44)的四阶渐近解为

$$x = B + \sum_{i=1}^{4} A_n \cos(n\tau) + O(\alpha^5) \qquad (27.2.61)$$

这里

$$B = A\left(-\frac{\sqrt{15}}{10}\alpha + \frac{\sqrt{15}}{48}\alpha^3\right) \qquad (27.2.62\text{a})$$

$$A_1 = A\left(1 - \frac{1}{80}\alpha^2 + \frac{31}{57600}\alpha^4\right) \qquad (27.2.62\text{b})$$

$$A_2 = A\left(\frac{\sqrt{15}}{30}\alpha - \frac{\sqrt{15}}{900}\alpha^3\right) \qquad (27.2.62\text{c})$$

$$A_3 = A\left(\frac{1}{80}\alpha^2 - \frac{1}{1600}\alpha^4\right) \qquad (27.2.62\text{d})$$

$$A_4 = \frac{\sqrt{15}}{3600}A\alpha^3 \qquad (27.2.62\text{e})$$

将 $\omega_0^2 = 1$、$\varepsilon = 1$ 代入式(27.2.60)，得到标准二次非线性方程的近似频幅关系，即骨干线

$$\omega^* = \sqrt[4]{\frac{1 - \frac{1}{24}\left(\frac{5A^2}{3 - 5A^2}\right)^2}{1 - \frac{5A^2}{3 - 5A^2}}} \qquad (27.2.63)$$

$$T^* = \frac{2\pi}{\omega^*} \qquad (27.2.64)$$

改进的 Lindstedt-Poincare 法得到的周期 T^* 见表 27.2.1。

二次非线性圆板自由振动振幅与周期关系　　　　　表 27.2.1

H	k	A	Θ	ω	T	T^*
0	0	0	$\pi/3$	1	2π	2π
0.001 67	0.272 68	0.056 67	0.980 42	0.998 61	6.292 0	6.291 6
0.010 00	0.418 79	0.135 44	0.882 22	0.991 46	6.337 3	6.332 2
0.020 00	0.493 63	0.188 51	0.811 37	0.982 48	6.395 2	6.380 1
0.040 00	0.583 41	0.261 04	0.705 88	0.962 96	6.524 9	6.476 5
0.060 00	0.646 40	0.314 92	0.618 20	0.940 82	6.678 4	6.576 2
0.080 00	0.698 89	0.359 28	0.536 94	0.915 12	6.866 0	6.680 7
0.100 00	0.747 14	0.397 61	0.456 48	0.884 21	7.106 0	6.791 5
0.120 00	0.795 32	0.431 70	0.371 73	0.844 85	7.437 0	6.910 1
0.140 00	0.848 79	0.462 60	0.274 34	0.788 76	7.965 9	7.038 3
0.160 00	0.924 84	0.491 00	0.134 24	0.674 85	9.319 5	7.178 4
1/6	1	0.5	0	0	∞	∞

注：H-哈密顿量；k-椭圆积分参数；A-广义振幅；Θ-式(27.2.34b)中的角度；ω-圆频率的精确解；T-周期的精确解；T^*-采用改进的 L-P 法求得的周期的近似解。

表 27.2.1 表示了二次非线性圆板自由振动振幅与周期关系。

27.2.4 Melnikov 函数解析法

我们首先考察方程式(27.2.22)，计算同宿轨道式(27.2.31)的 Melnikov 函数，得到

$$M(t_0) = \int_{-\infty}^{\infty} \left[-\mu \left(\frac{3}{2} \operatorname{sech}^2 \frac{t}{2} \operatorname{th} \frac{t}{2} \right) + f \cos\Omega(t + t_0) \right] \left(\frac{3}{2} \operatorname{sech}^2 \frac{t}{2} \operatorname{th} \frac{t}{2} \right) dt$$

$$= \frac{6}{5}\mu + 6\pi f \Omega^2 \operatorname{csch}(\pi\Omega) \sin(\Omega t_0)$$

(27.2.65)

当 f 取得较大值时,因 $M(t_0)$ 可以取得任意符号的数值,即 $M(t_0) > 0$,便会产生横截同宿点,即 W^s 与 W^u 交叉,产生混沌。

由式(27.2.65),可以确定产生横截同宿点时,临界周期所对应的混沌门槛值为

$$f_c = \frac{\mu}{5\pi\Omega^2} \operatorname{sh}(\pi\Omega) \qquad (27.2.66)$$

因此,对于二次非线性系统式(27.2.22),当 $f > f_c$ 时,便会进入混沌。

不难证明二次非线性振动方程式(27.2.23)、式(27.2.24)、式(27.2.25)与方程式(27.2.22)具有相同的混沌门槛值。

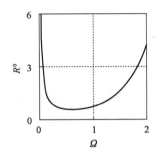

图 27.2.4 混沌门槛值 Ω-R^0 曲线

$$R^0(\Omega) = \frac{f}{\mu} > \frac{\operatorname{sh}(\pi\Omega)}{5\pi\Omega^2} \qquad (27.2.67)$$

混沌门槛值 Ω-R^0 曲线如图 27.2.4 所示。

27.2.5 数值仿真

虽然根据 Melnikov 方法已判定二次非线性振动系统式(27.2.22)~式(27.2.25)有可能出现混沌解,但是它是否真的会出现混沌? 如果出现,又是通过什么途径到达混沌? 此混沌解的具体形态又如何? 这都是 Melnikov 方法所无法回答的。因此,对于系统式(27.2.22)~式(27.2.25),除了作上述理论分析外,还需要进行数值模拟的研究。由于数值模拟的计算量十分巨大,我们采用 3 个参数(μ, f, Ω)固定其中 2 个,作出剩余 1 个参数变化的分岔图,找到具体的混沌区域后,再研究它们的规律。

(1) 考察方程一。

$$\ddot{x} + \mu\dot{x} + x - x^2 = f\cos\Omega t \qquad (27.2.68)$$

的分岔图,取时间步长 $\Delta t = T/200$, $T = 2\pi/\Omega$ 绘制:

① $\Omega = 1.7$、$\mu = 0.3$ 时的振幅分岔图 f-x 如图 27.2.5 所示。

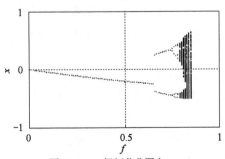

图 27.2.5 振幅分岔图之一

f-x ($\Omega = 1.7$, $\mu = 0.3$, $x_0 = 0$, $\dot{x}_0 = 0$)

② 当 $\Omega=1.9$、$\mu=0.3$ 时的振幅分岔图 f-x 如图 27.2.6 所示。

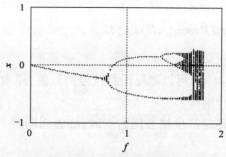

图 27.2.6　振幅分岔图之二
f-x　($\Omega=1.9, \mu=0.3, x_0=0, \dot{x}_0=0.1$)

③ 当 $f=0.82$、$\mu=0.3$ 时的角频率分岔图 Ω-x 如图 27.2.7 所示。

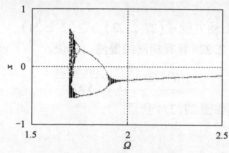

图 27.2.7　角频率分岔图
Ω-x　($f=0.82, \mu=0.3, x_0=0, \dot{x}_0=0$)

④ 当 $f=0.82$、$\Omega=1.7$ 时的阻尼分岔图 μ-x 如图 27.2.8 所示。

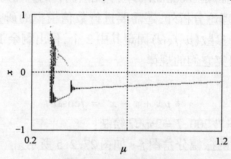

图 27.2.8　阻尼分岔图
μ-x　($f=0.82, \Omega=1.7, x_0=0, \dot{x}_0=0$)

(2) 考察方程二。

$$\ddot{x} + 0.3\dot{x} + x - x^2 = f\cos 1.7t \tag{27.2.69}$$

取初始条件 $x_0=0, \dot{x}_0=0$，当振幅参数 f 变化时的周期和混沌运动规律，数值模拟结果见表 27.2.2。

① 取 $f=0.6$，响应为周期 1 运动，如图 27.2.9 所示。
② 取 $f=0.7$，响应为周期 2 运动，如图 27.2.10 所示。
③ 取 $f=0.75$，响应为周期 4 运动，如图 27.2.11 所示。

④ 取 $f=0.76$,响应为周期 6 运动,如图 27.2.12 所示。

注意这里不是周期 8 运动,原因从图 27.2.5 和图 27.2.6 容易得到,这是因为周期 4 运动的 4 个解并不是同时发生倍周期分岔,而是其中有 4 个解发生了倍周期分岔,另外 4 个解尚没有发生分岔,$2\times 2+2=6$,产生了周期 6 运动。

⑤ 取 $f=0.82$,响应便进入了混沌,如图 27.2.13 所示。

图 27.2.13a) 的时间历程曲线显得杂乱无章,看不出其间有任何规律;图 27.2.13b) 的功相图中,解的轨线形状好像一折叠的丝束,中间疏密不同且永不封闭;图 27.2.13c) 所示 Poincaré 映射图,从中可以看出为一奇怪吸引子;图 27.2.13d) 的功率谱中,除有 3 个单峰外,还有 10 段连续谱。

通向混沌的道路 表 27.2.2

f	相平面上轨线圈数	Poincare 截面上点数	解的性质
0~0.651	1	1	周期 1 解
0.651~0.747	2	2	周期 2 解
0.747~0.759	4	4	周期 4 解
0.759~0.771	6	6	周期 6 解
…	…	…	……
0.782~0.853	比较多	奇怪吸引子	混沌
0.854	—	—	解发散

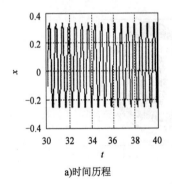
a) 时间历程

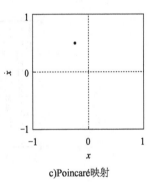
c) Poincaré 映射

图 27.2.9 周期 1 解 $f=0.6$

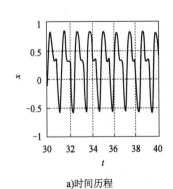
a) 时间历程

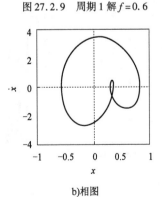
b) 相图

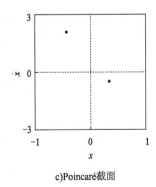
c) Poincaré 截面

图 27.2.10 周期 2 解 $f=0.7$

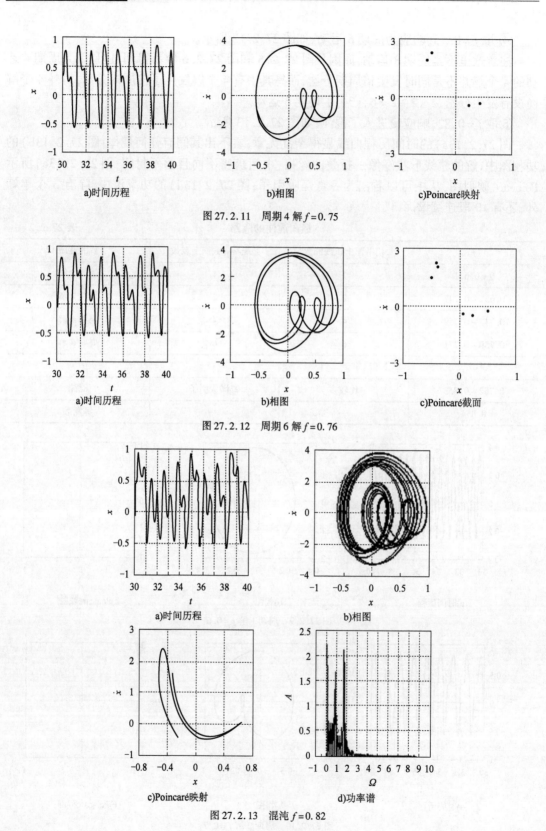

图 27.2.11　周期 4 解 $f=0.75$

图 27.2.12　周期 6 解 $f=0.76$

图 27.2.13　混沌 $f=0.82$

通过以上数值模拟,可知二次系统的解具有如下一些特点:

(1) 由图 27.2.8 的阻尼分岔图 μ-x 可以看出,对于固定的角频率 Ω,如阻尼 μ 太小,则解将过早发散而很难观察到混沌现象。

(2) 由图 27.2.5 和图 27.2.6 的振幅分岔图可以看出,对于不同的频率 Ω,系统通向混沌的途径并不相同。$\Omega = 1.7$ 分岔图具有跳跃现象;$\Omega = 1.9$ 分岔图则是连续的。

(3) 当系统越过混沌区后,有回到周期 1 解的,有直接发散的,有出现分岔的这三种情况均与阻尼 μ、角频率 Ω 和振幅 f 的不同取值有关,并且与初始条件有关。

(4) 在不同的参数下,所出现的奇怪吸引子的形状有着很大区别,这反映了混沌的多样性与复杂性。

(5) 实际出现混沌的外激励振幅 f 的值要比 Melnikov 方法所得的 f 的值大得多。例如,当 $\Omega = 1.9$,$\mu = 0.3$ 时,由不等式(27.2.66)算得的开始出现混沌的 f 的值为 $f = 1.0346$,但由数值模拟而得的开始出现混沌的 f 的值却为 $f = 1.6$,可见二者的差别还是比较大的。

27.3 Maple 编程示例

编程题 Hénon 映射的混沌控制

OTT 等人用 Hénon 映射来说明控制方法。这里将给出一个简单的示例。考虑 Hénon 映射,二维迭代映射函数如下:

$$X_{n+1} = 1 + Y_n - \alpha X_n^2 \tag{27.3.1a}$$

$$Y_{n+1} = \beta X_n \tag{27.3.1b}$$

其中,$\alpha > 0$,$|\beta| < 1$。进行变换 $X_n = \dfrac{1}{\alpha} x_n$,$Y_n = \dfrac{\beta}{\alpha} y_n$ 那么系统式(27.3.1)可变为

$$x_{n+1} = \alpha + \beta y_n - x_n^2 \tag{27.3.2a}$$

$$y_{n+1} = x_n \tag{27.3.2b}$$

试利用参数扰动(OGY)方法进行混沌控制。假设 $\beta = 0.4$,并允许控制参数(在本例中为 α)在标称值附近变化,例如,$\alpha_0 = 1.2$,对于该值,该映射具有混沌吸引子。

解: 周期 1 的不动点通过求解联立方程来确定

$$\alpha_0 + \beta y - x^2 - x = 0 \tag{27.3.3a}$$

$$x - y = 0 \tag{27.3.3b}$$

可以证明,当且仅当 $(1-\beta)^2 + 4\alpha_0 > 0$ 时,Hénon 映射有 2 个周期 1 个不动点。在这种特殊情况下,周期 1 的不动点大约位于 $A = (x_{1,1}, y_{1,1}) = (0.8358, 0.8358)$ 和 $B = (x_{1,2}, y_{1,2}) = (-1.4358, -1.4358)$。

该映射偏导数的雅可比矩阵如下

$$J = \begin{pmatrix} \dfrac{\partial P}{\partial x} & \dfrac{\partial P}{\partial y} \\ \dfrac{\partial Q}{\partial x} & \dfrac{\partial Q}{\partial y} \end{pmatrix} \tag{27.3.4}$$

其中,$P(x, y) = \alpha_0 + \beta y - x^2$,$Q(x, y) = x$。因此

$$J = \begin{pmatrix} -2x & \beta \\ 1 & 0 \end{pmatrix} \tag{27.3.5}$$

考察 A 处的不动点,这个不动点是鞍点。对于接近 α_0 的一个小邻域中的 α 值,该映射可以近似为线

性映射

$$Z_{n+1} - Z_S(\alpha_0) = J(Z_n - Z_S(\alpha_0)) + C(\alpha - \alpha_0) \quad (27.3.6)$$

其中,$Z_n = (x_n \quad y_n)^T, A = Z_S(\alpha_0)^T, J$ 是 Jacobian 矩阵和,则

$$C = \begin{pmatrix} \dfrac{\partial P}{\partial \alpha} \\ \dfrac{\partial Q}{\partial \alpha} \end{pmatrix} \quad (27.3.7)$$

所有偏导数在 α_0 和 $Z_S(\alpha_0)$ 处计算。假设在 A 的小邻域,

$$\alpha - \alpha_0 = -K[Z_n - Z_S(\alpha_0)] \quad (27.3.8)$$

其中

$$K = \begin{pmatrix} k_1 \\ k_2 \end{pmatrix} \quad (27.3.9)$$

将式(27.3.8)代入式(27.3.6),得到

$$Z_{n+1} - Z_S(\alpha_0) = (J - CK)[Z_n - Z_S(\alpha_0)] \quad (27.3.10)$$

因此,如果矩阵 $J - CK$ 有模小于1的特征值(或调节器极点),那么 $A = Z_S(\alpha_0)^T$ 处的不动点是稳定的。在这种特殊情况下,

$$J - CK \approx \begin{pmatrix} -1.6716 - k_1 & 0.4 - k_2 \\ 1 & 0 \end{pmatrix} \quad (27.3.11)$$

特征多项式如下

$$\lambda^2 + \lambda(1.6716 + k_1) + (k_2 - 0.4) = 0 \quad (27.3.12)$$

假设特征值(调节器极点)由 λ_1 和 λ_2 给出,那么

$$\lambda_1 \lambda_2 = k_2 - 0.4 \text{ 和 } -(\lambda_1 + \lambda_2) = 1.6716 + k_1 \quad (27.3.13)$$

通过确定边缘稳定性线求解方程 $\lambda_1 = \pm 1$ 和 $\lambda_1 \lambda_2 = 1$。这些条件保证特征值 λ_1 和 λ_2 的模小于单位1。假设 $\lambda_1 \lambda_2 = 1$,那么

$$k_2 = 1.4 \quad (27.3.14)$$

如果 $\lambda_1 = +1$,那么

$$\lambda_2 = k_2 - 0.4 \text{ 和 } \lambda_2 = -2.6716 - k_1 \quad (27.3.15)$$

因此

$$k_2 = -2.2716 - k_1 \quad (27.3.16)$$

如果 $\lambda_1 = -1$,那么

$$\lambda_2 = -(k_2 - 0.4) \text{ 和 } \lambda_2 = -0.67156 - k_1 \quad (27.3.17)$$

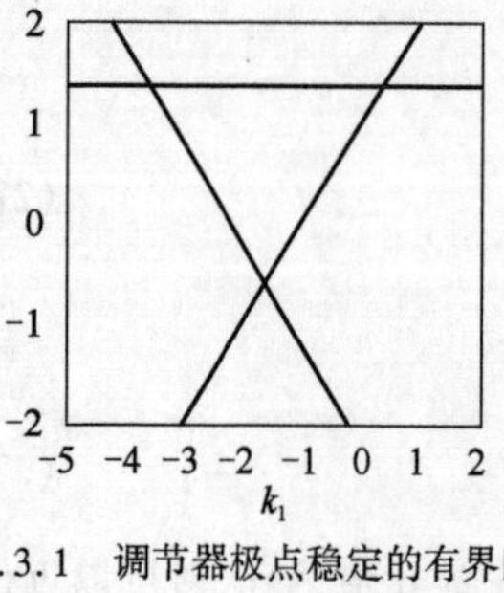

因此

$$k_2 = 1.0716 + k_1 \quad (27.3.18)$$

稳定特征值(调节器极点)位于三角形区域内,如图 27.3.1 所示。

选择 $k_1 = -1.5$ 和 $k_2 = 0.5$,扰动的 Hénon 映射变成

$$x_{n+1} = (-k_1(x_n - x_{1,1}) - k_2(y_n - y_{1,1}) + \alpha_0) + \beta y_n - x_n^2 \quad (27.3.19a)$$

$$y_{n+1} = x_n \quad (27.3.19b)$$

图 27.3.1 调节器极点稳定的有界区域

在无控制和有控制的情况下分别应用式(27.3.2)和式(27.3.19),可以绘制这些图的时间序列数据。图 27.3.2a)显示了在第 200 次迭代后打开控件时的时间序列图,控件保持打开状态,直到第 500 次迭代;在图 27.3.2b)中,控件在第 200 次迭代后打开,然后在第 300 次迭代后关闭。在打开控制之前,请记住检查该点是否在控制区域内。

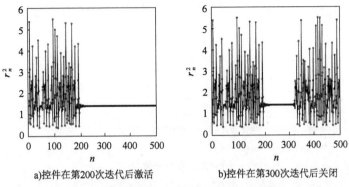

a)控件在第200次迭代后激活　　　　b)控件在第300次迭代后关闭

图 27.3.2　具有和不具有控制的 Hénon 映射的时间序列数据 $r^2 = x^2 + y^2$

Maple 程序

```
> ############################################################
> #Program: Controlling chaos in the Henon map.
> #The orbit must be in a control region for the program to work.
> #Figure 27.3.2 a): Time series plot.
> ############################################################
> restart:                                    #清零
> with(LinearAlgebra):                        #加载线性代数库
> with(plots):                                #加载绘图库
> alpha:=1.2:    beta:=0.4:                   #具有混沌吸引子的参数值
> #Find the fixed points of period one.
> solve({alpha-x^2+beta*y-x,x-y},{x,y});      #解方程组找周期一不动点
############################################################
> x:=array(0..10000):                         #产生 x 的一维数组
> y:=array(0..10000):                         #产生 x 的一维数组
> rsqr:=array(0..10000):                      #产生 r² 的一维数组
> xstar:=0.8357816692:                        #周期一不动点 x_{1,1} 值
> ystar:=xstar:                               #周期一不动点 y_{1,1} 值
> A:=matrix([[-2*xstar-k1,beta-k2],[1,0]]):   #矩阵 J - CK
> #Determine the characteristic polynomial.
> expand((-1.671563338-k1-lambda)*(-lambda)-(beta-k2));
>                                             #特征多项式
> ############################################################
> #Iterate the system and switch on the control after 200 iterations.
> #In this cass, regulator poles are chosen to be k1 = -1.8 and k2 = 1.2.
> x[0]:=0.5:                                  #初值 x_0
> y[0]:=0.6:                                  #初值 y_0
> imax:=499:                                  #迭代次数
```

```
> k1: = -1.8;   k2: =1.2;#控制参数。
> ###########################################################
> for i from 0 to imax   do          #周期1迭代开始
> x[i+1]: = alpha + beta * y[i] - (x[i])^2:   #周期1迭代方程一
> y[i+1]: = x[i]:                    #周期1迭代方程二
> if   i > 200 then                  #周期1控制迭代开始
> x[i+1]: = ( -k1 * (x[i] - xstar) - k2 * (y[i] - ystar) + alpha) + beta * y[i] - (x[i])^2:
>                                    #混沌控制迭代方程一
> y[i+1]: = x[i]:                    #混沌控制迭代方程二
> fi:                                #周期1控制判断结束
> od:                                #周期1迭代结束
> ###########################################################
> #Determine the square of the distance of each point from the origin.
> for j from 0 to imax   do          #计算 $r^2$ 循环开始
> rsqr[j]: = evalf( (x[j])^2 + (y[j])^2):   #$r^2 = x^2 + y^2$
> od:                                #计算 $r^2$ 循环开始
> ###########################################################
> points: = [[m,rsqr[m]]$ m = 0..imax]:    #提取计算数组 $r^2$
> p1: = plot({points}, x = 0..imax, y = 0..6):   #用点画图
> p2: = plot(points, style = point, symbol = circle, color = black):
>                                    #用线画图
> display({p1,p2}):                  #合并得到混沌控制过程图
> ###########################################################
```

27.4 思考题

思考题 27.1　简答题

1. 简述梁的弯曲、屈曲和振动微分方程及其联系与区别。
2. 简述如何建立板的振动偏微分方程。
3. 简述如何建立壳的振动偏微分方程。
4. 简述如何建立夹层板壳的非线性振动方程。
5. 简述如何利用分离变量法将梁、板和壳的非线性振动偏微分方程简化为常微分方程。

思考题 27.2　判断题

1. 蝴蝶效应是一个动力系统状态的一个微小改变所引起的后续状态与没有微小改变时的后续状态明显不同的现象,即敏感依赖性。　　　　　　　　　　　　　　　　　　　(　　)
2. 敏感依赖性是表征一个轨道的这样一种特性,即在某一点接近于该轨道通过的大多数其他轨道随着时间的推移并不仍然保持与它接近。　　　　　　　　　　　　　　(　　)
3. 非周期轨道是这样一个轨道,在该轨道上任何与过去状态非常接近的重复仅有短暂的持续时间;一个既不是周期又不是准周期的轨道。　　　　　　　　　　　　　　(　　)
4. 混沌分为完全混沌和有限混沌:①表征一个动力系统的特性,在该系统中大多数轨道显示敏感依赖性,即完全混沌;②表征一个动力系统的特性,在该系统中某些特殊的轨道是非周期的,但大多数轨道是周期的或准周期的,即有限混沌。　　　　　　　　(　　)
5. 随机系统分为非确定的系统和完全随机的系统:①这样一种系统,在该系统中,从前面状态到后

来状态的演化不是完全由任何规律决定的,即是非确定的系统;②这样一种系统,在该系统中,后来状态的发生完全独立于前面的状态,即完全随机的系统。   ( )

思考题27.3 填空题

1. 有分形结构的吸引子,与一适当的流形相交为一 Cantor 集的吸引子称为_____。

2. 与自身映像相同的点称为_____。

3. 一个不动点或有时为一周期轨道也称为_____。

4. 在一族动力系统中,当一个参数值从每个临界值以下变到该临界值以上时,系统长期行为的一个突然变化称为_____。

5. 这样一种轨道,该轨道在经过越来越长的固定的时间间隔以后,越来越接近于重复它过去的全部历史称为_____。

思考题27.4 选择题

1. 混沌可能存在于下列特征的连续时间动力系统中:(   )。
   A. 确定性,非线性,三维及以上   B. 随机性,非线性,三维及以上
   C. 确定性,线性,三维及以上   D. 确定性,非线性,任意维

2. 混沌可能存在于下列特征的离散时间动力系统中:(   )。
   A. 差分方程,线性,三维及以上   B. 差分方程,非线性,一维及以上
   C. 微分方程,非线性,二维及以上 D. 微分方程,线性,三维及以上

3. 完全混沌具有下列特征:(   )。
   A. 奇怪吸引子,伸长和折叠,乱七八糟   B. 敏感初始条件,分形和分数维,随机性
   C. 奇怪吸引子,蝴蝶效应,自相似结构   D. 伸长和折叠,蝴蝶效应,模糊性

4. 关于混沌表述正确的是(   )。
   A. 混沌要求非线性,混沌是具有精细结构的复杂性,分形一定伴随混沌
   B. 非线性保证混沌,混沌是具有精细结构的复杂性,混沌具有分形性
   C. 混沌要求非线性,复杂性就是混沌,混沌具有分形性
   D. 混沌要求非线性,混沌是具有精细结构的复杂性,混沌具有分形性

5. 识别混沌的常用方法(   )。
   A. Poincaré 截面法,功率谱法,Lyapunov 指数法
   B. 数值积分法,功率谱法,Lyapunov 指数法
   C. Poincaré 截面法,解析法,Lyapunov 指数法
   D. Poincaré 截面法,功率谱法,实验方法

思考题27.5 连线题

1. 周期三蕴含着混沌   A. Chirikov 标准映射: $r_{n+1} = r_n + a\sin\theta_n$, $\theta_{n+1} = \theta_n + r_{n+1}$

2. 四阶 Runge - Kutta 法   B. 复数 Logistic 映射: $z_{n+1} = z_n^2 + c$
   $c = a + bi, z = x + yi$

3. 体积守恒的混沌海   C. 圆映射: $\theta_{n+1} = \theta_n + \Omega + \dfrac{K}{2\pi}\sin(2\pi\theta_n)$
   式中,K 为耦合强度;Ω 为驱动频率与自然频率之比。

4. Mandelbrot 分形集   D. Smale 映射方程组:
   $x_{n+1} = 10x_n - 3$, $y_{n+1} = (y_n + 3)/10$, $0.3 < x_n < 0.4$
   $x_{n+1} = 10x_n - 6$, $y_{n+1} = (y_n + 6)/10$, $0.6 < x_n < 0.7$

5. Arnold 舌头   E. Logistic 映射: $X_{n+1} = AX_n(1 - X_n)$

$$X \in [0,1], \quad 0 < A \leq 4, \quad A = 3.82843$$

6. 同宿性和马蹄

F. 一阶微分方程组：$\dfrac{\mathrm{d}X}{\mathrm{d}t} = F(X,Y)$，$\dfrac{\mathrm{d}Y}{\mathrm{d}t} = G(X,Y)$

$$X_0 = X(t), \quad X_i = X_0 + F(X_{i-1}, Y_{i-1})\Delta\dfrac{t}{2}, \quad (i = 1,2,3,4)$$

$$X(t + \Delta t) = \dfrac{(X_1 + 2X_2 + X_3 - X_4)}{3}$$

27.5 习题

A 类型习题

习题 27.1 证明 Hénon 映射

$$\begin{pmatrix} x \\ y \end{pmatrix} \mapsto \begin{pmatrix} y \\ \alpha - \beta x - y^2 \end{pmatrix} \tag{27.5.1}$$

和

$$f(x,\alpha) = f_1(\alpha)x + f_2(\alpha)x^2 + f_3(\alpha)x^3 + O(x^4) \tag{27.5.2}$$

在 $x = 0$ 的小邻域内，不动点和周期轨道的个数和稳定性与高阶项无关，只要 $|\alpha|$ 充分小。

习题 27.2 证明 翻转分岔规范形

$$c(0) = a^2(0) + b(0) = \dfrac{1}{4}(f_{xx}(0,0))^2 + \dfrac{1}{6}f_{xxx}(0,0) \tag{27.5.3}$$

中的系数 c 可以借助映射的二次迭代来计算：

$$c = -\dfrac{1}{12}\dfrac{\partial^3}{\partial x^3} f_\alpha^2(x)\bigg|_{(x,\alpha)=(0,0)} \tag{27.5.4}$$

其中 $f_\alpha(x) = f(x,\alpha)$。

习题 27.3（逻辑斯蒂映射）

考虑下面依赖于一个参数 α 的映射（May,1974）：

$$f_\alpha(x) = \alpha x(1-x) \tag{27.5.5}$$

(1) 求证

① 当 $\alpha_1 = 3$ 时，此映射有翻转分岔，即 f_α 的稳定不动点变成不稳定。

② 当 $\alpha > 3$ 时，一个稳定的周期 2 环从此点分岔出。

(2) 证明 在 $\alpha_0 = 1 + \sqrt{8}$ 这个逻辑映射有折分岔，当 α 增加时它产生一个稳定和一个不稳定周期 3 环。

习题 27.4（Ricker 模型中第二个倍周期）

验证 Ricker 映射式

$$x \mapsto \alpha x e^{-x} \equiv f(x,\alpha) \tag{27.5.6}$$

第二个倍周期发生在 $\alpha_2 = 12.50925\cdots\cdots$

习题 27.5 选择适当初始条件，试应用常微分方程的数值方法计算非线性振动系统

$$\ddot{x} + 0.15\dot{x} - x + x^3 = 0.3\cos t \tag{27.5.7}$$

的时间历程、相轨迹曲线和庞加莱映射，并说明混沌振动的初态敏感性、内禀随机性和非周期性。

习题 27.6 在初始条件 $x_0 = a$ 下,试计算系统
$$\dot{x} = bx + c \tag{27.5.8}$$
的李雅普诺夫指数。若将该结果推广到高维线性系统可得到何种结论?

习题 27.7 在上题中,若 $b > 0$,系统是否出现混沌运动,为什么?

习题 27.8 一类磁性刚体航天器在地球近赤道平面圆轨道运动时姿态运动动力学方程为
$$\ddot{\varphi} + \gamma\dot{\varphi} + K\sin2\varphi + \alpha(2\sin\varphi\sin t + \cos\varphi\cos t) = 0 \tag{27.5.9}$$
其中存在阵发性响应。给定 $K = 1.1$ 和 $\alpha = 0.7$,在零初始条件下,基于微分方程的数值解法计算在以下两种情形下的李雅普诺夫指数和李雅普诺夫维数。

(1) $\gamma = 0.290$;

(2) $\gamma = 0.280$。

习题 27.9 取一单位长度线段。去掉位于线段正中、长度为 1/3 的小线段,再用与该小线段构成等边三角形的另外两边代替。在所得到折线的 4 段长度为 1/3 的线段上去掉位于每段线段正中、长度为 1/9 的小线段,再用与该小线段构成等边三角形的另外两边代替。得到 4^i 个长度为 3^{-i} 的线段构成的折线,确定令 $i \to \infty$ 所得到的曲线的维数。

习题 27.10 取一单位长度线段为边长的等边三角形。将该三角形四等分得到 4 个边长为 1/2 的等边三角形,去掉中间一个,保留它的 3 条边。再将剩下的 3 个小等边三角形四等分,分别去掉中间的一个,保留它们的 3 条边。确定重复上述过程直至无穷所得到几何形体的维数。

习题 27.11 设点落入康托集合左、右区间的概率分别为 P_L 和 P_R,试计算该康托集合的信息维数。

B 类型习题

习题 27.12 如图 27.5.1 所示,考虑 x 方向长 q,y 方向宽 b,z 方向厚 h 的矩形薄板。如分布在板面的横向载荷引起板粒子获得某些挠度和速度,然后突然放松,板就趋向带有初始挠度和速度的振动。

(1) 试建立各向同性板非线性自由弯曲振动的控制运动方程。

(2) 写出铰支矩形板的边界条件。

(3) 用伽辽金法和分离变量法将偏微分方程组简化为非线性常微分振动方程。

(4) 用椭圆积分法求解非线性常微分振动方程。

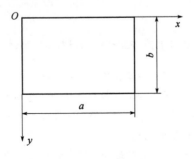

图 27.5.1 矩形板的坐标

习题 27.13 如图 27.5.2 所示,考虑 x 方向长 $2a_0$ 和 y 方向宽 $2b_0$ 的正交各向异性矩形薄板,其材料对称轴平行于坐标轴。假定该板为集度 q 横向载荷所激振,并经受中等大振幅的弯曲振动。

(1) 试建立正交各向异性板非线性自由弯曲振动的控制方程。

(2) 写出板边全部夹紧矩形板的边界条件。

(3) 用伽辽金法和分离变量法将偏微分方程组简化为非线性常微分振动方程。

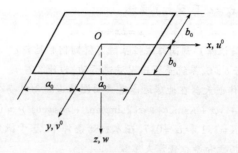

图 27.5.2　矩形板的几何形状

习题 27.14　如图 27.5.1 所示，考虑一块 x 方向长 a，y 方向宽 b 的非对称角铺设矩形板。
(1) 试建立控制这种板非线性自由弯曲振动的运动方程。
(2) 写出平均法向和切向边界力为零的简支层合板的边界条件。
(3) 用伽辽金法和分离变量法将偏微分方程组简化为非线性常微分振动方程。
(4) 用摄动法求解非线性常微分振动方程。

习题 27.15　如图 27.5.3 所示，研究夹层矩形板的非线性振动。
(1) 应用哈密顿原理建立夹层矩形板的非线性振动的基本方程。
(2) 用伽辽金法和分离变量法将偏微分方程组简化为非线性常微分振动方程。
(3) 用椭圆函数法求解非线性常微分振动方程。

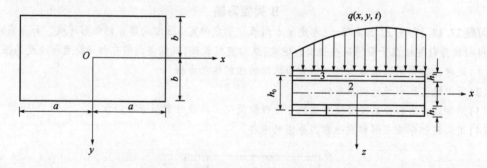

图 27.5.3　夹层矩形板的坐标与几何尺寸

习题 27.16　如图 27.5.4 所示，研究夹层扁锥壳的非线性振动。
(1) 应用 Hamilton 原理建立夹层扁锥壳非线性自由振动的基本方程。
(2) 用伽辽金法和分离变量法将偏微分方程组简化为非线性常微分振动方程。
(3) 求解夹层扁锥壳的非线性振动周期。

习题 27.17　如图 27.5.5 所示，研究大跨度双层网壳的非线性动态响应。已知网壳的有关参数如下：跨度 $a=50\text{m}$，厚度 $h=1.0\text{m}$，网格长度和宽度 $L_1=L_2=L=0.6\text{m}$，网格表层杆件的截面积 $A_1=0.03\text{m}\times0.03\text{m}$，$A_2=0.021\text{m}\times0.021\text{m}$，腹杆中斜杆的截面积 $A_{c1}=A_{c2}=0.05\text{m}\times0.05\text{m}$，竖杆的截面积 $A_h=0.05\text{m}\times0.05\text{m}$；$R=520\text{m}$，$E=210\text{GPa}$，$G=81\text{GPa}$，壳体的几何尺寸如图 27.5.6 所示。
(1) 试建立双层网格扁球壳非线性强迫振动的基本方程。
(2) 用伽辽金法和分离变量法将偏微分方程组简化为非线性常微分振动方程。
(3) 用突变理论分析这个振动屈曲突变模型。

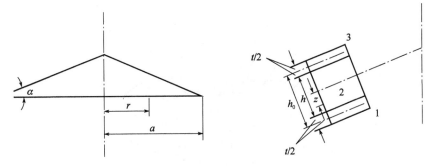

图 27.5.4　夹层扁锥壳的几何尺寸

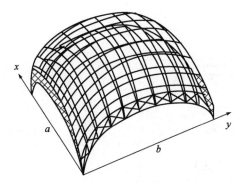

图 27.5.5　两向正交正放网格扁球网壳示意图

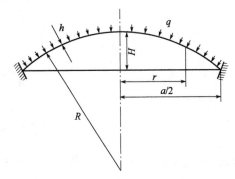

图 27.5.6　壳体的几何尺寸

习题 27.18　研究二次非线性黏弹性圆板的 2/1 超谐解。

习题 27.19　研究二次非线性黏弹性圆板的 2/1⊕3/1 超谐解。

习题 27.20　研究二次非线性黏弹性圆板的 1/2 亚谐解。

习题 27.21　研究二次非线性黏弹性圆板的 1/2⊕1/4 亚谐解。

习题 27.22　研究正交各向异性圆板三次非线性振动的亚谐分岔解。

习题 27.23　研究大挠度圆板振动的偶阶超谐解和对称破缺现象。

C 类型习题

习题 27.24　水星近日点的进动

(1) 实验题目。

研究水星近日点的进动。由于广义相对论对万有引力定律的修正,引起水星运动轨道的进动,水星的空间轨道不再是闭合的椭圆轨道。广义相对论对万有引力的修正可以归结为在原来的运动方程中增加一个小的修正项 ε/r^4,其中 $\varepsilon=3Gm_0mh^2/c^2$ 为小量,G 为万有引力常量,m_0 为太阳质量,m 为水星质量,c 为真空中的光速,h 为水星掠面速度的 2 倍。水星运动轨道的进动如图 27.5.7 所示。

(2) 实验目的及要求。

画出水星运动轨道。验证只要质点在有心力场中所受的力与平方反比引力有微小偏离,其轨道就不是闭合的椭圆,从而证明广义相对论对万有引力定律的修正将引起椭圆轨道的进动。

(3) 解题分析。

利用比尼公式求得水星的极坐标方程为

$$\frac{\mathrm{d}^2 u}{\mathrm{d}\theta^2} + u = \frac{Gm_0}{h^2} + \frac{3Gm_0}{c^2}u^2 \tag{27.5.10}$$

图 27.5.7 水星运动的轨道

引入

$$a = \frac{Gm_0}{h^2}, \quad b = \frac{3Gm_0}{c^2} \tag{27.5.11}$$

则轨道方程可写为

$$\frac{d^2 u}{d\theta^2} = -u + a + bu^2 \tag{27.5.12}$$

等价于两个一阶方程,设 $u_1 = u$、$u_2 = \dfrac{du}{d\theta}$,则式(27.5.12)可变为

$$\frac{du_1}{d\theta} = u_2 \tag{27.5.13a}$$

$$\frac{du_2}{d\theta} = -u_1 + a + bu_1^2 \tag{27.5.13b}$$

数值求解时,由于实际修正项非常小,需适当选取参数,夸张地展示轨道的进动情况。

(4)思考题。

①本题能不能用极坐标的数值直接作图?为什么?

②改变方程中 b 值的大小,运动轨迹将如何变化?

##

赫兹(1857-1894),德国人,物理学家。他在赫兹实验、波动方程、光电效应、接触力学等领域具有重大贡献。他于1888年首先证实了电磁波的存在。因他对电磁学有很大的贡献,频率的国际单位制单位以他的名字赫兹命名。他用实验证明电磁波存在测出电磁波传播的速度跟光速相同,观察到电磁波有聚焦、直进、反射、折射和偏振现象,证明了当原子受到电子的冲击激发而发射谱线,能量是分立的。他关于弹性体接触问题分析的工作被称为赫兹应力问题,这一点在滚珠轴承和滚柱轴承的设计中是非常重要的。

主要著作:《电波》《力学原理》等。

##

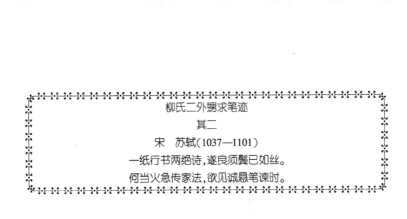

第 28 章 三维离散-时间动力系统的不动点与分岔

本章介绍了不动点的存在性定理、结构稳定性、三维离散动力系统不动点的分类问题和离散动力系统中的 Neimark-Sacker 分岔。

28.1 三维离散-时间系统的不动点存在性定理

本节主要介绍三维布劳威尔不动点定理,即闭球体 B^3 具有不动点性质。

用同调观点来处理"S^2 不是 B^3 的收缩核"这一问题,其基本思想有以下几点:

(1) B^3 作为一个闭球体,它具有边缘 S^2,也就是说,S^2 作为 B^3 的组成部分时,它是 B^3 的边缘。然而单独地看 S^2,它只是一个空心的球面,而不是什么几何体的边缘。

(2) R^3 中的几何图形是多种多样的,其中最简单的当然是多面体。从同胚的角度看,闭球体可看成四面体,同样,球面可看成四面体的表面,也可看成 4 个三角形拼接而成。环路本来可以是任意曲线,但在同伦类的意义下不妨将环路限制于沿棱而走,这种沿棱的环路就少得多了,处理起来又简单。

(3) 基本群考虑的是所有环路的同伦类,也就是说,在讨论中涉及的主要是环路本身及它们的相互关系;而同调考虑的角度则不同,它是从各维图形之间的联系的角度来考虑问题的。图 28.1.1a) 所示 △ABC 同胚于 B^2,闭链 $AB + BC + CA$ 是二维面 △ABC 的边缘;图 28.1.1b) 所示空心 △DEF 代表 S^1,而闭链 $DE + EF + FD$ 就不是什么图形的边缘。在考虑由二维面构成的链时,可以讨论它的边缘(由一维棱构成)是什么和它是否构成某个三维体的边缘,即通过它和比它低一维的链及比它高一维的链的联系来讨论图形的二维结构性质。这种处理必然会更深刻地揭示图形的几何性质。

(4) 用基本群证明二维布劳威尔定理的明显特征是代数与拓扑的相互作用,将困难的几何问题用简单的代数方法加以解决。这一理论在本节中将连续沿用,也就是说,我们要用代数方法来精确地描述上面所说的想法。从代数的角度去找出链群的一个重要子群——由闭链构成的闭链群。其核心的问题是要分清哪些一维闭链是二维闭链的边缘(这种闭链的全体又构成闭链群的子群——边缘链群),哪些闭链不是二维闭链的边缘,这两种闭链代表了一维结构的不同特性,最后通过一个群——同调群来描述一维结构,不同维的结构可通过相应维数的同调群得以反映。

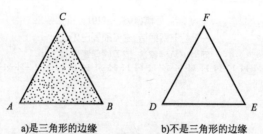

a)是三角形的边缘　　　　b)不是三角形的边缘

图 28.1.1　同调群的边缘

(5)以同调群为工具完成下述定理的证明:

定理 28.1.1　球面 S^2 不是闭球 B^3 的收缩核。

利用定理 28.1.1 最后证得三维布劳威尔不动点定理。

定理 28.1.2　闭球体 B^3 具有不动点性质,也就是说,每一个连续映射 $f:B^3 \to B^3$ 都具有不动点。

在第 20 章的 20.1 中已经提到一个断言:

S^{n-1} 不是 B^n 的收缩核,$n > 0$。

为证明此结论成立,一维时使用的是连通性,二维时使用的是基本群(因为 S^1 与 B^2 都是连通的,故不能用连通性),对三维而言,基本群也不起作用了,因为 S^2 与 B^3 都是单连通的,即基本群都是平凡的,我们使用同调群证明。下面介绍同调群的概念。

闭曲线和闭曲面都是没有边缘的几何图形,而一条棱的边缘是它的两个端点,如果用 ∂ 表示边缘,根据解析几何对定向线段的描述,定向棱 $v_1 v_2$ 的边缘可定义为

$$\partial(v_1 v_2) = v_2 - v_1 \tag{28.1.1}$$

任意一个一维闭链的边缘可用线性扩张定义为

$$\partial \sigma = \partial \left(\sum_{i=1}^{k} \lambda_i \sigma_i \right) = \sum_{i=1}^{k} \lambda_i (\partial \sigma_i) \tag{28.1.2}$$

这样一维闭链 σ 是闭链的条件就是 $\partial \sigma = 0$。容易看出所有一维闭链在加法下也构成一个群,它是一维链群的子群,称为**一维闭链群**。

棱环路有非**本质的**与**本质的**之分,前者围住了多面体的一个面(二维的),即它是这个面的边缘,后者则不是某个面的边缘。这一核心思想扩展到一维闭链,就是要区别哪些闭链是边缘,哪些闭链不是边缘。

若一个一维闭链 z 是某个二维链的边缘,即存在一个二维链 τ,使

$$z = \partial \tau \tag{28.1.3}$$

则称 z 是一维边缘链。显然全体一维边缘链构成群,它是一维闭链群的子群,称为一维边缘链群。

若两个闭链 z_1 与 z_2 之差 $z_1 - z_2$ 是一维边缘链,则称 z_1 与 z_2 是等价的,也称 z_1 同调于 z_2,记为 $z_1 \sim z_2$,显然这是个等价关系,因而一维闭链群被这等价关系分成一些等价类,称为同调类,z 所属同调类记为 $[z]$,它们在自然的加法下构成一个群,称为一维同调群。实际上,上述所说在代数上是很简单的,既然将边缘链群作为一类,**同调群就是闭链群对边缘链群的商群**。

上面所述的一维同调群的理论很容易通过相同的步骤推广到二维的情形,从而做出刻画三维洞的二维同调群。

现在我们引入一些术语和符号使同调群的叙述规范化。

如图 28.1.2 所示,在 R^3 中,一个点称为 0 维单形,两个点决定的闭线段称为一维单形,不共线的三点决定的三角形称为二维单形,不共面的四点决定的四面体称为三维单形。对三维单形,任取三个顶点可构成一个二维单形,任取两个顶点可构成一维单形,每个顶点都是 0 维单形,这些都称为三维单形的面,一维面也称棱,0 维面就是顶点。对二维和一维单形可类似地定义它们的面。

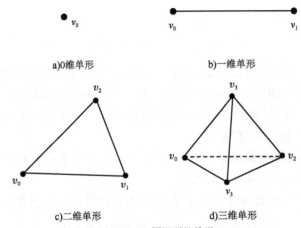

图 28.1.2 同调群的单形

如图 28.1.3 所示,若 R^3 中的两个单形(维数不一定要相同)或者不相交,或者相交于一个公共面,则称这两个单形是**很好相处的**(其中相同字母表示同一单形的顶点)。容易看出,每个单形的任意二个面(单形)总是很好相处的。

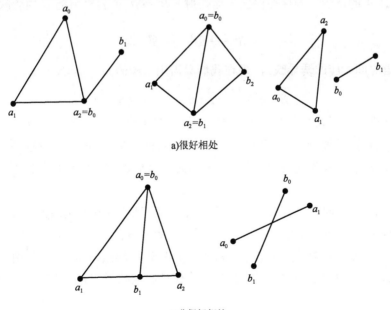

图 28.1.3 同调群之间的相处关系几何表示

设 K 是 R^3 中有限多个单形的集合,如果 K 满足条件:

(1)若某个单形 $s \in K$,则 s 的所有面也属于 K。

(2)K 的任意两个单形都是很好相处的,则称 K 是一个单纯复形,简称复形。K 中所有单形的最高维数称为复形 K 的维数。若复形 $L \subset$ 复形 K,称 L 是 K 的子复形。

假设 K 是复形,它的所有元素的并集是 R^3 中的一个子集,记为 $|K|$,称作复形 K 相应的多面体。注意:K 的元素是单形,而 $|K|$ 的元素是点。

严格说来,前面说的同调群实际上应是指复形 K 的同调群。通常将复形 K 的 q 维链群记为 $C_q(K)$,q 维闭链群记为 $Z_q(K)$,q 维边缘群记为 $B_q(K)$,q 维同调群记为 $H_q(K)$,则

$$H_q(K) = Z_q(K)/B_q(K) \tag{28.1.4}$$

证明三维布劳威尔定理 28.1.2 的关键是证明定理 28.1.1。现在我们可对每个多面体建立一组同调群,它可用来反映多面体各维洞的特征。要证明定理 28.1.1,还需要一座桥梁,即从映射 $f:|K|\to|L|$ 能诱导出同调群之间的同态 $f_{*q}:H_q(K)\to H_q(L)$。这座桥梁是能建造的,它的结论是下面的定理 28.1.3。

定理 28.1.3 多面体之间的连续映射 $f:|K|\to|L|$ 可诱导出它们的同调群之间的一列同态 $f_{*q}:H_q(K)\to H_q(L)$,它具有下列性质:

(1)设 $g:|L|\to|M|$ 也是连续映射,则复合映射的诱导同态是诱导同态的复合,即

$$(g \circ f)_{*q} = g_{*q} \circ f_{*q} : H_q(K) \to H_q(M) \tag{28.1.5}$$

(2)恒同映射 $id_{|K|}$ 的诱导同态是恒同同构。

(3)若 $f \simeq q:|K|\to|L|$,则 $f_{*q} = g_{*q}$,也就是说,同伦的映射诱导出相同的同态。

定理 28.1.1 的证明 若存在保核收缩映射 $r:B^3 \to S^2$,令 $i:S^2 \to B^3$ 是内含映射,由

$$S^2 \xrightarrow{i} B^3 \xrightarrow{r} S^2 \tag{28.1.6}$$

可得到同调群之间相应的诱导映射(现在我们只需用二维的):

$$H_2(S^2) \xrightarrow{i*2} H_2(B^3) \xrightarrow{r*2} H_2(S^2) \tag{28.1.7}$$

式中,i 为内含映射,r 为保核收缩映射。因此,对每个 $x \in S^2$ 有 $r \circ i(x) = x$,即 $r \circ i$ 是 S^2 上的恒等映射,根据定理 28.1.3 的 2°,$r_{*2} \circ i_{*2}$ 应是恒同同构,于是 r_{*2} 必须是到上的同态,然而 $H_2(B^3) = 0$,$H_2(S^2) \cong Z$ 这与 r_{*2} 是到上的同态是矛盾的,从而定理成立,即 S^2 不可能是 B^3 的收缩核。

定理 28.1.2 的证明 倘若 B^3 不具有不动点性质,那么存在连续映射 $f:B^3 \to B^3$,它不具有不动点。对每一 $x \in B^3$,以 $f(x)$ 为起点,作通过 x 的射线,这射线与 B^3 的边界球面 S^2 必交于一点,记为 x'。作一映射 $g:B^3 \to S^2$,$x \mapsto x'$,则 g 使 S^2 上的点每点不动,且由 f 的连续性可得 g 是连续的,这样映射 g 就是 B^3 到 S^2 的一个保核收缩映射,与定理 28.1.1 矛盾,因此定理成立。

这样就完成了三维布劳威尔不动点定理的证明。

28.2 结构稳定性

存在这样的动力系统,它们的相图(在某区域内)在所有充分小的扰动下都不定性地改变。

例题 28.2.1(双曲平衡点的持久性)

假设 x_0 是连续-时间动力系统

$$\dot{x} = f(x) \quad (x \in \mathbf{R}^n) \tag{28.2.1}$$

的双曲平衡点,这里 f 光滑,$f(x_0) = 0$,与式(28.2.1)一起考虑它的单参数扰动

$$\dot{x} = f(x) + \varepsilon g(x) \quad (x \in \mathbf{R}^n) \tag{28.2.2}$$

这里 g 光滑,ε 是小参数;令 $\varepsilon = 0$,式(28.2.2)变回到式(28.2.1),式(28.2.2)对充分小 $|\varepsilon|$ 有双曲平衡点 $x(\varepsilon)$ 满足 $x(0) = x_0$。事实上,确定式(28.2.2)双曲平衡点的方程可以写为

$$F(x, \varepsilon) = f(x) + \varepsilon g(x) = 0 \tag{28.2.3}$$

满足 $F(x_0, 0) = 0$。还有 $F_x(x_0, 0) = A_0$,这里 A_0 是式(28.2.1)的在双曲平衡点 x_0 的 Jacobi 矩阵。由于 x_0 是双曲的,$\det A_0 \neq 0$,隐函数定理保证存在光滑函数 $x = x(\varepsilon), x(0) = x_0$,对充分小 $|\varepsilon|$ 满足

$$F(x(\varepsilon), \varepsilon) = 0 \tag{28.2.4}$$

式(28.2.2)中,$x(\varepsilon)$ 的 Jacobi 矩阵

$$A_\varepsilon = \left(\frac{\mathrm{d} f(x)}{\mathrm{d} x} + \varepsilon \frac{\mathrm{d} g(x)}{\mathrm{d} x} \right) \Big|_{x = x(\varepsilon)} \tag{28.2.5}$$

光滑依赖于 ε 且在 $\varepsilon = 0$ 与式(28.2.1)的 A_0 重合。正如已知的,光滑依赖于参数变化的矩阵,其特征值关于这些参数**连续地**变化(注:特征值只要是单的就光滑地变化。)。因此,对所有充分小的 $|\varepsilon|$,$x(\varepsilon)$ 没有特征值在虚轴上,因为当 $\varepsilon = 0$ 时,它没有这样的特征值。换句话说,对足够小的所有 $|\varepsilon|$,$x(\varepsilon)$ 是式(28.2.2)的双曲平衡点。此外,A_ε 的稳定特征值和不稳定特征值个数 n_- 和 n_+ 对这些 ε 值是固定不变的,应用定理 5.3.4 可知,系统式(28.2.1)和式(28.2.2)在双曲平衡点附近是拓扑等价的。事实上,对每一个小 $|\varepsilon|$,存在双曲平衡点 x_ε 的邻域 $U_\varepsilon \subset \mathbf{R}^n$,在此邻域内系统式(28.2.2)拓扑等价于在 U_0 中的系统式(28.2.1)。简言之,所有这些事实可概括地说成"双曲平衡点在光滑扰动下是**结构稳定的**"。

类似地,讨论对所有充分小的 $|\varepsilon|$,给出光滑系统

$$\dot{x} = G(x, \varepsilon) \quad (x \in \mathbf{R}^n, \varepsilon \in \mathbf{R}^1) \tag{28.2.6}$$

的双曲平衡点的持久性,这里 $G(x, 0) = f(x)$。

例题 28.2.1 中的参数 ε 可以某种方式度量系统式(28.2.1)和它的扰动式(28.2.2)之间的距离。若 $\varepsilon = 0$ 这两系统重合,存在两个光滑动力系统之间距离的广义定义。考虑两个连续-时间系统

$$\dot{x} = f(x) \quad (x \in \mathbf{R}^n) \tag{28.2.7}$$

和

$$\dot{x} = g(x) \quad (x \in \mathbf{R}^n) \tag{28.2.8}$$

f 与 g 光滑。

定义 28.2.1 在闭区域 $U \subset \mathbf{R}^n$ 中,式(28.2.7)与式(28.2.8)之间的距离是一个正数 d_1 由下式给出:

$$d_1 = \sup_{x \in U} \left\{ \| f(x) - g(x) \| + \left\| \frac{\mathrm{d} f(x)}{\mathrm{d} x} - \frac{\mathrm{d} g(x)}{\mathrm{d} x} \right\| \right\} \tag{28.2.9}$$

若 $d_1 \leq \varepsilon$，则两系统是 ε 接近。

这里 $\|\cdot\|$ 是 $\mathbf{R}^n$ 是向量范数和矩阵范数，例如

$$\|x\| = \sqrt{\sum_{i=1,\cdots,n} x_i^2}, \quad \|A\| = \sqrt{\sum_{i,j=1,\cdots,n} a_{ij}^2} \qquad (28.2.10)$$

因此，如果两个系统的右端和它们的一阶偏导数一起彼此接近，就说该两个系统接近。这情形通常称为 C^1 **接近系统**，显然，系统式(28.2.1)与式(28.2.2)之间的距离正比例于 $|\varepsilon|$：$d_1 = C|\varepsilon|$，对某常数 $C>0$，它依赖于在 U 中 $\|g\|$ 和 $\|\dfrac{\mathrm{d}g}{\mathrm{d}x}\|$ 的上界。定义 28.2.1 可逐字逐句地应用到离散-时间系统。

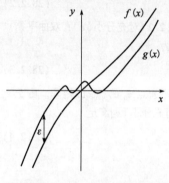

图 28.2.1 两个 C^0 接近的函数具有不同个数的零点

注意：如果要保证接近系统在双曲平衡点附近具有相同的拓扑类型(例题 28.2.1)，出现在距离定义中的一阶偏导数是很自然的。容易构造一个光滑系统式(28.2.8)，它在 C^0 距离

$$d_0 = \sup_{x \in U}\{\|f(x) - g(x)\|\} \qquad (28.2.11)$$

下是 ε 接近于式(28.2.7)，而在式(28.2.7)平衡点的任何邻域内，系统有完全不同个数的平衡点(图 28.2.1，对 $n=1$)。

现在定义结构稳定系统，这意味着任一充分接近的系统是拓扑等价于结构稳定系统。下面的定义看起来很自然。

定义 28.2.2(严格的结构稳定性) 系统式(28.2.7)称为在区域 U 中严格结构稳定，如果任一在 U 中 C^1 充分接近的系统式(28.2.8)拓扑等价于在 U 中的式(28.2.7)。

但是要注意，在 U 的边界上具有**双曲平衡点**或者**双曲环**接触到边界(图 28.2.2)，那样的系统按上面的定义是**结构不稳定**的。因为存在系统小扰动将这样的平衡点移到了 U 外，或者把这种(部分)环推到 U 外。可以用两种方法处理这种困难：第一种方法是在"整个相空间内"考虑动力系统而把任何区域忘却。这种方法对定义在紧光滑流形 X 上的动力系统是理想的。这时，定义 28.2.2 中的"区域 U"(连同距离定义)被"紧流形 X"所代替。遗憾的是，对 $\mathbf{R}^n$ 中的系统，这容易导致复杂化。例如，如果 d_1 中的上确界是在整个 $\mathbf{R}^n$ 上取的话，许多看上去很平常的系统之间的距离可以是无穷。因此，第二种方法对有界区域需要继续做，但必须引入结构稳定性的另一个定义。

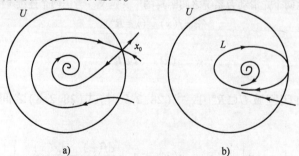

图 28.2.2 按定义 28.2.2 的结构不稳定轨道

定义 28.2.3（Antronov 结构稳定性） 定义在区域 $D \subset \mathbf{R}^n$ 中的系统式(28.2.7)称为在区域 $D_0 \subset D$ 内是结构稳定,如果对任何在 D 内 C^1 充分接近的系统式(28.2.8),那么存在区域 $U, V \subset D, D_0 \subset U$,使得在 U 中的式(28.2.7)拓扑等价于 V 中的式(28.2.8)(图 28.2.3)。

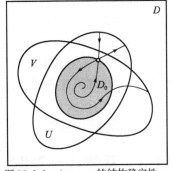

图 28.2.3 Antronov 的结构稳定性

对离散-时间系统可给出平行的定义。如果式(28.2.7)在 $D_0 \subset D$ 内结构稳定,那么它在任何区域 $D_1 \subset D_0$ 内结构稳定。存在这样的情况,定义 28.2.2 和定义 28.2.3 实际是重合的。

引理 28.2.1 若一个系统在区域 D_0 内结构稳定,D_0 的边界是 B_0,且系统的所有轨道都严格指向 B_0 的内部,则它在 $U = D_0$ 内严格结构稳定。

下面的经典定理给出了平面上连续-时间系统结构稳定的充要条件。

定理 28.2.1（Antronov-Pontryagin,1937）
光滑动力系统

$$\dot{x} = f(x) \quad (x \in \mathbf{R}^2) \tag{28.2.12}$$

在区域 $D_0 \subset \mathbf{R}^2$ 中结构稳定,当且仅当:

(1) 系统在 D_0 内有有限多个平衡点和极限环,且它们都是双曲的。

(2) 在 D_0 内不存在从鞍点回到鞍点的分界线,也不存在连接 2 个鞍点的分界线(图 28.2.4)。

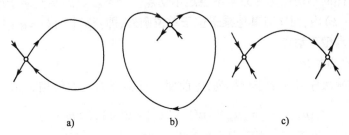

图 28.2.4 平面系统中结构不稳定的连接轨道

注:事实上,在 Antronov-Pontryagin 中,他们考虑系统的右端在区域 $D_0 \subset \mathbf{R}^2$ 内**解析**,D_0 的边界是(逐段)光滑曲线所围。他们假设所有轨道都严格地指向该区域的内部使得能利用定义 28.2.2。后来引入定义 28.2.3 中有关在边界上性态的限制被去掉了。此外,他们证明了将扰动系统在 D_0 内的相图变换成原来系统相图的同胚 h 可选为 C^0 接近于恒同映射 $\mathrm{id}(x) = x$。

这个定理对平面系统的结构稳定性给出了完全的描述。很明显,这毫无疑问地证明了平面上典型(一般)系统满足 Antronov-Pontryagin 条件,从而是结构稳定。如果考虑依赖于 k 个参数的一般平面系统的分岔图,这些是结构稳定系统,它们在参数空间中占据 k **维开区域**。

人们会问:类似的定理在 n 维空间中是否存在?答案是否定的。更确切地说,可以建立连续-时间系统结构稳定的**充分条件**(类似于定理 28.2.1,称为 Morse-Smale **条件**)。不过,存在这样的系统不满足这些条件但是结构稳定。特别需要注意的是,结构稳定系统在紧区域内可以有无穷多个周期轨道。为理解此现象,在 $\boldsymbol{R}^3$ 考虑一个连续-时间系统,假定存在一个二维截面Σ,系统在它上面定义了产生 Smale 马蹄的 Poincaré 映射。于是,系统在相空间的某个区域内存在无穷多个鞍点环。C^1 接近系统将在 Σ 上定义 C^1 接近 Poincaré 映射(例题 25.3.2)。马蹄稍有变形,但几何结构仍成立。因此,含有无穷多个鞍点环的复杂不变集在所有充分小的扰动下得到保持。对应相图的同胚变换也可以构造。

进一步,可以构造一个系统,它没有接近结构的稳定系统。

28.3 三维线性离散系统的不动点

28.3.1 高维线性映射的不动点

考虑 n 维映射

$$\tilde{x} = Ax \quad (x \in \boldsymbol{R}^n) \tag{28.3.1}$$

轨线由方程式(28.3.27)给出。

$$x_j = A^j x_0 \tag{28.3.2}$$

当矩阵 A 的所有特征值 μ_i 严格位于单位圆内时,当 $j \to +\infty$ 时所有轨线都指数式地收敛于在原点的不动点,这样的不动点称为**稳定不动点**;对所有乘子的绝对值都大于一,即 $|\mu_i|>1$ $(i=1,\cdots,n)$,这样的不动点称为**完全不稳定不动点**。当不动点的某些乘子严格位于单位圆 $|\mu_i|<1 (i=1,\cdots,k)$ 内,而所有其他乘子位于单位圆外,即:$|\mu_i|>1(i=k+1,\cdots,n)$时,这样的不动点称为**鞍点型不动点**。

(1)稳定不动点情形。

按绝对值递减次序对乘子进行排列,令前面 m 个乘子其绝对值相等,即

$$|\mu_1| = \cdots = |\mu_m| = \mu' \quad (|\mu_i| < \mu' < 1, i \geq m+1) \tag{28.3.3}$$

假设 ε^L 表示矩阵 A 对应于乘子 $(\mu_1,\cdots,\mu_m)$ 的 m 维特征子空间;ε^{ss} 表示对应于乘子 $(\mu_{m+1},\cdots,\mu_n)$ 的 $(n-m)$ 维特征子空间。子空间 ε^L 称为**主不变子空间**,ε^{ss} 称为非**主不变子空间或者强稳定不变子空间**。三类主要的稳定不动点:

①当 $m=1$,即当 μ_1 是实数且 $|\mu_i|<\mu_1(i=2,\cdots,n)$时,主子空间是直线。$0<\mu_1<1$,这样的不动点称为**稳定结点**$(+)$。

②当 $m=1$ 且 $-1<\mu_1<0$ 时,这样的不动点称为**稳定结点**$(-)$。

③当 $m=2$ 且 $\mu_{1,2}=\mu' e^{\pm i\omega}, \omega \notin \{0,\pi\}$时,$0<\mu'<1$,不动点称为**稳定焦点**。不动点的主子空间是二维的,轨线都沿着螺线趋于 O。

(2)对完全不稳定不动点的情形。

这里主不变子空间和非主不变子空间的定义方式与稳定不动点的情形相同(但对 $j \to -\infty$)。并且按照乘子的符号选择三类完全不稳定不动点,即**不稳定结点**$(+)$、**不稳定结点**$(-)$和**不稳定焦点**。

(3) 鞍点型不动点。

在稳定子空间 ε^s,鞍点是稳定,在不稳定子空间 ε^u 鞍点是完全不稳定的。进一步,在 ε^s 和 ε^u 中可以选取稳定和不稳定、主流形和非主流形 ε^{sL}、ε^{uL}、ε^{ss}、ε^{uu}。我们称直和 $\varepsilon^{sE} = \varepsilon^s \oplus \varepsilon^{uL}$ 为**扩展稳定不变子空间**,$\varepsilon^{uE} = \varepsilon^u \oplus \varepsilon^{sL}$ 为扩展不稳定不变子空间,不变子空间 $\varepsilon^L = \varepsilon^{sE} \cap \varepsilon^{uE}$ 称为**主鞍点不变子空间**。

当点 O 在 ε^s 和 ε^u 中都是结点时,O 称为**鞍点**。当 O 至少在子空间 ε^s 和 ε^u 之一中是焦点时,称为**鞍-焦点**。我们可以按轨线在主坐标下的性态指定 9 个鞍点不动点的主要类型:

①鞍点(+,+):在 W^s_{loc} 和 W^u_{loc} 上都是结点(+)。
②鞍点(-,-):在 W^s_{loc} 和 W^u_{loc} 上都是结点(-)。
③鞍点(+,-):在 W^s_{loc} 上是结点(+),在 W^u_{loc} 上是结点(-)。
④鞍点(-,+):在 W^s_{loc} 上是结点(-),在 W^u_{loc} 上是结点(+)。
⑤鞍-焦点(2,1+):在 W^s_{loc} 上是焦点,在 W^u_{loc} 上是结点(+)。
⑥鞍-焦点(2,1-):在 W^s_{loc} 上是焦点,在 W^u_{loc} 上是结点(-)。
⑦鞍-焦点(1+,2):在 W^s_{loc} 上是结点(+),在 W^u_{loc} 上是焦点。
⑧鞍-焦点(1-,2):在 W^s_{loc} 上是结点(-),在 W^u_{loc} 上是焦点。
⑨鞍-焦点(2,2):在 W^s_{loc} 和 W^u_{loc} 上都是焦点。

28.3.2 三维线性离散系统的双曲不动点

考虑一个三维线性系统

$$x_{k+1} = A x_k \tag{28.3.4}$$

其初始条件为 x_0,且

$$A = \begin{bmatrix} a_{11} & a_{12} & a_{13} \\ a_{21} & a_{22} & a_{23} \\ a_{31} & a_{32} & a_{33} \end{bmatrix} \tag{28.3.5}$$

若 $\det A \neq 0$,$x = 0$ 是唯一不动点,引入非奇异变换矩阵 P,令 $B = P^{-1}AP$,$x_k = P y_k$ 得

$$y_{k+1} = B y_k \tag{28.3.6}$$

其中

$$B = \begin{bmatrix} \mu_1 & 0 & 0 \\ 0 & \mu_2 & 0 \\ 0 & 0 & \mu_3 \end{bmatrix} \tag{28.3.7}$$

(1) 稳定不动点。
①**稳定结点情形 1**。
主乘子是实数,当 $m=1$ 时,3 个实特征值都位于单位圆内 $|\mu_k| < |\mu_1| < 1, k=2,3$。
a. 稳定结点(+):当 μ_1 是实数且 $|\mu_k| < \mu_1 (i=2,3)$。
b. 稳定结点(-):当 μ_1 是实数且 $\mu_1 < 0$ 时的不动点。
对应的特征值图如图 28.3.1 所示。

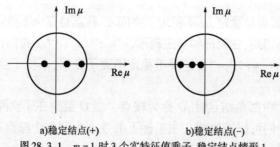

a)稳定结点(+)　　　　　　b)稳定结点(-)

图 28.3.1　$m=1$ 时 3 个实特征值乘子,稳定结点情形 1

②**稳定结点情形 2**。

主乘子是实数,当 $m=1$ 时,若一个实特征值 μ_1 和一对复特征值 $\mu_{2,3}=\rho e^{\pm i\omega}$,且都位于单位圆内 $\rho<|\mu_1|<1$。

a. 稳定结点(+) 当 μ_1 是实数且 $\rho<\mu_1$。

b. 稳定结点(-) 当 μ_1 是实数且 $\rho<-\mu_1,\mu_1<0$。

对应的特征值图如图 28.3.2 所示。

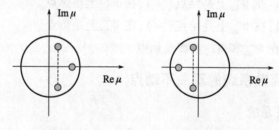

a)稳定结点(+)　　　　　　b)稳定结点(-)

图 28.3.2　$m=1$ 时,稳定结点情形 2,$\rho<|\mu_1|<1$

③**稳定焦点**。

主乘子是复数,当 $m=2$ 时,若一个实特征值 μ_3 和一对复特征值 $\mu_{1,2}=\rho e^{\pm i\omega}$,且都位于单位圆内 $|\mu_3|<\rho<1$。对应的特征值图如图 28.3.3 所示。

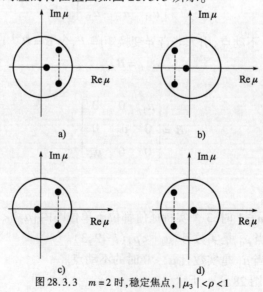

图 28.3.3　$m=2$ 时,稳定焦点,$|\mu_3|<\rho<1$

(2) 不稳定不动点。

① **不稳定结点情形 1**。

主乘子是实数,当 $m=1$ 时,3 个实特征值位于单位圆外 $|\mu_k|>|\mu_1|>1,k=2,3$。

a. 不稳定结点(+):当 μ_1 是实数且 $\mu_3>\mu_2>\mu_1>1$。

b. 不稳定结点(-):当 μ_1 是实数且 $\mu_3<\mu_2<\mu_1<-1$。

对应的特征值图如图 28.3.4 所示。

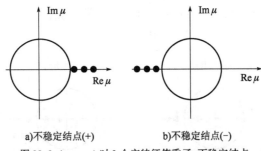

图 28.3.4 $m=1$ 时 3 个实特征值乘子,不稳定结点

② **不稳定结点情形 2**。

主乘子是实数,当 $m=1$ 时,若一个实特征值 μ_1 和一对复特征值 $\mu_{2,3}=\rho e^{\pm i\omega}$,且都位于单位圆外 $\rho>|\mu_1|>1$。

a. 不稳定结点(+):当 μ_1 是实数且 $\rho>\mu_1>1$。

b. 不稳定结点(-):当 μ_1 是实数且 $\rho>|\mu_1|>1,\mu_1<0$。

对应的特征值图如图 28.3.5 所示。

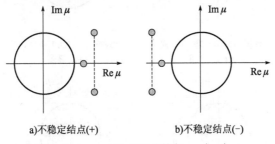

图 28.3.5 $m=1$ 时,不稳定结点,$\rho>|\mu_1|>1$

③ **不稳定焦点**。

主乘子是复数,当 $m=2$ 时,若一个实特征值 μ_3 和一对复特征值 $\mu_{1,2}=\rho e^{\pm i\omega}$,且都位于单位圆外 $|\mu_3|>\rho>1$。对应的特征值图如图 28.3.6 所示。

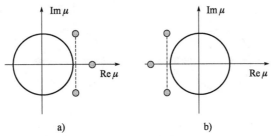

图 28.3.6 $m=2$ 时,不稳定焦点,$|\mu_3|>\rho>1$

(3) 鞍点型不动点。

① 鞍点。

如果 3 个实特征值同时分布于单位圆内和圆外,那么称原点为线性系统的**鞍点**。

a. 鞍点(+,+):在 W_{loc}^s 和 W_{loc}^u 上都是结点(+)。

b. 鞍点(-,-):在 W_{loc}^s 和 W_{loc}^u 上都是结点(-)。

c. 鞍点(+,-):在 W_{loc}^s 上是结点(+),在 W_{loc}^u 上是结点(-)。

d. 鞍点(-,+):在 W_{loc}^s 上是结点(-),在 W_{loc}^u 上是结点(+)。

对应的特征值如图 28.3.7 ~ 图 28.3.10 所示。

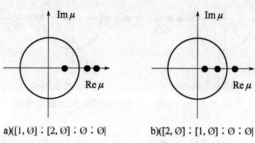

a)([1,∅]:[2,∅]:∅:∅| b)([2,∅]:[1,∅]:∅:∅|

图 28.3.7　鞍点(+,+)对应的特征值图

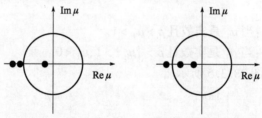

a)([∅,1]:[∅,2]:∅:∅| b)([∅,2]:[∅,1]:∅:∅|

图 28.3.8　鞍点(-,-)对应的特征值图

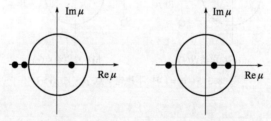

a)([1,∅]:[∅,2]:∅:∅| b)([2,∅]:[∅,1]:∅:∅|

图 28.3.9　鞍点(+,-)对应的特征值图

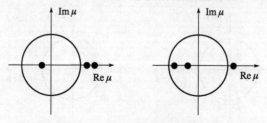

a)([1,∅]:[2,∅]:∅:∅| b)([2,∅]:[1,∅]:∅:∅|

图 28.3.10　鞍点(-,+)对应的特征值图

②鞍-焦点

a. 鞍-焦点$(2,1+)$：在W_{loc}^s上是焦点，在W_{loc}^u上是结点$(+)$。

b. 鞍-焦点$(2,1-)$：在W_{loc}^s上是焦点，在W_{loc}^u上是结点$(-)$。

c. 鞍-焦点$(1+,2)$：在W_{loc}^s上是结点$(+)$，在W_{loc}^u上是焦点。

d. 鞍-焦点$(1-,2)$：在W_{loc}^s上是结点$(-)$，在W_{loc}^u上是焦点。

对应的特征值如图 28.3.11 所示。

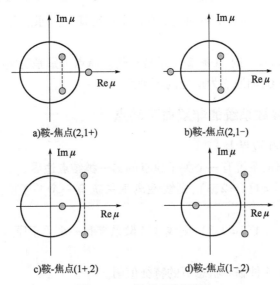

图 28.3.11 鞍-焦点特征值图

28.3.3 三维离散动力系统不动点按特征方程参数分类

式(28.3.1)中矩阵$\boldsymbol{A}$的特征值由$\det(\boldsymbol{A} - \mu\boldsymbol{I}) = 0$给出。即

$$\mu^3 + I_1\mu^2 + I_2\mu + I_3 = 0 \tag{28.3.8}$$

其中

$$I_1 = -\operatorname{tr}(\boldsymbol{A}) = -(a_{11} + a_{22} + a_{33}) \tag{28.3.9a}$$

$$I_2 = a_{11}a_{22} + a_{22}a_{33} + a_{33}a_{11} - a_{12}a_{21} - a_{23}a_{32} - a_{31}a_{13} \tag{28.3.9b}$$

$$I_3 = -\det(\boldsymbol{A}) = -\begin{vmatrix} a_{11} & a_{12} & a_{13} \\ a_{21} & a_{22} & a_{23} \\ a_{31} & a_{32} & a_{33} \end{vmatrix} \tag{28.3.9c}$$

对应的特征值为

$$\mu_1 = \sqrt[3]{\Delta_1} + \sqrt[3]{\Delta_2} \tag{28.3.10a}$$

$$\mu_2 = \omega_1\sqrt[3]{\Delta_1} + \omega_2\sqrt[3]{\Delta_2} \tag{28.3.10b}$$

$$\mu_3 = \omega_2\sqrt[3]{\Delta_1} + \omega_1\sqrt[3]{\Delta_2} \tag{28.3.10c}$$

其中

$$\omega_1 = \frac{-1 + i\sqrt{3}}{2},\ \omega_2 = \frac{-1 - i\sqrt{3}}{2} \tag{28.3.11a}$$

$$\Delta_{1,2} = -\frac{q}{2} \pm \sqrt{\Delta}, \quad \Delta = \left(\frac{q}{2}\right)^2 + \left(\frac{p}{3}\right)^3 \quad (28.3.11\text{b})$$

$$p = I_2 - \frac{1}{3}I_1^2, \quad q = I_3 - \frac{1}{3}I_1I_2 + \frac{2}{27}I_1^3 \quad (28.3.11\text{c})$$

线性系统式(28.3.4)具有如下性质：

(1) 当 $\Delta < 0$ 时，A 有 3 个不等的实特征值。原点分别是稳定结点、不稳定结点或鞍点。

(2) 当 $\Delta > 0$ 时，A 有 1 个实特征值和一对复特征值。原点分别是结点、焦点或鞍-焦点。

(3) 当 $\Delta = 0$ 且 $q^2 = -4p^3/27 \neq 0$ 时，A 有两个重特征值。原点分别是稳定结点、不稳定结点或鞍点。

(4) 当 $\Delta = 0$ 且 $p = q = 0$ 时，A 有 3 个重特征值。原点分别是稳定结点或不稳定结点。

(5) 如果 $\det(A) = 0$，则原点为退化的不动点。

28.3.4 三维线性离散系统的非双曲不动点

(1) 有一个特征值在边界上。

① $\mu_1 = 1$，则线性离散系统有一个关于原点的**第一类结点边界**。

a. 如果 $\mu_1 = 1$，$|\mu_i| < 1 (i = 2, 3)$，则线性离散系统有一个关于原点的**第一类稳定结点边界**。

b. 如果 $\mu_1 = 1$，$|\mu_i| > 1 (i = 2, 3)$，则线性离散系统有一个关于原点的**第一类不稳定结点边界**。

图 28.3.12 给出了 6 种临界状态下的特征值图。

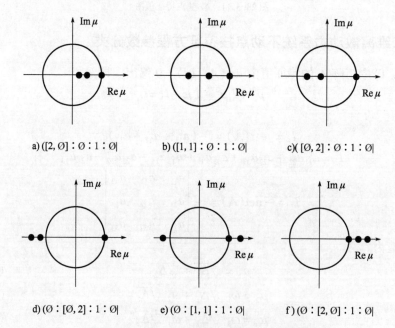

图 28.3.12 当 $\mu_1 = 1$ 时，第一类结点边界特征值图

② 若 $\mu_1 = -1$，则线性离散系统有一个关于原点的**第二类结点边界**：

a. 若 $\mu_1 = -1$，$|\mu_i| < 1 (i = 2, 3)$，则线性离散系统有一个关于原点的**第二类稳定结点**

边界。

b. 若 $\mu_1 = -1$, $|\mu_i| > 1 (i = 2,3)$,则线性离散系统有一个关于原点的**第二类不稳定结点**边界。

图 28.3.13 给出了 6 种情况的特征值图。

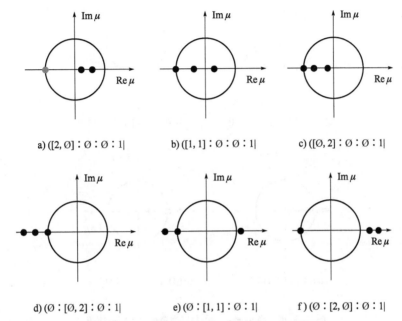

图 28.3.13 当 $\mu_1 = -1$ 时,第二类结点边界特征值图

③若 $\mu_1 = 1$, $|\mu_2| < 1$, $|\mu_3| > 1$,那么线性离散系统有关于原点的**第一类鞍点边界**。如图 28.3.14 所示这类边界的特征值图共分四种情况。

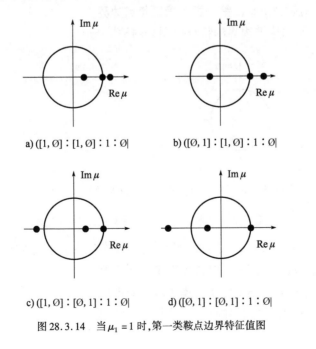

图 28.3.14 当 $\mu_1 = 1$ 时,第一类鞍点边界特征值图

④若 $\mu_1 = -1, |\mu_2| < 1, |\mu_3| > 1$,那么线性离散系统有关于原点的**第二类鞍点边界**。如图 28.3.15 所示这类边界的特征值图分四种情况。

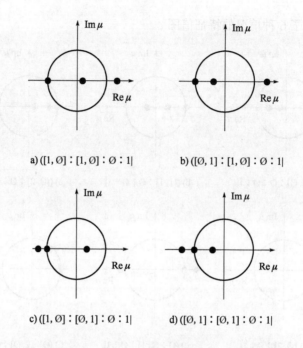

图 28.3.15　当 $\mu_1 = -1$ 时,第二类鞍点边界特征值图

⑤若 $\mu_1 = 1, \text{Im}\mu_i \neq 0, i = 2, 3$,那么线性离散系统有关于原点的**第一类焦点边界**。
a. $\mu_1 = 1, \mu_{2,3} = \rho e^{\pm i\omega}, \rho < 1$,**第一类稳定焦点边界**。
b. $\mu_1 = 1, \mu_{2,3} = \rho e^{\pm i\omega}, \rho > 1$,**第一类不稳定焦点边界**。
如图 28.3.16 所示这类边界的特征值图分两种情况。

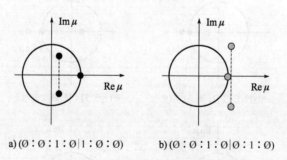

图 28.3.16　当 $\mu_1 = 1$ 时,第一类焦点边界特征值图

⑥若 $\mu_1 = -1, \text{Im}\mu_i \neq 0, i = 1, 2$,那么线性离散系统有关于原点的**第二类焦点边界**。
a. $\mu_1 = -1, \mu_{2,3} = \rho e^{\pm i\omega}, \rho < 1$,**第二类稳定焦点边界**。
b. $\mu_1 = -1, \mu_{2,3} = \rho e^{\pm i\omega}, \rho > 1$,**第二类不稳定焦点边界**。
如图 28.3.17 所示这类边界的特征值图分两种情况。

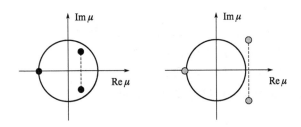

a) $(\emptyset:\emptyset:\emptyset:1|1:0:\emptyset)$ b) $(\emptyset:\emptyset:\emptyset:1|\emptyset:1:\emptyset)$

图 28.3.17　当 $\mu_1 = -1$ 时,第二类焦点边界特征值图

(2) 有两个特征值在边界上。

① 若 $\mu_{1,2} = \mathrm{e}^{\pm \mathrm{i}\omega}$, $\rho = 1$, $|\mu_3| \neq 1$,那么线性离散系统有关于原点的**称 Niemark 边界**。

a. 若 $\mu_{1,2} = \mathrm{e}^{\pm \mathrm{i}\omega}$, $\rho = 1$, $|\mu_3| < 1$ 时,圆柱螺旋式稳定结点边界。

b. 若 $\mu_{1,2} = \mathrm{e}^{\pm \mathrm{i}\omega}$, $\rho = 1$, $|\mu_3| > 1$ 时,圆柱螺旋式不稳定结点边界。

如图 28.3.18 所示这类边界的特征值图分两种情况。

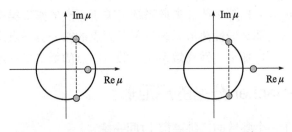

a) $([1,\emptyset]:\emptyset:\emptyset|\emptyset|\emptyset:\emptyset:1)$ b) $(\emptyset:[1,\emptyset]:\emptyset:\emptyset|\emptyset:\emptyset:1)$

图 28.3.18　圆柱螺旋式结点边界特征值图

② 若 $\mu_1 = \mu_2 = 1$, $|\mu_3| \neq 1$,那么线性离散系统有关于原点的**第一类结点边界**:

a. 若 $\mu_1 = \mu_2 = 1$, $|\mu_3| < 1$,则线性离散系统有一个关于原点的**第一类稳定结点边界**。

b. 若 $\mu_1 = \mu_2 = 1$, $|\mu_3| > 1$,则线性离散系统有一个关于原点的**第一类不稳定结点边界**。

③ 若 $\mu_1 = \mu_2 = -1$, $|\mu_3| \neq 1$,那么线性离散系统有关于原点的**第二类结点边界**。

a. 若 $\mu_1 = \mu_2 = -1$, $|\mu_3| < 1$,则线性离散系统有一个关于原点的**第二类稳定结点边界**。

b. 若 $\mu_1 = \mu_2 = -1$, $|\mu_3| > 1$,则线性离散系统有一个关于原点的**第二类不稳定结点边界**。

④ 若 $\mu_1 = 1$, $\mu_2 = -1$, $|\mu_3| \neq 1$,那么线性离散系统有关于原点的**第三类结点边界**:

a. 若 $\mu_1 = 1$, $\mu_2 = -1$, $|\mu_3| < 1$,**第三类稳定结点边界**。

此时共有两种临界状态即 $([1,\emptyset]:[\emptyset,\emptyset]:1:1|$ 和 $([\emptyset,1]:[\emptyset,\emptyset]:1:1|$ 状态。

b. 若 $\mu_1 = 1$, $\mu_2 = -1$, $|\mu_3| > 1$,**第三类不稳定结点边界**。

此时共有两种临界状态即 $([\emptyset,\emptyset]:[1,\emptyset]:1:1|$ 和 $([\emptyset,\emptyset]:[\emptyset,1]:1:1|$ 状态。

(3) 有 3 个特征值在边界上。

① 若 $|\mu_1|=1,\mu_{2,3}=\mathrm{e}^{\pm\mathrm{i}\omega},\rho=1$ 时，那么线性离散系统有关于原点的**圆形边界**。如图 28.3.19 中的特征值图所示，这类边界分两种情况。

a. 若 $\mu_1=1,\mu_{2,3}=\mathrm{e}^{\pm\mathrm{i}\omega},\rho=1$，**第一类圆形边界**。

b. 若 $\mu_1=-1,\mu_{2,3}=\mathrm{e}^{\pm\mathrm{i}\omega},\rho=1$，**第二类圆形边界**。

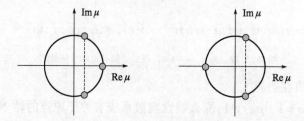

a) 第一类 (∅:∅:1:∅|∅:∅:2)   b) 第二类 (∅:∅:1|∅:∅:2)

图 28.3.19 圆形边界特征值图

② 若 $\mu_1=\mu_2=1,\mu_3=-1$，那么线性离散系统有关于原点的**第一类两点圆形边界**。

③ 若 $\mu_1=1,\mu_2=\mu_3=-1$，那么线性离散系统有关于原点的**第二类两点圆形边界**。

④ 若 $\mu_1=\mu_2=\mu_3=1$，那么线性离散系统有关于原点的**第一类一点圆形边界**。

⑤ 若 $\mu_1=\mu_2=\mu_3=-1$，那么线性离散系统有关于原点的**第二类一点圆形边界**。

28.4 Neimark-Sacker 分岔的规范形

考虑下面的依赖于一个参数的二维离散-时间系统

$$\begin{pmatrix} x_1 \\ x_2 \end{pmatrix} \mapsto (1+\alpha)\begin{pmatrix} \cos\theta & -\sin\theta \\ \sin\theta & \cos\theta \end{pmatrix}\begin{pmatrix} x_1 \\ x_2 \end{pmatrix} + (x_1^2+x_2^2)\begin{pmatrix} \cos\theta & -\sin\theta \\ \sin\theta & \cos\theta \end{pmatrix}\begin{pmatrix} d & -b \\ b & d \end{pmatrix}\begin{pmatrix} x_1 \\ x_2 \end{pmatrix}$$

(28.4.1)

其中，α 为参数；$\theta=\theta(\alpha)$、$b=b(\alpha)$、$d=d(\alpha)$ 为光滑函数；$0<\theta(0)<\pi,d(0)\neq 0$。

这个系统对所有 α 有不动点 $x_1=x_2=0$，其 Jacobi 矩阵方程为

$$A=(1+\alpha)\begin{pmatrix} \cos\theta & -\sin\theta \\ \sin\theta & \cos\theta \end{pmatrix}$$

(28.4.2)

这个矩阵有特征值 $\mu_{1,2}=(1+\alpha)\mathrm{e}^{\pm\mathrm{i}\theta}$，使得对所有小 $|\alpha|$，在原点附近映射式 (28.4.1) 可逆。正如所看到的，由于这对复特征值在单位圆上，当 $\alpha=0$ 时，这个原点的不动点是非双曲的。为了分析对应的分岔，引入复变量

$$z=x_1+\mathrm{i}x_2,\quad \bar{z}=x_1-\mathrm{i}x_2,\quad |z|^2=z\bar{z}=x_1^2+x_2^2$$

(28.4.3)

并令 $d_1=d+\mathrm{i}b$。于是，这个方程化为对 z 的方程

$$z\mapsto \mathrm{e}^{\mathrm{i}\theta}z(1+\alpha+d_1|z|^2)=\mu z+c_1 z|z|^2$$

(28.4.4)

其中 $\mu=\mu(\alpha)=(1+\alpha)\mathrm{e}^{\mathrm{i}\theta(\alpha)}$，以及 $c_1=c_1(\alpha)=\mathrm{e}^{\mathrm{i}\theta(\alpha)}d_1(\alpha)$ 是参数 α 的复函数。

应用表达式 $z=\rho\mathrm{e}^{\mathrm{i}\varphi}$，得到关于 $\rho=|z|$ 的映射

$$\rho \mapsto \rho[1 + \alpha + d_1(\alpha)\rho^2] \tag{28.4.5}$$

由于

$$[1 + \alpha + d_1(\alpha)\rho^2] = (1+\alpha)\left(1 + \frac{2d(\alpha)}{1+\alpha}\rho^2 + \frac{|d_1(\alpha)|^2}{(1+\alpha)^2}\rho^4\right)^{1/2}$$

$$= 1 + \alpha + d(\alpha)\rho^2 + O(\rho^4) \tag{28.4.6}$$

得到系统式(28.4.1)的下面的极坐标形式

$$\rho \mapsto \rho[1 + \alpha + d(\alpha)\rho^2] + \rho^4 R_\alpha(\rho) \tag{28.4.7a}$$

$$\varphi \mapsto \varphi + \theta(\alpha) + \rho^2 Q_\alpha(\rho) \tag{28.4.7b}$$

式中，R、Q 为 (ρ,α) 的光滑函数。当 α 穿过零时，系统相图的分岔用后面这个形式的方程容易被分析，因为映射 ρ 关于 φ 是独立的。式(28.4.7a)定义了一个一维动力系统，对所有 α，它有不动点 $\rho = 0$。当 $\alpha < 0$ 时，它是线性稳定；当 $\alpha > 0$ 时，它变成线性不稳定；当 $\alpha = 0$ 时，它的稳定性由系数 $d(0)$ 的符号所决定。假设 $d(0) < 0$，则当 $\alpha = 0$ 时（非线性）稳定。此外，式(28.4.7)中的 ρ 映射还有另外的 $\alpha > 0$ 时的稳定不动点，即

$$\rho_0(\alpha) = \sqrt{-\frac{\alpha}{d(\alpha)}} + O(\alpha) \tag{28.4.8}$$

式(28.4.7)中的 φ 映射刻画一个依赖于 ρ 与 α 的旋转角度，它近似等于 $\theta(\alpha)$。因此，由式(28.4.7)定义的两个映射的叠加，可得到原来的二维系统式(28.4.1)的分岔图（图28.4.1）。

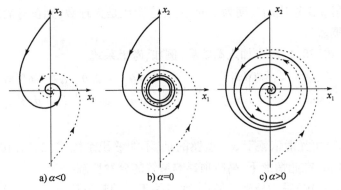

图 28.4.1 超临界 Neimark–Sacker 分岔

这个系统永远有在原点的不动点。系统当 $\alpha < 0$ 时稳定，当 $\alpha > 0$ 时不稳定。系统在原点附近的不变曲线，当 $\alpha < 0$ 时，它看上去像连续-时间系统稳定焦点附近的轨道；当 $\alpha > 0$ 时，它像不稳定焦点附近的轨道。在临界参数值 $\alpha = 0$ 这个点非线性稳定。当 $\alpha > 0$ 时这点被一条唯一且稳定的孤立**闭不变曲线**所围绕。这条曲线是半径为 $\rho_0(\alpha)$ 的圆周。所有其他从这闭不变曲线的内外出发的轨道除原点以外在式(28.4.7)的迭代下都趋于这条曲线。这是 Neimark-Sacker 分岔。

这种分岔也可以在 (x_1, x_2, α) 空间中叙述。所出现的由 α 参数化的闭不变曲线族构成**一个抛物面**。

$d(0) > 0$ 的情形可以用同样方法分析。这个系统在 $\alpha = 0$ 时产生 Neimark-Sacker 分岔。与上面考虑的情形相反，存在一条**不稳定**闭不变曲线，当 α 从负到正穿过零时消失（图28.4.2）。

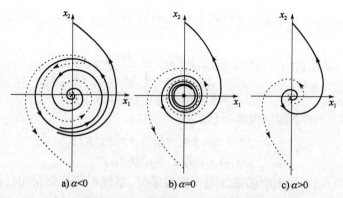

a) $\alpha<0$ b) $\alpha=0$ c) $\alpha>0$

图 28.4.2 亚临界 Neimark–Sacker 分岔

注:(1) 如同 Andronov-Hopf 分岔和翻转分岔,这两种情形通常称为**超临界**和**亚临界**(或者称为"**软**"和"**硬**")Neimark-Sacker 分岔。通常,分岔的类型由不动点在分岔参数值的稳定性所确定。

(2) 式(20.4.7)在不变圆周上的轨道结构依赖于旋转角 $\Delta\varphi = \theta(\alpha) + \rho^2 Q_\alpha(\rho)$ 和 2π 之比在圆周上是有理数还是无理数。

$$\frac{\Delta\varphi}{2\pi} = \frac{p}{q} \qquad (28.4.9)$$

若是有理数,则所有在这曲线上的轨道是周期的。更精确地说,若 p、q 为整数,则曲线上的所有点是映射 p 次迭代的周期为 q 的环;若这个比是无理数,则没有周期轨道且所有轨道在这个圆周上稠密。

现在,在系统式(28.4.1)中加入高阶项,例如,考虑系统

$$\begin{pmatrix} x_1 \\ x_2 \end{pmatrix} \mapsto (1+(\alpha)) \begin{pmatrix} \cos\theta & -\sin\theta \\ \sin\theta & \cos\theta \end{pmatrix} \begin{pmatrix} x_1 \\ x_2 \end{pmatrix} + (x_1^2 + x_2^2) \begin{pmatrix} \cos\theta & -\sin\theta \\ \sin\theta & \cos\theta \end{pmatrix} \begin{pmatrix} d & -b \\ b & d \end{pmatrix} \begin{pmatrix} x_1 \\ x_2 \end{pmatrix} + O(\|x\|^4)$$

$$(28.4.10)$$

这里,项 $O(\|x\|^4)$ 可光滑依赖于 α。遗憾的是,不能够说系统式(28.4.10)局部拓扑等价于系统式(28.4.1)。在此情形下,高阶项影响系统的分岔性态。

如果把式(28.4.10)写为极坐标形式,现在关于 ρ 的映射依赖于 φ。这个系统可以表示为类似于式(28.4.7)。但 R 与 Q 是 2π 周期函数。尽管如此,系统式(28.4.1)式(28.4.10)的相图具有某些重要的共同特性。也就是说,下面的引理成立。

引理 28.4.1 项 $O(\|x\|^4)$ 并不影响式(28.4.10)中的闭不变曲线分岔。也就是说,从原点分岔出的局部唯一的不变曲线,与系统式(28.4.1)的有相同的方向以及相同的稳定性。

我们期望映射式(28.4.10)在映射式(28.4.1)的不变圆周附近有不变曲线。固定 α 并考虑圆周

$$S_0 = \left\{ (\rho, \varphi) : \rho = \sqrt{-\frac{\alpha}{d(\alpha)}} \right\} \qquad (28.4.11)$$

它位于没有项 $O(\|x\|^4)$ 的"未被扰动"映射的不变圆周附近。可以证明,逐次迭代 $F^k S_0$, $k = 1, 2, \cdots$,其中,F 为由式(28.4.10)定义的映射,收敛于闭不变曲线

$$S_\infty = \{(\rho,\varphi) : \rho = \Psi(\varphi)\} \quad (28.4.12)$$

它不是圆周但接近于 S_0。这里的 Ψ 是在极坐标下刻画 S_∞ 的 φ 的 2π 周期函数。为建立收敛性，必须在围绕 S_0 的带子（它的直径和宽度随 $\alpha \to 0$ 都"收缩"）内引入"径向"变量 u，并证明映射 F 在 2π 周期函数 $u = u(\varphi)$ 适当的函数空间内定义了一个**压缩映射** $\mathscr{F}$。于是，由压缩映射原理，存在 $\mathscr{F}$ 的不动点 $u^{(\infty)} : \mathscr{F}(u^{(\infty)}) = u^{(\infty)}$。对固定 α，周期函数 $u^{(\infty)}(\varphi)$ 代表的闭不变曲线 S_∞ 就是我们要找的。本质上，S_∞ 在带内的唯一性与稳定性由压缩性得知。可以验证在带外不存在式(28.4.10)的非平凡不变集。

注意：

（1）当参数改变时，系统式(28.4.1)和式(28.4.10)在闭不变曲线上的轨道结构以及这个结构的变化一般是不相同的。一般地，在闭不变曲线上只存在**有限**个周期轨道。若 $a(0) < 0$，则映射式(28.4.10)的某个 p 次迭代可以有两类 q 周期轨道：全稳定 q 周期的"结点"环和 q 周期的鞍点环（图28.4.3）。通过折分岔时，环存在于某"参数窗口"，而消失于它的边界。对应不同窗口，一般系统具有无穷多个这样的分岔。

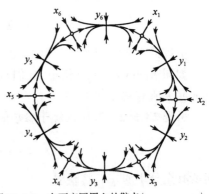

图28.4.3　在不变圆周上的鞍点 $\{x_1, x_2, \cdots, x_6\}$ 和稳定的周期 6 轨道 $\{y_1, y_2, \cdots, y_6\}$

（2）在式(28.4.10)中分岔出的不变闭曲线有**有限次光滑性**：函数 $\Psi(\varphi)$ 在极坐标下关于 φ 一般只有限次连续导数，即使映射式(28.4.10)无穷多次可微。光滑性次数随着 $|\alpha| \to 0$ 而增加。当鞍点的不稳定（稳定）流形遇到"结点"时出现不光滑性。

28.5　一般 Neimark-Sacker 分岔

现在证明，任何一个具有 Neimark-Sacker 分岔的一般二维系统都可变换成式(28.4.10)的形式。

考虑系统

$$x \mapsto f(x, \alpha), \quad x = (x_1, x_2)^T \in \mathbf{R}^2, \quad \alpha \in \mathbf{R}^1 \quad (28.5.1)$$

函数 f 光滑，当 $\alpha = 0$ 时有不动点且具单特征值 $\mu_{1,2} = e^{\pm i\theta_0}$ （$0 < \theta_0 < \pi$）。鉴于 $\mu = 1$ 不是 Jacobi 矩阵的特征值（注：由于 $\mu = 1$ 不是特征值，系统对充分小 $|\alpha|$ 在原点某个邻域内可逆。），对所有充分小 $|\alpha|$，由隐函数定理，在原点的某邻域内系统存在唯一不动点 $x_0(\alpha)$。可以作依赖于参数的坐标平移，将这个不动点移到原点。因此，不失一般性，可以假设对充分小 $|\alpha|$，$x = 0$ 是这个系统的不动点。由此，系统可以写为

$$x \mapsto A(\alpha)x + F(x, \alpha) \quad (28.5.2)$$

式中，F 为光滑向量函数，其分量 $F_{1,2}$ 关于 x 有至少从二次项开始的 Taylor 展开，对所有充分小 $|\alpha|$，$F(0, \alpha) = 0$。Jacobi 矩阵 $A(\alpha)$ 有两个乘子

$$\mu_{1,2}(\alpha) = r(\alpha) e^{\pm i\varphi(\alpha)} \quad (28.5.3)$$

其中，$r(0) = 1, \varphi(0) = \theta_0$。因此，对某光滑函数 $\beta(\alpha), \beta(0) = 0$，有 $r(\alpha) = 1 + \beta(\alpha)$。假定 $\beta'(0) \neq 0$，于是，可用 β 作为新参数，并借助于 β 表示乘子 $\mu_1(\beta) = \mu(\beta), \mu_2(\beta) = \bar{\mu}(\beta)$ 其中

$$\mu(\beta) = (1+\beta)e^{i\theta(\beta)} \qquad (28.5.4)$$

函数 $\theta(\beta)$ 光滑且满足 $\theta(0) = \theta_0$。

引理 28.5.1 利用引入复变量和新参数，对所有充分小的 $|\alpha|$，系统式(28.5.2)可变为形式

$$z \mapsto \mu(\beta)z + g(z,\bar{z},\beta) \qquad (28.5.5)$$

其中，$\beta \in R^1, z \in C^1, \mu(\beta) = (1+\beta)e^{i\theta(\beta)}$，$g$ 为 $z,\bar{z},\beta$ 的复值光滑函数，它关于 $(z,\bar{z})$ 的 Taylor 展开中包含二次项与高阶项

$$g(z,\bar{z},\beta) = \sum_{k+l \geq 2} \frac{1}{k!l!} g_{kl}(\beta) z^{k-l} \bar{z}^l \quad (k,l = 0,1,\cdots) \qquad (28.5.6)$$

引理的证明完全类似于第 15 章的 Andronov-Hopf 分支分析，留作练习。

如同 Andronov-Hopf 情形，我们从作非线性(复)坐标变换开始简化映射式(28.5.5)。首先移去所有的二次项。

引理 28.5.2 利用依赖于参数的可逆复坐标变换

$$z = w + \frac{h_{20}}{2}w^2 + h_{11}w\bar{w} + \frac{h_{02}}{2}\bar{w}^2 \qquad (28.5.7)$$

对所有充分小的 $|\beta|$，将映射

$$z \mapsto \mu z + \frac{g_{20}}{2}z^2 + g_{11}z\bar{z} + \frac{g_{02}}{2}\bar{z}^2 + O(|z|^3) \qquad (28.5.8)$$

化为没有二次项的映射

$$w \mapsto \mu w + O(|w|^3) \qquad (28.5.9)$$

只要

$$e^{i\theta_0} \neq 1 \text{ 和 } e^{3i\theta_0} \neq 1 \qquad (28.5.10)$$

其中，$\mu = \mu(\beta) = (1+\beta)e^{i\theta(\beta)}$，$g_{ij} = g_{ij}(\beta)$。

证明：变换的逆是

$$w = z - \frac{h_{20}}{2}z^2 - h_{11}z\bar{z} - \frac{h_{02}}{2}\bar{z}^2 + O(|z|^3) \qquad (28.5.11)$$

因此，在新坐标 w 下，映射式(28.5.8)取形式

$$\tilde{w} = \mu w + \frac{1}{2}(g_{20} + (\mu - \mu^2)h_{20})w^2 + (g_{11} + (\mu - |\mu|^2)h_{11})w\bar{w} +$$

$$\frac{1}{2}(g_{02} + (\mu - \bar{\mu}^2)h_{02}) + O(|w|^3) \qquad (28.5.12)$$

由此，若令

$$h_{20} = \frac{g_{20}}{\mu^2 - \mu}, \quad h_{11} = \frac{g_{11}}{|\mu|^2 - \mu}, \quad h_{02} = \frac{g_{02}}{\bar{\mu}^2 - \mu} \qquad (28.5.13)$$

就"去掉"了式(28.5.8)中的所有二次项。若对所有充分小的 $|\beta|$ 包括 $\beta = 0$，所有分母都不为零，则这些变换生效。事实上，由于对 θ_0 的限制，有

$$\mu^2(0) - \mu(0) = e^{i\theta_0}(e^{i\theta_0} - 1) \neq 0 \qquad (28.5.14a)$$

$$|\mu(0)|^2 - \mu(0) = 1 - e^{i\theta_0} \neq 0 \qquad (28.5.14b)$$

$$\bar{\mu}^2(0) - \mu(0) = e^{i\theta_0}(e^{-3i\theta_0} - 1) \neq 0 \qquad (28.5.14c)$$

注：

(1) 设当 $\mu_0 = \mu(0)$ 时，则引理中关于 θ_0 的条件可以写为

$$\mu_0 \neq 1, \mu_0^3 \neq 1 \tag{28.5.15}$$

注意： 由于 θ_0 的最初假设，上面第一个条件自动成立。

(2) 所得的变换是多项式变换，多项式的系数光滑依赖于 β。在原点的某个领域内变换 **接近恒同**。

(3) 注意，变换改变了式(28.5.8)中三次项的系数。

假设已经移去了所有二次项，再尝试去除三次项。

引理 28.5.3 利用一个可逆的依赖于参数的坐标变换

$$z = w + \frac{h_{30}}{6}w^3 + \frac{h_{21}}{2}w^2\bar{w} + \frac{h_{12}}{2}w\bar{w}^2 + \frac{h_{03}}{6}\bar{w}^3 \tag{28.5.16}$$

对所有充分小的 $|\beta|$，将映射

$$z \mapsto \mu z + \frac{g_{30}}{6} + \frac{g_{21}}{2}z^2\bar{z} + \frac{g_{12}}{2}z\bar{z}^2 + \frac{g_{03}}{6}\bar{z}^3 + O(|z|^4) \tag{28.5.17}$$

变成为三次项只有一项的映射

$$w \mapsto \mu w + c_1 w^2\bar{w} + O(|w|^4) \tag{28.5.18}$$

只要

$$e^{2i\theta_0} \neq 1 \text{ 和 } e^{4i\theta_0} \neq 1 \tag{28.5.19}$$

其中，$\mu = \mu(\beta) = (1+\beta)e^{i\theta(\beta)}$，$g_{ij} = g_{ij}(\beta)$。

证明： 逆变换是

$$w = z - \frac{h_{30}}{6}z^3 - \frac{h_{21}}{2}z^2\bar{z} - \frac{h_{12}}{2}z\bar{z}^2 - \frac{h_{03}}{6}\bar{z}^3 + O(|z|^4) \tag{28.5.20}$$

因此

$$\tilde{w} = \lambda w + \frac{1}{6}[g_{30} + (\mu - \mu^3)h_{30}]w^3 + \frac{1}{2}[g_{21} + (\mu - \mu|\mu|^2)h_{21}]w^2\bar{w} +$$

$$\frac{1}{2}[g_{12} + (\mu - \bar{\mu}|\mu|^2)h_{12}]w\bar{w}^2 + \frac{1}{6}[g_{03} + (\mu - \bar{\mu}^3)h_{03}]\bar{w}^3 + O(|w|^4) \tag{28.5.21}$$

若令

$$h_{30} = \frac{g_{30}}{\mu^3 - \mu},\ h_{12} = \frac{g_{12}}{\bar{\mu}|\mu|^2 - \mu},\ h_{03} = \frac{g_{03}}{\bar{\mu}^3 - \mu} \tag{28.5.22}$$

就可以在所得映射中消去除了 $w^2\bar{w}$ 项以外的所有三次项，那个三次项必须分别处理。由于对 θ_0 的假设，对充分小的 $|\beta|$，所有分母都不为零，故变换有效。

下面也可以尝试形式地令

$$h_{21} = \frac{g_{21}}{\mu(1-|\mu|^2)} \tag{28.5.23}$$

消去项 $w^2\bar{w}$。这对小 $\beta \neq 0$ 是可能的，但是对所有 θ_0 分母在 $\beta = 0$ 时为零。于是，没有 θ_0 的额外条件可以帮忙。为得到光滑依赖于 β 的变换，令 $h_{21} = 0$，得

$$c_1 = \frac{g_{21}}{2} \tag{28.5.24}$$

注：

（1）引理中加在 θ_0 的条件意味着

$$\mu_0^2 \neq 1, \mu_0^4 \neq 1 \tag{28.5.25}$$

因此，特别，$\mu_0 \neq -1$ 以及 $\mu_0 \neq i$。由对 θ_0 的原始假设，第一个条件自动满足。

（2）剩下的三次项 $w^2 \overline{w}$ 称为**共振项**。这一项的系数与原来映射式(28.5.17) 中的三次项 $z^2 \overline{z}$ 的系数是**相同的**。

结合上面两个引理得

引理 28.5.4 (Neimark-Sacker 分支的规范形) 映射

$$z \mapsto \mu z + \frac{g_{20}}{2} z^2 + g_{11} z \overline{z} + \frac{g_{02}}{2} \overline{z}^2 + \frac{g_{30}}{6} z^3 + \frac{g_{21}}{2} z^2 \overline{z} + \frac{g_{12}}{2} z \overline{z}^2 + \frac{g_{03}}{6} \overline{z}^3 + O(|z|^4) \tag{28.5.26}$$

其中，$\mu = \mu(\beta) = (1+\beta)e^{i\theta(\beta)}$，$g_{ij} = g_{ij}(\beta)$，$\theta_0 = \theta(0)$，使得 $e^{ik\theta_0} \neq 1 (k=1,2,3,4)$，可以用一个可逆的光滑依赖于参数的复坐标变换

$$z = w + \frac{h_{20}}{2} w^2 + h_{11} w \overline{w} + \frac{h_{02}}{2} \overline{w}^2 + \frac{h_{30}}{6} w^3 + \frac{h_{12}}{2} w \overline{w}^2 + \frac{h_{03}}{6} \overline{w}^3 \tag{28.5.27}$$

对所有充分小的 $|\beta|$，将原来的映射变成三次项只含共振项的映射

$$w \mapsto \mu w + c_1 w^2 \overline{w} + O(|w|^4) \tag{28.5.28}$$

其中，$c_1 = c_1(\beta)$。

上面两个引理中定义的变换的截断复合给出所要求的坐标变换。首先，消去所有的二次项。这也会改变三次项的系数，$w^2 \overline{w}$ 的系数为 $\frac{1}{2}\tilde{g}_{21}$，以代替 $\frac{1}{2} g_{21}$。然后，消去除了共振项以外的所有三次项。这一项的系数仍是 $\frac{1}{2}\tilde{g}_{21}$。因此，所有需要的是借助于所给的方程计算 c_1 的系数，它是经过**二次变换**后 $w^2 \overline{w}$ 项的新系数 $\frac{1}{2}\tilde{g}_{21}$。对 $c_1(\alpha)$ 计算结果得以下表达式

$$c_1 = \frac{g_{20} g_{11}(\overline{\mu} - 3 + 2\mu)}{2(\mu^2 - \mu)(\overline{\mu} - 1)} + \frac{|g_{11}|^2}{1-\overline{\mu}} + \frac{|g_{02}|^2}{2(\mu^2 - \overline{\mu})} + \frac{g_{21}}{2} \tag{28.5.29}$$

由此给出 c_1 的临界值

$$c_1(0) = \frac{g_{20}(0) g_{11}(0)(1 - 2\mu_0)}{2(\mu_0^2 - \mu_0)} + \frac{|g_{11}(0)|^2}{1-\overline{\mu}_0} + \frac{|g_{02}(0)|^2}{2(\mu_0^2 - \overline{\mu}_0)} + \frac{g_{21}(0)}{2} \tag{28.5.30}$$

其中 $\mu_0 = e^{i\theta_0}$。

现在将所得的结果总结成下面的定理。

定理 28.5.1 假设二维离散-时间系统

$$x \mapsto f(x, \alpha) \quad (x \in \mathbf{R}^2, \alpha \in \mathbf{R}^1) \tag{28.5.31}$$

f 光滑，对所有充分小 $|\alpha|$，它有平衡点 $x = 0$，具乘子 $\mu_{1,2}(\alpha) = r(\alpha) e^{\pm i\varphi(\alpha)}$，其中，$r(0) = 1$，$\varphi(0) = \theta_0$。

假设下面的条件满足：

(1) (C.1) $r'(0) \neq 0$；

(2) (C.2) $e^{ik\theta_0} \neq 1 (k=1,2,3,4)$，则存在光滑可逆的坐标与参数变换将上述系统变成

$$\begin{pmatrix} y_1 \\ y_2 \end{pmatrix} \mapsto (1+\beta) \begin{pmatrix} \cos\theta(\beta) & -\sin\theta(\beta) \\ \sin\theta(\beta) & \cos\theta(\beta) \end{pmatrix} \begin{pmatrix} y_1 \\ y_2 \end{pmatrix} +$$

$$(y_1^2 + y_2^2) \begin{pmatrix} \cos\theta(\beta) & -\sin\theta(\beta) \\ \sin\theta(\beta) & \cos\theta(\beta) \end{pmatrix} \begin{pmatrix} d(\beta) & -b(\beta) \\ b(\beta) & d(\beta) \end{pmatrix} \begin{pmatrix} y_1 \\ y_2 \end{pmatrix} + O(\|y\|^4) \tag{28.5.32}$$

其中，$\theta(0) = \theta_0$，$d(0) = \mathrm{Re}(e^{-i\theta_0} c_1(0))$，这里，$c_1(0)$ 由式(28.5.30)给出。

证明： 剩下的只需验证关于 $d(0)$ 的公式。事实上，由引理 28.5.1~引理 28.5.4，系统可以变成复 Poincaré 规范形

$$w \mapsto \mu(\beta) w + c_1(\beta) w |w|^2 + O(|w|^4) \tag{28.5.33}$$

其中 $\mu(\beta) = (1+\beta) e^{i\theta(\beta)}$。这个映射可以写为

$$w \mapsto e^{i\theta(\beta)} [1 + \beta + d_1(\beta) |w|^2] w + O(|w|^4) \tag{28.5.34}$$

其中，$d_1(\beta) = d(\beta) + ib(\beta)$，对某实函数 $d(\beta), b(\beta)$。回到实坐标 (y_1, y_2)，$w = y_1 + iy_2$，给出系统，即

$$d(\beta) = \mathrm{Re} d_1(\beta) = \mathrm{Re}[e^{-i\theta(\beta)} c_1(\beta)] \tag{28.5.35}$$

由此

$$d(0) = \mathrm{Re}[e^{-i\theta_0} c_1(0)] \tag{28.5.36}$$

利用引理 28.4.1 可以叙述为下面的一般结果。

定理 28.5.2（一般 Neimark-Saker 分岔） 任何一个一般的单参数二维系统

$$x \mapsto f(x, \alpha) \tag{28.5.37}$$

假设它在 $\alpha = 0$ 时有不动点 $x_0 = 0$，具复乘子 $\mu_{1,2} = e^{\pm i\theta_0}$，则存在 x_0 的邻域；在此邻域内，当 α 穿过零时，从 x_0 分支出唯一闭不变曲线。

注意： 定理中假设的一般性条件是定理 28.5.1 中的横截性条件 (C.1) 和非退化条件 (C.2)，以及额外的非退化条件

(C.3) $d(0) \neq 0$

应该强调的是，条件 $e^{ik\theta_0} \neq 1 (k=1,2,3,4)$ 不仅仅是技术方面的。如果它们不满足条件，闭不变曲线甚至可以不出现，或者可能从不动点分岔出几条不变曲线。

系数 $d(0)$ 确定具有 Neimark-Sacker 分岔的一般系统出现不变曲线的方向。它可以根据下面的公式计算

$$d(0) = \mathrm{Re}\left(\frac{e^{-i\theta_0} g_{21}}{2}\right) - \mathrm{Re}\left[\frac{(1 - 2e^{i\theta_0}) e^{-2i\theta_0}}{2(1 - e^{i\theta_0})} g_{20} g_{21}\right] - \frac{1}{2} |g_{11}|^2 - \frac{1}{4} |g_{02}|^2 \tag{28.5.38}$$

例题 28.5.1（时滞逻辑方程中的 **Neimark-Sacker 分岔**）

考虑下面的递归方程

$$u_{k+1} = r u_k (1 - u_{k-1}) \tag{28.5.39}$$

式(28.5.39)是一个单种群动力学模型，其中 u_k 为种群在时间 k 时的密度；r 为增长率。假设增长率不仅由流动种群密度，还由种群过去的密度所确定。

如果引入 $v_k = u_{k-1}$,则方程式(28.5.39)可写为

$$\begin{cases} u_{k+1} = ru_k(1-v_k) \\ v_{k+1} = v_k \end{cases} \quad (28.5.40)$$

它们依次定义了一个二维离散时间动力系统

$$\begin{pmatrix} x_1 \\ x_2 \end{pmatrix} \mapsto \begin{pmatrix} rx_1(1-x_2) \\ x_1 \end{pmatrix} \equiv \begin{pmatrix} F_1(x,r) \\ F_2(x,r) \end{pmatrix} \quad (28.5.41)$$

其中,$x = (x_1, x_2)^T$。映射式(28.5.41)对所有 r 值,有不动点 $(0,0)^T$。当 $r > 1$ 时,出现非平凡不动点 x^0,其坐标为

$$x_0^1(r) = x_2^0(r) = 1 - \frac{1}{r} \quad (28.5.42)$$

映射式(28.5.41)在这个非平凡不动点的 Jacobi 矩阵为

$$A(r) = \begin{pmatrix} 1 & 1-r \\ 1 & 0 \end{pmatrix} \quad (28.5.43)$$

它有特征值

$$\mu_{1,2}(r) = \frac{1}{2} \pm \sqrt{\frac{5}{4} - r} \quad (28.5.44)$$

当 $r > \frac{5}{4}$ 时,则特征值是复的,且 $|\mu_{1,2}|^2 = \mu_1 \mu_2 = r - 1$。因此,在 $r = r_0 = 2$ 非平凡不动点失去稳定性,有 Neimark-Sacker 分岔:临界乘子为

$$\mu_{1,2} = e^{\pm i\theta_0}, \quad \theta_0 = \frac{\pi}{3} = 60° \quad (28.5.45)$$

显然,条件(C.1)和(C.2)满足。

为验证非退化条件(C.3),必须计算 $a(0)$。临界 Jacobi 矩阵 $A_0 = A(r_0)$ 有特征向量

$$A_0 q = e^{i\theta_0} q, \quad A_0^T p = e^{i\theta_0} p \quad (28.5.46)$$

其中

$$q \sim \left(\frac{1}{2} + i\frac{\sqrt{3}}{2}, 1\right)^T, \quad p \sim \left(-\frac{1}{2} + i\frac{\sqrt{3}}{2}, 1\right)^T \quad (28.5.47)$$

为了达到标准化 $\langle p, q \rangle = 1$,取

$$q = \left(\frac{1}{2} + i\frac{\sqrt{3}}{2}, 1\right)^T, \quad p = \left(i\frac{\sqrt{3}}{2}, \frac{1}{2} - i\frac{\sqrt{3}}{6}\right)^T \quad (28.5.48)$$

现在构造 $x = x^0 + zq + \bar{z}\bar{q}$,并计算函数

$$H(z,\bar{z}) = \langle p, F(x^0 + zq + \bar{z}\bar{q}, r_0) - x^0 \rangle \quad (28.5.49)$$

计算它在 $(z,\bar{z}) = (0,0)$ 的 Taylor 展开:

$$H(z,\bar{z}) = e^{i\theta_0} z + \sum_{2 \le j+k \le 3} \frac{1}{j!k!} g_{jk} z^j \bar{z}^k + O(|z|^4) \quad (28.5.50)$$

给出

$$g_{20} = -2 + i\frac{2\sqrt{3}}{3}, \quad g_{11} = i\frac{2\sqrt{3}}{3}, \quad g_{02} = 2 + i\frac{2\sqrt{3}}{3}, \quad g_{21} = 0 \quad (28.5.51)$$

于是可以求得临界实部

$$d(0) = \text{Re}\left(\frac{e^{-i\theta_0} g_{21}}{2}\right) - \text{Re}\left[\frac{(1-2e^{i\theta_0})e^{-2i\theta_0}}{2(1-e^{i\theta_0})} g_{20} g_{11}\right] - \frac{1}{2}|g_{11}|^2 - \frac{1}{4}|g_{02}|^2 = -2 < 0 \quad (28.5.52)$$

因此,当 $r > 2$ 时,从非平凡不动点分岔出唯一稳定的闭不变曲线(图 28.5.1)。

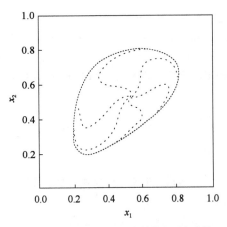

图 28.5.1 时滞逻辑方程中的稳定不变曲线

28.6 Maple 编程示例

编程题 系统的混沌同步

第一次记录的同步实验观察结果归因于 1665 年惠更斯的研究。惠更斯试图提高时间测量的准确性,实验设备由两个连接在梁上的巨大摆组成。他记录下梁的细微运动导致摆动的相互反相同步。范德波尔和瑞利分别在研究无线电通信系统和风琴管中的声学时,也观察到了同步现象。

本例涉及混沌同步,其中两个或更多耦合混沌系统(可能等效或不等效)表现出一种常见但仍然混乱的行为。Boccaletti 等人综述了混沌同步的主要方法,包括完全同步、广义同步、滞后同步、相位同步和不完全相位同步。然而,例子和理论是完整的,这里只介绍了广义同步。

Pecora 和 Carroll 自开创性工作以来,研究的重点可能是安全通信,已经开发出电子和光学电路来同步发射机和接收机之间的混沌。Cuomo 和 Oppenheim 构建了由电阻器、电容器、运算放大器和模拟乘法器芯片组成的电子电路,以便安全地屏蔽和检索消息。Luo 等人基于混沌同步的光安全通信讨论了激光。最近,出现了许多关于混沌同步与密码应用的论文。混沌同步已经应用到化学动力学、生理学、神经网络和经济学领域。

(1) 完全同步。

Pecora 和 Carroll 考虑了如下的混沌系统

$$\dot{u} = f(u) \tag{28.6.1}$$

其中,$u \in R^n$,$f: R^n \to R^n$。他们将系统式(28.6.1)分为两个子系统:一个是驱动系统,另一个是响应系统。

$$\dot{x} = d(x(t)) \quad \text{(driver)} \tag{28.6.2a}$$

$$\dot{y} = r(y(t), x(t)) \quad \text{(response)} \tag{28.6.2b}$$

其中,$x \in R^k$,$y \in R^m$ 和 $k + m = n$。矢量 $x(t)$ 表示驱动信号。驱动系统的一些输出用于驱动响应系统。考虑以下涉及 Lorenz 系统的简单示例。驱动器 Lorenz 系统为

$$\dot{x}_1 = \sigma(x_2 - x_1), \quad \dot{x}_2 = rx_1 - x_2 - x_1 x_3, \quad \dot{x}_3 = x_1 x_2 - bx_3 \tag{28.6.3}$$

响应系统为

$$\dot{y}_2 = -x_1 y_3 + r x_1 - y_2, \quad \dot{y}_3 = x_1 y_2 - b y_3 \tag{28.6.4}$$

注意:响应 Lorenz 系统是驱动程序的一个子系统情况下,$x_1(t)$ 为驱动信号。选择参数值 $\sigma=16, b=4$ 和 $r=45.92$,那么驱动响应系统式(28.6.3)是混沌的。Pecora 和 Carroll 证明了只要响应系统满足 Lyapunov 指数为负的条件,在驱动程序的驱动下,就可以实现同步。然而,Lyapunov 指数的负性仅给出了同步稳定性的必要条件。为了证明同步的稳定性,有时可以使用合适的 Lyapunov 函数。假设在这种情况下

$$e = (x_2, x_3) - (y_2, y_3) = 误差信息 \tag{28.6.5}$$

我们可以证明对于任何一组初始条件耦合系统式(28.6.3)和式 (28.6.4),当 $t \to 0$ 时,$e(t) \to 0$。考虑以下示例。

例题 28.6.1 完全同步

对于驱动-响应系统式(28.6.3)和式 (28.6.4),找到一个合适的 Lyapunov 函数来表示当 $t \to 0$ 时,$e(t) \to 0$。使用 Maple 显示系统同步。

解:

控制误差动态的方程式(28.6.5)如下:

$$\dot{e}_2 = -x_1(t) e_3 - e_2 \tag{28.6.6a}$$

$$\dot{e}_3 = x_1(t) e_2 - b e_3 \tag{28.6.6b}$$

将第一个方程乘以 e_2,将第二个方程乘以 e_3,相加得出

$$e_2 \dot{e}_2 + e_3 \dot{e}_3 = -e_2^2 - b e_3^2 \tag{28.6.7}$$

混乱项已经消除。请注意

$$e_2 \dot{e}_2 + e_3 \dot{e}_3 = \frac{1}{2} \frac{d}{dt}(e_2^2 + e_3^2) \tag{28.6.8}$$

定义 Lyapunov 函数

$$V(e_2, e_3) = \frac{1}{2}(e_2^2 + e_3^2) \tag{28.6.9}$$

那么

$$V(e_2, e_3) \geq 0 \quad 和 \quad \frac{dV}{dt} = -e_2^2 - b e_3^2 < 0 \tag{28.6.10}$$

其中,$b > 0$。因此,$V(e_2, e_3)$ 是一个 Lyapunov 函数,$(e_2, e_3) = (0, 0)$ 是全局渐近稳定的。

图 28.6.1a)和 28.6.1b)显示了 $x_2(t)$ 与 $y_2(t)$ 的同步,以及 $x_3(t)$ 与 $y_3(t)$ 的同步。

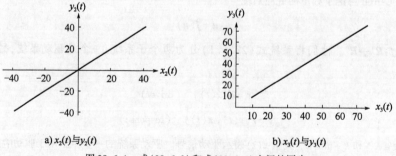

a) $x_2(t)$ 与 $y_2(t)$　　　　　　　　b) $x_3(t)$ 与 $y_3(t)$

图 28.6.1 式(28.6.3)和式(28.6.4)之间的同步

(2)广义同步。

Abarbanel 等人介绍了辅助系统方法,该方法利用第二个相同的响应系统来监测同步运动。他们将系

统式(28.6.1)分为三个子系统:第一个是驱动系统,第二个是响应系统,第三个是与响应系统相同的辅助系统:

$$\dot{x} = d(x(t)) \quad \text{(driver)} \tag{28.6.11a}$$

$$\dot{y} = r(y(t), g, x(t)) \quad \text{(response)} \tag{28.6.11b}$$

$$\dot{z} = a(z(t), g, x(t)) \quad \text{(auxiliary)} \tag{28.6.11c}$$

其中,$x \in R^k, y \in R^m, z \in R^l, k+m+l=n, g$ 表示耦合强度。

Abarbanet 等表示,两个系统通常是同步的如果有变换,比如 T,那么 $y(t) = T(x(t))$。当响应系统和辅助系统由相同的信号驱动时,$y(t) = T(x(t)), z(t) = T(x(t))$。这很清楚,只要初始条件成立,就存在形式为 $y(t) = z(t)$ 的解在同一个吸引入的盆地里。他们进一步研究表明,当流形 $y = z$ 线性稳定时,由 $x(t)$ 驱动的响应系统的条件 Lyapunov 指数均为负。作为一个具体的例子,他们考虑了混沌的广义同步,由来自 Rössler 系统的混沌信号驱动的三维 Lorenz 系统中的振荡。

例题 28.6.2 广义同步

驱动 Rössler 系统为

$$\dot{x}_1 = -(x_2 + x_3), \quad \dot{x}_2 = x_1 + 0.2x_2, \quad \dot{x}_3 = 0.2 + x_3(x_1 - \mu) \tag{28.6.12}$$

响应 Lorenz 系统为

$$\dot{y}_1 = \sigma(y_2 - y_1) - g(y_1 - x_1), \quad \dot{y}_2 = ry_1 - y_2 - y_1 y_3, \quad \dot{y}_3 = y_1 y_2 - by_3 \tag{28.6.13}$$

辅助 Lorenz 系统为

$$\dot{z}_1 = \sigma(z_2 - z_1) - g(z_1 - x_1), \quad \dot{z}_2 = rz_1 - z_2 - z_1 z_3, \quad \dot{z}_3 = z_1 z_2 - bz_3 \tag{28.6.14}$$

考虑

$$e = y(t) - z(t) = 误差信息 \tag{28.6.15}$$

解:

定义函数

$$V(e_1, e_2, e_3) = \frac{1}{2}(4e_1^2 + e_2^2 + e_3^2) \tag{28.6.16}$$

可以用作耦合系统式(28.6.13)和式(28.6.14)的 Lyapunov 函数,只要耦合参数 g 满足不等式

$$g < \left(\frac{1}{4}\sigma + r - z_3\right)^2 + \frac{z_2^2}{b} - \sigma \tag{28.6.17}$$

$z_i(t), i = 1,2,3$,在混沌吸引子上有界,所以这个条件当 g 足够大时可以满足。九维微分方程的数值解很容易用 Maple 计算。图 28.6.2a)显示了当系统式(28.6.12)、式(28.6.13)和式(28.6.14)之间的耦合系数为 $g = 8$ 时,$y_2(t)$ 和 $z_2(t)$ 同步;图 28.6.2b)显示了当 $g = 4$ 时,$y_2(t)$ 和 $z_2(t)$ 不同步,强度不够。

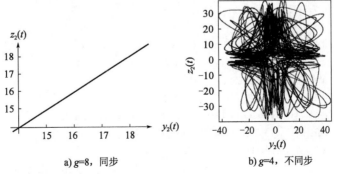

a) $g=8$,同步   b) $g=4$,不同步

图 28.6.2 系统式(28.6.12)、式(28.6.13)和式(28.6.14),$y_2(t)$ 与 $z_2(t)$ 的同步

Maple 程序（完全同步）

```
> #Program : Complete synchronization.
> #Figure 28.6.1 : Synchronization between two lorenz systems.
> ###############################################################
> restart :                                    #清零
> with( DEtools ) :                            #加载微分方程库
> with( plots ) :                              #加载绘图库
> sigma : = 16 :  r : = 45.92 :  b : = 4 : #产生混沌的参数
> LorenzLorenz : = diff( x1(t) ,t) = sigma * ( x2(t) − x1(t) ) ,
>                  diff( x2(t) ,t) = r * x1(t) − x2(t) − x1(t) * x3(t) ,
>                  diff( x3(t) ,t) = x1(t) * x2(t) − b * x3(t) ,
>                  diff( y2(t) ,t) = − x1(t) * y3(t) + r * x1(t) − y2(t) ,
>                  diff( y3(t) ,t) = x1(t) * y2(t) − b * y3(t) :
>                                              #Lorenz 完全同步系统
> dsol : = dsolve( { LorenzLorenz , x1(0) = 15 , x2(0) = 20 , x3(0) = 30 , y2(0) = 10 , y3(0) = 20 } ,
>              numeric , range = 0..100 , maxfun = 100000 ) :
>                                              #求解系统微分方程组
> odeplot( dsol , [ x3(t) , y3(t) ] , 50..100 , numpoints = 20 , labels = [ "x3" , "y3" ] ) :
>                                              #绘 $x_3(t)$ 与 $y_3(t)$ 完全同步图
> odeplot( dsol , [ x2(t) , y2(t) ] , 50..100 , numpoints = 20 , labels = [ "x2" , "y2" ] ) :
>                                              #绘 $x_2(t)$ 与 $y_2(t)$ 完全同步图
> ###############################################################
```

Maple 程序（广义同步）

```
> #Program : Generalized synchronization.
> #Figure 28.6.2 : A Rossler-Lorenz system.
> #Set g = 8 to get synchronization.
> ###############################################################
> restart :                                    #清零
> with( DEtools ) :                            #加载微分方程库
> with( plots ) :                              #加载绘图库
> g : = 4 : #No synchronization.
> sigma : = 16 :  b : = 4 :  r : = 45.92 : #产生混沌的参数
> mu : = 5.7 :                                 #产生混沌的参数
> RosslerLorenzLorenz : = diff( x1(t) ,t) = − ( x2(t) + x3(t) ) ,
>                  diff( x2(t) ,t) = x1(t) + 0.2 * x2(t) ,
>                  diff( x3(t) ,t) = 0.2 + x3(t) * ( x1(t) − mu ) ,
>                  diff( y1(t) ,t) = sigma * ( y2(t) − y1(t) ) − g * ( y1(t) − x1(t) ) ,
>                  diff( y2(t) ,t) = − y1(t) * y3(t) + r * y1(t) − y2(t) ,
>                  diff( y3(t) ,t) = y1(t) * y2(t) − b * y3(t) ,
>                  diff( z1(t) ,t) = sigma * ( z2(t) − z1(t) ) − g * ( z1(t) − x1(t) ) ,
>                  diff( z2(t) ,t) = − z1(t) * z3(t) + r * z1(t) − z2(t) ,
>                  diff( z3(t) ,t) = z1(t) * z2(t) − b * z3(t) :
>                                              #Rössler-Lorenz 驱动,响应和附加组合三系统
> dsol2 : = dsolve( { RosslerLorenzLorenz , x1(0) = 2 , x2(0) = − 10 , x3(0) = 44 ,
```

```
>                          y1(0) = 30, y2(0) = 10, y3(0) = 20,
>                          z1(0) = 31, z2(0) = 11, z3(0) = 22},
>              numeric, method = rkf45, range = 0..200, maxfun = 0) :
>                                       #求解系统微分方程组
> odeplot(dsol2, [y2(t), z2(t)], 50..100, numpoints = 100000) :
>                                       #绘制同步情况图
>#########################################################
```

28.7 思考题

思考题 28.1 简答题

1. 什么是非游荡、Poisson 稳定、周期以及同宿？举例说明。

2. 什么是轨线的 α - 极限集？举例说明。

3. 什么是轨线的 ω - 极限集？举例说明。

4. Neimark – Sacker 分岔产生的条件是什么？举例说明。

5. 什么是混沌同步？如何实现混沌同步？举例说明。

思考题 28.2 判断题

1. 特征指数中有实数 μ_1 和复数 $\mu_{2,3} = \rho e^{\pm i\omega}$，且 $\mu_1 > \rho > 1$，平衡点为不稳定结点。( )

2. 特征指数中有实数 μ_1 和复数 $\mu_{2,3} = \rho e^{\pm i\omega}$，且 $\rho < |\mu_1| < 1$，平衡点为稳定焦点。( )

3. 不动点分为稳定不动点、完全不稳定不动点和鞍点型不动点。( )

4. 鞍点型不动点分为：①鞍点(+,+)；②鞍点(-,-)；③鞍点(+,-)；④鞍点(-,+)；⑤鞍-焦点(2,1+)；⑥鞍-焦点(2,1-)；⑦鞍-焦点(1+,2)；⑧鞍-焦点(1-,2)；⑨鞍-焦点(2,2)。( )

5. 不变子空间分为主不变子空间和非主不变子空间。( )

思考题 28.3 填空题

对三维时间离散动力系统。

1. 若 3 个实特征值都位于单位圆内 $|\mu_i| < 1 (i = 1,2,3)$，我们称不动点是一个_____。

2. 若 3 个实特征值都位于单位圆外 $|\mu_i| > 1 (i = 1,2,3)$，我们称不动点是一个_____。

3. 若 3 个互不相等的实特征值，部分位于单位圆内，而其他位于单位圆外，我们称不动点为_____。

4. 若 3 个特征值有形式 $\mu_{1,2} = \rho e^{\pm i\omega}$，$\text{Im}\mu_3 = 0$，部分位于单位圆内，而其他位于单位圆外，我们称不动点为_____。

思考题 28.4 选择题

1. 不动点是稳定结点( )。

   A. 3 个特征值都位于单位圆外 B. 主乘子 $m = 1, \mu_1, \mu_{2,3} = \rho e^{\pm i\omega}, \rho < \mu_1 < 1$

   C. 3 个特征值都是实数

2. 不动点是稳定焦点( )。

   A. 3 个特征值都位于单位圆外 B. 主乘子 $m = 2, \mu_{1,2} = \rho e^{\pm i\omega}$ 和 μ_3 和，$\mu_3 < \rho < 1$

   C. 3 个特征值都是实数

3. 不动点是不稳定结点( )。

   A. 3 个特征值都位于单位圆内 B. 主乘子 $m = 1, \mu_1$ 和 $\mu_{2,3} = \rho e^{\pm i\omega}, \rho > \mu_1 > 1$

   C. 3 个特征值都是实数

4. 不动点是鞍点(　　)。

　　A. 3 个实特征值分布于单位圆内、外　　B. 特征值 μ_1 和 $\mu_{2,3} = \rho e^{\pm i\omega}, \rho < \mu_1 < 1$

　　C. 3 个特征值分布于单位圆外

5. 不动点是鞍-焦点(　　)。

　　A. 3 个特征值都位于单位圆内　　B. 3 个特征值都是实数

　　C. 特征值 μ_1 和 $\mu_{2,3} = \rho e^{\pm i\omega}, \mu_1 < 1, \rho > 1$

思考题 28.5　连线题

在三维情形下 Lyapunov 指数

$$\lambda_i = \lim_{t \to +\infty} \frac{1}{t} \ln \frac{p_i(t)}{p_i(0)}, (i = 1,2,3)$$

对应有 6 种情况:

1. $(\lambda_1, \lambda_2, \lambda_3) = (-,-,-)$　　　A. 二维环面(准周期振荡);
2. $(\lambda_1, \lambda_2, \lambda_3) = (0,-,-)$　　　B. 极限环(周期运动);
3. $(\lambda_1, \lambda_2, \lambda_3) = (0,0,-)$　　　C. 稳定不动点;
4. $(\lambda_1, \lambda_2, \lambda_3) = (+,+,-)$　　　D. 奇怪吸引子(混沌运动);
5. $(\lambda_1, \lambda_2, \lambda_3) = (+,0,0)$　　　E. 不稳二维环面;
6. $(\lambda_1, \lambda_2, \lambda_3) = (+,0,-)$　　　F. 不稳定极限环。

28.8　习题

A 类型习题

习题 28.1(重温 Henon 映射)

证明:由 Henon 于 1976 年引入的原来映射

$$\begin{pmatrix} X \\ Y \end{pmatrix} \mapsto \begin{pmatrix} 1 + Y - aX^2 \\ bX \end{pmatrix}$$

可以用坐标和参数的线性变换变成映射

$$\begin{pmatrix} x \\ y \end{pmatrix} \mapsto \begin{pmatrix} y \\ \alpha - \beta x - y^2 \end{pmatrix}。$$

习题 28.2 推导　Neimark-Sacker 分岔的 $c_1(0)$ 的方程式(28.5.30):

$$c_1(0) = \frac{g_{20}(0)g_{11}(0)(1-2\mu_0)}{2(\mu_0^2 - \mu_0)} + \frac{|g_{11}|^2}{1-\bar{\mu}_0} + \frac{|g_{02}(0)|^2}{2(\mu_0^2 - \bar{\mu}_0)} + \frac{g_{21}(0)}{2}。$$

习题 28.3(离散时间捕食-被捕食模型)

考虑下面的离散-时间系统(Maynard Smith,1968):

$$\begin{cases} x_{k+1} = \alpha x_k(1-x_k) - x_k y_k \\ y_{k+1} = \dfrac{1}{\beta} x_k y_k \end{cases}$$

这是 Voltera 模型的离散-时间形式。这里 x_k 和 y_k 分别是被捕食者与捕食者在 k 年(代)的数目。并假定没有被捕食者的情况下捕食者绝灭于一代。

(1) **求证**:此映射的非凡不动点在 (α, β) 平面内的一条曲线上产生 Neinark-Sacker 分岔,并计算闭不变曲线的分岔方向。

(2) **猜测**:当参数值不在分岔曲线上时,闭不变曲线会发生什么情况?

习题 28.4 试证明可积系统
$$\ddot{x} + x - x^3 = 0$$
的异宿轨道为
$$x_\pm(t) = \pm\tanh\left(\frac{\sqrt{2}}{2}t\right),\ \dot{x}_\pm(t) = \pm\frac{\sqrt{2}}{2}\mathrm{sech}^2\left(\frac{\sqrt{2}}{2}t\right)$$
再利用梅利尼科夫方法证明非线性振动系统
$$\ddot{x} + \varepsilon\delta\dot{x} + x - x^3 = \varepsilon f\cos\Omega t \quad (\varepsilon > 0, \delta > 0, f > 0, \varepsilon \ll 1)$$
存在混沌的必要条件为
$$\frac{f}{\delta} > \frac{2}{3\pi\Omega}\sinh\left(\frac{\sqrt{2}}{2}\Omega\pi\right)$$

习题 28.5 对于非线性振动系统
$$\ddot{x} + \sin x = \varepsilon(a + f\cos\Omega t) \quad (\varepsilon > 0, a > 0, \varepsilon \ll 1)$$
试求当 $\varepsilon = 0$ 时相应可积系统的异宿轨道,进而导出系统的梅利尼科夫函数,并建立存在混沌的必要条件。

习题 28.6 对于非线性系统
$$\dot{x} = 7y - f(x),\ \dot{y} = x - y + z,\ \dot{z} = -by$$
其中
$$f(x) = \begin{cases} 2x+3 & (x \leq -1) \\ -x & (-1 < x \leq 1) \\ 2x-3 & (x > 1) \end{cases}$$
试应用什尔尼科夫方法证明当 $6.5 \leq b \leq 10.5$ 时存在混沌。

习题 28.7 假设 M 为连续可逆哈密顿映射, D 为相空间中的有界区域,试证明 D 中任意点的非零体积的邻域 U 中存在某点使得该点在映射 M 的有限次作用后返回邻域 U。

习题 28.8 若平面近可积哈密顿系统的哈密顿函数为
$$H(x,y,t) = H_0(x,y) + \varepsilon H_1(x,y,t)$$
当 $\varepsilon = 0$ 时相应可积系统有同宿轨道 $(x_0(t), y_0(t))$,证明该系统的梅利尼科夫函数为
$$M(\tau) = \int_{-\infty}^{+\infty} \{H_0(x(t-\tau), y(t-\tau)), H_1(x(t-\tau), y(t-\tau), t)\}\mathrm{d}t$$
其中
$$\{H_0, H_1\} = \frac{\partial H_0}{\partial x}\frac{\partial H_1}{\partial y} - \frac{\partial H_0}{\partial y}\frac{\partial H_1}{\partial x}$$

习题 28.9 若非线性振动系统的哈密顿函数为
$$H(x,y,t) = \frac{1}{2}(x^2 + y^2) - \frac{1}{3}x^3 + \frac{1}{2}\varepsilon x^2\cos\Omega t \quad (\varepsilon \ll 1)$$
试建立该系统的动力学方程,求出当 $\varepsilon = 0$ 时相应可积系统的同宿轨道,导出梅利尼科夫函数。

B 类型习题

习题 28.10 对 Shimizu-Morioka 方程
$$\dot{x} = y,\ \dot{y} = ax - ky - xz,\ \dot{z} = -z + x^2 \tag{28.8.1}$$
在余维 2 点 $(k = a = 0)$ 附近推导它的规范形。

习题 28.11 考虑下面形式的 Chua 电路
$$\dot{x} = \beta(g(y-x) - f(x)),\ \dot{y} = g(x-y) + z,\ \dot{z} = -y \tag{28.8.2}$$

其中，α、β、g 为某些正参数，$f(x) = \alpha x(x^2 - 1)$ 是非线性元素的三次近似，因此这个系统具有奇次对称性 $(x, y, z) \to (-x, -y, -z)$。在直线 $g = \alpha$ 上，平衡态 O 的特征方程，当 $\beta = \dfrac{1}{g^2}$ 有两个零根（这时第三个根等于 $-g$）。试由具反射对称的 Khorozov-Takens 规范形确定参数空间中与这条曲线横截的平面上的分岔集的结构。求化到在二维中心流形上的这个规范形。

习题 28.12　对 Chua 电路方程可重参数化使得系统写为
$$\dot{x} = a(y + c_0 x - c_1 x^3), \quad \dot{y} = x - y + z, \quad \dot{z} = -by \tag{28.8.3}$$
在极限 $(a, b) \to 0$ 情形，确定 Khorozov-Takens 规范形。

习题 28.13　推导平衡态具 3 个零特征指数的可饱和减振器的激光模型
$$\dot{E} = -E + P_1 + P_2, \quad \dot{P}_1 = -\delta_1 P_1 - E(m_1 + M_1), \quad \dot{P}_2 = -\delta_2 P_2 - E(m_2 + M_2)$$
$$\dot{M}_1 = -\rho_1 M_1 + EP_1, \quad \dot{M}_2 = -\rho_2 M_2 + \beta EP_2 \tag{28.8.4}$$
的规范形，其中，E、P_1、P_2 为反应和无反应媒介中电场和原子极化的慢包络；M_1、M_2 为在没有激光场的情况下，反应和无反应媒介的值 $m_1 < 0$ 和 $m_2 > 0$ 的总体偏差；δ_1、δ_2（ρ_1 和 ρ_2）为反应和无反应媒介中由腔松弛率正规化的横截（纵向）松弛率；β 为腔内媒介的饱和强度比。

习题 28.14　设在平衡态线性化的系统的 Jacobi 矩阵有 3 个零特征值。此外，设在中心流形上的系统具有对称性 $(x, y, z) \to (-x, -y, -z)$，其中 y、z 为在特征向量上的坐标投影；x 为在伴随向量上的投影。于是，一般地，系统可以化为下面的形式
$$\dot{x} = y \tag{28.8.5a}$$
$$\dot{y} = x[\bar{\mu} - az(1 + g(x, y, z)) - a_1(x^2 + y^2)(1 + \cdots)] - y[\bar{\alpha} + a_2 z(1 + \cdots) + a_3(x^2 + y^2)(1 + \cdots)] \tag{28.8.5b}$$
$$\dot{z} = -\bar{\beta} + z^2(1 + \cdots) + b(x^2 + y^2)(a + \cdots) \tag{28.8.5c}$$
其中，$a_i \neq 0, i = 1, 2, 3$ 和 $b \neq 0$。这里 $\bar{\mu}$、$\bar{\alpha}$ 和 $\bar{\beta}$ 是小参数，g 和 "$\cdots$" 表示在原点为零的项。试推导其规范形。

习题 28.15　除了上面情形的条件，假设系统关于对合 $(x, y, z) \to (x, y, -z)$ 不变，即它具有两个对称性。于是规范化系统可写为
$$\dot{x} = y \tag{28.8.6a}$$
$$\dot{y} = x[\bar{\mu} - az^2(1 + g(x, y, z^2)) - b(x^2 + y^2)(1 + \cdots)] - y[\bar{\alpha} + a_1 z^2(1 + \cdots) + b_1(x^2 + y^2)(1 + \cdots)] \tag{28.8.6b}$$
$$\dot{z} = \bar{\beta} - cz^2(1 + \cdots) + d(x^2 + y^2)(a + \cdots) \tag{28.8.6c}$$
试推导其规范形。

习题 28.16　具有 3 个乘子 $+1$ 的周期轨道分岔。　试推导其规范形。

习题 28.17　系统
$$\dot{x} = x - y - a(x^2 + y^2)x, \quad \dot{y} = x + y - a(x^2 + y^2)y \tag{28.8.7}$$
在 $a = 0$ 从无穷远分岔出稳定极限环。在这个值，系统变为线性系统
$$\dot{x} = x - y, \quad \dot{y} = x + y \tag{28.8.8}$$
它有在原点的不稳定焦点。证明这个结论。

习题 28.18　解释系统
$$\dot{x} = y - x(ax^2 + y^2 - 1), \quad \dot{y} = -ay - y(ax^2 + y^2 - 1) \tag{28.8.9}$$
当 $a \to +0$ 时图 28.8.1 中的稳定极限环，是如何演变的。

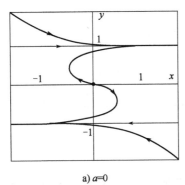 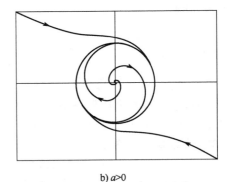

a) $a=0$ b) $a>0$

图 28.8.1 式(28.8.9)中的极限环

习题 28.19 求 Khorozov-Takens 规范形
$$\dot{x} = y, \quad \dot{y} = -x^3 - x^2 y \tag{28.8.10}$$
的 Lyapunov 函数。

习题 28.20 揭示 y 的三次项对系统
$$\dot{x} = y, \quad \dot{y} = ay + x - x^3 - by^3 \tag{28.8.11}$$
渐近稳定的作用：寻找适当的 Lyapunov 函数，其中，a 和 b 为某控制参数。

习题 28.21 证明当 $r<1, \sigma>0$ 和 $b>0$ 时，Lorenz 方程
$$\dot{x} = -\sigma(x-y), \quad \dot{y} = rx - y - xz, \quad \dot{z} = -bz + xy \tag{28.8.12}$$
解的大范围渐近稳定性。

习题 28.22 证明 Lorenz 系统式(28.8.12)的无穷远点是不稳定的。

习题 28.23 证明由
$$\dot{x} = \frac{a}{6}(6y + x - x^3), \quad \dot{y} = x - y + z, \quad \dot{z} = -by \tag{28.8.13}$$
模拟的 Chua 电路的无穷远点不稳定。

习题 28.24 考虑下面的 Bogdanov-Takens 规范形的扰动
$$\dot{x} = y, \quad \dot{y} = \mu y - \varepsilon^2 x + a_{20} x^2 + a_{11} xy + a_{02} y^2 + Q(x,y)$$
其中，μ, ε 是小量，$Q(x,y)$ 从三次项开始。分析原点的稳定性，证明只产生一个极限环。

习题 28.25 试给出三维系统
$$\dddot{\xi} + P\ddot{\xi} + Q\dot{\xi} + R\xi = f(\xi, \dot{\xi}, \ddot{\xi}) \tag{28.8.14}$$
在弱焦的第一个 Lyapunov 量的一般公式，其中 f 为非线性项，即在原点的 Taylor 展开从二次项开始，且系数 P、Q、R 满足关系式
$$PQ = R \quad (Q > 0) \tag{28.8.15}$$

习题 28.26 确定 Lorenz 模型
$$\dot{x} = -\sigma(x-y), \quad \dot{y} = rx - y - xz, \quad \dot{z} = -bz + xy$$
结构不稳定平衡点 $O_{1,2}$ 的稳定性。为了确定在这些平衡点的稳定性边界上，对应的 Andronov-Hopf 分岔是亚临界还是超临界，试计算第一个 Lyapunov 函数量 L_1 的解析表达式。

习题 28.27 计算 Chua 电路式(28.8.13)中的第一个 Lyapunov 函数量。对 $c_1 = c_3 = \dfrac{1}{6}$ 验证它在点 $(a \simeq 1.728\,86, b \simeq 1.816\,786)$ 为零，以 $L_1 = 0$ 表示 Andronov-Hopf 曲线。这是余维 2 点，鞍-结点周期轨道曲线从此点出发。

习题 28.28 求将 Shimizu-Marioka 系统

$$\dot{x} = y, \quad \dot{y} = x - xz - ay, \quad \dot{z} = -bz + x^2 \tag{28.8.16}$$

化为下面三阶微分方程

$$\dddot{x} + (a+b)\ddot{x} + ab\dot{x} - bx + x^3 - \frac{a}{x}\dot{x}^2 - \frac{\ddot{x}x}{x} = 0 \tag{28.8.17}$$

时的第一个 Lyapunov 函数量的表达式。证明在由 $(a+b)a-2=0$ 给出的 Andronov-Hopf 分岔曲线上的点 $(a \approx 1.359, b \approx 0.1123)$ 的右边(左边),这个量是负(正)的。

习题 28.29 考虑 Logistic 映射

$$\bar{x} = ax(1-x) \equiv f(x) \tag{28.8.18}$$

其中 $0 < a < 4$ 以及 $x \in I = [0,1]$。讨论这个映射具有倍周期分岔的规律,Feigenbaum 指出,分岔值 a_n,$n = 1, 2, \cdots$ 与乘子

$$\delta = \lim_{n \to \infty} \frac{a_n - a_{n-1}}{a_{n+1} - a_n} \tag{28.8.19}$$

按等比数列渐近地增加,接近一个常数,试求这个常数。

习题 28.30 求对应于图 28.8.2 中所示的情况的临界值 a。这个映射这时能否有稳定轨道?要回答这个问题,首先要将它化为分段线性映射。

分别计算对应于周期 16,32 轨道的翻转分岔的值 a_n,求这些环的最大 x-坐标。

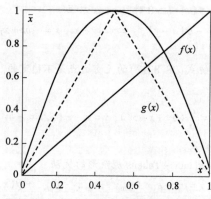

图 28.8.2 Logistic 映射的倍周期

习题 28.31 研究映射

$$\bar{x} = x + x(a(1-x) - b(1-x)^2) = f(x) \tag{28.8.20}$$

其中,a、b 为某正参数。求它的不动点,并控测对应的稳定性边界。确定不动点和周期 2 环在临界情形的渐近稳定性。

习题 28.32 研究映射 $\bar{x} = \mu_1 + Ax^{1+\mu_2}$ 和 $\bar{x} = \mu_1 - \mu_2 x^\nu + x^{2\nu}$,其中 $0 < \nu < 1$ 和 $|\mu_1| \ll 1$。分别考虑子情形 $0 < \nu < \frac{1}{2}$ 和 $\nu > \frac{1}{2}$。在 $\nu = \frac{1}{2}$ 会发生什么?分析两个映射 $\bar{x} = (\mu_1 + A|x|^{1+\mu_2})\mathrm{sign}(x)$ 和 $\bar{x} = (\mu_1 - \mu_2|x|^\nu + |x|^{2\nu})\mathrm{sign}(x)$, $|\mu_{1,2}| \ll 1$ 中的对称周期点分岔。这种映射出现在余维 2 同宿分岔的研究中。

习题 28.33 考虑 Hénon 映射

$$\bar{x} = y, \quad \bar{y} = a - bx - y^2 \tag{28.8.21}$$

这个映射是阐明混沌性态的典范例子。对某些参数值,Hénon 映射模拟创造 Smale 马蹄的机制。映射和它的逆

$$y = \bar{x}, \quad x = \frac{a - \bar{y} - \bar{x}^2}{b} \tag{28.8.22}$$

对 $b \neq 0$ 有意义。试求 Hénon 映射的不动点并分析参数 a、b 变化时它们是如何分岔的。

习题 28.34 我们考虑下面的映射

$$\bar{x} = y + \alpha y^2, \quad \bar{y} = a - bx - y^2 + \beta xy \tag{28.8.23}$$

其中，α、β 为小数。因此，这个映射可以作为 Hénon 映射的微扰来处理。

我们可能担心分岔出现在 (x, y) - 平面当中当 α 和 β 趋于零时保持有限大小的某个有界子区域内。这个问题在中性鞍点不动点(乘子 $|\nu| < 1 < |\gamma|$ 满足 $|\nu\gamma| = 1$)的稳定和不稳定流形间的二次同宿切触分岔的研究中是典型的。

试对小的 α 和 β 推导式(28.8.23)的分岔曲线 SN、PD 和 AH 方程，这些分岔曲线分别对应于产生鞍-结点、倍周期和环面。

习题 28.35 对于映射式(28.8.23)，应用计算机，追踪当 b 增加时(选择 $\alpha = \beta = 0.001$)不变曲线的发展。

习题 28.36 研究下面的映射

$$\bar{x} = y, \quad \bar{y} = \mu_1 + \mu_2 y + dy^3 - bx \tag{28.8.24}$$

其中，μ_1、μ_2、b 为控制参数，$d = \pm 1$。这样的映射出现在 Lorenz 吸引子的研究，以及模拟具有三次非线性的周期强迫方程的性态中，如 Duffing 系统。

习题 28.37 解析地求映射式(28.8.24)的不动点和周期 2-环的基本分岔曲线的方程。

习题 28.38 在完全 Jordan 块情形下，下面的系统是具有三重零特征指数的平衡态分岔的渐近规范形

$$\dot{x} = y, \quad \dot{y} = z, \quad \dot{z} = ax - x^2 - by - z \tag{28.8.25}$$

其中，a、b 为控制参数。对 $a, b \geq 0$，系统有两个平衡态 $O(0,0,0)$ 和 $O_1(a_1, 0, 0)$。试分析原点对应于 Bogdanov-Takens 余维 2 分岔。

习题 28.39 在 (a, b) - 参数平面上，利用计算机探测对应于 Shimizu-Morioka 模型

$$\dot{x} = y, \quad \dot{y} = x - xz - ay, \quad \dot{z} = -bz + x^2 \tag{28.8.26}$$

在 $a \simeq 0.4$ 和 $b \simeq 0.45$ 的对称周期轨道的叉分岔的分岔曲线。对称极限环能否通过这个系统的倍周期分岔产生？在 Lorenz 系统中呢？Chua 电路中又如何？它们有什么区别？

习题 28.40 考虑具有环面分岔的系统例子。我们这里的例子来自气象学模型

$$\dot{x} = -y^2 - z^2 - ax + aF, \quad \dot{y} = xy - bxz - y + G, \quad \dot{z} = bxy + xz - z \tag{28.8.27}$$

由线性稳定性分析得知，(a, b) - 参数平面内有对应于具有特征指数 $(0, \pm i\omega)$ 的平衡态的余维 2 点。因此，中心流形的维数此时必须至少等于 3。请完成这个分岔的讨论。

习题 28.41 环面上的蓝天突变的 Medvedev 构造。假设在某个 $\mu = 0$ 环面上存在一对鞍-结点环 C_1 和 C_2。在环面上引入运动方向，可指定一个环按顺时针方向旋转，另一个按相反方向旋转。讨论蓝天突变中流向可能的方式。通过这个分岔有多少环以及可以什么稳定性出现？设 $n_1(\mu)$ 和 $n_2(\mu)$, $\mu > 0$ 是环面上的闭轨线接近 $C_{1,2}$ 的幻影时的回转次数。那么，$\lim_{\mu \to 0} n_{1,2}(\mu)$ 是什么？

习题 28.42 挑战：按照两个时间尺度的系统中蓝天突变发展的基本思想，求神经活动 Hindmarsh-Rose 模型的修改

$$\dot{x} = y - z - x^3 + 3x^2 + 5 \tag{28.8.28a}$$

$$\dot{y} = -y - 2 - 5x^2 \tag{28.8.28b}$$

$$\dot{z} = \varepsilon(2(x + 2.1) - z) - \frac{A}{(z - 1.93)^2 + 0.003} \tag{28.8.28c}$$

的蓝天突变，其中 A、ε 为两个控制参数。试画慢系统的分岔图。证明所得周期轨道的稳定性。你能否解释平衡态 O_1 是如何延迟失去稳定性的？（对照与在零和小非零 ε 对应的图）

习题 28.43 研究周期强迫的 van der Pol 方程

$$\dot{x} = y, \quad \dot{y} = -x - a(x^2 - 1)y + \beta\cos\tau, \quad \dot{\tau} = \Omega \tag{28.8.29}$$

中当 β 零增加时不变环面的出现和破裂的机制。从未被扰动方程原点的 Andronov-Hopf 分岔开始。若 $a = 2$ 关于极限环会出现什么情况？什么分岔在它破裂之前，以及什么时候它失去光滑性？应该注意在稳定共振环附近鞍点分界线的性态。

习题 28.44 按照对一般的 Bogdanov-Takens 规范形的研究的相同步骤，分析具反射对称的 Khorozov-Takens 规范形

$$\dot{x} = y, \quad \dot{y} = \mu_1 x + \mu_2 y \pm x^3 - x^2 y \tag{28.8.30}$$

中原点 $\mu_1 = \mu_2 = 0$ 附近的分岔集的结构。

习题 28.45 应用 Shilnikov 定理解释 Rössler 系统

$$\dot{x} = -y - z, \quad \dot{y} = x + ay, \quad \dot{z} = 0.3x - cz + xz \tag{28.8.31}$$

在鞍-焦点 O 同宿回路附近应该期望出现什么类型的性态，确定对应的特征指数，并计算鞍点量。

习题 28.46 考虑下面具三次非线性的 Z_2-对称 Chua 电路

$$\dot{x} = a\left(y - \frac{x}{6} + \frac{x^3}{6}\right), \quad \dot{y} = x - y + z, \quad \dot{z} = -by \tag{28.8.32}$$

其中，$a \geq 0$ 和 $b \geq 0$ 为控制参数，试分析该系统鞍点平衡态的同宿回路分岔特性。

习题 28.47 试分析 Shimizu-Morioka 模型

$$\dot{x} = y, \quad \dot{y} = -x - ay - xz, \quad \dot{z} = -bz + x^2 \tag{28.8.33}$$

中的同宿分岔特性。

习题 28.48 考虑当 σ 从正值向负值变化时对称环的分岔，它能否产生倍周期分岔、鞍-结点分岔？利用问题的对称性，对一维 Poincaré 映射

$$\bar{x} = (-\mu + A\,|x|^{1+\sigma})\mathrm{sign}(x) \tag{28.8.34}$$

其中，$\|\mu, \sigma\| \ll 1$，A 为分界线量。求主要分岔曲线的解析表达式。这里的鞍-结点分岔是否先于出现 Lorenz 吸引子（能否"通过间歇出现"混沌）？当 A 从正值变为负值时，研究满足 $A > 1$ 时的分段线性映射，并确定 A 的临界值，即从它以后出现 Lorenz 吸引子。

习题 28.49 假设在 Shimizu-Morioka 模型式 (28.8.33) 中存在鞍-焦点的同宿回路（如 T-点）。不用计算鞍-焦点的特征指数，我们能够对局部结构说些什么？是平凡（一条周期轨道），还是复杂（无穷多条周期轨道）？

习题 28.50 考虑四维 Lorenz 系统的扰动

$$\dot{x} = -10(x - y) \tag{28.8.35a}$$

$$\dot{y} = rx - y - xz \tag{28.8.35b}$$

$$\dot{z} = -\frac{8}{3}z + \mu w + xy \tag{28.8.35c}$$

$$\dot{w} = -\frac{8}{3}w - \mu z \tag{28.8.35d}$$

以及四维 Shimizu-Morioka 模型的扰动

$$\dot{x} = y \tag{28.8.36a}$$

$$\dot{y} = -ay + x - xz \tag{28.8.36b}$$

$$\dot{z} = w \tag{28.8.36c}$$

$$\dot{w} = -bw - \mu z + x^2 \tag{28.8.36d}$$

其中,新参数 $\mu \geq 0$ 的引入使得限制在 (z,w) 子空间上的原点的鞍点平衡态成为稳定焦点。

求在原点的平衡点的稳定、强稳定和不稳定线性子空间。数值探测原点的主要同宿回路($\mu = 0$ 是好的初始猜测)。借助蝴蝶同宿或 8 字形同宿对它们进行分类。在同宿分岔第一个和第二个鞍点量是什么?对两个模型通过同宿爆炸出现的周期轨道的稳定和不稳定流形的维数你能够说些什么?构造 Poincaré 映射。

C 类型习题

习题 28.51 霍曼轨道

(1) 实验题目。

把一艘飞船从地球送到金星,最节省能量的方法不是让飞船沿直线飞向该行星,而是让它航行于半椭圆轨道,该轨道与地球轨道和金星轨道相切,这种半椭圆双切轨道称为霍曼轨道。霍曼轨道是一种最省能量的行星际间的输运轨道,可以从外行星向内行星输运,也可以从内行星向外行星输运。

如图 28.8.3 所示,内、外两圆是金星和地球运行的轨道,它们的半径分别为 0.72AU 和 1.00AU(1AU = 日地距离),它们的运行方向如图中箭头所示。从日心坐标系看,静止在地球上的飞船先是以地球的轨道速度 v_E 做圆周运动。霍曼轨道就是以 EV 为长轴的椭圆轨道,它与两行星轨道相切。飞船在 E 点进行调速,进入霍曼轨道。利用开普勒第三定律计算出从 E 点运行到 V 点所需的时间。选择适当的发射时刻,使飞船运行到 V 点时正好与金星相遇,在 V 点再次进行调速,使飞船与金星一起沿金星轨道运动。

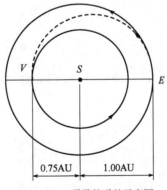

图 28.8.3 霍曼轨道的示意图

(2) 实验目的及要求。

模拟从地球发射飞船沿霍曼轨道到达金星并与之同步运动。

(3) 解题分析。

将地球和金星绕太阳的运动近似看作匀速圆周运动,将飞船脱离地球后的运动近似看作只受太阳的引力作用。

地球的运动:$r_1 = 1\text{AU} = 1.496 \times 10^8 \text{km}, \omega_1 = \dfrac{2\pi}{T_1}, T_1 = 365.26\text{d}$;

金星的运动:$r_2 = 0.72\text{AU}, \omega_2 = \dfrac{2\pi}{T_2}, T_2 = 2.447\text{d}$。

先用极坐标系,飞船的运动微分方程为

$$\frac{d^2 r}{dt^2} - r\left(\frac{d\theta}{dt}\right)^2 = -\frac{Gm_0}{r^2} \tag{28.8.37a}$$

$$r\frac{d^2\theta}{dt^2}+2\frac{dr}{dt}\frac{d\theta}{dt}=0 \quad (28.8.37b)$$

式中,G 为万有引力常数;m_0 为太阳质量。作数值计算时还需将方程化为一阶方程。

下面来计算实现这一霍曼轨道所需的两次调速。在 E 点飞船已具有地球的轨道速率 v_E,其较准确的数值为 29.6km/s,飞船欲沿长轴等于 EV 的椭圆运动需要的总能量为

$$E=-\frac{Gm_0 m}{2a}=-\frac{Gm_0 m}{1.72r_1} \quad (28.8.38)$$

从而可得飞船在 E 点所需的速度 v_1

$$\frac{1}{2}mv_1^2-\frac{Gm_0 m}{r_1}=-\frac{Gm_0 m}{1.72r_1} \quad (28.8.39)$$

$$v_1^2=\left(2-\frac{1}{0.86}\right)\frac{Gm_0}{r_1} \quad (28.8.40)$$

$$v_1\approx 0.92v_E\approx 27.2(\text{km/s})$$

因此,所需调速为

$$\Delta v_1=27.2-29.6=-2.4(\text{km/s})$$

即需沿地球运动的相反方向以 2.4km/s 的速率发射飞船。飞船沿椭圆轨道飞行到达 V 点的速率 v_2 可从以下计算得出

$$\frac{1}{2}mv_2^2-\frac{Gm_0 m}{r_1}=-\frac{Gm_0 m}{1.72r_1} \quad (28.8.41)$$

$$v_2^2=\left(\frac{1}{0.36}-\frac{1}{0.86}\right)\frac{Gm_0}{r_1}=1.62v_E^2 \quad (28.8.42)$$

$$v_2\approx 1.27v_E\approx 37.7(\text{km/s})$$

金星的轨道速率为

$$v_V=\sqrt{\frac{Gm_0}{0.72r_1}}=34.9(\text{km/s})$$

因此,需要进行第二次调速,调速量为

$$\Delta v_2=34.9-37.7=-2.8(\text{km/s})$$

即飞船必须启动制动火箭,使其速率减少 2.8km/s。

计算程序用三次循环来计算飞船的三种发射速度所对应的轨道,计算出的轨道如图 28.8.4 所示。在图 28.8.4 中,每一幅图都有相应的文字说明。为了体现立体的效果,用指令 view 来改变观察角度。从图 28.8.4 可以看出,若在 E 点飞船的发射速度小于 v_1,则飞船的轨道不能到达 V 点,所以不会与金星轨道相切;若在 E 点飞船的发射速度大于 v_1,则飞船的轨道会超过 V 点,也不能与金星轨道相切;只有在 E 点飞船的发射速度等于 v_1,飞船的轨道才能到达 V 点与金星轨道相切。

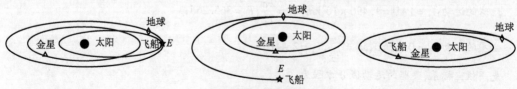

a) 飞船发射速度小于 v_1 时的轨道　　b) 飞船发射速度大于 v_1 时的轨道　　c) 飞船发射速度等于 v_1 时的轨道

图 28.8.4　飞船的轨道

计算中所采用的数据如下：

解方程传递的参数为 $G = Gm_0$，取值为 8900。

根据普勒第三定律，$T = 2\pi\sqrt{a^3/GM}$，可求出飞船在霍曼轨道上运行的时间为 $t_3 = T/2 \approx 0.84$。在程序中时间的步长为 0.01，故得时间的步数为 84，程序作动画时将它调整为 86。此后飞船将脱离霍曼轨道而沿金星的轨道运行。地球公转的周期为 $t_1 \approx 2.3$。地球和金星的初始角速度分别为 2.98rad/s 和 4.88rad/s，地球与金星的初始位置的极角分别取为 0 和 $(0.01 - 1/3)\pi$。飞船初始的角速度随需要选取。这些数据根据实际情况计算得出，但略有改动。

(4) 思考题。

将图形恢复为二维的形状，所得的结果是什么样？

##

陈予恕(1931—)，中国人，教育家，非线性振动专家，中国工程非线性动力学的主要创始人之一。他与 W. F. Langford 共同提出了国际上以他们名字命名的 C-L 方法。他提出了求非线性动力学系统周期分岔解方法的思想——对 C-L 方法进行完善、深化和推广，为该理论能解决工程中的一些非线性动力学问题进行了大量的调查研究工作，选择"大型旋转机械的非线性动力学问题"，将大型旋转机械的疑难振动故障以线性理论为基础的故障治理技术(该技术往往只能治标不能治本)提高到标本兼治，即以非线性理论为基础上来。

主要著作：《非线性振动》《非线性振动系统的分叉和混沌理论》《非线性动力学中的现代分析方法》《机械装备非线性动力学与控制的关键技术》等。

##

附录C　非线性微分方程的椭圆函数解

椭圆方程的椭圆函数解在近代自然科学中有着广泛的应用。本附录给出了最简单和最常用的几种类型的椭圆方程的椭圆函数解,供参考。

C.1　三次非线性微分方程的椭圆函数解

我们首先研究三次非线性方程

$$\ddot{x} + c_1 x + c_3 x^3 = 0 \tag{C.1.1}$$

的椭圆函数解。依据系数 c_1 和 c_3 的不同符号,方程式(C.1.1)将有4种不同类型的椭圆函数解。

类型Ⅰ:硬弹簧型 Duffing 方程($c_1>0$, $c_3>0$)

这时,方程式(C.1.1)解的形式可表示为

$$x = A\mathrm{cn}(\tau, k) = A\mathrm{cn}(\tau) \tag{C.1.2}$$

$$\tau = \bar{\omega} t \tag{C.1.3}$$

其中,$\mathrm{cn}(\tau, k)$ 为雅可比(Jacobi)椭圆余弦函数;A、$\bar{\omega}$、k 分别为椭圆余弦函数的幅、圆频率和模。x 对 t 求一次、二次导数,得

$$\dot{x} = -\bar{\omega} A \mathrm{sn}\,\tau\,\mathrm{dn}\,\tau \tag{C.1.4}$$

$$\ddot{x} = -\bar{\omega}^2 A \mathrm{cn}\,\tau [(1-2k^2) + 2k^2 \mathrm{cn}^2\,\tau] \tag{C.1.5}$$

式中,$\mathrm{sn}(\tau)$ 为雅可比椭圆正弦函数;$\mathrm{dn}(\tau)$ 为雅可比第三种椭圆函数。将式(C.1.2)~式(C.1.5)代入方程式(C.1.1),得

$$A[c_1 - \bar{\omega}^2(1-2k^2)]\mathrm{cn}\,\tau + A[c_3 A^2 - 2k^2 \bar{\omega}^2]\mathrm{cn}^3\,\tau = 0 \tag{C.1.6}$$

要使式(C.1.6)在任何情况下都成立,只有当 $\mathrm{cn}\,\tau$ 和 $\mathrm{cn}^3\,\tau$ 的系数为零。由此得

$$\bar{\omega}^2 = c_1 + c_3 A^2 \tag{C.1.7}$$

$$k^2 = \frac{c_3 A^2}{2(c_1 + c_3 A^2)} \tag{C.1.8}$$

其中,A、$\bar{\omega}$ 和 k 由初始条件决定。

类型Ⅱ:软弹簧型 Duffing 方程($c_1>0$, $c_3<0$)

这时,方程式(C.1.1)解的形式可表示为雅可比椭圆正弦函数

$$x = A\mathrm{sn}(\tau, k) = A\mathrm{sn}(\tau) \tag{C.1.9}$$

于是

$$\dot{x} = \bar{\omega} A \mathrm{cn}\,\tau\,\mathrm{dn}\,\tau \tag{C.1.10}$$

$$\ddot{x} = -\bar{\omega}^2 A \mathrm{sn}\,\tau[(1+k^2) - 2k^2 \mathrm{sn}^2\,\tau] \tag{C.1.11}$$

与上面相同的推导,可得

$$\bar{\omega}^2 = c_1 + \frac{1}{2}c_3 A^2 \tag{C.1.12}$$

$$k^2 = \frac{-c_3 A^2}{2c_1 + c_3 A^2} \tag{C.1.13}$$

其中，A、$\bar{\omega}$ 和 k 由初始条件决定。对于一个稳定的周期解，$\bar{\omega} > 0, 0 < k < 1$，于是有

$$0 < A < \sqrt{\frac{2c_1}{-c_3}} \tag{C.1.14}$$

类型Ⅲ：霍姆斯(Holmes P. J.)型 Duffing 方程($c_1 < 0, c_3 > 0$)

式(C.1.1)的哈密顿能量为

$$H = \frac{1}{2}\dot{x}^2 - \frac{1}{2}c_1 x^2 + \frac{1}{4}c_3 x^4 \tag{C.1.15}$$

(1) 当 $H < 0$ 时，有两族捕获轨道，具有软弹簧特征。

这时，式(C.1.1)解的形式可表示为雅可比椭圆正弦函数

$$x = A\mathrm{dn}(\tau, k) = A\mathrm{dn}(\tau) \tag{C.1.16}$$

于是

$$\dot{x} = -\bar{\omega}Ak^2 \mathrm{sn}\,\tau\,\mathrm{cn}\,\tau \tag{C.1.17}$$

$$\ddot{x} = -\bar{\omega}^2 A\mathrm{dn}\,\tau[(k^2 - 2) + 2\mathrm{dn}^2\tau] \tag{C.1.18}$$

与类型Ⅰ相同的推导，可得

$$\bar{\omega}^2 = \frac{1}{2}c_3 A^2 \tag{C.1.19}$$

$$k^2 = \frac{2(c_1 + c_3 A^2)}{c_3 A^2} \tag{C.1.20}$$

其中，A、$\bar{\omega}$ 和 k 由初始条件决定。因为 $0 < k < 1$，于是有

$$0 < A < \sqrt{\frac{-2c_1}{c_3}} \tag{C.1.21}$$

(2) 当 $H > 0$ 时，有一族非捕获轨道，具有硬弹簧特征。

此时幅值 A 满足

$$A > \sqrt{\frac{-2c_1}{c_3}} \tag{C.1.22}$$

式(C.1.1)解的形式的解取式(C.1.2)的形式：

$$x = A\mathrm{cn}(\tau, k) = A\mathrm{cn}(\tau) \tag{C.1.23}$$

$$\dot{x} = -\bar{\omega}A\mathrm{sn}\,\tau\,\mathrm{dn}\,\tau \tag{C.1.24}$$

$$\ddot{x} = -\bar{\omega}^2 A\mathrm{cn}\,\tau[(1 - 2k^2) + 2k^2 \mathrm{cn}^2\tau] \tag{C.1.25}$$

$$\bar{\omega}^2 = c_1 + c_3 A^2 \tag{C.1.26}$$

$$k^2 = \frac{c_3 A^2}{2(c_1 + c_3 A^2)} \tag{C.1.27}$$

其中，A、$\bar{\omega}$ 和 k 由初始条件决定。

类型Ⅳ：上田(Ueda Y)型 Duffing 方程($c_1 = 0, c_3 > 0$)，具有硬弹簧特征。

这时，式(C.1.1)解的形式可表示为

$$x = A\mathrm{cn}\left(\tau, \frac{1}{\sqrt{2}}\right) = A\mathrm{cn}(\tau) \tag{C.1.28}$$

于是

$$\dot{x} = -\bar{\omega}A\mathrm{sn}\,\tau\,\mathrm{dn}\,\tau \tag{C.1.29}$$

$$\ddot{x} = -\bar{\omega}^2 A\mathrm{cn}^3\,\tau \tag{C.1.30}$$

与类型Ⅰ相同的推导，可得

$$\bar{\omega}^2 = c_3 A^2 \tag{C.1.31}$$

$$k = \frac{1}{\sqrt{2}} \tag{C.1.32}$$

其中，A、$\bar{\omega}$ 由初始条件决定。

C.2　二次非线性微分方程的椭圆函数解

下面我们研究二次非线性方程

$$\ddot{x} + c_1 x + c_2 x^2 = 0 \tag{C.2.1}$$

的椭圆函数解。依据系数 c_1 和 c_3 的不同符号,式(C.2.1)将有4种不同类型的椭圆函数解。这4种类型都具有软弹簧特性。

类型 I：$c_1 > 0$, $c_2 > 0$, 具有偏心和软弹簧特性。

这时,式(C.2.1)解的形式可表示为

$$x = a\,\mathrm{cn}^2(\tau, k) + b \tag{C.2.2}$$

其中

$$\tau = \bar{\omega} t \tag{C.2.3}$$

$$a = \frac{6\bar{\omega}^2 k^2}{c_2} \tag{C.2.4}$$

$$b = -4\bar{\omega}^2(2k^2 - 1) + \frac{c_1}{c_2} \tag{C.2.5}$$

$$\bar{\omega}^4 = \frac{c_1^2}{16(k^4 - k^2 + 1)} \tag{C.2.6}$$

其中，a、b、$\bar{\omega}$ 和 k 由初始条件决定。

类型 II：$c_1 > 0$, $c_2 < 0$, 具有偏心和软弹簧特性。

这时,方程式(C.2.1)解的形式可表示为雅可比椭圆正弦函数的平方

$$x = \bar{a}\,\mathrm{sn}^2(\tau, k) + \bar{b} \tag{C.2.7}$$

很容易证明,式(C.2.7)可以化成式(C.2.2)的形式

$$a\,\mathrm{cn}^2 \tau + b = a(1 - \mathrm{sn}^2 \tau) + b = \bar{a}\,\mathrm{sn}^2 \tau + \bar{b} \tag{C.2.8}$$

所以

$$\bar{a} = -a, \quad \bar{b} = a + b \tag{C.2.9}$$

类型 III：$c_1 < 0$, $c_2 > 0$, 具有偏心和软弹簧特性。

这时,式(C.2.1)解可表示为

$$x = \bar{a}\,\mathrm{dn}^2(\tau, k) + \bar{b} \tag{C.2.10}$$

同理可证,式(C.2.10)可以化为式(C.2.2)的形式。此时

$$\bar{a} = \frac{a}{k^2}, \quad \bar{b} = b - \frac{a(1 - k^2)}{k^2} \tag{C.2.11}$$

类型 IV：$c_1 < 0$, $c_2 < 0$, 具有偏心和软弹簧特性。

这时,式(C.2.1)解仍然可表示为

$$x = \bar{a}\,\mathrm{cn}^2(\tau, k) + \bar{b} \tag{C.2.12}$$

因此,我们可以统一用式(C.2.2)的形式作为方程(C.2.1)的解,无论 c_1、c_2 的符号如何。

C.3　单摆微分方程的椭圆函数解

单摆运动微分方程

$$\ddot{\theta} + \omega_0^2 \sin\theta = 0 \tag{C.3.1}$$

其中

$$\omega_0 = \sqrt{\frac{g}{l}} \tag{C.3.2}$$

哈密顿函数为(取最低点为零势能点)

$$H(\theta, \dot{\theta}) = \frac{1}{2}\dot{\theta}^2 + \omega_0^2(1 - \cos\theta) = h \tag{C.3.3}$$

式中,h 为常数。

为了给出单摆方程式(C.3.1)一般相轨道的运动解,引进能量参数

$$k = \frac{\sqrt{2}}{2} \cdot \sqrt{\frac{h}{\omega_0^2}} \tag{C.3.4}$$

显然,$0 < k < 1$ 对应于捕获轨道,$k > 1$ 对应于非捕获轨道,$k = 1$ 对应于界轨。

类型 I 当 $0 < k < 1$ 时,捕获轨道,具有软弹簧特性。

式(C.3.1)的精确周期解为

$$\theta = 2\arcsin[k\,\mathrm{sn}(\omega_0 t, k)] \quad [k \in (0, 1)] \tag{C.3.5}$$

类型 II 当 $k > 1$ 时,非捕获轨道。

式(C.3.1)的精确解为

$$\theta = 2\arcsin[\mathrm{sn}(\omega_0 k t, k^{-1})] \quad [k \in (1, +\infty)] \tag{C.3.6}$$

类型 III 当 $k = 1$ 时,界轨,同宿轨道。

式(C.3.1)的精确解为

$$\theta = 2\arcsin[\tanh(\omega_0 t)] \tag{C.3.7}$$

C.4 集中载荷作用下悬臂梁的椭圆函数解

集中载荷作用下悬臂梁的欧拉微分方程组为

$$\frac{\mathrm{d}^2\theta}{\mathrm{d}\xi^2} = -k^2\cos\theta \tag{C.4.1a}$$

$$\frac{\mathrm{d}X}{\mathrm{d}\xi} = \cos\theta \tag{C.4.1b}$$

$$\frac{\mathrm{d}Y}{\mathrm{d}\xi} = \sin\theta \tag{C.4.1c}$$

其中

$$k^2 = \frac{FL^2}{EI} \tag{C.4.2}$$

无量纲参数

$$\xi = \frac{s}{L}, \quad X = \frac{x}{L}, \quad Y = \frac{v}{L} \tag{C.4.3}$$

边界条件

$$\theta(0) = 0, \quad \theta'(1) = 0 \tag{C.4.4}$$

方程组式(C.4.1)的椭圆函数解由以下式表示。具体地说,用于求 θ_b 角的超越方程为

$$k = K(p) - F(p, \phi) \tag{C.4.5}$$

此方程中诸项的定义为

$$p = \sqrt{\frac{1 + \sin\theta_b}{2}} \tag{C.4.6}$$

$$\phi = \arcsin\frac{1}{p\sqrt{2}} \tag{C.4.7}$$

$$K(p) = \int_0^{\pi/2} \frac{\mathrm{d}t}{\sqrt{1 - p^2\sin^2 t}} \tag{C.4.8}$$

$$K(p,\phi) = \int_0^{\phi} \frac{\mathrm{d}t}{\sqrt{1 - p^2\sin^2 t}} \tag{C.4.9}$$

式中,$K(p)$ 为第一类完全椭圆积分;$F(p,\phi)$ 为第一类椭圆积分。

悬臂梁自由端的竖直挠度为

$$\Delta_v = 1 - \frac{2}{k}[E(p) - E(p,\phi)] \tag{C.4.10}$$

其中

$$E(p) = \int_0^{\pi/2} \sqrt{1 - p^2\sin^2 t}\,\mathrm{d}t \tag{C.4.11}$$

$$E(p,\phi) = \int_0^{\phi} \sqrt{1 - p^2\sin^2 t}\,\mathrm{d}t \tag{C.4.12}$$

式中,$E(p)$ 为第二类完全椭圆积分;$E(p,\phi)$ 为第二类椭圆积分。

悬臂梁自由端的水平位移为

$$\Delta_h = 1 - \frac{\sqrt{2\sin\theta_b}}{k} \tag{C.4.13}$$

C.5 细长压杆稳定问题的椭圆函数解

集中载荷作用下一端固定一端自由压杆的欧拉微分方程组为

$$\frac{\mathrm{d}^2\theta}{\mathrm{d}\xi^2} + k^2\sin\theta = 0 \tag{C.5.1a}$$

$$\frac{\mathrm{d}X}{\mathrm{d}\xi} = \cos\theta \tag{C.5.1b}$$

$$\frac{\mathrm{d}Y}{\mathrm{d}\xi} = \sin\theta \tag{C.5.1c}$$

其中

$$k^2 = \frac{FL^2}{EI} \tag{C.5.2}$$

无量纲参数

$$\xi = \frac{s}{L},\ X = \frac{x}{L},\ Y = \frac{y}{L} \tag{C.5.3}$$

压杆在自由端的边界条件

$$\theta(0) = \alpha,\ \theta'(0) = 0 \tag{C.5.4}$$

在固定端的边界条件

$$\theta(1) = 0,\ X(1) = X_\alpha,\ Y(1) = Y_\alpha \tag{C.5.5}$$

压杆临界压力

$$F_{cr} = \frac{\pi^2 EI}{4L^2} \tag{C.5.6}$$

方程组式(C.5.1)的重要特征参数由以下式表示。具体地说,压力 F 挠度 Y_α、X_α 的参数方程为

$$\frac{F}{F_{cr}} = \frac{4K^2(p)}{\pi^2} \quad \text{(C.5.7)}$$

$$X_\alpha = \frac{2E(p)}{K(p)} - 1 \quad \text{(C.5.8)}$$

$$Y_\alpha = \frac{2p}{K(p)} \quad \text{(C.5.9)}$$

其中

$$p = \sin\frac{\alpha}{2} \quad \text{(C.5.10)}$$

方程组式(C.5.1)的椭圆积分解为

$$\theta = 2\arcsin(p\sin\varphi) \quad \text{(C.5.11)}$$

$$u = \frac{1}{K(p)}[2E(z,p) - F(z,p)] \quad \text{(C.5.12)}$$

$$v = \frac{2p}{K(p)}(1 - \cos\varphi) \quad \text{(C.5.13)}$$

其中

$$z = \sin\varphi \quad \text{(C.5.14)}$$

$$u = \frac{x_\alpha - x}{L} \quad \text{(C.5.15)}$$

$$v = \frac{y_\alpha - y}{L} \quad \text{(C.5.16)}$$

附录 D 部分思考题和习题参考答案

D.1 思考题答案和提示

第 16 章 非线性自由振动

思考题 16.1 简答题
请参考文献[1~5,161]。

思考题 16.2 判断题
1. 是;2. 是;3. 是;4. 非;5. 是。

思考题 16.3 填空题
1. 非线性;2. 叠加;3. 平均;4. 自治系统;5. 侯伯特法、威尔逊法和纽马克法。

思考题 16.4 选择题
1. A;2. B;3. B;4. A;5. A。

思考题 16.5 连线题
1. B;2. D;3. A;4. C。

第 17 章 非线性受迫振动

思考题 17.1 简答题
请参考文献[6~10,161]。

思考题 17.2 判断题
1. 是;2. 非;3. 是;4. 非;5. 非。

思考题 17.3 填空题
1. 跳跃;2. 确定的;3. 硬式,软式;4. 非共振;5. 超谐共振,亚谐共振。

思考题 17.4 选择题
1. C;2. B;3. B;4. B;5. A。

思考题 17.5 连线题
1. D; 2. A;3. B;4. C。

第 18 章 自 激 振 动

思考题 18.1 简答题
请参考文献[21~25,161]。

思考题 18.2 判断题
1. 是;2. 非;3. 非;4. 是;5. 是。

思考题 18.3 填空题

1. 自激;2. 追逐,黏滑;3. 摆振;4. 油膜涡动;5. 驰振。

思考题 18.4 选择题

1. A;2. B;3. C;4. C;5. D。

思考题 18.5 连线题

1. D;2. C;3. B;4. A。

第19章 参数激励振动

思考题 19.1 简答题

请参考文献[26～30,161]。

思考题 19.2 判断题

1. 非;2. 是;3. 是;4. 非;5. 是。

思考题 19.3 填空题

1. 马休;2. 马休;3. 周期;4. 非自治;5. 弗洛凯理论。

思考题 19.4 选择题

1. A;2. B;3. C;4. C;5. D。

思考题 19.5 连线题

1. B;2. C;3. D;4. A。

第20章 二维离散-时间动力系统的不动点与分岔

思考题 20.1 简答题

请参考文献[11～20,40,201～210]。

思考题 20.2 判断题

1. 是;2. 是;3. 是;4. 非;5. 非。

思考题 20.3 填空题

1. 相平面;2. 相轨迹;3. 相速度;4. 有一个乘子为 +1 的分岔;5. 有一个乘子为 -1 的分岔。

思考题 20.4 选择题

1. A;2. A;3. B;4. C;5. C。

思考题 20.5 连线题

1. C;2. B;3. A。

第21章 改进的摄动法

思考题 21.1 简答题

请参考文献[99～104,204]。

思考题 21.2 判断题

1. 是;2. 是;3. 是;4. 是;5. 是。

思考题 21.3 填空题

1. Chan H S Y 等于 1995 年;2. 摄动-增量法;3. 改进的 L-P 法;4. 法国数学家阿多米安(Adomian G.)于 1976 年;5. 卡尔米辛(Karmishin A. V.)于 1990 年。

思考题 21.4　选择题

1. D;2. C;3. B;4. A;5. D。

思考题 21.5　连线题

1. A;2. B;3. D;4. C。

第 22 章　能　量　法

思考题 22.1　简答题

请参考文献[58,59,105~110,191~194]。

思考题 22.2　判断题

1. 是;2. 是;3. 非;4. 非;5. 是。

思考题 22.3　填空题

1. (E, θ);

2. $x = a(E)\cos\theta + b(E) \triangleq x(E, \theta)$,
   $\dot{x} = \pm\sqrt{2[V(a(E) + b(E)) - V(a(E)\cos\theta + b(E))]} \triangleq \dot{x}(E, \theta)$;

3. $x = a\cos\theta + b(a) \triangleq x(a, \theta)$, $\dot{x} = \pm\sqrt{2(V(a + b(a)) - V(a\cos\theta + b(a)))} \triangleq \dot{x}(a, \theta)$;

4. $\frac{1}{2}\dot{x}^2 + V(x) = V(a^* + b(a^*))$;

5. $g(x)$ 是奇函数，$b(E^*) = b(a^*) = 0$。

思考题 22.4　选择题

1. A;2. B;3. C;4. D;5. A。

思考题 22.5　连线题

1. B;2. C;3. D;4. A。

第 23 章　同伦分析方法

思考题 23.1　简答题

请参考文献[60,178~180,198~200]。

思考题 23.2　判断题

1. 是;2. 是;3. 是;4. 非;5. 非。

思考题 23.3　填空题

1. $\omega_0 = \sqrt{1 + \frac{3}{4}\varepsilon a^2}$;

2. $\omega_0 = \sqrt{1 + \frac{8}{3\pi}\varepsilon a}$;

3. $\omega_0 = (1 - 2\gamma^2 a^2)^{1/4}$, $\delta_0 = \frac{\omega_0^2 - 1}{2\gamma}$;

4. $\omega_0 = 1$, $a_0 = 2$;

5. $\omega_0 = \sqrt{1 + 3\varepsilon}$, $a_0 = 2$。

思考题 23.4　选择题

1. A;2. B;3. C;4. A;5. D。

思考题 23.5　连线题

1. D;2. C;3. B;4. E;5. A。

第24章　谐波-能量平衡法

思考题 24.1　简答题

请参考文献[56~60,131~140]。

思考题 24.2　判断题

1. 非;2. 非;3. 非;4. 是;5. 是。

思考题 24.3　填空题

1. 相平面;2. 自激振动;3. 变分,准线性;4. 范德波尔,平均方程;5. 谐波-能量平衡。

思考题 24.4　选择题

1. A;2. D;3. B;4. A;5. D。

思考题 24.5　连线题

1. D;2. B;3. C;4. A。

第25章　三维连续-时间动力系统的奇点与分岔

思考题 25.1　简答题

请参考文献[31~40,171~175,211~220]。

思考题 25.2　判断题

1. 非;2. 非;3. 是;4. 是;5. 是。

思考题 25.3　填空题

1. 鞍点(1,1);2. 鞍-焦点(2,1);3. 鞍-焦点(1,2);4. 鞍-焦点(2,2);5. 结点,焦点。

思考题 25.4　选择题

1. A;2. B;3. C;4. A;5. B;6. C;7. A。

思考题 25.5　连线题

1. A;2. C;3. D;4. B;5. F;6. G;7. E;8. I;9. J;10. K;11. H。

第26章　转子的非线性振动

思考题 26.1　简答题

请参考文献[61~70,121~130,212,219]。

思考题 26.2　判断题

1. 是;2. 是;3. 是;4. 是;5. 是。

思考题 26.3　填空题

1. 旋转圆盘的振动;2. 临界转速;3. 静平衡问题,动平衡问题;4. 单;5. 失稳。

思考题 26.4　选择题

1. A;2. B;3. C;4. C;5. A。

思考题 26.5　连线题

1. E;2. A;3. B;4. C;5. D。

第27章 板的非线性振动

思考题 27.1 简答题
请参考文献[71~80,111~120,195]。

思考题 27.2 判断题
1. 是;2. 是;3. 是;4. 是;5. 是。

思考题 27.3 填空题
1. 奇怪吸引子;2. 不动点;3. 平衡态;4. 分岔;5. 准周期轨道。

思考题 27.4 选择题
1. A;2. B;3. C;4. D;5. A。

思考题 27.5 连线题
1. E;2. F;3. A;4. B;5. C;6. D。

第28章 三维离散-时间动力系统的不动点与分岔

思考题 28.1（简答题）
请参考文献[41~50,91~94,221~230]。

思考题 28.2 判断题
1. 非;2. 非;3. 是;4. 是;5. 是。

思考题 28.3 填空题
1. 稳定结点;2. 不稳定结点;3. 鞍-结点;4. 鞍-焦点。

思考题 28.4 选择题
1. B;2. B;3. B;4. A;5. C。

思考题 28.5 连线题
1. C;2. B;3. A;4. F;5. E;6. D。

D.2 部分习题答案

第16章 非线性自由振动

A 类型习题答案

习题 16.1 答：当板簧返回静平衡位置时,振动方程为 $x = x_0\cos\omega_2 t$,而它离开静平衡位置时为 $x = -x_0\dfrac{\omega_2}{\omega_1}\sin\left(\omega_1 t - \dfrac{\pi\omega_1}{2\omega_2}\right)$。全周期为 $T = \pi\left(\dfrac{1}{\omega_1} + \dfrac{1}{\omega_2}\right)$,且 $\omega_1 = \sqrt{\dfrac{k_1}{m}}$,$\omega_2 = \sqrt{\dfrac{k_2}{m}}$。

习题 16.2 答：每经过半个振动周期,振幅的值按几何级数衰减,公比为 A_2/A_1,刚度比为 $k_1/k_2 = 3.4$。

习题 16.3 答：当 $0 \leqslant t \leqslant \dfrac{\pi}{\omega}$ 时,$x = \dfrac{\Delta}{\sin\dfrac{\pi\omega_0}{2\omega}}\sin\omega_0\left(t - \dfrac{\pi}{2\omega}\right)$,其中 $\omega_0^2 = \dfrac{k}{m}$。$\omega \geqslant \omega_0$。

习题 16.4 答：当 $0 \leqslant t \leqslant \dfrac{2\pi}{\omega}$ 时，$x = -\dfrac{\Delta}{\cos\dfrac{\pi\omega_0}{\omega}}\cos\omega_0\left(\dfrac{\pi}{\omega} - t\right)$，$\omega_0 \leqslant \omega \leqslant 2\omega_0$。

习题 16.5 答：$a_1 = \dfrac{4F_0}{\pi(m\omega^2 - k)}$。

B 类型习题答案

习题 16.6 ~ 习题 16.8　请参考文献[1~10, 161]。

C 类型习题答案

习题 16.9 解：大摆角单摆。

MATLAB 程序

主程序的文件名是 djddb.m。

```
>                                           #第一部分程序是画相图
> #########################################################
> figure
> axis([-8 8 -2 2])
> hold on
>                                           #文字标注,说明不同颜色的曲线所对应的系统总能量
> plot([4.5,5.2],[0.8,0.8],'g',[4.5,5.2],[0,0],'r',[4.5,5.2],[-0.8 -0.8],'b');
> text(5.3,0.8,'E<2mgl');
> text(5.3,0,'E=2mgl');
> text(5.3,-0.8,'E>2mgl');
> xlabel('θ');
> ylabel('dθ/dt');
> #########################################################
>                                           #能量方程
> ydot = inline('sqrt(abs(E-1+cos(x)))','x','E');     # dθ/dt = ± √(e-1+cosθ)
> e = [3, 2.5, 2, 1.5, 1, 0.5, 0.3, 0.1];
> for  k = 1:8                              #不同能量下的相图
>     if k>3                                #E<2mgl
>         Q{k} = acos(1-e(k));
>         X = linspace(-Q{k},Q{k},300);
>         y = ydot(X,e(k));
>         plot(X,y,'g',X,-y,'g')
>     elseif k==3                           #E=2mgl
>         X = linspace(-2*pi,2*pi,300);
>         y = ydot(X,e(k));
>         plot(X,y,'r',X,-y,'r')
>     else                                  #e>2mgl
>         X = linspace(-2*pi,2*pi,300);
>         y = ydot(X,e(k));
>         plot(X,y,'b',X,-y,'b')
>     end
> end
```

```
> end
> hold off
> ##############################################################
>                                         #程序第二部分解不同初始角度下的微分方程
> ##############################################################
> [t1,w1] = ode45('djddbfun',[0:0.001:6],[pi/7,0],[]);
> [t2,w2] = ode45('djddbfun',[0:0.001:6],[pi/3,0],[]);
> figure                                 #画不同角度下的位移曲线
> plot(t1,w1(:,1),t2,w2(:,1));
> xlabel('时间'); ylabel('摆角');
> legend('小摆角','大摆角');
> ##############################################################
>                                         #程序第三部分画周期与最大摆角的关系
> theta = linspace(pi/360,pi/2,20);
> T = [];
> options = odeset('Events','on');        #开启事件判断功能
> ##############################################################
>                                         #解不同的初始角度下的周期值
> fori = 1:20
> [t,u,event] = ode45('djddbfun',[0:0.001:20],[theta(i),0],options);
> T = [T,2*t(end)];
> end
> ##############################################################
> figure
> plot(theta,T)
> title('周期与摆角的关系');
> xlabel('摆角');
> ylabel('周期');
> ##############################################################
```

函数文件是一个独立的文件,文件名为 **djddbfun.m**

```
> ##############################################################
> function varargout = djddbfun(t,y,flag)
> switch flag
> case''
>     varargout{1} = f(t,y);
> case 'events'
>     [varargout{1:3}] = events(t,y);
> otherwise
>     error(['unknown flag'' flag ''.']);
> end
> ##############################################################
> function ydot = f(t,y)
> ydot = [y(2);
>         -9.8*sin(y(1))];
> ##############################################################
> function [value,isterminal,direction] = events(t,y)
> value = y(2);
> isterminal = 1;
> direction = 1;
> ##############################################################
```

第17章 非线性受迫振动

A 类型习题答案

习题 17.1 答：对于偶数的 s，条件为 $H > 0$；对于奇数的 s，条件为

$$H > F \frac{\Omega \omega_0}{|\omega_0^2 - \Omega^2|} \left|\cot \frac{\pi s \omega_0}{2\Omega}\right|, \quad \frac{\Omega}{s} > \omega_0 。$$

习题 17.2 答：$T = 4l\sqrt{\dfrac{6m}{k}} \displaystyle\int_0^a \dfrac{\mathrm{d}x}{\sqrt{a^4 - x^4}} = 4\sqrt{3}\sqrt{\dfrac{m}{k}}\dfrac{l}{a}K\left(\dfrac{1}{\sqrt{2}}\right)$，其中 K 为第一类完全椭圆积分。

习题 17.3 答：$\sqrt{\dfrac{m}{k_1}}\dot{x}_0$；$\tau_n = \pi\left(\sqrt{\dfrac{m}{k_1}} + \sqrt{\dfrac{m}{k_2}}\right)$。

习题 17.4 ~ 习题 17.6 请参考文献 [41~50, 161]。

习题 17.7 答：$\sqrt{\dfrac{k}{m}}, \sqrt{\dfrac{g}{l}}$。

习题 17.8 请参考文献 [47, 48, 161]。

习题 17.9 答：$m\ddot{x} + k_1 x + \dfrac{k_2}{2h^2}x^3 = F(t)$。

习题 17.10 请参考文献 [47, 48, 161]。

B 类型习题答案

习题 17.11 ~ 习题 17.13 请参考文献 [21~30, 161]。

C 类型习题答案

习题 17.14 解：倒摆的强迫振动。

MATLAB 程序

①主程序

主程序的文件名是 db.m

```
> ##############################################################
>                             #设 v0 有微小的变化,比较解的变化情况
> x0 = 0.1;v0 = 0.1;
> [t,u] = ode45('dbfun',[0:0.01:100],[x0,v0],[],0.78);
> [t1,u1] = ode45('dbfun',[0:0.01:100],[x0,v0-0.001],[],0.78);
> figure
> plot(t,u(:,1),'r',t1,u1(:,1),'g')
> xlabel('时间');
> ylabel('摆角');
> title('混沌状态下初条件有微小差异会形成的两条分开的曲线');
> ##############################################################
>                  #当 d = 2,为周期1 吸引子;当 d = 0.98 为周期2 吸引子;当 d = 0.78
>                  #为奇怪吸引子,读者可以改变 d 值,以观察不同的情况
> d = [2,0.98,0.78];
> str{1} = '庞加莱截面—周期1 吸引子';
> str{2} = '庞加莱截面—周期2 吸引子';
> str{3} = '庞加莱截面—奇怪吸引子';
> for j = 1:3
>     [t,u] = ode45('dbfun',[0:2*pi/300:100],[x0,v0],[],d(j));
>     Figure                         #适当放大图形窗口
>     set(gcf,'unit','normalized','Position',[0.04 0.04 0.94 0.8]);
```

```
> ###########################################################
>                                                #位移曲线
>    subplot(2,2,1)
>    plot(t,u(:,1))
>    title('位移曲线');
>    axis([0,150, -2.5,2.5]);
>    xlabel('x'); ylabel('t');
> ###########################################################
>                                                #相图(奇怪吸引子)
>    subplot(2,2,2)
>    plot(u(:,1),u(:,2))
>    title('相图');
>    axis([-2 2 -1.5 1.5])
>    xlabel('x'); ylabel('v');
> ###########################################################
>                                                #傅立叶功率分析
>    Y = fft(u(:,1));
>    Y(1) =[ ];
>    n = length(Y);
>    power = abs(Y(1:n/2)).^2/n^2; % \fs{功率}
>    freq = 100 * (1:n/2)./n;                     #{频率}
>    subplot(2,3,4)
>    plot(freq,power)
>    axis([0 0.6 0 0.15])
>    title('功率谱');
>    xlabel('频率/Hz');ylabel('功率/w');
> ###########################################################
>                                                #庞加莱截面
>       subplot(2,3,5)
>       plot(u(2000:300:4700,1),u(2000:300:4700,2),'r.')
>       axis([-2 2 -1.5 1.5])
>       title(str{j});
> ###########################################################
>                                                #实物模拟图
>       subplot(2,3,6)
>       L=1;
>       axis([-L L -L L])
>       axis square
>       title('倒摆运动模拟');
>       hold on
>       plot(0,0,'r.')
>       ball = line(L*sin(x0),L*cos(x0),'color','r','marker','.',...
>            'markersize',40,'erasemode','xor');
>       gan = line([0,L*sin(x0)],[0,L*cos(x0)],'color','b','linewidth',2,...
>            'erasemode','xor');
>       fori = 1:2:4770
>         set(ball,'xData',L*sin(u(i,1)),'yData',L*cos(u(i,1)))
>         set(gan,'xData',[0,L*sin(u(i,1))],'yData',[0,L*cos(u(i,1))])
>           drawnow
>         end
> end
> ###########################################################
```

②函数程序

函数文件是一个独立的文件,文件名为 dbfun.m。

```
#############################################################
    function ydot = dbfun(t,y,flag,d)
    r = 1; w = 1;
    ydot = [y(2);
           -y(1)^3 + y(1) - d*y(2) + r*cos(w*t)];
#############################################################
```

第18章 自激振动

A 类型习题答案

习题 18.1 答:$a = \dfrac{\alpha}{\omega_0}$,自激振动在大范围内稳定。

习题 18.2 答:$v_0^2 > \dfrac{\alpha}{3\beta}$。

习题 18.3 答:$0.8\dfrac{\alpha}{3\beta} < v_0^2 < \dfrac{\alpha}{3\beta}$,$a^2 \approx \dfrac{4}{\omega_0^2}\left(\dfrac{\alpha}{3\beta} - v_0^2\right)$。

习题 18.4 答:$T = t_1 + \dfrac{1+\alpha^2}{\omega_0 \alpha}(1 - \cos\omega_0 t_1)$,其中 $\alpha = \dfrac{(H_1 - H_2)\omega_0}{kv_0}$,$\omega_0 = \sqrt{\dfrac{k}{m}}$,$t_1$ 为方程 $\alpha\sin\omega_0 t_1 = \cos\omega_0 t_1 - 1$ 的最小根。

习题 18.5 答:$a = 2\alpha$,$T = \dfrac{2\pi}{\omega_0}\left(1 - \dfrac{3\mu\gamma\alpha^2}{2\omega_0^2}\right)$。

习题 18.6 答:定常运动为平面 $(\varphi, \dot{\varphi})$ 上的稳定自激振动,极限环的半径 $\rho = \dfrac{M_0}{hT\omega_0^2}$,其中 $T = \dfrac{\pi}{\omega_0}$。

B 类型习题答案

习题 18.7 答:$\omega^2 = 1 + \dfrac{\varepsilon^2}{8}$,

$$x(t) = 2\cos\omega t + \dfrac{\varepsilon}{4\omega}\sin 3\omega t + \dfrac{3\varepsilon^2}{32\omega^2}\cos 3\omega t + \dfrac{5\varepsilon^2}{96\omega^2}\cos 5\omega t。$$

C 类型习题答案

习题 18.8 解:自激振动。

MATLAB 程序

①主程序

zjzd.m 如下:

```
#############################################################
    u = [0.85, 1.02, 0.66, 1.08];
    x0 = 1; w0 = 1; v = 1; w = 0.44; T = 2*pi/w;
#############################################################
    str{1} = '庞加莱截面—周期1吸引子';
    str{2} = '庞加莱截面—周期2吸引子';
    str{3} = '庞加莱截面—不变环面吸引子';
    str{4} = '庞加莱截面—奇怪吸引子';
#############################################################
```

```
>   for j = 1:4
>       [t,y] = ode23('zjzdfun',[0:T/1000:50*T],[4,4],[],u(j),x0,w0,v,w);
>       figure
>       subplot(2,1,1)
>       plot(t,y(:,1));
>       title('位移曲线');
>       xlabel('t');ylabel('x');
> ############################################################
>       subplot(2,2,3)
>       plot(y(3000:end,1),y(3000:end,2));
>       axis([-3 3 -4 4])
>       xlabel('x');ylabel('v');
>       title('相图');
> ############################################################
>       subplot(2,2,4)
>       axis([-3 1 -1 1])
>       hold on
>       for i = 7000:1000:14000
>           plot(y(i,1),y(i,2),'r.');
>       end
>       title(str{j});
>   end
> ############################################################
```

② 分岔图程序

参考程序 zjzd1.m 如下：

```
> ############################################################
>   u = 0.8:0.001:1.2;
>   v = 1;
>   x0 = 1; w0 = 1;
>   w = 0.44;
>   T = 2*pi/w;
>   axis([0.9 1.2  -0.8 1])
>   hold on
>   for j = 1:length(u)
>       [t,y] = ode23('zjzdfun',[0:T/100:70*T],[4,4],[],u(j),x0,w0,v,w);
>       plot(u(j),y(500:100:1400,2),'linewidth',2);
>   end
> ############################################################
```

③ 范德波尔方程程序

函数文件是一个独立的文件，文件名为 zjzdfun.m

```
> ############################################################
>   function ydot = zjzdfun(t,y,flag,u,x0,w0,v,w)
>   ydot = [y(2);
>       u*(x0^2-y(1)^2)*y(2)-y(1)*w0^2-v*cos(w*t)];
> ############################################################
```

第 19 章 参数激励振动

A 类型习题答案

习题 19.1 解：采用谐波平衡法

假设
$$\Omega = 2\omega_0 + \varepsilon \tag{1}$$

其中 $\varepsilon \ll \omega_0$。

求解运动方程
$$\ddot{x} + \omega_0^2[1 + h\cos(2\omega_0 + \varepsilon)t] = 0 \tag{2}$$

设方程式(2)的解形式为
$$x = a_0\cos\left(\omega_0 + \frac{\varepsilon}{2}\right)t + b_0\sin\left(\omega_0 + \frac{\varepsilon}{2}\right)t + a_1\cos3\left(\omega_0 + \frac{\varepsilon}{2}\right)t + b_1\sin3\left(\omega_0 + \frac{\varepsilon}{2}\right)t \tag{3}$$

这里考虑了 h 的更高阶项。我们只对不稳定区间的边界感兴趣，假设系数 a_0、b_0、a_1、b_1 为常数。在代入方程时，将三角函数之积化为三角函数之和，略去角频率为 $5(\omega_0 + \varepsilon/2)$ 的项，这些项在更高阶近似中才需要。于是有

$$\left[-a_0\left(\omega_0\varepsilon + \frac{\varepsilon^2}{4}\right) + \frac{h\omega_0^2}{2}a_0 + \frac{h\omega_0^2}{2}a_1\right]\cos\left(\omega_0 + \frac{\varepsilon}{2}\right)t + \left[-b_0\left(\omega_0\varepsilon + \frac{\varepsilon^2}{4}\right) - \frac{h\omega_0^2}{2}b_0 + \frac{h\omega_0^2}{2}b_1\right]\sin\left(\omega_0 + \frac{\varepsilon}{2}\right)t + \left[\frac{h\omega_0^2}{2}a_0 - 8\omega_0^2 a_1\right]\cos3\left(\omega_0 + \frac{\varepsilon}{2}\right)t + \left[\frac{h\omega_0^2}{2}b_0 - 8\omega_0^2 b_1\right]\sin3\left(\omega_0 + \frac{\varepsilon}{2}\right)t = 0 \tag{4}$$

在角频率为 $\omega_0 + \frac{\varepsilon}{2}$ 的项中保留一阶和二阶小量，在角频率为 $3\left(\omega_0 + \frac{\varepsilon}{2}\right)$ 的项中保留一阶小量。每个方括号内的表达式都应该分别等于零。由后面两个方括号可得

$$a_1 = \frac{h}{16}a_0, \quad b_1 = \frac{h}{16}b_0 \tag{5}$$

然后再由前两个方括号可得

$$\omega_0\varepsilon \pm \frac{h\omega_0^2}{2} + \frac{\varepsilon^2}{4} - \frac{h^2\omega_0^2}{32} = 0 \tag{6}$$

求解这个方程，精确到 h^2 量级，可得不稳定区间边界的 ε 值：

$$\varepsilon = \pm\frac{h\omega_0}{2} - \frac{h^2\omega_0}{32} \tag{7}$$

习题 19.2 解：采用谐波平衡法

令
$$\Omega = \omega_0 + \varepsilon \tag{1}$$

可得运动方程
$$\ddot{x} + \omega_0^2[1 + h\cos(\omega_0 + \varepsilon)t]x = 0 \tag{2}$$

注意到所求边界值 $\varepsilon \sim h^2$，求如下形式的解：
$$x = a_0\cos(\omega_0 + \varepsilon)t + b_0\sin(\omega_0 + \varepsilon)t + a_1\cos2(\omega_0 + \varepsilon)t + b_1\sin2(\omega_0 + \varepsilon)t + c_1 \tag{3}$$

在此式中同时考虑了两个一阶项，为了求不稳定区间边界，假设系数都是常数，得

$$\left[-2\omega_0\varepsilon a_0 + \frac{h\omega_0^2}{2}a_1 + h\omega_0^2 c_1\right]\cos(\omega_0 + \varepsilon)t + \left[-2\omega_0\varepsilon b_0 + \frac{h\omega_0^2}{2}b_1\right]\sin(\omega_0 + \varepsilon)t + \left[-3\omega_0^2 a_1 + \frac{h\omega_0^2}{2}a_0\right]\cos2(\omega_0 + \varepsilon)t + \left[-3\omega_0^2 b_1 + \frac{h\omega_0^2}{2}b_0\right]\sin2(\omega_0 + \varepsilon)t + \left[\omega_0^2 c_1 + \frac{h\omega_0^2}{2}a_0\right] = 0 \tag{4}$$

由此可得

$$a_1 = \frac{h}{6}a_0, \quad b_1 = \frac{h}{6}b_0, \quad c_1 = -\frac{h}{2}a_0 \tag{5}$$

于是可得不稳定边界

$$\varepsilon = -\frac{5}{24}h^2\omega_0, \ \varepsilon = \frac{1}{24}h^2\omega_0 \tag{6}$$

习题 19.3 解：采用谐波平衡法。
系统的拉格朗日函数为

$$L = \frac{ml^2}{2}\dot{\varphi}^2 + mla\Omega^2\cos\Omega t\cos\varphi + mgl\cos\varphi \tag{1}$$

微振动（$\varphi \ll 1$）的运动方程为

$$\ddot{\varphi} + \omega_0^2\left[1 + 4\frac{a}{l}\cos(2\omega_0 + \varepsilon)t\right]\varphi = 0 \tag{2}$$

式中，$\omega_0^2 = \frac{g}{l}$。由此可见，$4\frac{a}{l}$ 起着小参数 h 的作用，条件式(19.2.26)写成如下形式：

$$|\varepsilon| < \frac{2a\sqrt{g}}{l^{3/2}} \tag{3}$$

习题 19.4 答：请参考文献[21～30,169]。

B 类型习题答案

习题 19.5 答：$\Omega > 313\text{rad/s}$，$f = 49.8\text{Hz}$。

习题 19.6 答：稳定。

习题 19.7 答：(1)稳定；(2)不稳定。

习题 19.8 答：稳定。

习题 19.9 答：$\ddot{x} + \frac{1}{ml_1}\left(F_0 + \frac{REA}{l_0}\varphi_0\sin\Omega t\right)x = 0$，不稳定。

习题 19.10 答：$\ddot{y} + \frac{24EI}{ml^3}\left(1 - \frac{F_0 l_0^2}{\pi EI} - \frac{F_1 l_0^2}{\pi EI}\sin\Omega t\right)y = 0$，不稳定。

习题 19.11 答：稳定。

习题 19.12 答：$a = \sqrt{\varepsilon}x_0\left[\frac{l(0)}{l(\tau)}\right]^{3/4}$，$\omega_0 = \sqrt{\frac{g}{l(\tau)}}\left\{1 + \frac{1}{16}\varepsilon^2\left[\frac{l(0)}{l(\tau)}\right]^{3/2}\right\}$。

习题 19.13 答：$x(t) = \frac{1}{2\varepsilon}\left(-1 + \sqrt{1 - \frac{4\varepsilon F}{\omega_0^2}}\right) + \frac{1}{\omega_0}\sqrt{\frac{2F}{\varepsilon}}\cos\frac{\Omega t}{2}$，不稳定。

习题 19.14 答：$\left(\omega_0^2 - \frac{\Omega^2}{9}\right) + \frac{3}{4}\varepsilon^{1/3}(2F)^{2/3} = 0$，$\Omega > 3\omega_0$ 时稳定，$\Omega < 3\omega_0$ 时不稳定。

习题 19.15 答：请参考文献[21～30,75]。

习题 19.16 答：$\dot{a} = \frac{\varepsilon a}{2\omega_0}\sin[(2\omega_0 - 3)t + 2\varphi]$，$\dot{\varphi} = \frac{\varepsilon}{2\omega_0}\cos[(2\omega_0 - 3)t + 2\varphi]$。

习题 19.17 答：$\dot{a} = \frac{\varepsilon a^3}{8\omega_0}\sin[4\omega_0 - 2)t + 4\varphi]$，$\dot{\varphi} = \frac{\varepsilon a^2}{2\omega_0}\cos[(4\omega_0 - 2)t + 4\varphi]$。

C 类型习题答案

习题 19.18 答：$\dot{a} = \frac{\varepsilon c_{12}}{2\omega_{10}}a_2\sin\psi$，$a_1\dot{\varphi}_1 = \frac{\varepsilon c_{12}}{2\omega_{10}}a_2\cos\psi$，

$$\dot{a}_2 = \frac{\varepsilon c_{21}}{2\omega_{20}}a_1\sin\psi, \ a_2\dot{\varphi}_2 = \frac{\varepsilon c_{12}}{2\omega_{20}}a_1\cos\psi,$$

式中，$\psi = (\omega_{10} + \omega_{20} - \Omega)t + \varphi_1 + \varphi_2$。

习题 19.19 解：弹簧摆。

MATLAB 程序

①弹簧摆主程序
主程序的文件名是 thb.m。

```
> ############################################################
> Thetao = pi/10                                    #初始角度,可设不同的值
> m = 1;k = 80;g = 9.8;
> L0 = 1;                                           #L0 为弹簧原来长度
> [t,u1] = ode45('thbfun',[0:0.005:15],[L0 0 theta0 0],[ ],L,k,m,g);
> [y1,x1] = pol2cart(u1(:,3),u1(:,1));              #将极坐标换为直角坐标
> y1 = -y1;
> figure
> ymax = max(abs(y1));
> axis([-1.2 1.2 -1.2*ymax 0.2]);                   #设置坐标范围
> axis off
> title('弹簧摆','fontsize',14)
> hold on;
> R = 0.055;                                        #设置弹簧半径
> yy = -L0:0.01:0;
> xx = R*sin(yy./L0*30*pi);                         #用正弦曲线表示垂直位置的弹簧
> [a,r] = cart2pol(xx,yy);                          #将弹簧直角坐标换成极坐标
> a = a + theta0;                                   #通过极角的转动将垂直位置的弹簧转到初始位置
> [xx,yy] = pol2cart(a,r);                          #将初始位置弹簧的极坐标换回直角坐标
> line([-1 1],[0 0],'color','r','linewidth'2)       #画横杆
> Ba11 = line(xx(1),yy(1),'color','r','marker','.',…
>       'markersize',70,'erasemode','xor');          #画摆球
> Ball2 = line(xx(1),yy(1),'color',[0.5 0.51 0.6],'linestyle','-',…
>       'linewidth',1.3,'erasemode','none');         #画摆球的运动轨迹
> Spring = line(xx,yy,'color','g','linewidth',2,…
>       'eraemode','xor');                           #画弹簧
> Pause(0.5)
> ############################################################
> Fori = 1:length(t)                                 #模拟弹簧摆的运动
>    yy = -u1(I,1):0.01:0;
>    xx = R*sin(yy.u1(I,1)*30*pi);
>    [a,r] = cart2pol(xx,yy);
>    a = a + u1(I,3);
>    [xx,yy] = pol2cart(a,r);
>    Set(ball,'XData',x1(i),'YData',y1(i));
>    Set(ball2,'XData',x1(i),'YData',y1(i));
>    Set(spring,'XData',xx,'YData',yy);
>    Drawnow;
> End
> ############################################################
```

②弹簧摆函数程序

函数文件是一个独立的文件,文件名为 thbfun.m.

```
> ############################################################
> Function F = thbfun(t,u,flag,1,k,m,g)
> F = [u(2);
>      u(1)*u(4)2 + g*cos(u(3)) - k/m*(u(1) - 1 + m*g/k);
>      u(4);
>      -2*u(2)*(4)/u(1) - g*sin(u(3))/u(1)];
> ############################################################
```

第 20 章 二维离散-时间动力系统的不动点与分岔

A 类型习题答案

习题 20.1 答: $\varphi_0 = \dfrac{M_0}{k_2} \dfrac{1}{1 - \mathrm{e}^{-kT}}, \dot{\varphi}_0 = 0$。

习题 20.2 答: 一般解是 $x_n = \pi[4n + cn(n-1)]$。

习题 20.3 答: (1) $2 \times 3^n - 2^n$；

(2) $2^{-n}(3n + 1)$；

(3) $2^{\frac{n}{2}}\left[\cos\left(\dfrac{n\pi}{4}\right) + \sin\left(\dfrac{n\pi}{4}\right)\right]$；

(4) $F_n = \dfrac{1}{2^n \sqrt{5}}\left[(1 + \sqrt{5})^n - (1 - \sqrt{5})^n\right]$；

(5) ① $x_n = 2^n + 1$；

② $x_n = \dfrac{1}{2}(-1)^n + 2^n + n + \dfrac{1}{2}$；

③ $x_n = \dfrac{1}{2}(-1)^n + \dfrac{5}{3}2^n - \dfrac{1}{6}\mathrm{e}^n(-1)^n - \dfrac{1}{3}\mathrm{e}^n 2^n + \dfrac{1}{2}\mathrm{e}^n$。

习题 20.4 答: 主特征值为 $\lambda_1 = 1.107$ 和

(1) $X(15) = \begin{pmatrix} 64\,932 \\ 52\,799 \\ 38\,156 \end{pmatrix}$

(2) $X(50) = \begin{pmatrix} 2.271 \times 10^6 \\ 1.847 \times 10^6 \\ 1.335 \times 10^6 \end{pmatrix}$

(3) $X(100) = \begin{pmatrix} 3.645 \times 10^8 \\ 2.964 \times 10^8 \\ 2.142 \times 10^8 \end{pmatrix}$

习题 20.5 答: 特征值是 $\lambda_1 = 1$ 和 $\lambda_{2,3} = \dfrac{-1 \pm \sqrt{3}}{2}$。因为 $|\lambda_1| = |\lambda_2| = |\lambda_3|$，所以没有显性特征值，人口趋于稳定。

习题 20.6 答: 特征值是 $0, 0, -0.656 \pm 0.626\mathrm{i}$ 和 $\lambda_1 = 1.313$。因此，人口每 15 年增长 31.3%。归一化特征向量由下式给出

$$\hat{X} = \begin{pmatrix} 0.415 \\ 0.283 \\ 0.173 \\ 0.092 \\ 0.035 \end{pmatrix}$$

习题 20.7 请参考文献[16~20,176]。

习题 20.8 答: 在使用杀虫剂之前，$\lambda_1 = 1.465$。这意味着虫的数量每 6 个月增长 46.5%。归一化特征向量为

$$\hat{X} = \begin{pmatrix} 0.764 \\ 0.208 \\ 0.028 \end{pmatrix}$$

使用杀虫剂后，$\lambda_1 = 1.082$。也就是说，虫的数量每 6 个月增长 8.2%。归一化特征向量由下式给出

$$\hat{X} = \begin{pmatrix} 0.695 \\ 0.257 \\ 0.048 \end{pmatrix}$$

习题20.9答:对于这种策略,$d_1 = 0.1$,$d_2 = 0.4$ 和 $d_3 = 0.6$。主特征值为 $\lambda_1 = 1.017$,归一化特征向量为

$$\hat{X} = \begin{pmatrix} 0.797 \\ 0.188 \\ 0.015 \end{pmatrix}$$

习题20.10 答:如果没有任何收获,鱼的数量将每年翻一番,$\lambda_1 = 2$。

(1) $\lambda_1 = 1$;$\hat{X} = \begin{pmatrix} 24/29 \\ 4/29 \\ 1/29 \end{pmatrix}$

(2) $h_1 = 6/7$;$\hat{X} = \begin{pmatrix} 2/3 \\ 2/9 \\ 1/9 \end{pmatrix}$

(3) $\lambda_1 = 1.558$;$\hat{X} = \begin{pmatrix} 0.780 \\ 0.167 \\ 0.053 \end{pmatrix}$

(4) $h_1 = 0.604$,$\lambda_1 = 1.433$;$\hat{X} = \begin{pmatrix} 0.761 \\ 0.177 \\ 0.062 \end{pmatrix}$

(5) $\lambda_1 = 1.672$;$\hat{X} = \begin{pmatrix} 0.668 \\ 0.132 \\ 0.199 \end{pmatrix}$

习题20.11 答:采取 $h_2 = h_3 = 1$,那么 $\lambda_1 = 1$,$\lambda_2 = -1$,和 $\lambda_3 = 0$。鱼口稳定。

习题20.12 答:
(1) $x(t) = e^{0.2t}(-\cos 0.871\,78t + 1.770\,8\sin 0.871\,78t)$。
(2) 略。

习题20.13、习题20.14   请参考文献[11~15,169,171]。

习题20.15 答:$x(t) = 5\{1 - 1.001\,3e^{0.05t}[\cos(0.998\,7t - 2.868\,1°)]\}$。

习题20.16   请参考文献[11,12,169,171]。

B 类型习题答案

习题20.17、习题20.18   请参考文献[38~40,171]。

C 类型习题答案

习题20.19 解:小球在弹簧顶端木块上的弹性跳动。
MATLAB 程序
①小球弹跳主程序
主程序的文件名是 xqythk.m。

```
> ###############################################
> h0 = 50; m1 = 20;                              #小球的高度和质量
> k = 60;   m2 = 50;                             #弹簧的劲度系数和木块质量
> tstart = 0;  tfinal = 1000;                   #解微分方程的起止时间
> y0 = [h0;0;0;0];                              #存放初始条件的变量
> tout = tstart;                                 #存放时间序列的变量
> yout = y0.';                                   #存放小球和木块的位移及速度序列的变量
> options = odeset('Events','on');              #开启事件判断功能
> ###############################################
> for i = 1:25
>     [t,y,event] = ode45('xqythkfun',[tstart:0.03:tfinal],y0,options);
>     tout = [tout;t(2:end)];                   #将每次得到的数据依次存在同一矩阵
```

```
>     yout = [yout;y(2:end,:)];
>     y0(1) = y(end,1);    y0(2) = y(end,2);        #下一次弹跳的初位移
>     v10 = y(end,3);      v20 = y(end,4);
>                                                   #由动量守恒与机械能守恒解出下一次弹跳的初速度
>     y0(3) = (-m2*v10 + 2*m2*v20 + m1*v10)/(m2 + m1);
>     y0(4) = (2*m1*v10 + m2*v20 - v20*m1)/(m2 + m1);
>     tstart = t(end);
> end
> #############################################################
> figure
> ylabel('高度');
> xlabel('时间');
> hold on
> plot(tout,yout(:,1),tout,yout(:,2));              #画小球和木块的位移曲线
> legend('小球','弹簧块');                          #在图形上显示图例
> figure
> axis([-1 1 -50 h0+10])
> axis off
> hold on
> #############################################################
>                                                   #下面的三句是用正弦函数画弹簧的初位置
> yt1 = -45:0.3:0;
> xt1 = 0.06*sin(yt1);
> tanhuang = line(xt1,yt1,'color','k','erasemode','xor','linewidth',2);
> qiu = line(0,yout(1,1)+4,'color','k','erasemode','xor',...
>     'marker','.','markersize',50);                #小球的初位置
> tank = line([-0.1,0.1],[yout(1,2),yout(1,2)],'color',...
>             [0.3 0.1 0.5],'erasemode','xor','linewidth',8);  #木块的初位置
> ground = line([-.5,.5],[-50,-50],'color',[0.6 0.1 0.2],...
>               'linewidth',20);                    #画地面
> #############################################################
> for i = 1:length(tout)                            #实时动画
>     yt = -45:0.3:yout(i,2);                       #运动中弹簧的位置
>     xt = 0.06*sin((yt - yout(i,2))*(-45)./(-45 - yout(i,2)));
>     set(tanhuang,'xdata',xt,'ydata',yt);          #画运动中弹簧
>     set(qiu,'ydata',yout(i,1)+4);                 #画运动中的小球
>     set(tank,'ydata',[yout(i,2),yout(i,2)]);      #画运动中的木块
>     drawnow;
> end
> #############################################################
```

②小球弹跳函数程序

函数文件是一个独立的文件,文件名为 xqythkfun.m。文件的格式采用了 odefile 模板的格式,用指令 switch 来执行何时运用事件判断的功能。

```
> #############################################################
> function varargout = xqythkfun(t,y,flag)
> switch flag
> case ''
>     varargout{1} = f(t,y);
> case 'events'
>     [varargout{1:3}] = events(t,y);
> otherwise
```

```
>              error(['Unknown flag ''' flag '''.']);
> end
> ##############################################################
```

③计算微分方程子程序

```
> ##############################################################
>                                                         #{y(1)是小球的高度;y(2)是弹簧块的高度;
> y(3)是小球的速度;y(4)是弹簧块的速度;}
> function ydot = f(t,y)                                  #计算微分方程的子函数
> k = 100;
> m1 = 30;
> m2 = 50;
> ydot = [y(3); y(4); -9.8; -9.8 - (k/m2) * y(2);];
> ##############################################################
```

④事件判断子程序

```
>                                                         #事件判断子函数
> ##############################################################
> function [value,isterminal,direction] = events(t,y)
> Q = y(1) - y(2);
> value = Q;                                              #当 Q 为 0 时,解微分方程终止
> isterminal = 1;                                         #开启判断终止功能
> direction = -1;                                         #由 Q 减小的方向终止
> ##############################################################
```

第 21 章 改进的摄动法

A 类型习题答案

习题 21.1 答:采用改进的 L-P 法。

令

$$\omega^4 = \omega_0^4 + \varepsilon^2 \omega_2 + \varepsilon^3 \omega_3 + \cdots \tag{1}$$

引入新的参数变换形式

$$\alpha^2 = \frac{-\varepsilon^2 \omega_2}{\omega_0^4 + \varepsilon^2 \omega_2}, 0 < \alpha < 1, \omega_2 < 0 \tag{2}$$

$$x = x_0 + \sum_{n=1}^{\infty} x_n \alpha^n \tag{3}$$

$$x_0 = a\cos\tau, \tau = \omega t \tag{4}$$

习题 21.2 答:采用改进的 L-P 法。

令

$$\Omega^2 = \omega_0^2 + \varepsilon \omega_1 + \varepsilon^2 \omega_2 + \cdots \tag{1}$$

引入新的参数变换形式

$$\alpha^2 = \frac{\varepsilon \omega_1}{\omega_0^2 + \varepsilon \omega_1}, 0 < \alpha < 1 \tag{2}$$

$$x = x_0 + \sum_{n=1}^{\infty} x_n \alpha^n \tag{3}$$

$$x_0 = a\cos\tau + b\sin\tau, \tau = \Omega t \tag{4}$$

$$b = \frac{-p + \sqrt{p^2 - 4\mu^2 \omega_0^2 a^2}}{2\mu\omega_0} \tag{5}$$

习题 21.3 答:采用改进的 L-P 法。

令 $\bar{k}_2 = \varepsilon k_2$,$\bar{k}_3 = \varepsilon^2 k_3$,$\bar{p} = \varepsilon^2 p$ \qquad (1)

(1) 具有"渐硬"弹簧特性的系统
$$9\bar{k}_3\omega_0^2 > 10\bar{k}_2^2 \tag{2}$$
令
$$\Omega^2 = \omega_0^2 + \varepsilon\omega_1 + \varepsilon^2\omega_2 + \cdots \tag{3}$$
引入新的参数变换形式
$$\alpha^2 = \frac{\varepsilon\omega_1}{\omega_0^2 + \varepsilon\omega_1},\ 0 < \alpha < 1,\ \omega_1 > 0 \tag{4}$$
$$x = x_0 + \sum_{n=1}^{\infty} x_n \alpha^n \tag{5}$$

(2) 具有"渐软"弹簧特性的系统
$$9\bar{k}_3\omega_0^2 < 10\bar{k}_2^2 \tag{6}$$
令
$$\Omega^2 = \omega_0^2 + \varepsilon\omega_2 + \varepsilon^2\omega_3 + \cdots \tag{7}$$
引入新的参数变换形式
$$\alpha^2 = \frac{-\varepsilon^2\omega_2}{\omega_0^2 + \varepsilon^2\omega_2},\ 0 < \alpha < 1,\ \omega_2 < 0 \tag{8}$$
$$x = x_0 + \sum_{n=1}^{\infty} x_n \alpha^n \tag{9}$$

习题 21.4 答:属于三次非线性类型Ⅳ,采用椭圆函数摄动法。
$$x = A\text{cn}(\tau, k) \tag{1}$$
$$\tau = \omega t,\ \omega = \bar{\omega} + \varepsilon\omega_1 + \cdots \tag{2}$$
$$\bar{\omega} = A = 1.909\ 8,\ k^2 = 0.5 \tag{3}$$

习题 21.5 答:属于三次非线性类型Ⅱ,采用椭圆函数摄动法。
$$x = A\text{sn}(\tau, k) \tag{1}$$
$$\tau = \omega t,\ \omega = \bar{\omega} + \varepsilon\omega_1 + \cdots \tag{2}$$
$$\bar{\omega} = 1,\ A = 2.230\ 6,\ k^2 = 0.999\ 0 \tag{3}$$

习题 21.6 答:属于三次非线性类型Ⅲ,采用椭圆函数摄动法。
(1) 捕获轨道周期解
$$x = A\text{dn}(\tau, k) \tag{1}$$
$$\tau = \omega t,\ \omega = \bar{\omega} + \varepsilon\omega_1 + \cdots \tag{2}$$
$$\bar{\omega} = A = 1.383\ 5,\ k^2 = 0.86 \tag{3}$$

(2) 非捕获轨道周期解
$$x = A\text{cn}(\tau, k) \tag{4}$$
$$\tau = \omega t,\ \omega = \bar{\omega} + \varepsilon\omega_1 + \cdots \tag{5}$$
$$\bar{\omega} = 2.130,\ A = 1.826\ 0,\ k^2 = 0.74 \tag{6}$$

习题 21.7 答:属于二次非线性类型Ⅱ,采用椭圆函数摄动法。
$$x = a\text{cn}^2(\tau, k) + b \tag{1}$$
$$\tau = \omega t,\ \omega = \bar{\omega} + \varepsilon\omega_1 + \cdots \tag{2}$$
$$\bar{\omega} = 0.759\ 8,\ k^2 = 0.506\ 1 \tag{3}$$
$$a = -1.753\ 2,\ b = 1.014\ 2 \tag{4}$$

习题 21.8 答:属于二次非线性类型Ⅰ,采用椭圆函数摄动法。
$$x = a\text{cn}^2(\tau, k) + b \tag{1}$$
$$\tau = \omega t,\ \omega = \bar{\omega} + \varepsilon\omega_1 + \cdots \tag{2}$$
$$\bar{\omega} = 1.290\ 53,\ k^2 = 0.747\ 36 \tag{3}$$
$$a = 7.468\ 2,\ b = -4.464\ 79 \tag{4}$$

习题 21.9 答:属于二次非线性类型Ⅲ,采用椭圆函数摄动法。
$$x = a\text{cn}^2(\tau, k) + b \tag{1}$$
$$\tau = \omega t,\ \omega = \bar{\omega} + \varepsilon\omega_1 + \cdots \tag{2}$$

$$\bar{\omega} = 1.073\ 1,\ k^2 = 0.564\ 84 \tag{3}$$
$$a = 3.902\ 4,\ b = 1.701\ 3 \tag{4}$$

习题 21.10 答：属于三次非线性类型Ⅰ，采用椭圆函数 L-P 法。
$$x = A\mathrm{cn}(\tau, k) \tag{1}$$
$$\tau = \omega t,\ \omega = \bar{\omega} + \varepsilon\omega_1 + \cdots \tag{2}$$
$$\bar{\omega} = 6.8,\ A = 3.4,\ k^2 = 0.25 \tag{3}$$

习题 21.11 答：属于三次非线性类型Ⅲ，采用椭圆函数 L-P 法。
(1) 捕获轨道周期解
$$x = A\mathrm{dn}(\tau, k) \tag{1}$$
$$\tau = \omega t,\ \omega = \bar{\omega} + \varepsilon\omega_1 + \cdots \tag{2}$$
$$\bar{\omega} = 0.943\ 64,\ A = 1.334\ 50,\ k^2 = 0.876\ 97 \tag{3}$$

(2) 非捕获轨道周期解
$$x = A\mathrm{cn}(\tau, k) \tag{4}$$
$$\tau = \omega t,\ \omega = \bar{\omega} + \varepsilon\omega_1 + \cdots \tag{5}$$
$$\bar{\omega} = 1.421\ 03,\ A = 1.737\ 62,\ k^2 = 0.747\ 61 \tag{6}$$

习题 21.12 答：属于二次非线性类型Ⅰ，采用椭圆函数 L-P 法。
$$x = a\mathrm{cn}^2(\tau, k) + b \tag{1}$$
$$\tau = \omega t,\ \omega = \bar{\omega} + \varepsilon\omega_1 + \cdots \tag{2}$$
$$\bar{\omega} = 0.537\ 3,\ k^2 = 0.711\ 4 \tag{3}$$
$$a = 0.876\ 6,\ b = -0.507\ 1 \tag{4}$$

习题 21.13 答：属于二次非线性类型Ⅰ，采用椭圆函数 L-P 法。
$$x = a\mathrm{cn}^2(\tau, k) + b \tag{1}$$
$$\tau = \omega t,\ \omega = \bar{\omega} + \varepsilon\omega_1 + \cdots \tag{2}$$
$$\bar{\omega} = 0.526\ 5,\ k = 0.866\ 7 \tag{3}$$
$$a = 0.833\ 0,\ b = -0.519\ 0 \tag{4}$$

习题 21.14 答：属于二次非线性类型Ⅰ，采用广义谐波函数 KBM 法。
$$0 < \mu < \frac{2}{21},\ 0 < a < \frac{1}{2},\ -\frac{1}{6} < b < 0 \tag{1}$$
$$x = a\cos\varphi + b \tag{2}$$
$$b = \frac{1}{3}(-1 + \sqrt{1 - 3a^2}) \tag{3}$$
$$\dot{\varphi} = \Phi_0(a, \varphi) + \Phi_1(a, \varphi) \tag{4}$$

习题 21.15 答：属于三次非线性类型Ⅲ，采用广义谐波函数 KBM 法。
非捕获轨的一次近似定常振动
$$x = 1.843\ 3\cos\varphi \tag{1}$$
$$\dot{\varphi} = \sqrt{1.548\ 4 + 0.849\ 5\cos 2\varphi} + \varepsilon(-0.43\sin 2\varphi + 0.023\sin 4\varphi) \tag{2}$$

习题 21.16 答：采用广义谐波函数平均法。
(1) $n = 1$
$$x = 1.909\ 8\cos\varphi \tag{1}$$
$$\dot{x} = -2.579\ 1\sqrt{1 + \cos^2\varphi}\sin\varphi \tag{2}$$

(2) $n = 2$
$$x = 1.863\ 1\cos\varphi \tag{1}$$
$$\dot{x} = -3.733\ 9\sqrt{1 + \cos^2\varphi + \cos^4\varphi}\sin\varphi \tag{2}$$

习题 21.17 答：采用广义谐波函数平均法。
$$x = a\cos\varphi \tag{1}$$

$$\dot{x} = -a\Phi(a,\varphi)\sin\varphi \tag{2}$$

$$\Phi(a,\varphi) = \sqrt{m_1 + 0.75m_2a^2 + 0.25m_2a^2\cos2\varphi} \tag{3}$$

习题 21.18 答:采用广义谐波函数平均法。

$$x = a\cos\varphi + b \tag{1}$$

$$\dot{x} = -a\Phi(a,\varphi)\sin\varphi \tag{2}$$

$$b = \frac{-n_1 + \sqrt{3n_1^2 - 4n_2^2a^2}}{2\sqrt{3}n_2} \tag{3}$$

$$\frac{db}{da} = -\frac{n_1b + n_2(a^2 + b^2)}{n_1a + 2n_2ab} \tag{4}$$

$$\Phi(a,\varphi) = \sqrt{n_1 + 2n_2b + \frac{2}{3}n_2a\cos\varphi} \tag{5}$$

习题 21.19 答:采用广义谐波函数 L-P 法。

$$x = 1.9351\cos\tau \tag{1}$$

$$\frac{d\tau}{dt} = \omega_0(\tau) + \varepsilon\omega_1(\tau) + O(\varepsilon^2) \tag{2}$$

$$\omega_0(\tau) = (3.8085 + 0.9362\cos2\tau)^{1/2} \tag{3}$$

$$\omega_1(\tau) = -0.4777\sin2\tau + 0.0098\sin4\tau \tag{4}$$

习题 21.20 答:采用广义谐波函数 L-P 法。

$$0 < \mu\left(\frac{k_2}{k_1}\right)^2 < \frac{1}{7} \tag{1}$$

$$\mu = 1, k_1 = 4, k_2 = 1 \tag{2}$$

$$x = 1.9465\cos\tau - 0.3456 \tag{3}$$

$$\frac{d\tau}{dt} = \omega_0(\tau) + \varepsilon\omega_1(\tau) + O(\varepsilon^2) \tag{4}$$

$$\omega_0(\tau) = (3.3095 + 1.2971\cos\tau)^{1/2} \tag{5}$$

$$\omega_1(\tau) = 0.3352\sin\tau - 0.4237\sin2\tau \tag{6}$$

习题 21.21 答:采用广义谐波函数 L-P 法。

$$x = x_0(\tau) + \varepsilon x_1(\tau) + O(\varepsilon^2) \tag{1}$$

$$\frac{d\tau}{dt} = \omega_0(\tau) + \varepsilon\omega_1(\tau) + O(\varepsilon^2) \tag{2}$$

$$x_0 = a_0\cos\tau \tag{3}$$

$$\omega_0(\tau) = a_0(0.75 + 0.25\cos2\tau)^{1/2} \tag{4}$$

习题 21.22 答:采用广义谐波函数多尺度法(两变量展开法)。

$$x = \xi\cos\eta(t) + b \tag{1}$$

$$\dot{x} = -\xi\frac{d\eta}{dt}\cos\eta + b \tag{2}$$

$$x(t,\varepsilon) = x_0(\xi,\eta) + \varepsilon x_1(\xi) + O(\varepsilon^2) \tag{3}$$

$$\frac{d\xi}{dt} = \varepsilon R_1(\xi) + \varepsilon^2 R_1(\xi) + O(\varepsilon^3) \tag{4}$$

$$\frac{d\eta}{dt} = S_0(\xi,\eta) + \varepsilon S_1(\xi,\eta) + O(\varepsilon^3) \tag{5}$$

$$x = 0.6102\cos\eta - 0.1452 \tag{6}$$

$$\dot{x} = -0.6102[S_0(\eta) + \varepsilon S_1(\eta)]\sin\eta \tag{7}$$

$$S_0(\eta) = (0.7096 + 0.4068\cos\eta)^{1/2} \tag{8}$$

$$S_1(\eta) = 0.0986\sin\eta - 0.0032\sin2\eta + 0.0009\sin3\eta \tag{9}$$

习题 21.23 答:采用摄动-增量法。

$$x = a\cos\varphi \tag{1}$$

$$\dot{x} = -a\Phi(\varphi)\sin\varphi \tag{2}$$

$$\frac{d\varphi}{dt} = \Phi(\varphi) \tag{3}$$

$$x = \left(\frac{7}{3}\right)^{1/4}\cos\varphi \tag{4}$$

$$\Phi_0(\varphi) = \left(\frac{7}{3}\right)^{1/4}\left[\frac{1}{2}(1+\cos^2\varphi)\right]^{1/2} \tag{5}$$

$$\Phi(\varphi) = \Phi_0 + \sum_{j=1}^{M}(P_j\cos j\varphi + Q_j\sin j\varphi) \tag{6}$$

习题 21.24 答: 采用摄动-增量法。

$$x = a\cos\varphi \tag{1}$$

$$\dot{x} = -a\Phi(\varphi)\sin\varphi \tag{2}$$

$$\frac{d\varphi}{dt} = \Phi(\varphi) \tag{3}$$

$$\mu > -0.1315 \tag{4}$$

$$\Phi(\varphi) = \Phi_0 + \sum_{j=1}^{M}(P_j\cos j\varphi + Q_j\sin j\varphi) \tag{5}$$

(1) $\mu = -0.1$, $\lambda = 10$ 有两个极限环。

① 对应于 $a^{(1)}$ 的极限环不稳定:

$$x^{(1)} = 0.6998\cos\varphi \tag{6}$$

$$\Phi_0(\varphi) = 0.6998\left[\frac{1}{2}(1+\cos^2\varphi)\right]^{1/2} \tag{7}$$

② 对应于 $a^{(2)}$ 的极限环稳定。

$$x^{(2)} = 1.1956\cos\varphi \tag{8}$$

$$\Phi_0(\varphi) = 1.1956\left[\frac{1}{2}(1+\cos^2\varphi)\right]^{1/2} \tag{9}$$

(2) $\mu = 0.2$, $\lambda = 10$ 有一个稳定极限环。

$$x = 1.5757\cos\varphi \tag{10}$$

$$\Phi_0(\varphi) = 1.5757\left[\frac{1}{2}(1+\cos^2\varphi)\right]^{1/2} \tag{11}$$

B 类型习题答案

习题 21.25、习题 21.26 请参考文献[51~55,176]。

C 类型习题答案

习题 21.27 解: 滑动摆。

MATLAB 程序

① 主程序文件名是 hdb.m。

```
> ############################################################
> G = 9.8;m1 = 4;m2 = 2;l = 1;
> [t,y] = ode45('hdbfun',[0:0.001:5],[pi/4,0,…
>      -1*cos(pi/4)*2/(4+2),0],[],m1,m2,g,l);
> Figure(1)                                  #将下面先设定图形窗口的位置
> Set(gcf,'unit','normalized','position',[0.03 0.1 0.5 0.5]);
> Cla;
> Plot(t,y(:,1),t,y(:,3))                    #位移图形
> Xlabel('时间');
> Ylabel('位移');
```

```
> legend('摆锤','滑块')
> ###############################################################
> Figure(2)
> Set(gcf,'unit','normalized','position',[0.5 0.4 0.5 0.5]);
> Cla;
> Axis([-0.6 0.6 -1 0.2]);
> Axis off
> Axis equal
> Hold on
> Y1 = -1.*cos(y(:,1));x1 = y(:,3) + 1.*sin(y(:,1));        #球的坐标
> Xian1 = line([-0.6,0.6],[0,0],'linewidth',2);             #画横线
>   Xian2 = line([0,0],[0,-1],'linewidth',2,'linestyle',':');   #画竖线
>                                                           #画杆,滑块与球的初位置
>   Gan = line([y(1,3),x1(1)],[0,y1(1)],'color','y','linestyle','-',…
>    'linewidth',3,'erasemode','xor');
>   Kuai = line([y(1,3)-0.05,y(1,3)+0.05],[0,0],'color','b',…
>    'linestle','-','linewidth',15,'erasemode','xor');
>   Qiu = line(x1(1),y1(1),'color','r','marker','.','markersize',…
>    50,;erasemode','xor');
> ###############################################################
> Fori = 1:5001                                             #作动画
>   Set(gan,'xdata',[y(I,3),x1(i)],'ydata',[0,y1(1)]);
>   Set(kuai,'xdata',[y(I,3)-0.05,y(I,3)+0.05],'ydata',[0,0]);
>   Set(qiu,'xdata',x1(i),'ydata',y1(i));
> Drawnow;
> End
> ###############################################################
```

②函数文件名为 hdbfun.m。

```
> ###############################################################
> function ydot = hdbfun(t,y,flag,m1,m2,g,1)
>   M = m2/(m1++m2);
> ydot = [y(2);
>    (-M*sin(y(1))*cos(y(1))*y(2)2-…
>    g/1*sin(y(1)))/(1-M*cos(y(1))2);
>    y(4);
>    (M*g*sin(y(1))*cos(y(1))+M*1*…
>    sin(y(1))*y(2)2)/(1-M*cos(y(1))2)];
> ###############################################################
```

第22章 能 量 法

A 类型习题答案

习题 22.1 答: 能量坐标变换公式为

$$x = a\cos\theta \tag{1a}$$

$$\dot{x} = -a\sin\theta\left(\sqrt{A - \frac{1}{2}Ba^2} - \frac{1}{4}\frac{Ba^2}{\sqrt{A - \frac{1}{2}Ba^2}}\cos2\theta\right) \tag{1b}$$

$$\frac{\mathrm{d}\theta}{\mathrm{d}t} = \sqrt{A - \frac{1}{2}Ba^2}\left(1 + \frac{1}{4}\frac{Ba^2}{\sqrt{A - \frac{1}{2}Ba^2}}\cos2\theta + \varepsilon\frac{1}{2}\frac{1}{A - 2Ba^2}\sqrt{A - \frac{1}{2}Ba^2}\sin2\theta\right) \tag{2}$$

$$a^2 = -\frac{Z_2}{Z_1} \pm \sqrt{\frac{Z_2^2 - 4Z_1 Z_3}{Z_1^2}} \tag{3}$$

习题 22.2 答:能量坐标变换公式为

$$x = a\cos\theta + \frac{1}{2k}\left(-1 + \sqrt{1 - \frac{4}{3}k^2 a^2}\right) \tag{1a}$$

$$\dot{x} = -a\sin\theta\left[\left(1 - \frac{4}{3}k^2 a^2\right)^{1/4} + \frac{ka}{3\left(1 - \frac{4}{3}k^2 a^2\right)^{1/4}}\cos\theta\right] \tag{1b}$$

$k = \frac{1}{4}$ 时, $a^* = 1.95$, $b^* = 0.347$, $\omega^* = 0.909$

$$\frac{d\theta}{dt} = 0.909 + 0.178\cos\theta \tag{2}$$

$$x = -0.347 + 1.95\cos 0.909t + 0.048\cos 2(0.909t) \tag{3}$$

习题 22.3 答:能量坐标变换公式为

$$x = a\cos\theta \tag{1a}$$

$$\dot{x} = -ak\sin\theta \tag{1b}$$

$$x = a\cos(\Omega t + \phi) + \frac{a}{4\Omega}\left(\alpha - \frac{3}{8}\beta a^2\right)\cos 2(\Omega t + \phi) + \frac{a\alpha}{6\Omega}\cos 3(\Omega t + \phi) \tag{2}$$

对于 $\alpha = \beta = k = 1$, $F = 2$, $\Omega = 0.8$, $a^* = 2.578$, $\omega^* = 0.8$

$$\frac{d\theta}{dt} = 1 - 0.2\cos 2\theta + 0.83076\sin 4\theta \tag{3}$$

习题 22.4 答:能量坐标变换公式为

$$x = a\cos\theta \tag{1a}$$

$$\dot{x} = -a\sin\theta\left(\sqrt{1 + 0.075a^2} + \frac{0.012a^2}{\sqrt{1 + 0.075a^2}}\cos 2\theta\right) \tag{1b}$$

$$\frac{d\theta}{dt} = 1.109 + 0.016\cos 2\theta \tag{2}$$

$$x = 1.75[1.007\cos(1.109t) + 0.002\cos 2(1.109t)] \tag{3}$$

习题 22.5 答:能量坐标变换公式为

$$x_1 = a_1\cos\theta_1 \tag{1a}$$

$$x_2 = a_2\cos\theta_2 \tag{1b}$$

$$\dot{x}_1 = -a_1\sin\theta_1 \tag{2a}$$

$$\dot{x}_2 = -2a_2\sin\theta_2 \tag{2b}$$

周期解的一次近似解析解

$$x_1 = a_1^{(1)}\cos 0.888t + a_1^{(2)}\cos 2.113t \tag{3a}$$

$$x_2 = 0.224a_1^{(1)}\cos 0.888t - 2.226a_1^{(2)}\cos 2.113t \tag{3b}$$

周期解的二次近似解析解,令 $a_1^{(1)} = a_1^{(2)} = 1$

$$x_1 = [1 + 0.063\cos(1.776t)]\cos[0.888t + 0.063\sin(1.776t)] +$$
$$[1 + 0.263\cos(4.226t)]\cos[2.113t - 0.263\sin(4.226t)] \tag{4a}$$

$$x_2 = [0.224 + 0.140\cos(1.776t)]\cos[0.888t + 0.628\sin(1.776t)] +$$
$$[-2.226 - 0.059\cos(4.226t)]\cos[2.113t - 0.226\sin(4.226t)] \tag{4b}$$

精确解

$$x_1 = a_1^{(1)}\cos 0.835t + a_1^{(2)}\cos 2.075t \tag{5a}$$

$$x_2 = 0.303a_1^{(1)}\cos 0.888t - 3.305a_1^{(2)}\cos 2.075t \tag{5b}$$

B 类型习题答案

习题 22.6 答：能量坐标变换公式为

$$x_i = a_i \cos\theta_i, \quad (i = 1, 2) \tag{1a}$$

$$\dot{x}_i = -a_i \sin\theta_i A_i(a_i)\left(1 + \frac{1}{2}B_i(a_i)\sin 2\theta_i\right), \quad (i = 1, 2) \tag{1b}$$

其中

$$A_i(a_i) = \left(\alpha_i + \frac{3}{2}\beta_i a_i^2\right)^{\frac{1}{2}}, \quad (i = 1, 2) \tag{2a}$$

$$B_i(a_i) = \frac{\beta_i a_i^2}{A_i^2(a_i)}, \quad (i = 1, 2) \tag{2b}$$

周期解的一次近似解析解

$$x_1 = a_1^{(1)}\cos\omega^{(1)}t + a_1^{(2)}\cos\omega^{(2)}t \tag{3a}$$

$$x_2 = a_2^{(1)}(a_1^{(1)})\cos\omega^{(1)}t - a_2^{(2)}(a_1^{(2)})\cos\omega^{(2)}t \tag{3b}$$

周期解的二次近似解析解，令

$$a_1^{(1)} = a_1^{(2)} = 1 \tag{4}$$

$$x_1 = a_1^{(1)}\cos[\omega^{(1)}t + \phi_1^{(1)}(t)] + a_1^{(2)}[\omega^{(2)}t + \phi_1^{(2)}(t)] \tag{5a}$$

$$x_2 = a_2^{(1)}\cos[\omega^{(1)}t + \phi_2^{(1)}(t)] + a_2^{(2)}[\omega^{(2)}t + \phi_2^{(2)}(t)] \tag{5b}$$

习题 22.7、习题 22.8 请参考文献[51~55,176]

C 类型习题答案

习题 22.9 解：

MATLAB 程序

①滑动摆主程序。

主程序的文件名是 fkb.m。

```
> ##########################################################
> a = input('请输入纬度 =');
> q = input('请按此格式依次输入[x0,vx0,y0,vy0] =');
> c = a * pi/180;                                    #纬度 λ 的弧度值
> [t,x] = ode45('fkbfun',[0:0.02:100],q,[],c);       #求解微分方程
> xlabel('x');                                       #横坐标
> ylabel('y');                                       #纵坐标
> plot(x(:,1),x(:,3))                                #绘制傅科摆的运动轨迹
> axis equal
> ##########################################################
```

②函数文件名为 fkbfun.m。

```
> ##########################################################
> function tt = fkb(t,x,flag,c)                      #傅科摆微分方程
> a = (2 * pi * sin(c))/100;                         # ωsinλ
> b = 9.8/67;                                        # g/l
> tt = [x(2);
>    2 * a * x(4) - b * x(1);
>    x(4);
>    -2 * a * x(2) - b * x(3)];                      #微分方程组
> ##########################################################
```

第 23 章　同伦分析方法

A 类型习题答案

习题 23.1 答：$\tau = 4\sqrt{\dfrac{l}{g}} \displaystyle\int_0^{\frac{\pi}{2}} \dfrac{\mathrm{d}\phi}{\sqrt{1-\kappa^2\sin^2\phi}}$，式中 $\kappa = \sin\dfrac{\theta_0}{2}$。

习题 23.2　请参考文献 [140, 169]。

习题 23.3 答：$\dfrac{4}{\omega_0\left(1-\dfrac{\theta_0^2}{12}\right)} F\left(a, \dfrac{\pi}{2}\right)$，其中 $F(a,\beta)$ 是第一类不完全椭圆积分。

B 类型习题答案

习题 23.4 答：角频率 ω 的一阶近似解

$$\omega \approx \dfrac{256 + 384\varepsilon a^2 + 141\varepsilon^2 a^4}{32\,(4+\varepsilon a^2)^{\frac{3}{2}}} \tag{1}$$

和二阶近似解

$$\omega \approx \dfrac{131\,072 + 393\,216\varepsilon a^2 + 440\,832\varepsilon^2 a^4 + 218\,880\varepsilon^3 a^6 + 40\,599\varepsilon^4 a^8}{1\,024\,(4+3\varepsilon a^2)^{\frac{7}{2}}} \tag{2}$$

习题 23.5 答：角频率 ω 的一阶近似解

$$\omega \approx \sqrt{1+\dfrac{8\varepsilon a}{3\pi}} - \dfrac{20\,178\,939\,011\,695}{406\,442\,819\,935\,152}\left(\dfrac{\varepsilon a}{\pi}\right)^2 \left(1+\dfrac{8\varepsilon a}{3\pi}\right)^{-\frac{3}{2}} \tag{1}$$

习题 23.6 答：角频率 ω 的一阶近似解

$$\omega \approx \omega_0 - \dfrac{\hbar\,(\gamma a)^2}{12\omega_0^3} \tag{1a}$$

$$\delta \approx \delta_0 \tag{1b}$$

二阶近似解

$$\omega \approx \omega_0 - \dfrac{\hbar\,(\gamma a)^2}{6\omega_0^3}\left(1+\dfrac{\hbar}{2}\right) + \dfrac{\hbar^2\,(\gamma a)^4}{288\omega_0^7} \tag{2a}$$

$$\delta \approx \delta_0 + \dfrac{\hbar^2 a^4 \gamma^3}{144\omega_0^6} \tag{2b}$$

和三阶近似解

$$\omega \approx \omega_0 - \dfrac{\hbar\,(\gamma a)^2}{6\omega_0^3}\left(1+\hbar+\dfrac{\hbar^2}{3}\right) + \dfrac{\hbar^2\,(\gamma a)^4}{1\,728\,\omega_0^7}(18+41\hbar) + \dfrac{\hbar^3\,(\gamma a)^6}{3\,456\,\omega_0^{11}} \tag{3a}$$

$$\delta \approx \delta_0 + \dfrac{\hbar^2 a^4 \gamma^3}{48\omega_0^6}\left(1+\dfrac{2\hbar}{3}\right) \tag{3b}$$

其中

$$\omega_0 = (1 - \hbar\gamma^2 a^2)^{1/4} \tag{4a}$$

$$\delta_0 = \frac{\omega_0^2 - 1}{2\gamma} \tag{4b}$$

辅助参数 $-2 \leqslant \hbar < 0$。

C 类型习题答案

习题 23.7 解：双摆。

MATLAB 程序

(1) 主程序文件名是 jjsb.m。

```
> ############################################################
>   l = 9;
>   [t,u] = ode45('jjsbfun',[0:0.01:30],[0.5,0.2,0.1,2.8],[],1);
>   y1 = -l*cos(u(:,1));                    #{计算球1的坐标}
>   x1 - l*sin(u(:,1));
>   y2 = y1 - l*cos(u(:,3));                #{计算球2的坐标}
>   x2 = x1 + l*sin(u(:,3));
> ############################################################
>   figure(1)
>   set(gcf,'unit','normalized','position',[0.03 0.1 0.5 0.5]);
>                                            #{设置窗口坐标}
>   cla;
>   plot(t,u(:,1),'g',t,u(:,3),'r')         #{画位移曲线}
>   xlabel('时间');ylabel('摆角');
>   legend('上面的摆','下面的摆');
>   pause(0.5)
> ############################################################
>   figure(2)
>   set(gcf,'unit','normalized','position',[0.5 0.4 0.5 0.5]);  #{设置窗口坐标}
>   cla;
>   axis([-10 10 -20 20])
>   axis eual
>   hold on
>   a10 = line([-9,9],[0,0],'color','k','linewidth',3.5);  #{画横梁}
>   a20 = linspace(-9,9,36);
>                                            #{下面的循环语句是画横梁顶部的虚线}
>   fori = 1:35
>     a30 = (a20(i) + a20(i+1))/2;
>     plot([a20(i),a30],[0,0+0.5],'color','b','linestyle','-','linewidth',1);
> end
> ############################################################
```

```
>                                                   #以下为模拟动画
> ball1a = line(x1(1),y1(1),'color',[0.5 0.6 0.4],'linestyle','-','linewidth',1,...
>     'erasemode','none');
> ball1 = line(x1(1),y1(1),'color','r','marker','.','markersize',40,'erasemode','xor');
> ball2a = line(x2(1),y2(1),'color',[0.5 0.6 0.4],'linestyle','-','linewidth',1,...
>     'erasemode','none');
> ball2 = line(x2(1),y2(1),'color','r','marker','.','markersize',40,'erasemode','xor');
> gan1 = line([0,x1(1)],[0,y1(1)],'color','g','linewidth',2,'erasemode','xor');
> gan2 = line([x1(1),x2(1)],[y1(1),y2(1)],'color','g','linewidth',2,'erasemode','xor');
> ###########################################################
> for i = 1:length(u)
>     set(ball1,'xdata',x1(i),'ydata',y1(i));
>     set(ball2,'xdata',x2(i),'ydata',y2(i));
>     set(ball1a,'xdata',x1(i),'ydata',y1(i));
>     set(ball2a,'xdata',x2(i),'ydata',y2(i));
>     set(gan1,'xdata',[0,x1(i)],'ydata',[0,y1(i)]);
>     set(gan2,'xdata',[x1(i),x2(i)],'ydata',[y1(i),y2(i)]);
>     drawnow
> end
> ###########################################################
```

(2) 函数文件名为 jjsbfun.m。

```
> ###########################################################
> function ydot = jjsbfun(t,y,flag,l)
> g = 9.8;
> ydot = [y(2);
>     (l*y(2)^2*sin(y(3)-y(1))*cos(y(3)-y(1))+g*sin(y(3))*cos(y(3)-y(1))...
>     +l*y(4)^2*sin(y(3)-y(1))-2*g*sin(y(1)))/(2*l-l*(cos(y(3)-y(1)))^2);
>     y(4);
>     (-l*y(4)^2*sin(y(3)-y(1))*cos(y(3)-y(1))+2*g*sin(y(1))*cos(y(3)-y(1))...
>     -2*l*y(2)^2*sin(y(3)-y(1))-2*g*sin(y(3)))/(2*l-l*(cos(y(3)-y(1)))^2)];
> ###########################################################
```

第24章 谐波-能量平衡法

A 类型习题答案

习题 24.1 答: $\omega^2 = 1 + \dfrac{3}{4}\varepsilon a^2$。

习题 24.2 答: 幅频关系如下

(1) $$\omega^2 = b + \frac{3}{4}ca^2 \tag{1}$$

(2) $$(b - \omega^2) + \frac{3}{4}c(a_1^2 + a_1 a_3 + 2ca_3^2) = 0 \tag{2a}$$

$$(b - 9\omega^2)a_3 + \frac{1}{4}c(a_1^3 + 6a_1^2 a_3 + 3a_3^3) = 0 \tag{2b}$$

习题 24.3 答: 幅频关系如下

$$(-a\omega^2 - 2\mu b\omega + a\omega_0^2) + \frac{3}{4}\beta(a^3 + ab^2) = 0$$

$$(b - \omega^2)a_3 + \frac{3}{4}c(a_1^3 + 2a_1^2 a_3 + a_3^3) = 0$$

习题 24.4 请参考文献 [24,25,169]。

习题 24.5 答: $\omega^2 = \omega_0^2 + \frac{3}{4}A_0^2\alpha - \frac{3}{128}\frac{A_0^4}{\omega^2}\alpha^2$,

$$x(t) = A_0\cos\omega t - \frac{A_0^3\alpha}{32\omega^2}(\cos\omega t - \cos 3\omega t) - \frac{A_0^5\alpha}{1024\omega^4}(\cos\omega t - \cos 5\omega t)。$$

习题 24.6 答: 等价阻力系数 $c_e = c$,等价弹簧刚度 $k_e = k + \frac{3}{4}bA^2 + \frac{5}{8}dA^4$。

习题 24.7 答:

等价弹簧刚度 $k_e \approx k + \Delta k - \frac{4}{\pi}\Delta k\left(\frac{e}{A} - \frac{1}{6}\frac{e^3}{A^3} - \frac{1}{40}\frac{e^5}{A^5}\right)$;

等价固有角频率 $\omega_e = \sqrt{\frac{k_e}{m}}$;

等价线性化振幅 $A_e = \frac{F}{k_e - m\Omega^2}$。

习题 24.8 答:

(1) $\omega = \omega_0\left(1 + \frac{3\omega_0^2\alpha_3 - 4\alpha_2^2}{8\omega_0^4}C_1^2\right) + O(\varepsilon^5)$;

(2) $\omega = \omega_0\left(1 + \frac{9\omega_0^2\alpha_3 - 10\alpha_2^2}{24\omega_0^4}C_1^2\right) + O(\varepsilon^5)$;

其中, $\omega_0 = \sqrt{\alpha_1}$, $C_1 = \sqrt{a_1^2 + b_1^2}$。

B 类型习题答案

习题 24.9、习题 24.10 请参考文献 [136~140,176]。

C 类型习题答案

习题 24.11 解:弹簧连接的耦合摆。

MATLAB 程序

(1) 主程序的文件名是 thsb.m。

```
> #########################################################
> function thsb(hl,hc,hp)
> if get(hc,'value') == 1
>     figure
> else
>     cla
> end
> disp('本题采用本征值符号解法:')
> #########################################################
> l = 15; g = 9.8; m = 80; k = 200; h = 0.6;
> S = [g/l + k/m, -k/m; -k/m, g/l + k/m];
> P = [1,0;0,1];
> [BM,BZ] = eig(P\S)                    #求本征矢量和本征值
> BZZ = sqrt(BZ)                        #求本征角频率
```

```
> A1 = [0;0.2;0.1];   A2 = [0.15;0; -0.2];   phi1 = 0;   phi2 = 0;
> t = 0:0.04:150;
> str{1} = '弹簧双摆的反相振动—简正模1';
> str{2} = '弹簧双摆的同相振动—简正模2';
> str{3} = '弹簧双摆的一般振动';
> ############################################################
> For j = 1:3                                            #三种不同的振动情况
>     theta1 = A1(j) * BM(1,1) * cos(BZZ(1,1) * t + phi1)…
>         + A2(j) * BM(1,2) * cos(BZZ(2,2) * t + phi2);
>     theta2 = A1(j) * BM(2,1) * cos(BZZ(1,1) * t + phi1)…
>         + A2(j) * BM(2,2) * cos(BZZ(2,2) * t + phi2);
> Dt1 = diff(theta1);
> Dt2 = diff(theta2);
> ############################################################
> figure(1)
> get(gcf,'unit','normalized','position',[0.03 0.1 0.5 0.5]);
> cla;
> subplot(2,1,1)
> axis([0 20 -0.3 0.3])
> plot(t,theta1)
> xlabel('时间');
> ylabel('摆角1');
> title(str{j});
> axis([0 20 -0.3 0.3])
> plot(t,theta2)
> xlabel('时间');
> ylabel('摆角2');
> pause(0.5)
> ############################################################
> figure(2)
> get(gcf,'unit','normalized','position',[0.5 0.45 0.5 0.5]);
> cla;
> axis([-15 15 -8 10])
> title(str{j});
> hold on
> ############################################################
```

(2) 画横梁和小斜线。

```
> ############################################################
>                                                        #画横梁和小斜线
> a10 = line([-9,9],[9,9],'color','k','linestyle','-','linewidth',3.5);
> a20 = linspace(-9,9,36);
> for i = 1:35
>     a30 = (a20(i) + a20(i+1))/2;
>     plot([a20(i),a30],[9,9.5],'color','b','linestyle','-','linewidth',1);
> end
> ############################################################
```

(3) 计算两小球的直角坐标。

```
> ############################################################
>                                             #计算两小球的直角坐标
> x1 = -5 + l * sin(theta1);
> y1 = 9 - l * cos(theta1);
> x2 = 5 + l * sin(theta2);
> y2 = 9 - l * cos(theta2);
> ############################################################
```

(4) 用正弦 sin 函数画弹簧。

```
> ############################################################
>                                             #用 sin 函数画弹簧
> a1 = linspace(x1(1),x2(1),220);
> b1 = 0.06 * sin((a1 - x1(1)) * 40/(x2(1) - x1(1))) + y2(1);
> tan1 = line(a1,b1,'color','m','linestyle','-','erasemode',...
>     'xor','linewidth',1.5);
> yuan1 = line([-5,x1(1)],[9,y1(1)],'color','b','erasemode','xor','linestyle',...
>     '-','linewidth',2.5);
> yuan2 = line([5,x2(1)],[9,y2(1)],'color','b','erasemode','xor','linestyle','-',...
>     'linewidth',2.5);
> qiu1 = line(x1(1),y1(1),'color','r','erasemode','xor','marker','.','markersize',85);
> qiu2 = line(x2(1),y2(1),'color','r','erasemode','xor','marker','.','markersize',85);
> n = length(t);
>     for i = 1:n
>         set(yuan1,'xdata',[-5,x1(i)],'ydata',[9,y1(i)]);
>         set(yuan2,'xdata',[5,x2(i)],'ydata',[9,y2(i)]);
>         set(qiu1,'xdata',x1(i),'ydata',y1(i));
>         set(qiu2,'xdata',x2(i),'ydata',y2(i));
>                                             #用 sin 函数画弹簧
>         a1 = linspace(x1(i),x2(i),220);
>         b1 = sin((a1 - x1(i)) * 40/(x2(i) - x1(i))) + y1(i);
>         set(tan1,'xdata',a1,'ydata',b1);
>         drawnow;
>     end
> hold off
>     end
```

(5) 函数文件名为 zhengzong.m。

```
> ############################################################
> function ydot = zhengzong(t,y,flag,g,l,k,m)
> a = g/l;   b = k/m;
> ydot = [y(2);
>     -a * y(1) - b * (y(1) - y(3));
>     y(4);
>     -a * y(3) + b * (y(1) - y(3))];
> ############################################################
```

第 25 章 三维连续-时间动力系统的奇点与分岔

A 类型习题答案

习题 25.1 ~ 习题 25.3 请参考文献 [11~15,37,171]。

习题 25.4 答：$\alpha = 0$ 在 $(0,0)$ 处叉式分岔。

习题 25.5 答：$\alpha = 0$ 在 $(0,0)$ 处跨临界叉式分岔。

习题 25.6 答：$\alpha = 0$ 在 $(0,0)$ 和 $(-2,0)$ 处跨临界分岔;
$\alpha = -0.25$ 在 $(-1,-0.25)$ 处鞍结分岔。

习题 25.7 答：$\dot{x} = \alpha x - 2x^3 + o(x^3)$ 超临界叉式分岔。

习题 25.8 请参考文献 [27,171]。

习题 25.9 答：平衡点 $O(0,0)$，$W^s(O) = \{(X,Y) \in \mathbf{R}^2 \mid X = 0\}$

$$W^u(O) = \left\{(X,Y) \in \mathbf{R}^2 \,\middle|\, Y = \frac{X^2}{3}\right\}$$

$$E^s(O) = \{(X,Y) \in \mathbf{R}^2 \mid X = 0\}$$

$$E^u(O) = \{(X,Y) \in \mathbf{R}^2 \mid Y = 0\}$$

习题 25.10 答：$h(x) = cx^2 + O(x^4)$，$\dot{x} = (a+c)x^3 + O(x^5)$。

习题 25.11 答：稳定。$h(x,y) = -x^2 - y^2 + \cdots$;

$$\dot{x} = -y - x^3 - xy^2 + \cdots, \quad \dot{y} = x - x^2 y - y^3 + \cdots 。$$

习题 25.12 答：$\dot{x} = \alpha x - 2x^3 + o(x^3)$，超临界叉式分岔。

习题 25.13 答：$\dot{u} = 3u + av^3$，$\dot{v} = v$。

B 类型习题答案

习题 25.14 答：平衡态 O 结构稳定，它的拓扑类型是鞍点 $(3,1)$。

$$\lambda_{1,2} = -1 \pm 2\mathrm{i}, \quad \lambda_3 = -2, \quad \lambda_4 = 2。$$

习题 25.15 提示：消去 r 得，$\lambda^3 + p\lambda^2 + q\lambda + pq = 0$，$(\lambda+p)(\lambda^2+q) = 0$。

习题 25.16 请参考文献 [38,171]。

习题 25.17 解：我们确定非平凡平衡点 $O_{1,2}(\pm 1, 0, \pm 1)$ 的稳定性，首先我们在 O_1 或 O_2 线性化系统。相应的 Jacobi 矩阵是

$$\begin{pmatrix} -\dfrac{a}{3} & a & 0 \\ 1 & -1 & 1 \\ 0 & -b & 0 \end{pmatrix} \quad (1)$$

特征多项式是

$$\lambda^3 + \left(1 + \frac{a}{3}\right)\lambda^2 + \left(b - \frac{2a}{3}\right)\lambda + \frac{ab}{3} = 0 \quad (2)$$

如同 O，当 $ab \ne 0$ 时，平衡点 $O_{1,2}$ 不可能有零特征指数。在条件 $R = 0$ 时为

$$b = \frac{2}{9}a(3+a) \quad (3)$$

这个分岔边界画在图 D.25.1 中。

对应的 q 的表达式是 $q = 2a^2/9 > 0$，因此，在 $R = 0$，

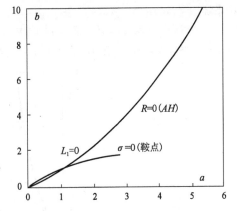

图 D.25.1 Chua 电路的 (a,b)-分岔图的一部分

注：AH-Andronov-Hopf 分岔曲线；$\sigma = 0$ 对应原点是鞍点时的鞍点量为零

平衡点 $O_{1,2}$ 有一对纯虚特征指数,即

$$\lambda_{1,2} = \pm i \frac{a\sqrt{2}}{3} \text{ 和 } \lambda_3 = -\left(1 + \frac{a}{3}\right) \quad (4)$$

这对应于 Andronov-Hopf 分岔。当 $R > 0$ 时,平衡点 $O_{1,2}$ 是稳定焦点;当 $R < 0$ 时,平衡点 $O_{1,2}$ 是鞍-焦点 (1,2)。平衡点 $O_{1,2}$ 在临界情形的稳定性依赖于对应的 Andronov-Hopf 分岔是亚临界还是超临界,即平衡点 $O_{1,2}$ 是稳定弱焦点还是不稳定弱焦点。为了找出这里出现什么,我们还需要确定第一个 Lyapunov 量 L_1 的符号。当 $L_1 < 0$ 时,平衡点 $O_{1,2}$ 是稳定;当 $L_1 > 0$ 时,是不稳定。如果 Lyapunov 量在 Andronov-Hopf 分岔曲线上为零,则必须计算下一个 Lyapunov 量 L_2 的符号,等等。

习题 25.18 解:我们对 $O_{1,2}$ 作稳定性分析。可以选择一个,譬如 O_1。在 O_1 的 Jacobi 矩阵是

$$\begin{pmatrix} -\sigma & \sigma & 0 \\ r - z_1 & -1 & -x_1 \\ x_1 & y_1 & -b \end{pmatrix} \quad (1)$$

对应的特征方程为

$$\lambda^3 + (\sigma + b + 1)\lambda^2 + b(\sigma + r)\lambda + 2b\sigma(r - 1) = 0 \quad (2)$$

平衡点 $O_{1,2}$ 的稳定性边界是由条件

$$R = b(\sigma + r)(\sigma + b + 1) - 2b\sigma(r - 1) = 0 \quad (3)$$

确定。因此,只要 $\sigma > b + 1$,当

$$1 < r < \frac{\sigma(\sigma + b + 3)}{\sigma + b - 1} \quad (4)$$

时,平衡态 $O_{1,2}$ 稳定。当 $R \leqslant 0$ 时,平衡态 $O_{1,2}$ 变成鞍-焦点 (1,2)。这发生在图 D.25.2 中 (r,σ)-参数平面上 Andronov-Hopf 分岔曲线 AH 的右边。

在临界时刻 $R = 0$ 分岔平衡点 $O_{1,2}$ 的稳定性由第一个 Lyapunov 量 L_1 确定。

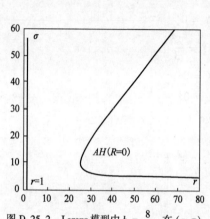

图 D.25.2 Lorenz 模型中 $b = \frac{8}{3}$,在 (r,σ)-平面内的 Andronov-Hopf 分岔曲线和叉分岔曲线 $r = 1$

习题 25.19 请参考文献 [38,171]。

习题 25.20 提示:利用在这个分岔点 Jacobi 矩阵的迹和行列式必须同时为零的事实。

由条件 $\Delta = 0$ 确定的对应分岔曲线画在图 D.25.3 中。它将参数平面 (F, G) 划分成几个区域,其中系统

$$\dot{x} = -y^2 - z^2 - ax + aF, \dot{y} = xy - bxz - y + G, \dot{z} = bxy + xz - z$$

有 1 个或者 3 个平衡态(图 D.25.3 中楔的内部)。

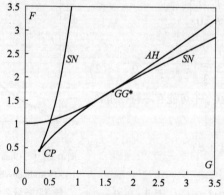

图 D.25.3 对 $a = 1/4$ 和 $b = 4$,从线性稳定性分析得到的 (F, G)-分岔图的片段

习题 25.21 请参考文献[38,171]。

习题 25.22 提示：两个系统参数之间的对应关系是

$$b' = \frac{b}{\sqrt{\sigma(r-1)}}, \quad a = \frac{1+\sigma}{\sqrt{\sigma(r-1)}}, \quad B = \frac{b}{2b-\sigma}$$

习题 25.23 解：Shimizu-Morioka 模型的非平凡平衡点 $O_{1,2}(\pm\sqrt{b}, 0, 1)$ 的特征方程是

$$\lambda^3 + (a+b)\lambda^2 + ab\lambda + 2b = 0 \tag{1}$$

图 D.25.4 中的 Andronov-Hopf 分岔曲线 AH 由 $(a+b)a - 2 = 0$ 给出。平衡点 $O_{1,2}$ 的特征指数是

$$\lambda_3 = -2/a, \quad \lambda_{1,2} = \pm i\sqrt{2-a^2} \tag{2}$$

在曲线 AH 的上方，平衡点 $O_{1,2}$ 是稳定焦点，在曲线 AH 的下方，平衡点 $O_{1,2}$ 是鞍-焦点(1,2)。

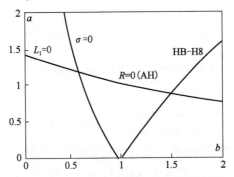

图 D.25.4 从 Shimizu-Morioka 系统的线性稳定性分析得到的 (a,b)-分岔图

注：AH-Andronov-Hopf 分岔曲线；$\sigma=0$ 对应于零鞍点量，HB-H8 对应于在原点主方向的改变。

习题 25.24 答：图 D.25.5 表示快平面系统中在 $I=5$ 和 $\varepsilon=0$ 的平衡态的 x 坐标和 z 坐标。

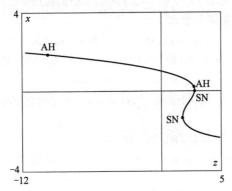

图 D.25.5 快平面系统中在 $I=5$ 和 $\varepsilon=0$ 的平衡态的 x 坐标和 z 坐标。

注：AH 和 SN 分别表示平衡点的 Andronov-Hopf 分岔和鞍-结点分岔。

习题 25.25 ~ 习题 25.27 请参考文献[16~20,38,171]。

习题 25.28 解：按照 Lagrange 常数变易法，方程

$$\dot{x} = Ax + f(t) \tag{1}$$

的解为

$$x(t) = e^{At}x_0 + \int_0^t e^{A(t-\tau)}f(\tau)d\tau \tag{2}$$

假设 $t = 2\pi$，我们得到映射

$$x_1 = e^{2\pi A}x_0 + \int_0^{2\pi} e^{A(2\pi-\tau)}f(\tau)d\tau \tag{3}$$

习题25.29 解：不动点满足方程 $(I - e^{2\pi A})x = C$，其中，C 为习题25.28式(3)中的积分，两种可能的情形：

(1) $\det(I - e^{2\pi A}) \neq 0$，在这情形仅存在一个不动点。

(2) $\det(I - e^{2\pi A}) = 0$。由 Kroneker-Capelli(相容性)定理得知，如果 $(I - e^{2\pi A})$ 的秩等于增广矩阵 $(I - e^{2\pi A} \mid C)$ 的秩，则存在无穷多个不动点，否则没有不动点。

习题25.30 ~ 习题25.32 请参考文献[31 ~ 35, 38, 171]。

习题25.33 解：映射 $T: t = 0 \to t = 2\pi$ 可以写为如下形式

$$x_1 = x_0 \cos(2\pi\omega) - y_0 \sin(2\pi\omega) + C_1 \tag{1a}$$

$$y_1 = x_0 \sin(2\pi\omega) + y_0 \cos(2\pi\omega) + C_2 \tag{1b}$$

其中

$$C_1 = \int_0^{2\pi} (f(\tau)\cos\omega(2\pi - \tau) - g(\tau)\sin\omega(2\pi - \tau))d\tau \tag{2a}$$

$$C_2 = \int_0^{2\pi} (f(\tau)\sin\omega(2\pi - \tau) + g(\tau)\cos\omega(2\pi - \tau))d\tau \tag{2b}$$

当

$$\det\begin{pmatrix} \cos(2\pi\omega) - 1 & -\sin(2\pi\omega) \\ \sin(2\pi\omega) & \cos(2\pi\omega) - 1 \end{pmatrix} = (\cos(2\pi\omega) - 1)^2 + \sin^2(2\pi\omega) \neq 0 \tag{3}$$

时，这个映射有唯一不动点。当 ω 为整数时，这个条件被破坏。在这后一情形，映射改为

$$x_1 = x_0 + C_1, \quad y_1 = y_0 + C_2 \tag{4}$$

因此，如果 $C_1^2 + C_2^2 \neq 0$，显然这个映射既没有不动点也没有周期点；如果 $C_1 = C_2 = 0$，则所有点都是不动点。

现在考虑 ω 不是整数情形，设 (x^*, y^*) 是不动点的坐标，应用变换 $x = x^* + \xi$ 和 $y = y^* + \nu$ 将不动点移到原点。引入极坐标，映射 T 取形式

$$\rho_1 = \rho_0, \quad \theta_1 = \theta_0 + 2\pi\omega \quad \text{mod} 2\pi \tag{5}$$

可以看到，这里每一个圆周($r = $ 常数)是不变的，且在每个圆周上映射相同：

$$\theta_1 = \theta_0 + 2\pi\omega \quad \text{mod} 2\pi \tag{6}$$

当 ω 为无理数时，最后这个映射没有周期点。当 $\omega = p/q$，p 和 q 为整数时，所有的点都是以 q 为周期的周期点。

习题25.34、习题25.35 请参考文献[36 ~ 38, 171]。

习题25.36 提示：注意截断方程 $\dot{y} = By + h_2(t)$ 有唯一 2π-周期解 $y = \alpha(t)$。因此，我们总可以使得 $h_2(t) \equiv 0$(用变换 $\tilde{y} \to y + \alpha(t)$)。

习题25.37 解：利用逐次逼近法求积分方程

$$x(t) = x_0 + \mu \int_0^t f(x(\tau), \tau)d\tau \tag{1}$$

的解：

一次近似为 $\qquad\qquad\qquad x(t) = x_0$

二次近似为 $\qquad\qquad\qquad x(t) = x_0 + \mu \int_0^t f(x_0, \tau)d\tau$

n 次近似为 $\qquad\qquad\qquad x_{n+1}(t) = x_0 + \mu \int_0^t f(x_0, \tau)d\tau + O(\mu^2)$

$$x_1 = x_0 + \mu \int_0^{2\pi} f(x_0, \tau)d\tau + O(\mu^2) \tag{2}$$

习题 25.38 请参考文献 [38,171]。

习题 25.39 证明:设 x^* 是系统

$$\dot{x} = \frac{\mu}{2\pi} f_0(x) \tag{1}$$

的结构稳定平衡态,即

$$f_0(x^*) = 0 \tag{2}$$

且特征方程的根 $\lambda_1, \cdots, \lambda_n$ 没有位于虚轴上。因此,我们可以视它们为 $\lambda = \frac{\mu}{2\pi}\sigma$:

$$\det\left(\frac{\partial f_0}{\partial x}(x^*) - \sigma I\right) = 0 \tag{3}$$

$$x_1 = x_0 + \mu \int_0^{2\pi} f(x_0, z) \mathrm{d}z + O(\mu^2) \tag{4}$$

的不动点可以从方程

$$f_0(x) + O(\mu) = 0 \tag{5}$$

求得。因为式(3)没有零根,所以 $f_0(x^*) = 0$ 且 $\left|\frac{\partial f_0}{\partial x}(x^*)\right| \neq 0$,并由此得知存在不动点 $x = x^* + O(\mu)$。在这点对应的特征方程为

$$\det\left(I + \mu \frac{\partial f_0}{\partial x}(x^*) + O(\mu^2) - zI\right) = 0 \tag{6}$$

我们看到,这个方程的根有形式 $z = 1 + \mu\sigma$。于是我们可把它写为

$$\det\left(\frac{\partial f_0}{\partial x}(x^*) + O(\mu^2) - \sigma I\right) = 0 \tag{7}$$

因此,对所有小的 μ,根 σ 将接近于式(3)的根。从而,不动点结构稳定。此外,它有与平均系统的平衡态有相同的拓扑类型。

习题 25.40、习题 25.41 请参考文献 [38~40,171]。

习题 25.42 解:

$$x_1 = x_0 \cos 2\pi\omega - y_0 \sin 2\pi\omega + \mu \Phi_1(x_0, y_0) + \mu^2(\cdots) \tag{1a}$$

$$y_1 = x_0 \sin 2\pi\omega + y_0 \cos 2\pi\omega + \mu \Phi_2(x_0, y_0) + \mu^2(\cdots) \tag{1b}$$

其中

$$\Phi_1 = \int_0^{2\pi} [f(x_0 \cos\omega\tau - y_0 \sin\omega\tau, x_0 \sin\omega\tau + y_0 \cos\omega\tau, \tau) \cos\omega\tau +$$

$$g(x_0 \cos\omega\tau - y_0 \sin\omega\tau, x_0 \sin\omega\tau + y_0 \cos\omega\tau, \tau) \sin\omega\tau] \mathrm{d}\tau \tag{2a}$$

$$\Phi_2 = \int_0^{2\pi} [-f(x_0 \cos\omega\tau - y_0 \sin\omega\tau, x_0 \sin\omega\tau + y_0 \cos\omega\tau, \tau) \sin\omega\tau +$$

$$g(x_0 \cos\omega\tau - y_0 \sin\omega\tau, x_0 \sin\omega\tau + y_0 \cos\omega\tau, \tau) \cos\omega\tau] \mathrm{d}\tau \tag{2b}$$

习题 25.43 解:

$$\dot{r} = \mu R(r, \theta, t) \tag{1a}$$

$$\dot{\theta} = \omega + \mu \Psi(r, \theta, t) \tag{1b}$$

其中

$$R = f(r\cos\theta, r\sin\theta, t)\cos\theta + g(r\cos\theta, r\sin\theta, t)\sin\theta \tag{2a}$$

$$\Psi = \frac{1}{r}[-f(r\cos\theta, r\sin\theta, t)\sin\theta + g(r\cos\theta, r\sin\theta, t)\cos\theta]] \tag{2b}$$

习题 25.44 解:

$$r_1 = r_0 + 2\pi\mu \sum_{m\omega+n=0} a_{nm}(r_0) e^{im\theta_0} + \mu^2(\cdots) \tag{1a}$$

$$\theta_1 = \theta_0 + 2\pi\mu \sum_{m\omega+n=0} b_{nm}(r_0) e^{im\theta_0} + \mu^2(\cdots) \tag{1b}$$

如果 ω 为整数,映射式习题 25.42 的式(1)可表示为

$$x_1 = x_0 + \mu\Phi_1(x_0, y_0) + \mu^2(\cdots) \tag{2a}$$

$$y_1 = y_0 + \mu\Phi_2(x_0, y_0) + \mu^2(\cdots) \tag{2b}$$

习题 25.45、习题 25.46 请参考文献 [38,171,201~205]。

习题 25.47 解:

$$\dot{x} = -\omega y + \mu F(x, y, t) + \mu^2(\cdots) \tag{1a}$$

$$\dot{y} = \omega x + \mu G(x, y, t) + \mu^2(\cdots) \tag{1b}$$

其中

$$F(x, y, t) = f(x, y, t) - f(0, 0, t) \tag{2a}$$

$$G(x, y, t) = g(x, y, t) - g(0, 0, t) \tag{2b}$$

习题 25.48 注意: 由于当 $N, M \to \infty$ 时这里的级数趋于零,得知对任何小 δ 映射 T 在适当坐标下可以写为 $r_1 = r_0 + 2\pi\mu a_{00}(r_0) + \delta O(\mu)$,$\theta_1 = \theta_0 + 2\pi\omega + 2\pi\mu b_{00}(r_0) + \delta O(\mu)$

习题 25.49 请参考文献 [38,171]。

习题 25.50 说明: 取 δ 充分小并应用环域原理。在 ω 为无理数情形,平均方程为

$$\dot{r} = \mu a_{00}(r), \quad \dot{\theta} = \omega + \mu b_{00}(r)$$

其中,$r = 0$ 是平衡态,$a_{00}(r) = 0$ 的非零根对应于极限环。

习题 25.51 请参考文献 [38,171]。

习题 25.52 提示: 首先修改系统

$$\dot{r} = R_0(r, \theta), \quad \dot{\theta} = \Psi_0(r, \theta) \tag{1}$$

在 L 附近引入法坐标 (u, φ),于是系统写为形式

$$\dot{u} = A(\varphi)u + O(u^2), \quad \dot{\varphi} = 1 + O(u^2) \tag{2}$$

其中,式(2)右边是周期为 τ_0 的周期函数,注意

$$\lambda = \int_0^\tau A(\varphi) d\varphi \tag{3}$$

因此

$$A(\varphi) = \lambda + A_0(\varphi) \tag{4}$$

其中,$\lambda = \int_0^\tau A_0(\varphi) d\varphi = 0$,引入 $v = ue^{-\int A_0(\varphi)d\varphi}$,系统取形式

$$\dot{v} = \lambda v + O(v^2), \quad \dot{\varphi} = 1 + O(v) \tag{5}$$

由此得知,平均系统在新坐标 (v, φ) 下可写为

$$\dot{v} = \mu[\lambda v + O(v^2)], \quad \dot{\varphi} = \mu[1 + O(v)] \tag{6}$$

对应的 $2\pi q$-移位映射是

$$v_1 = v_0 + \mu[2\pi q \lambda v_0 + O(v_0^2)] + O(\mu^2) \tag{7a}$$

$$\varphi_1 = \varphi_0 + 2\pi q\mu + O(\mu v_0) + O(\mu^2) \tag{7b}$$

原系统

$$\dot{x} = -\omega y + \mu f(x, y, t) \tag{8a}$$

$$\dot{y} = \omega x + \mu g(x, y, t) \tag{8b}$$

的 $2\pi q$-移位映射有相同形式。引入 $v = \mu w$ 以后 Poincaré 映射变成

$$w_1 = w_0 + 2\pi q \mu \lambda w_0 + O(\mu^2) \tag{9a}$$

$$\varphi_1 = \varphi_0 + 2\pi q \mu + O(\mu^2) \tag{9b}$$

为了完成求解,应用环域原理。

习题 25.53 证明: Mathieu 方程

$$\dot{x} = y, \dot{y} = -\omega^2(1 + \varepsilon\cos\omega_0 t)x \tag{1}$$

从初始点 (x_0, y_0) 开始的解在 $\varepsilon = 0$ 有下面的形式:

$$x(t) = \frac{y_0}{\omega}\sin\omega t + x_0\cos\omega t \tag{2a}$$

$$y(t) = y_0\cos\omega t - \omega x_0\sin\omega t \tag{2b}$$

接下来我们构造映从平面 $(x, y, t = 0)$ 到平面 $\left(x, y, t = \tau = \dfrac{2\pi}{\omega_0}\right)$ 的映射。为此,我们将 $t = \dfrac{2\pi}{\omega_0}$ 代入式(2)并用 $(\bar{x}, \bar{y})$ 代替 $(x(t), y(t))$,用 (x, y) 代替 (x_0, y_0)。所得 $(x, y) \mapsto (\bar{x}, \bar{y})$ 的算子由

$$\begin{pmatrix} \bar{x} \\ \bar{y} \end{pmatrix} = \begin{pmatrix} \cos 2\pi \dfrac{\omega}{\omega_0} & \dfrac{1}{\omega}\sin 2\pi \dfrac{\omega}{\omega_0} \\ -\omega\sin 2\pi \dfrac{\omega}{\omega_0} & \cos 2\pi \dfrac{\omega}{\omega_0} \end{pmatrix} \begin{pmatrix} x \\ y \end{pmatrix} \tag{3}$$

给出。式(3)的特征方程为

$$\rho^2 + p\rho + q = 0 \tag{4}$$

其中

$$p \equiv \text{tr}T = -2\cos 2\pi \frac{\omega}{\omega_0} \text{ 和 } q \equiv \det T = 1 \tag{5}$$

这是一个**保积映射**。不动点 $O(x = y = 0)$ 的乘子满足关系式

$$\rho_1 + \rho_2 = -p \text{ 和 } \rho_1\rho_2 = q = 1 \tag{6}$$

因此,当 $|p| < 2$ 时,上面的映射是通过角度为 $\dfrac{2\pi\omega}{\omega_0}$ 的旋转,这使得它的所有轨线都是稳定的。

求式(2)的一阶 ε 更正。注意:扰动映射的原点当 $|p| > 2$ 时变成鞍点。此外,若 $p > 2$ 和 $p < -2$,它分别是鞍点 $(+, +)$ 和 $(-, -)$。

习题 25.54 解:引入法化坐标 $\theta = \dfrac{\Psi_2^0}{2\pi}$ 和 $\bar{\theta} = \dfrac{r2\pi + \Psi_2^0}{2\pi}$。得到圆周映射

$$\bar{\theta} = \theta + r, \quad \text{mod} 1 \tag{1}$$

它也可表示为下面的区间 $[0,1]$ 上的映射

$$\bar{\theta} = \begin{cases} \theta + r & (0 \leq \theta \leq 1 - r) \\ \theta - (1 - r) & (1 - r < \theta \leq 1) \end{cases} \tag{2}$$

这里我们将端点 $\theta = 0$ 和 $\theta = 1$ 恒同。

设 r 是有理数,即 $r = \dfrac{p}{q}$,p 和 q 为某互质整数。将线段 $[0,1]$ 划分为长度为 $\dfrac{1}{p}$ 的 p 个区间: $\left[0, \dfrac{1}{p}\right], \left[\dfrac{1}{p}, \dfrac{2}{p}\right], \cdots, \left[\dfrac{p-1}{p}, 1\right]$。选择初始点 $\theta_0 \in \left[0, \dfrac{1}{p}\right]$,式(1)从 θ_0 开始的正半轨线是迭代序列

$$\left[\theta_0, \theta_1 = \theta_0 + \frac{p}{q}(\text{mod} 1), \theta_2 = \theta_0 + \frac{2p}{q}(\text{mod} 1), \cdots, \theta_i = \theta_0 + \frac{ip}{q}(\text{mod} 1), \cdots\right] \tag{3}$$

周期为 n 的环是

$$\left\{\theta_0 = \theta_0 + \frac{np}{q}\text{mod} 1, \theta_i \neq \theta_0, i = 1, 2, \cdots, n-1\right\} \tag{4}$$

在上面关于 p 和 q 的条件下得知最小周期 $n=p$。因此，环在每个区间 $\left[\dfrac{k-1}{p},\dfrac{k}{p}\right]$ $(k=1,\cdots,p)$ 上只存在一点，因为环上点的个数以及区间个数都等于 p。否则 $n<p$，但这不可能，因为环的两个迭代不可能属于同一个区间。由于 θ_0 是 $\left[0,\dfrac{1}{p}\right]$ 中的任意点，故线段 $[0,1]$ 被 p - 周期环整个地充满。因此，当旋转数是有理数时，所考虑的系统存在周期 p 共存环的连续统。

如果 r 为无理数，它可表示为

$$r=\lim_{l\to\infty}\dfrac{q_l}{p_l} \tag{5}$$

使得当 $l\to\infty$ 时 $p_l\to\infty$。此外，在 $[0,1]$ 上的区间 $\left[(k-1)p_l,\dfrac{k}{p_l}\right]$ 的个数也无限增加。因此每个区间的长度减少，且当 $l\to\infty$ 时，整个线段 $[0,1]$ 被拟周期轨线所充满。

习题 25.55 提示：ω 从 0 到 2π 变化时，并计算下面二维映射的迭代

$$\theta_{n+1}=(\theta_n+\omega+k\sin x_n)\quad \mathrm{mod}\, 2\pi$$
$$R_{n+1}=\dfrac{1}{n+1}\left(nR_n+\omega+\dfrac{\theta_{n+1}-\theta_n}{2\pi}\right)$$

当 $n\to+\infty$ 时在给定的 ω、R_n 的迭代收敛于旋转数 R。接下来对 ω、R 画出的分岔图如图 D.25.6 所示。

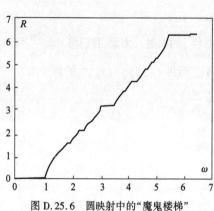

图 D.25.6　圆映射中的"魔鬼楼梯"

C 类型习题答案

习题 25.56 解：三自由度系统微振动。

MATLAB 程序

（1）主程序文件名是 szydxt.m。

```
> ##########################################################
>                                              #三自由度系统在平衡位置的微振动(本征
                                                值符号解法)
> disp('方法一：用矩阵法求本征值；')
> m = 3;   M = 4;   k = 50;
> K = [k, -k, 0; -k, 2*k, -k; 0, -k, k];
> S = [m, 0, 0; 0, M, 0; 0, 0, m];
> [Q,L] = eig(K,S);
> OL = sqrt(L);
> pause(0.2)
> ##########################################################
>                                              #多自由度系统在平衡位置的微振动(数值
                                                解法)
> disp('方法二：用傅立叶变换求数值解的本征频率；')
> XS10 = 0.2; XS20 = 0.35; XS30 = -0.3;         #初始位移
> [t,u] = ode45('szydxtfun',[0:0.01:33],[XS10,XS20,XS30,0,0,0],[]);  #求数值解
> figure                                        #画三个质点的位移曲线
> subplot(3,1,1);
> plot(t(1:2000),u(1:2000,1))
```

```
> title('耦合振动图线:');
> xlabel('Time(s)');
> ylabel('Distance(m)');
> subplot(3,1,2);
> plot(t(1:2000),u(1:2000,2))
> xlabel('Time(s)');
> ylabel('Distance(m)');
> subplot(3,1,3);
> plot(t(1:2000),u(1:2000,3))
> xlabel('Time(s)');
> ylabel('Distance(m)');
> #########################################################
>                                                          #用傅立叶变换求本征频率
> Y = fft(u(:,1));                                         #对数值解作傅立叶变换
> Y(1) = [];                                               #去掉零频分量
> n = length(Y)/2;                                         #计算频率个数
> power = abs(Y(1:n)).^2/(length(Y).^2);                   #计算功率谱
> freq = 100 * (1:n)/length(Y);
>                                                          #计算频率,因为步长为0.01,而不是1,故乘以100
> power1 = power;                                          #寻找两个最大的频率
> [id1,daa1] = max(power1);
> power1(daa1) = 0;
> [id2,daa2] = max(power1);
> WF = 2 * pi * [freq(daa1),freq(daa2)];                   #求圆频率
> figure
> plot(2 * pi * freq(1:100),power(1:100))                  #画功率谱图
> hold on
> title('功率谱')
> xlabel('\omega /s^{ -1}')
> ylabel('P / m^2')
> plot(WF,[power(daa1),power(daa2)],'r.','markersize',40)  #画标志点
> text(5,7.5e-3,'Frequency1 = 3.9984')                     #加文字注释
> text(7,6e-3,'Frequency2 = 6.4736')
> pause(0.2)
> #########################################################
>                                                          #多自由度系统微振动(拉普拉斯解法)
> disp('方法三:拉普拉斯变换:')
> L10 = 1.0;    L20 = 1.0;
> syms k M m w XL10 XL20 XL30 real                         #指定变量名
> ddXL1 = diff(sym('XL1(t)'),2);                           #表示 XL1 的二阶导数
> dXL1 = sym('diff(XL1(t),t)');                            #表示 XL1 的一阶导数
> XL1 = sym('XL1(t)');                                     #表示位移 XL1
> ddXL2 = diff(sym('XL2(t)'),2);                           #表示 XL2 的二阶导数
> dXL2 = sym('diff(XL2(t),t)');                            #表示 XL2 的一阶导数
> XL2 = sym('XL2(t)');                                     #表示位移 XL2
```

```
>   ddXL3 = diff(sym('XL3(t)'),2);              #表示 XL3 的二阶导数
>   dXL3 = sym('diff(XL3(t),t)');               #表示 XL3 的一阶导数
>   XL3 = sym('XL3(t)');                        #表示位移 XL3
> ##########################################################
>   syms t s
>   eq1 = m * ddXL1 - k * (XL2 - XL1);          #表示方程一
>   eq2 = M * ddXL2 + k * (XL2 - XL1) - k * (XL3 - XL2);   #表示方程二
>   eq3 = m * ddXL3 + k * (XL3 - XL2);          #表示方程三
>   L1 = laplace(eq1,t,s);                      #对方程一进行拉普拉斯变换
>   L2 = laplace(eq2,t,s);                      #对方程二进行拉普拉斯变换
>   L3 = laplace(eq3,t,s);                      #对方程三进行拉普拉斯变换
> ##########################################################
>   syms LXL1 LXL2
>   NXL1 = subs(L1,{'XL1(0)','XL2(0)','XL3(0)','D(XL1)(0)','D(XL2)(0)',...
>   'D(XL3)(0)'},{'XL10',0,0,0,0,0});           #替换初值
>   NXL2 = subs(L2,{'XL1(0)','XL2(0)','XL3(0)','D(XL1)(0)','D(XL2)(0)',...
>   'D(XL3)(0)'},{'XL10',0,0,0,0,0});           #替换初值
>   NXL3 = subs(L3,{'XL1(0)','XL2(0)','XL3(0)','D(XL1)(0)','D(XL2)(0)',...
>   'D(XL3)(0)'},{'XL10',0,0,0,0,0});           #替换初值
> ##########################################################
>   NNXL1 = subs(NXL1,{'laplace(XL1(t),t,s)','laplace(XL2(t),t,s)',...
>   'laplace(XL3(t),t,s)'},{'LL1','LL2','LL3'});  #替换拉氏符号
>   CXL1 = collect(NNXL1,'LL1');                #合并同类项
>   NNXL2 = subs(NXL2,{'laplace(XL1(t),t,s)','laplace(XL2(t),t,s)',...
>   'laplace(XL3(t),t,s)'},{'LL1','LL2','LL3'});  #替换拉氏符号
>   CXL2 = collect(NNXL2,'LL2');                #合并同类项
>   NNXL3 = subs(NXL3,{'laplace(XL1(t),t,s)','laplace(XL2(t),t,s)',...
>   'laplace(XL3(t),t,s)'},{'LL1','LL2','LL3'});  #替换拉氏符号
>   CXL3 = collect(NNXL3,'LL3');                #合并同类项
> ##########################################################
>                                               #解变换后的方程
>   [j1,j2,j3] = solve(CXL1,CXL2,CXL3,'LL1','LL2','LL3');
>   XL1 = ilaplace(j1,s,t)                      #逆变换求位移 XL1
>   XL2 = ilaplace(j2,s,t)                      #逆变换求位移 XL2
>   XL3 = ilaplace(j3,s,t)                      #逆变换求位移 XL3
>   XL1 = eval(subs(XL1,{m,M,k,XL10},{3,4,50,0.2}));   #求数值结果
>   XL2 = eval(subs(XL2,{m,M,k,XL10},{3,4,50,0.2}));   #求数值结果
>   XL3 = eval(subs(XL3,{m,M,k,XL10},{3,4,50,0.2}));   #求数值结果
>   XL1 = vpa(XL1,4)                            #解数值化
>   XL2 = vpa(XL2,4)                            #解数值化
>   XL3 = vpa(XL3,4)                            #解数值化
>   XL1 = inline(char(XL1),'t');                #先把 XL1 变成字符串,再变成函数,
>   XL2 = inline(char(XL2),'t');
>   XL3 = inline(char(XL3),'t');
>   pause(0.2)
```

```
> ############################################################
> L=1;                                                          #弹簧的长度
> a=0.2;                                                        #小球直径,也是大球的半径
> t=0:0.01:33;
> XL1=XL1(t);    XL2=XL2(t); XL3=XL3(t);
> sp{1}='耦合振动模拟';                                          #标注文字
> sp{2}='简正模1';
> sp{3}='简正模2';
> figure
> axis([-1,2*L+4*a+1,-1,1]);
> hold on
> ############################################################
> for n=1:3
>   cla
>   text(1,0.8,sp{n},'FontSize',16,'FontName','宋体',...
>       'FontWeight','bold','Color',[0 0 0.6275])
>   if n==1
>   elseif n==2
>       XL1=.4000e-1*cos(6.456*t);
>       XL2=-.6000e-1*cos(6.456*t);
>       XL3=.4000e-1*cos(6.456*t);
>   else n==3
>       XL1=.1000*cos(4.082*t);
>       XL2=.6000e-1*ones(1,1000);
>       XL3=-.1000*cos(4.082*t);
>   end
> ############################################################
>   qiou1=line(0,0,'color','r','marker','.','markersize',50,'erasemode','xor');    #画球
>   qiou2=line(L+3*a/2,0,'color','b','marker','.','markersize',80,'erasemode','xor');
>   qiou3=line(2*L+3*a,0,'color','r','marker','.','markersize',50,'erasemode','xor');
> ############################################################
>   xx1=linspace(a/2,L+a/2,10);                                  #以下画弹簧
>   xx2=linspace(L+5*a/2,2*L+5*a/2,10);
>   yy1=[0,-0.04,0.04,-0.04,0.04,-0.04,0.04,-0.04,0.04,0];
>   yy2=yy1;
>   tanhuang1=line(xx1,yy1,'color','g','linestyle','-','erasemode','xor','linewidth',2);
>   tanhuang2=line(xx2,yy2,'color','g','linestyle','-','erasemode','xor','linewidth',2);
> pause(0.2)
>   for i=1:1000                                                 #动画
>       xx1=linspace(XL1(i)+a/2,L+a/2+XL2(i),10);
>       xx2=linspace(XL2(i)+L+5*a/2,2*L+5*a/2+XL3(i),10);
>       set(tanhuang1,'XData',xx1,'YData',yy1);
>       set(tanhuang2,'XData',xx2,'YData',yy2);
>       set(qiou1,'XData',XL1(i),'YData',0);
>       set(qiou2,'XData',L+3*a/2+XL2(i),'YData',0);
```

```
>            set(qiou3,'XData',2*L+3*a+XL3(i),'YData',0);
>        drawnow;
>     end
> end
> disp('the end')
> ###############################################################
```

(2) 函数文件名为 szydxtfun.m。

其中：$y_1 = x_1, y_2 = x_2, y_3 = x_3$,

$y_4 = dx_1/dt, y_5 = dx_2/dt, y_6 = dx_3/dt$。

```
> ###############################################################
> function ydot = szydxtfun(t,y,flag)
> m=3;M=4;k=50;
> ydot=[y(4);
>      y(5);
>      y(6);
>      k/m*(y(2)-y(1));
>      k/M*(y(3)-y(2))-k/M*(y(2)-y(1));
>      k/m*(y(2)-y(3))];
> ###############################################################
```

第26章 转子的非线性振动

A 类型习题答案

习题 26.1(1) 提示：引入 $y = \dot{x}$ 把原方程写为两个一阶微分方程的系统。

习题 26.2 提示：见 Guckenheimer, Holmes(1983, 156 页)。为应用所得公式,需将系统明显地变换到特征基上,可以用特征向量和复数记号避免。

习题 26.3 解：$\dot{u} = 3u + av^3$, $\dot{v} = 2v$;

$x = u + u^2 + uv + v^2, y = v + u^2 + uv$。

习题 26.4 解：$\dot{y}_1 = -y_2 + (ay_1 - by_2)(y_1^2 + y_2^2)$,

$\dot{y}_2 = y_1 + (ay_1 + by_2)(y_1^2 + y_2^2)$。

习题 26.5 解：$h(x, \alpha) = x^3 - (\alpha - 0.5)x, (x, \alpha) = (0, 0.5)$,超临界叉式分岔。

习题 26.6 解：$\alpha = 0$ 在 $(0,0)$ 霍普夫分岔。

习题 26.7 解：当 $\alpha = 0$ 时, $\omega = \sqrt{2}, c = 0.5, a = -2\sqrt{2}$,霍普夫分岔;

当 $\alpha > 0$ 时,有稳定极限环。

习题 26.8 解：在平衡点 $(q, \alpha/q)$：

①当 $\alpha < 1 + q^2$ 时稳定；

②当 $\alpha > 1 + q^2$ 时不稳定。

分岔情况：

①当 $\alpha = 1 + q^2$ 时,霍普夫分岔；

②当 $\alpha > 1 + q^2$ 时,有稳定极限环。

习题 26.9 解:变换为极坐标可以得到以 (x_0, y_0, z_0) 为初始条件的解为

$$x = \frac{x_0\cos\omega t - y_0\sin\omega t}{\sqrt{x_0^2 + y_0^2} + (1 - \sqrt{x_0^2 + y_0^2})\mathrm{e}^{-t}}, \quad y = \frac{x_0\sin\omega t + y_0\cos\omega t}{\sqrt{x_0^2 + y_0^2} + (1 - \sqrt{x_0^2 + y_0^2})\mathrm{e}^{-t}}, \quad z = z_0\mathrm{e}^{ct}$$

返回平面 $y=0$ 的时间为 $\tau = 2\pi/\omega$,庞加莱映射为 $P(x, z) = \left(\dfrac{x}{x + (1-x)\mathrm{e}^{-\tau}}, z\mathrm{e}^{c\tau}\right)$。存在不动点 $(1,0)$,当 $c>0$ 时,雅可比矩阵本征值为 $\mathrm{e}^{-\tau}$ 和 $\mathrm{e}^{c\tau}$,均小于 1。

B 类型习题答案

习题 26.10 解:转子系统的碰摩故障

碰摩转子系统的运动微分方程可以表示为如下形式:

$$\begin{bmatrix} m_1 & 0 \\ 0 & m_2 \end{bmatrix} \begin{bmatrix} \ddot{y}_1 \\ \ddot{y}_2 \end{bmatrix} + \begin{bmatrix} c_{11} & c_{12} \\ c_{21} & c_{22} \end{bmatrix} \begin{bmatrix} \dot{y}_1 \\ \dot{y}_2 \end{bmatrix} + \begin{bmatrix} k_{11} & k_{12} \\ k_{21} & k_{22} \end{bmatrix} \begin{bmatrix} y_1 \\ y_2 \end{bmatrix}$$

$$= \begin{Bmatrix} m_1 e_1 \\ m_2 e_2 \end{Bmatrix} \omega^2 \sin\omega t + \begin{Bmatrix} F_{y1} \\ 0 \end{Bmatrix} \tag{1a}$$

$$\begin{bmatrix} m_1 & 0 \\ 0 & m_2 \end{bmatrix} \begin{bmatrix} \ddot{x}_1 \\ \ddot{x}_2 \end{bmatrix} + \begin{bmatrix} c_{11} & c_{12} \\ c_{21} & c_{22} \end{bmatrix} \begin{bmatrix} \dot{x}_1 \\ \dot{x}_2 \end{bmatrix} + \begin{bmatrix} k_{11} & k_{12} \\ k_{21} & k_{22} \end{bmatrix} \begin{bmatrix} x_1 \\ x_2 \end{bmatrix}$$

$$= \begin{Bmatrix} m_1 e_1 \\ m_2 e_2 \end{Bmatrix} \omega^2 \cos\omega t + \begin{Bmatrix} F_{x1} \\ 0 \end{Bmatrix} \tag{1b}$$

$$F_x = -k_r(x - \delta)H \tag{2a}$$

$$F_y = F_x f_r = -k_r(x - \delta)Hf_r \tag{2b}$$

$$H = \begin{cases} 0, & x - \delta < 0 \\ 1, & x - \delta > 0 \end{cases} \tag{3}$$

习题 26.11 解:转子平行不对中故障机理

具有平行不对中转子-轴承系统的运动微分方程可以表示为如下形式:

$$m\ddot{x}_1 + k_{11}(x_1 - x_2) + k_{12}(y_1 - y_2) = F_{1x} \tag{1}$$

$$m\ddot{y}_1 + k_{12}(x_1 - x_2) + k_{22}(y_1 - y_2) = F_{1y} \tag{2}$$

$$M_1\ddot{x}_2 + k_{11}(x_2 - x_1) + k_{11}(x_2 - x_4) + k_{12}(y_2 - y_1) + k_{12}(y_2 - y_4)$$
$$= k_{11}\delta\cos\phi + k_{12}\delta\sin\phi + M_1 a\Omega^2 \cos\Omega t \tag{3}$$

$$M_1\ddot{y}_2 + k_{12}(x_2 - x_1) + k_{12}(x_2 - x_4) + k_{22}(y_2 - y_1) + k_{22}(y_2 - y_4)$$
$$= k_{12}\delta\cos\phi + k_{22}\delta\sin\phi + M_1 a\Omega^2 \sin\Omega t - M_1 g \tag{4}$$

$$m\ddot{x}_4 + \frac{k_{11}}{2}(x_4 - x_2) + \frac{k_{12}}{2}(y_4 - y_2) + \frac{k}{2}(x_4 - x_5)$$
$$= -\frac{k_{11}}{2}\delta\cos\phi - \frac{k_{12}}{2}\delta\sin\phi + \frac{m}{2}\delta\dot{\phi}^2\cos\phi + \frac{m}{2}\delta\ddot{\phi}\sin\phi + \frac{F_{3x} + F_{4x}}{2} \tag{5}$$

$$m\ddot{y}_4 + \frac{k_{12}}{2}(x_4 - x_2) + \frac{k_{22}}{2}(y_4 - y_2) + \frac{k}{2}(y_4 - y_5)$$
$$= -\frac{k_{12}}{2}\delta\cos\phi - \frac{k_{22}}{2}\delta\sin\phi + \frac{m}{2}\delta\dot{\phi}^2\sin\phi - \frac{m}{2}\delta\ddot{\phi}\cos\phi + \frac{F_{3y} + F_{4y}}{2} - mg \tag{6}$$

$$M_2\ddot{x}_5 + k(x_5 - x_4) + k(x_5 - x_6) = M_2 a\Omega^2 \cos(\Omega t + \psi) \tag{7}$$

$$M_2\ddot{y}_5 + k(x_5 - x_4) + k(x_5 - x_6) = M_2 a\Omega^2 \sin(\Omega t + \psi) - M_2 g \tag{8}$$

$$m\ddot{x}_6 + k(x_6 - x_5) = F_{6x} \tag{9}$$

$$m\ddot{y}_6 + k(y_6 - y_5) = F_{6y} - mg \tag{10}$$

$$\delta\ddot{\phi} - \ddot{x}_4 \sin\phi + \ddot{y}_4 \cos\phi + \frac{k_{11}}{m}(x_2 - x_4)\sin\phi +$$

$$\frac{k_{12}}{m}(x_2 - x_4)\cos\phi + \frac{k_{12}}{m}(y_2 - y_4)\sin\phi + \frac{k_{22}}{m}(y_2 - y_4)\cos\phi$$

$$= \frac{\delta}{2m}(k_{11} - k_{22})\sin 2\phi - \frac{\delta}{m}k_{12}\cos 2\phi - \frac{F_{3x}}{m}\sin\phi + \frac{F_{3y}}{m}\cos\phi - g\cos\phi \tag{11}$$

习题 26.12 解：交角不对中转子-轴承系统动力学模型。

为方便讨论，令 $M_1 = M_2 = M$，$k_1 = k_2 = k$，同时，为使以下分析具有更广泛的适用性，利用滑动轴承的特征尺寸——轴承的间隙 c，现引入无量纲量

$$\bar{x}_i = \frac{x_i}{c}, \bar{y}_i = \frac{y_i}{c}, A = \frac{a}{c}, n = \frac{M}{m},$$

$$L = \frac{l}{c}, \tau = \Omega t, \omega = \Omega\sqrt{\frac{c}{g}},$$

$$K = \frac{kc}{mg}, f_{jx} = \frac{F_{jx}}{mg}, f_{jy} = \frac{F_{jy}}{mg},$$

$$f_{jr} = \frac{F_{jr}}{mg}, f_{jt} = \frac{F_{jt}}{mg}, (i = 1,2,4,5,6;1,3,4,6)$$

$$\frac{dx}{dt} = \dot{x}, \frac{dx}{d\tau} = x', \cdots \tag{1}$$

具有交角不对中转子-轴承系统的无量纲运动微分方程为

$$\omega^2 \bar{x}_1'' + K(\bar{x}_1 - \bar{x}_2) = f_{1x} \tag{2a}$$

$$\omega^2 \bar{y}_1'' + K(\bar{y}_1 - \bar{y}_2) = f_{1y} - 1 \tag{2b}$$

$$\omega^2 \bar{x}_2'' + K(\bar{x}_2 - \bar{x}_1) + K(\bar{x}_2 - \bar{x}_4) = KL_1\sin\alpha\cos\tau + A\omega^2\cos\tau \tag{2c}$$

$$\omega^2 \bar{y}_2'' + K(\bar{y}_2 - \bar{y}_1) + K(\bar{y}_2 - \bar{y}_4)$$

$$= KL_1\sin\alpha\sin\tau + A\omega^2\sin\tau - M_1 g\omega^2 \tag{2d}$$

$$\omega^2 \bar{x}_4'' + \frac{K}{2}(\bar{x}_4 - \bar{x}_2) + \frac{K}{2}(\bar{x}_4 - \bar{x}_5)$$

$$= \frac{KL_2}{2}\sin\alpha\cos\tau + \frac{L_1\omega^2}{2}\sin\alpha\cos\tau + \frac{f_{3x} + f_{4x}}{2} \tag{2e}$$

$$\omega^2 \bar{y}_4'' + \frac{K}{2}(\bar{y}_4 - \bar{y}_2) + \frac{K}{2}(\bar{y}_4 - \bar{y}_5)$$

$$= \frac{KL_2}{2}\sin\alpha\sin\tau + \frac{L_1}{2}\sin\alpha\sin\tau + \frac{f_{3y} + f_{4y}}{2} - 1 \tag{2f}$$

$$\omega^2 \bar{x}_5'' + K(\bar{x}_5 - \bar{x}_4) + K(\bar{x}_5 - \bar{x}_6) = A\omega^2\cos(\tau + \psi) \tag{2g}$$

$$\omega^2 \bar{y}_5'' + K(\bar{y}_5 - \bar{y}_4) + K(\bar{y}_5 - \bar{y}_6) = A\omega^2\sin(\tau + \psi) - 1 \tag{2h}$$

$$\omega^2 \bar{x}_6'' + (\bar{x}_6 - \bar{x}_5) = -L_2\sin\alpha\cos\tau + f_{6x} \tag{2i}$$

$$\omega^2 \bar{y}_6'' + (\bar{y}_6 - \bar{y}_5) = -L_2\sin\alpha\sin\tau + f_{6y} - 1 \tag{2j}$$

习题 26.13 解:不对称台板参振的转子系统的动力学模型。

不对称台板参振的转子系统的运动微分方程为

$$(m_1 + m_2)\ddot{y} + c\dot{y} + ky + m_2 e\ddot{\theta}\cos\theta - m_2 e\dot{\theta}^2\sin\theta = 0 \tag{1}$$

$$(I + m_2 e^2)\ddot{\theta} + m_2 e\ddot{y}\cos\theta + c_\theta \dot{\theta} = T \tag{2}$$

习题 26.14 解:在滑动轴承支承下锥齿轮传动转子系统的动力学模型。

利用滑动轴承的特征尺寸——轴承的间隙 c,现引入无量纲量

$$X = \frac{x}{c}, Y = \frac{y}{c}, Z = \frac{z}{c}, U = \frac{u}{c},$$

$$\varepsilon_1 = \frac{e_1}{c}, \tau = \Omega t, \omega = \Omega\sqrt{\frac{c}{g}},$$

$$f_x = \frac{F_x}{mg}, f_y = \frac{F_y}{mg}, f_e = \frac{F_e}{mg},$$

$$f_b = \frac{F_b}{mg}, f_r = \frac{F_r}{mg}, f_t = \frac{F_t}{mg}$$

$$K = \frac{kc}{mg}, K_a = \frac{k_a c}{mg}, K_1 = \frac{k_1 c}{mg}$$

$$\frac{\mathrm{d}x}{\mathrm{d}t} = \dot{x}, \frac{\mathrm{d}x}{\mathrm{d}\tau} = x', \cdots \tag{1}$$

滑动轴承支承下锥齿轮转子振动系统的运动微分方程为

$$X' = X_1 \tag{2a}$$

$$X_1' = \frac{1}{\omega^2}f_x + \frac{1}{\omega^2}KU\cos\alpha + \frac{1}{\omega^2} + \varepsilon_1\cos\tau \tag{2b}$$

$$Y' = Y_1 \tag{2c}$$

$$Y_1' = \frac{1}{\omega^2}f_y - \frac{1}{\omega^2}KU\sin\alpha\cos\delta + \frac{1}{\omega^2} + \varepsilon_1\sin\tau \tag{2d}$$

$$Z' = Z_1 \tag{2e}$$

$$Z_1' = -\frac{1}{\omega^2}K_a Z - \frac{1}{\omega^2}KU\sin\alpha\sin\delta \tag{2f}$$

$$U' = U_1 \tag{2g}$$

$$U_1' = \frac{1}{\omega^2}(f_e + f_b - K_a Z\sin\alpha\sin\delta - K_1 U) -$$

$$\varepsilon_1(\cos\alpha\cos\tau - \sin\alpha\cos\delta\sin\tau) \tag{2h}$$

习题 26.15 解:裂纹转子动力学方程。

带有横向裂纹的单盘弹性转子系统的运动微分方程为

$$m_1\ddot{x}_1 + c_1\dot{x}_1 + k\left[1 - \frac{\varepsilon\delta}{2}\Gamma(\Psi)\right](x_1 - x_2) + \frac{\varepsilon\Gamma(\Psi)}{2}k\left[(x_1 - x_2)\cos 2t + (y_1 - y_2)\sin 2t\right]$$

$$= F_x(x_1, y_1, \dot{x}_1, \dot{y}_1) \tag{1}$$

$$m_1\ddot{y}_1 + c_1\dot{y}_1 + k\left[1 - \frac{\varepsilon\delta}{2}\Gamma(\Psi)\right](y_1 - y_2) + \frac{\varepsilon\Gamma(\Psi)}{2}k\left[(x_1 - x_2)\sin 2t - (y_1 - y_2)\cos 2t\right]$$

$$= F_y(x_1, y_1, \dot{x}_1, \dot{y}_1) + m_1 g \tag{2}$$

$$m_2\ddot{x}_2 + c_2\dot{x}_2 + 2k\left[1 - \frac{\varepsilon\delta}{2}\varGamma(\varPsi)\right](x_2 - x_1) + \varepsilon F[(x_2 - x_1)\cos 2t + (y_2 - y_1)\sin 2t]$$
$$= m_2 e\omega^2 \cos\omega t \tag{3}$$

$$m_2\ddot{y}_2 + c_2\dot{y}_2 + 2k\left[1 - \frac{\varepsilon\delta}{2}\varGamma(\varPsi)\right](y_2 - y_1) + \varepsilon\varGamma(\varPsi)[(x_2 - x_1)\sin 2t - (y_2 - y_1)\cos 2t]$$
$$= m_2 e\omega^2 \sin\omega t - m_2 g \tag{4}$$

其中 F_x, F_y 分别为油膜力函数坐标分量；$\varGamma(\varPsi)$ 为裂纹开闭函数。

习题 26.16 解：支座松动转子动力学方程。

$$m_1\ddot{x}_1 + c_1\dot{x}_1 + k(x_1 - x_2) = F_x(x_1, y_1, \dot{x}_1, \dot{y}_1) \tag{1a}$$

$$m_1\ddot{y}_1 + c_1\dot{y}_1 + k(y_1 - y_2) = F_y(x_1, y_1, \dot{x}_1, \dot{y}_1) - m_1 g \tag{1b}$$

$$m_2\ddot{x}_2 + c_2\dot{x}_2 + k(2x_2 - x_1 - x_3) = m_2 e\omega^2 \cos\omega t \tag{1c}$$

$$m_2\ddot{y}_2 + c_2\dot{y}_2 + 2k(y_2 - y_1 - y_3) = m_2 e\omega^2 \sin\omega t - m_2 g \tag{1d}$$

$$m_1\ddot{x}_3 + c_1\dot{x}_3 + k(x_3 - x_2) = F_x(x_3, y_3 - y_4, \dot{x}_3, \dot{y}_3 - \dot{y}_4) \tag{1e}$$

$$m_1\ddot{y}_3 + c_1\dot{y}_3 + k(y_3 - y_2) = F_x(x_3, y_3 - y_4, \dot{x}_3, \dot{y}_3 - \dot{y}_4) - m_1 g \tag{1f}$$

$$m_3\ddot{y}_4 + c_s\dot{y}_4 + k_s y_4 = -F_y(x_3, y_3 - y_4, \dot{x}_3, \dot{y}_3 - \dot{y}_4) - m_3 g \tag{1g}$$

其中 F_x、F_y 分别为油膜力函数坐标分量；δ_1 为轴承座与基础之间的间隙。

$$c_s = \begin{cases} c_{s1} & (y_4 > \delta_1) \\ 0 & (0 \leq y_4 \leq \delta_1) \\ c_{s2} & (y_4 < 0) \end{cases}, \quad k_s = \begin{cases} k_{s1} & (y_4 > \delta_1) \\ 0 & (0 \leq y_4 \leq \delta_1) \\ k_{s2} & (y_4 < 0) \end{cases} \tag{2}$$

C 类型习题答案

习题 26.17 解：苯环模型。

MATLAB 程序

(1) 主程序文件名是 bh.m。

```
> ############################################################
> function bh
> m = 1;   k = 50;
> S = m/k * diag(ones(1,6));
>                                           #计算本征值与本征频率
> P = 2 * diag(ones(1,6)) - diag(ones(1,5), -1) - diag(ones(1,5), +1);
> P(1,6) = -1;     P(6,1) = -1;
> [JM,JBB] = eig(S\P)
> JB = abs(sqrt(JBB));
>                                           #给定位移表达式中的各项的系数
> a1 = [0.2,  0,    0,    0,    0, 0,  0.1];
> a2 = [ 0,  0.2,   0,    0,    0, 0,  0.1];
> a3 = [ 0,   0,   0.2,   0,    0, 0,  0.1];
> a4 = [ 0,   0,    0,   0.2,   0, 0,  0.1];
> a5 = [ 0,   0,    0,    0,  0.2, 0,  0.1];
> a6 = [ 0,   0,    0,    0,    0, 0.2 0.1];
>                                           #设置初始位相
```

```
> phi1 = 0;    phi2 = 0;    phi3 = 0;
> phi4 = 0;    phi5 = 0;    phi6 = 0;
> t = 0:0.01:4;                                          #质点运动的时间
> r = 1;                                                 #圆环的半径
> ###########################################################
> figure
> for kk = 1:7
> axis([-1.5*r  1.5*r   -1.5*r  1.5*r]);
> axis equal
> hold on
> plot(r.*cos(0:0.1:2*pi),r.*sin(0:0.1:2*pi),'y')        #画参考圆
>     if kk = =7                                         #加文字标注
>         title('一般模式')
>     else
>         ti1 = '简正模 \cdot\cdot\cdot';   ti2 = int2str(kk);
>         ti = [ti1,ti2];
>         title(ti);
>     end
> ###########################################################
>     for i = 1:6                                        #计算各质点的中心位置
>     ss = a1(kk)*JM(i,1)*cos(JB(1,1)*t+phi1) + a2(kk)*JM(i,2)*cos(JB(2,2)*t+phi2)...
>     + a3(kk)*JM(i,3)*cos(JB(3,3)*t+phi3) + a4(kk)*JM(i,4)*cos(JB(4,4)*t+phi4)...
>     + a5(kk)*JM(i,5)*cos(JB(5,5)*t+phi5) + a6(kk)*JM(i,6)*cos(JB(6,6)*t+phi6);
>     x{i} = r.*cos((i)*pi/3 - ss./r);
>     y{i} = r.*sin((i)*pi/3 - ss./r);
> end
> ###########################################################
> for i = 1:5
>     [xp,yp] = plotstring(x{i}(1),y{i}(1),x{i+1}(1),y{i+1}(1),r);
>     h{i} = plot(xp,yp,'erasemode','xor','linewidth',1.5);   #画弹簧
>     hh{i} = plot(x{i}(1),y{i}(1),'erasemode','xor','marker','o',...
>         'markersize',25,'linewidth',2.5,'color','r');       #画个小圆圈
>     ii = 7 - i;
>     hhh{i} = text(x{i}(1) - 0.08,y{i}(1) + 0.01,int2str(ii),...
>         'fontsize',14,'erasemode','xor');                   #质点的编号
> end
> [xp6,yp6] = plotstring(x{6}(1),y{6}(1),...
>         x{1}(1),y{1}(1),r);                                 #画第6个质点的图像
> h6 = plot(xp6,yp6,'erasemode','xor','linewidth',1);
> hh6 = plot(x{6}(1),y{6}(1),'erasemode','xor','marker','o',...
>         'markersize',25,'linewidth',2.5,'color','r');
> hhh6 = text(x{6}(1) - 0.08,y{6}(1) + 0.01,'1','fontsize',...
>         14,'erasemode','xor');
> ###########################################################
```

```
> for j = 2:2:401                                          #作动画
>    for i = 1:5
>       [xp,yp] = plotstring(x{i}(j),y{i}(j),x{i+1}(j),y{i+1}(j),r);
>       set(h{i},'xdata',xp,'ydata',yp);
>       set(hh{i},'xdata',x{i}(j),'ydata',y{i}(j));
>       set(hhh{i},'position',[x{i}(j),y{i}(j)]);
>    end
> [xp6,yp6] = plotstring(x{6}(j),y{6}(j),x{1}(j),y{1}(j),r);
> set(h6,'xdata',xp6,'ydata',yp6);
> set(hh6,'xdata',x{6}(j),'ydata',y{6}(j));
> set(hhh6,'position',[x{6}(j),y{6}(j)]);
> drawnow;
> end
> cla                                                      #清除图形窗口
> end
> close(gcf);                                              #关闭图形窗口
> ###########################################################
```

(2) 画弹簧的变换子函数。

```
> ###########################################################
>                                                          #画弹簧的变换子函数
> function [xp,yp] = plotstring(xa,ya,xb,yb,r)
>                                                          #以下各句是将弹簧的各个起点从质点中心移到小圆
>                                                           圈是边上
> [xa1,ya1] = cart2pol(xa,ya);
> xa1 = xa1 + 0.13;
> [xa,ya] = pol2cart(xa1,ya1);
> [xb1,yb1] = cart2pol(xb,yb);
> xb1 = xb1 - 0.13;
> [xb,yb] = pol2cart(xb1,yb1);
> a = 0.13; n = 5;                                         #弹簧的直径及圈数
> q2 = [];
> d = sqrt((xa - xb)^2 + (ya - yb)^2);                     #弹簧的长度
> w = 2 * pi * n/d;
> x = xa:0.02:(xa + d);                                    #弹簧的 $x$ 坐标
> y = a. * sin(w. * (x - xa));                             #弹簧的 $y$ 坐标
> ###########################################################
> if xa > xb                                               #计算弹簧转动的角度
>    q1 = pi + atan((ya - yb)/(xa - xb));
> else
>    q1 = atan((ya - yb)/(xa - xb));
> end
> xd = xa + (x - xa). * cos(q1);                           #旋转弹簧
> yd = ya + (x - xa). * sin(q1);
> ###########################################################
```

```
>                                                    #以下是对弹簧的各点作变换
> for i = 1:length(y)
>     i fxd(i) < 0
>         q2a = pi + atan((yd(i))/(xd(i)));
>         q2 = [q2 q2a];
>     else
>         q2a = atan((yd(i))/(xd(i)));
>         q2 = [q2 q2a];
>     end
> end
> xp = (r+y).*cos(q2);
> yp = (r+y).*sin(q2);
> ##########################################################
```

第 27 章 板的非线性振动

A 类型习题答案

习题 27.1 提示：应用渐近稳定性论述，证明不存在长周期环。

习题 27.2 提示：考虑到 $f_x(0,0) = -1$。

习题 27.3 提示：(1) 用习题 27.2 的公式。

习题 27.4 提示：引入 $y = \alpha x e^{-x}$，并把系统写为 3 个未知量 (x, y, α) 的 3 个方程，它确定了一个周期 2 环 $\{x, y\}$，具乘子 $\mu = -1$。利用标准常规工具之一 Newton 法，从某个适当的初始值开始数值求解这个系统。

习题 27.5 请参考文献 [27, 171, 176]。

习题 27.6 答：b，线性系统的 Lyapunov 函数是其本征值的实部。

习题 27.7 答：否，混沌必须为有界运动。

习题 27.8 请参考文献 [27, 57, 171]。

习题 27.9 答：$\ln 4 / \ln 3$。

习题 27.10 答：$\ln 3 / \ln 2$。

习题 27.11 答：$-(P_L \ln P_L + P_R \ln P_R)$。

B 类型习题答案

习题 27.12 解：板的非线性自由弯曲振动的无量纲控制运动方程为

$$U_{,\xi\xi} + W_{,\xi}W_{,\xi\xi} + \nu(V_{,\xi\eta} + W_{,\eta}W_{,\xi\eta}) + \frac{1-\nu}{2}(U_{,\eta\eta} + V_{,\xi\eta} + W_{,\xi}W_{,\eta\eta} + W_{,\eta}W_{,\xi\eta}) = 0 \tag{1a}$$

$$V_{,\eta\eta} + W_{,\eta}W_{,\eta\eta} + \nu(U_{,\xi\eta} + W_{,\xi}W_{,\xi\eta}) + \frac{1-\nu}{2}(V_{,\xi\xi} + U_{,\xi\eta} + W_{,\eta}W_{,\xi\xi} + W_{,\xi}W_{,\xi\eta}) = 0 \tag{1b}$$

$$\frac{\delta^2}{12}(W_{,\tau\tau} + W_{,\xi\xi\xi\xi} + 2W_{,\xi\xi\eta\eta} + W_{,\eta\eta\eta\eta})$$

$$= U_{,\xi}W_{,\xi\xi} + V_{,\eta}W_{,\eta\eta} + \frac{1}{2}W_{,\xi}^2 W_{,\xi\xi} + \frac{1}{2}W_{,\eta}^2 W_{,\eta\eta} +$$

$$\nu\left(U_{,\xi}W_{,\eta\eta} + V_{,\eta}W_{,\xi\xi} + \frac{1}{2}W_{,\xi}^2 W_{,\eta\eta} + \frac{1}{2}W_{,\eta}^2 W_{,\xi\xi}\right) +$$

$$(1-\nu)(U_{,\eta}W_{,\xi\eta} + V_{,\xi}W_{,\xi\eta} + W_{,\xi}W_{,\eta}W_{,\xi\eta}) \tag{1c}$$

其中

$$\xi = \frac{x}{a},\ \eta = \frac{y}{a},\ \tau = \frac{C_p\delta}{\sqrt{12}\,a}t,\ \delta = \frac{h}{a}$$

$$U = \frac{u^0}{a},\ V = \frac{v^0}{a},\ W = \frac{w}{a},\ \lambda = \frac{a}{b} \tag{2}$$

在式(2)中,C_p 为板中弯曲波速度,给出为

$$C_p^2 = \frac{Eh}{\rho(1-\nu^2)t} \tag{3}$$

如板的四边是不可动简支,无量纲边界条件是

$$U = W = W_{,\xi\xi} = 0,\ \text{在}\ \xi = 0, 1\ \text{处} \tag{4a}$$

$$U = W = W_{,\eta\eta} = 0,\ \text{在}\ \eta = 0, \frac{1}{\lambda}\ \text{处} \tag{4b}$$

用摄动法求解控制方程式(1)。将无量纲变量 U、V、W 表示为对于小参数 δ 的摄动级数。这个参数仅取决于板的几何尺寸而与运动形式无关。注意:在经典线性理论中略去的中面位移 u^0 和 v^0 比横向位移 w 要高一阶,u^0、v^0 为 δ 的偶函数,而 w 为奇函数。因此,这些位移的摄动级数给出为

$$U = u_2(\xi, \eta, \tau)\delta^2 + u_4(\xi, \eta, \tau)\delta^4 + \cdots \tag{5a}$$

$$V = v_2(\xi, \eta, \tau)\delta^2 + v_4(\xi, \eta, \tau)\delta^4 + \cdots \tag{5b}$$

$$W = w_1(\xi, \eta, \tau)\delta + w_3(\xi, \eta, \tau)\delta^3 + \cdots \tag{5c}$$

仅保留 δ 的最低次项,求得式(1)解的分离形式

$$u_2 = \frac{\pi W_m^2 Z^2(\tau)}{16}\left[\cos(2\pi\lambda\eta) - 1 + \nu\lambda^2\right]\sin(2\pi\xi) \tag{6a}$$

$$v_2 = \frac{\pi W_m^2 Z^2(\tau)}{16}\left[\lambda\cos(2\pi\xi) - \lambda + \frac{\nu}{\lambda}\right]\sin(2\pi\lambda\eta) \tag{6b}$$

$$w_1 = W_m Z(\tau)\sin(\pi\xi)\sin(\pi\lambda\eta) \tag{6c}$$

其中,$Z(\tau) \le 1$,$W_m = \frac{w_m}{h}$,而 w_m 为非线性自由振动的振幅,将式(5)、式(6)代入控制方程式(1),对于小的非线性,高阶模式的影响可以略去。因此,我们得到如下对于时间函数的非线性二阶常微分方程

$$Z_{,\tau\tau} + \pi^4(1+\lambda^2)^2 Z + 3\pi^4 W_m^2 Z^3 \times \left[\frac{1}{4}(3-\nu^2)(1+\lambda^4) + \nu\lambda^2\right] = 0 \tag{7}$$

度量无量纲时间 τ,以使

$$Z(0) = 1,\ Z_{,\tau}(0) = 0 \tag{8}$$

求得方程式(7)的解为椭圆余弦形式

$$Z = \mathrm{cn}(\mu\tau, \kappa) \tag{9}$$

这里

$$\mu = \pi^2\left[(1+\lambda^2)^2 + 3\nu\lambda^2 W_m^2 + \frac{3}{4}W_m^2(3-\nu^2)(1+\lambda^4)\right]^{1/2} \tag{10a}$$

$$\kappa^2 = \left\{2 + \frac{8(1+\lambda^2)^2}{3W_m^2[(3-\nu^2)(1+\lambda^4) + 4\nu\lambda^2]}\right\}^{-1} \tag{10b}$$

式中,κ 为椭圆函数的模;μ 为椭圆函数"圆频率",椭圆函数的周期 T 为

$$T = \frac{4\pi^2 K(\kappa)}{\mu} \tag{11}$$

式中，$K(\kappa)$ 为第一类完全椭圆积分。相应的线性周期 T_0 可以求得，只要注意当 $W_m \to 0$，$\mu \to \pi^2(1+\lambda^2)$ 和 $K \to \dfrac{\pi}{2}$ 时

$$T_0 = \frac{2\pi}{1+\lambda^2} \tag{12}$$

因此，非线性周期 T 对线性周期 T_0 之比率给出为

$$\frac{T}{T_0} = \frac{2}{\pi}(1+\lambda^2)K \cdot \left\{(1+\lambda^2)^2 + \frac{3}{4}W_m^2[4\nu\lambda^2 + (3-\nu^2)(1+\lambda^4)]\right\}^{-1/2} \tag{13}$$

习题 27.13 解：正交各向异性板的非线性自由弯曲振动方程为

$$D_1 w_{,xxxx} + 2D_3 w_{,xxyy} + D_2 w_{,yyyy} - L^*(w,\psi) + \rho w_{,tt} = 0 \tag{1a}$$

$$\delta_1 \psi_{,xxxx} + 2\delta_3 \psi_{,xxyy} + \delta_2 \psi_{,yyyy} + \frac{h}{2}L^*(w,w) = 0 \tag{1b}$$

这里

$$L^*(w,\psi) = w_{,xx}\psi_{,yy} + w_{,yy}\psi_{,xx} - 2w_{,xy}\psi_{,xy} \tag{2a}$$

$$L^*(w,w) = 2w_{,xx}w_{,yy} - 2w_{,xy}^2 \tag{2b}$$

$$\delta_1 = \frac{1}{E_2},\ \delta_2 = \frac{1}{E_1},\ \delta_3 = \frac{1}{2G_{12}} - \frac{\nu_{12}}{E_1} \tag{3a}$$

$$D_1 = \frac{E_1 h^3}{12\mu},\ D_2 = \frac{E_2 h^3}{12\mu},\ D_3 = \nu_{12}D_2 + 2D_4 \tag{3b}$$

$$D_4 = \frac{G_{12} h^3}{12},\ \mu = 1 - \nu_{12}\nu_{21} \tag{3c}$$

弯矩和扭矩为

$$M_x = -D_1(w_{,xx} + \nu_{21}w_{,yy}) \tag{4a}$$

$$M_y = -D_2(\nu_{12}w_{,xx} + w_{,yy}) \tag{4b}$$

$$M_{xy} = -2D_4 w_{,xy} \tag{4c}$$

横向剪力为

$$Q_x = -D_1 w_{,xxx} - (\nu_{12}D_2 + 2D_4)w_{,xyy} \tag{5a}$$

$$Q_y = -D_2 w_{,yyy} - (\nu_{12}D_2 + 2\mu D_4)w_{,xxy} \tag{5b}$$

对夹紧边边界条件为

$$w = w_{,x} = 0,\ 在 x = \pm a_0 处 \tag{6a}$$

$$w = w_{,y} = 0,\ 在 y = \pm b_0 处 \tag{6b}$$

所考虑的中面边界条件是由零合力的法向分布应力产生均匀移动。这些条件是

$$P_x = \psi_{,xy} = 0,\ u^0 = 常数, 在 x = \pm a_0 处 \tag{7a}$$

$$P_y = \psi_{,xy} = 0,\ v^0 = 常数, 在 y = \pm b_0 处 \tag{7b}$$

其中，ψ 为力函数；P_x、P_y 为法向边界力的合力。由下式给出为

$$P_x = \int_{-b_0}^{b_0} \psi_{,yy}\,\mathrm{d}y,\ P_y = \int_{-a_0}^{a_0} \psi_{,xx}\,\mathrm{d}x \tag{8}$$

方程式(7)中，中面位移 u^0 和 v^0 为

$$u^0 = \int_0^x \left[\frac{\psi_{,yy}}{E_1 h} - \nu_{21}\frac{\psi_{,xx}}{E_2 h} - \frac{1}{2}w_{,x}^2\right]\mathrm{d}x \tag{9a}$$

$$v^0 = \int_0^y \left[\frac{\psi_{,xx}}{E_2 h} - \nu_{12}\frac{\psi_{,yy}}{E_1 h} - \frac{1}{2}w_{,y}^2\right]\mathrm{d}y \tag{9b}$$

控制方程式(1)满足边界条件的一项近似解,用伽辽金法求得。对于夹紧可移动边,假定为

$$w = \frac{1}{4}hf(t)\left(1+\cos\frac{\pi x}{a_0}\right)\left(1+\cos\frac{\pi y}{b_0}\right) \tag{10}$$

它满足条件式(6)。力函数 ψ 由相容方程式(1b)和条件式(7)决定。现在用伽辽金法去近似地满足方程式(1a),以提供求时间函数的常微分方程。

$$f_{,\tau\tau} + \omega_0^2 f + \varepsilon^2 f^3 = 0 \tag{11}$$

其中

$$\tau = \frac{t}{a_0^2}\left(\frac{D_1}{\rho}\right)^{1/2} \tag{12a}$$

$$\omega_0^2 = \frac{\pi^4}{9}(3 + 2\beta\lambda^2 + 3\gamma\lambda^4) \tag{12b}$$

$$\varepsilon^2 = \frac{\pi^4}{24}\lambda^2 H(\gamma - \nu_{21}^2) \tag{12c}$$

在方程式(12)中,β、γ、λ、H 给出为

$$\beta = \frac{D_3}{D_1} = \nu_{21} + \frac{2G_{12}}{E_1}(1 - \nu_{12}\nu_{21}) \tag{13a}$$

$$H = \frac{17\lambda^2}{8} + \frac{17}{8\gamma\lambda^2} + \frac{4\lambda^2}{1 + \alpha\lambda^2 + \gamma\lambda^4} + \frac{\lambda^2}{1 + 4\alpha\lambda^2 + 16\gamma\lambda^4} + \frac{\lambda^2}{16 + 4\alpha\lambda^2 + \gamma\lambda^4} \tag{13b}$$

$$\gamma = \frac{E_2}{E_1},\ \lambda = \frac{a_0}{b_0},\ \alpha = \frac{E_2}{G_{12}} - 2\nu_{21} \tag{13c}$$

习题 27.14 解:非对称角铺设板的非线性自由弯曲振动方程为

$$L_1^* w + L_3^* \psi - L^*(w, \psi) + \rho w_{,tt} = 0 \tag{1a}$$

$$L_2^* \psi - L_3^* w + \frac{1}{2}L^*(w, w) = 0 \tag{1b}$$

这里

$$L^*(w, \psi) = w_{,xx}\psi_{,yy} + w_{,yy}\psi_{,xx} - 2w_{,xy}\psi_{,xy} \tag{2a}$$

$$L^*(w, w) = 2w_{,xx}w_{,yy} - 2w_{,xy}^2 \tag{2b}$$

$$L_1^* w = D_{11}^* w_{,xxxx} + 2(D_{12}^* + 2D_{66}^*)w_{,xxyy} + D_{22}^* w_{,yyyy} \tag{2c}$$

$$L_2^* \psi = A_{22}^* \psi_{,xxxx} + 2(A_{12}^* + 2A_{66}^*)\psi_{,xxyy} + A_{11}^* \psi_{,yyyy} \tag{2d}$$

$$L_3^* w = (2B_{26}^* - B_{61}^*)w_{,xxxy} + (2B_{16}^* - B_{62}^*)w_{,xyyy} \tag{2e}$$

$$L_3^* \psi = (2B_{26}^* - B_{61}^*)\psi_{,xxxy} + (2B_{16}^* - B_{62}^*)\psi_{,xyyy} \tag{2f}$$

弯矩和扭矩假定为如下形式

$$M_x = B_{61}^* \psi_{,xy} - D_{11}^* w_{,xx} - D_{21}^* w_{,yy} \tag{3a}$$

$$M_y = B_{62}^* \psi_{,xy} - D_{12}^* w_{,xx} - D_{22}^* w_{,yy} \tag{3b}$$

$$M_{xy} = -B_{26}^* \psi_{,xx} - B_{16}^* \psi_{,yy} - 2D_{66}^* w_{,xy} \tag{3c}$$

剪力为

$$Q_x = -[(B_{26}^* - B_{61}^*)\psi_{,xxy} + B_{16}^* \psi_{,yyy} + D_{11}^* w_{,xxx} + (D_{12}^* + 2D_{66}^*)w_{,xyy}] \tag{4a}$$

$$Q_y = -[B_{26}^* \psi_{,xxx} + (B_{16}^* - B_{62}^*)\psi_{,xyy} + (D_{12}^* + 2D_{66}^*)w_{,xxy} + D_{22}^* w_{,yyy}] \tag{4b}$$

对平均法向和切向边界力为零的简支层合板,所考虑的边界条件如下:

$$w = w_{,xx} = \psi_{,xy} = 0,\ 在\ x = 0, a\ 处 \tag{5a}$$

$$w = w_{,yy} = \psi_{,xy} = 0,\ 在\ y = 0, b\ 处 \tag{5b}$$

$$\int_0^b (\psi_{,yy})_{x=0,a}\,\mathrm{d}y = 0, \quad \int_0^a (\psi_{,xx})_{y=0,b}\,\mathrm{d}x = 0 \tag{5c}$$

本研究中对运动方程用伽辽金法,对时间方程用摄动法进行单模式分析。式(5)给定的横向支承条件可满足,只要假定对简支边层合板相应于 (m, n) 模式挠度函数的可分离形式为

$$w = h\xi(t)\sin\frac{m\pi x}{a}\sin\frac{n\pi y}{b} \tag{6}$$

将 w 的表达式代入相容方程式(1b),并解出所得到的方程,可得到力函数 ψ 为

$$\psi = \psi_h + \psi_p \tag{7}$$

其中, ψ_h、ψ_p 分别为齐次解和特解。满足相应中面边界条件式(5c)的解为

$$\psi_h = 0 \tag{8a}$$

$$\psi_p = \frac{H_1}{H_2} h\xi(t)\cos\frac{m\pi x}{a}\cos\frac{m\pi y}{b} +$$

$$\frac{h^2\xi^2(t)}{32}\left[\frac{\left(\dfrac{n\pi}{b}\right)^2}{A_{22}^*\left(\dfrac{m\pi}{a}\right)^2}\cos\frac{2m\pi x}{a} + \frac{\left(\dfrac{m\pi}{a}\right)^2}{A_{11}^*\left(\dfrac{n\pi}{b}\right)^2}\cos\frac{2n\pi y}{b}\right] \tag{8b}$$

此处

$$H_1 = \left(\frac{m\pi}{a}\right)^3\left(\frac{n\pi}{b}\right)(B_{61}^* - 2B_{26}^*) + \left(\frac{m\pi}{a}\right)\left(\frac{n\pi}{b}\right)^3(B_{62}^* - 2B_{16}^*) \tag{9a}$$

$$H_2 = \left(\frac{m\pi}{a}\right)^4 A_{22}^* + \left(\frac{m\pi}{a}\right)^2\left(\frac{n\pi}{b}\right)^2(2A_{12}^* + A_{66}^*) + \left(\frac{n\pi}{b}\right)^4 A_{11}^* \tag{9b}$$

把伽辽金法运用于运动方程式(1a),且利用 w 和 ψ 的表达式,得出一个时间函数 $\xi(t)$ 的常微分方程。

$$\xi_{,\tau\tau} + \omega_0^2 \xi + \alpha^2 \xi^3 = 0 \tag{10}$$

$$\tau = \frac{t}{a^2}\left(\frac{D_{11}^*}{\rho}\right)^{1/2} \tag{11a}$$

$$\omega_0^2 = \pi^4\left\{m^4 + 2m^2n^2\lambda^2\frac{d_{12}^* + 2d_{66}^*}{d_{11}^*} + n^4\lambda^4\frac{d_{22}^*}{d_{11}^*}\right\} +$$

$$\pi^4 \frac{\lambda^2}{d_{11}^*} \cdot \frac{[m^3n(b_{61}^* - 2b_{26}^*) + mn^3(b_{62}^* - 2b_{16}^*)]^2}{\dfrac{m^4}{d_{11}^*} + m^2n^2\lambda^2\left(\dfrac{2}{a_{22}^*} + \dfrac{1}{a_{66}^*}\right) + \dfrac{m^4}{d_{11}^*}} \tag{11b}$$

$$\alpha^2 = \frac{\pi^4}{16 d_{11}^*}(m^4 a_{11}^* + n^4\lambda^4 a_{22}^*) \tag{11c}$$

现在用摄动法来解方程式(10)。利用 $\Gamma = \omega\tau$ 来代替独立变量 τ,式(10)变为

$$\omega^2 \xi_{,\Gamma\Gamma} + \omega_0^2 \xi + \alpha^2 \xi^3 = 0 \tag{12}$$

式中,ω 为周期解的未知角频率。很清楚,时间函数 ξ 在 Γ 中周期是 2π。由于仅有小而有限的振幅是重要的,因此,把需要的解 ξ 和未知角频率 ω 展开成对无量纲振幅 A 的摄动级数

$$\xi = \xi_0(\Gamma) + A\xi_1(\Gamma) + A^2\xi_2(\Gamma) + A^3\xi_3(\Gamma) + \cdots \tag{13a}$$

$$\omega = \omega_0 + A\omega_1 + A^2\omega_2 + A^3\omega_3 + \cdots \tag{13b}$$

取初始条件

$$\xi(0) = A, \quad \xi_{,t}(0) = 0 \tag{14}$$

对此有
$$\xi_1(0) = A, \xi_0(0) = \xi_2(0) = \xi_3(0) = \cdots = 0 \tag{15}$$

值得注意的是
$$A = w_{\max} \tag{16}$$

将式(13)代入式(12)比较系数解得
$$\xi_0(\Gamma) = 0, \xi_1(\Gamma) = \cos\Gamma, \xi_2(\Gamma) = \cos\Gamma, \cdots \tag{17}$$

消除长期项得到近似解
$$\omega^2 = \omega_0^2 + \frac{3}{4}\alpha^2 A^2 \tag{18}$$

幅频关系式(18)可以写为
$$\frac{\omega_{mn}}{\omega_0} = \left[1 + \frac{3}{4}\left(\frac{\alpha}{\omega_0}\right)^2 A_{mn}^2\right]^{1/2} \tag{19}$$

习题 27.15 答:图 D.27.1 中给出了各种 k 值的夹层矩形板的非线性振动周期与振幅的关系曲线。其中,$k = \dfrac{D}{G_2 h_0 a^2}$,$\lambda = \dfrac{a}{b}$。

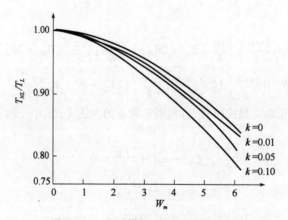

图 D.27.1　振动周期和振幅的关系,$\lambda = 1$

习题 27.16 答:图 D.27.2 是在夹紧固定边夹层扁锥壳情况下,非线性周期 T 与线性周期 T_0 的比值相对于无量纲振幅 A 的关系曲线。其中,泊松比 $\nu = 0.3$,$k_1 = \dfrac{2\sqrt{1-\nu^2}}{h_0}a\alpha$,$k_2 = \dfrac{D}{Gh_0 a^2}$。

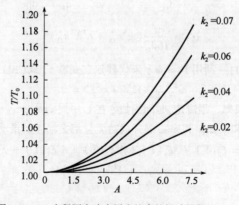

图 D.27.2　夹紧固定边夹层扁锥壳的振动周期,$k_1 = 7$

习题 27.17 答:图 D.27.3 是在不同网格尺寸 L 的情况下,临界载荷 q_{cr} 随角频率 θ 的变化曲线。可以看出,临界载荷随角频率 θ 的增大而增大,随网格尺寸 L 的减小而增大。

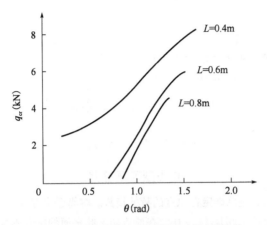

图 D.27.3 临界载荷 q_{cr} 随角频率 θ 的变化曲线

习题 27.18 ~ 习题 27.23 请参考文献[111 ~ 120,195]。

C 类型习题答案

习题 27.24 解:水星近日点的进动。

MATLAB 程序

(1) 主程序的文件名是 sxjd.m。

```
> ###################################################
> [theta,u] = ode45('sxjdfun',[0:pi/100:30*pi],[0.1,0]);
> figure
> axis equal
> axis off
> hold on
> plot(0,0,'*r')                            #太阳位置
> [x,y] = pol2cart(theta,1./u(:,1));        #极坐标转换为直角坐标
> plot(x,y)
> ###################################################
```

(2) 函数文件名为 sxjdfun.m。

```
> ###################################################
> function ydot = sxjdnfun(theta,u)
> a = 1; b = 0.06;
> ydot = ([u(2);
>         -u(1) + a + b*u(1)^2]);
```

第 28 章 三维离散-时间动力系统的不动点与分岔

A 类型习题答案

习题 28.1 ~ 习题 28.4 请参考文献[27,36 ~ 40,171]。

习题 28.5 答：$x_0(t) = 2\arctan(\sinh t)$，$\dot{x}_0(t) = 2\operatorname{sech} t$；

$$M(\tau) = 2\left[a + f\operatorname{sech}\left(\frac{\pi\Omega}{2}\right)\cos(\Omega\tau)\right];$$

$$f > a\cosh\left(\frac{\pi\Omega}{2}\right)。$$

习题 28.6 ~ 习题 28.8 请参考文献[27,31~35,171]。

习题 28.9 答：$\ddot{x} + x - x^2 + \varepsilon x \cos\Omega t = 0$ $(0 < \varepsilon \ll 1)$；

$$x_0(t) = \frac{1}{2}\left[3\tanh^2\left(\frac{t}{2}\right) - 1\right],\quad y_0(t) = \frac{3}{2}\tanh\left(\frac{t}{2}\right)\operatorname{sech}^2\left(\frac{t}{2}\right);$$

$$M(\tau) = \frac{3\pi}{4}(1 - \Omega^2)\operatorname{csch}(\pi\Omega)\sin(\Omega\tau)。$$

B 类型习题答案

习题 28.10 解：首先我们应该确定在原点的特征指数。容易看出存在一对零指数和一个指数等于 -1。对应于一对零根的特征空间是 $\{z = 0\}$。在原点切于此平面的中心不变流形为

$$z = x^2 - 2xy + 2y^2 + \cdots \tag{1}$$

式中，$\cdots$ 表示 (x,y,z,a,k) 的三次更高次项。因此，这个系统在中心流形上取形式

$$\dot{x} = y \tag{2a}$$

$$\dot{y} = ax - ky - x^3 + 2x^2y - 2xy^2 + \cdots \tag{2b}$$

式中，$\cdots$ 表示至少四次项。

接下来我们进行尺度化

$$(x, y, t, k, a) \rightarrow \left(\varepsilon x_{\text{new}}, \varepsilon^2 y_{\text{new}}, \frac{t_{\text{new}}}{\varepsilon}, \varepsilon k_{\text{new}}, \varepsilon^2 a_{\text{new}}\right) \tag{3}$$

系统变为

$$\dot{x} = y \tag{4a}$$

$$\dot{y} = ax + ky - x^3 + 2\varepsilon x^2 y + O(\varepsilon^2) \tag{4b}$$

其中，新参数 k_{new} 和 a_{new} 现在可任意。观察到式(4)中的反射对称 $(x, y) \rightarrow (-x, -y)$ 从原系统

$$\dot{x} = y \tag{5a}$$

$$\dot{y} = ax - ky - xz \tag{5b}$$

$$\dot{z} = -z + x^2 \tag{5c}$$

中继承。鉴于这个事实，右端函数的 Taylor 展开不包含 (x, y) 的二次项(以及其他偶次项)。与一般的 Bogdanov-Takens 分岔比较，对称系统中的分岔有些不同：在原点的平衡态总是存在，它产生叉分岔而不是鞍-结点分岔，对称系统的分岔开折也包含另外的对应于具乘子为 $+1$ 的二重半稳定周期轨道的曲线。原点和非平凡平衡点的 Andronov-Hopf 稳定性边界上的 Lyapunov 量的符号由 ε 的符号确定。注意：当 $\varepsilon = 0$，$k = 0$ 时，系统式(4)变成可积的 Hamilton 系统，Hamilton 函数为

$$H(x, y) = \frac{y^2}{2} - \frac{x^2}{2} + \frac{x^4}{4} \tag{6}$$

习题 28.11 解：对应于两个零根的 Jacobi 矩阵为

$$\boldsymbol{D} = \begin{pmatrix} 0 & 1 & 0 \\ 0 & 0 & 0 \\ 0 & 0 & -\alpha \end{pmatrix} \tag{1}$$

这个系统的线性部分为

$$\begin{pmatrix} \dot{\xi} \\ \dot{\eta} \\ \dot{\zeta} \end{pmatrix} = D \begin{pmatrix} \xi \\ \eta \\ \zeta \end{pmatrix} \tag{2}$$

在 $\alpha = g = \frac{1}{\sqrt{\beta}}$，利用变换

$$\begin{pmatrix} x \\ y \\ z \end{pmatrix} = \xi \begin{pmatrix} 1 \\ 0 \\ -g \end{pmatrix} + \eta \begin{pmatrix} 0 \\ g \\ g^2 \end{pmatrix} + \zeta \begin{pmatrix} 1 \\ -g^2 \\ -g \end{pmatrix} \tag{3}$$

容易计算并验证在这些坐标下系统成为

$$\dot{\xi} = \eta + \left(1 - \frac{1}{g^2}\right) F \tag{4a}$$

$$\dot{\eta} = \frac{1}{g} F \tag{4b}$$

$$\dot{\zeta} = \frac{1}{g^2} F \tag{4c}$$

其中

$$F = \gamma_1 \xi + \gamma_2 \eta + (\gamma_1 - g\gamma_2)\zeta - \beta\alpha(\xi + \zeta)^3 \tag{5}$$

$\gamma_{1,2}$ 为小参数：

$$\gamma_1 = \beta(\alpha - g), \quad \gamma_2 = \beta g^2 - 1 \tag{6}$$

中心流形有形式

$$\zeta = \frac{\gamma_1}{g^3}\xi + \left(\frac{\gamma_2}{g^3} - \frac{\gamma_1}{g^4}\right)\eta + \cdots \tag{7}$$

式中，$\cdots$ 表示 $(\xi, \eta, \gamma_1, \gamma_2)$ 的三次和更高次项。在中心流形上系统写为

$$\dot{\xi} = \eta \left\{ 1 + \left(1 - \frac{1}{g^2}\right) \left[\gamma_2 + (\gamma_1 - g\gamma_2)\left(\frac{\gamma_2}{g^3} - \frac{\gamma_1}{g^4}\right)\right]\right\} +$$
$$\xi \left(1 - \frac{1}{g^2}\right)\left(\gamma_1 + (\gamma_1 - g\gamma_2)\frac{\gamma_1}{g^3}\right) - \frac{1}{g}\left(1 - \frac{1}{g^2}\right)\xi^3 + \cdots \tag{8a}$$

$$\dot{\eta} = \eta \frac{1}{g}\left[\gamma_2 + (\gamma_1 - g\gamma_2)\left(\frac{\gamma_2}{g^3} - \frac{\gamma_1}{g^4}\right)\right] +$$
$$\xi \frac{1}{g}\left(\gamma_1 + (\gamma_1 - g\gamma_2)\frac{\gamma_1}{g^3}\right) - \frac{1}{g^2}\xi^3 + \cdots \tag{8b}$$

式中，$\cdots$ 表示 $(\xi, \eta, \gamma_1, \gamma_2)$ 的高于**三次**的项。现在最后一步是改变变量 η 使得第一个方程变成 $\dot{\xi} = \eta$。系统最后的形式是

$$\dot{\xi} = \eta \tag{9a}$$

$$\dot{\eta} = \varepsilon_1 \xi + \varepsilon_2 \eta - \frac{1}{g^2}\xi^3 + 3\frac{1-g^2}{g^3}\xi^2\eta + \cdots \tag{9b}$$

其中

$$\varepsilon_1 = \frac{\gamma_1}{g}\left[1 + \gamma_1 \frac{1}{g^3} + \gamma_2\left(1 - \frac{2}{g^2}\right)\right] \tag{10}$$

以及

$$\varepsilon_2 = \gamma_1 - (\gamma_1 - g\gamma_2)\frac{g^3+1}{g^5} - (\gamma_1 - g\gamma_2)^2 \frac{1}{g^5} \tag{11}$$

习题 28.12 解：在极限 $(a,b) \to 0$ 情形 y 变成快变量，原系统

$$\dot{x} = a(y + c_0 x - c_1 x^3), \quad \dot{y} = x - y + z, \quad \dot{z} = -by \tag{1}$$

的所有动力学集中在慢流形 $y = x + z$ 上。对应的慢系统由下面的方程组给出

$$\dot{x} = \gamma(x + z + c_0 x - c_1 x^3) \tag{2a}$$

$$\dot{z} = -x - z \tag{2b}$$

其中，$\gamma = \dfrac{a}{b}$ 为参数。对第一个方程解出 z：

$$z = \frac{\dot{x}}{\gamma} - x - c_0 x + c_1 x^3 \tag{3}$$

将这个表达式代入式 (2b)，得

$$\dot{z} = -\frac{\dot{x}}{\gamma} + c_0 x - c_1 x^3 \tag{4}$$

由于

$$\dot{z} = \frac{\ddot{x}}{\gamma} - (1 + c_0 - 3c_1 x^2)\dot{x} \tag{5}$$

我们得到

$$\ddot{x} - [\gamma(1 + c_0 - 3c_1 x^2) - 1]\dot{x} + \gamma(c_0 x - c_1 x^3) = 0 \tag{6}$$

令 $\dot{x} = u$，我们可把这方程重写为

$$\dot{x} = u \tag{7a}$$

$$\dot{u} = (\gamma - 1 + \gamma c_0)u - 3\gamma c_1 x^2 u + \gamma c_0 x - \gamma c_1 x^3 \tag{7b}$$

它与 Khorozov-Takens 规范形一致。

习题 28.13 请参考文献 [38,40,171]。

习题 28.14 解：假设 $ab > 0$ 以及 $\tau^2 = \mu + a\sqrt{\bar{\beta}}\left[1 + g\left(0, 0, -\sqrt{\bar{\beta}}\right)\right] > 0, \bar{\beta} > 0$。由尺度化时间 $t \to \dfrac{s}{\tau}$，改变变量

$$x \to x\sqrt{\frac{\tau^3}{ab}}, \quad y \to \tau y \sqrt{\frac{\tau^3}{ab}}, \quad z \to -\sqrt{\bar{\beta}} + \frac{\tau^2}{a}z \tag{1}$$

并定义新参数 $\bar{\alpha} = \alpha\tau$ 和 $\bar{\beta} = \left(\dfrac{\beta\tau}{2}\right)^2$，得到以下系统

$$\dot{x} = y \tag{2a}$$

$$\dot{y} = x(1-z) - \alpha y + O(\tau) \tag{2b}$$

$$\dot{z} = -\beta z + x^2 + O(\tau) \tag{2c}$$

式中，α, β 为参数，且它们不再是小量。去掉 τ 阶项得到 Shimizu-Morioka 模型。

习题 28.15 解：假设 $c > 0$ 和 $ad > 0$。在参数区域 $\tau^2 = \bar{\mu} - a\bar{\beta}c\left[1 + g\left(0, 0, \dfrac{\bar{\beta}}{c}\right)\right] > 0$ 和 $\beta > 0$ 引入重正规化

$$t \to \frac{s}{\tau}, \quad x \to x\tau\sqrt{\frac{c}{ad}}, \quad y \to \tau^2 y\sqrt{\frac{c}{ad}}, \quad z \to \sqrt{\frac{\bar{\beta}}{c}} + \frac{\tau^2}{a}z \tag{1}$$

以及 $\bar{\alpha} = \tau\alpha, \bar{\beta} = \dfrac{\tau\beta}{2}$。记 $B = \dfrac{bc}{ad}$ 并去掉 τ 阶项得到以下系统

$$\dot{x} = y \tag{2a}$$
$$\dot{y} = x(1-z) - \alpha y + Bx^3 \tag{2b}$$
$$\dot{z} = -\beta(z - x^2) \tag{2c}$$

注意：当 $r > 1$ 时，Lorenz 方程将可化为它。

两个系统参数之间的关系为

$$\beta = \frac{b}{\sigma(r-1)}, \alpha = \frac{1+\sigma}{\sigma(r-1)}, B = \frac{b}{2\sigma-b} \tag{3}$$

从上面的关系得知在 Lorenz 方程中正参数 (r, b, σ) 区域由平面 $\beta = 0$ 和 $\frac{\alpha}{\beta} = \frac{1}{2}\left(\frac{1}{B} + 1\right)$ 所围，$B \to 0$ 时它趋于 $\beta = 0$。

注意：Shimizu-Morioka 系统是形如式(2)的 Lorenz 系统的特殊情形($B = 0$)。

习题 28.16 解：在中心流形上我们引入坐标 (x, y, z, ψ)，其中 ψ 为角坐标，(x, y, z) 为法坐标。假设系统在变换 $(x, y) \to (-x, -y)$ 下不变，截断到二次项的规范形为

$$\dot{x} = y \tag{1}$$
$$\dot{y} = x(\bar{\mu} - az) - y(\bar{\alpha} + a_2 z) \tag{2}$$
$$\dot{z} = -\bar{\beta} + z^2 + b(x^2 + y^2) \tag{3}$$
$$\dot{\psi} = 1 \tag{4}$$

其中，假设周期轨道的周期为 1。因为上面系统的前三个方程与第四个方程无关，因此所得规范形类似于 Shimizu-Morioka 系统。

习题 28.17 解：我们可以用 Lyapunov 函数 $V(x, y) = x^2 + y^2$ 验证所有的轨道都发散到无穷(无穷远点是稳定的)，因为 Lyapunov 函数对时间的导数 $\dot{V}(x, y) = 2(x^2 + y^2)$ 为正，因此每一条等位线 $(x^2 + y^2) = C$ 都是无切的，且当时间增加时，每一条轨线必须流向每一条曲线 C 的外面。

当 $a \neq 0$ 时，有

$$\frac{d(x^2 + y^2)}{dt} = 2(x^2 + y^2)(1 - a(x^2 + y^2))$$

显然当 $V > \frac{1}{a}$ 时，$\dot{V}(x, y) < 0$；当 $V < \frac{1}{a}$ 时，$\dot{V}(x, y) > 0$。因此 $V = \frac{1}{a}$ 是稳定不变曲线(极限环)，所有轨线(除了在原点的平衡态)当 $t \to +\infty$ 时都趋于它。

习题 28.18 ~ 习题 28.20 请参考文献[36~40, 171]。

习题 28.21 解：下面的函数

$$V_0(x, y, z) = \frac{1}{2}(x^2 + \sigma y^2 + \sigma z^2) \tag{1}$$

是 Lyapunov 函数，因为它对时间的导数

$$\dot{V}_0 = -\sigma(x^2 - (1-r)xy + y^2 + bz^2) \tag{2}$$

是负定二次型。

习题 28.22 解：函数

$$V(x, y, z) = \frac{x^2}{2} + \frac{y^2}{2} + (z - r - \sigma)^2 \tag{1}$$

对时间的导数是

$$\dot{V}(x, y, z) = x\dot{x} + y\dot{y} + (z - \sigma - r)\dot{z}$$

$$= -\sigma x^2 - y^2 - b\left(z - \frac{r+\sigma}{2}\right)^2 + \frac{b}{4}(r+\sigma)^2 \tag{2}$$

条件 $\dot{V} = 0$ 确定一个椭球面,在它的外面导数为负。因此,Lorenz 系统所有"外面的"正半轨线流向曲面

$$\sigma x^2 + y^2 + b\left(z - \frac{r+\sigma}{2}\right)^2 = \frac{b}{4}(r+\sigma)^2 \tag{3}$$

习题 28.23 解:利用 Lyapunov 函数

$$V_0(x, y, z) = \frac{x^2}{2a} + \frac{y^2}{2} + \frac{z^2}{2b} \tag{1}$$

并对大 x 和 y 分析它对时间的导数

$$\dot{V}_0 = \frac{x\dot{x}}{a} + y\dot{y} + \frac{z\dot{z}}{b} = \frac{1}{6}(x^2 - x^4) + 2xy - y^2 \tag{2}$$

习题 28.24 解:该系统在 $\mu = 0$ 和小 $\varepsilon \neq 0$,原点 $O(0,0)$ 是弱焦点。特征根是 $\pm i\varepsilon$。为了确定弱焦点的稳定性,首先尺度化变量 $x \mapsto \varepsilon^2 x$, $y \mapsto \varepsilon^3 y$ 和时间尺度化 $t \mapsto \varepsilon^{-1} t$。于是,系统取形式

$$\dot{x} = y, \quad \dot{y} = -x + a_{20} x^2 + \varepsilon a_{11} xy + O(\varepsilon^2) \tag{1}$$

正规化坐标变换

$$x_{\text{new}} = x - \frac{a_{20}}{3}(x^2 + 2y^2) + \frac{\varepsilon}{3} a_{11} xy, \quad y_{\text{new}} = \dot{x}_{\text{new}} \tag{2}$$

将系统化为

$$\dot{x} = y \tag{3a}$$

$$\dot{y} = -x + 2a_{20}^2 \left(x^3 - \frac{4}{3} xy^2\right) + \varepsilon a_{20} a_{11} \left(5x^2 y - \frac{4}{3} y^3\right) + O(\varepsilon^2) \tag{3b}$$

"…"表示高于三次的项,因此,消去了所有二次项(直到 $O(\varepsilon^2)$ – 项),现在第一个 Lyapunov 量可立刻计算。为此,引入复坐标 $z = x + iy$,系统变成

$$\dot{z} = -iz + \left(\frac{\varepsilon}{8} a_{20} a_{11} + i \frac{5}{12} a_{20}^2 + O(\varepsilon^2)\right) z^2 z^* + \cdots \tag{4}$$

式中,…表示可忽略的三次项和更高次项,第一个 Lyapunov 量是 $z^2 z^*$ 的系数的实部,即等于

$$L_1 = \frac{\varepsilon}{8}[a_{20} a_{11} + O(\varepsilon)] \tag{5}$$

由此得知,对小的 ε,当 $a_{20} a_{11} < 0$ 时弱焦点稳定,当 $a_{20} a_{11} > 0$ 时不稳定。在 $\varepsilon \neq 0$ 从弱焦点只产生一个极限环,只是 $a_{20} a_{11} \neq 0$。

习题 28.25 请参考文献[38,171]。

习题 28.26 解:首先将原系统化为单个三阶微分方程

$$\dddot{x} + (\sigma + b + 1)\ddot{x} + b(1+\sigma)\dot{x} + b\sigma(1-r)x = \frac{(1+\sigma)\dot{x}^2}{x} + \frac{\dot{x}\ddot{x}}{x} - x^2 \dot{x} - \sigma x^3 \tag{1}$$

然后,对 O_1、O_2 分别引入新变量 $\xi = x - x_0$,其中 $x_0 = \pm \sqrt{b(r-1)}$。我们强调,在非线性项中只有二次项和三次项是需要的,因此 $(x_0 + \xi)^{-1}$ 表达式中的一次项对求第一个 Lyapunov 量已足够了。考虑到所需要的项,方程式(1)可重写为

$$\dddot{\xi} + (\sigma + b + 1)\ddot{\xi} + [b(1+\sigma) + x_0^2]\dot{\xi} + [b\sigma(1-r) + 3\sigma x_0^2]\xi$$

$$= -3\sigma x_0 \xi^2 - 2x_0 \xi\dot{\xi} + \frac{1+\sigma}{x_0}\dot{\xi}^2 + \frac{1}{x_0}\xi\ddot{\xi} - \sigma \xi^3 - \xi^2 \dot{\xi} - \frac{1+\sigma}{x_0^2}\xi\dot{\xi}^2 - \frac{1}{x_0^2}\xi\dot{\xi}\ddot{\xi} + \cdots \tag{2}$$

O_1、O_2 的稳定性边界是

$$r = \sigma(\sigma + b + 3)(\sigma - b - 1)^{-1} \quad (3)$$

由上面计算第一个 Lyapunov 量的算法得

$$L_1 = b[p^3 q(p^2 + q)(p^2 + 4q)(\sigma - b - 1)]^{-1} B \quad (4)$$

其中

$$B = [9\sigma^4 + (20 - 18b)\sigma^3 + (20b^2 + 2b + 10)\sigma^2 - (2b^3 - 12b^2 - 10b + 4)\sigma - b^4 - 6b^3 - 12b^2 - 10b - 3] \quad (5)$$

在稳定性边界,不等式 $\sigma > b+1$ 满足。利用变换 $\sigma = \sigma_* + b + 1$,$B$ 的表达式变成 σ_* 和 b 的正系数多项式。因此,如果 $\sigma_* > 0$ 和 $b > 0$,则 $L_1 > 0$。从而,两个平衡点 O_1、O_2 在稳定性边界上都不稳定(鞍-焦点)。显然,这个边界本身是危险边界。因此,对应的 Andronov-Hopf 分岔是亚临界的。

习题 28.27、习题 28.28 请参考文献[38,40,171]。

习题 28.29 答:$\delta = \lim_{n \to \infty} \dfrac{a_n - a_{n-1}}{a_{n+1} - a_n} \approx 4.669\,20$。

习题 28.30 答:$a_4^{(16)} \approx 3.561\,407\,266$,$a_5^{(32)} \approx 3.568\,759\,420$。图 D.28.1 是 Logistic 映射在倍周期过程中的 $x - a$ 分岔图。

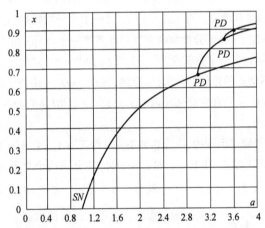

图 D.28.1 Logistic 映射在倍周期过程中的 $x - a$ 分岔图

习题 28.31,习题 28.32 请参考文献[38,40,171]。

习题 28.33 解:Hénon 映射的 Jacobi 是常数且等于 b。因此,当 $b > 0$ 时,Hénon 映射在平面中保持定向,但是 $b > 0$ 时反向。注意:如果 $|b| < 1$,映射压缩面积,故它的任何不动点或者周期点的乘子之积的绝对值小于1。从而在这种情形下,映射不可能有完全不稳定的周期轨道(只有稳定点和鞍点)。反之,如果 $|b| > 1$,则没有稳定轨道可存在。当 $|b| = 1$ 时,映射变成保守的。当 $b = 0$ 时,Hénon 映射退化为上面的 logistic 映射,因此,当 b 充分小时应该期望不动点有某些类似的分岔。

接下来,我们求 Hénon 映射的不动点并分析当参数 a 和 b 变化时它们是如何分岔的。分岔图如图 D.28.2 所示。它包含 3 条分岔曲线:

(1) SN:$a = -\dfrac{1}{4}(1+b)^2$;

(2) PD:$a = \dfrac{3}{4}(1+b)^2$;

(3) AH:$b = 1$,$-1 < a < 3$。

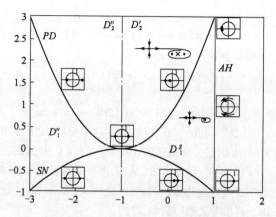

图 D.28.2 Hénon 映射不动点的分岔图

对 $(a,b) \in SN$,映射有乘子为 $+1$ 的不动点;当 $|b| < 1$ 时,这点是有吸引扇形的鞍-结点;当 $|b| > 1$ 时,这点是一个有排斥区域的鞍-结点。

对 $(a,b) \in PD$,映射有乘子为 -1 的不动点;当 $|b| < 1$ 时,另一个乘子的绝对值小于 1,且第一个 Lyapunov 量为负,因此分岔点稳定。当 $|b| > 1$ 时,另一个乘子的绝对值大于 1,且第一个 Lyapunov 量为正,故分岔点是完全不稳定(验证分岔曲线方程和计算第一个 Lyapunov 量)。

在区域 D_1 存在两个不动点:一个是鞍点,另一个当 $(a,b) \in D_1^s$ 时稳定,$(a,b) \in D_1^u$ 时排斥。从 D_1 到 D_2 的转移时伴随有不动点的倍周期分岔,对应地,在 $D_1^s \to D_2^s$ 的路径上稳定,在 $D_1^u \to D_2^u$ 的路径上排斥。这时这个点变成鞍点($-$),在它的邻域内当 $(a,b) \in D_2^s$ 时从它分岔出稳定周期 2 环,在区域 D_2^u 内这个周期 2 环是排斥的。

当 $b = 1$ 时,Hénon 映射变成保守的,因为它的 Jacobi 等于 $+1$。在 $b = 1$ 和 $a = -1$ 时,它有具两个乘子 $+1$ 的不稳定抛物线不动点;在 $b = 1$ 和 $a = 3$ 时,它是具两个乘子 -1 的稳定抛物线不动点。在这些点之间,对 $-1 < a < 3((a,b) \in T)$,映射有具乘子 $e^{\pm i\psi}$ 的不动点,其中 $\cos\psi = 1 - \sqrt{a+1}$。对 $\psi \notin \left\{ \dfrac{\pi}{2}, \dfrac{2\pi}{3}, \arccos\left(-\dfrac{1}{4}\right)\right\}$,这是一般椭圆点。由于 Hénon 映射当 $b = 1$ 时是保守的,Lyapunov 量都为零。当我们穿过曲线 AH 时,Jacobi 变成异于 1,映射对面积或者是收缩或者是扩张,显然这阻止了不变闭曲线的存在性。因此穿过曲线 AH 时不产生不变曲线。

习题 28.34、习题 28.35 请参考文献[38,40,171]。

习题 28.36 解:这个映射的 Jacobi 等于 b,因此,当 $b \neq 0$ 时它是微分同胚。逆映射是

$$\bar{y} = x, \quad \bar{x} = \frac{1}{b}(\mu_1 + \mu_2 x + dx^3 - y)$$

从上式容易看到情形 $|b| > 1$ 和情形 $|b| < 1$ 是对称的。当 $b = 0$ 时,原映射有不变曲线 $y = dx^3 + \mu_2 x + \mu_1$,平面内的任何点经一次迭代变到这不变曲线,在这意义下原映射变成是"一维"的。应该指出,这个映射关于变换 $(x, y, \mu_1, \mu_2) \to (-x, -y, -\mu_1, \mu_2)$ 是不变的,因此在 (μ_1, μ_2)-参数平面内分岔曲线关于 μ_2 轴对称。

习题 28.37 部分解:对应于具乘子 $+1$ 的不动点的曲线 SN 由

$$\mu_1 = \pm \frac{2}{3}\left(\frac{-1 + b - \mu_2}{3d}\right)^{1/2} \tag{1}$$

给出,具乘子 -1 由

$$\mu_1 = \pm \frac{2}{3}\left(\frac{-1+b-\mu_2}{3d}\right)^{1/2}(2+2b-\mu_2) \qquad (2)$$

给出,具乘子 $+1$ 的周期 2-环的分岔曲线为

$$\mu_1 = \pm \frac{2\sqrt{3}}{9}(-\mu_2 - 2(b+1))^{3/2}, 在 d = +1 \qquad (3\text{a})$$

$$\mu_1 = \pm \frac{2\sqrt{3}}{9}(\mu_2 + 2b - 1)^{3/2}, \mu_2 > -\frac{2}{3}(b+1), 在 d = -1 \qquad (3\text{b})$$

对应于倍周期 4 的分岔曲线为

$$\mu_1^2 = \frac{1}{216d}(b(b+1) + \mu_2 \pm q)^2(-5\mu_2 - 6(b+1) \pm q) \qquad (4)$$

其中

$$q = \sqrt{(3\mu_2 + 2b + 2)^2 - 8(b^2 + 1)} \qquad (5)$$

习题 28.38 ~ 习题 28.40 请参考文献[36 ~ 40,171]。

习题 28.41 提示:环面上的蓝天突变的 Medvedev 构造,如图 D.28.3 所示。

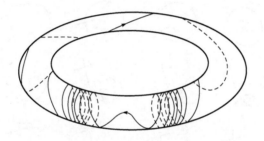

图 D.28.3 环面上的蓝天突变

习题 28.42 答:图 D.28.4 表示慢系统的分岔图。从在 AH 的稳定焦点分岔出的在点 $H: z \simeq 2.086$ 终止于鞍点 O 的分界线回路,如图 D.28.5 所示。

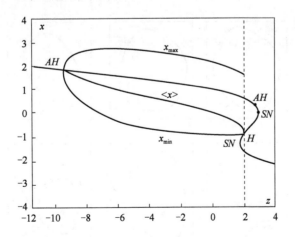

图 D.28.4 在 $\varepsilon = 0$ 画出平衡态在 (z, x) - 平面内的 x 坐标

注:符号 $x_{\min}$、$x_{\max}$ 和 $<x>$ 分别表示从在 AH 的稳定焦点分岔出稳定极限环的 x 坐标的最大值、最小值和平均值。

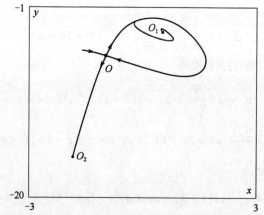

图 D.28.5 在 $z \simeq 2.086$ 和 $\varepsilon = 0$ 处鞍点 O 的分界线回路

习题 28.43 答:环面演变的理想分岔难题现象情景如图 D.28.6 所示。$a = 0.4$,$\Omega = 0.893$ 和 $\beta = 0.0, 0.37, 0.374\,09, 0.375, 0.376, 0.376\,1$ 时的数值结果如图 D.28.7 所示。两个图像都是由 B. Krauskopf 和 H. Osinga 提供的。

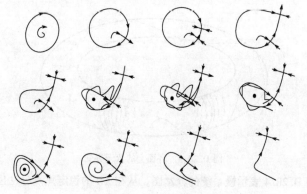

图 D.28.6 $\dfrac{2\pi}{\omega}$ 移位映射:理想分岔难题

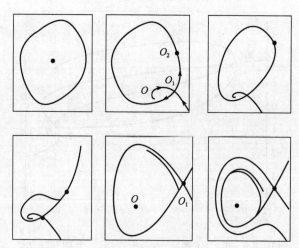

图 D.28.7 $\dfrac{2\pi}{\omega}$ 移位映射:$a = 0.4$,$\omega = 0.893$ 和 $\beta = 0.0, 0.37, 0.374\,09, 0.375, 0.376, 0.376\,1$ 时的数值结果

习题 28.44   请参考文献[38,40,171]。

习题 28.45 解：直接计算显示对给定的参数，鞍-焦点 O 有指数 $\lambda_{1,2} \simeq 0.1597 \pm \mathrm{i}0.9815$ 和 $\lambda_3 \simeq -4.7594$。由于复指数 $\lambda_{1,2}$ 最接近于虚轴，同宿回路导致产生无穷多个鞍点周期轨道。此外，由于第二个鞍点量 $\sigma_2 = \lambda_3 + 2\mathrm{Re}\lambda_{1,2}$ 为负（这里它等于向量场在 O 的散度），由此得知，同宿回路附近也可存在周期轨道和鞍点。这些稳定轨道有长期和弱吸引盆，因此它们在数值实验中实际上是看不见的。

在第二种情形，平衡态 O_2 有特征指数 $(-0.0428 \pm \mathrm{i}3.1994, 0.4253)$。与第一种情形相反，在回路的小邻域内不存在稳定的周期轨道，因为向量场在 O_2 的散度为正。

给定参数在鞍-焦点 O 同宿回路附近的轨道数值仿真如图 D.28.8 所示。

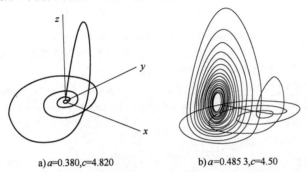

a) $a=0.380, c=4.820$　　　b) $a=0.4853, c=4.50$

图 D.28.8　Rössler 模型中，在鞍-焦点 O 和 O_1 的分别的同宿回路

注：在不稳定流形上的初始条件选择分别与平面 $y = 0$ 上的 O 相距大约 0.47 以及与 O_1 大约 0.14 的距离的点。

习题 28.46 提示：当 $a = b = 0$ 时，式(28.8.32)的分岔开折与 Khorozov-Takens 规范形的相同。特别地，它包含 8 字形同宿分岔，因此对应的记为 $H8$ 的分岔曲线。在这里特别要考虑在这曲线上的 4 个余维 -2 点，在这些点上以下共振条件成立：

（1）$NS(a \simeq 1.13515, b \simeq 1.07379)$ 对应于零鞍点量 σ 的鞍点（在原点）。在这点的下方，σ 是正的。

（2）点 $S \to SF(a \simeq 1.20245, b \simeq 1.14678)$ 对应于从鞍点到鞍-焦点(2,1)的过渡。重要的是在这点 $\sigma < 0$。

（3）缩写 NSF 表示中性鞍-焦点，在这点的鞍点量 σ 为零。

（4）引入第二个鞍点量 σ_2，它是在鞍-焦点的 3 个主特征指数的和。在三维情形，它是向量场在原点的散度。这里由方程 $a = 6$ 给出的曲线 $\sigma_2 = 0$ 在 $(a = 6, b = 7.19137)$ 与 $H8$ 相交。在这点上方，$\sigma_2 > 0$。

习题 28.47 ~ 习题 28.50　请参考文献[36 ~ 40,171]。

C 类型习题答案

习题 28.51 解：霍曼轨道。

MATLAB 程序

（1）主程序的文件名是 hmgd.m。

```
> ##############################################
>                                              #霍曼轨道
> function hmgd(hr1,hr2,hr3,hedit)
> cla
> time1 = [2.3;2.1;2.3];                       #地球与金星三次运动时间
> time2 = [2.3;2.1;0.84];                      #飞船的三次运动时间
> v = [2.1;3.5;2.74];                          #飞船的发射速度
```

```
> if get(hr1,'value') = =1
>     j=1;
> elseif get(hr2,'value') = =1
>         j=2;
>     elseif get(hr3,'value') = =1
>             j=3;
>         else
>             set(hedit,'string','你必须选择一种情况！');
>             return
> end
> ############################################################
>                                                 #下面依次求地球、金星与飞船的轨道
> [t1,z1] = ode45('hmgdfun',[0:0.01:time1(j)],[10,0,0,2.98],[ ],8900);
> [t2,z2] = ode45('hmgdfun',[0:0.01:time1(j)],[7.2,0,(-pi/3+pi*0.01),4.88],[ ],8900);
> [t3,z3] = ode45('hmgdfun',[0:0.01:time2(j)],[10,0,0,v(j)],[ ],8900);
> [x1,u1] = pol2cart(z1(:,3),z1(:,1));          #将极坐标变换为直角坐标
> [x2,u2] = pol2cart(z2(:,3),z2(:,1));
> [x3,u3] = pol2cart(z3(:,3),z3(:,1));
> plot(x1(:),u1(:),'y',x2(:),u2(:),'y',x3(:),u3(:),'b')
> title('霍曼轨道')
> hold on
> axis off
> ############################################################
>                                     #以下是太阳,地球,金星,飞船的图形句柄
> sun = line(0,0,'color','r','erasemode','xor','marker','.','markersize',80);
> earth = line(10,0,'color','b','marker','.','erasemode','xor','markersize',40);
> venus = line(7.2,0,'color','m','marker','.','erasemode','xor','markersize',30);
> ship = line(10,0,'color','r','marker','p','erasemode','xor','markersize',10);
> ############################################################
>                                             #以下 text 中的内容均为图示标注
> if j = =1
>     view(-3,72)
>     text(-10,-10,-1,'方位角:-3度;仰角:72度')
>     text(-4.42,27,1,'依次为太阳,地球,金星,飞船')
>         sun00 = line(-8,35.3,'color','r','marker','.','markersize',18);
>         earth11 = line(-7,35.2,'color','b','marker','.','markersize',14);
>         venus22 = line(-6,35.1,'color','m','marker','.','markersize',12);
>         ship33 = line(-5,35,'color','r','marker','p','markersize',10);
> ############################################################
> elseif j = =2
>     view(-90,50)
>     text(-65,16,1,'方位角:-90度;仰角:50度');
>     text(-4,8,1,'依次为太阳,地球,金星,飞船');
>         sun00 = line(-4,12,1,'color','r','marker','.','markersize',18);
>         earth11 = line(-4,11,1,'color','b','marker','.','markersize',14);
```

```
>     venus22 = line( -4,10,1,'color','m','marker','.','markersize',12);
>     ship33 = line( -4,9,1,'color','r','marker','p','markersize',10);
> ############################################################
> else j = =3
>    view(1,54)
>    text( -10, -10, -1,'方位角:1度;仰角:54度')
>    text( -6,12,1,'依次为太阳,地球,金星,飞船')
>        sun00 = line( -10,27,'color','r','marker','.','markersize',18);
>        earth11 = line( -9,27,'color','b','marker','.','markersize',14);
>        venus22 = line( -8,27,'color','m','marker','.','markersize',12);
>        ship33 = line( -7,27,'color','r','marker','p','markersize',10);
> end
> ############################################################
>                                                         #模拟地球、金星与飞船的运动
> n1 = length(t3);
> for i = 1:n1
>     pause(0.1);
>    set(earth,'xdata',x1(i),'ydata',u1(i));
>    set(venus,'xdata',x2(i),'ydata',u2(i));
>    set(ship,'xdata',x3(i),'ydata',u3(i));
>     drawnow;
> end
> ############################################################
>                                                         #第三种情形的霍曼轨道
>                                                         #飞船降落在金星后将按金星的轨道方程运动
>    if j = =3
>    n2 = length(t2);
>    for i = 86:n2
>        pause(0.1);
>        set(earth,'xdata',x1(i),'ydata',u1(i));
>    set(venus,'xdata',x2(i),'ydata',u2(i));
>    set(ship,'xdata',x2(i),'ydata',u2(i));
>     drawnow;
>     end
> end
```

(2) 函数文件名为 hmgdfun.m。

```
> ############################################################
> function rdot = hmgdfun(t,r,flag,G)
> rdot = [r(2);
>      r(1)*r(4)*r(4) -G/r(1)/r(1);
>      r(4);
>      -2*r(2)*r(4)/r(1)];
> ############################################################
```

参 考 文 献

[1] 陈予恕.非线性振动[M].天津:天津科学技术出版社,1983.
[2] 古屋茂,南雲仁一.非线性振动论[M].吕绍明,译.朱照宣,校.上海:上海科技出版社,1962.
[3] 斯托克.力学及电学系统中的非线性振动[M].谢寿鑫,钱曙复,译.上海:上海科技出版社,1963.
[4] 巴巴科夫.振动理论:上册[M].薛中擎,译.北京:人民教育出版社,1962.
[5] 巴巴科夫.振动理论:下册[M].蔡承文,译.北京:人民教育出版社,1963.
[6] 冯登泰.应用非线性振动力学[M].北京:中国铁道出版社,1982.
[7] 宫心喜,臧剑秋.应用非线性振动力学习题与选解[M].北京:中国铁道出版社,1986.
[8] 郑兆昌,丁奎元.机械振动:中册[M].北京:机械工业出版社,1986.
[9] 奈弗.摄动方法[M].王辅俊,徐钧涛,谢寿鑫,译.上海:上海科学技术出版社,1984.
[10] 包戈留包夫,米特罗波尔斯基.非线性振动理论中的渐近方法[M].金福临,译.哈尔滨:哈尔滨工业大学出版社,2018.
[11] 安德罗诺夫,维特,哈依金.振动理论:上册[M].高为炳,杨汝葳,肖宗翙,译.北京:科学出版社,1973.
[12] 安德罗诺夫,维特,哈依金.振动理论:下册[M].高为炳,杨汝葳,肖宗翙,译.北京:科学出版社,1974.
[13] 秦元勋.微分方程所定义的积分曲线:上册[M].北京:科学出版社,1959.
[14] 秦元勋.微分方程所定义的积分曲线:下册[M].北京:科学出版社,1959.
[15] 秦元勋,王联,王慕秋.运动稳定性理论与应用[M].北京:科学出版社,1980.
[16] 张锦炎.常微分方程几何理论与分支问题[M].北京:科学出版社,1981.
[17] 叶彦谦.极限环论[M].上海:上海科学技术出版社,1984.
[18] 张芷芬,丁同仁,黄文灶,等.微分方程定性理论[M].北京:科学出版社,1985.
[19] 陆启韶.常微分方程的定性方法和分岔[M].北京:北京航空航天大学出版社,1989.
[20] 陈开周,党创寅,杨再福.不动点理论和算法[M].西安:西安电子科技大学出版社,1990.
[21] 戴德成.非线性振动[M].南京:东南大学出版社,1990.
[22] 王海期.非线性振动[M].北京:高等教育出版社,1992.
[23] 黄安基.非线性振动[M].成都:西南交通大学出版社,1993.
[24] 褚亦清,李翠英.非线性振动分析[M].北京:北京理工大学出版社,1996.
[25] 周纪卿,朱因远.非线性振动[M].西安:西安交通大学出版社,1998.
[26] 胡海岩.应用非线性动力学[M].北京:航空工业出版社,2000.
[27] 刘延柱,陈立群.非线性振动[M].北京:高等教育出版社,2001.

[28] 闻邦椿,李以农,徐培民,等.工程非线性振动[M].北京:科学出版社,2007.
[29] 丁文镜.自激振动[M].北京:清华大学出版社,2009.
[30] 顾致平.非线性振动[M].北京:中国电力出版社,2012.
[31] 陈予恕.非线性振动系统的分叉和混沌理论[M].北京:高等教育出版社,1993.
[32] 陈予恕,唐云,陆启超,等.非线性动力学中的现代分析方法[M].北京:科学出版社,1992.
[33] 庄表中,梁以德,张佑启.结构随机振动[M].北京:国防工业出版社,1995.
[34] 龙云佳,梁以德.近代工程动力学—随机、混沌[M].北京:清华大学出版社,1998.
[35] 唐云.对称性分岔理论基础[M].北京:科学出版社,1998.
[36] 罗冠炜,谢建华.碰撞振动系统的周期运动和分岔[M].北京:科学出版社,2004.
[37] 库兹涅佐夫.应用分支理论基础[M].金成桴,译.北京:科学出版社,2010.
[38] 施尔尼科夫.非线性动力学定性理论方法:第二卷[M].金成桴,译.北京:高等教育出版社,2010.
[39] 魏俊杰,王洪滨,蒋卫华.时滞微分方程的分支理论及应用[M].北京:科学出版社,2012.
[40] 罗朝俊.离散和切换动力系统[M].王跃方,黄金,李欣业,等,译.北京:高等教育出版社,2015.
[41] 杨橚,唐恒龄,廖伯瑜.机床动力学:第Ⅰ册[M].北京:机械工业出版社,1983.
[42] 杨橚,唐恒龄,廖伯瑜.机床动力学:第Ⅱ册[M].北京:机械工业出版社,1983.
[43] 钟秉林,黄仁.机械故障诊断学[M].北京:机械工业出版社,2002.
[44] 白鸿柏,张培林,郑坚,等.滞迟振动系统及其工程应用[M].北京:科学出版社,2002.
[45] 郭应龙,李国兴,尤传永.输电线路舞动[M].北京:中国电力出版社,2003.
[46] 张世礼.振动粉碎理论及设备[M].北京:冶金工业出版社,2005.
[47] 李银山.理论力学:上册[M].北京:人民交通出版社股份有限公司,2016.
[48] 李银山.理论力学:下册[M].北京:人民交通出版社股份有限公司,2017.
[49] 王光瑞,于熙龄,陈式刚.混沌的控制、同步与利用[M].北京:国防工业出版社,2001.
[50] 关新平.混沌控制及其在保密通信系统中的应用[M].北京:国防工业出版社,2002.
[51] 彭芳麟,管靖,胡静,等.理论力学计算机模拟[M].北京:清华大学出版社,2002.
[52] 彭芳麟.数学物理方程的MATLAB解法与可视化[M].北京:清华大学出版社,2004.
[53] 彭芳麟.计算机物理基础[M].北京:高等教育出版社,2010.
[54] 李银山.材料力学:上册[M].北京:人民交通出版社股份有限公司,2014.
[55] 李银山.材料力学:下册[M].北京:人民交通出版社股份有限公司,2015.
[56] 刘式适,刘式达.物理学中的非线性方程[M].北京:北京大学出版社,2000.
[57] 张琪昌,王洪礼,竺致文.分岔与混沌理论及应用[M].天津:天津大学出版社,2005.
[58] 李骊.强非线性振动系统的定性理论与定量方法[M].北京:科学出版社,1997.
[59] 李骊,叶红玲.强非线性系统周期解的能量法[M].北京:科学出版社,2008.
[60] 廖世俊.超越摄动——同伦分析方法导论[M].陈晨,徐航,译.北京:科学出版社,2006.

[61] 克利宗,齐曼斯基,亚科夫列夫.转子动力学——弹性支承[M].董师予,译.北京:科学出版社,1987.

[62] 钟一谔,何衍宗,王正,等.转子动力学[M].北京:清华大学出版社,1987.

[63] 周仁睦.转子动平衡——原理、方法和标准[M].北京:化学工业出版社,1992.

[64] 闻邦椿,顾家柳,夏松波,等.高等转子动力学:理论、技术与应用[M].北京:机械工业出版社,2000.

[65] 虞烈,刘恒.轴承-转子系统动力学[M].西安:西安交通大学出版社,2001.

[66] 闻邦春,武新华,丁千,等.故障旋转机械非线性动力学的理论与试验[M].北京:科学出版社,2004.

[67] 黄文虎,夏松波,焦映厚,等.旋转机械非线性动力学设计基础理论与方法[M].北京:科学出版社,2006.

[68] 陈予恕,黄文虎,高金吉,等.机械装备非线性动力学与控制的关键技术[M].北京:机械工业出版社,2011.

[69] 罗忠,刘永泉,王德友,等.旋转机械典型结构动力学相似设计理论与方法[M].北京:科学出版社,2015.

[70] 李银山.高维非自治系统稳定性和安全性量化理论[D].天津:天津大学,2002.

[71] 项海帆,刘光栋.拱结构的稳定与振动[M].北京:人民交通出版社,1991.

[72] 魏德敏.拱的非线性理论及其应用[M].北京:科学出版社,2004.

[73] 沃耳密尔.柔韧板与柔韧壳[M].卢文达,黄择言,卢鼎霍,译.北京:科学出版社,1959.

[74] 菲利波夫.弹性系统的振动[M].俞忽,等,译.北京:建筑工程出版社,1959.

[75] 鲍洛金.弹性体系的动力稳定性[M].林砚田,译.北京:高等教育出版社,1960.

[76] 贾春元.板的非线性分析[M].沈大荣,贾代华,蒋沧如,译.王龙甫,校.北京:科学出版社,1989.

[77] 程昌钧,朱正佑.结构的屈曲与分叉[M].兰州:兰州大学出版社,1991.

[78] 刘人怀.夹层板壳非线性理论分析[M].广州:暨南大学出版社,2007.

[79] 吕书锋,张伟.复合材料层合板的非线性动力学与振动控制[M].北京:化学工业出版社,2021.

[80] 李银山.非线性圆板分岔与混沌运动的实验和理论研究[D].太原:太原理工大学,1999.

[81] 杨桂通,熊祝华.塑性动力学[M].北京:清华大学出版社,1984.

[82] 薛禹胜.运动稳定性量化理论[M].南京:江苏科学技术出版社,1999.

[83] 刘桂荣.有限元法实用教程[M].长沙:湖南大学出版社,2004.

[84] 卓家寿,邵国建,武清玺,等.力学建模导论[M].北京:科学出版社,2007.

[85] 甘特马赫,克列因.振荡矩阵、振荡核和力学系统的微振动[M].王其申,译.合肥:中国科学技术大学出版社,2008.

[86] 韩旭.基于数值模拟的设计理论与方法.北京:科学出版社,2015.

[87] 赵亚溥.力学讲义[M].北京:科学出版社,2018.

[88] 胡海岩.振动力学——研究型教程[M].北京:科学出版社,2020.
[89] 杨卫,赵沛,王宏涛.力学导论[M].北京:科学出版社,2020.
[90] 李银山.振动力学——线性振动[M].北京:人民交通出版社股份有限公司,2022.
[91] 郝柏林.分岔、混沌、奇怪吸引子、湍流及其它——关于确定论系统中的内在随机性[J].物理学进展,1983,3(3):329-415.
[92] 朱照宣.非线性动力学中的浑沌[J].力学进展,1984,14(2):129-146.
[93] 方锦清.非线性系统中混沌的控制与同步及其应用前景(一)[J].物理学进展,1996,16(1):1-74.
[94] 胡海岩.力学系统混沌的主动控制[J].力学进展,1996,26(4):453-463.
[95] 陈予恕,梅林涛.非线性Mathieu方程1/2亚谐分叉解的实验研究[J].应用力学学报,1990,7(4):11-16.
[96] 陈予恕,李进臣.非线性振动系统动力学行为的实验研究[J].力学进展,1996,26(4):473-481.
[97] 李进臣,陈予恕,叶敏,等.参数屈曲梁的倍周期分岔和混沌运动的实验研究[J].实验力学,1997,12(2):84-95.
[98] 李银山,杨桂通,张善元,等.圆板振子超谐分岔和混沌运动的实验研究[J].实验力学,2001,16(4):347-358.
[99] 周焕文.参数展开摄动法[J].数学物理学报,1983,3(1):71-80.
[100] 徐兆.非线性力学中的一种新的渐近方法[J].力学学报,1985,17(3):266-271.
[101] 戴世强,庄峰青.一类非线性振动系统的渐近解[J].中国科学(A辑),1986,16(1):34-40.
[102] 曹登庆.强非线性振动方程的渐近分析[J].西南交通大学学报,1987,(3):57-64.
[103] 陈予恕,朗福德.非线性马休方程的亚谐分叉解及欧拉动弯曲问题[J].力学学报,1988,20(6):522-532.
[104] 刘鍊生,黄克累.一种用于非线性振动的模态分析方法[J].力学学报,1988,20(1):41-48.
[105] 戴德成,陈建彪.强非线性振动系统的渐近解法[J].力学学报,1990,22(2):206-212.
[106] 王振东,程友良.对一类强非线性系统的分析[J].力学学报,1990,22(3):356-361.
[107] 李骊.强非线性系统的频闪法.力学学报[J].1990,22(4):402-412.
[108] 谢柳辉.渐近法在一类强非线性系统中的应用[J].应用数学和力学 1993(9):823-828.
[109] 刘济科,赵令诚,方同.非线性系统模态分岔与模态局部化现象[J].力学学报,1995,27(5):614-618.
[110] 吴志强,陈予恕,毕勤胜.非线性模态的分类和新的求解方法[J].力学学报,1996,28(3):298-307.
[111] 李银山.二次非线性粘弹性圆板的分岔和混沌运动[C]//.固体力学的现代进展,万国学术出版社,2000,105-110.
[112] 李银山,陈予恕,吴志强.正交各向异性圆板非线性振动的亚谐分岔[J].机械强度,2001,23(2):148-151.

[113] 李银山,陈予恕,李伟锋.各种板边条件下大挠度圆板的全局分岔和混沌[J].天津大学学报,2001,34(6):718-722.

[114] 李银山,刘波,龙运佳,等.二次非线性粘弹性圆板的2/1⊕3/1超谐解[J].应用力学学报,2002,19(3):20-24,162.

[115] 李银山,高峰,张善元,等.二次非线性圆板的1/2亚谐解[J].机械强度,2002,24(4):505-509.

[116] 李银山.大挠度圆板振动的偶阶超谐解和对称破缺现象[C]//非线性系统的周期振动和分岔,北京:科学出版社,2002,100-108.

[117] 李银山,李欣业,刘波,等.二次非线性粘弹性圆板的2/1超谐解[J].工程力学,2003,20(4):74-77,32.

[118] 李银山,张善元,张明路,等.材料非线性圆板的1/2⊕1/4亚谐解[J].振动与冲击,2006,25(3):115-120,211.

[119] 李银山,张善元,刘波,等.各种板边条件下大挠度圆板自由振动的分岔解[J].机械强度,2007,29(1):30-35.

[120] 李银山,刘波,张明路,等.二次非线性圆板的自由振动分岔解[J].机械强度,2011,33(4):505-510.

[121] 陈予恕,丁千,侯军书.非线性转子—密封系统的稳定性和Hopf分岔研究[J].振动工程学报,1997,10(3):368-374.

[122] 丁千,陈予恕.转子碰摩运动的非稳态分析[J].航空动力学报,2000,15(2):191-195.

[123] 徐小峰,张文.一种非稳态油膜力模型下刚性转子的分岔和混沌特性[J].振动工程学报,2000,13(2):247-253.

[124] 郑惠萍,陈予恕.滑动轴承转子系统抗扰动稳定裕度的研究[J].汽轮机技术,2002,43(1):35-37.

[125] 李银山,孙雨明,李欣业,等.不平衡弹性转子系统非线性油膜失稳分析[J].太原理工大学学报,2001,31(6):559-561,566.

[126] 闫民,陈予恕,曹树谦.转子系统非线性动力学DEM建模研究[J].力学学报,2001,33(3):390-402.

[127] 曹树谦,陈予恕,丁千,等.高速转子动平衡的传递函数法[J].机械强度,2002,24(4):500-504.

[128] 李银山,陈予恕,薛禹胜.非线性油膜力轴承上不平衡弹性转子的稳定裕度[J].机械工程学报,2002,38(9):27-32.

[129] 董青田,李银山,罗利军,等.碰摩转子的故障诊断研究[J].振动与冲击,2006,25(S):283-285.

[130] 李洪亮,侯磊,徐梅鹏,等.基于HB-AFT方法的不对中转子系统超谐共振分析[J].振动与冲击,2019,55(13):94-100.

[131] 李银山,郝黎明,树学锋.强非线性Duffing方程的摄动解[J].太原理工大学学报,2000,31(2):516-520.

[132] 李银山,李欣业,刘波.分岔混沌非线性振动及其在工程中的应用[J].河北工业大学

学报,2004(2):96-103.

[133] 李银山,张善元,董青田,等.用两项谐波法求解强非线性Duffing方程[J].太原理工大学学报,2005,36(6):690-693.

[134] 李银山,张善元,李欣业,等.强非线性动力系统的两项谐波法[J].太原理工大学学报,2005,36(6):694-696,700.

[135] 李银山,张明路,檀润华,等.强非线性非对称动力系统的两项谐波法[J].河北工业大学学报,2007,36(5):1-11.

[136] 李银山,李树杰,曹俊灵,等.求解强非线性振动问题的初值变换法[J].振动与冲击,2008,27(S):28-30.

[137] 李银山,李树杰.构造一类非线性振子解析逼近周期解的初值变换法[J].振动与冲击,2010,29(8):99-102,245.

[138] 李银山.非对称、强非线性、多自由度系统周期解的初值变换法[C]//非线性动力学与控制的若干理论及应用,北京:科学出版社,2011:33-44.

[139] 李银山,潘文波,吴艳艳,等.非对称强非线性振动特征分析[J].动力学与控制学报,2012,10(1):15-20.

[140] 李银山,李彤,韦炳威,等.用谐波-能量平衡法求解单摆方程[J].动力学与控制学报,2016,14(3),197-204.

[141] 柴玉珍,李银山.二维KDV方程的精确解[J].太原理工大学学报,1999,30(s):106-107.

[142] 李银山,白育堃,树学锋.弹簧摆的内共振和混沌运动[J].太原理工大学学报,1998,29(6):555-559.

[143] 白育堃,李银山.非线性交调的频率优化设计[J].计算机仿真,1998,15(2):62-65.

[144] 李银山,杨宏胜,于文芳,等.Mises桁架结构的全局分岔和混沌运动[J].工程力学,2000,17(6):140-144.

[145] 李银山,杨春燕,张伟.DNA序列分类的神经网络方法[J].计算机仿真,2003,20(2):65-68.

[146] 罗利军,李银山,李彤,等.李雅普诺夫指数谱的研究与仿真[J].计算机仿真,2005,22(12):285-288.

[147] 李彤,李银山.压杆稳定设计的直接迭代法[J].机械设计与研究,2009,25(6):50-53.

[148] 李彤,李银山,何录武.用计算机对三铰拱桥结构静力分析[J].实验室研究与探索,2011,30(11):48-51,76.

[149] 李彤,李银山,霍树浩,等.杆件体系稳定性调整的快速解析研究[J].起重运输机械,2015(9):36-42.

[150] 李银山,张明路,罗利军,等.回转窑两圆柱体任意交叉角接触压力系数计算[J].河北工业大学学报,2006,35(1):1-5.

[151] 韦炳威,李银山.经过月球旁近的低能地月转移轨道[J].天文学报,2017,58(5):1-17.

[152] 韦炳威,李银山,限制性三体问题中显式辛格式的构造[J].河北工业大学学报,2017,

46(1):40-47.

[153] 谢晨,李银山,霍树浩.用格子 Boltzmann 方法模拟方柱绕流[J].河北工业大学学报,2021,50(4):17-24.

[154] 李银山,刘灿昌,王新筑,等.基于位移置换法的超静定梁变形解析计算[J].起重运输机械,2022(11):74-79.

[155] 刘灿昌,李银山,李欣业,等.基于位移置换法的梁变形计算机仿真研究[J].实验室研究与探索,2022,41(5):91-94,129.

[156] 李银山,丁千,李子瑞,等.超静定梁-柱的解析解研究[J].力学学报,2022,54(11):1-12.

[157] 李银山,刘波,潘文波,等.弹性压杆的大变形分析[J].河北工业大学学报,2011,40(5):31-35.

[158] 潘文波,李银山,李彤,等.细长柔韧压杆弹性失稳后挠曲线形状的计算机仿真[J].力学与实践,2012,34(1):48-51.

[159] 李银山,谢晨,霍树浩,等.集中载荷作用下大挠度悬臂梁的计算机仿真[J].河北工业大学学报,2021,50(2):19-25.

[160] 李银山,孙博华.欧拉弹性线问题的 Maple 数值模拟[J].力学与实践,2021,43(5):789-795.

[161] NAYFEH A H, MOOK D T. Nonlinear Oscillations [M]. New York: John Wiley & Sons,1979.

[162] MINORSKY N. Nonlinear Oscillations[M]. Princeton: Van Nostrand,1962.

[163] BOLOTON V V. The Dynamic Stability of Elastic Systems[M]. Holden-Day,1964.

[164] HAYASHI C. Nonlinear Oscillations in Physical Systems [M]. New York: McGraw-Hill. 1964.

[165] HAGEDORN P. Nonlinear Oscillations[M]. New york:1981.

[166] TIMOSHENKO S P, YOUNG S H, WEAVER W J. Vibration Problems in Engineering [M]. 5th ed. New York: John Wiley & Sons, 1990.

[167] MEIROVITCH L. Principles and Techniques of Vibrations [M]. New Jersey: Prentice Hall, 1997.

[168] CHEN SU-HUAN. Matrix Perturbation Theory in Structural Dynamic Design. [M]. Science Press Beijing, 2007.

[169] SINGIRESU S R. Mechanical Vibrations[M]. 5th ed. New York:Prentice Hall,2010.

[170] LIU G R,NGUYEN T T. Smoothed Finite Element Methods[M]. Mason, OH, USA, Science Tech Publisher, 2010.

[171] GUCKENHEIMER J, HOLMES P. Nonlinear Oscillations Dynamical Systems and Bifurcations of Vector Fields[M]. New York:Springer-Verlag,1983.

[172] LYAPUNOV A M. The General Problem on Stability of Motion (English translation)[M]. London:Taylor &Francis,1892.

[173] GOLUBITSKY M, SCHAEFFER D G. Singularities and Groups in Bifurcation Theory [M]. New York:Springer-Verlag,1985.

[174] LIU G R,HAN X. Computational Inverse Techniques in Nondestructive Evaluation[M]. CRC Press. 2003.

[175] WIGGINS S. Introduction to Applied Nonlinear Dynamical Systems and Chaos [M]. New York: Springer-verlag, 2003.

[176] STEPHEN LYNCH. Dynamical Systems with Applications Using Maple[M]. Birkhäuser, Boston,Basel, Berlin, 2010.

[177] VLADIMIR I. Nekorkin. Introduction to Nonlinear Oscillations[M]. Beijing, P. R. China: Higher Education Press,2015.

[178] LIAO SHIJUN. Homotopy Analysis Method in Nonlinear Differential Equations[M]. Beijing, P. R. China: Higher Education Press,2012.

[179] KUPPALAPALLE VAJRAVELU, ROBERT A, VAN GORDER. Nonlinear Flow Phenomena and Homotopy Analysis—Fluid Flow and Heat Transfer[M]. Beijing, P. R. China: Higher Education Press,2012.

[180] ZHENG LIAN-CUN,ZHANG XIN-XIN. Modeling and Analysis of Modern Fluid Problems [M]. Academic Press is an imprint of Elsevie. London , United Kingdom,2017.

[181] VAN DER POL. The Nonlinear Theory of Electrical Oscillations[J]. Proc. IRE, 1934, 22(9):1051-1086

[182] MOON F C,HOLMES P J. A Magnetoelastic Strange Attractor[J]. Journal of Sound and Vibration. 1979,65 (2):275-296.

[183] MOON F C. Experiments on Chaotic Motions of a Forced Nonlinear Oscillator:Strange Attractors [J]. ASME Journal of Applied Mechanics,1980,47(3):638-644.

[184] SHAW S W,HOLMES P J. Periodically Forced Linear Oscillator with Impacts:Chaos and Long-Period Motions [J]. Physical Review Letters,1983,51 (8):623-626.

[185] BARKHAM P G D,SOUDACK A C. An Extension to the Method of Kryloff and Bogoliuboff [J]. Int. J. Control,1969,10(4):377-392.

[186] BURTON T D. Non-Linear Oscillator Limit Cycle Analysis Using a Time Transformation Approach[J]. Int J. ,Non-Linear Mechanics,1982,17(1):7-19.

[187] LAU S L,CHEUNG Y K. Amplitude Incremental Variational Principle for Nonlinear Vibration of Elastic Systems [J]. ASME Journal of Applied Mechanicsl,1981,48(4):959-964.

[188] COPPLA V A, RANK R H. Averaging Elliptic Functions: Approximation of Limit Cycle [J]. Acta Mechanica,1990,81(1):125-142.

[189] CHEUNG Y K,CHEN S H,LAU S L. A Modified Lindstedt-Poincaré Method for Certain Strongly Nonlinear Oscillators [J]. International Journal of Nonlinear Mechanics,1991,26 (4):367-378.

[190] CHEN S H,CHEUNG Y K. An Elliptic Perturbation Method for Certain Strongly Nonlinear Oscillators [J]. Journal of Sound and Vibration,1991,192(2):453-464.

[191] LI LI. Energy Method for Computing Periodic Solutions of Strongly Nonlinear Systems(I)-Autonomous Systems[J]. Nonlinear Dynamics,1996,9(3):223-247.

[192] LI LI. Energy Method for Approximate Solution of Strongly Nonlinear Nonautonomous Systems [J]. Nonlinear Dynamics,1999,19(3):237-260.

[193] LI LI,YE HONG-LING. Energy Method for Computing Periodic Solutions of Strongly Nonlinear Autonomous Systems with Multi-Degree-of-Freedom[J]. Nonlinear Dynamics, 2003,31(1):23-47.

[194] LI LI,YE HONG-LING. The Existence Stability and Approximate Expressions of Periodic Solutions of Strongly Nonlinear Nonautonomous Systems with Multi-Degree-of-Freedom [J]. Nonlinear Dynamics,2006,46(3):87-111.

[195] LI YIN-SHAN,ZHANG NIAN-MEI,YANG GUI-TONG. 1/3 Subharmonic Solution of Elliptical Sandwich Plates[J]. Applied Mathematics and Mechanics,2003,24(10): 1147-1157.

[196] CHEN YU-SHU, LI YIN-SHAN,XUE YU-SHENG. Safety Margin Criterion of Nonlinear Unbalance Elastic Axle System[J]. Applied Mathematics and Mechanics,2003,24(6): 621-630.

[197] HUO S H,LI Y S,DUAN S Y, et al. Novel Quadtree Algorithm for Adaptive Analysis Based on Cell-Based Smoothed Finite Element Method[J]. Engineering Analysis with Boundary Elements 2019,106(1): 541-554.

[198] ZHANG GUO-QI, WU ZHI-QIANG. Homotopy Analysis Method for Approximations of Duffing Oscillator with Dual Frequency Excitations. Chaos, Solitons and Fractals,2019, 127(1):342-353.

[199] LI YIN-SHAN,LI XIN-YE,HUO SHU-HAO,et al. Explicit Solutions to Large Deformation of Cantilever Beams by Improved Homotopy Analysis Method Ⅰ: Rotation Angle[J]. Applied Sciences,2022,12(13):1-25.

[200] LI YIN-SHAN,LI XIN-YE,XIE CHEN,et al. Explicit Solution to Large Deformation of Cantilever Beam by Improved Homotopy Analysis Method Ⅱ: Vertical and Horizontal Displacements[J]. Applied Sciences,2022,12(5):1-26.

[201] 张伟,杨绍普,徐鉴,等.非线性系统的周期振动和分岔[M].北京:科学出版社,2002.

[202] 杨绍普,申永军.滞后非线性系统的分岔与奇异性[M].北京:科学出版社,2003.

[203] 金栋平,胡海岩.碰撞振动与控制[M].北京:科学出版社,2005.

[204] 陈树辉.强非线性振动系统的定量分析方法[M].北京:科学出版社,2007.

[205] 赵永辉.气动弹性力学与控制[M].北京:科学出版社,2007.

[206] LIU YIRONG,LI JIBIN,HUANG WENTAO. Singular Point Values, Center Problem and Bifurcations of Limit Cycles of Two Dimensional Differential Autonomoes System[M]. Beijing: Science Press,2008.

[207] 杨桂通.弹塑性动力学基础[M].北京:科学出版社,2008.

[208] 王青云,石霞,陆启韶.神经元耦合系统的同步动力学[M].北京:科学出版社,2008.

[209] 周天寿.生物系统的随机动力学[M].北京:科学出版社,2009.

[210] 张伟,胡海岩.非线性动力学理论与应用的新进展[M].北京:科学出版社,2009.

[211] 张锁春.可激励系统分析的数学理论[M].北京:科学出版社,2010.
[212] 韩清凯,于涛,王德友,等.故障转子系统的非线性振动分析与诊断方法[M].北京:科学出版社,2010.
[213] 杨绍普,曹庆杰,张伟.非线性动力学与控制的若干理论及应用[M].北京:科学出版社,2011.
[214] 岳宝增.液体大幅晃动动力学[M].北京:科学出版社,2011.
[215] 刘曾荣,王瑞琦,杨凌,等.生物分子网络的构建和分析[M].北京:科学出版社,2012.
[216] 杨绍普,陈立群,李韶华.车辆-道路耦合系统动力学研究[M].北京:科学出版社,2012.
[217] 徐伟.非线性随机动力学的若干数值方法及应用[M].北京:科学出版社,2013.
[218] 申永军,杨绍普.齿轮系统的非线性动力学与故障诊断[M].北京:科学出版社,2014.
[219] 李明,李自刚.完整约束下转子-轴承系统非线性振动[M].北京:科学出版社,2014.
[220] 杨桂通.弹塑性动力学基础[M].2版.北京:科学出版社,2014.
[221] 徐鉴,王琳.输液管动力学分析和控制[M].北京:科学出版社,2015.
[222] 唐驾时,符文彬,钱长照.非线性系统的分岔控制[M].北京:科学出版社,2016.
[223] 蔡国平,陈龙祥.时滞反馈控制及其实验[M].北京:科学出版社,2017.
[224] 李向红,毕勤胜.非线性多尺度耦合系统的簇发行为及分岔[M].北京:科学出版社,2017.
[225] 魏周超,张伟,姚明辉.高维非线性系统的隐藏吸引子[M].北京:科学出版社,2017.
[226] 王贺元.旋转流体动力学——混沌、仿真与控制[M].北京:科学出版社,2018.
[227] 赵志宏,杨绍普.基于非线性动力学的微弱信号检测[M].北京:科学出版社,2020.
[228] 李韶华,路永婕,任剑莹.重型汽车-道路三维相互作用动力学研究[M].北京:科学出版社,2020.
[229] 李双宝,张伟.平面非光滑系统全局动力学的Melnikov方法及应用[M].北京:科学出版社,2022.
[230] 靳艳飞,许鹏飞.典型非线性多稳态系统的随机动力学[M].北京:科学出版社,2022.